全国中医药行业高等教育“十四五”规划教材
全国高等中医药院校规划教材（第十一版）

# 实验动物学

（新世纪第二版）

（供中药学、药学、中医学、临床医学、中西医临床医学、针灸推拿学等专业用）

主编　苗明三　王春田

中国中医药出版社
·北　京·

**图书在版编目（CIP）数据**

实验动物学 / 苗明三，王春田主编. --2 版. --北京：中国中医药出版社，2023. 12

全国中医药行业高等教育“十四五”规划教材

ISBN 978-7-5132-8491-2

Ⅰ. ①实… Ⅱ. ①苗… ②王… Ⅲ. ①实验动物学-中医学院-教材 Ⅳ. ①Q95-33

中国国家版本馆 CIP 数据核字（2023）第 196792 号

**融合出版数字化资源服务说明**

全国中医药行业高等教育“十四五”规划教材为融合教材，各教材相关数字化资源（电子教材、PPT 课件、视频、复习思考题等）在全国中医药行业教育云平台“医开讲”发布。

资源访问说明

扫描右方二维码下载“医开讲 APP”或到“医开讲网站”（网址：www. e-lesson. cn）注册登录，输入封底“序列号”进行账号绑定后即可访问相关数字化资源（注意：序列号只可绑定一个账号，为避免不必要的损失，请您刮开序列号立即进行账号绑定激活）。

资源下载说明

本书有配套 PPT 课件，供教师下载使用，请到“医开讲网站”（网址：www. e-lesson. cn）认证教师身份后，搜索书名进入具体图书页面实现下载。

**中国中医药出版社出版**

北京经济技术开发区科创十三街 31 号院二区 8 号楼

邮政编码　100176

传真　010-64405721

山东华立印务有限公司印刷

各地新华书店经销

开本 889×1194　1/16　印张 23. 5　字数 628 千字

2023 年 12 月第 2 版　2023 年 12 月第 1 次印刷

书　号　ISBN 978-7-5132-8491-2

定价　86. 00 元

网址　www. cptcm. com

**服务热线　010-64405510　　微信服务号　zgzyycbs**

**购书热线　010-89535836　　微商城网址　https://kdt. im/LIdUGr**

**维权打假　010-64405753　　天猫旗舰店网址　https://zgzyycbs. tmall. com**

如有印装质量问题请与本社出版部联系（010-64405510）

全国中医药行业高等教育“十四五”规划教材
全国高等中医药院校规划教材(第十一版)

# 《实验动物学》
# 编委会


**主　编**

苗明三（河南中医药大学）　　王春田（辽宁中医药大学）

**副主编**

朱根华（江西中医药大学）　　吴曙光（贵州中医药大学）
成绍武（湖南中医药大学）　　李宝龙（黑龙江中医药大学）
黄晓巍（长春中医药大学）　　李西海（福建中医药大学）

**编　委**（以姓氏笔画为序）

马　赟（首都医科大学）　　王桐生（安徽中医药大学）
卞　勇（南京中医药大学）　　邓青秀（成都中医药大学）
卢　萍（河南中医药大学）　　田　薇（新疆医科大学）
田雪松（上海中医药大学）　　代　蓉（云南中医药大学）
朱　亮（浙江中医药大学）　　刘建卫（天津中医药大学）
闫丽萍（山西中医药大学）　　李自发（山东中医药大学）
杨向竹（北京中医药大学）　　吴运谱（辽宁中医药大学）
张　红（陕西中医药大学）　　张永斌（广州中医药大学）
张延英（甘肃中医药大学）　　赵亚硕（河北中医药大学）
章　敏（湖北中医药大学）　　覃光球（广西中医药大学）

**学术秘书（兼）**

卢　萍（河南中医药大学）　　吴运谱（辽宁中医药大学）

全国中医药行业高等教育“十四五”规划教材
全国高等中医药院校规划教材（第十一版）

# 《实验动物学》
# 融合出版数字化资源编创委员会


**主　编**

苗明三（河南中医药大学）
王春田（辽宁中医药大学）

**副主编**

朱根华（江西中医药大学）
吴曙光（贵州中医药大学）
成绍武（湖南中医药大学）
李宝龙（黑龙江中医药大学）
黄晓巍（长春中医药大学）
李西海（福建中医药大学）
吴运谱（辽宁中医药大学）
卢　萍（河南中医药大学）

**编　委**（以姓氏笔画为序）

弓　彦（辽宁中医药大学）
马　赟（首都医科大学）
王　健（辽宁中医药大学）
王桐生（安徽中医药大学）
卞　勇（南京中医药大学）
邓青秀（成都中医药大学）
田　薇（新疆医科大学）
田雪松（上海中医药大学）
代　蓉（云南中医药大学）
朱　亮（浙江中医药大学）
刘　漩（江西中医药大学）
刘建卫（天津中医药大学）
闫丽萍（山西中医药大学）
李龙雪（江西中医药大学）
李自发（山东中医药大学）
李姗姗（江西中医药大学）
杨向竹（北京中医药大学）
张　红（陕西中医药大学）
张永斌（广州中医药大学）
张延英（甘肃中医药大学）
张春蕾（黑龙江中医药大学佳木斯学院）
陈丽玲（江西中医药大学）
罗小泉（江西中医药大学）
赵亚硕（河北中医药大学）
律广富（长春中医药大学）
章　敏（湖北中医药大学）
覃光球（广西中医药大学）

**学术秘书（兼）**

吴运谱（辽宁中医药大学）
卢　萍（河南中医药大学）

# 专家指导委员会

# 编审专家组

# 前 言

为全面贯彻《中共中央 国务院关于促进中医药传承创新发展的意见》和全国中医药大会精神，落实《国务院办公厅关于加快医学教育创新发展的指导意见》《教育部 国家卫生健康委 国家中医药管理局关于深化医教协同进一步推动中医药教育改革与高质量发展的实施意见》，紧密对接新医科建设对中医药教育改革的新要求和中医药传承创新发展对人才培养的新需求，国家中医药管理局教材办公室（以下简称“教材办”）、中国中医药出版社在国家中医药管理局领导下，在教育部高等学校中医学类、中药学类、中西医结合类专业教学指导委员会及全国中医药行业高等教育规划教材专家指导委员会指导下，对全国中医药行业高等教育“十三五”规划教材进行综合评价，研究制定《全国中医药行业高等教育“十四五”规划教材建设方案》，并全面组织实施。鉴于全国中医药行业主管部门主持编写的全国高等中医药院校规划教材目前已出版十版，为体现其系统性和传承性，本套教材称为第十一版。

本套教材建设，坚持问题导向、目标导向、需求导向，结合“十三五”规划教材综合评价中发现的问题和收集的意见建议，对教材建设知识体系、结构安排等进行系统整体优化，进一步加强顶层设计和组织管理，坚持立德树人根本任务，力求构建适应中医药教育教学改革需求的教材体系，更好地服务院校人才培养和学科专业建设，促进中医药教育创新发展。

本套教材建设过程中，教材办聘请中医学、中药学、针灸推拿学三个专业的权威专家组成编审专家组，参与主编确定，提出指导意见，审查编写质量。特别是对核心示范教材建设加强了组织管理，成立了专门评价专家组，全程指导教材建设，确保教材质量。

本套教材具有以下特点。

**1. 坚持立德树人，融入课程思政内容**

将党的二十大精神进教材，把立德树人贯穿教材建设全过程、各方面，体现课程思政建设新要求，发挥中医药文化育人优势，促进中医药人文教育与专业教育有机融合，指导学生树立正确世界观、人生观、价值观，帮助学生立大志、明大德、成大才、担大任，坚定信念信心，努力成为堪当民族复兴重任的时代新人。

**2. 优化知识结构，强化中医思维培养**

在“十三五”规划教材知识架构基础上，进一步整合优化学科知识结构体系，减少不同学科教材间相同知识内容交叉重复，增强教材知识结构的系统性、完整性。强化中医思维培养，突出中医思维在教材编写中的主导作用，注重中医经典内容编写，在《内经》《伤寒论》等经典课程中更加突出重点，同时更加强化经典与临床的融合，增强中医经典的临床运用，帮助学生筑牢中医经典基础，逐步形成中医思维。

**3. 突出“三基五性”，注重内容严谨准确**

坚持“以本为本”，更加突出教材的“三基五性”，即基本知识、基本理论、基本技能，思想性、科学性、先进性、启发性、适用性。注重名词术语统一，概念准确，表述科学严谨，知识点结合完备，内容精炼完整。教材编写综合考虑学科的分化、交叉，既充分体现不同学科自身特点，又注意各学科之间的有机衔接；注重理论与临床实践结合，与医师规范化培训、医师资格考试接轨。

**4. 强化精品意识，建设行业示范教材**

遴选行业权威专家，吸纳一线优秀教师，组建经验丰富、专业精湛、治学严谨、作风扎实的高水平编写团队，将精品意识和质量意识贯穿教材建设始终，严格编审把关，确保教材编写质量。特别是对32门核心示范教材建设，更加强调知识体系架构建设，紧密结合国家精品课程、一流学科、一流专业建设，提高编写标准和要求，着力推出一批高质量的核心示范教材。

**5. 加强数字化建设，丰富拓展教材内容**

为适应新型出版业态，充分借助现代信息技术，在纸质教材基础上，强化数字化教材开发建设，对全国中医药行业教育云平台“医开讲”进行了升级改造，融入了更多更实用的数字化教学素材，如精品视频、复习思考题、AR/VR 等，对纸质教材内容进行拓展和延伸，更好地服务教师线上教学和学生线下自主学习，满足中医药教育教学需要。

本套教材的建设，凝聚了全国中医药行业高等教育工作者的集体智慧，体现了中医药行业齐心协力、求真务实、精益求精的工作作风，谨此向有关单位和个人致以衷心的感谢！

尽管所有组织者与编写者竭尽心智，精益求精，本套教材仍有进一步提升空间，敬请广大师生提出宝贵意见和建议，以便不断修订完善。

国家中医药管理局教材办公室
中国中医药出版社有限公司
2023 年 6 月

# 编写说明

《实验动物学》是全国中医药行业高等教育“十四五”规划教材之一，是在国家中医药管理局宏观指导下，由经过遴选的26所中医药院校的28位在实验动物学教学一线的专家共同编写完成。

在生命科学和生物医学等学科研究领域中，实验动物是最常用的研究工具，动物实验是最基本的研究手段和途径。随着中医药科技的发展，开展动物实验的研究越来越多。本教材的编写旨在培养学生能恰当地选择和使用实验动物，合理、正确地开展动物实验的相关研究，并在进行动物实验的过程中能善待实验动物，做好安全防护。

本教材汇集了编者多年实验动物学的教学、科研和管理的经验。教材内容力求反映实验动物学的基本原理，体现实验动物科学发展的最新进展，并结合中医药行业特点，在注重理论知识基础上，兼顾科研实验的实践操作知识，突出可行性和实用性。

本教材共十章，第一章介绍实验动物学的基本概念、作用和地位、发展概况、相关的管理机构与法规，以及动物实验相关研究的要求。第二章介绍动物实验的福利要求及内涵，使用实验动物的伦理原则、实验动物福利立法概况，以及善待实验动物对研究结果的重要性与相关的要求。第三章介绍实验动物的遗传、微生物和寄生虫、饲养环境、饲料营养方面的质量控制，以及实验动物运输相关的要求。第四章介绍常用实验动物的外形特征、行为习性、解剖与生理学特点，以及在生物医学中的应用。第五章介绍实验动物选择的基本原则，以及在药理学、药效学、毒理学、免疫学、肿瘤学等医学研究中的选择应用。第六章介绍人类疾病动物模型的概念、应用的优越性和制作原则，以及自发性疾病动物模型、诱发性疾病动物模型、免疫缺陷动物与移植性人体肿瘤动物模型、中医证候动物模型、病证结合动物模型和遗传工程动物模型的概念与常见模型。第七章介绍动物实验设计的基本原则、方法、步骤，以及实验前的准备、动物实验数据收集和结果分析。第八章介绍动物、环境、饲料营养和动物实验技术对动物实验结果的影响。第九章介绍生物安全的基本概念、实验动物生物危害的种类及控制、动物实验人员的安全防护、常见的人兽共患病及防护方面的内容。第十章介绍动物抓取与固定、标记、给药、采血、麻醉、安乐死、解剖、取材等基本操作方法与技术，以及新技术、新方法在动物实验中的应用。附录为常用实验动物的生物学数据，以及汉英名词对照和英汉名词对照。

本教材第一章由苗明三、田薇编写，第二章由刘建卫编写，第三章由王春田、闫丽萍、马赟编写，第四章由朱根华、覃光球、王桐生、李自发编写，第五章由吴曙光、邓青秀编写，第六章由成绍武、卞勇、朱亮、张红、赵亚硕编写，第七章由李宝龙、章敏编写，第八

章由黄晓巍、张永斌编写，第九章由杨向竹编写，第十章由李西海、田雪松、张延英、代蓉编写，附录由卢萍、吴运谱编写。全书由苗明三、王春田负责统稿和定稿。

本教材供高等中医药院校中药学、药学、中医学、临床医学、中西医临床医学、针灸推拿学等专业的研究生、本科生使用，以及生物医学工程、基础医学、医学影像学等专业的研究生、本科生使用，也可供从事相关领域研究的科技工作者参考。

本教材得到国家中医药管理局教材办公室、中国中医药出版社和有关医药院校的关怀和鼎力支持，在此一并表示感谢！由于学识有限，不足之处请予指正，以便再版时修订提高。

《实验动物学》编委会

2023 年 9 月

# 目 录

# 第一章
# 实验动物学概论

实验动物学是一门研究实验动物和动物实验的综合性基础应用学科，其重要性在于它不仅是生命科学研究的基础支撑条件，同时也可与医学、药学、生物学的发展相互促进和提高。虽然人类应用动物作为实验对象进行生物医学观察研究已有几千年的历史，但是实验动物学作为一门独立的学科，则仅仅是近半个多世纪发展起来的。作为生命科学的基础性学科，实验动物学综合了动物学、畜牧兽医学、组织学、胚胎学、生理学、病理学、遗传学、营养学、环境生态学和微生物学等多个学科的相关知识，逐渐发展成为一门具有自身理论体系的独立学科，并把为满足生命科学研究的需求作为其学科发展方向。20 世纪下半叶以来，生命科学的迅猛发展带动了实验动物学的发展，而实验动物科学的发展也为生命科学的发展奠定了重要基础。

## 第一节　实验动物学的基本概念

### 一、实验动物

实验动物（laboratory animal，LA）指经人工培育，对其携带微生物和寄生虫实行控制，遗传背景明确或者来源清楚，用于科学研究、教学、生产、检定及其他科学实验的动物。从广义来说，凡是用于实验的动物，统称为“实验用动物”。但实验用动物不等于实验动物，实验用动物（animal for research），包括实验动物、野生动物、经济动物、警卫动物和观赏动物等；而实验动物是一个特定的概念，仅仅是实验用动物中的一个特殊群体。实验动物是其先天的遗传性状、后天的繁育条件、微生物和寄生虫携带状况、营养需求及环境因素等方面受到全面控制的动物。控制的目的是为了实验应用，保护接触和应用实验动物人员的健康，保证实验结果的可靠性、精确性、均一性、可重复性及可比较性。一般具有以下四大特点。

#### （一）遗传背景清楚

实验动物必须是经过人工培育，遗传背景明确的动物。根据遗传特点的不同，实验动物分为近交系（inbred strain）、封闭群或远交群（closed colony or outbred stock）和杂交群（hybrid colony）。不同遗传背景的实验动物其遗传基础不同，生物学特性也不同，对环境和实验处理的反应性也有差异，这将直接影响实验结果的准确性和可靠性。经过人工培育的不同品种品系，遗传概貌清楚，并各有其独特的生物学特性，可满足不同研究的需要。

#### （二）携带的微生物和寄生虫得到控制

在实验动物生产繁育和使用过程中，必须对其携带的微生物和寄生虫实施监控。根据对微生

物和寄生虫的控制程度，我国将实验动物划分为三个等级：普通动物（conventional animal，CV）；无特定病原体动物（specific pathogen free animal，SPF）；无菌动物（germ free animal，GF），其中包括悉生动物（gnotobiotic animal，GN）。通过对携带的微生物和寄生虫实行控制，从而达到相应微生物控制等级的质量要求，可保护接触和应用实验动物人员的健康，保证实验动物的健康，保障动物实验结果的准确性和可靠性。

### （三）在特定的环境条件下，经人工培育而成

实验动物是在达到一定要求的饲养环境中，包括水的质量和饲料营养的要求，经过科学培育和繁殖的动物，是多学科研究的成果和科技含量高的生物技术产品。如利用转基因技术，使特定基因在实验动物中得以表达，而制造的转基因动物，为医学、遗传学、发育生物学及畜牧兽医学等众多学科提供了丰富的动物模型资源。

### （四）应用范围明确

实验动物是用于科学研究、教学、生产、检定及其他科学实验的动物。其应用领域包括医学、药学、产品质量检验、环保、国防乃至实验动物科学本身等。特别是在人类生命现象的研究方面，实验动物扮演着人类“替难者”的角色，是“活的精密仪器”，最终为科学发展、人类生存和健康服务。由于实验动物应对实验因素敏感性强，反应高度一致，使实验研究结果具有可靠性、精确性、可比性、重复性和科学性。故其应用目的与野生动物、经济动物、警卫动物和观赏动物有明显的区别。

## 二、实验动物学及其研究范畴

实验动物学（laboratory animal science，LAS）是以实验动物为主要研究对象，并将培育的实验动物应用于生命科学等研究领域的一门综合性基础学科，包括实验动物和动物实验两部分内容。前者主要围绕实验动物种质培育和保存、生物学特性、生活环境、饲养繁殖与管理、质量控制、野生动物及家畜禽的实验动物化等开展有关研究，使实验动物品种品系不断增加，质量不断提高，最终达到规范化和标准化的要求。后者主要以各学科的研究目的为目标，研究实验动物的选择、动物实验的设计、实验方法与技术、动物模型的制造、影响动物实验结果各因素的控制以及在实验中实验动物反应的观察和结果外延分析等，以满足生物医学研究需要，保证科研教学活动中动物实验的质量。前者是研究如何提供高质量的实验动物问题，后者是研究如何应用实验动物问题。

实验动物学是一门综合性学科，综合了动物学、畜牧兽医学、组织学、胚胎学、生理学、病理学、遗传学、营养学、悉生生物学、环境工程学和微生物学等多个学科的相关知识，积累了本学科的研究成果，已形成了独立、较完整的理论体系。实验动物学又是一门基础性学科，是生命科学各学科研究的基础，几乎大多数生物学和医学各学科的发展都需要用到实验动物学知识。同时，各学科的研究成果也丰富和发展了实验动物学。实验动物学的研究范畴归纳起来有以下几个方面。

### （一）实验动物生物学

实验动物生物学（laboratory animal biology）是研究不同种属、不同品种品系实验动物生物学特性规律的一门基础学科，也是实验动物学最基本的内容。了解和掌握实验动物生物学特性是实验

动物应用的前提和基础。不同种属、品种品系实验动物其生物学特性各不相同，对同一实验处理可以产生不同的生物学效应，这也是实验动物得到广泛应用的重要内在因素。实验动物生物学研究的主要内容包括一般生物学特性、解剖学特点、生理学特点及正常血液、生理、生化指标等。

### （二）实验动物遗传育种学

实验动物遗传育种学（laboratory animal genetic breeding science）是根据遗传育种的原理，采用传统和现代的生物技术手段，研究和控制、改造动物的遗传特性，培育出具有新的生物学特性的动物品系和各种模型动物的科学。其内容包括实验动物的育种、保种和遗传质量检测及遗传改良，使在生物医学中具有应用价值的野生动物、经济动物等实验动物化，以及应用遗传工程技术和方法，有目的地控制和改造动物的遗传基因，培育出具有新的生物学特性的动物品系和人类疾病动物模型，从而满足生命科学研究的需要。

### （三）实验动物环境生态学

实验动物环境生态学（laboratory animal environmental ecology）是研究实验动物赖以生存的一切外在的客观条件及其相互关系的科学。实验动物生态环境是指实验动物机体外的一切客观条件的总和，主要研究气候因素（温度、湿度、气流、风速、气压等）、理化因素（光照、粉尘、噪声、有害气体等）、生物因素（一般微生物、病原微生物、寄生虫等）、社会因素（动物密度等）及实验动物器具、垫料等对实验动物的影响及其控制，从而为研制实验动物的设施、设备、笼器具等提供科学依据。

### （四）实验动物微生物学和寄生虫学

实验动物微生物学和寄生虫学（laboratory animal microbiology & parasitology）是研究实验动物微生物和寄生虫的特性，以及与实验动物和人类相互关系的一门科学，包括人畜共患病原体的控制，病原微生物和寄生虫对实验动物健康的危害性，以及不同微生物和寄生虫对实验动物和动物实验的影响；研究制定科学合理的微生物学和寄生虫学控制等级质量标准，研究各类微生物和寄生虫的检测技术与方法，以及实验动物疾病的预防和控制措施。

### （五）实验动物营养学

营养是实验动物正常生长、繁殖的物质基础。实验动物营养学（laboratory animal nutriology）研究实验动物的生长、发育、繁殖、生产及其维持生理功能和行为活动对营养的需要；研究营养与疾病的关系，以及不同的营养成分和营养水平对实验动物和动物实验结果的影响；研究制定不同种类、品系，以及在生长发育、繁殖生产等不同生理阶段和实验过程中的营养需求、饲料标准与饲料配方，包括各类疾病动物模型的特殊饲料配方，以及各类实验动物饲料的质量检测和控制。

### （六）实验动物饲养管理学

实验动物饲养管理学（laboratory animal husbandry）是以动物营养、饲料、动物繁殖和动物环境工程为基础，研究实验动物繁殖生产和动物实验的饲养管理技术的一门综合性应用学科，包括研究各种实验动物在特定人工环境下的营养需求、生长发育规律及其应用，研究实验动物繁殖育种技术及其适宜的环境条件，以及在引种、育种、保种、繁殖、扩群生产和实验过程的饲养管理特点和要求。饲养管理内容也包含了对实验动物饮用水、饲料、垫料的使用管理，对饲养设施

设备的运行维护、环境控制和笼器具的清洁消毒等管理技术，使之在实验动物的生产和动物实验过程中的饲养管理达到标准化和规范化。

### （七）实验动物医学

实验动物医学（laboratory animal medicine）是专门研究实验动物疾病的发生、发展和转归规律，建立有效的疾病控制和防治体系，利用先进的实验手段，开展疾病的预防、诊断和治疗及其在生物医学领域中应用的学科。实验动物疾病包括感染性疾病、营养性疾病、遗传性疾病及环境导致的疾病。研究内容包括疾病的病因、病机、症状、病理特征、危害范围和程度、诊断与防治措施，以及对动物实验的干扰、人员的安全和防护等。

### （八）比较医学

比较医学（comparative medicine）是对不同种系动物（包括实验动物和人）的基本生命现象，以及健康和疾病状态进行类比研究的科学。其研究的目的就是对不同种系动物与人类之间的生理、病理做出有意义的比较，通过建立各种人类疾病的动物模型，对动物与人类疾病进行相互类比研究，了解人类疾病发生、发展的规律，用于人类疾病的诊断、预防、治疗及生理、病理、药理、毒理等实验，探索人类生命的奥秘，以控制人类的疾病，延长人类的寿命，为提高人类健康服务。

比较医学包括基础性比较医学，如比较生物学、比较解剖学、比较组织学、比较胚胎学、比较生理学等；专科性比较医学，如比较免疫学、比较肿瘤学、比较流行病学、比较药理学、比较毒理学、比较心理学等；系统性比较医学，如各系统疾病的比较医学。系统性比较医学是比较医学最主要的部分，它可将各个基础性和专科性比较医学融合到各系统疾病的比较医学中，在研究人类疾病的发病机理、预防、治疗等方面有着很重要的作用。

### （九）动物实验技术

动物实验技术（animal experimental techniques）主要是研究使用实验动物进行各种科学实验的具体实验技术和方法，包括如何利用技术手段对实验动物实施各项操作，如何排除一切干扰实验结果的因素，如何获得可靠的、科学的实验数据、实验资料和结果。具体内容包括实验技术、实验方法、实验设备、各项实验操作规程等，以及在实验中如何减轻动物的疼痛和不适的各种方法，影响动物实验本身的各种因素。

### （十）实验动物福利和动物实验伦理学

实验动物福利（animal welfare）是指在实验动物生产和使用过程中对实验动物的一种保护，强调的是对各种不良因素的有效控制和条件改善，而不是不宰不杀的极端“动物保护”；是在兼顾科学探索和在条件允许的基础上最大限度地满足维持动物生命、维持健康和提供舒适程度的需求两个方面，研究动物生活环境条件、动物“内心感受”、人道的实验技术等。

动物实验伦理学（animal experiment ethics），是在保证动物实验结果科学、可靠的前提下，针对人们的活动对动物所产生的影响，从伦理方面提出保护动物的必要性。它是人类对待实验动物所持有的道德观念、道德规范和道德评价的理论体系，它所关注的是人们对与自己的生存和发展密切相关的实验动物抱什么态度的问题。它是实验动物学、动物实验科学和伦理学相结合的产物，也是传统伦理学体系的一个组成部分，是传统伦理学在动物实验和实验动物繁育中的具体体现。

### （十一）中医药实验动物学

中医药实验动物学（laboratory animal science of Chinese Medicine）属于实验动物学的分支学科，是以中医药理论为指导，运用实验动物学的理论和方法，进行中医药研究的一门应用性基础学科。主要研究在中药、中医、针灸等研究领域中如何进行实验动物的应用或如何开展中医药动物实验研究，其核心是中医证候模型、中西医疾病结合模型、中医病证结合模型等的研究和应用。中医药实验动物学将实验动物学与中医药固有的实验研究融为一体，在内容上为现代医学有关的理论方法所包容，在实验方法和思路上体现和忠实于中医药的基本理论。

实验动物学的核心内容之一是实验动物的标准化，它包括实验动物的遗传学控制标准、微生物学和寄生虫学控制标准、设施环境控制标准和饲料营养控制标准。实验动物标准化的意义在于用符合标准的实验动物，在标准化的饲养、实验环境条件下，所做的动物实验无论在时间的先后上，还是在世界的不同实验室里，其实验结果应该具有可重复性和可比较性。

总之，实验动物学的内容极为丰富，所涉及的知识面非常广，是一门理论密切结合实际的学科。它涉及医学、生物学和畜牧兽医学等各个领域。各个学科的动物实验研究都需要实验动物学的基本理论和技术。

## 第二节　实验动物在生命科学研究中的作用和地位

实验动物学作为一门研究实验动物和动物实验的学科，其产生和发展是实验需要及其与现代科技发展结合的必然结果，实验动物学的理论和实践丰富和发展了现代生物医学的理论和实践。同时，实验动物学所研究的实验动物既是生命科学研究的对象和工具，又作为“活的试剂与度量衡”在许多相关产业中广泛应用。

目前公认，进行生命科学研究需要四个基本条件，即“AEIR”四要素：所谓“A”即animal（实验动物），“E”系equipment（设备），“I”为information（信息），“R”是reagent（试剂）。当今，由于科学技术的发展，要获得高精尖的仪器设备、高纯度试剂及必要的信息并不困难，而实验动物是活的生命体，在饲养繁殖、运输和动物实验中易受环境和管理等不确定因素的影响，要获得符合标准而又满足实验需要的实验动物，有时并不容易。

实验动物在生物医学领域里和生物医药产业里应用很广。

在生物医学研究上，实验动物用于研究生命现象的奥秘，从而揭示生命的本质。探讨人类疾病发生、发展、转归机制和治疗方法是生物医学的主要任务，而实验动物作为人的替身具有可控性强、操作简便、经济等特点，用于疾病机理及诊疗方法（包括药物、物理治疗与手术等）研究，特别是在烈性传染病、放射病研究和新医疗器械的应用等方面，具有不可替代的作用。

在药学研究上，新药的药效学、一般药理学和药代动力学研究绝大多数需在实验动物上进行。新药、兽药、农药、保健品、化妆品、医疗器械等在上市前必须通过临床前安全性评价实验，经大量动物实验确证对机体无毒性或安全可靠后，才能申请进行临床实验。生物制品如疫苗、诊断用血清和免疫血清的生产，有的需要由实验动物提供原材料，有的需要在实验动物身上进行测试。例如从牛体制备牛痘苗，利用金黄地鼠制备乙脑和狂犬病疫苗。

在环境保护上，实验动物用于水质、空气污染的监测，汽车尾气的检测等。

在国防和军事科学上，实验动物作为人的替身，在宇航、核武器、化学、细菌、激光武器的实验中发挥作用。各种武器的杀伤效果，化学、辐射、细菌、激光武器的效果和防护，都需要使用实验动物。

在生物学、医学和畜牧兽医学教学上，如进行解剖、生化、生理、药理、免疫、微生物等基础学科的教学，都需要应用实验动物。

总之，实验动物在生物医学研究、新药的研发、生物制品的生产及鉴定，畜牧科学、农业、轻工业及教学上的应用非常广泛，作为生命科学研究的基础和重要支撑条件，它的重要性随着生命科学的飞速发展越来越得到充分的体现，在某些领域中甚至成了关键性的制约因素。因此，生物医学研究的发展推动了实验动物学的发展，而实验动物学的发展又促进了实验动物品种的多样化、标准化，为进一步生物医学研究提供支撑条件。

## 第三节　实验动物科学发展概况

### 一、动物实验的发展

据记载，古希腊时代，Hippocrates（前460—前377）和Aristotle（前384—前322）就对动物做解剖观察，并著书描述多种动物脏器的差别。Erasistratus（前304—前258）在猪的实验中确定了气管是吐纳空气的通道，而肺则是交换空气的器官。古罗马著名的医师和解剖学家Galen（130—201）对猪、猴及其他动物做解剖观察，提出在血管内运行的是血液而不是空气，神经是按区分布等重要观点，并编有解剖学专著《医经》，提出了实验研究是医学研究的基础。英国解剖学家W. Harvey（1578—1657）采用狗、蛙、蛇、鱼和其他动物进行实验研究，发现了血液循环和心脏在血液循环中的作用，并于1628年出版《心血运动论》一书，从而为创建生理学开辟了道路。

1789年，英国E. Jenner（1749—1823）进一步发明给人接种牛痘，以预防天花。法国L. Pasteur（1822—1895）用减低细菌毒力的方法创制了鸡霍乱菌苗、炭疽病菌苗、狂犬病疫苗，使动物获得免疫，大大推动了传染病特异性预防的进展。

法国生理学家C. Bernard（1813—1878）利用动物实验发现了胰液在脂肪消化中的作用，发现肝脏的产糖功能等。

德国内科医生BJ. Von Mering（1849—1908），俄国医学家病理学家O. Minkowsa（1858—1931）通过手术切除狗胰脏，认识到胰腺在糖尿病发病中的作用，发现了胰岛素，拯救了无数糖尿病患者的生命。

俄国生理学家Ivan Pavlov（1849—1936）通过动物实验，在心脏生理、消化生理和高级神经活动三个方面取得了重大突破，他说：“没有对活的动物进行实验与观察，人们就无法认识有机界的各种现象。这是无可争辩的。”

古代中医动物实验甚少，可分为两类，一类是对动物治病本能的观察，见于《吴普本草》；一类是对动物施加某种人为因素后的观察，见于《论衡·卷七·道虚篇》。将动物实验所得到的理论和经验通过类比而用之于临床见于《医宗金鉴》，动物毒理实验方面见于《证类本草》，解剖动物进行实验观察见于《家藏经验方》等，以上均是古代中医对相关动物实验的探索。

上述动物实验的发展是人类医学发展史上的重要发现，虽限于当时的条件，使用的都是一般动物，但由此逐渐创立了生物学和实验医学的各个学科。这些学科的发展为实验动物学的形成和

发展奠定了基础。

## 二、实验动物学的形成和发展

### （一）实验动物学的形成与实验动物相关机构的建立

早在19世纪20年代，由于饲养环境、遗传背景不同，导致实验结果缺乏可重复性和可比较性，因此以满足科学好奇心为主的动物实验逐渐走向正规和精确。1934年，德国科学家向德国研究会建议组建专门机构对动物的健康状况、遗传背景进行研究和管理。1942年，英国病理学会向医学研究会和农业研究会提出建议，重视培育健康的实验动物，并于1947年成立了实验动物局。1944年，美国科学院在纽约召开会议，首次把实验动物标准化问题提上了议事日程，人们通常将此次会议作为实验动物学形成的起点。1950年，美国成立了美国实验动物学会（American Association for Laboratory Animal Science，AALAS）。1956年，联合国教科文组织发起成立了国际实验动物科学理事会（International Council for Laboratory Animal Science，ICLAS），并与世界卫生组织（World Health Organization，WHO）、国际科学联盟理事会（International Council of Scientific Union，ICSU）、国际医学科学组织理事会（Council for International Organizations of Medical Sciences，CIOMS）、世界兽医学会（World Veterinary Association，WVA）建立官方关系，以此为标志，将20世纪50年代中期作为实验动物学真正形成的时期。与此同时，一些发达国家相继成立实验动物研究机构。1957年，美国成立了实验动物医学会（American College of Laboratory Animal Medicine，ACLAM），德国成立了实验动物繁育中央研究所。1961年，加拿大建立动物管理委员会，并出版了《实验用动物管理与使用指南》（*Guide to the Care and Use of Experimental Animals*）。1965年，美国成立了实验动物饲养管理评估及认证协会（Association for Assessment and Accreditation of Laboratory Animal Care，AAALAC），其宗旨是通过自愿评估和认证，在生命科学研究和教育过程中，保证和促进高质量的动物管理和使用，以及动物福利环节的规范化。该机构的认证体系得到国际上的普遍认可，已成为一个国际性的组织。各国相继颁布了实验动物相关的管理条例、法规或规范，逐步实现了实验动物生产的标准化、商品化和社会化，并形成了较完整的实验动物教育、科研、生产管理与应用体系。

1987年，中国实验动物学会成立，并于1988年成为国际实验动物科学理事会（ICLAS）的成员国，并由科技部以2号令颁布了我国第一部由国家立法管理实验动物的法规《实验动物管理条例》，1998年建立国家啮齿类动物种子北京中心和上海分中心。

### （二）实验动物的质量控制研究

随着动物实验在生命科学研究中的广泛应用，为了提高动物实验的科学性、准确性和可重复性，人们开始有选择、有目的地去开发应用一些动物的新品种品系，并对实验动物开展系统的研究，为提高实验动物质量，进行对实验动物的微生物和寄生虫学、环境生态学、遗传学等方面的控制研究。

**1. 实验动物的微生物和环境控制**　17世纪70年代，显微镜的发明使人们可以通过光学显微镜看到人眼无法看到的微观世界，特别是人和动物的体表以及与体表相同的管道内存在着大量的微生物。这些微生物是人和动物生存所必需的吗？1885年，Nuttal等成功培育了无菌豚鼠，回答了动物在无菌条件下能否生存的理论问题，为建立悉生生物学和实验动物的微生物学质量控制奠定了基础。1928年，Reynier等成功研制出金属隔离器。1957年，Treyler又研制出塑料隔离器。隔离器的诞生，改进了无菌技术，推动了无菌动物和悉生生物学的发展，也提出了实验动物的环

境控制理论。20 世纪 60 年代起提出了屏障系统概念，将实验动物饲养在屏障环境内可预防和控制病原微生物感染，避免了病原微生物对实验动物生产和动物实验的危害。经过五十多年的发展，现在屏障系统的设计、运行、管理理论和实践已日趋成熟，从而保证了实验动物的质量。

**2. 实验动物的遗传学控制** 1909 年，Little 在研究小鼠毛色基因时，采用近亲繁殖法培育出第一株近交系小鼠 DBA。近交系小鼠培育成功对实验动物学的发展具有重大意义。1913 年，Bagg 成功培育了 BALB/c 近交系小鼠，随后近交系小鼠 C57 和 C58 培育成功。1941 年，杰克逊实验室出版了第一部小鼠专著《实验小鼠生物学》。美国人 Donaldson Bn 也于 1909 年开始近交培育白化大鼠，到 1920 年已经兄妹近交到第 38 代，之后逐渐培育出了现今的 PA 系和 BN 系近交大鼠；另一群远交大鼠即 Wistar 大鼠在 1911 年左右育成。从 1918 年起，用其他外来血缘的大鼠与 Wistar 大鼠杂交，最终培育出包括 SD 大鼠、Lewis 大鼠、Long-Evans 大鼠等在内的其他大鼠品种或品系。我国也自主培育出近交系小鼠津白 1 号（TA1）和津白 2 号（TA2），封闭群 KM 小鼠。各种品种品系的培育成功极大地推动了生命科学研究的发展，也为实验动物的遗传学质量控制及其标准化奠定了基础。

### （三）疾病动物模型的研究与应用

**1. 疾病动物模型的应用** 疾病动物模型的应用可以追溯到 20 世纪初。1914 年，日本人山极和市川用沥青长期涂抹家兔耳朵成功诱发皮肤癌，进一步的研究发现，沥青中的 3,4-苯并芘为化学致癌物，从而证实了化学物质可以致癌的理论。1966 年，Flanagan 培育出了突变系裸小鼠，利用免疫缺陷动物，在免疫学、肿瘤学、药理学和组织移植等方面获得了许多突破性的研究成果。但以疾病的动物模型作为专题进行开发研究，则是在 20 世纪 60 年代初才真正开始的。1961 年 10 月，美国国立卫生研究院（National Institutes of Health，NIH）提出大力发展人类疾病的动物模型。此后，国际上多次召开"实验动物模型"专题会议，促进了动物模型研制工作的发展。至 1980 年，Hegreberg 和 Leathers 在其编著的《动物模型》一书中记载的自发性疾病动物模型已有 1289 种，而诱发性疾病动物模型则达 2707 种。同样，疾病动物模型的广泛应用促进了免疫学、肿瘤学、药理学和临床医学各学科的发展。

**2. 遗传工程技术的应用** 20 世纪 80 年代以来，随着遗传工程技术的发展，1980 年，Gordon 等成功培育了携带胸苷激酶基因的转基因小鼠。1982 年，Palmitrea 获得携带大鼠生长素基因的转基因小鼠，以此为标志，基因工程技术广泛应用于实验动物科学研究的各个领域。一方面，为建立人类疾病动物模型研究开辟了新的途径；另一方面，基因工程动物在高新技术领域得到广泛应用。用分子生物学技术将一个外源基因导入动物个体内，或将体内的一个或多个基因进行敲除、改造或替换，从而制造出自然界所没有的、能按人类意愿进行改造、为生物医学研究提供个性化的品系，极大地丰富了实验动物学的内容。基因工程技术如基因打靶、基因捕获、基因沉默和转基因技术等在小鼠的基因修饰和品系培育上的广泛应用，获得了大量的转基因模型、基因剔除/敲入模型、基因功能研究模型，成为生命科学、医学研究的重要支撑条件，推动了生命科学和医学研究的发展。

## 三、实验动物学的发展趋势

随着生命科学的飞速发展，现代实验动物学在完成标准化理论体系后，以满足生命科学研究的需要为己任，向着更深、更广泛的方向发展。

### （一）遗传工程动物的研究与开发

自从20世纪80年代世界上第1只转基因小鼠诞生以来，遗传工程小鼠已经成为解析基因功能、研究疾病发病机理及新药研发的重要技术手段和方法。至今全世界至少已制作和保存1万余个遗传工程小鼠品系供研究用。但是要完全解析小鼠的全部基因功能进而推广到人类，还有很长一段路要走。事实已经证明，从基因结构到基因功能的阐明，从单基因到多基因作用的研究都必须在动物完整个体上进行。因此，遗传工程小鼠在今后相当长的时期内还将成为研究开发的热点。

### （二）动物资源的实验动物化

研究开发自然界的野生动物资源，发现其特有的生物学特性，并进一步使其实验动物化，这是实验动物学学科发展的方向之一。例如，我国特有的动物资源鼠兔、东方田鼠、黑线仓鼠等均已在研究开发中，有的已应用到生物医学研究中。此外，一些水生鱼类、家畜等因具有独特的利用价值，也在研究开发中。

### （三）动物福利和动物实验替代方法的研究

出于对生命的尊重和动物实验伦理上的考虑，如何减少科学研究中动物的使用数量，寻找动物实验的替代方法，优化动物实验程序以及注重动物福利已经成为生命科学研究者共同思考的问题和发展的方向。有的已经应用到实践中，但更多的还是停留在“原则”层次上，在理论和实践上存在较大的差距。受动物保护运动的影响，兴起了“3R”运动，即减少（reduction）、替代（replacement）、优化（refinement）。

### （四）实验动物与生物医药产业

利用遗传工程技术，将具有表达活性蛋白的基因转移到实验动物体内，使其在乳汁、血液、尿液等体液中表达基因产物，成为活的生物反应器。将其中的基因产物分离纯化后，就可以得到人们期望得到的生物药品。在生物反应器研究中，对乳腺生物反应器的开发应用最多。从国际大公司开发的情况中可以看出，高经济价值的医用蛋白和营养蛋白是重要的研发对象，如抗凝血酶Ⅲ（AT-Ⅲ）、$\alpha_1$-抗胰蛋白酶（AAT）、蛋白C、乳铁蛋白、乳糖酶等都已进入了三期或二期临床试验阶段。选择目的基因应当首先考虑那些正常情况下来源困难或浓度低、其他表达系统难以生产且临床应用前景广阔的蛋白基因。用途更广、需求量更大的治疗性抗体、营养蛋白和工程酶将成为制备乳腺生物反应器的首选靶蛋白。

此外，带有人类基因，或者敲除引起排斥反应基因的转基因猪，有可能克服器官移植中的排斥反应，为人类器官移植提供新的材料来源。

### （五）动物实验新技术、新方法的应用

随着生物技术的发展，一些新技术逐渐应用到动物实验中，如动物个体电子标签技术、无创伤血压测量技术等，能在动物不受干扰的情况下进行个体识别，采集心跳、血压、心电图和呼吸等生理指标，从而极大提高了动物实验结果的准确性。磁共振成像技术、活体荧光成像技术等能在实验时对活体动物进行成像、示踪，方便了实验结果的分析。可以预计，随着科学的进步，新技术、新方法将会更多地应用到动物实验上来。

# 第四节 国内外实验动物的管理机构与法规

法律是带有强制性的管理措施，同时也是行之有效的管理办法。目前世界各国均颁布有不同形式的法律条文约束、保护、管理实验动物的繁育、生产与使用。

## 一、国内实验动物管理体系与相关法规

### （一）管理体系

目前，我国实验动物工作的管理模式是统一规划，条块结合，共同管理。根据国家科学技术委员会2号令，即《实验动物管理条例》，我国实验动物工作实行政府逐级管理。科学技术部主管全国实验动物的管理工作，统一制定我国实验动物的发展规划，确定发展方向、发展目标和实施方案。省、自治区、直辖市科技厅（委、局）主管本地区的实验动物工作。国务院各有关部门负责管理本部门的实验动物工作，有关部门和地区设立实验动物管理委员会（办公室），专门负责实验动物管理工作。

### （二）管理法规

为规范实验动物工作的管理，尽快将管理工作纳入法制化管理轨道，推动我国实验动物管理整体水平的提高，国家科学技术部作为实验动物工作的主管部门，先后发布了许多针对实验动物工作的管理法规和行政规章。这些对促进实验动物科学整体水平的提高和发展起到了积极、重要的作用。各地区、各行业也根据国家的整体管理，结合自己的特点，制定了各自的管理办法和实施细则。

**1. 国家管理法规**

（1）《实验动物管理条例》 1988年，经国务院批准，由国家科学技术委员会以2号令发布了我国第一部实验动物管理法规《实验动物管理条例》（以下简称《条例》）（2017年3月1日《国务院关于修改和废止部分行政法规的决定》第三次修订）。该《条例》共8章、35条，从管理模式、实验动物饲育管理、检疫与传染病控制、实验动物的应用、实验动物的进口与出口管理、实验动物工作人员及奖惩等方面明确了国家管理准则，标志着我国实验动物管理工作开始纳入法制化管理轨道。《条例》全方位推动了我国实验动物科学事业的发展，在国内外引起极大的反响，使我国实验动物科学及其相关科学、医学、药学乃至整个生命科学有了长足进步，为我国医学生物学及现代生命科学与国际接轨奠定了坚实的基础。

（2）《实验动物质量管理办法》 1997年，由国家科学技术委员会、国家技术监督局联合发布了《实验动物质量管理办法》，共5章、25条。其中明确提出了我国实验动物生产和使用将实行许可证制度，对许可证的申请和管理也做出了规定；为进一步加强实验动物质量管理，保证实验动物和动物实验质量，提出建立“国家实验动物种子中心”和“检测机构”，明确地提出两者的组织构成、任务、条件要求、申请和审批程序。该管理办法的发布和实施，极大地推动了我国实验动物管理科学化和规范化的发展进程。

为落实《实验动物质量管理办法》中提出的任务，科技部先后制定和发布了《国家实验动物种子中心管理办法》《国家啮齿类实验动物种子中心引种、供种实施细则》《关于当前许可证发放过程中有关实验动物种子问题的处理意见》《省级实验动物质量检测机构技术审查准则》和《省级实验动物质量检测机构技术审查细则》。这些管理办法的出台，有力地促进了实验动物种

质的保存利用和资源共享，推动了国家和地方两级检测机构的建设和全国实验动物质量检测体系的形成。

(3)《实验动物许可证管理办法（试行）》　2001年，科技部等七部（局）联合发布了《实验动物许可证管理办法（试行）》，共5章、23条。规定了申请许可证的行为主体、条件、标准、审批和发放程序；强调了许可证的管理和监督。通过认证这一法制化管理模式，既能规范科学研究行为，又能促进实验动物事业的发展。

**2. 地方管理法规**　为加强北京地区实验动物管理，北京市政府有关部门根据《实验动物管理条例》的要求，结合北京地区实验动物管理工作特点，在先后制定了有关地方规章及地方标准的基础上，经过充分酝酿、讨论与协商，以立法形式制定了《北京市实验动物管理条例》，并在全国率先提交地方人大常委会讨论通过，最后经审议批准于1997年1月1日开始实施。这一条例的制定与实施对北京市实验动物管理工作起到了积极的推动作用。

《北京市实验动物管理条例》，共8章、34条，明确了北京市实验动物管理部门的隶属关系、从业单位及其人员的业务要求、实验动物饲养繁育技术程序、实验动物应用条件标准、实验动物质量检测机构条件及防疫制度和法律责任等有关内容。

为了更好地贯彻实施《实验动物管理条例》，由科技部等七部（局）共同发布的《实验动物许可证管理办法》，使我国实验动物工作步入法制化管理轨道，推动我国实验动物整体水平的发展，使各地方实验动物管理工作更加严格和规范。江苏、福建、山西、山东、河南、河北、四川、上海、广东、安徽、湖南、湖北、重庆、云南等地先后制定了《实验动物管理办法》《实验动物许可证管理办法》或《实验动物许可证管理办法实施细则》，湖北、重庆、云南、江苏、浙江等先后以“条例”或“办法”的形式颁布了法律法规，根据这些管理法规加强本地区的实验动物和动物实验的管理。

台湾地区于1987年、1989年和1998年，分别发布实施了《动物保护法》《动物保护法实施细则》和《实验动物保护法》。此类法律法规从善待、保护以及充分考虑动物福利的角度，强调了对实验动物的管理。如在《动物保护法》的第三章（第十五条至第十八条）“动物之科学应用”中提出，使用动物进行科学应用，应尽量减少数目，并以使动物产生最少痛苦及伤害之方式为之。进行动物科学应用之机构应组成动物实验管理小组，以督导该机构进行实验动物之科学应用。主管机关应设置实验动物伦理委员会，以监督并管理动物之科学应用。

## 二、国外实验动物的管理机构与相关法规

### （一）管理机构

**1. 国际实验动物科学理事会**　1956年，联合国教科文组织（United Nations Educational，Scientific and Cultural Organization，UNESCO）、国际医学科学组织理事会（Council for International Organizations of Medical Sciences，CIOMS）、国际生物科学联合会（International Union of Biological Sciences，IUBS）共同发起成立了实验动物国际委员会（International Council for Laboratory Animal，ICLA）。1961年，ICLA的活动得到WHO的支持，并于1979年更名为国际实验动物科学协会（International Council for Laboratory Animal Science，ICLAS）。ICLAS的组成包括国家会员、团体会员、科学家会员、学会会员和荣誉会员。ICLAS的决议由常务理事会和管理委员会做出。常务理事会每4年一届，管理委员会由常务理事会从国家会员、团体会员和科学家会员中选出并对其负责，每年召开一次工作会议。

在国际上，ICLAS 提出了微生物学、寄生虫学、遗传质量控制的参考标准，并先后在日本、韩国、泰国、西班牙和巴西设立了遗传、微生物检测中心，并依据有关标准开展检测工作。1988 年我国加入 ICLAS，现有国家会员和科学家会员各 1 名，并在第十二届理事会担任常务理事。

**2. 国际实验动物管理评估及认证协会** 国际实验动物管理评估及认证协会（Association for Assessment and Accreditation of Laboratory Animal Care International，AAALAC International，简称“AAALAC”）成立于 1965 年，是一个非营利性的国际认证组织，注册地在美国。AAALAC 主要职责是促进高品质的动物管理及应用，以推动生命科学的研究和教育。与其他动物福利组织一样，该组织关注在实验动物饲养和动物实验中的动物福利标准和存在的问题。AAALAC 不仅接受美国本土研究机构的申请，而且还接受其他国家有关机构的申请，并按照认证规则，结合当地法规及惯例来制定标准，开展认证工作。根据认证程序的规则，其认证结果分为 7 种：完全认证、临时认证、保留认证、继续完全认证、延后继续认证、缓限认证和取消认证。

**3. 美国的管理机构** 美国的实验动物管理模式是通过国家立法以官方和民间双重渠道予以管理。美国实验动物科学学会、美国实验动物从业者协会、美国兽医学会等民间组织和美国国立卫生院、美国实验动物资源研究所等研究机构一起，对实验动物从业人员进行培训、考核，对实验动物机构进行监督、审查、认证。美国国家学术研究委员会、生命科学专业委员会和实验动物资源研究所制定的《实验动物饲养管理与使用手册》（简称《手册》），要求每所研究机构都要成立一个“研究机构的动物管理和使用委员会”（Institutional Animal Care and Use Committee，IACUC），成员包括具有动物研究经验的科技人员、兽医、代表有关动物福利方面的公众利益和生物伦理的非科技人员。由其监督和评定研究机构有关动物的计划、操作程序和设施条件，以保证其符合《手册》及其他法律法规的要求。

在美国，还有一些其他组织机构直接和间接参与实验动物和动物实验的管理，为实施全方位的系统管理提供了组织保障。

**4. 日本的管理机构** 1985 年日本成立了实验动物协会，主要会员是与实验动物有关的商业团体和个人。该协会开展的实验动物技术人员资格认可分为一级和二级两个层次，一级技师相当于中级职称，二级技师相当于初级职称。资格认可非常严格，合格率分别在 60%~70% 和 30%~50%。一般每隔 3 年 ISLA 进行一次全国的实验动物使用情况调查，调查数据提供给所有会员单位和其他需要者。

**5. 英国的管理机构** 在英国，最高管理机构为内务部。由内务部大臣任命监察员小组，负责全国大多数通过认可的科研、生产和供应单位的巡视，并对内务大臣提出建议和报告，具体管理工作则由行业性组织、学术团体或民间协会分别执行。参与管理工作的机构和团体包括内务部监察小组、动物程序委员会、欧洲实验动物科学联合会（FELASA）、皇家防止虐待动物协会（RSPCA）、动物福利大学联合会（UFAW）等。

**6. 澳大利亚和新西兰的管理机构** 1987 年，澳大利亚和新西兰研究和教育用动物管理委员会（ANZCCART）成立，主席是由一个在研究、教学或产品检验中不使用动物的人来担任。ANZCCART 是一个纯粹的咨询机构，由 19 个机构成员组成的独立团体，通过各成员组织，支持和宣传《澳大利亚动物饲养管理和为科学目的应用动物条例》，为动物实验伦理委员会、制定规章的机构、授权机构、政府部门、动物福利组织等提供指导和有关资料信息。

**7. 加拿大的管理机构** 1968 年，加拿大实验动物管理委员会（Canadian Council on Animal Care，CCAC）成立，于 1982 年改组为独立社团组织，是加拿大有关动物使用的主要咨询和评审机构。CCAC 由加拿大自然科学和工程委员会、加拿大医学研究委员会和联邦各部门资助。它所制定的《实验动物管理与使用指南》（Guide to the Care and Use of Experimental Animals）一直作为管理和使用实验动物的基本准则，共22章。除包括常用实验动物外，还包括许多具有研究价值的经济动物和野生动物。

## （二）国外实验动物管理的相关法规

国外法规大致可以分为国际法和国家法两类。国际法（包括国际条约和公约）是各个国家和组织之间的协议，主体可以是国家，也可以是国际组织。制定条约的目的是确立一定的国际权利、义务和关系，缔约国家和组织要受到条约的约束，如欧共体各成员国共同签署的《欧洲实验和科研用脊椎动物保护公约》（1986年）。而国家法是指由各国政府制定的，旨在保护和合理利用本国动物，是具有法律效力的规则和制度的总称。目前，国际实验动物界的立法焦点主要是围绕保障动物福利和满足科学研究对高质量实验动物的需求这两个方面进行的。

**1. 侧重于动物保护和福利内容的实验动物管理法规**　英国早在1876年就通过国会立法禁止虐待动物，美国在1966年由农业部制定了动物福利法，旨在要求善待、保护动物，防止偷盗动物，搞好动物的管理、运输和销售，改善动物的生存条件，其中包括有关实验动物或动物实验的条款。20世纪80年代颁布了《实验动物保护与管理法规》，加拿大、日本也分别于1966年和1973年先后颁布了有关法律规定，要求在实验过程中不准虐待动物，要正确地使用麻醉、安死术以减少动物的痛苦。在《欧洲实验和科研用脊椎动物保护公约》的基础上，欧洲各国还相继颁布了各自国家的一系列有关法律法令。如芬兰在20世纪80年代中期先后颁布了《动物福利法》与《科学研究中动物使用法规》等。

**2. 针对实验动物饲养和使用的管理法规**　在实验动物使用与管理方面，许多发达国家如美国、日本、加拿大、德国、英国等都有立法明文规定。1963年，美国国家学术研究委员会、生命科学专业委员会和实验动物资源研究所制定的《实验动物设施和饲养管理手册》，后更名为《实验动物饲养管理与使用手册》（以下简称《手册》），在1965年、1968年、1972年、1978年、1985年和1996年先后进行6次修订。《手册》主要包括研究机构的政策与职责，动物的环境、饲养和管理，兽医护理和总体布局4个部分。

1985年，美国卫生部颁布了《人道主义饲养和使用实验动物的公共卫生服务方针》。该方针对政府制定的《测试、科研和培训中脊椎动物使用和管理原则》和《动物福利法》做了全面的补充和完善，要求各研究单位的动物管理委员会积极参与监督动物使用计划、使用程序和动物设施的运行，对每一个申请应用和饲养动物的部门进行审核，并向卫生部报告检查结果。

1986年，英国议会通过了适用于科学研究的《动物法》。以此法作为母法，英国各级政府部门、各行业分别制定了适用于本部门本行业的法规、条例、指南、准则、手册、标准等。在《动物法》中，明确提出了许可证制度，即开展与动物有关的科研工作需要具备房屋及设施许可证、研究项目许可证和人员资格许可证。同时要求研究人员在每个研究项目开始前，必须进行费用与效益分析，要考虑实验给动物造成的任何不良影响。英国内务部还颁布了《科研用动物居住和管理操作规程》《繁育和供应单位动物居住和管理操作规程》《动物设施中的健康与安全规定》《废弃物的管理操作规程》等。此后，意大利、法国、芬兰、比利时等国也发布了类似的法令法规。

日本自20世纪70年代开始，从不同层次先后颁布了多种实验动物管理法规，如《动物保护与管理法》《狂犬病预防法》《动物进出口检疫法》等，20世纪80年代颁布了《实验动物饲养及保育基本准则》。

**3. 其他法律法规** 1978 年，美国 FDA 颁布的《良好实验室操作规程》（Good Laboratory Practice，GLP）规定，凡向 FDA 申请研究或销售许可证的所有新药临床前实验研究项目，均要遵守 GLP 原则。GLP 从组织机构、人员、设施和设备、实验机构运行、记录和报告等方面提出了明确的要求和规定，对具体的操作要求制定明确的规程。其中规定了对实验动物的要求以及实验室的特殊要求，对动物品系和实验要求详细记录。此后，荷兰、瑞士、瑞典、加拿大、意大利、德国、英国、日本等国家相继效仿，颁布了各自的“GLP”。目前 GLP 已被世界各国所广泛接受，并由此衍生出药品生产操作规范（GMP）、临床操作规范（GCP）等一系列操作规范，从而有力地促进和推动了实验动物及其相关科学的发展与进步，为广泛开展国际交流与合作奠定了基础。

### 三、国内外动物实验申请、审批程序

我国要求动物实验计划和方案由单位内部设立的实验动物管理委员会或实验动物伦理委员会审批，前提是所在单位必须已经取得由省级实验动物主管部门颁发的实验动物使用许可证。

英国要求研究机构内必须设立动物实验管理委员会。各研究机构在将实验计划书提交内务部之前必须经研究机构内的动物实验管理委员会（ERP）审批，通过后报内务部。

德国对实验动物和动物实验的管理主要是州政府。动物实验计划书首先由研究机构内的动物福利官审查，再报州政府进行复查。规定州政府必须在 3 个月之内给予答复，如 3 个月内未答复，此申请书将视为自动承认，可以进行动物实验。

荷兰要求实验计划书由研究机构内设置的动物实验委员会（ARC）执行。美国、日本等要求动物实验计划书由机构内设置的动物实验管理委员会（IACUC）执行，加拿大由机构内设置的动物管理委员会（ACC）执行，澳大利亚由机构内设置的动物伦理委员会（AEC）执行。

## 第五节 动物实验的一般要求和相关的认证与审查

### 一、动物实验的一般要求

#### （一）动物实验实施与人员

1. 在动物实验实施前，动物实验负责人应向使用动物实验设施机构的实验动物福利与使用管理委员会提交审查申请，获得审查意见后方可实施。

2. 动物实验人员应具有良好的职业道德规范、基本技能和良好的心理素质，并无过敏史，尤其要对动物的皮毛、血液、尿液、粪便等无过敏反应；同时，应进行实验动物与动物实验技能等级的培训，从事特殊操作的人员必须取得相关资质后方可从事相关工作，从事动物实验的人员应定期进行健康检查，检查结果应符合所从事动物实验工作的要求。

#### （二）实验动物与实验条件

1. 动物实验使用的实验动物应符合微生物、寄生虫、遗传等质量控制的要求，非标准的实验用动物应依照国家相关法律法规，排除对人类具有危害的病原体，动物的外观、行为及生理指标无异常；使用遗传工程动物，应明确其遗传背景。

2. 开展动物实验的环境条件应符合实验动物和动物实验设施标准；并根据不同的实验目的配

置相关仪器设备，如动物麻醉、心电监护、称重、保定等必要的动物专用设备，以及必要的个体防护用品。动物实验饲养所使用的配合饲料应符合相应实验动物的营养标准，除特殊实验或特殊品种的动物饲养需要调整的成分之外，其他营养成分应符合相应实验动物配合饲料的营养要求。高脂、高糖、高营养等特殊饲料应在相应条件下贮存，并在保质期内使用。垫料、饮水符合相应级别的实验动物微生物控制要求。

### （三）动物实验的过程管理与规范

**1. 动物实验过程管理** 对实验过程和设施运行进行定期监督检查，监督实验设施运行状态和实验进展情况，执行适应的标准操作规程（SOP）和相关管理规定情况，以保证实验结果的可靠性、可重复性，动物实验室应保存动物实验过程和设施运行记录。

**2. 动物实验的基本规范** 要规范动物实验，必须实施优良实验室操作规范（GLP），使用背景清晰的实验动物，并标明动物种类、级别、数量、性别、年龄、购买日期等相关资料。运输动物应符合善待实验动物的要求。动物实验时，动物保定要科学合理，在使用保定装置前，应对动物进行适应性训练。在满足实验要求的前提下，应尽量缩短保定时间。实验结束后，要根据动物品种、年龄、研究目的、安全性等选择使用安死术。动物处死后，必须对动物死亡进行确定，并应进行无害化处理。

### （四）实验记录与档案管理

1. 动物实验记录必须及时、真实、准确、完整、易于辨认；实验记录不得随意修改，如必须修改，须由修改人签字，并注明修改时间和原因，计算机、自动记录仪器等打印的图表和数据资料等，应妥善保存其拷贝或复印件。

2. 动物实验研究结束后，原始记录的各种资料应整理归档。

## 二、AAALAC 认证

AAALAC 是致力于通过自愿的评估和委托程序，提高动物的福利，并在科学研究中人道地使用和管理动物。这一认可体系世界上许多国家都认同，被喻为“黄金标准（gold standard）”。取得该协会的认可，即表明该机构实验动物设施、管理及实验动物福利方面符合国际标准与规范。AAALAC 认证的申请、评估过程对促进申请单位自身实验动物和动物实验管理水平的提高等具有十分重要的作用和意义。

根据 AAALAC 认可规则，AAALAC 本身并不制定有关实验动物管理及使用的规范。在美国国内，以美国国家学术研究委员会编写的《实验动物饲养管理和使用手册》（现行修订版）作为制定具体认证标准的基本指南；在美国之外，则依据申请单位所在国家的法规及惯例制定标准。AAALAC 的规范程序是《实验动物饲养管理和使用手册》中规定的动物管理和使用方案评审的要点。

1. 申请使用动物的理由和目的。

2. 对申请的动物种类和数量阐明理由，对申请的动物数量应尽可能按统计学方法阐述。

3. 使用较少伤害性的操作措施、其他动物种类、离体器官、细胞或组织培养物或计算机模拟等替代方法的可行性或适宜性。

4. 参与实际操作的从业人员有足够的训练和经验。

5. 特殊的饲养管理条件。

6. 适当的镇静、镇痛和麻醉措施（疼痛或伤害性的分级可能有助于方案的制定和评审）。

7. 实验项目不必要的重复。

8. 多项重大手术操作的实施。

9. 预先设想有关适时干预、从研究项目中撤换动物或者因剧痛或精神紧张而采取安乐死术等的判断准则和处理方式。

10. 手术后的护理。

11. 对动物施行安乐死术或处置的方法。

12. 从业人员工作环境的安全。

实验动物的使用方案还可包含以往未曾遇到过的或可能会引起无法确切控制的疼痛或压抑的操作措施。这类操作包括动物保定、多项重大活体外科手术、饮食限制、佐剂使用、以死亡作为终点的研究、有害刺激物的使用、皮肤或角膜刺激实验等。

## 三、IACUC 审查

IACUC 的全称为 Institutional Animal Care and Use Committee（研究机构实验动物使用与管理委员会）。美国是最早提倡 IACUC 的国家，随后加拿大、欧洲国家等也相继出台了有关 IACUC 的一些要求和做法。不同国家对 IACUC 的组成要求有所差异，名称也不尽相同，但其行使的职责基本一致。近几年来，我国很重视和提倡 IACUC，称“实验动物福利与使用管理委员会（简称管委会）”，并颁布制定国家标准《实验动物福利伦理审查指南》（GB/T 35892-2018）。成立 IACUC 的宗旨是确保各机构在执行各项动物实验项目时，以人道的方式来管理及使用实验动物，并符合法规政策的要求。IACUC 是动物实验福利审查、监督、保障机构，同时也保障动物实验结果的真实、准确和科学性，代表社会对动物福利的关照，代表机构、社会、管理部门、研究人员、项目等多方利益。由 IACUC 负责审查动物实验研究以确保动物福利的观念，已成为学术界的一种共识。

### （一）IACUC 福利伦理审查原则

动物伦理作为生命伦理的重要组成部分，动物伦理审查不仅仅是动物福利审查，也关系到科研成果对人类社会意义的审查、科研人员自身安全的福利审查。为维护实验动物福利和动物实验者利益，综合评估动物伦理必须遵循以下原则。

**1. 动物保护原则** 饲养、使用或处置各类实验动物必须有充分理由；综合评估实验目的、方法与造成动物的痛苦、死亡，禁止无意义滥养、滥用、滥杀实验动物；制止没有科学意义和社会价值或不必要的动物实验；优化动物实验方案，使用高质量的实验动物，减少不必要的动物使用数量，杜绝不必要的重复实验；在不影响实验结果的科学性情况下，用可替代的实验方法代替实验动物进行科学实验。

**2. 动物福利原则** 保证实验动物生存过程中享有最基本的五项基本福利原则：免受饥渴的自由，免受痛苦、伤害和疾病的自由，免受恐惧和不安的自由，免受生活不适的自由，表达所有自然行为的自由。

**3. 伦理审查原则** 善待动物，防止或减少动物的应激、痛苦和伤害；尊重动物生命，采取痛苦最少的方法处置动物，实施人道终点；保证从业人员的安全；动物实验方法和目的符合人类的道德伦理审查标准和国际惯例。

**4. 利益平衡原则** 以当代社会公认的道德伦理审查价值观，兼顾动物和人类利益；在全面、

客观地评估动物所受的伤害和应用者由此可能获取的利益基础上，负责任地出具实验动物或动物实验伦理审查报告。

**5. 独立工作原则**　保持科学、独立、客观、公正和透明，不受来自政治、商业和自身利益等各个方面因素的干扰。

### （二）IACUC 福利伦理审查要点

1. 实验动物许可证、实验人员上岗证。

2. 动物来源、合格证、运输方式、饲料、笼具等。

3. 实验动物选择合理性：实验动物的选择原则，数量是否合理，品种品系、性别等。

4. 实验研究意义、目的：是否重复研究。

5. 使用动物理由是否充分。

6. 实验步骤：实施实验因素是否有必要，对实验动物的伤害是否轻、时间是否短，是否有同位素污染，是否有生物安全因素，是否使用化学有毒、有害试剂，给药方法途径，采样的部位、数量、频率、间隔时间是否合理，是否有限制饲料和水，限制活动方式、时间，肿瘤大小是否有限制，是否染毒剂，是否有脏器穿刺，有伤害时是否掌握疼痛分级和应急。

7. 存活手术：人员水平，手术准备，麻醉人员水平，建议复合麻醉，手术对动物的伤害程度判断，同样手术在同种动物的情况，是否多次手术，手术后的护理情况（如止痛）。

8. 实验过程中输液、镇静、消炎、换药固定等。

9. 实验中疼痛和紧迫反应分级，应急措施准备。根据实验动物临床体征判断，有无刺激、紧张和疼痛。使用麻醉、镇静、镇痛措施所选择的药物种类、剂量、途径和给药时间、间隔等记录。

10. 麻醉止痛药物有效期（注意观察动物的表现）、药物的批号、说明是否失效、保存方法等。

11. 仁慈终点和安乐死：仁慈终点指终止实验以解除动物疼痛和疾苦的时间点作为安乐死启动的时间点。采用 $CO_2$、过量麻醉药物等安乐死方法，确定动物的处死标准。

12. 尸体处理：动物尸体的储存、运输和委托处理的合同等。

13. 生物安全：使用生物、化学等危险品，如何加强人员和环境的防护，包括毒试剂、生物危害、辐射安全等危险试剂使用，生物材料是否来源清晰，动物组织细胞等使用和保存情况；安全保证、兽医保证等制度及执行情况。

14. 动物传染病来源：如组织、细胞、抗体等是否有传染源。

15. 饲养特殊要求：如使用软料长牙、磨牙棒等。

# 第二章
# 实验动物福利和伦理学要求

扫一扫，查阅本章数字资源，含PPT、音视频、图片等

动物实验是医学研究的重要途径和基本手段，动物与人存在差别，诸多因素会影响动物的实验结果，需要清楚地认识和正确利用动物实验结果。虽动物实验结果可能会与人类临床有一定的差异，但从目前和未来的发展来看，动物实验还将是人类生命科学研究不可或缺的技术手段。许多医学新知识的获得、医疗新方法的应用都得益于动物实验，医学的进步和发展离不开动物实验。然而，动物实验带来了备受社会关注的伦理问题和实验动物福利问题。同时，实验动物福利程度也直接影响动物实验结果的科学性和准确性，因此，在动物实验过程中善待实验动物，不仅是提高实验动物的福利需要，也是减少对动物实验过程中的应激、提高动物实验结果可靠性的需要。本章主要介绍实验动物福利和伦理学要求。

## 第一节　动物实验的伦理和福利

### 一、动物实验的伦理

伦理学是研究人类道德及人与人之间关系的学科。随着社会的进步和人类文明程度的不断提高，人与自然、人与动物的关系都被纳入伦理学研究的范畴，相继产生了环境伦理、生命伦理和动物伦理等学科。动物伦理学提出了诸如人类应该如何认识动物、如何对待动物、如何应用动物、如何保护动物等一系列问题。

#### （一）动物保护运动的兴起

19 世纪初期，英国人就开始关注虐待动物问题，一直到 20 世纪初，出现动物福利立法，动物福利立法主要是从动物的基本生存问题出发，通过立法解决虐待动物问题。1822 年，英国人道主义者 Charles Martin 在国会会议上提出禁止虐待动物的议案，获得上下两院通过。这项法案被称为“马丁法令”（Martin's Act），是世界上第一个有关动物福利和伦理的法令，被公认为动物福利和伦理保护史上的里程碑。1824 年，牧师 Arthur bloom 召集成立了世界上第一个动物福利组织——“防止虐待动物协会（RSPCA）”。

受“马丁法令”的影响，法国在 1850 年也通过了反虐待动物法律。随后，一些欧洲国家如爱尔兰、德国、奥地利、比利时和荷兰等先后通过了反虐待动物法案。1866 年，美国通过了“反虐待动物法案”。到了 20 世纪后期，世界上大多数国家，包括亚洲和拉丁美洲、非洲一些国家都先后制定了反对虐待动物的法律或者有关动物福利和伦理的法规。从 19 世纪至今，动物保护运动从未停止过，保护的对象越来越广泛，从最初的农场动物、工作动物，到后来的实验动物、观赏动物和宠物，从陆生动物到水生动物等。

### （二）动物实验遭到动物保护主义的反对

19世纪之前，人们关注的重点是工作动物和农场动物，19世纪开始，人们关注的重点逐渐转移到实验动物上来。

19世纪，一批科学家通过动物实验在生物医学方面取得了一系列重大成就，做出了不可估量的贡献，成为当时科技进步的新亮点。然而伴随这些成就和贡献而来的有掌声和鲜花，还有强烈的反对和指责。动物实验刚刚兴起，就遭到英国“防止虐待动物协会”的反对。反对用动物进行医学实验的浪潮一波波出现。一些旨在反对动物实验的社会组织也应运而生。1866年美国防止虐待动物组织（American Society for the Prevention of Cruelty to Animals，ASPCA）成立，1877年美国善待动物组织（American Humane Association，AHA）出现，1883年美国抗活体解剖动物组织（American Anti-Vivisection Society，AAVS）成立。这些组织多年来多次企图迫使国会立法，禁止在科研和教学中使用动物，虽未成功，但引起了科技界的重视，也促使动物设施条件有所改善，实验设计和操作有所改进。目前世界上形形色色动物保护组织至少有4000多个，在对待动物实验的问题上，虽然反对程度有所不同，但基本上都持反对的态度。其中，有一些激进分子强烈主张全面禁止动物实验。对于公众而言，反对动物实验并非反对科学，往往是人们从伦理、道德的角度，出于对动物的可怜、同情和关心而做出的选择。

20世纪，随着生命科学的迅速发展，实验动物和动物实验也相应地进入快速发展时期。然而，反对动物实验的运动也随之不断升级。值得一提的是，1975年澳大利亚哲学家Peter Singer出版了《动物解放》一书，揭露了在某些动物实验中虐待动物的行为。正是这本书的出版，导致了动物保护主义者对动物实验更加强烈的反对。有媒体报道，国外抗议动物实验的集会、游行活动、捣毁实验室、放生正在进行实验的动物、威胁恫吓从事动物实验的科研人员等现象时有发生。

## 二、实验动物的福利

### （一）实验动物福利概念的提出

动物福利（animal welfare）是指为了使动物能健康快乐而采取的一系列行为和给动物提供相应的外部条件，包括生理上和精神上两方面。这是一个人性化的理念，体现了人们提倡善待动物的一种观念。

就动物实验而言，面对动物保护主义者的反对，政府方面和科研人员虽然不能接受他们的全部观点和主张，但也领悟到，即便是为了科学的发展，为了人类的健康，也不能违背甚至抛弃伦理与道德。和动物保护主义者一样，政府官员和科研人员也应反对虐待动物，也应提倡和支持善待动物，这是动物福利运动的社会基础。这也是政府方面和科研人员向动物保护主义者做出的让步。

1966年，美国制定了《实验室动物福利法》，从此“动物福利”“实验动物福利”等字样开始流行，并逐渐地取代“仁慈地对待动物”和“反对虐待动物”等字样。不难看出，“动物福利”就是“仁慈地对待动物”“反对虐待动物”和“善待动物”的化身。虽然时至今日，无论是“动物福利”还是“实验动物福利”都没有确切的定义，但共同的认识是必须满足动物的五个需求：①生理方面的需求：食物、温度、光线等。②环境方面的需求：足够的空间，远离猎食动物的庇护所。③行为方面的需求：筑巢，冬眠，觅食。④心理方面的需求：免于枯燥，有刺

激。⑤社会性方面的需求：独居或群居、求偶。

目前国际普遍认可的满足动物需求的五项标准：①享有不受饥渴的自由，即保证充足清洁的饮用水和食物。②享有生活舒适的自由，即提供适当的生活栖息场所。③享有不受痛苦伤害的自由，即保证动物不受额外的痛苦，并得到充分适当的医疗待遇。④享有生活无恐惧和悲伤感的自由，即避免各种使动物遭受精神创伤的状况。⑤享有表达天性的自由，即提供适当的条件，使动物天性不受外来条件的影响而压抑。

对于实验动物福利，这五项标准并不全面。实验动物福利有其更深刻的内涵。

### （二）实验动物福利的内涵

1. 实验动物与其他动物存在极大差别，从出生就一直被人类的活动所影响和掌控，它的存活完全依赖于人类，不管是日常的活动和生存环境还是最终的死亡，它存在的价值就是完完全全的贡献于人类。因此，人必须善待动物，必须尊重和珍惜生命，避免给动物带来伤害和痛苦，在一切可能的条件下为动物提供更多的福利，这些是动物福利理念的基本观点。

2. 实验动物福利是建立和谐社会的需要，是人类文明的标志。和谐社会不仅仅是人与人之间的和谐，也包括人与自然、人与环境、人与动物之间的和谐。和谐是建立在公平、公正的基础之上，没有这个基础，和谐就是一句空话。

善待动物也是社会文明建设的需要。只有重视人与所有生命的关系，人类社会才会变得文明起来。一个国家的国民对待动物态度如何，是衡量一个社会文明程度的重要标准。虐待动物是道德败坏的表现，残酷地对待动物，会使人堕落，同时也反映出一个社会的虚伪与冷漠，与人类追求的文明背道而驰。

3. 善待动物，就是善待人类自身。经过无数的实践和教训，人类已经充分认识到，保护环境，就是保护人类自己。人类赖以生存的地球，不但包括大自然的山山水水，更包括种类繁多的动物、植物，这些有生命的机体与人类共同享有这个星球，在一个相互依赖的生态系统里共存。在这个生物圈中，任何一环遭到破坏，都有可能对人类造成难以弥补的损失，历史已充分地证实了这一点。可以说，重视动物福利，保护好动物，是保护人类自己。

4. 动物福利和动物的利用是对立统一的两个方面。提倡动物福利，不等于人类不能利用动物，不能做任何的动物实验。重要的是应该怎样合理、人道地利用动物。要尽量保证那些为人类做出贡献和牺牲的实验动物享有最基本的权利，避免对其造成不必要的伤害。

提倡动物福利不是片面地一味保护动物，而是在使用实验动物的同时，考虑动物的福利状况，并反对使用那些针对动物的极端手段和方式。动物福利法也是基于这样一个利益平衡的出发点而产生的。

5. 实验动物福利是影响动物实验结果科学性和准确性的重要因素。实验动物是为了科学研究的目的而在符合一定要求的环境条件下饲养的动物，其整个生命过程完全受到人为控制，并在人为控制的条件下承受实验处理。因此，如何保证实验动物福利，不仅是实验动物自身的需要，也是保证动物实验结果科学、可靠的基本要求。

6. 实验动物福利是经济发展到一定阶段的必然产物。它的出现对诸多方面产生了影响，特别是对我国的经济发展起着越来越显著的正向推动和反向遏制作用。我国已加入了世界贸易组织（WTO），在享受世贸组织各项权利的同时，也受到各项规则的制约。WTO 的规则中有多处关于动物福利的条款。如果不重视动物福利方面的立法，在今后的国际贸易中可能会遇到更大的麻烦，遭受更多的损失。

7. 实验动物福利与“动物权利”“动物解放”有本质区别。“动物权利”和“动物解放”是世界上一些动物保护组织和个人在动物保护问题上提出的一种苛刻的观点，他们强烈反对进行动物实验，认为动物实验是非人道的做法，主张取消动物实验，只有这样才能达到保护动物的目的。我们主张的是动物福利，而不是动物权利，这是一个关键性的立场问题。

## 第二节　医学研究中使用动物的伦理原则

医学研究中使用动物的伦理原则：总的原则是“尊重生命，科学、合理、仁道地使用动物”。在具体工作中，则应遵循“3R”原则。

### 一、尊重生命，科学、合理、仁道地使用动物

#### （一）尊重生命

实验动物和人类一样是有血有肉的生命体，一样有感知、感情和喜怒哀乐。为了人类的健康和幸福，无数实验动物贡献了它们的生命。今天，为了人类和动物的长远利益，人类在找到有效的替代方法之前，不得不继续进行动物实验，但人类必须尊重生命，尊重动物，以神圣的责任感和同情心善待实验动物，这是每一个实验动物工作者必须具备的伦理道德。

#### （二）科学

动物实验自始至终贯穿着科学精神。科学地使用动物表现在实验目的必须要有科学价值；进行实验之前，必须科学地选择动物的品种品系和动物模型，制定好科学的实验方案和实施计划；在实验过程中，要采用科学的实验方法；实验结束后，要采用科学的手段进行数据处理。

#### （三）合理

合理即合乎情理、讲究伦理，体现在实验方案和实施计划中。如果有可靠的替代方法，就绝不选择动物实验的方法；能少用动物就绝不多用；能用低等级动物绝不用高等级动物；没有实际意义的实验和不必要的重复实验既不合情理，也有悖于伦理。

#### （四）仁道

仁者，仁慈、仁爱、仁义也，从事动物实验的工作者，虐待动物之心不可有，善待动物之心不可无。使用动物时，要尽一切努力避免或减轻动物的疼痛和痛苦。在动物出现极度痛苦而无法缓解时，应选择仁慈终点；处死动物时应采取无任何痛苦的方式结束其生命。

尊重生命，科学、合理、仁道地使用动物是医学研究中使用动物总的原则，具体到实际工作中，还要贯彻“3R”原则。“3R”原则是“尊重生命，科学、合理、仁道地使用动物”的具体体现。

### 二、“3R”原则

动物实验替代方法的研究是在科学研究领域采用科学的方法研究动物福利，在符合科学目的的前提下通过采用更为合理的手段，充分体现动物福利的科学实践活动。而“3R”研究的最终

目的则是为生命科学及相关领域的研究提供有效的研究手段，使科学研究方法更加科学化，实验结果更加准确、可靠。

### （一）动物实验替代方法（“3R”）理论的提出

以动物作为替身接受各种实验，使人们避免因受实验而可能导致的危害是科技发展史上的一大进步。随着科学技术的发展，特别是生物科学研究领域中实验动物的使用量猛增，从而引起了社会公众的极大关注。1954 年，动物福利大学联合会 Charles Hume 教授制定了一项有关动物实验人道主义技术的科学研究计划。这项计划由诺贝尔奖奖金获得者免疫学家 Sir Peter Medawar 和英国研究保护协会秘书长 Lane-Petter 领导，美国动物福利委员会奠基人 Christine Stevens 提供研究经费，指定英国的动物学家、心理学家 W. M. S. Russell 和微生物学家 R. L. Burch 承担这项工作。1959 年，他们在研究工作的基础上发表了《人道主义实验技术原理》（*The Principles of Humane Experimental Technique*）一书。在这本书中，他们提供了大量的资料、许多卓越的思路和见解。第一次全面系统地提出了包括动物实验和实验动物的减少（reduction）、替代（replacement）与优化（refinement）的动物实验替代方法（简称“3R”）理论。可以说，他们的研究工作和《人道主义实验技术原理》这本书的出版，对启动“3R”研究在世界范围内的广泛开展起到了非常重要的作用。

尽管《人道主义实验技术原理》中提出的理论具有独创性和学术性，但在发表后的一段时期内并没有对人们的思想和行为产生太大的影响。一直到了 1969 年，Dorothy Hegarty 教授创建了医学实验中动物替代方法基金会（FRAME），再一次提出了 Russell 和 Burch 的观点，认为“3R”的系统性研究及合理的应用将极大地丰富研究手段，对科学的发展起到不可估量的作用，并在他们的工作中鼓励和支持在生物医学研究中实施“3R”原则。1978 年，David Smyth 教授出版了 *Alternatives to Animal Experiments* 一书，用 Alternatives 给“3R”下了定义。从此，“3R”内容受到各国政府和科学界的高度重视，“3R”研究工作及研究成果得到广泛开展和应用。

### （二）“3R”的概念及内涵

“3R”是 reduction、replacement 和 refinement 的简称。

**1. reduction（减少）** 是指在科学研究中，使用较少量的动物获取同样多的实验数据或使用一定数量的动物能获得更多实验数据的科学方法。

在减少动物使用量的问题上，对不同的实验应采用不同的处理方式。如在药品、食品等产品的法定检验中，要减少某一实验中使用动物的数量，应采取非常慎重的态度和科学的程序。只有经过反复的验证并写入有关规程之后，才可在实际检测工作中应用。相反，在科研工作中，减少动物使用量是比较容易做到的。科研与法定检验的不同点就在于研究方案的“多样性”和“可调整性”。不同课题研究的最终目的千差万别，为达到其研究特有的目的，研究手段（或研究方案）各不相同。即使要求达到同一目标，也可以采取不同的研究路线。因此，使研究又具有复杂性。如何在研究工作开始之前，选择最佳的实验方案，以达到减少实验中动物使用量的目的，是每一位科研人员应该认真考虑的问题。

**2. replacement（替代）** 是指使用其他方法而不用动物所进行的实验或其他研究课题，以达到某一实验目的。或者是使用没有知觉的实验材料代替以往使用神志清醒的活的脊椎动物进行实验的一种科学方法。

替代有不同的分类方法。

（1）根据是否使用动物或动物组织，其替代方法可分为相对性替代和绝对性替代，前者是指采用人道的方法处死动物或使用细胞、组织及器官进行体外实验研究，或利用低等动物替代高等动物的实验方法；后者则是在实验中完全不用动物。

（2）按照替代物的不同，可分为直接替代（如志愿者或人类的组织等）和间接替代（如鲎试剂替代家兔热原试验）。

（3）根据替代的程度，又可分为部分替代（利用其他替代实验手段来代替动物实验中的一部分或某一步骤）和全部替代（用新的替代方法取代原有的动物实验方法）。

在替代方法使用方面，需要注意的是，在基础研究、医药、化学试剂和化妆品的安全检测、危险环境的检测、危险物品的检测等领域之间，毕竟存在着差距，在应用替代方法时应具体考虑。特别是在法定的检验工作中，如果非动物实验要作为动物实验的替代方法被采纳，则需经过严格的验证后被法规所认可，方可在法定检验中使用。

**3. refinement（优化）** 是指在符合科学原则的基础上，通过改进条件，善待动物，提高动物福利；或完善实验程序和改进实验技术，避免或减轻给动物造成与实验目的无关的疼痛和紧张不安的科学方法。

优化包括诸多内容，总体讲是一个科学化、规范化、标准化的过程，包括实验动物和动物实验两个方面。研究内容涉及实验设计、实验技术、仁慈终点、人员的培训、饲养环境及设施、动物运输、动物自然习性等方面，其中动物实验程序的优化是一项主要内容。

由于条件所限，特别是观念上的差别，动物实验的优化过程在不同国家、不同地区表现出较大的差别，发达国家和相对发展中国家做得好些，发展的进程也较快。在欧、美等地的一些发达国家，一个动物实验设计方案要经过实验动物管理委员会或伦理审查委员会的审批才能得以实施，主要内容必须包括以下方面。

（1）充分阐明实验的必要性，并证明没有任何其他方法可以取代该动物实验。

（2）充分阐明实验的合理性，即所用的实验动物种类、品系、数量、性别、日龄等都是科学合理的。能用小动物进行实验就不用非人灵长类及犬、猫等动物，用 10 只动物能完成实验就不用 11 只动物。

（3）明确实验过程可能给动物造成的疼痛、痛苦有多大，有些国家制定了疼痛等级评分表。

（4）如果是用非人灵长类动物做实验，对实验完成后退役的动物必须有妥善安置措施。如 1999 年美国在佛罗里达州的沙漠上建造了一所具有相当舒适度的设施，将十几年来研究用过的上百只大猩猩放在这里“颐养天年”。

## 第三节　实验动物福利立法

实验动物和动物实验是生命科学，特别是现代医学研究的基础和重要支撑条件。由于动物实验涉及伦理问题，引起了社会的广泛关注。有关国际组织和各国政府都以不同的立法形式加强对实验动物和动物实验的管理。

### 一、国际组织实验动物福利立法概况

实验动物福利问题不但引起世界各国的重视，某些国际组织对此也十分关注，并通过立法的方式，规范其成员国对实验动物的管理，保证实验动物的福利。

### （一）《保护在实验中或为达到其他科学目的使用脊椎动物的欧共体条例》

该条例1986年11月24日在欧洲议会获得通过，其主要内容包括规范了在实验室中使用动物的行为；制定了动物照料及食宿的最低标准、实验动物供应规则；规定了所有在实验室中使用的动物都应保证适宜的住所环境、运动空间、食物、水及健康与福利；保证所有实验动物都能享受其肉体及精神健康的权利；规定所有实验必须由专业人士操作或在专业人士指导下进行等。条例还充分体现了“3R”原则。

欧盟委员会在该条例上签字，这意味着该条例已经在欧盟成员国内生效，即使新成员国的政府没有单独在条例上签字，条例也适用于这个国家。

### （二）欧共体关于化妆品检验的决定

欧共体为了在不损害消费者利益的前提下尽可能保护动物，1993年通过了一个有关化妆品检验的修正案，其中增加了一项很重要的内容，这就是当经过验证非整体动物的替代方法可行时，应停止动物实验。

2000年4月14日，欧共体做出相应决定，要求成员国在2000年7月1日开始禁止使用动物对化妆品及原料进行安全性检测。这个通知发出后，由于某种缘故，欧共体在6月28日又宣布再次推迟本决定的执行时间2年（即从2002年7月1日开始）。

2002年11月7日，欧洲议会与欧盟理事会在布鲁塞尔再次达成协议，决定从2009年起在欧盟范围内禁止用动物进行化妆品毒性和过敏实验，也不允许成员国从外国进口和销售违反上述禁令的化妆品。欧盟希望化妆品公司在2009年以前能够找到替代检测方法。如果出现特殊安全需要，欧盟委员会可以允许成员国在经过特殊程序后，在动物身上进行化妆品成分安全性能测试。目前，英国、奥地利和荷兰已经禁止用动物进行化妆品成分测试，但并未禁止进口和销售此类产品。

### （三）《动物运输法规草案》

2003年8月22日，欧盟委员会通过了《动物运输法规草案》，该草案对欧盟现行的有关动物运输的指令进行了大规模修订，旨在全面提高动物在运输过程中的福利。

### （四）《识别、评估和使用临床症状对实验用动物在安全状态下实施仁慈终点的指导文件》

除了立法和国际公约之外，某些国际组织还发布了有关动物福利方面的指导性文件或指南。2000年12月，经济合作与发展组织（Organization for Economic Cooperation and Development，OECD）发布《识别、评估和使用临床症状对实验用动物在安全状态下实施仁慈终点的指导文件》。

经济合作与发展组织现行实验方针规定：凡是濒死或处于明显疼痛和持久痛苦中的动物均应实施人道主义处死。这一指导性文件目的是为了使“3R”原则应用于做毒性实验的动物，该文件为确定动物是否处于或即将处于濒死状态或承受严重疼痛及痛苦从而须实施安乐死提供指导方针及标准。

### （五）《实验动物饲养与管理指南》

《实验动物饲养与管理指南》是1982年世界卫生组织（World Health Organization，WHO）

与国际实验动物科学理事会根据双边合作计划与协议共同编写的。这部指南的重要内容之一是有关实验动物福利、健康和动物保护的。

### （六）WTO 有关实验动物福利保护的规则

实验动物属于实验用的动物，故 WTO 有关动物福利保护的规则显然也适用于实验动物的福利保护领域。涉及实验动物福利的保护规则，即动物生命、健康的保护和尊严的维护等与社会公共道德相关的规则，主要有以下几种。

1. 1994 年《关贸总协定》第 20 条。

2.《服务贸易总协定》第 14 条。

3.《技术性贸易壁垒协议》的序言。

4.《实施动植物卫生检疫措施的协定》第 2 条第 1 款和第 3 条第 2 款。

5.《补贴与反补贴措施协定》第 8 条第 2 款。

6.《反倾销措施协议》明确规定：如出口国的非国有企业采取虐待实验动物的方式或没有给予实验动物以必需的福利，致使出口实验动物和实验动物产品的价格明显低于国际市场的同类可比价格，进口国可以针对该产品征收一定的反倾销税。

## 二、国外实验动物福利立法概况

自 1822 年“马丁法令”在英国诞生以来，全世界已经有 100 多个国家或地区制定了禁止虐待动物法或动物福利法，其中专门为实验动物福利制定的法规越来越多。这里仅介绍部分国家实验动物福利立法概况，其中有经济发达国家，也有发展中国家。

在美洲，实验动物福利立法方面处于领先地位的国家是美国和加拿大。

美国的动物福利立法是从 1866 年开始起步的。100 年后，即 1966 年，出台了第一部专门针对实验动物福利的法规——《实验室动物福利法》。该法先后于 1970 年、1976 年、1985 年、1990 年和 2003 年进行了大规模的修订。其中，1985 年修订时通过了《提高实验动物福利标准法》修订案，确认保护的动物有犬、猫、非人灵长类、豚鼠、地鼠、兔、水生哺乳类动物及其他温血动物。1999 年修改时将该法的名称改为《动物和动物产品法》。

《动物和动物产品法》属于美国联邦法律。由美国动植物检疫局起草制定，国会参众两院正式通过，联邦政府委托美国农业部执法。该法规收集在《美国联邦法规第 9 篇第 1 卷第 1 章》，总题目是《动物和动物产品》，包括《犬、猫的人道管理、照顾、治疗和运输规则》等 5 个规则。

美国在实验动物福利管理方面的另一重要文件是《关于在测试、科研和培训中脊椎动物的管理和使用原则》，该原则是 1985 年由美国“部门间研究用动物委员会”制定的。委员会成立于 1983 年，作为联邦各级机构讨论涉及生物医学研究和测试中使用的所有动物种类的各种问题的一个中心，委员会主要关心的是研究动物的保护、使用、管理和福利等问题，它的职责包括情报交流、计划协调和致力于制定政策。

英国是欧洲有代表性的国家。英国在动物福利立法方面有五个显著特点：一是最早，二是最多，三是对世界影响最大，四是最先提出动物实验的“3R”原则，五是非政府机构参与法规的制定和执行。

## 三、我国实验动物福利立法概况

与国外相比，我国实验动物福利立法相对落后，不但落后于美、英等发达国家，而且落后于

某些发展中国家。

到目前为止，我国已经有两部专门为实验动物福利制定的法规。其一是科技部发布的《关于善待实验动物的指导性意见》，其二是香港特区发布的《实验动物照料与使用守则》。除这两部法规外，我国地方性法规，如《北京市实验动物管理条例》《湖北省实验动物管理条例》及台湾地区的《动物保护法》等都有实验动物福利方面的内容。其中，《北京市实验动物管理条例》有关实验动物福利的内容并不多，其后发布了《北京市实验动物福利伦理审查指南》，其内容充实、具体，可操作性强。除此以外，2018 年 2 月，国家标准化管理委员会发布了由中国实验动物学会、实验动物福利伦理专业委员会等多家单位起草的推荐性国家标准《实验动物福利伦理审查指南》（GB/T35892-2018）。此标准规定了实验动物生产、运输和使用过程中的福利伦理审查和管理的要求，包括审查机构、审查原则、审查内容、审查程序、审查规则和档案管理等内容，并附加一份“实验动物福利伦理审查表”，供开展动物实验的机构参考使用。

### （一）《关于善待实验动物的指导性意见》

2006 年 9 月 3 日，科技部发布了《关于善待实验动物的指导性意见》。该指导性意见使我国在动物福利立法方面迈出了第一步，结束了我国没有专门的动物福利法规的历史，填补了我国实验动物福利管理法规的空白，促进了我国在实验动物管理方面与国际接轨。

该指导性意见分别对实验动物饲养过程、使用过程和运输过程中如何善待实验动物提出了具体意见，同时提出了与善待实验动物有关的行政措施。

### （二）《实验动物照料与使用守则》

《实验动物照料与使用守则》由香港动物福利咨询小组拟备，并由香港渔农自然护理署编制，2004 年 12 月发布。从内容上看，这是一部完整的实验动物福利法规，是香港大学、研究实验室和香港特区政府所采取的整体策略中的一环，其目的是确保香港机构在使用动物进行研究时，能以人道方式对待动物，并将所使用动物的数目减至最少，而在可能的情况下，更应改用无须涉及动物的其他实验方法。

《实验动物照料与使用守则》提出一些比较有特点的规定和观点。

1. 动物如果受到极大痛苦，必须立即施以人道处死，“减轻动物所受的痛楚或痛苦较完成实验项目更为重要”。

2. “所有研究人员，包括总研究人员、辖下研究人员及进行实验的任何小组成员，均须根据香港法例第 340 章的有关条文领有适当的许可证”。

3. 必须为怀孕的动物提供巢窝物料。

## 第四节　医学研究中应善待实验动物

### 一、动物福利问题对动物实验结果的影响

动物实验能够在医学科学研究中发挥重要作用，其前提是必须选择符合标准的、健康的、遗传背景清楚的实验动物，同时还要排除各种干扰因素，消除不利影响。干扰和影响动物实验结果的因素很多，有人为因素、实验环境因素、仪器和设备因素、动物因素等。其中动物因素包括动物品种品系、模型的选择，动物质量是否符合标准。具体地说，动物体内是否被致病微生物感

染，动物的营养状况是否良好，动物的发育是否正常，生理特性如血压、心率、呼吸频率是否正常等。这些因素又取决于动物饲养过程、运输过程、抓取过程和实验过程中的各种福利因素，简单地说，就是动物受到的待遇是虐待还是善待。

受污染的动物、受虐待的动物及营养不良发育欠佳的动物用于实验，其结果必然失去准确性、真实性和可靠性，甚至得出错误的结论。所以，实验动物生命的全过程都应当得到良好的照顾，保持实验动物稳定的心理、生理状态，使动物实验得到理想的结果。

某些动物实验需要设立对照组。理论上讲，对照组与实验组的动物个体差异越小越好。实践表明，在良好的善待氛围内培育的动物身体健康，质量好，个体差异小；而遭遇虐待的动物身体状况和微生物学、寄生虫学质量不如前者，个体之间差异较大，从而增加了干扰因素，影响了对照效果。

## 二、应激反应对动物实验的干扰和影响

应激反应（alarm reaction）是动物的自我保护性反应。环境、噪音、追赶、抓取、戏弄、挑逗、刺激等都能引起动物的应激反应。动物从出生到死亡，会不可避免地多次受到来自各方面的刺激，因而会频繁产生应激反应。过度和持久的应激反应会影响内脏功能，使之失调，导致多种病变：如心理失衡、情绪变异导致神经衰弱、自主神经功能紊乱、内脏血管过度紧张收缩、多种内脏病变及内分泌失调等，严重的可使内脏功能下降。在这种情况下进行动物实验，其结果难以评价。

动物在面对高温、严寒等环境变换及强大噪音、野蛮抓取、戏弄、挑逗、猛烈刺激或危及生命时，会表现出愤怒或惊恐，精神处于高度紧张状态，其行为或挣扎反抗，或隐藏躲避，这是应激反应的外在表现。应激反应的内在表现是交感神经兴奋、垂体和肾上腺皮质激素分泌增多、血糖升高、血压上升、心率加快、呼吸加速等。这就要求在实验动物饲养、运输、抓取和保定过程中，特别是在实验实施之前和实施过程中，一定要善待动物，尽量减少动物应激反应，以保证动物实验的真实性和准确性。实验实施之前，如果对动物进行温柔地抚慰，动物会显得比较平和、温顺，有的甚至能够配合操作者进行实验。反之，如果操作者态度恶劣、动作野蛮粗暴，动物也会产生一种反抗的情绪，有时动物会有意与人作对，拒不配合，实验很难继续进行，即使勉强进行下去，也得不到真实、准确的实验结果。

## 三、善待实验动物的要求和相关措施

善待实验动物贯穿在实验动物生命的全过程，只有始终保持实验动物稳定的心理、生理状态，才能得到理想的实验结果。科技部2006年9月发布了《关于善待实验动物的指导性意见》，其主要精神和内容如下。

### （一）善待实验动物定义

善待实验动物是指在饲养管理和使用实验动物过程中，要采取有效措施，使实验动物免遭不必要的伤害、饥渴、不适、惊恐、折磨、疾病和疼痛，保证动物能够实现自然行为，受到良好的管理与照料，为其提供清洁、舒适的生活环境，提供充足的、保证健康的食物、饮水，避免或减轻疼痛和痛苦等。

### （二）各单位管理组织的任务

实验动物生产及使用单位应设立实验动物管理委员会（或实验动物道德委员会、实验动物

伦理委员会等），其主要任务是保证本单位实验动物设施、环境符合善待实验动物的要求，实验动物从业人员得到必要的培训和学习，动物实验实施方案设计合理，规章制度齐全并能有效实施，并协调本单位实验动物的应用者尽可能合理地使用动物以减少实验动物的使用数量。

### （三）善待实验动物的内容

善待实验动物包括倡导“减少、替代、优化”的“3R”原则，科学、合理、人道地使用实验动物。

### （四）饲养管理过程中善待实验动物的要求

1. 实验动物生产、经营单位应为实验动物提供清洁、舒适、安全的生活环境。饲养室内的环境指标不得低于国家标准。

2. 实验动物笼具、垫料质量应符合国家标准。笼具应定期清洗、消毒；垫料应灭菌、除尘，定期更换，保持清洁、干爽。

3. 各类动物所占笼具最小面积应符合国家标准，保证笼具内每只动物都能实现自然行为，包括转身、站立、伸腿、躺卧、舔梳等。笼具内应放置供实验动物活动和嬉戏的物品。孕、产期实验动物所占用笼具面积，至少应达到该种动物所占笼具最小面积的 110%以上。

4. 对于非人灵长类实验动物及犬、猪等天性喜爱运动的实验动物，应设有运动场地并定时遛放，运动场地内应放置适于该种动物玩耍的物品。

5. 饲养人员不得戏弄或虐待实验动物。在抓取动物时，应方法得当，态度温和，动作轻柔，避免引起动物的不安、惊恐、疼痛和损伤。在日常管理中，应定期对动物进行观察，若发现动物行为异常，应及时查找原因，采取有针对性的必要措施予以改善。

6. 饲养人员应根据动物食性和营养需要，给予动物足够的饲料和清洁的饮水。其营养成分、微生物控制等指标必须符合国家标准。应充分满足实验动物妊娠期、哺乳期、术后恢复期对营养的需要。对实验动物饮食、饮水进行控制时，必须有充分的实验和工作理由，并报实验动物管理委员会（或实验动物道德委员会、实验动物伦理委员会等）批准。

7. 实验犬、猪分娩时，宜有兽医或经过培训的饲养人员进行监护，防止发生意外。对出生后不能自理的幼仔，应采取人工喂乳、护理等必要的措施。

### （五）应用过程中善待实验动物的要求

1. 实验动物应用过程中，应将动物的惊恐和疼痛减少到最低程度。实验现场避免无关人员进入。在符合科学原则的条件下，应积极开展实验动物替代方法的研究与应用。

2. 在对实验动物进行手术、解剖或器官移植时，必须进行有效麻醉。术后恢复期应根据实际情况，进行镇痛和有针对性的护理及饮食调理。

3. 保定实验动物时，应遵循“温和保定，善良抚慰，减少痛苦和应激反应”的原则。保定器具应结构合理、规格适宜、坚固耐用、环保卫生、便于操作。在不影响实验的前提下，对动物身体的强制性限制宜减少到最低程度。

4. 处死实验动物时，须按照人道主义原则实施安死术。处死现场，不宜有其他动物在场。确认动物死亡后，方可妥善处置尸体。

5. 在不影响动物实验判定的情况下，应选择“仁慈终点”，避免延长动物承受痛苦的时间。

6. 灵长类实验动物的使用仅限于非用灵长类动物不可的实验。除非因伤病不能治愈而备受煎熬者，猿类灵长类动物原则上不予处死，实验结束后单独饲养，直到自然死亡。

### （六）运输过程中善待实验动物的要求

实验动物的国内运输应遵循国家有关活体动物运输的有关规定；国际运输应遵循有关规定，运输包装应符合国际航空运输协会（International Air Transport Association，IATA）的要求。实验动物运输应遵循的原则。

1. 最直接的途径，本着安全、舒适、卫生的原则尽快完成。

2. 运输实验动物，应把动物放在合适的笼具里，笼具应能防止动物逃逸或其他动物进入，并能有效防止外部微生物侵袭和污染。

3. 运输过程中，能保证动物自由呼吸，必要时应提供通风设备。

4. 实验动物不应与感染性微生物、害虫及可能伤害动物的物品混装在一起运输。

5. 患有伤病或临产的怀孕动物，不宜长途运输，必须运输的，应有监护和照料。

6. 运输时间较长的，途中应为实验动物提供必要的食物和饮用水，避免实验动物过度饥渴。

7. 在装、卸过程中，实验动物应最后装上运输工具。到达目的地时，应最先离开运输工具。

8. 水陆运送实验动物，应有人负责照料；空运实验动物，发运方应将飞机航班号、到港时间等相关信息及时通知接收方，接收方接收后应尽快运送到最终目的地。

9. 高温、高热、雨雪和寒冷等恶劣天气运输实验动物时，应对实验动物采取有效的防护措施。

10. 地面运送实验动物应使用专用运输工具，专用运输车应配置维持实验动物正常呼吸和生活的装置及防震设备。

### （七）善待实验动物的相关措施

1. 生产、经营和使用实验动物的组织和个人必须取得相应的行政许可。

2. 使用实验动物进行研究的科研项目，应制定科学、合理、可行的实施方案。该方案经实验动物管理委员会（或实验动物道德委员会、实验动物伦理委员会等）批准后方可组织实施。

3. 使用实验动物进行动物实验应有益于科学技术的创新与发展；有益于教学及人才培养；有益于保护或改善人类及动物的健康和福利或有其他科学价值。

4. 各级实验动物管理部门应根据实际情况制定实验动物从业人员培训计划并组织实施，保证相关人员了解善待实验动物的知识和要求，正确掌握相关技术。

5. 有下列行为之一者，视为虐待实验动物。情节较轻者，由所在单位进行批评教育，限期改正；情节较重或屡教不改者，应离开实验动物工作岗位；因管理不妥屡次发生虐待实验动物事件的单位，将吊销单位实验动物生产许可证或实验动物使用许可证。

（1）非实验需要，挑逗、激怒、殴打、电击或用有刺激性食品、化学药品、毒品伤害实验动物者。

（2）非实验需要，故意损害实验动物器官者。

（3）玩忽职守，致使实验动物设施内环境恶化，给实验动物造成严重伤害、痛苦或死亡者。

（4）进行解剖、手术或器官移植时，不按规定对实验动物采取麻醉或其他镇痛措施者。

（5）处死实验动物不使用安死术者。

（6）在动物运输过程中，违反本意见规定，给实验动物造成严重伤害或大量死亡者。

（7）其他有违善待实验动物基本原则者。

### （八）相关术语

**1. 保定** 为使动物实验或其他操作顺利进行而采取适当的方法或设备限制动物的行为，实施这种方法的过程叫保定。

**2. 安死术** 是指用公众认可的、以人道的方法处死动物的技术。其含义是使动物在没有惊恐和痛苦的状态下安静地、无痛苦地死亡。

**3. 仁慈终点** 是指动物实验过程中，在得知实验结果时，选择动物表现疼痛和压抑的较早阶段为实验的终点。

## 第五节 实验动物病志建立的意义与作用

实验动物病志是动物实验人员对实验动物的基本信息、环境因素、饮食情况、外观形态、疾病状态以及药物干预和实验后动物接受安死术或其他处置等进行规范记录的动物实验档案。善待实验动物贯穿在实验动物生命的全过程，只有始终保持实验动物稳定的心理、生理状态，才能得到理想的实验结果；同时它也是一种福利需要，更是一种人文关怀。如果为实验动物建立一套详尽完善的实验动物病志，并结合实验动物自身的实验设计、实验要求，对实验动物各种信息等加以记录保存，就能对实验动物的行为、习性更加熟悉，可以更好地满足实验动物的生活、生理需要，进而获得科学可靠的实验数据。因此，建立实验动物病志具有重要作用。

### 一、在实验动物健康保障和护理中的作用

实验动物是生命科学研究中重要的组成部分，随着生命科学的不断发展，对实验动物的质量也提出了更高的要求，作为非人类动物，它们的生活也有好坏之分，亦有痛觉或是痛苦的体验，并且实验动物的身体状况和精神状态直接影响科研的结果，因此不论从人文关怀角度，还是从保证科研结果的真实准确方面，都有义务尽量保障实验动物的健康，减少实验动物的痛苦。可以说，善待实验动物既是自然科学发展的必然趋势，也是社会科学发展的必然结果。在这种情况下，实验动物病志的建立可以对实验动物的生理状态、病理表现及其诊治、实验诱导疾病及实验后动物接受安死术或其他处置等进行及时记录，使实验及饲养人员更加熟悉实验动物的健康状况、生理习惯及病理表现等，可以更好地满足实验动物的生活、生理需要，从而保障动物健康，获得高质量的实验动物，进而获得科学可靠的实验数据。另外，实验动物病志也可作为制定相关实验动物福利法律法规的依据，为实验动物福利问题的解决提供一种积极的思路。

### 二、在实验动物防疫工作中的作用

在医学和兽医学领域，疫苗接种和药物治疗是预防传染病的有效手段，但是出于对实验结果和经济方面的考虑，实验动物有时不采取疫苗接种和药物治疗，而且即使经过治疗或免疫的动物也可能是带菌或带毒者，这样就增加了实验动物患多种传染病的危险性，如禽流感、狂犬病、鼠疫等，一旦管理不善和失控，既可能引起动物发病造成巨大损失，也会使动物实验结果失去科学性和准确性，甚至造成动物实验终止。更为严重的是还会导致接触人员感染，造成人与人之间传播，给人们的生命和健康带来严重威胁，成为社会生物安全的隐患。因此，实验动物的防疫工作尤为重要。而建立实验动物病志，对每只实验动物的病例资料随时进行收集、记录，可协助工作

人员在动物疾病发生时做出早期的初步诊断，并对其生物安全危害程度进行初步评估，进而采取有效的防护措施，制定消毒防疫制度、驱虫制度、免疫程序、净化措施、疫病诊断方法及预防措施，做好人员防护和环境控制，防止疫情进一步扩大。

## 三、在与实验动物相关认证中的作用

实验动物作为动物实验的重要组成部分，其质量决定着实验结果是否科学、准确，因此理应接受实验动物相关部门的认证。而不论是国内实验机构贯彻落实科技部发布的《关于善待实验动物的指导性意见》，实验动物管理机构发放的实验动物生产许可证、实验动物使用许可证及GLP认证，还是国际上的动物管理与使用委员会（Institutional Animal Care and Use Committee，IACUC）的审查与评估、实验动物饲养管理评估及认证协会（Association for Assessment and Accreditation of Laboratory Animal Care，AAALAC）认证及欧盟《用于实验和其他科学目的的脊椎动物保护欧洲公约》，动物实验人员在接受认证和检查前的准备工作中均应制定出一套完善的与实验动物饲养管理和使用相关的SOP（standard operation practice）和管理制度等。而实验动物病志可为SOP的撰写、修订提供翔实的资料，如实验动物的接收、饲养、观察和健康监测，实验动物相关操作如抓取、保定、给药、采样、安死术、剖检和兽医诊治以及实验动物对环境的要求等。

## 四、在动物实验设计与实施中的作用

### （一）促进实验研究对“3R”原则的践行

“3R”原则是保障实验动物福利、优化动物实验设计的重要原则。而实验动物病志对动物的健康状态和疾患资料进行收集、积累，对一些自发病和诱发病进行详细记录，使实验人员能够使用较少的动物获取相同量的信息或从同样数量的动物获得更多的信息，进一步达到从每个实验最大化获得知识的同时减少实验用动物的数量。同时实验动物病志对动物行为、习性的记录可提示实验人员改善饲养和实验程序，选择使用降低或减少疼痛或不安的方法，使实验设计体现“减少”“优化”原则，并为“替代”原则的实现奠定基础。

### （二）有利于实验研究中偏倚的控制

实验研究中，测量方法的缺陷、诊断标准不明确或资料的缺失遗漏等常会导致信息偏倚。而要完全避免这种信息偏倚几乎是不可能的，但是可以通过优化实验设计与实施减小这种偏倚。建立实验动物病志后，可以利用实验室检查结果、查阅研究对象的健康体检记录或诊疗护理记录等作为调查信息来源，来模拟“盲法”收集资料及使用客观指标控制偏倚。这样可以避免实验研究人员因回忆实验动物的既往史时的记忆失真或回忆不完整造成的偏倚，进而使实验研究结果更符合实际情况；并能最小化主观实验观察的定性评分偏倚，改善实验方法的严谨性和结果的科学性。根据病志提供的实验动物信息，还可以充分实现实验设计的均衡原则，使各组间除了要研究的处理因素外，其他因素尽可能一致，有效地减少实验误差。

## 五、在比较医学研究中的作用

有些实验动物有着与人类极为相似的自发性和诱发性疾病，用其进行疾病造模来研究人类相应疾病的发生、发展规律和诊断、预防、治疗，以求探索各种疾病与衰老机理，控制人类的疾

病、衰老，延长人类的寿命，直接为保护和增进人类健康服务。利用实验动物进行人类疾病造模作为一种极为重要的实验方法和手段，在人类各系统疾病如心血管、呼吸、内分泌、神经系统等医学研究中都有着广泛的应用。实验动物病志的建立，对动物的健康和疾病资料进行收集、积累，可对一些自发病和诱发病进行详细记录，从而在选择动物模型时，较快地获得所需要的模型动物，省去了重新建模的麻烦，既节省了时间，又充分利用了已有资源，有效促进了比较医学研究的发展。

第三章

# 实验动物的质量控制和相关要求

扫一扫，查阅本章数字资源，含PPT、音视频、图片等

## 第一节 实验动物的遗传学及遗传质量控制

实验动物遗传学作为遗传学的一个分支，主要是利用遗传调控原理，按照人类的意愿和科学研究的需要，控制和改造实验动物的遗传特性，培育新的动物品系和各种动物模型，以此阐明动物的外在表现型与遗传特性之间的关系。根据遗传学原理和相关技术，开展实验动物遗传监测和特性测定也是实验动物遗传学的研究范畴。

### 一、实验动物遗传学分类

根据遗传特点的不同，实验动物分为近交系、封闭群和杂交群。此外，也有把突变系单独列出。实际上，突变系可以归类于近交系。

### 二、近交系动物

#### （一）近交系（inbred strain）

**1. 定义** 经至少连续20代的全同胞兄妹交配培育而成，品系内所有个体都可追溯到一对共同祖先。经连续20代以上亲代与子代交配与全同胞兄妹交配有等同效果。近交系以兄妹交配方式维持。近交系的近交系数（inbreeding coefficient）应大于99%。

**2. 命名** 近交系一般以大写英文字母命名，亦可以用大写英文字母加阿拉伯数字命名，符号应尽量简短，如A系、TA1系等。近交过程中有共同祖先但分离为不同的近交系，用相近的名称，如NZB、NZC、NZO等。有些品系没有按照这个规则进行命名，如129P1/J、615等。为了方便，近交系常用缩写表示。

**3. 近交代数** 近交系的近交代数用大写英文字母F加数字表示。例如，当一个近交系的近交代数为87代时，写成（F87）。如果对以前的代数不清楚，仅知道近期的近交代数为25，可以表示为（F？+25）。

**4. 亚系（substrain）**

（1）亚系的形成 近交系的亚系分化是指一个近交系内各个分支的动物之间，随着时间的推移和环境变化，出现遗传差异。通常下述三种情况会发生亚系分化。

① 兄妹交配代数在20代以后40代以前形成的分支，由于杂合残留导致遗传分化。

② 从共同祖先分开20代以上，因突然变异和遗传漂变（genetic drift）导致品系内遗传分化。

③ 经遗传分析已发现一个分支与其他分支存在遗传差异。产生这种差异的原因可能是残留杂合、突变或遗传污染（genetic contamination）（即一个近交系与非本品系动物之间杂交引起遗传改变）。由于遗传污染形成的亚系，通常与原品系之间遗传差异较大，因此对这样形成的亚系应重新命名。例如，由 GLaxo 保持的 A 近交系在发生遗传污染后，重新命名为 A2G。

（2）亚系的命名　亚系的命名方法是在原品系的名称后加一道斜线，斜线后标明亚系的符号。亚系的符号可以是以下几种。

① 培育或产生亚系的单位或人的英文名称缩写，第一个字母用大写，以后的字母用小写。使用缩写英文名称应注意不要和已公布过的名称重复。例如，A/He，表示 A 近交系的 Heston 亚系；CBA/J，由美国杰克逊研究所保持的 CBA 近交系的亚系。

② 当一个保持者保持的一个近交系具有两个以上的亚系时，可在数字后再加保持者的英文名称缩写来表示亚系，如 C57BL/6J、C57BL/10J 分别表示由美国杰克逊研究所保持的 C57BL 近交系的两个亚系。

③ 一个亚系在其他机构保种，形成了新的群体，在原亚系后加注机构缩写。如 C3H/HeH 是 Heston（He）后加 Hanwell（H）保存的亚系。

④ 作为以上命名方法的例外情况是一些建立及命名较早，并为人们所熟知的近交系，亚系名称可用小写英文字母表示，如 C57BR/cd 等。但注意 BALB/c、DBA/1、DBA/2 不是亚系。

## （二）特殊类型的近交系动物

以近交系动物为背景，经过基因重组或使之携带突变基因所培育的近交系动物。

**1. 重组近交系（recombinant inbred strain）和重组同类系（recombinant congenic strain）**

（1）定义

① 重组近交系　用两个近交系杂交后，再经连续 20 代以上兄妹交配育成的近交系。

② 重组同类系　用两个近交系杂交后，子代与两个亲代近交系中的一个近交系进行数次回交（通常回交 2 次），通过对特殊基因进行选择的连续兄妹交配（通常大于 14 代）而育成的近交系。

（2）命名

① 重组近交系的命名　用两个亲代近交系的缩写名称中间加大写英文字母 X 命名。由相同双亲交配育成的一组近交系用阿拉伯数字予以区分。

② 重组同类系的命名　用两个亲代近交系的缩写名称中间加小写英文字母 c 命名，用其中做回交的亲代近交系（称受体近交系）在前，供体近交系在后。由相同双亲育成的一组重组同类系用阿拉伯数字予以区分。如 CcS1，表示由以 BALB/c（C）为亲代受体近交系，以 STS（S）品系为供体近交系，经 2 代回交育成的编号为 1 的重组同类系。供体缩写为数字的用连接符号表示。

同样，如果父系缩写为数字，如 Cc8，为区分不同 RC 组则用连接符表示为 Cc8-1。

**2. 同源突变近交系（coisogenic inbred strain）**

（1）定义　两个近交系，除了在一个指明位点等位基因不同外，其他遗传基因全部相同，简称同源突变系。

同源突变系一般由近交系发生基因突变或者人工诱变（如基因剔除）形成。用近交代数表示出现突变的代数，如 F110+F23，是近交系在 110 代出现突变后近交 23 代。

由 ES 细胞制作的品系，通过与 ES 细胞来源的近交系交配来维持的也作为同源突变系，但要考虑染色体的变异。同样，通过化学物质或放射线诱发的突变也可作为同源突变系，但基因组上有可能存在其他突变。

同源突变系如果不定期与亲本品系回交，可能因遗传突变产生变异。

（2）命名　由发生突变的近交系名称后加突变基因符号（用英文斜体印刷体）组成，二者之间以连接号分开，如：DBA/Ha-*D*。

当突变基因必须以杂合子形式保持时，用“+”号代表野生型基因，如：A/Fa-+/*c*。

129S7/SvEvBrd-$Fyn^{tm1Sor}$ 为用来源 129S7/SvEvBrd 品系的 AB1 ES 细胞株制作的 *Fyn* 基因变异的同源突变系。

**3. 同源导入近交系（congenic inbred strain）**

（1）定义　将一个基因导入到一个近交系，通过多次回交（backcross），而培育成的新的近交系，称为同源导入近交系，简称同源导入系，又称同类近交系、同类系。

至少要回交 10 个世代，供体品系的基因组在 0.01 以下。通过选择适当的标记进行交配，可在 5 个世代达到同样效果，称为“快速导入法”。在发表时应注明选择的标记数和染色体上的间隔。

组织相容性抗原（MHC）基因位点不同，互相移植排斥的同类近交系称为同源抵抗系（congenic resistant，CR）。

（2）命名　同源导入系名称由以下几部分组成。

① 接受导入基因（或基因组片段）的近交系名称。

② 提供导入基因（或基因组片段）的近交系的缩写名称，并与 a 之间用英文句号分开。

③ 导入基因（或基因组片段）的符号（用英文斜体），与 b 之间以连字符分开。

④ 经第三个品系导入基因（或基因组片段）时，用括号表示。

⑤ 当染色体片段导入多个基因（或基因组片段）或位点，在括号内用最近和最远的标记表示出来。

## （三）其他特殊近交系

**1. 染色体置换系（consomic strains or chromosome substitution strains）**　把某一染色体全部导入近交系中，反复进行回交形成的近交系。与同类系相同，将 F1 作为第 1 个世代，至少要 10 个回交。

**2. 分离近交系（segregating inbred strains）**　将特定的等位基因或遗传变异以杂合子形式保存的近交系。

**3. 核转移系（conplastic strains）**　将某个品系的核基因组转移到别的品系细胞质而培育的品系。

**4. 混合系（mixed inbred strains）**　由两个亲本近交系（其中一个是重组基因的 ES 细胞株）混合而培育的品系。

**5. 互交系（advanced intercross lines）**　是两个近交系间繁殖到 F2，采取避免兄妹交配的互交所得到的多个近交系。由于其较高的相近基因位点间的重组率而被应用于突变基因的精细定位分析。

**6. 转基因动物（transgenic animals）**

（1）定义　通过实验手段将新的遗传物质导入动物胚细胞中，并能稳定遗传，由此获得的动物称为转基因动物。

（2）转基因动物命名　转基因动物的命名遵循以下原则：背景品系加连接符号和转基因符号。

符号：一个转基因符号由以下三部分组成，均以罗马字体表示。

TgX　(YYYYYY) # # # # # Zzz,

其中各部分符号表示含义为如下。

TgX　= 方式（mode）

(YYYYYY) = 插入片段标示（insert designation）

# # # # # =实验室指定序号（laboratory-assigned number）

Zzz=实验室注册代号（laboratory code）

以上各部分具体含义及表示如下。

① 方式　转基因符号通常冠以Tg字头，代表转基因（transgene）。随后的一个字母（X）表示DNA插入的方式：H代表同源重组，R代表经过反转录病毒载体感染的插入，N代表非同源插入。

② 插入片段标示　插入片段标示是由研究者确定的表明插入基因显著特征的符号。通常由放在圆括号内的字符组成：可以是字母（大写或小写），也可由字母与数字组合而成，不用斜体字、上下标、空格及标点等。

③ 实验室指定序号及实验室注册代号　实验室指定序号是由实验室对已成功的转基因系给予的特定编号，最多不超过5位数字，而且插入片段标示的字符与实验室指定序号的数字位数之和不能超过11。

**7. 突变系（mutant strains）**

突变系是指带有突变基因的动物，包括同源突变近交系、同源导入近交系和分隔近交系，实际上是一类近交系，由于突变系动物在繁殖方式上的特殊性，将其单独列出。

（1）回交体系（backcross）　回交体系主要用于显性突变、共显性突变、隐性致死性突变和半显性致死性突变。可使携带杂合差异基因的个体反复与近交系回交，第一次杂交定为N0代，以后每次回交定为N1代、N2代等，直到N10代之后，就可用差异基因纯合子或杂合子兄妹交配进行维持。

（2）杂交-互交体系（cross-intercross）　多用于隐性有活力的突变，由于供体品系提供的是隐性等位基因，但杂合状态下不能检出隐性等位基因，因而采用杂交-互交体系，可使携带纯合差异基因的个体与近交系杂交，然后互交，选择纯合个体与近交系再次杂交，这样每次与近交系杂交等于回交系统中的一次回交。每一次杂交定为M0代，以后每轮杂交定为M1代、M2代等，直到M10代以上，就可以用差异基因纯合子或杂合子兄妹交配进行维持。

## （四）近交系动物的特点

**1. 近交系动物遗传特点**

（1）基因纯合性　经20代以上的近交培育，其任何一个基因位点的纯合概率在98.6%以上，基因组中几乎所有基因位点的两个基因都是纯合的，包括隐性基因也是纯合的，品系将保留和表现所有遗传性状，有利于形成疾病模型。

（2）遗传稳定性　每一代纯合子之间繁殖，下一代位点上的基因组成保持恒定，有利于遗传性状长久不变，优良性状得以保持。

（3）品系遗传同源性　品系内所有个体的遗传结构，可以追溯到同一祖先，由于来源于共

同祖先的一个拷贝，品系中任意两个个体之间的基因型都是相同的，有利于生物学特性对比。

（4）*品系遗传组成和表现性状一致性* 由于品系内所有个体与祖先具同源性，所以全部个体之间的遗传结构及表现性状也相同，这使得实验研究的结果尽可能一致。

（5）*品系间遗传组成和表现性状独特性* 由于育种过程中，不同基因分配到各个近交系中，并且加以纯合固定，因此所形成的不同近交系遗传结构存在差异，表现性状也有差别，利于品系多样性，更适合各种不同的实验研究。

（6）*品系间遗传概貌可辨认性* 各品系间不同生物学性状形成的遗传标记，组成一定的遗传概貌，以利于动物品系的鉴别区分。

（7）*对实验反应的敏感性* 由于近交衰退，品系某些生理过程中的稳定性降低，对外界因素变化如实验刺激更为敏感，增加了近交系动物的灵敏度。

（8）*资料完整性* 近交系动物品系多，分布广泛，各系间差异大，因此其资料较丰富。另外，动物性状稳定遗传，保持的资料有沿用价值。

**2. 近交系动物应用特点**

（1）近交系动物个体之间遗传差异很小，对实验反应一致，可以消除杂合遗传背景对实验结果的影响，统计精度高，因此，在应用中只需使用少量动物就能进行重复定量实验。

（2）近交系动物个体间主要组织相容性抗原一致，因此是涉及组织、细胞或肿瘤移植实验必不可少的动物模型，如近交系大鼠适合脏器移植。

（3）由于近交，隐性基因纯合，其病理性状得以暴露，可以获得大量先天性畸形及先天性疾病的动物模型，如糖尿病、高血压等。这些动物遗传背景清楚，是进行疾病分子机理研究的理想实验材料。

（4）某些近交系肿瘤基因纯合，自发或诱发性肿瘤发病率上升，并可以使许多肿瘤细胞株在动物上相互移植传代，成为肿瘤病因学、肿瘤药理学研究的重要模型。

（5）同时使用多个近交系，可分析不同遗传组成对某项实验的影响，或者观察实验结果是否具有普遍意义。例如，研究同一基因在不同遗传背景下的作用，或研究不同基因在同一遗传背景下的功能。

## 三、封闭群动物

**1. 定义** 以非近亲交配方式进行繁殖生产的一个实验动物种群，在不从其外部引入新个体的条件下，至少连续繁殖4代以上，称封闭群（closed colony），亦称远交群（outbred stock）。

封闭群动物的关键是不从外部引进新的基因，同时进行随机交配，以保持动物群体基因杂合性，这样封闭群动物的生产力、生育力均会超过近交系。从群体遗传学的角度看，动物群体的基因频率达15代后才趋于稳定，动物群体的基因频率稳定后才称得上封闭群。

封闭群除了来源清楚、遗传背景明确、有较完整档案材料（种群名称、遗传组成特点及主要生物学特征）、与公开发表有关材料相符外，为了保持其遗传异质性及基因多态性的稳定，引种或留种还应经常达到有效数量。如小型啮齿类封闭群动物群体的有效数量一般不能少于25对。假设有一个由N个个体组成的群体，能产生2N个配子。在下一代中，两个来自同一个体的配子结合成合子的概率为1/2N。这就是近交系数的增加量。

**2. 命名** 封闭群由2~4个大写英文字母命名，种群名称前标明保持者的英文缩写名称，第一个字母须大写，后面的字母小写，一般不超过4个字母。保持者与种群名称之间用冒号分开。

例如：N：NIH表示由美国国立卫生研究院（N）保持的NIH封闭群小鼠。Lac：LACA表示

由英国实验动物中心（Lac）保持的LACA封闭群小鼠。

**3. 特点** 封闭群动物就其群体而言没有引进新的个体，其遗传特性及反应性可保持相对稳定，但群内个体则具有杂合性，主要有以下特点。

（1）呈遗传多态性 远交系动物在同一基因位点上，包含更多的等位基因，即具有更高的基因多态性，表现对较多的外界刺激因子呈现反应。

（2）因远交系动物多数基因处于杂合状态，所以具有较强的杂交优势，表现为抵抗力、生产力及生活力多优于近交系。

（3）对某种特定刺激的反应性及重复性不及近交系，群体遗传接近自然种属特征。

## 四、杂交群动物

**1. 定义** 由不同近交品系之间杂交产生的后代的群体，称杂交群（hybrid colony），有时为了特殊目的也采用种群之间杂交。

**2. 命名** 杂交群应按以下方式命名：以雌性亲代名称在前，雄性亲代名称居后，二者之间以大写英文字母“X”相连表示杂交。将以上部分用括号括起，再在其后标明杂交的代数（如F1、F2等）。

**3. 特点** 杂交动物的双亲来自两个不相关的近交系，它具有以下几种特征。

（1）具有杂交优势，避免近交系抵抗力较低的缺点，具有较强的生命力、适应性和抗病能力。

（2）遗传均一，各个个体的基因型相同，是其父母基因型的组合。

（3）表型一致，每个个体的遗传物质均等地来自双亲，虽表现杂合性，但个体间遗传均质性好，实验可以重复，表现一致性。

（4）常具有两系双亲的生物学特性，能将父母品系的显性性状集中遗传到同一个体上。

（5）由于基因互作，可产生不同于双亲的新的性状，成为表现症状的自发型动物模型。如新西兰黑（NZB）小鼠与新西兰白（NZW）小鼠均无自发性红斑狼疮的临床症状，而用NZB与NZW杂交产生的F1代动物则表现为自发性红斑狼疮。

## 五、实验动物遗传质量控制与检测

### （一）实验动物遗传质量监测的意义

**1. 遗传监测的重要性** 实验动物遗传监测的目的是为了证实各品系应具有的遗传特性，检测是否发生遗传突变和是否混入其他血缘动物以及是否发生错误交配而造成遗传污染等，以确保被监测对象符合该品系的要求。由于品系的特性易受许多因素影响而发生变化，并且直接关系着实验结果的可靠性。另外，使用发生遗传污染的动物所进行的实验，往往导致错误的结论。因此，实验动物遗传质量监测应作为常规工作，在某种程度上讲，实验动物遗传质量比微生物质量对动物实验结果的影响更大。

用于生物医学研究中的许多近交系小鼠、大鼠和豚鼠，育成后扩散分布到世界各地饲养，产生大量的亚系，品系的遗传特性可能发生了很大变异。来自同一起源的亚系间可能出现显著的差异，若使用这些亚系在不同的实验室得到的实验数据不同，造成实验结果无法重复。因此，在进行动物实验前了解所使用的实验动物遗传背景十分重要，查清品系的背景也是遗传质量监测的重要内容。

**2. 造成遗传污染的因素**　引起群体遗传改变的首要因素是遗传变异。由于染色体片段存在重复、缺失、易位和倒位，基因位点存在突变，若这些变异在饲养过程中被固定下来，就会引起群体遗传特性改变。另外，近交系在近交20代后仍有残余的杂合子存在，携带杂合子的个体往往活力强，易于选留，更易于在群体中扩散而引起遗传特性发生改变。

引起群体遗传特性改变的另一因素是人为失误。饲养管理不当（如在同一饲养室或笼架上饲养相同毛色的不同品系动物）、记录不完整、经常更换饲养人员、缺乏专业人员的监督和管理等，这些情况下很容易导致群体遗传污染。在无菌动物或SPF动物生产时，有时需要一个同类雌性动物来代哺剖宫产的幼仔，若代哺幼仔和本身幼仔毛色相同时就具有遗传污染的危险。错误交配也是引起遗传群特性改变的常见因素。

实验动物的遗传监测，就是为了保证动物的品种品系的遗传质量与标准一致，并使之在长期的繁殖生产中遗传质量保持稳定不变。

目前，实验动物的品系已达数千个之多，在培育、保种及繁殖、生产中，都有严格的要求，但由于影响遗传变异的因素很多，在动物的培育、保种和繁殖、生产过程中，仍然存在着发生遗传变异或遗传污染的可能。对于新引进的动物或新导入的品系，更需要摸清其遗传概貌。因此，建立遗传质量监测机制，是确保实验动物遗传质量必不可少的手段。

### （二）常用的技术与方法

**1. 毛色基因测试法**　依据动物的毛色外观即可判别其性状，可以直观地通过表型判断其基因型，进行遗传分析。当近交系固定于某些特定的毛色时，只需观察其毛色即可进行一定程度的检测，如白色或野生色各代表不同基因型，利用毛色的表型分离可以推断近交系的毛色基因，该方法称毛色基因测试法。通过毛色基因的交配测试，可以把隐藏的毛色基因显示出来，是最简单的遗传质量鉴定法。

**2. 生物化学标记基因检测法**　小鼠和大鼠相当多的同工酶和同种结构蛋白表现出多态性，显示出支配这些酶和蛋白质的基因多态性。选择一些在品系间具有多态性的同工酶和异构蛋白作为生化标记，它们的基因即为生化标记基因。这些多为支配动物体内酶、蛋白质变异的基因。将动物脏器组织匀浆上清液、血液中的酶、蛋白质等进行电泳后，以特异的生物化学方法进行染色来识别待测的性状。这些性状大部分为共显性，根据其表现型即可判别基因杂合型和纯合型，是近交系质量遗传性状检测的一种简便而精确的方法。

**3. 免疫学性状的标记基因检测法**　在免疫系统中，起主要作用的T及B细胞膜上有许多糖蛋白，血清中也有补体和免疫球蛋白，可用血清学的方法作为遗传标记物。另外，小鼠主要的组织相容性抗原为H-2系统，小鼠在H2基因座位区域可见到在品系间存在显著的多型性，在检测上是有意义的性状。常用的免疫学方法有皮肤移植法、混合淋巴细胞培养法（微量细胞毒法）、肿瘤移植法、血清反应法等。皮肤移植法可鉴定组织相容性抗原的异同，是目前测定近交系遗传质量性状的重要方法之一，通常在背部、耳部、尾部等部位进行同系异体间移植，移植物在同一近交系中可以被互相接受，而在不同近交系中互相排斥。

**4. DNA多态性检测法**　由于生物个体间的差异在本质上是DNA分子的差异，因此，DNA是最为可靠的遗传标记。随着分子生物学技术的迅猛发展，出现了许多测定DNA多态性的方法。概括如下。

（1）以DNA-DNA杂交为基础的方法，主要包括用相应的限制性内切酶切开核DNA，细胞质线粒体DNA即可知道其长度，DNA片段长度因品系的不同而有所不同，被称为限制酶切片段

长度多态性（restriction fragment length polymorphism，RFLP）及 DNA 指纹图谱（DNA fingerprint）方法。

（2）以 PCR 方法为基础，主要包括随机扩增多态性 DNA 标记（random amplified polymorphic DNA，RAPD）和微卫星法（microsatellite DNA）。

（3）单核苷酸多态性（single nucleotide polymorphism，SNP）测定法。

**5. 细胞遗传学监测法** 细胞遗传学标记是指生物的染色体特征，以染色体显带技术为依托，常见的显带技术中 $G^-$带在整个分裂间期和分裂期相对稳定，可以用来鉴定品系和遗传监测。此外，荧光原位杂交（fluorescence in situ hybridization，FLSH）技术也可以用于遗传分析，在鉴定基因修饰动物中应用广泛。

**6. 下颌骨形态测量分析法** 下颌骨的形状与遗传因素有密切的关系，被认为是比较稳定的数量遗传性状。测定下颌骨 11 个部位的长度，将这些测定值进行多变量解析处理，即可识别不同品系。颌骨标记在新的种系鉴定中非常有价值，但需处死动物和较繁琐的操作。

**7. 特征性状检测法** 对于特殊的突变品系（hr、dy 等）或同源导入近交系（H2）等，对其构成各自品系特征的性状进行检测则是最重要的，也是最有效果的。例如，SHR 大鼠的血压监测、糖尿病动物模型的血糖值测定、SCID 小鼠的渗漏率等，单纯是基因位点的检测不能够反映品系特性，必须同时测定其突变特性。

上述方法主要用于近交系动物的遗传检测，对封闭群等动物一般是通过数量性状观察为主的监测，来实现对其遗传质量的监控。数量性状主要包括种群的基本形态，如体重、毛色、体型等；血生理常数，如白细胞、红细胞、血红蛋白等；生殖生理数据，如性周期、怀孕期、胎产仔数等。也可采用下颌骨测量或辅以生化、免疫等技术，来实现对其遗传质量的监控。

## 第二节 实验动物的微生物和寄生虫质量控制

### 一、实验动物微生物和寄生虫质量控制的重要性

实验动物微生物、寄生虫学是针对实验动物本身特有的微生物、寄生虫研究而发展形成的一门学科，同时拓宽、丰富了兽医及医学微生物、寄生虫学的研究范围。了解实验动物微生物、寄生虫疾病及其对实验动物的危害，对人类健康可能造成的损害以及在实验动物等级划分方面的作用等都有重要意义。

控制实验动物体内外的微生物和寄生虫，避免其对实验动物生产和动物实验的干扰是实验动物标准化的主要内容之一。一般而言，实验动物微生物和寄生虫的控制级别越高，科研结果就越精确越可靠。采用普通动物做实验时，特别是大小鼠实验，实验刺激可能诱发隐性或潜伏感染的动物发生显性感染，并出现组织形态、生理生化、血液与免疫学改变，将不同程度干扰和影响实验结果的准确性。无菌动物和悉生动物因其制作和维持成本昂贵，虽然没有病原微生物的感染，但也没有存在于体表、体内的正常菌群，因而是非生态的，仅用于某些特定的、需要无菌动物和悉生动物才能达到研究目的的动物实验上。而采用无特定病原体动物则可基本排除病原微生物感染对实验的干扰，被认为是“健康”的动物，适用于绝大多数动物实验研究，因而广泛应用于生物医学各领域里的实验。

### 二、实验动物微生物学等级分类

根据国家标准，按微生物和寄生虫的控制程度，将实验动物按微生物标准划分为普通动物、

无特定病原体动物和无菌动物三个等级，后者包括悉生动物。与国际标准相同。

### （一）普通动物

普通动物（conventional animal，CV）是指不携带所规定的对动物和（或）人健康造成严重危害的人兽共患病病原体和动物烈性传染病病原体的实验动物。

普通动物是微生物和寄生虫控制级别最低的实验动物；要求不携带所规定的人畜共患病和动物烈性传染病病原体，如沙门菌、结核分枝杆菌、狂犬病病毒和兔出血症病毒等。

普通动物饲养在开放系统中，对温度、换气次数和落下菌数实行控制，饲养管理上采取一定的防护措施，以预防人畜共患病及动物烈性传染病的发生。饲料要求采用符合动物营养要求的全价颗粒饲料，并防止野鼠污染；饮水要符合城市生活饮水卫生标准；青饲料应经清洗消毒后再喂；外来动物必须严格隔离检疫；房屋要有防野鼠、昆虫的设备；要做好环境卫生及笼器具清洗消毒；严格处理淘汰及死亡动物；限制无关人员进入动物室。

常用的普通动物有豚鼠、地鼠、兔、犬和猴。我国的国家标准取消了普通级小鼠和大鼠等级标准，故实验动物供应商不生产和销售普通级大、小鼠。

由于采用普通动物做实验时，实验处理可能诱发隐性感染动物发生显性感染，出现有关组织器官结构、生理生化与免疫学改变，从而不同程度地影响实验结果，因此用普通级兔、犬、猴等做研究时应加强检疫，做好饲养管理工作，防止传染性疾病对实验的干扰。在分析实验结果时，应考虑排除这些因素对实验的影响。

### （二）无特定病原体动物

无特定病原体动物（specific pathogen free animal，SPF）简称为SPF动物，是指除普通级动物应排除的病原体，不携带对动物健康危害大和（或）对科学研究干扰大的病原体的实验动物。

它除了不带有普通动物应排除的烈性传染病和人畜共患病病原体外，还不带特定的能干扰科学研究的病原微生物和寄生虫，是真正意义上的“健康”动物。

SPF动物的种群来源于无菌动物或剖宫产净化动物，饲养在屏障系统中。由于SPF动物不带传染病和寄生虫病原体，体质健康，自然死亡率低，因而实验结果准确可靠，作为国际公认的标准实验动物，广泛应用于生物医学研究各个领域。

作为商品化供应的SPF级动物，国内主要有小鼠和大鼠，国外亦有SPF豚鼠、地鼠和兔。而SPF大动物如犬、小型猪和猴等，一般仅处于研究和小规模应用阶段。

### （三）无菌动物与悉生动物

无菌动物（germ free animal，GF）是指动物体内无可检出任何生命体的实验动物。

无菌动物来源于普通动物经无菌剖宫产手术，幼仔在无菌隔离器（isolator）中经人工哺育或由其他无菌动物代乳饲育而成。无菌动物饲喂无菌饲料和无菌饮水，进入隔离器的一切物品均需经高压灭菌及消毒，空气经过高效过滤（直径≥0.3μm的颗粒过滤效率达到99.99%以上）。从理论上说，经无菌剖宫产术并饲养在无菌环境中，动物无论在体表还是肠管中均无任何细菌与病毒，但在实践中受检测方法的限制，不可能对所有微生物和寄生虫进行检测。另外，某些病毒或者寄生虫可通过胎盘屏障由亲代传递给子代。因此，这里的“无菌”只是一个相对概念，仅仅指以目前的技术手段未能查出有微生物存在。

悉生动物（gnotobiotic animal，GN）也称已知菌动物或已知菌丛动物（animal with known bacterial flora），是指在无菌动物体内接种入已知细菌培育的动物。根据植入无菌动物体内菌种数目的不同，可将悉生动物分为单菌（monoxenie）、双菌（dixenie）和多菌（polyxenie）动物。此种动物和无菌动物一样饲养在无菌隔离环境内，实验准确性较高，可排除动物体内带有的各种不明确的微生物对实验结果的干扰。悉生动物的生活力、抵抗力比无菌动物强。常用于研究微生物和宿主动物之间的协同关系，研究某种细菌的功能，制备纯度及效价较高的抗体及研究过敏性反应等。目前广泛应用于感染性疾病、代谢性疾病等病因学研究。

## 三、实验动物微生物和寄生虫感染

### （一）小鼠传染性脱脚病

小鼠传染性脱脚病（infectious ectromelia）又名鼠痘（mouse-pox），是由鼠痘病毒引起的一种烈性传染病，表现为全身性感染，死亡率高，传播快。本病的特征是肢体末端皮肤坏死坏疽，发生脱脚、断尾和外耳缺损等症状。

【病原学】鼠痘病毒归属痘病毒科（*Poxviridae*）正痘病毒属（*Orthopoxvirus*）。病毒呈砖形，约 230nm×170nm，核酸为双股 DNA，外包一层脂蛋白包膜。包膜上有血凝素，能凝集火鸡和鸡的红细胞。病毒对环境的抵抗力较强，干燥、低温和 50% 甘油中可保存较长时间。

本病毒的抗原性与痘苗病毒极为相似，不同毒株在毒力和诱导抗体应答能力上有所不同。

病毒在鸡胚绒毛尿囊膜上生长良好，亦可感染 HeLa 细胞、人羊膜细胞、鼠胚成纤维细胞和鸡胚成纤维细胞，在细胞质内形成嗜酸性包涵体。

【流行病学】

**1. 传染源** 病鼠和无症状带毒鼠为本病的传染源，经皮肤病灶和粪尿向外排毒，污染周围环境，其中引进无症状带毒鼠（隐性带毒鼠和康复小鼠）是实验小鼠群流行本病的主要原因。

**2. 传播途径** 自然感染主要通过皮肤接触和呼吸道、消化道传播，亦可经污染的饲料和用具传播。

**3. 易感动物** 本病主要在实验室小鼠中流行，野鼠中较少发生。幼鼠和衰老小鼠特别易感且常呈致死性。易感性与遗传有关，DBA/1、DBA/2、BALB/c、A 和 C3H 品系对本病毒易感，而 C57BL/6 和 AKR 对感染有抵抗，能迅速产生免疫反应。高度易感小鼠在皮疹出现前死于内脏感染，因而病毒扩散的危险性较小；抵抗小鼠因无症状感染而持续排毒，起着传染源的作用，因而危害性较大。

【临床表现】可大致分为急性感染、慢性感染和隐性感染。急性感染小鼠多发生在易感品系小鼠，病鼠被毛粗乱无光、昏睡、食少，常于 4~12 小时死亡。尸检可发现肝脾灶状或片状坏死和肠道出血。慢性感染多呈皮肤型，早期病灶发生在口鼻、脚和尾部，口鼻和面部开始水肿，继而变成水疱，破溃而形成结痂。累及肢体和尾者出现肿胀、出疹，尾、脚坏死坏疽，1~2 天坏疽脱落、结痂，呈脱脚、断尾，可在长时间内不断出现死亡。其他非特异性的症状有萎靡、被毛凌乱、食少、结膜炎、眼屎增多、烂耳、繁殖力下降、吃仔鼠等。抵抗品系小鼠感染时，多系隐性感染或无症状带毒状态，外观健康。病毒可呈潜伏感染状态，在各种应激条件下如运输、受冷或 X 线照射，病毒被激活，再次爆发流行。

【病理变化】急性型出现严重肝出血和坏死，可见肝脏肿大，并因急性炎症和脂肪变性而略呈黄色；脾脏出现轮廓清楚的坏死灶，因红髓和白髓的坏死灶和斑痕化，脾脏呈白色和红褐色的

“斑驳相嵌”样外观；同时可见十二指肠肿大，整个肠管充血和出血、坏死，坏死灶周围的肝细胞、十二指肠上皮细胞内可见包涵体。慢性型可见脾脏肿大和淋巴结肿大，皮肤病变可见炎性水肿、上皮组织坏死、溃疡等，在镜下可见上皮细胞内的包涵体。细胞质内包涵体有 2 个类型：A 型包涵体嗜酸性有光晕，主要见于皮肤表皮和黏膜上皮内；B 型包涵体为嗜碱性，存在于许多感染细胞内。

【诊断】根据流行病学，临床表现如皮损、脱脚、断尾等特征，病理学变化和实验室病毒分离鉴定及血清学检查可做出诊断。病毒的分离鉴定是诊断本病最有力的依据。

取病鼠的水疱液或痂皮接种于 9~12 天的鸡胚绒毛尿囊膜上，经 48~72 小时可产生白色小痘斑。病毒存在于整个鸡胚液中，可用血凝或血凝抑制试验加以鉴定。小痘斑或水疱液可直接制备负染铜网，电镜下观察病毒颗粒。动物接种可取病鼠的水疱液或病变组织制成的悬液接种于健康鼠掌内，观察是否出现本病的症状。病变组织切片经 HE 染色后光镜下观察胞质内嗜酸性包涵体。用血清学方法检查特异性抗体的方法有血凝抑制试验（HI）、补体结合试验（CFT）、免疫荧光试验（IFA）、琼脂扩散试验和酶联免疫吸附试验（ELISA）等。由于鼠痘病毒与其他正痘病毒有共同抗原，常用痘苗病毒代替鼠痘病毒进行 HI。

需要与鼠痘相鉴别的是小鼠间的咬伤，后者常发生在雄性小鼠群或饲料营养成分不足时。根据流行病学和临床表现分析常可做出鉴别，必要时进行实验室检查。

【预防和控制】不从疫区引进实验小鼠。购进小鼠后应严格观察，怀疑本病时应立即检疫，证实后再消灭整个感染鼠群。整个饲养室、笼具等可能污染的物品须经消毒剂如福尔马林或次氯酸钠消毒或高压消毒后方可使用。加强日常饲养管理，定期检查鼠群，严格执行检疫制度，定期进行血清学检查，使用敏感哨兵动物是检测鼠痘病毒感染实验动物群的一个基本措施。

### （二）流行性出血热病毒感染

流行性出血热是由流行性出血热病毒（Epidemic Hemorrhagic Fever Virus，EHFV）感染引起的一种重要的人兽共患性疾病。本病毒主要存在于野生啮齿类动物中，可通过各种途径传播给人。

自 20 世纪 60 年代以来，世界各地和我国陆续有实验大鼠携带本病毒而爆发人流行性出血热的报道，给饲养人员和科研人员的健康造成潜在的威胁。人患本病表现为发热、出血、肾功能损害和外周循环衰竭，死亡率很高。

【病原学】本病毒属于布尼亚病毒科（*Bunyaviridae*）的汉坦病毒属（*Hantavirus*，HV）。病毒呈圆形或卵圆形，直径为 80~115nm。核酸为单股 RNA，分 3 片断。有囊膜，可凝集鹅血球。本病毒对环境和理化因素的抵抗力差。

汉坦病毒属包括 6 种血清型，其中Ⅰ型病毒是朝鲜、日本、中国和俄罗斯一带的重症肾病综合征型出血热的病原体；Ⅱ型病毒引起轻症肾病综合征型出血热，大多数实验大鼠携带的就是本型病毒。其余四型病毒与实验动物感染的关系目前还不清楚。

本病毒能在多种细胞培养中生长，如 Vero-E6、人肺癌 A549 等。病毒抗原局限于胞质内，一般无明显的细胞病变出现。

【流行病学】在野生啮齿类动物中汉坦病毒的自然感染率较高。分布在田野、林区的野鼠（以黑线姬鼠为代表）主要携带Ⅰ型病毒；分布在城市港口、建筑物附近的野鼠（以褐家鼠为代表）主要携带Ⅱ型病毒。实验大鼠各品系对汉坦病毒普遍易感，感染后无临床症状，但可长期甚至终生携带病毒，并不断地随尿、粪便和唾液排出体外。除了大鼠外，小鼠、猫、家兔群中也

有感染汉坦病毒的报道，但它们一般不会作为传染源长期排出病毒。

实验大鼠感染本病毒可能是由于野鼠侵入动物房所致。实验大鼠间或实验大鼠传播给人的比较公认的途径是经气溶胶吸入或经皮肤咬伤处而被感染。病毒可通过母鼠胎盘屏障垂直传播给子鼠。寄生在鼠上的螨类可能对本病起着传播媒介的作用。此病在人类的发生具有地区性、季节性、普遍易感性等流行特点。

【临床表现】实验大鼠感染本病毒后呈隐性感染和持续性带毒状态，无任何临床症状和病理改变，也不发生死亡。人对本病毒普遍易感，感染后轻者出现感冒样症状，重者发热、出血、肾衰竭和外周循环衰竭，甚至死亡。病后可获得牢固的免疫力。

【病理变化】大鼠感染多无明显病理变化。黑线姬鼠和褐家鼠感染可见轻度的肺炎症状。感染乳小鼠，可见肾、肝、脑、肺等病变组织广泛性出血、渗出、变性和坏死。肾小管上皮细胞变性、坏死，间质细胞增生，肝脏可见灰白色病灶。大脑皮质、海马和脑干神经细胞呈不同程度的变性坏死。轻者，神经细胞核固缩，胞质嗜酸性增强为深红染，或是空泡样变性；重者，神经细胞核肿胀、染色质消失呈空泡样，胞质空泡化，可见胞质有嗜酸性包涵体。

【诊断】诊断主要依靠血清学方法检测血清中特异性抗体。常用的方法有免疫荧光试验和酶联免疫吸附试验、血凝抑制试验。感染鼠的肺组织内有大量的病毒特异性抗原。30%～50%的抗体阳性鼠用免疫荧光法可检出病毒抗原。

【预防和控制】由于本病毒在野鼠中感染率较高，防止野鼠侵入动物房是预防本病的重要措施之一。本病大鼠呈无症状隐性感染，定期血清学监测对于预防本病毒在实验大鼠间传播及由实验大鼠传播给人具有重要意义。一旦发现感染，及时捕杀感染鼠群，消毒饲养室和笼具，清除被污染的血清和组织。无菌剖宫取胎术和屏障系统饲养是根除本病毒感染的关键。

### （三）淋巴细胞脉络丛脑膜炎病毒感染

淋巴细胞脉络丛脑膜炎是由淋巴细胞脉络丛脑膜炎病毒（Lymphocytic Choriomeningitis Virus，LCMV）感染引起的一种重要人畜共患病，主要侵害中枢神经系统，呈现脑脊髓炎症状。本病毒主要存在于野生啮齿类动物中，可通过各种途径传播给人。

【病原学】本病毒属沙粒病毒科（*Arenaviridae*），RNA 病毒，呈圆形或多形性，大小为 50～300nm。本病毒对环境和理化因素的抵抗力差。

【流行病学】本病的传染源主要为野生啮齿动物和宠物鼠。病鼠的尿、粪、唾液、鼻分泌物等中均含有病毒，使尘埃或食物受染，通过呼吸道及消化道使人感染；与病鼠的皮毛、排泄物接触也可感染发病。男女老幼均具有易感性，年长儿童及青壮年的发病率较高；实验室工作者、动物饲养者等的患病机会较多，一次感染后（包括隐性感染）均可获持久的免疫力。本病尚无人传人的报道。小鼠、大鼠、豚鼠、兔、犬、猴等实验动物均能感染，染病后大多不显临床症状和病理变化，而病毒在体内却可持续存在。

【临床表现】动物感染大多不显临床症状和病理变化。小鼠感染表现为大脑型、内脏型和迟发型，脑型的病小鼠表现为呆滞、嗜睡、弓背、消瘦，可见结膜炎和面部肿胀，特征性表现为倒提尾巴时，小鼠头部震颤、肢体阵发性挛性惊厥，最终后肢强直性伸展，多在症状出现后 1～3 天死亡或恢复；内脏型的病鼠会出现体重暂时性下降，一般无其他症状，有的品系小鼠也可见被毛粗乱、结膜炎等症状，甚至死亡。人类感染主要表现为流感样症状和脑膜炎。

【病理变化】小鼠感染脑型的主要表现为脑膜、脉络丛的淋巴细胞浸润；内脏型可见肝细胞的糖原消失、脂肪变性、嗜酸性坏死的肝炎，病灶中有淋巴细胞浸润；淋巴结中巨噬细胞坏死、

淋巴细胞溶解或增生。迟发型的主要组织学改变为肾小球肾炎；病变部位有病毒特异性抗原抗体复合物沉着。

【诊断】怀疑本病时，可将可疑动物进行血清学检查或病毒分离。人感染本病毒，一般有动物接触史，群体发病，脑脊液中细胞增多，几乎全为淋巴细胞。

【预防和控制】做好预防措施，动物室周围环境无野生啮齿类动物，建立卫生消毒制度，不从疫区引进动物。一旦发生疫情，迅速封锁污染的鼠群，及早淘汰，对污染的环境和设备要进行彻底消毒灭菌。对患病动物的尸体和排泄物等做焚烧或深埋处理。

### （四）仙台病毒感染

仙台病毒（Sendai Virus，SV）感染是一种常见的实验动物呼吸道急性传染病，是最难控制的病毒感染之一，可感染多种实验动物。

【病原学】仙台病毒属副黏病毒科（*Paramyxoviridae*）中的副流感病毒亚群，亦称日本血凝病毒（Hemagglutinating Virus of Japan，HVJ）。该病毒为多形性，直径 150~600nm，具有相对坚固的核衣壳。有包膜，不耐热，几乎可凝集所有种类的红细胞，而且有溶血性。在鸡胚、各种动物肾脏培养细胞的细胞质中增殖。是大、小鼠群中常见的病毒之一。

【流行病学】自然条件下仙台病毒可感染小鼠、大鼠、地鼠和豚鼠。在未感染过仙台病毒的鼠群，新生乳鼠和未成年小鼠最易感，传染源为病鼠，主要通过呼吸道传播。直接接触感染和空气传播是仙台病毒主要的传播和扩散方式。

【临床表现】本病能引起啮齿类实验动物急性肺炎，表现为食欲减退，精神萎靡，生长缓慢，体重减轻，动物发出“呼噜声”。急性感染多见于断乳小鼠，多数情况下呈隐性感染，在饲养条件恶化、气温骤变或并发呼吸道细菌感染时，常见急性爆发，造成呼吸道疾病流行。感染动物的病理变化局限于呼吸器官，肉眼可见肺充血并呈红色，通常局限于肺叶的一部分或局限于一个肺叶。幼仔动物肺病变可分布于全肺，即使不显性感染也会发生肺部病变。

【病理变化】可见呼吸道和局部淋巴结病变。病鼠肺部呈杨梅色，切开时有泡沫状血性液体流出。病变多见于尖叶、膈叶和心叶。病理过程分三个阶段：急性阶段是对病毒的炎症反应和靶细胞溶解；修复阶段是细支气管和肺泡内有高度嗜碱性的、较矮的立方样细胞样增生，并表现为高度分化，迅速修补损伤的细支气管和肺泡；恢复阶段是肺实质瘢痕化，瘢痕将终生存在。

【诊断】根据临床表现，多个动物出现“呼噜声”，且有扩散蔓延之势，解剖可见肺实变，可初步诊断为仙台病毒感染。对不显性感染的鼠群可采取血清检测抗体，以了解鼠群污染状况。

【预防和控制】做好预防措施，动物室周围环境无污染，建立卫生消毒制度，不从疫区引进动物。一旦发生疫情，迅速封锁污染的鼠群，及早淘汰，对污染的环境和设备进行彻底消毒灭菌。对患病动物的尸体和排泄物等做焚烧或深埋处理。对于珍贵种群可隔离暂停繁殖一段时间，动物痊愈后体内不储存病毒。

### （五）鼠肝炎

鼠肝炎由小鼠肝炎病毒（Murine Hepatitis Virus，MHV）感染引起的一种传染病，主要表现为肝炎和脑炎。感染小鼠在正常情况下大多呈不显性感染，只在应激因素激发下或免疫缺陷时，此病才能成为致死性疾病。

【病原学】鼠肝炎病毒属冠状病毒科（*Coronaviridae*），病毒呈圆形，有囊膜，表面有许多长 20nm 的花瓣状纤突。含单链 RNA，对氯仿和乙醚敏感，对脱氧胆酸钠有一定的抵抗，对甲醛敏

感，对热敏感，56℃、30分钟能灭活，在-70℃下保存良好。

MHV有多个毒株，这些毒株在抗原性上相似，但致病性各不相同，有的嗜神经性。

【流行病学】本病毒仅感染小鼠，可经消化道、接触传染和胎盘传染，及水平和垂直传播等多种方式传染。

【临床表现】常在鼠群中呈隐性感染而无明显的临床症状。但与某些微生物发生混合感染时，或在实验条件的刺激下常会爆发疾病，引起小鼠致死性肝炎、脑炎和肠炎。病鼠萎靡，被毛粗乱，体重减轻，血液谷丙转氨酶和谷草转氨酶急剧升高，经2~4天死亡。裸鼠感染弱毒株后，常呈亚急性或慢性肝炎变化，即所谓进行性消耗症，最后死亡。初次被MHV侵入的生产鼠群，在病毒侵入后可见到幼仔鼠患急性肝炎而大批死亡。

【病理变化】以肝病变为主，可见肝脏表面散状出血点和灰黄色坏死点，也可见黄疸，腹腔可见血性渗出液和肠道出血。肝脏坏死灶中心为崩溃的网状组织和充满脂肪的吞噬细胞，肝细胞已坏死消失，也可见炎性细胞浸润，坏死灶周围的肝细胞呈固缩状态。可见肠道组织坏死和炎症，肠系膜淋巴结发生广泛性坏死。脾脏白髓淋巴结组织增生，红髓的边缘区发生灶性坏死。胸腺皮质淋巴结细胞坏死，髓质无明显变化，髓质的血管腔中可见嗜中性白细胞和大量淋巴细胞。

【诊断】根据临床症状和病理变化可做出初步诊断，患病小鼠解剖可见肝脏表面散在凹陷坏死灶。确诊需进行病毒分离、电镜检查和血清学诊断。

【预防和控制】做好预防措施，动物室周围环境无污染，建立卫生消毒制度，不从疫区引进动物。一旦发生疫情，迅速封锁污染的鼠群，及早淘汰，对污染的环境和设备进行彻底消毒灭菌。对患病动物的尸体和排泄物等做焚烧或深埋处理。

### （六）兔瘟

兔瘟又称病毒性出血症（viral haemorrhagic disease of rabbits），是由兔出血症病毒引起的一种急性、高度接触传染性的传染病，以传染性极强、发病率和死亡率极高为特征的一种致死性传染病。各种兔均易感。

【病原学】兔出血症病毒属杯状病毒科（*Caliciviridae*）兔病毒属，病毒呈球形颗粒，无囊膜，大小在32~36nm。本病毒能凝集人O型、绵羊、鸡的红细胞。可刺激兔体产生血凝抑制（HI）抗体。

【流行病学】仅感染家兔，不感染其他畜禽。病兔对环境的污染是主要传染因素，可通过呼吸道、消化道、皮肤等多种途径传染，潜伏期48~72小时。3月龄以上的青年兔和成年兔发病率和死亡率最高（可高达95%以上），断奶幼兔有一定的抵抗力，哺乳期仔兔基本不发病。

【临床表现】主要危害青年、成年兔，长毛兔特别敏感，死亡率达95%。该病以潜伏期短、发病迅速、发病率和病死率高、内脏出血为特征。

最急性感染表现为感染10~12小时，不现任何症状突然死亡，只是在兔笼内乱跳几下，惨叫几声即倒下死亡。急性感染表现为体温上升（41~42℃），精神萎靡，食欲下降，有渴感，呼吸迫促，濒死前突然兴奋，在笼内惊厥、蹦跳、挣扎、咬笼、狂奔，然后前肢伸向左右侧伏地，后肢支起，全身颤抖倒向一侧，四肢乱划或惨叫几声而死亡。少数死亡兔鼻腔流泡沫样血液。慢性型病兔严重消瘦，大部分预后不良，仅一部分可耐过。

【病理变化】全身实质性器官广泛性充血和出血为本病的主要特征。气管、支气管腔内充满血样泡沫，肺严重瘀血伴豆点状出血点；心包积液，心包膜点状出血；肝脏肿大，呈土黄色或淡黄色，质脆，肝小叶间质增宽或界限模糊；肾出血，呈红褐色；脾稍肿大呈蓝紫色；膀胱积尿；

十二指肠、回肠充血，有时可见点状出血；内分泌腺、性腺、输卵管和脑膜也可见充血和出血，淋巴组织萎缩和淋巴细胞排空等病毒性败血症特征。

【诊断】根据流行病学特征、临床的特征性表现和病理，可做出初步诊断。确诊需进行病毒分离鉴定和动物实验并辅以电镜检查。

【预防和控制】加强饲养管理，坚持做好卫生防疫工作，引进兔时严格隔离检疫。发现疫情，及时隔离处理，尸体一律深埋或焚烧销毁，对笼器具、饲养室进行彻底消毒。兔病毒性出血症灭活苗免疫接种的最佳首免日龄应为25~30日龄，第2次免疫在65日龄前后，此后，每6个月免疫1次即可使兔获得足够的保护力。

### （七）犬出血性肠炎

犬出血性肠炎是由犬细小病毒2型（Canine Parvovirus type 2，CPV-2）感染引起的一种具有高度接触性传染的烈性传染病。临床上以急性出血性肠炎和心肌炎为特征。

【病原学】犬细小病毒属细小病毒科（*Parvoviridae*），DNA病毒，病毒粒子呈20面体立体对称，直径18~26nm，无包膜。该病毒抵抗力强，在室温下可保存数年，65℃、30分钟不失敏感性。于pH 3~9、56℃的环境下保持感染性至少60分钟。对乙醚、氯仿、醇类和去氧胆酸盐不敏感。对甲醛、氯化物和紫外线敏感。

【流行病学】不同年龄的犬均可感染。但以刚断乳至90日龄的犬发病较多，病情也较严重。幼犬有的可呈现心肌炎症状而突然死亡。纯种犬比土种犬发病率高。本病一年四季均可发生，但以天气寒冷的冬春季多发。病犬的粪便中含毒量最高。

【临床表现】本病对断奶前后的仔犬易感，发病急，死亡率高。主要表现为呕吐、腹泻和白细胞显著减少。粪便先呈暗红色血水样，后为黏液血便或脓血便，有恶腥臭，体温升高至40~41℃，精神沉郁，拒食，虚弱，严重脱水，呼吸困难，白细胞减少，最后酸中毒死亡，病程为1周左右。

【病理变化】可见病犬尸体极度消瘦、脱水，肛门周围附着血样粪便，小肠中后段见出血性炎症，组织学变化为后段黏膜变性、坏死、脱落，在有些变性或完整的上皮细胞内含有核内包涵体。

【诊断】根据有无疫苗接种史及临床表现可做出诊断。粪便中有大量的病毒颗粒，可稀释离心后用猪红细胞进行血凝试验。

【预防和控制】本病目前无特效疗法。根据病情对症治疗，早期诊断，在未出现血痢时，应及时应用高免抗血清治疗，同时及早应用抗菌消炎药。主要是抗病毒，防止脱水，提高病犬的综合抵抗能力。如出现血痢时，全身给予抗菌消炎和补液。

### （八）犬传染性肝炎

犬传染性肝炎由犬传染性肝炎病毒（Infectious Canine Hepatitis Virus，ICHV）感染引起的一种急性败血性传染病。

【病原学】本病毒属腺病毒科（*Adenoviridae*），病毒粒子呈20面体立体对称，无包膜。对外界环境抵抗力较强，室温下可存活10~13周，附着在针头上的病毒可存活3~11天，50℃经15分钟或60℃经3~5分钟可将其灭活。对乙醚、氯仿、酒精等脂溶剂不敏感，甲醛、苯酚、碘酊及火碱是常用的有效消毒剂。

【流行病学】犬和狐狸均是自然宿主，病犬及带毒犬是本病的传染源。健康犬通过接触被病

毒污染的用具、食物等经消化道感染发病，感染后的孕犬也可经胎盘将病毒传染给胎儿。

【临床表现】感染犬精神沉郁，食欲不振，饮欲增加，常见呕吐、腹泻，粪便有时带血，马鞍型高热，白细胞减少，严重血凝不良，肝脏受损，角膜混浊等。右腹触诊敏感，有压痛、呻吟，有些病例头颈和下腹部水肿。在自然条件下，病毒由口腔和咽上皮侵入附近的扁桃体，由淋巴和血液扩散到全身。

【病理变化】可见肝脏肿大，质脆易碎，表面苍白或黄褐色，并有许多暗红色斑点；胆囊壁水肿、出血、肥厚；小肠出血；腹腔积液；肾肿大；心内血凝不全；体表淋巴结肿大、出血。

【诊断】根据临床症状，角膜变蓝、黄疸、贫血等；血液学检查红细胞数、血红蛋白、比容下降，白细胞降低；血液生化检查 ALT、AST 升高，胆红素增多，做出诊断。但该病最后确诊还应依赖于特异性诊断。

【预防和控制】对病犬立即隔离饲养和护理，饲料中添加足够的维生素 A、维生素 D、维生素 E，对污染的环境和笼器具等进行彻底消毒。及时治疗病犬，早期使用抗犬腺病毒高免血清，并静脉滴注犬免疫球蛋白，提高机体免疫力。预防措施是接种质量可靠的疫苗，加强饲养管理，搞好环境卫生，保持犬舍清洁干燥，定期消毒。

### （九）犬瘟热

犬瘟热是由犬瘟热病毒（Canine Distemper Virus，CDV）引起的一种传染性极强的病毒性传染病。

【病原学】犬瘟热病毒属副黏病毒科（*Paramyxoviridae*）麻疹病毒属，RNA 病毒，病毒粒子多呈圆形、椭圆形或长杆形，也有呈不定形，大多为 150~330nm。对外界环境抵抗力弱，易被光和热灭活，在-10℃可生存几个月，在-70℃或冻干条件下可长期存活；在 0℃感染力下迅速丧失。对乙醚、氯仿等有机溶剂敏感。常用3%氢氧化钠、0. 75%福尔马林作为消毒剂。

【流行病学】健康犬多因病犬分泌物以飞沫和污染物的形式通过上呼吸道和消化道黏膜而感染。

【临床表现】病犬表现为双向热，消化道和呼吸道卡他性炎症，后期发生非化脓性脑炎，以神经症状为主要特征。疾病发展过程常见精神倦怠、厌食、发热、流泪或有脓性眼屎、浆液性或脓性鼻液、咳嗽、呕吐、腹下脓性皮疹、呼吸困难、不同形式的神经症状、鼻端和脚垫表皮角质化等。幼犬常发生出血性腹泻和肠套叠，成犬多无腹泻症状。随着病程发展，患犬逐渐脱水，衰竭而死亡。

【病理变化】可见不同程度的上呼吸道和消化道卡他性炎症。上呼吸道有黏液或脓性渗出物；肺充血、出血；胃肠黏膜肿胀，肠有出血斑点；肝脾瘀血肿大；脑膜充血出血，呈非化脓性脑膜炎。

【诊断】根据流行特点和典型临床表现可做出初步诊断。最后确诊还须采取病料做病毒分离、中和试验等特异性检查。

【预防和控制】若发现染病犬，为防止疫情蔓延，应迅速将病犬隔离，选用火碱、漂白粉或来苏儿等消毒剂对犬舍及其用具和周边环境进行彻底消毒。早期采取高免疫血清或免疫球蛋白，配合对症和支持疗法等综合疗法，可获得一定效果，必要时注射犬瘟热疫苗。

### （十）B 病毒感染

B 病毒又称猴疱疹病毒（Herpes Virus Simiae），它可使猕猴属引起良性经过的疱疹样口炎，但感染人类却产生致死性的脑炎或上行性脑脊髓炎，是一种重要的人畜共患病病原体。

【病原学】B 病毒属疱疹病毒科（*Herpesviridae*），为双链 DNA 病毒，大小为 150~170nm，有两层膜，同单纯疱疹病毒和伪狂犬病病毒之间有抗原关系。病理标本以 50%的甘油液保存较好，在 36℃于 1∶9000 甲醛内经 48 小时即灭活。

【流行病学】本病主要是经直接接触传染，隐性感染猴是很重要的传染源，经过猴的撕咬由唾液污染正常或微损的皮肤形成传染。人类感染 B 病毒是由于接触暴露的猴组织和体液引起的。

【临床表现】猴感染后自然病例多呈亚临床感染或隐性感染，特征性症状是舌表面和口腔黏膜与皮肤交界的口唇出现小疱疹，口腔黏膜发生溃疡；严重者可引起全身症状，且能发生病毒血症，发烧，流涎，食欲减退，严重者可致死。病猴剖检可见口腔黏膜溃疡，食道及肠道出血、溃疡，肝及中枢神经有损伤性病灶。人感染 B 病毒后症状非常严重，主要表现为上行性脊髓炎或脑脊髓炎。人在被猴咬伤后局部区域疼痛、发红、肿胀，出现疱疹，有渗出物，常常并发淋巴管炎和淋巴结炎，随后出现脑炎的全身症状，绝大部分在发病后 3 周内死亡，少数幸存者会留下严重后遗症。

【病理变化】口唇出现小疱疹，疱疹破裂后发生溃疡，形成痂皮，唇缘的痂皮呈褐色，口腔内侧痂皮呈灰黄色，与周围组织界线分明。口腔的上皮细胞核内可见强嗜酸性核内包涵体。口腔病变有时伴有消化道出血、溃疡，肝实变、灶性炎症和坏死，如果没有包涵体的存在，这些并非 B 病毒感染的特异病变。

【诊断】猴类可以根据舌的疱疹性溃疡，组织学方法检查包涵体，恢复期 B 病毒中和抗体以及病毒的分离等做出诊断。凡是同猴或猴组织有过接触的人，患脊髓炎或脑脊髓炎都应首先怀疑是 B 病毒感染。只有实验室诊断才能确诊。

【预防和控制】严格认真检查新进猴的口腔，发现有可疑 B 病毒病灶的猴后，除及时报告有关部门和做些必要的检查之外，应及时将该动物焚毁。工作人员万一被疑似 B 病毒感染的猴子咬伤或抓伤，伤口应立即放血，用肥皂水充分洗涤，然后以碘酒或酒精消毒，病人观察 3 周（因 B 病毒病的潜伏期最长为 20 天）。同有疑似 B 病毒病变的猴或猴组织接触的人应戴口罩和护目镜；新来猴最好单笼饲养，应仔细检查它们的唇缘和舌；不要徒手捕捉猴子，必要时可给动物注射麻醉剂和镇静剂，以利于实验操作；有开放性创伤的工作人员需待充分恢复后方能同猴接触。

### （十一）沙门菌感染

【病原学】沙门菌（*Salmonella*）包括一大群无芽孢、有鞭毛、有动力、不发酵乳糖和蔗糖、抗原构造和生化性状相似的革兰阴性肠道杆菌，是一种常见的人兽共患传染病的病原体。危害啮齿类实验动物的沙门菌主要是乙群的鼠伤寒杆菌和丁群的肠炎杆菌。

【流行病学】本菌存在于耐过感染而外表健康的动物体内。患病动物的肝、脾、肠系膜淋巴结、血液和胆汁中均有本菌存在，可长期经肠道排菌，经粪便污染饲料、垫料、饮水或饲养用具。苍蝇、野鼠均可为传播媒介传播本病。常用的啮齿类实验动物对本菌均易感。猕猴的感染率也相当高，而家兔对本病的抵抗力较强。

【临床表现】沙门菌感染的临床表现与动物群原有的健康水平有关。如动物群中无本病流行史，一旦感染常呈爆发性，没有前驱症状而在 1 周左右时间内大批死亡。亚急性型常有行动呆滞、弓背、松毛、颤抖、结膜炎、食少、腹泻，7~10 天终致死亡。慢性型上述症状较轻，病程延续时间较长，最终恢复或死亡。乳鼠常出现下痢症状，尤以 9~11 日龄时最多。慢性型或隐性

感染型恢复健康后将成为带菌者，长期排菌。

【病理变化】以败血症和肠炎为主。肠腔内有黏液泡沫状黄色液体，或伴有腹水和腹膜炎，肠黏膜充血，肠系膜淋巴结肿大、坏死，并有溃疡形成。慢性病例主要病变为肝、脾表面散在白色坏死结节。组织学检查可见肝、脾的坏死结节被嗜中性白细胞、淋巴细胞和成纤维细胞等包围。

【诊断】根据患病动物消化紊乱、下痢等临床表现和动物粪便的细菌培养鉴定可以诊断本病。

【预防和控制】针对本病经消化道感染的特点，可采取以下综合措施预防本病。

1. 全价颗粒饲料要妥善保管，严防变质，严防野鼠、苍蝇和粪便污染。

2. 小鼠颗粒饲料中总蛋白含量不得低于20%，否则易引起营养不良，体质下降，诱发本病。

3. 发现患病动物应及时隔离，尽快确诊。如确诊本病应销毁所有患病动物，重新建立健康动物群。应对笼具、食具及饲养室等进行彻底消毒。

4. 由于多种实验动物对本病易感，因此不宜在同一室内饲养多种动物，以避免相互交叉感染。

### （十二）细菌性肺炎

【病原学】引起实验动物肺炎的细菌种类很多，如肺炎双球菌、克雷伯肺炎杆菌、鼠丹毒杆菌、鼠棒状杆菌、出血败血性巴氏杆菌、支气管败血性波氏杆菌等。这些细菌多为条件致病菌，存在于正常动物的呼吸道黏膜上；只有当动物抵抗力下降时，这些致病菌才有可能乘虚而入，侵入组织大量繁殖，引起疾病。

【流行病学】本病多发生在寒冷冬季或早春，特别是室温低于18℃时易爆发流行。其他情况如合并病毒感染、通风不良、过分拥挤、气温突变等，均可使机体免疫功能下降，诱发本病。

【临床表现】不同病原体所致的肺炎有其共同的临床症状，即由肺的通气换气功能障碍引起的系列症状。啮齿类动物主要表现为呼吸困难，呈腹式呼吸，可听见肺部发出的“噜”声，口周黏膜青紫，其他症状有松毛、弓背、食少。如为繁殖期母鼠则不孕或受孕期间隔延长，吃仔及死亡剧增。

兔感染了出血败血性巴氏杆菌后除了引起肺炎外，最常见的症状是鼻炎，鼻孔不断分泌浆液性或脓性鼻液，亦可引起中耳炎、结膜炎、子宫炎甚至败血症。

患猴可有咳嗽、呼吸频率增加、呼吸困难、鼻翼煽动、脸部发绀，肺部听诊有明显啰音，X线透视肺部有炎症阴影。

【病理变化】解剖所见：肺出血、充血，一叶或多叶甚至全肺实变，或伴有气肿。慢性病例胸腔有积液或炎性渗出物。出血败血性巴氏杆菌所致肺炎呈急性纤维性化脓性的炎症，胸膜和心包均有纤维蛋白渗出，常伴有败血症。

【诊断】根据临床表现和病理检查可以确诊。兔、犬、猴患本病还可经X线透视检查。病原的确定有赖于细菌的分离培养和鉴定。

【预防和控制】由于气温的剧烈变化是肺炎流行的主要外因，因此在寒冷季节务必保持一定的室温，昼夜温差不宜过大。另外，动物室内饲养的动物密度不宜过高。保持空气流通，及时淘汰病鼠有利于防止肺炎的流行。

### （十三）巴氏杆菌病

【病原学】巴氏杆菌病（pasteurellosis）主要是由多杀巴斯德杆菌（*Pasteurella multocida*）和

嗜肺巴斯德杆菌（*Pasteurella pneumotropica*）所引起。本类菌的抵抗力不强，在直射阳光和干燥的情况下迅速死亡；60℃、10分钟可杀死；一般消毒药在几分钟或十几分钟内可杀死。在无菌蒸馏水和生理盐水中迅速死亡，但在尸体内可存活1~3个月，在厩肥中亦可存活1个月。

【流行病学】多杀巴斯德杆菌对多种动物和人均有致病性；嗜肺巴斯德杆菌常感染实验动物，尤其是兔和啮齿类动物易感。患病动物的排泄物、分泌物及带菌动物均是本病重要的传染源。本病主要通过消化道和呼吸道传染，也可通过吸血昆虫和损伤的皮肤、黏膜而感染。发病动物以幼龄为多，较为严重，病死率较高。

本病的发生一般无明显的季节性，但以冷热交替、气候剧变、闷热、潮湿、多雨的时期发生较多。体温失调、抵抗力降低，是本病主要的发病诱因之一。另外，长途运输或频繁迁移、过度疲劳、饲料突变、营养缺乏、寄生虫等也常常诱发此病。因某些疾病造成机体抵抗力降低，易继发本病。本病多呈地方流行或散发，同种动物能相互传染，不同种动物之间也偶见相互传染。

【临床表现】兔感染多杀巴斯德杆菌的症状特别明显，鼻腔充满黏液，呈卡他性鼻炎症状；兔被毛逆乱，食欲减低或废食，呼吸困难；病菌侵入兔的内耳，可见兔头偏向一侧，结膜充血，大量流泪，眼睑肿胀。嗜肺巴斯德杆菌以隐性感染形式广泛存在，有散发性引起的临床症状，可见动物吱吱叫、呼吸困难、体重减轻、泪腺脓肿、眼结膜炎、眼球炎、尿道感染等症状。

【病理变化】多杀巴斯德杆菌感染鼻腔黏膜上皮可见多数的杯状细胞。肺剖检可见肺硬化，萎缩不张，形成灰色小结节，胸膜炎、胸腔积液、肺脓肿。肺泡内充满巨噬细胞，支气管周围淋巴结显著增生。化脓性支气管肺炎病灶可见出血、坏死，纤维素渗出，肺不张等变化。

嗜肺巴斯德杆菌感染病理变化不具有特异性，与其他病原菌在宿主同一部位产生的病变相似。在隐性感染时，肺、上呼吸道、子宫和肠道的上皮组织经常没有组织病理学变化。

【诊断】根据临床表现和剖检可做出初步诊断，通过细菌的分离培养和血清学可确诊，嗜肺巴斯德杆菌没有特异性症状，要做细菌的分离培养才可确诊。

【预防和控制】加强动物卫生管理和动物防疫工作，发病动物及时隔离治疗，对动物环境设施进行彻底消毒。定期检测，发现本病及早进行隔离和消毒。

### （十四）弓形体感染

弓形体（*Toxoplasma gondii*）又名弓浆虫，归属于原生动物门孢子虫纲球虫目，是一种重要的人兽共患性寄生虫病。目前仅证实猫及某些猫科动物为其终末宿主，中间宿主则非常广泛，包括爬行类、鱼类、昆虫类、鸟类、哺乳类等动物和人。

【形态】弓形体在其整个生活史中可出现五种不同的形态，即滋养体、包囊（在中间宿主）、裂殖体、配子体和囊合子（在终末宿主）。

滋养体　呈香蕉形或半月形，一端较尖，一端钝圆，一边较扁平，一边较弯曲，长4~7μm，宽2~4μm。吉姆萨染色可见红色的细胞核位于虫体中央，细胞质呈蓝色。此型见于急性期腹腔渗出液中，单个或成对排列。

包囊　在细胞内，圆形或卵圆形，外面有一层富有弹性的囊壁，内含许多囊殖体，直径可达30~60μm。此型在慢性期多见于脑、骨骼肌、视网膜或其他组织内。

裂殖体　在猫的小肠绒毛上皮细胞内，一般为10~15个。

配子体　雄配子体圆形，直径约10μm，成熟后形成12~32个新月形、长3μm的雄配子，具有两条鞭毛。雌配子体成长过程中形态变化不大，只是体积增大。

囊合子　在粪中呈卵圆形，具有双层囊壁，大小为10μm×12μm。成熟的囊合子内含两个孢

子囊，每个孢子囊内含 4 个长形、微弯的子孢子，大小约为 8μm×2μm。

【生活史】在外界发育成熟的囊合子被猫吞食后进入小肠，囊内的子孢子即逸出。一部分可穿过肠黏膜播散至任何组织细胞内发育，其发育过程如同在中间宿主，但主要是侵入小肠绒毛上皮细胞，在其中进行裂体增殖，成为裂殖体。最后上皮细胞破裂，裂殖体逸出，逸出的裂殖体再侵犯其他绒毛上皮细胞。其中一部分发育成雌、雄配子体，雌、雄配子体经受精后发育成囊合子。囊合子进入肠腔随粪便排出体外。

囊合子排出后在适宜的环境中经 2~4 天发育，形成含有 2 个孢子囊的成熟囊合子。成熟囊合子具有感染性，对外界环境具有较强的抵抗力，其感染力可达 1 年以上。

在外界成熟的囊合子如被中间宿主吞食后，在肠内子孢子逸出并穿过肠壁随血液或淋巴系统扩散至全身并侵入各种组织，如脑、心、肺、肝、淋巴结、肌肉等的细胞，在细胞内进行增殖。

【流行病学】实验动物中大多数动物如大鼠、小鼠、地鼠、豚鼠、兔、犬等均对弓形体易感，但具有一定的先天性免疫力，故感染后不一定出现急性期而只在组织内形成包囊，呈慢性或隐性感染。包囊是弓形体在中间宿主之间互相传播的主要形式，也是中间宿主体内的最终形式，可存在数月、数年甚至终身。动物之间互相捕食或人吃未熟的肉类易被感染。

人被感染的途径有先天性和后天获得性两种。母体在怀孕时感染，弓形体可经血液传给胎儿。后天获得性感染可能与吞食未熟的肉类或饮用被弓形体污染的水有关。

【临床表现与病理变化】不同品种动物受侵害的部位不同，表现出的症状也不同。大鼠、小鼠感染后无临床症状，但可见灶性脑炎，幼龄鼠可出现角弓反射，排便、排尿紊乱。豚鼠感染后主要表现为肝、脾肿大，局灶性坏死。猫急性感染后症状是昏睡、厌食、发热、呼吸困难、黄疸和淋巴结病。慢性病例出现昏迷、贫血、流产、呼吸困难、下痢和神经紊乱。猫是储存和传播弓形体病的主要宿主，弓形体在猫的肠上皮细胞内形成传染性卵囊。犬感染弓形体的症状类似犬瘟热，主要表现为下痢、发热、消瘦、厌食，神经症状包括运动失调、迟缓和痉挛性截瘫、颤抖和惊厥性发作等。一般幼犬和青年犬发病常见有临床症状，而老年犬则少见。猴的弓形体病也少见临床症状，主要表现为脑内出血、小脑梗死、细胞变性、胶原细胞增生。急性病例脏器病变以坏死、出血和水肿等常见。

【诊断】诊断方法包括直接涂片和饱和盐水漂浮法检查病原体，或用间接血凝法、直接血凝法检查特异性抗体。血清学方法最为常用。直接涂片是采取有关组织如腹腔渗出液、淋巴结、肝脾等组织涂片或印片，用吉姆萨染色镜检；取肠内容物用饱和盐水漂浮法检查包囊。凡在器官组织或肠内容物中查到弓形体生活史中任一形态者判为阳性。用动物接种法连续盲传三代，每代均查不到病原体时判为阴性。

【预防和控制】引进动物前要进行弓形体检查；定期进行血清学检查以预防本病的传播。发现小动物有弓形体感染需对感染动物进行处理。犬的急性感染可试用磺胺类药物。

### （十五）兔球虫病

兔球虫属于原生动物门、孢子虫纲、球虫目、艾美尔科（*Eimeriidae*）。兔球虫病是由多种球虫寄生于兔的小肠或胆管上皮细胞内引起的，是兔最常见、危害最严重的寄生虫病。

【形态】兔艾美尔球虫卵囊呈圆形或椭圆形，多数为无色或灰白色，有内外两层囊壁，中间有原生质团（最后发育成孢子囊）。

【生活史】兔球虫卵囊在温度 20℃、湿度 55%~75%的外界环境中，经 2~3 天即可发育成为

感染性卵囊。兔摄入艾美尔球虫的感染性卵囊后，在十二指肠内经酶的作用下释放出子孢子，然后钻入肠黏膜，再经门脉循环或淋巴循环而移行到肝脏，最后钻入胆管的上皮细胞而开始裂殖增殖。兔球虫中只有肝球虫（*Eimeria stiedae*）寄生在肝脏，其余均寄生在肠道。

【临床表现与病理变化】兔球虫病感染非常普遍，成年兔多为隐性带虫者，是重要的传染源。兔舍潮湿、阴暗、拥挤、卫生不良及饲料单纯、营养不良等，可促进该病的发生和流行。根据球虫的寄生部位可分为肠型、肝型和混合型三种。兔球虫感染初期，病兔食欲减退，精神沉郁，伏卧不动，生长停滞。眼鼻分泌物增多，体温升高，腹部胀大，下痢，肛门沾污，排粪频繁。肠球虫有顽固性下痢，甚至血痢，或便秘与腹泻交替发生。肝球虫病则肝脏肿大，肝区触诊疼痛，黏膜黄染。家兔球虫病的后期往往出现神经症状，四肢痉挛、麻痹，因极度衰竭而死亡。肠型死亡快，肝型较慢。

病理剖检：肠型可见小肠、盲肠黏膜充血、出血，慢性时有许多白色小结节，内含卵囊，有时可见化脓坏死灶；肝型可见肝脏表面和实质内有白色或黄色大小不等的结节，慢性时胆管、小叶间部分结缔组织增生，致使肝脏细胞萎缩。

【诊断】可通过粪便直接涂片或浓集法镜下检查卵囊。兔肝脏球虫的检查除检查粪便外，也采用解剖后肝脏压片法检查卵囊。

【预防和控制】以预防为主，兔饲养室应注意通风，保持干燥卫生，幼兔与成年兔分开饲养，发现病兔立即隔离与治疗。可用于预防和治疗兔球虫病的药物有磺胺类药物，此外，兔球灵、盐酸氯苯胍等均可应用。

## 四、实验动物的微生物学和寄生虫学质量监测

不同等级的实验动物由于对其体内外微生物和寄生虫控制的不同，可直接影响某些实验结果的准确性和可靠性，在评价实验结果时应予以注意。不同等级实验动物特点的比较见表3-1。

**表3-1　不同等级实验动物特点的比较**

| 评价项目 | 无菌动物 | SPF动物 | 普通动物 |
|---|---|---|---|
| 传染病 | 无 | 无 | 有或可能有 |
| 寄生虫 | 无 | 少 | 有或可能有 |
| 实验结果 | 明确 | 明确 | 有疑问 |
| 应用动物数 | 少 | 少 | 多（或大量） |
| 统计价值 | 很好 | 好 | 较差 |
| 长期实验 | 可能好 | 可能好 | 困难 |
| 自然死亡率 | 很低 | 低 | 高 |
| 实验的准确设计 | 可能 | 可能 | 不可能 |
| 实验结果讨论值 | 很高 | 高 | 低 |

根据原国家质量监督检验检疫总局制定的有关微生物、寄生虫的控制标准（GB149 22-2022），不同等级实验动物要求排除的细菌、病毒、体外寄生虫的种类见表3-2~表3-10。

### （一）病原微生物分类

根据病原微生物对实验动物的致病性，可以将其分为五类。

A类：重要的人畜共患病病原体。

B 类：对动物有高度致病性，传染力强的病原体。

C 类：对动物致病性较弱，能引起疾病，对生产和动物实验研究有一定的影响。

D 类：引起隐性感染和潜伏感染，实验刺激可能激发疾病。

E 类：通常无致病性，作为饲养环境的微生物学控制指标。

从这些病原体对实验动物的生产和动物实验研究的影响来看，首先必须对 A 类和 B 类的病原体进行监测，防止这些病原体感染实验动物。这是开放系统饲养的普通动物的标准。SPF 动物要排除 C 类和 D 类病原体，必须要有相应的设施条件和管理措施，如需空气过滤，对饲料、垫料、饮水、笼具等要消毒灭菌。对无菌动物和悉生动物要进行 E 类病原体的监测。

### （二）取样原则、样本数、检查频度和检查方法

由于微生物学监测是用少量标本的结果来反映整个动物群中某些疾病的流行情况，它的结果是否可靠不仅在很大程度上取决于实验方法的敏感性和特异性，而且还取决于适当的取样、样本数和检查频度。

**1. 取样原则**　应采取随机抽样的方法，避免人为的误差。为了提高阳性检出率，检查抗体应选用成年或淘汰动物，病原体分离选用幼年动物。裸鼠等免疫缺陷动物感染后抗体生成低下，血清学试验常阴性。这时可在饲养室内各处同时饲养一些免疫功能正常的 SPF 小鼠作为“哨兵”，定期处死，采血检查以监视裸鼠群中某些疾病的流行。所谓的“哨兵动物”（sentry animal）是指为微生物监测所设置的指示动物。

进行动物实验时，如果是短期实验，且饲养设施条件较好，购买合格动物后可直接用于实验。如果是长期实验，为了确保实验结果的可靠性，除了用于实验的动物外，还需导入一些实验期间用于微生物监测的“哨兵”动物。图 3-1 为长期动物实验时进行微生物学监测的例子。

**6个月的实验**

| 开始实验 | 0 | 2 | 4 | 6（个月） |
|---|---|---|---|---|
| 观察检疫 | 5 | 5 | 5 | 5（只） |

(假定感染率为50%，可信限为95%)

**1年的实验**

普通

| 开始实验 | 0 | 3 | 6 | 9 | 12（个月） |
|---|---|---|---|---|---|
| 观察检疫 | 5 | 5 | 5 | 5 | 5（只） |

(假定感染率为50%，可信限为99%)

严格

| 开始实验 | 0 | 2 | 4 | 6 | 8 | 10 | 12（个月） |
|---|---|---|---|---|---|---|---|
| 观察检疫 | 20 | 20 | 20 | 20 | 20 | 20 | 20（只） |

(假定感染率为20%，可信限为99%)

**图 3-1　长期动物实验时的微生物学监测例子**

**2. 样本数**　根据统计学原理，要在一个动物群中抽样检查发现至少 1 个以上阳性标本时，除了遵循随机取样原则外，还需有足够大的样本数。样本数的大小是由动物群中待检病原体的感染率所决定的。例如，当取 95%可信限，要在 100 或 100 只以上动物群中检出 1 个阳性，所需样本 = log0. 05/logN。这里 N 为估计正常未感染动物的百分比。

动物群中某一病原体的感染率除了病原体本身的传染力外，还与动物的敏感性（品系、年

龄等）、饲养密度、防感染装置（层流架、过滤盖等）的有无有关。另外，流行初期、极期和消退期的感染率也各不相同。

隔离器内饲养的SPF动物由于数量少，可依据具体情况，每个隔离器取样两只。

**3. 检查频度**　病原体侵入动物体内引起感染可分为潜伏期、显性或隐性感染期、恢复期这三个阶段。在潜伏后期和显性感染期间病原体较易检出。抗体在感染后1~2周开始出现，以后逐渐上升，并持续2~3个月。因此从抗体的生成变化来看，2~3个月一次定期监测较为合适。间隔时间过长，失去了监测的意义；间隔时间过短，则耗费过大。另外，为了早期发现感染，应随时对异常动物进行剖检和微生物学检查。

**4. 检查方法**　微生物学监测所用的方法和一般微生物学检查方法相同。如细菌学检查采用分离培养、生化反应和血清学鉴定的顺序。病毒学检查主要用血清学方法测定血清中的特异性抗体。在微生物学监测中一般不采用直接病毒分离或病毒抗原检测的方法。但在某些特殊情况下，如疾病流行早期高度怀疑某种病原体感染，或某些肠道病毒感染，粪便中含有大量的病毒颗粒，需进行病毒分离和病毒抗原的检测。寄生虫学检查一般采用镜检寻找虫卵或成虫。

最后，在分析实验结果时一定要结合临床表现和流行特点，考虑所用方法的敏感性和特异性。发现阳性时最好用两种以上不同的方法，或同一种方法重复实验，加以确定。避免草率从事，造成判断错误，引起不必要的经济损失。

**表3-2　小鼠 、大鼠病原菌检测项目**

<table>
<tr><th colspan="2" rowspan="2">动物等级</th><th rowspan="2">病原菌</th><th colspan="2">动物种类</th></tr>
<tr><th>小鼠</th><th>大鼠</th></tr>
<tr><td rowspan="17">无菌动物</td><td rowspan="16">无特定病原体动物</td><td>沙门菌 *Salmonella* spp.</td><td>●</td><td>●</td></tr>
<tr><td>支原体 *Mycoplasma* spp.</td><td>●</td><td>●</td></tr>
<tr><td>鼠棒状杆菌 *Corynebacterium kutscheri*</td><td>●</td><td>●</td></tr>
<tr><td>泰泽病原体 Tyzzer's organism</td><td>●</td><td>●</td></tr>
<tr><td>嗜肺巴斯德杆菌 *Pasteurella pneumotropica*</td><td>●</td><td>●</td></tr>
<tr><td>肺炎克雷伯杆菌 *Klebsiella pneumoniae*</td><td>●</td><td>●</td></tr>
<tr><td>绿脓杆菌 *Pseudomonas aeruginosa*</td><td>●</td><td>●</td></tr>
<tr><td>支气管鲍特杆菌 *Bordetella bronchiseptica*</td><td></td><td>●</td></tr>
<tr><td>念珠状链杆菌 *Streptobacillus moniliformis*</td><td>○</td><td>○</td></tr>
<tr><td>金黄色葡萄球菌 *Staphylococcus aureus*</td><td>○</td><td>○</td></tr>
<tr><td>肺炎链球菌 *Streptococcus pnemoniae*</td><td>○</td><td>○</td></tr>
<tr><td>乙型溶血性链球菌 *β-hemolyticstreptococcus*</td><td>○</td><td>○</td></tr>
<tr><td>啮齿柠檬酸杆菌 *Citrobacter rodentium*</td><td>○</td><td></td></tr>
<tr><td>肺孢子菌属 *Pneumocystis* spp.</td><td>○</td><td>○</td></tr>
<tr><td>牛棒状杆菌 *Corynebacterium bovis*</td><td>◎</td><td></td></tr>
<tr><td></td><td></td><td></td></tr>
<tr><td colspan="2">无任何可查到的细菌</td><td>●</td><td>●</td></tr>
</table>

注1：● 必须检测项目，要求阴性。
注2：○ 必要时检测项目，要求阴性。
注3：◎只检测免疫缺陷动物，要求阴性。

**表 3-3 豚鼠、地鼠、兔病原菌检测项目**

| 动物等级 | | | 病原菌 | 动物种类 | | |
|---|---|---|---|---|---|---|
| | | | | 豚鼠 | 地鼠 | 兔 |
| 无菌动物 | 无特定病原体动物 | 普通动物 | 沙门菌 *Salmonella* spp. | ● | ● | ● |
| | | | 假结核耶尔森菌 *Yersinia pseudotuberculosis* | ○ | ○ | ○ |
| | | | 多杀巴斯德杆菌 *Pasteurella multocida* | ● | ● | ● |
| | | | 支气管鲍特杆菌 *Bordetella bronchiseptica* | ● | ● | |
| | | | 泰泽病原体 Tyzzer's organism | ● | ● | ● |
| | | | 嗜肺巴斯德杆菌 *Pasteurella pneumotropica* | ● | ● | ● |
| | | | 肺炎克雷伯杆菌 *Klebsiella pneumoniae* | ● | ● | ● |
| | | | 绿脓杆菌 *Pseudomonas aeruginosa* | ● | ● | ● |
| | | | 金黄色葡萄球菌 *Staphylococcus aureus* | ○ | ○ | ○ |
| | | | 肺炎链球菌 *Streptococcus pnemoniae* | ○ | ○ | ○ |
| | | | 乙型溶血性链球菌 *β-hemolyticstreptococcus* | ○ | ○ | ○ |
| | | | 肺孢子菌属 *Pneumocystis* spp. | | | ● |
| | 无任何可查到的细菌 | | | ● | ● | ● |

注 1：● 必须检测项目，要求阴性。
注 2：○ 必要时检测项目，要求阴性。

**表 3-4 犬、猴病原菌检测项目**

| 动物等级 | | 病原菌 | 动物种类 | |
|---|---|---|---|---|
| | | | 犬 | 猴 |
| 无特定病原体动物 | 普通动物 | 沙门菌 *Salmonella* spp. | ● | ● |
| | | 皮肤病原真菌 Pathogenic dermal fungi | ● | ● |
| | | 布鲁杆菌 *Brucella* spp. | ● | |
| | | 钩端螺旋体 *Leptospira* spp. | △ | |
| | | 志贺菌 *Shigella* spp. | | ● |
| | | 结核分枝杆菌 *Mycobacterium tuberculosis* | | ● |
| | | 钩端螺旋体[a] *Leptospira* spp. | ● | |
| | | 小肠结肠炎耶尔森菌 *Yersinia enterocolitica* | ○ | ○ |
| | | 空肠弯曲杆菌 *Campylobaceter jejuni* | ○ | ○ |

注 1：● 必须检测项目，要求阴性。
注 2：○ 必要时检测项目，要求阴性。
注 3：△必要时检测项目，可以免疫。

[a] 不能免疫，要求阴性。

**表 3-5　小鼠、大鼠病毒检测项目**

| 动物等级 | | 病菌 | 动物种类 | |
|---|---|---|---|---|
| | | | 小鼠 | 大鼠 |
| 无菌动物 | 无特定病原体动物 | 汉坦病毒 Hantavirus（HV） | ○ | ● |
| | | 小鼠肝炎病毒 Mouse Hepatitis Virus（MHV） | ● | |
| | | 仙台病毒 Sendai Virus（SV） | ● | ● |
| | | 小鼠肺炎病毒 Pneumonia Virus of Mice（PVM） | ● | ● |
| | | 呼肠孤病毒 Ⅲ型 Reovirus type 3（Reo-3） | ● | ● |
| | | 小鼠细小病毒 Minute Virus of Mice（MVM） | ● | |
| | | 大鼠细小病毒 RV 株和 H-1 株 Rat Parvovirus（KRV & H-1） | | ● |
| | | 鼠痘病毒 Ectromelia Virus（Ect.） | ○ | |
| | | 淋巴细胞脉络丛脑膜炎病毒 Lymphocytic Choriomeningitis Virus（LCMV） | ○ | |
| | | 小鼠脑脊髓炎病毒 Theiler's Mouse Encephalomyelitis Virus（TMEV） | ○ | |
| | | 多瘤病毒 Polyoma Virus（POLY） | ○ | |
| | | 大鼠冠状病毒/大鼠涎泪腺炎病毒 Rat Coronavirus（RCV）/Sialodacryoadenitis Virus（SDAV） | | ○ |
| | | 小鼠诺如病毒 Murine Norovirus（MNV） | ◎ | |
| | 无任何可查到的病毒 | | ● | ● |

注 1：● 必须检测项目，要求阴性。
注 2：○ 必要时检测项目，要求阴性。
注 3：◎只检测免疫缺陷动物，要求阴性。

**表 3-6　豚鼠、地鼠、兔病毒检测项目**

| 动物等级 | | | 病毒 | 动物种类 | | |
|---|---|---|---|---|---|---|
| | | | | 豚鼠 | 地鼠 | 兔 |
| 无菌动物 | 无特定病原体动物 | 普通动物 | 淋巴细胞脉络丛脑膜炎病毒 Lymphocytic Choriomeningitis Virus（LCMV） | ● | ● | |
| | | | 兔出血症病毒 Rabbit Hemorrhagic Disease Virus（RHDV） | | | ▲ |
| | | | 仙台病毒 Sendai Virus（SV） | ● | ● | |
| | | | 兔出血症病毒[a] Rabbit Hemorrhagic Disease Virus（RHDV） | | | ● |
| | | | 小鼠肺炎病毒 Pneumonia Virus of Mice（PVM） | ● | ● | |
| | | | 呼肠孤病毒 Ⅲ型 Reovirus type 3（Reo-3） | ● | ● | |
| | | | 轮状病毒 Rotavirus（RRV） | ● | | ● |
| | 无任何可查到的病毒 | | | ● | ● | ● |

注 1：● 必须检测项目，要求阴性。
注 2：▲ 必须检测项目，可以免疫 。

[a] 不能免疫，要求阴性。

**表 3-7 犬 、猴病毒检测项目**

| 动物等级 | | 病毒 | 动物种类 | |
|---|---|---|---|---|
| | | | 犬 | 猴 |
| 无特定病原体动物 | 普通动物 | 狂犬病病毒 Rabies Virus（RV） | ▲ | |
| | | 犬细小病毒 Canine Parvovirus（CPV） | ▲ | |
| | | 犬瘟热病毒 Canine Distemper Virus（CDV） | ▲ | |
| | | 传染性犬肝炎病毒 Infectious Canine Hepatitis Virus（ICHV） | ▲ | |
| | | 猕猴疱疹病毒 I 型（B 病毒） Cercopithecine Herpesvirus Type 1（BV） | | ● |
| | | 猴逆转 D 型病毒 Simian Retrovirus D（SRV） | | ● |
| | | 猴免疫缺陷病毒 Simian Immunodeficiency Virus（SIV） | | ● |
| | | 猴 T 细胞趋向性病毒 I 型 Simian T Lymphotropic Virus Type 1（STLV-1） | | ● |
| | | 猴痘病毒 Monkeypox Virus（MPV） | | ○ |
| | | 犬普通动物所列 4 种病毒不免疫 | ● | |

注 1：● 必须检测项目，要求阴性。
注 2：▲ 必须检测项目，要求免疫 。
注 3：○ 必要时检测项目，要求阴性 。

**表 3-8 小鼠和大鼠寄生虫检测项目**

| 动物等级 | | 病原寄生虫 | 动物种类 | |
|---|---|---|---|---|
| | | | 小鼠 | 大鼠 |
| 无菌动物 | 无特定病原体动物 | 体外寄生虫（节肢动物） Ectoparasites | ● | ● |
| | | 弓形虫 *Toxoplasma gondii* | ● | ● |
| | | 鞭毛虫 Flagellates | ● | ● |
| | | 纤毛虫 Ciliates | ● | ● |
| | | 全部蠕虫 All Helminths | ● | ● |
| | | 无任何可检测到的寄生虫 | ● | ● |

注 ：● 必须检测项目，要求阴性。

**表 3-9 豚鼠 、地鼠 、兔寄生虫检测项目**

| 动物等级 | | | 病原寄生虫 | 动物种类 | | |
|---|---|---|---|---|---|---|
| | | | | 豚鼠 | 地鼠 | 兔 |
| 无菌动物 | 无特定病原体动物 | 普通动物 | 体外寄生虫（节肢动物） Ectoparasites | ● | ● | ● |
| | | | 弓形虫 *Toxoplasma gondii* | ● | ● | ● |
| | | | 鞭毛虫 Flagellates | ● | ● | ● |
| | | | 纤毛虫 Ciliates | ● | | |
| | | | 全部蠕虫 All Helminths | ● | ● | ● |
| | | | 艾美耳球虫 *Eimaria* spp. | | ○ | ○ |
| | | | 无任何可检测到的寄生虫 | ● | ● | ● |

注 1：● 必须检测项目，要求阴性。
注 2：○ 必要时检测项目，要求阴性。

表 3-10　犬、猴寄生虫检测项目

| 动物等级 | | 病原寄生虫 | 动物种类 | |
|---|---|---|---|---|
| | | | 犬 | 猴 |
| 无特定病原体动物 | 普通动物 | 体外寄生虫（节肢动物）Ectoparasites | ● | ● |
| | | 弓形虫 *Toxoplasma gondii* | ● | ● |
| | | 鞭毛虫 Flagellates | ● | ● |
| | | 全部蠕虫 All Helminths | ● | ● |
| | | 溶组织内阿米巴 *Entamoeba* spp. | ○ | ● |
| | | 疟原虫 *Plasmodium* spp. | | ● |

注 1：● 必须检测项目，要求阴性。

注 2：○ 必要时检测项目，要求阴性。

# 第三节　实验动物环境与质量控制

实验动物的环境控制是实验动物标准化的主要内容之一，应从实验动物设施的建筑设计开始，直到设施环境的日常管理，始终要依据有关法律、法规和标准进行。实验动物的环境控制应以实验动物和人为中心，包括设施的基本计划、设计施工、实验动物饲育设备及动物实验器材的选择、设施设备的维修管理、空调管理、卫生管理以及事务系统在内的经营管理等，依照有关标准明确分工，有机协调，使各方面充分发挥作用；不能仅强调某一环节管理的控制，要注意整体综合控制效应，否则实验动物环境的标准化控制难以有效进行。

实验动物环境控制的原则：一是，充分利用和创造对实验动物有利的因素，消除有害因素，保证实验动物的健康状况满足实验的需要；二是，坚持进行实验动物设施环境监测，随时调整（自动控制更好），保持环境因子指标的稳定；三是，符合国家标准要求，因为国家标准规定的环境技术指标是动物的适宜指标范围，有利于保证动物的质量和福利，有利于动物实验结果的可靠、准确。

## 一、实验动物环境

实验动物生长发育、繁殖交配所赖以生存发展的特定场所和外在条件，称为实验动物的环境，分为外部环境和内部环境。

### （一）实验动物外部环境

外部环境是指实验动物和动物实验设施以外的环境。在开放饲养的条件下，外部环境的变化直接影响内部环境。此外，实验动物外部环境与实验动物生活的区域的经纬度有关系，而且随着季节的变更而变动，即使在一昼夜内，外部环境也有很大的变动，如凌晨与中午外部环境的多项指标差异很大。

### （二）实验动物内部环境

内部环境是指实验动物和动物实验室设施内部，即动物直接生活的场所，依据科研要求和人们的意愿，将实验动物的生长、繁殖或活动限定在某种特定的人工范围内。内部环境又分为内部

大体环境和局部微环境。大体环境指放置实验动物笼架具辅助设施的饲养间和实验间的各种理化因素；局部微环境指存在于实验动物的饲养盒内，对实验动物直接产生影响的各种理化因素，如温度、湿度、气流速度、氨浓度、光照周期及限度、噪声等。

### （三）环境因子

许多环境因素相互影响构成实验动物环境。环境因子从广义上可以分为以下几类。

**1. 气候因子** 包括温度、湿度、气流和风速等。

**2. 理化因子** 包括光照、噪声、粉尘、有害气体和杀虫剂、消毒剂等。

**3. 居住因子** 包括饲养笼具、垫料和饮水器、喂食器、饲养密度等。

**4. 生物因子** 包括同种动物因子和异种生物因子，前者包括社会地位、势力范围、咬斗等，后者包括微生物、人和其他动物等。

环境对动物的影响并非仅仅受上述诸因素中单一因子的作用，而是受到诸多因子的复合作用，称之为环境的复合状态。为保证实验动物质量稳定和实验结果可靠，创造稳定的环境是至关重要的。

### （四）环境对实验动物的影响

动物性状的表现决定于多种因素，主要是遗传因素和环境的综合结果。尽管遗传基因是决定生物性状的物质基础，但是个体发育中，基因作用的表现离不开环境的影响。一个性状的正常发育不仅需要完善的一组基因，同时亦需要正常的环境。1959 年 Russell 和 Bruch 曾提出，动物的基因型承受发育环境的影响而决定其表现型，此表现型又受动物的周围环境的影响出现不同的演出型。图 3-2 显示了基因型、表现型和演出型与环境因素的关系。环境因素的改变可促使生物遗传物质发生变化，形成基因变异，产生突变。可见，环境对遗传稳定性是极为重要的。

基因型：是生物体的遗传组成

↓ ←—— 胚胎发育过程中环境因素的影响

表现型：是生物体外在表现的性状

↓ ←—— 出生后内外环境因素影响

演出型：是生物体受到外来刺激表现出来的特点

**图 3-2 影响动物性状的遗传和环境的关系**

如果将动物对实验处理的反应用公式表示，即 $R = (A+B+C)\times D \pm E$。式中，R 为动物对实验处理的总反应，A 是实验动物的共同反应，B 为实验动物品种、品系的特有反应，C 是实验动物的个体反应（个体差异），D 为环境影响，E 是实验误差。

由式中可知，A、B、C 是与遗传有关的因素，D 是人为控制的可变因素，与 R 呈正相关而起重要作用。在实验动物的遗传性状相对稳定的前提下，如果将环境 D 变化的影响减少到最低，那么动物实验的总反应也就代表了动物自身对实验处理的反应。如果环境条件控制不好，实验结果就难以稳定一致，甚至导致错误结论。

## 二、实验动物设施

实验动物设施在广义上是指进行实验动物生产和从事动物实验设施的总和，在狭义上指保种、繁殖、生产、育成实验动物的场所。而将实验研究、实验检定等设施称为动物实验设施。实验动物的饲养设施和动物实验观察场所的要求基本一致，因为只有达到基本一致的条件，才能尽量使实验动物的生理与心理不致受到影响而影响实验结果。实验动物设施一般按使用功能和环境控制等进行分类。

### （一）根据设施功能分类

根据设施功能和使用的目的不同，国家标准（GB 14925-2010）将实验动物设施分为实验动物生产设施、实验动物实验设施和实验动物特殊实验设施。

**1. 实验动物生产设施（breeding facility for laboratory animal）** 指用于实验动物生产的建筑物和设备的总和。

**2. 实验动物实验设施（experiment facility for laboratory animal）** 指以研究、实验、教学、生物制品和药品及相关产品生产、检定等为目的而进行实验动物实验的建筑物和设备的总和。

**3. 实验动物特殊实验设施（hazard experiment facility for laboratory animal）** 包括感染动物实验设施（动物生物安全实验室）和应用放射性物质或有害化学物质等进行动物实验的设施。

### （二）根据微生物控制程度分类

根据设施环境的微生物控制等级，即按空气净化的控制程度，国家标准（GB 14925-2010）将实验动物设施分为普通环境、屏障环境和隔离环境，见表 3-11。

**表 3-11 实验动物环境分类**

| 环境分类 | | 使用功能 | 适用动物等级 |
| --- | --- | --- | --- |
| 普通环境 | - | 实验动物生产、动物实验、检疫 | 普通动物 |
| 屏障环境 | 正压 | 实验动物生产、动物实验、检疫 | SPF 动物 |
| | 负压 | 动物实验、检疫 | SPF 动物 |
| 隔离环境 | 正压 | 实验动物生产、动物实验、检疫 | SPF 动物、悉生动物、无菌动物 |
| | 负压 | 动物实验、检疫 | SPF 动物、悉生动物、无菌动物 |

**1. 普通环境（conventional enviroment）** 符合实验动物居住的基本要求，控制人员和物品、动物出入，不能完全控制传染因子，适用于饲养普通实验动物（conventional animal，CV）。实验动物的生存环境直接与外界大气相通。饲料、饮水要符合卫生要求，垫料要消毒，有防野鼠、防虫设施。

**2. 屏障环境（barrier enviroment）** 符合实验动物居住的要求，严格控制人员、物品和空气的进出，适用于饲育无特定病原体（specific pathogen free，SPF）实验动物。实验动物生存在与外界隔离的环境内，进入实验动物生存环境的空气须经净化处理，其洁净度达到 7 级。进入屏障内的人、动物和物品，如饲料、水、垫料及实验用品等均需有严格的微生物控制。

**3. 隔离环境（isolation enviroment）** 采用无菌隔离装置以保持无菌状态或无外源污染物。隔离装置内的空气、饲料、水、垫料和设备应无菌，动物和物料的动态传递须经特殊的传递系统，该系统既能保证与环境的绝对隔离，又能满足转运动物时保持与内环境一致。适用于饲育无特定病原体、悉生及无菌实验动物。实验动物生存环境与外界完全隔离。进入实验动物生存环境的空气须经净化处理，其洁净度达到 5 级。人不能直接接触动物。

## 三、实验动物设施设备和饲养器具

### （一）设施设备

实验动物设施内要设置消毒灭菌（高压及喷雾）系统、空调通风系统、净化水系统、环境

及图像监控系统、通讯及防火安全系统、电力供应及应急电源等设备，要有保证各种设施设备正常运转的应急预案。

### （二）饲养设备

实验动物的饲养设备主要有笼具、笼架、独立通风笼具系统、隔离器等。各种饲养笼具应符合国家标准规定的最小活动空间要求，见表3-12。

**1. 笼具笼架** 饲养和收容动物的容器就是笼具。饲养笼具的材质要符合动物健康和福利要求，无毒、无害、无放射性、耐腐蚀、耐高温、耐高压、耐冲击、易清洗、易消毒灭菌。饲养笼具的结构、造型、材料均与所饲养的动物种类、等级、目的相关，有各种形状、大小、规格和品质，包括饲养笼、运输笼、挤压笼、代谢笼、透明隔离箱盒等。笼具的制作必须保证动物的健康、舒适；便于清洗和消毒；方便操作；坚固耐用；经济便宜。

笼架是放置笼具的架构。应牢靠，便于移动。笼架大小应和笼具相适合，层次最好可调节，具有通用性。笼架应便于清洗，具有耐热、耐腐蚀性。常见的笼架有饲养架、悬挂式和冲水式笼架、传送带式和刮板式笼架。

**2. 层流架（laminar flow cabinet）** 主要由外壳、空气过滤器、集中排气装置、笼位、底座等组成，具有直接将笼位里的污气排出、成为局部屏障系统、形成洁净饲养环境、对室内操作人员的身体不造成伤害等显著优点。一般置于屏障系统环境中使用，它起到双重保险的作用，保护动物不被感染。室内空气经初效预过滤、中效过滤及HEPA高效过滤器三级过滤后送入饲养区，饲养区放置动物笼具。笼盒内饲养环境就相当于屏障系统环境，是专用于饲养SPF级大鼠、小鼠或免疫缺陷动物的净化笼具。

**3. 独立通风笼具系统（individually ventilated cages，IVC）** 由主机、笼架和笼盒三部分组成。室内空气经送风过滤系统和导风通道进入笼架上所有笼盒。为实验动物提供均匀的低流速洁净空气，动物排放的废气经笼架回风管道进入主机排风系统，再经过滤后排放到室外。从而保持笼盒内的湿度，减少垫料更换次数，有效地防止动物交叉感染，保障实验工作人员的健康安全。适宜SPF动物的培育、繁殖、保种和各类动物实验，尤其适用于饲养免疫缺陷动物和转基因动物。相对于传统的屏障环境，它具有节约能源、维护设备和运行费用低、对房间要求低等优点。

**4. 隔离器（isolator）** 是一种可把微生物完全隔离于设施外，能够饲养无菌动物的设备。隔离器的主要结构包括隔离器室、传递系统、操作系统、过滤系统、进出风系统、风机、支撑结构。根据功能不同可分为动物生产隔离器、动物实验隔离器、手术隔离器等；根据动物品种不同可分为大鼠、小鼠、豚鼠及兔等隔离器；根据内部气压状况可分为正压隔离器和负压隔离器。隔离器主要用于保种和各种动物实验。

## 四、实验动物环境的控制要求

实验动物设施环境控制的主要技术指标是动物饲养室内温度、日温差、相对湿度、最小换气次数、空气洁净度、相通区域的最小静压差、落菌数、氨浓度、噪音、光照和昼夜明暗交替时间等。国家实验动物环境及设施标准（GB 14925-2010）规定的实验动物生产设施的环境控制技术指标见表3-13，动物实验设施的环境控制技术指标见表3-14。

表 3-12　常见实验动物所需居所最小空间

| 项目 | 小鼠 | | | 大鼠 | | | 豚鼠 | | |
|---|---|---|---|---|---|---|---|---|---|
| | < 20g 单养时 | > 20g 单养时 | 群养（窝）时 | <150g 单养时 | >150g 单养时 | 群养（窝）时 | <350g 单养时 | >350g 单养时 | 群养（窝）时 |
| 地板面积/$m^2$ | 0. 0067 | 0. 0092 | 0. 042 | 0. 04 | 0. 06 | 0. 09 | 0. 03 | 0. 065 | 0. 76 |
| 笼内高度/m | 0. 13 | 0. 13 | 0. 13 | 0. 18 | 0. 18 | 0. 18 | 0. 18 | 0. 21 | 0. 21 |
| 项目 | 地鼠 | | | 猫 | | 猪 | | 鸡 | |
| | <100g 单养时 | >100g 单养时 | 群养（窝）时 | <2. 5kg 单养时 | >2. 5kg 单养时 | <20kg 单养时 | >20kg 单养时 | <2 kg 单养时 | >2 kg 单养时 |
| 地板面积/$m^2$ | 0. 01 | 0. 012 | 0. 08 | 0. 28 | 0. 37 | 0. 96 | 1. 2 | 0. 12 | 0. 15 |
| 笼内高度/m | 0. 18 | | | 0. 76（栖木） | | 0. 6 | 0. 8 | 0. 4 | 0. 6 |
| 项目 | 兔 | | | 犬 | | | 猴 | | |
| | <2. 5 kg 单养时 | >2. 5 kg 单养时 | 群养（窝）时 | <10 kg 单养时 | 10~20 kg 单养时 | >20kg 单养时 | <4 kg 单养时 | 4~8 kg 单养时 | >8 kg 单养时 |
| 地板面积/$m^2$ | 0. 18 | 0. 2 | 0. 42 | 0. 6 | 1 | 1. 5 | 0. 5 | 0. 6 | 0. 9 |
| 笼内高度/m | 0. 35 | 0. 4 | 0. 4 | 0. 8 | 0. 9 | 1. 1 | 0. 8 | 0. 85 | 1. 1 |

**表 3-13 实验动物生产设施的环境控制技术指标**

| 项目 | | 指标 | | | | | | | | |
|---|---|---|---|---|---|---|---|---|---|---|
| | | 小鼠、大鼠 | | 豚鼠、地鼠 | | | 犬、猴、猫、兔、小型猪 | | | 鸡 |
| | | 屏障环境 | 隔离环境 | 普通环境 | 屏障环境 | 隔离环境 | 普通环境 | 屏障环境 | 隔离环境 | 屏障环境 |
| 温度/℃ | | 20~26 | | 18~29 | 20~26 | | 16~28 | 20~26 | | 16~28 |
| 最大日温差/℃ | | ≤4 | | | | | | | | |
| 相对湿度/% | | 40~70 | | | | | | | | |
| 最小换气次数/（次/小时）≥ | | 15[a] | 20 | 8[b] | 15[a] | 20 | 8[b] | 15[a] | 20 | — |
| 动物笼具处气流速度/（m/s） | | ≤0.20 | | | | | | | | |
| 相通区域的最小静压差/Pa≥ | | 10 | 50[c] | - | 10 | 50[c] | - | 10 | 50[c] | 10 |
| 空气洁净度/级 | | 7 | 5 或 7[d] | - | 7 | 5 或 7[d] | - | 7 | 5 或 7[d] | 5 或 7 |
| 沉降菌最大平均浓度/（个/0.5h·φ90mm 平皿）≤ | | 3 | 无检出 | - | 3 | 无检出 | - | 3 | 无检出 | 3 |
| 氨浓度/（mg/m³） | | ≤14 | | | | | | | | |
| 噪声/dB | | ≤60 | | | | | | | | |
| 照度/lx | 最低工作照度 | ≥200 | | | | | | | | |
| | 动物照度 | 15~20 | | | | 100~200 | | | | 5~10 |
| 昼夜明暗交替时间，h | | 12/12 或 10/14 | | | | | | | | |

注：（1）表中氨浓度指标为动态指标。

（2）普通环境的温度、湿度和换气次数指标为参考值，可根据实际需要确定，但应控制日温差。

（3）a：为降低能耗，非工作时间可降低换气次数，但不应低于 10 次/小时；b：可根据动物种类和饲养密度适当增加；c：指隔离设备内外静压差；d：根据设备的要求选择参数，用于饲养无菌动物和免疫缺陷动物时，洁净度应达到 5 级。

**表 3-14　动物实验设施的环境控制技术指标**

| 项目 | | 指标 | | | | | | | | |
|---|---|---|---|---|---|---|---|---|---|---|
| | | 小鼠、大鼠 | | 豚鼠、地鼠 | | | 犬、猴、猫、兔、小型猪 | | | 鸡 |
| | | 屏障环境 | 隔离环境 | 普通环境 | 屏障环境 | 隔离环境 | 普通环境 | 屏障环境 | 隔离环境 | 屏障环境 |
| 温度/℃ | | 20~26 | | 18~29 | 20~26 | | 16~26 | 20~26 | | 16~26 |
| 最大日温差/℃ | | ≤4 | | | | | | | | |
| 相对湿度/% | | 40~70 | | | | | | | | |
| 最小换气次数（次/小时）≥ | | 15[a] | 20 | 8[b] | 15[a] | 20 | 8[b] | 15[a] | 20 | — |
| 动物笼具处气流速度/（m/s） | | ≤0.2 | | | | | | | | |
| 相通区域的最小静压差/Pa≥ | | 10 | 50[c] | - | 10 | 50[c] | - | 10 | 50[c] | 50[c] |
| 空气洁净度/级 | | 7 | 5 或 7[d] | - | 7 | 5 或 7[d] | - | 7 | 5 或 7[d] | 5 |
| 沉降菌最大平均浓度/（个/0.5h · φ90mm 平皿）≤ | | 3 | 无检出 | - | 3 | 无检出 | - | 3 | 无检出 | 无检出 |
| 氨浓度/（$mg/m^3$） | | ≤14 | | | | | | | | |
| 噪声/dB | | ≤60 | | | | | | | | |
| 照度/lx | 最低工作照度 | ≥200 | | | | | | | | |
| | 动物照度 | 15~20 | | | | | 100~200 | | | 5~10 |
| 昼夜明暗交替时间/h | | 12/12 或 10/14 | | | | | | | | |

注：（1）表中氨浓度指标为动态指标。

（2）普通环境的温度、湿度和换气次数指标为参考值，可根据实际需要确定，但应控制日温差。

（3）a：为降低能耗，非工作时间可降低换气次数，但不应低于 10 次/小时；b：可根据动物种类和饲养密度适当增加；c：指隔离设备内外静压差；d：根据设备的要求选择参数，用于饲养无菌动物和免疫缺陷动物时，洁净度应达到 5 级。

# 第四节　实验动物的营养需要和饲料质量控制

实验动物的营养学与畜禽的营养学不同，对家畜而言，以生长速度、饲料利用率和经济效益为最终目标，而实验动物是以培育、繁殖生产品质均一的标准化动物为目标。实验动物的营养需要是指为满足动物维持正常生长和繁殖所需的基本需要。适当的营养是影响实验动物生长、繁殖、寿命以及对刺激的反应达到其遗传潜力的最重要的因素，饲料中所含的营养成分即营养素的质和量直接影响实验动物的质量。研究实验动物的营养需求、加强饲料质量标准化管理，是实现实验动物标准化的重要环节。

## 一、实验动物所需的营养素

动物生存所必需的物质，除动物体内能够自身合成的成分外，都需从饮食中摄取，这些从外界摄取的营养物质即营养素构成机体的成分和能源。通常除水以外都需要从饲料中摄取和吸收，如蛋白质、脂类、糖、无机盐和维生素等营养物质。营养物质也可按功能的不同分为储藏物质和能量物质，其中储藏物质是机体必不可少的，具有调节机体功能的作用，其他营养物质无法替代的物质，包括维生素、无机盐和蛋白质等。而能量物质是体内能量的来源物质，是机体的能源，包括脂肪、糖和蛋白质等。

### （一）蛋白质

蛋白质是细胞的主要组成成分，参与皮肤、骨骼、软骨、毛发及各种组织器官和血液、体液、肌肉等的构成。酶、抗体、激素也是蛋白质。蛋白质与糖和脂肪不同，它含有氮，不能在体内由糖和脂肪合成，也不能代替。蛋白质由 20 种氨基酸组成，有些氨基酸动物体内能够合成，不依赖饲料供给，这类氨基酸称为非必需氨基酸；有些氨基酸动物体内不能合成，或合成量不能满足需要，必须由饲料供给，这类氨基酸称为必需氨基酸。蛋白质中含氨基酸成分、质和量的不同，其营养价值也不同。动物性蛋白含有更多的必需氨基酸，其营养价值较高，往往比植物性蛋白的营养价值高。蛋白质消化和吸收比例的差异也会对其营养价值造成影响。蛋白质的营养价值取决于该蛋白质的消化率和氨基酸的组成。

### （二）脂肪

脂肪是由脂肪酸及其衍生物构成的一类天然化合物的总称。脂肪与蛋白质和糖共同组成动物机体的主要成分，脂肪同时还是生物化学和营养学等领域极为重要的物质之一。脂肪虽然与糖和蛋白质一样都是生物体内重要的能源物质，但是脂肪的热价比糖和蛋白质高出 2.25 倍。此外，脂肪在供给和储存脂溶性维生素方面也具有重要的作用。脂肪因构成的分子和脂肪酸种类不同而具有不同的性状，根据脂肪酸所含氢原子的多少将脂肪酸分为饱和脂肪酸（脂肪酸碳链中碳原子间以单键相连）和不饱和脂肪酸（脂肪酸碳链中部分碳原子间以双键相连）。动物性脂肪所含饱和脂肪酸较多，植物性脂肪所含不饱和脂肪酸较多。不饱和脂肪酸具有易氧化酸败、产生异味的特征，进而降低脂类的营养价值和适口性。脂肪酸碳链越短，异味越浓。

在不饱和脂肪酸中，亚油酸、亚麻酸和花生四烯酸在动物体内不能合成，必须由饲料供给，称为必需脂肪酸。用缺乏不饱和脂肪酸的饲料饲喂，动物会出现皮肤鳞片化，生长缓慢，繁殖性能下降。

### （三）糖

糖类（碳水化合物，可溶性无氮物）是食物和饲料的最主要成分。动物体内摄取的糖绝大部分作为能量被消耗，还有一部分作为血糖和糖原等动物体内的正常成分而蓄积，其中储存在肌肉中的肌糖原可以作为紧急时刻的能量储备被再次利用。动物因摄食过多的糖而超出机体糖原的合成范围，糖原就会转化为脂肪沉积并储存。有一些糖能促进肠道细菌的繁殖，而细菌种类会影响维生素的合成。例如，饲料中的纤维素能促进肠道细菌维生素 $B_2$ 的合成，摄取大量糊精后肠道合成维生素 $B_6$ 的细菌会有所增加。

### （四）维生素

维生素是一种极为微量的有机化合物，具有支配营养、调节正常生理功能的重要作用。维生素本身不能作为能量物质，但缺乏维生素后动物的生长和繁殖都不能正常进行，因此维生素属于必需营养物质。维生素原则上不能在动物体内合成，但有一部分维生素可以由肠道微生物合成。

维生素分为易溶于水的水溶性维生素和易溶于油脂的脂溶性维生素。通常水溶性维生素不能在体内储存，过量的水溶性维生素随尿液排出体外，与之相对的脂溶性维生素一般储存在肝脏中。

### （五）无机盐

无机盐也称为无机物、矿物质或灰分。除碳、氮、氢、氧等构成有机物的主要成分外，无机盐是动物体内所有元素的总称。无机盐是构成动物机体不可或缺的重要成分，分布于细胞和体液内，与蛋白质共同调节渗透压，调节细胞内的酸碱平衡，调控机体的各种功能。目前已知的无机元素有 20 多种，包括 Na、K、Cl、Mg、Ca、P、S、Fe、Cu、Zn、I、Mn、Co、F、As、Br、Al、Si、B、Se、V、Sr、Ni 及 Cr 等，通常将 Mn 以下的元素称为微量元素。也有人将 Fe 以下的元素定义为微量元素。微量元素的作用机制和功能还不十分清楚，绝大多数微量元素都无须在配合饲料中特别添加，普通原料通常就能满足动物的需要。

### （六）水

水对实验动物的生存至关重要，是动物必需的营养成分。动物体内水的营养生理作用很复杂，生命过程中许多特殊生理作用都有赖于水的存在。一般水占实验动物体重的 70% 以上，是动物体各种器官、组织、细胞和体液的组成成分。动物体内的水能与蛋白质结合成胶体，使组织器官呈现一定的形态、硬度和弹性。动物体内消化、新陈代谢过程中的生物化学反应都需要水的参与，如水解、水合、氧化还原、有机化合物的合成和细胞的呼吸过程等。水是一种理想的溶剂，动物体内水的代谢与电解质的代谢紧密结合，有利于体内各种营养物质的吸收、转运和代谢废物的排出。水的比热大，导热性好，蒸发热值大，因而水能储蓄热能，迅速传递热能和蒸发散失热能，有利于恒温动物体温的调节。动物体内体腔、组织液和关节囊内的水，还可使关节、器官间保持润滑。

## 二、实验动物的营养需要

实验动物的营养需要因动物食性、种类、品种、年龄、性别及生长发育、妊娠、泌乳等生理状态的不同而有所差异。在饲养过程中，应根据某种实验动物的营养需要量，合理配制饲料，以满足实验动物不同生理时期对营养物质的需要。

### （一）小鼠

小鼠饲料中含18%~20%的蛋白质即可满足需要。小鼠喜食高碳水化合物的饲料，但泌乳期小鼠喜欢吃含脂类高的饲料，特别需要含亚油酸丰富的饲料。小鼠对钙及维生素A和维生素D的需要量较高，但同时又对维生素A的过量很敏感，特别是妊娠小鼠，过量的维生素A会造成胚胎畸形。对繁殖用小鼠应适当补充维生素E，以提高受孕率、产仔率。无菌小鼠还应注意补充维生素K。

### （二）大鼠

大鼠饲料中含18%~20%的蛋白质即可满足其生长、妊娠、泌乳的需要。生长期以后在饲料中添加0.4%的蛋氨酸和0.48%的赖氨酸，可提高大鼠生长速度。大鼠对各种营养素敏感，要特别注意脂肪酸的供给，饲料中必需脂肪酸的含量应占总能量的1.3%，其中亚油酸在饲料中含量不能低于0.3%。大鼠对钙、磷的缺乏有较大的抵抗力，但对镁的需要量较多，尤其是妊娠和哺乳期大鼠对镁的需要量明显增加，添加60IU/kg维生素E能提高大鼠的繁殖率。无菌大鼠还应注意补充维生素$B_{12}$。

### （三）地鼠

地鼠对蛋白质需要较大鼠、小鼠高，饲料中的粗蛋白含量要求达到21%~24%，并在饲料中需有一定比例的动物蛋白。如果蛋白质不足，成年地鼠将出现性功能减退，幼鼠则生长发育迟缓。地鼠与反刍动物一样能有效利用非蛋白氮。地鼠的胆固醇代谢较为特殊。

### （四）豚鼠

豚鼠一般饲料中要求蛋白质含量为20%，豚鼠对某几种必需氨基酸特别是精氨酸的需要量很高。豚鼠属于草食性动物，因此豚鼠饲料中应保证含有12%~15%的粗纤维，若粗纤维不足，可发生排粪障碍和脱毛现象。豚鼠自身不能合成维生素C，对维生素C的缺乏特别敏感，缺乏时可引起维生素C缺乏病、生殖机能下降、生长不良、抗病力降低，最后导致死亡，因此必须在饲料中补充维生素C。一般每只成年豚鼠每日需补充10mg的维生素C，繁殖豚鼠每日需补充30mg，可添加到饲料中或直接加到饮水中。

### （五）兔

兔饲料中含有15%左右蛋白质即可满足需要，同时需补充精氨酸和赖氨酸，尤其是精氨酸对兔特别重要，是第一限制性氨基酸。兔是草食性动物，应保证饲料中的粗纤维在11%以上，从而维持其正常的消化生理功能，但无菌兔饲料的粗纤维含量应降低。兔可以耐受高水平的钙，在初生时有很大的铁储备，因而不易贫血。兔肠道微生物可以合成维生素K和大部分B族维生素，并通过食粪行为而被其自身所利用，但繁殖兔仍需补充维生素K。

### （六）犬

犬是肉食性动物，必须供给犬足够的脂肪和蛋白质，22%的粗蛋白可满足犬的生长和繁殖的需要，且饲料中的动物蛋白应占全部蛋白质食物的1/3。犬能耐受高脂肪的日粮，并要求日粮中有一定量的不饱和脂肪酸。犬对维生素A的需要量较大。尽管犬肠道内微生物可合成B族维生素，但仍需要补充维生素$B_{12}$。

### （七）猴

猴属于灵长类动物，其属性与人相似。其日粮能量的50%以上来自糖代谢，16%~25%的蛋白质可满足生长繁殖的需要，脂肪含量以 3%~6%为宜。猴体内不能合成维生素 C，在饲料中应予以补充，每天供给一定的苹果、香蕉等新鲜水果和蔬菜。

## 三、实验动物饲料的质量控制

### （一）实验动物饲料质量管理

实验动物使用的全价营养颗粒饲料应在有生产许可证的单位购买，在采购过程中需考虑饲料的质量、生产日期、生产单位的合格证及饲料保管流程、运输过程中的密封性。饲料的保存：注意清点登记每批购进的饲料，存放于清洁干净的区域，干燥通风，无鼠、无虫，避免饲料污染；饲料要在保存期内用完，不能过期；注意存放地点的环境温度和湿度的稳定性；饲料高温高压灭菌后某些营养成分会被破坏，应在饲料灭菌前补足，保存期为 1 周；放射线照射处理灭菌的饲料营养成分破坏小，购买时注意包装完整，保存期为 3 个月，该饲料多用于近交系及特殊品系动物。

### （二）实验动物饲料的质量检测

饲料的检测是实验动物饲料质量管理必不可少的一个重要环节和手段。要定期对产品和原料进行抽样，通过外观、营养成分和有毒有害物质含量的分析、检测，对饲料的品质进行评定。

**1. 感官检验**　用手、眼、鼻等器官，通过色泽、气味、手感、杂质情况等项指标，对饲料的新鲜度、均匀度、含水量等进行直观判断。

**2. 营养成分测定**　按照国家实验动物饲料营养标准所规定的养分含量及分析方法对产品的营养成分和混合均匀度进行检测。饲料含水量应经常检测，其他营养成分应定期抽检。全价营养饲料中不得掺入抗生素、驱虫剂、防腐剂、色素、促生长剂及激素等添加剂。

**3. 饲料卫生指标的测定**　应定期对饲料产品的原料按国家标准限定的有毒有害物质含量和检测方法进行检测。配合饲料的微生物、化学污染物指标见表 3-15 和表 3-16。

**表 3-15　配合饲料的微生物指标**

| 项目 | 动物种类 | | | | | |
|---|---|---|---|---|---|---|
| | 大小鼠 | 兔 | 豚鼠 | 地鼠 | 犬 | 猴 |
| 菌落总数，cfu/g≤ | $5\times10^4$ | $1\times10^5$ | $1\times10^5$ | $1\times10^5$ | $5\times10^4$ | $5\times10^4$ |
| 大肠菌群，NPN/100g≤ | 30 | 90 | 90 | 90 | 30 | 30 |
| 霉菌和酵母数，cfu/g≤ | 100 | 100 | 100 | 100 | 100 | 100 |
| 致病菌（沙门菌） | 不得检出 | | | | | |

**表 3-16　配合饲料的化学污染物指标**

| 项目 | 指标 |
|---|---|
| 砷，mg/kg≤ | 0.7 |
| 铅，mg/kg≤ | 1.0 |
| 镉，mg/kg≤ | 0.2 |
| 汞，mg/kg≤ | 0.02 |
| 六六六，mg/kg≤ | 0.3 |
| 滴滴涕，mg/kg≤ | 0.2 |
| 黄曲霉毒素 $B_1$，μg/kg≤ | 20.0 |

# 第五节　实验动物运输和相关要求

实验动物从生产到使用都要经过运输这一环节。当把实验动物由原来的生活环境放到运输箱或运输笼，再运送到其他动物房或更远的其他实验动物中心时，可诱发动物的紧迫或危机感。如果运输方法不当，还可能对动物造成严重伤害。因而在运送实验动物的过程中必须采用合适的运输方式，使用符合实验动物质量标准等要求的运输工具和笼器具，保证实验动物的质量和健康要求。同时必须遵守国家、地方实验动物运输过程中的相关法律和法规。大多数国家都颁布了动物运输的检疫法和动物保护法。科技部《实验动物管理条例》第 4 章第 21 条规定："实验动物的运输工作应当有专人负责。实验动物的装运工具应当安全、可靠。不得将不同品种、品系或者不同等级的实验动物混合装运。"

## 一、运输实验动物笼具的要求

运输过程中承载实验动物的运输笼（箱）结构、材质要符合实验动物健康和福利标准，无毒、无味，并符合运输规范和要求。运输箱或运输笼必须足够坚固，能防止动物破坏、逃逸或接触外界，并能承受短暂性的挤压。运输箱或运输笼的大小、形状应符合运输实验动物的生理、生态和习性等生物学特性，在运输前提下使动物感觉舒适，保证实验动物的健康与安全。运输箱或运输笼可分成一次性和反复消毒两种。在运输无特定病原体动物（SPF）时，运输箱或运输笼需要加一层特殊滤网，以防止外界微生物的污染，同时保证足够的通风换气。注意在同一运输箱或运输笼内不能混合不同品种、不同性别或不同等级的动物。

## 二、运输过程的管理和控制

### （一）国际实验动物运输过程的管理和控制

国际实验动物运输以空运为主。空运动物必须符合国际空运协会（International Air Transport Association，IATA）的空运规定。规定包括活动物空运运输箱的规格及空间要求，以及濒临绝种动物国际交易公约（Convention on International Trade in Endangered Species，CITES）的名单附录。IATA 对活动物空运规定每年都会更新一次，所以每当有国际动物运输时，应依当年规定为准。国际动物运输和进出口，必须注意是否有齐全的文件及证明，因为齐全的证明文件是动物进出机场海关所必需的。

从国外科研单位、高等院校或供应商进口小鼠，通常情况下需要先在国内委托一家有代理进出口资质的公司，签订委托代理进口合同；再由该进出口公司与国外联系安排进口流程。在整个进口过程中，需要与代理进口公司积极配合，向海关、出入境检验检疫局和相关政府部门（林业部门、农业部门、濒管办等）提供所需的各种信息和说明。以进口小鼠为例，流程如下。

1. 与国外确认可以出口所需的实验动物品种、品系和可行的运输路线。
2. 寻找代理进口公司，并签订代理进口合同。
3. 确定进口动物的隔离检疫场。
4. 代理进口公司到当地出入境检验检疫局申请进口检疫许可证（通常需要 1 个月时间）。
5. 得到进口检疫许可证后，由代理公司与国外协调安排运输、清关。

进出口家畜或野生动物，应遵循国际兽疫办公室（International Office of Epizootics，IOE）的

规定，还要根据我国出入境检验检疫局的规定，动物出入境必须取得国家出口或进口许可证，不能进口来自特定疾病疫区的动物。依国际规范，野生猎捕灵长类动物需测试肺结核、疱疹 B 病毒、埃博拉和其他相关传染病病原才能引进。亚洲来源的野鼠需检疫汉坦病毒，才能进口用作实验动物。我国引进其他国家的实验动物（啮齿类），须要求动物健康证明文件（health certificate）。

## （二）实验动物装运

空运活动物规定包括最佳的动物运输容器设计，重点推荐空气滤网容器。实验动物装运前应反复审核运输箱的安全性，检查通气孔及滤网通风是否顺畅。箱外必须贴上标签，标签包括下列内容。

1. 收件人姓名、地址、单位及电话。
2. 寄件人姓名、地址、单位及电话（以及紧急联络电话号码）。
3. 装箱时间、运输日期及时间。
4. 动物数量、性别、品种、品系和年龄等相关资料。
5. 运输箱件数。
6. 动物健康证明或相关资料。

动物装箱运输时，需要有足够的空间可以移动身体。同时也要避免因运输中的摇动致使箱内动物受伤。运输箱设计要考虑动物能站、坐、躺及回转，常以单只动物大小、体重设计运输箱的公式。

长度=从鼻到尾根部的体长再加 1/3 长度。

宽度=动物的肩宽乘 2 倍。

高度=头可完全抬举的高度。

常见实验动物装箱规格如表 3-17。

**表 3-17 实验动物装箱规格**

| 品种 | 动物重量（g） | 动物装箱的密度 | | 每箱最低高度（cm） |
|---|---|---|---|---|
| | | 每箱可装最多动物数（只） | 每只动物空间（$cm^2$） | |
| 小鼠 | 15~20 | 25 | 25 | 10 |
| | 20~35 | 25 | 30~45 | 10 |
| 仓鼠 | 30~50 | 12 | 32 | 10 |
| | 50~80 | | 88 | 13 |
| | 80~100 | | 136 | 13 |
| | 100 以上 | | 160 | 13 |
| 大鼠 | 30~50 | 25 | 50 | 10 |
| | 50~150 | 15~25 | 55~100 | 13 |
| | 150~400 | 7~15 | 110~250 | 20 |
| 豚鼠 | 170~280 | 12 | 90 | 15 |
| | 280~420 | 12 | 160 | 15 |
| | ≥420 | 12 | 230 | 15 |

续表

| 品种 | 动物重量（g） | 动物装箱的密度 | | 每箱最低高度（cm） |
|---|---|---|---|---|
| | | 每箱可装最多动物数（只） | 每只动物空间（$cm^2$） | |
| 兔 | ≤2500 | 4 | 770 | 20 |
| | 2500~5000 | 2 | 970~1160 | 25 |
| | ≥5000 | 1 | 1160~1400 | 30 |
| 犬 | 成犬 | 1~2 | | 以头部向上伸之高度 |

### （三）实验动物运输应注意的事项

1. 实验动物运输前，应详细了解和严格执行国家对鲜活动物运输的有关规定。实验动物的进出口运输管理，还应按照国际上动物运输和进出口的有关规定办理。

2. 在运输装卸时，实验动物应最后装上运输工具，到达目的地时，应最先离开运输工具，以减少实验动物的在途时间。地面运送实验动物应使用专用运输车，配有维持实验动物正常呼吸和生活的装置及防震设备，小动物运输车还应配置温控设备，以控制运输车内的温度。

3. 实验动物运输应按相应等级标准进行包装和运输。运输时装箱（笼）密度应符合实验动物生理、生态要求。不同品种、品系、性别和等级的实验动物不得混合装运，以防止相互干扰。

4. 实验动物在水陆运输时，应有懂得实验动物方面知识的人员负责管理；空运时，发运方应将飞机航班号、到港时间等相关信息及时通知接收方，接收方接收后应尽快运送到最终目的地。

5. 一般超过 4 小时以上的长途运输应供给动物充足的、含水量丰富的营养性食料；也可使用饮水瓶，但需有防漏措施。

## 三、动物运输后的适应性饲养与恢复观察

购入的实验动物需进行隔离检疫。在检疫期间对动物的呼吸系统、消化系统及其他病状进行常规观察，并按本单位检疫规范做细菌、病毒、内外寄生虫的抽样检测。检疫目的在于使所有新引入动物能尽快适应新环境，并且经过适当的检查以保证动物的品质，防止疾病的感染或排除特定的病原体感染。以小鼠为例，检疫范围应包括进入本单位所有动物室、转基因动物室、实验室的动物。

1. 动物抵达单位后，立即隔离饲养在隔离检疫室中，预期在隔离检疫室观察饲养 14 天；主管兽医师可根据新进动物情况与其来源，决定是否需要再观察 10~14 天。

2. 隔离检疫室为独立的饲养设施，有条件的单位应采用 IVC 或隔离器饲养新引入的动物。所谓独立是指隔离检疫室有独立的饲养环境，出入隔离检疫室的人、物、料、气、水应是完全独立的。此室备有通道式高压灭菌器和传递箱（passing box）与渡槽，所有器具与物品都必须经过此高压灭菌锅或传递箱搬运进入本室；检疫室废弃物、动物样品、尸体等通过高压灭菌锅灭菌后运出。

3. 动物引进时，若有动物死亡或有临床症状呈濒死状态，应做全套病理解剖，必要时应做病毒抗体测定及细菌分离等工作。

4. 动物引进第一天，应由兽医师与诊断室技术员检查，记录任何异常、病变或症状，采新鲜粪便做细菌培养及寄生虫检查。体表毛发皮肤可用解剖显微镜检查有无皮肤炎、体外寄生虫或真

菌感染。

5. 动物引进后第一周，如有必要（根据进口动物健康证明书），同一来源的动物取 3~5 只，由眼眶或尾静脉采血。制备血清做特定病原体的抗体测试，采新鲜粪便做寄生虫检查。

6. 同一批引进动物数目足够时采样 5%，如有必要（根据进口动物健康证明书）考虑随机挑选 3~5 只做全套病理解剖及微生物培养。

7. 种质保存单位可引入 7~8 只公鼠，其中 3~4 只用作微生物检测，主要检测能垂直传递的病毒、细菌和寄生虫。检测结果阴性即采用同步发情、胚胎操作或剖宫产、保姆鼠代乳的办法，通过传递窗传入配种后的受体母鼠的子宫、输卵管。

8. 工作人员离开隔离检疫室，务必脱去进入隔离检疫室穿戴的衣帽鞋等，经清洗后，离开动物房，且避免当天再度进入其他动物饲养和动物实验区。

9. 对病原检查阳性鼠群，动物不可移动，由兽医师报告单位主任后予以处理。

10. 检疫期结束，负责兽医师填上“新进动物检疫”报告并签名。报告书一份归档，副本一份送生产组。

# 第四章
# 常用实验动物

扫一扫，查阅本章数字资源，含PPT、音视频、图片等

## 第一节　小　鼠

小鼠（mouse，*Mus musculus albus*）在动物分类学上属于哺乳纲（Mammalia）、啮齿目（Rodentia）、鼠科（Muridae）、小鼠属（*Mus*），来源于野生小家鼠。染色体为20对（2n=40）。

小鼠最早仅作为宠物，供达官贵人消遣玩赏。17世纪科学家们应用小鼠进行比较解剖学研究及动物实验。19世纪开始用于遗传学研究，1909年Little等采用近亲繁殖的方法首次培育成功纯系DBA小鼠，1913年Bagg培育成功BALB/c纯系小鼠，奠定了现代实验动物科学的基础，同时开创了小鼠在生命科学研究中应用的新纪元。经过长期人工饲养、选择、培育，已培育成1000多个独立的近交系和封闭群。小鼠遍布世界各地，是当今世界上研究最详尽、应用最广泛的实验动物。

### 一、生物学特性

#### （一）习性和行为

**1. 胆小易惊**　小鼠性情温顺，容易捕捉，一般不会主动伤人，但抓取时受惊吓易咬伤人。一旦逃出笼外过夜则恢复野性，行动敏捷难以捕捉。当饲养室内有人时，小鼠活动受到限制，甚至停止活动；受到惊吓时，小鼠尾巴会挺直并左右摆动。

**2. 昼伏夜动**　小鼠属于夜行性动物，习于昼伏夜动，以傍晚时和黎明前最为活跃，进食和交配多在此期间进行。白天喜居较黑暗的安静环境，固定一处营巢睡眠，讨厌明亮、开阔、架高的空间，强光和噪声刺激时，可导致哺乳母鼠神经紊乱，发生流产和食仔现象。

**3. 喜群居**　与单笼饲养的小鼠相比，群居的小鼠饲料消耗快，生长发育也快。但不同群雄性成年小鼠群居时易发生斗殴，甚至咬伤致死。

**4. 适应性差**　怕气流，尤其是吹气；听觉敏感，怕噪音，对超声波敏感，对环境适应性差；不耐饥渴；不耐冷热，过冷过热会造成小鼠生殖能力的明显下降甚至死亡；对疾病抵抗力差，因而遇到传染病时往往会发生成群死亡。

**5. 喜啃咬**　小鼠门齿终生不断生长，喜欢啃咬坚硬物品，以维持其恒定长度。

**6. 趋触性**　小鼠喜欢紧贴墙壁，用体表的被毛去感触和探知周围环境；小鼠的胡须相当于人类的手指，可探测与判断。

**7. 嗅觉敏感，有气味标记，尿迹和足迹也用于分辨方向（导航）和检测边缘**　尿、粪和足底的气味可表示其身份、年龄、性别、优势等级、生育状况、免疫力及健康状况，并对附近其他

小鼠起警告作用。

### （二）主要解剖学特点

**1. 外观与体型**　体小，面部尖突，呈锥形体。嘴脸前部有触须。耳耸立呈半圆形，眼大，鼻尖，尾长约与体长相等。尾部覆有环状角质鳞片。成年小鼠一般体长10~15cm，雌性体重18~40g，雄性体重20~40g。实验中一般采用18~22g成年小鼠。小鼠毛色因品种、品系而异，有白色（albino）、野生色（agouti）、黑色（black）、棕色（brown）、黄色（yellow）、巧克力色（chocolate）、肉桂色（cinnamon）、淡色（dilution）、白斑（piebald）等。毛色由毛色基因控制。

**2. 骨骼**　小鼠骨骼由头骨、躯干骨和四肢骨组成。躯干骨由脊柱、肋骨和胸骨组成。脊柱分为5个部分，包括颈椎7枚、胸椎12~14枚、腰椎5~6枚、荐椎4枚、尾椎27~30枚。肋骨12~14对，前7对为真肋，后5~7对为假肋。胸骨共6枚。四肢骨包括肩带、前肢骨、腰带和后肢骨。肩带由肩胛骨与锁骨构成。腰带由1对髋骨（由耻骨和坐骨组成）组成。小鼠下颌骨的喙状突较小，髁状突发达，运用下颌骨形态的分析技术，可进行近交系小鼠遗传监测。

**3. 牙齿**　小鼠的齿式为2（门1/1，犬0/0，前臼0/0，臼齿3/3）= 16，每侧上、下颌各有门齿1个和臼齿3个。门齿终生生长，需经常磨牙来维持齿端的长度。

**4. 消化系统**

（1）食管　食管细长，长度约为2cm，食管内壁有一层厚的角质化鳞状上皮，有利于灌胃操作。

（2）胃　胃属单室胃，分为前胃和后胃，前胃壁薄呈半透明状；后胃不透明，富含肌肉和腺体，伸缩性强。

（3）肝脏和胆囊　肝脏分为5叶：外侧左叶、内侧左叶、外侧右叶、内侧右叶和尾状叶，有胆囊。

（4）胰腺　胰腺呈树枝状，分散在十二指肠、胃底及脾门处，色淡红，似脂肪组织。

**5. 呼吸系统**　小鼠左肺仅1叶。右肺较大，分为4叶：上叶、中间叶、下叶、腔后叶。

**6. 循环系统**　心脏分为左、右心房及左、右心室。小鼠心电图中没有S-T段，甚至有的导联也不见T波。

**7. 生殖系统**　雌性小鼠为双角子宫，呈“Y”形；卵巢有系膜包绕，不与腹腔相通，故无宫外孕。共有5对乳腺，胸部3对，鼠蹊部2对。雄性小鼠睾丸大，幼鼠的睾丸藏于腹腔内，性成熟后则下降到阴囊；有凝固腺，其分泌物起着凝固精囊腺分泌液的作用，交配后可在雌性小鼠阴道口形成阴道栓。

**8. 淋巴系统**　小鼠的淋巴系统尤为发达，但腭或咽部无扁桃体。脾脏有明显的造血功能，所含造血细胞包括巨核细胞、原始造血细胞等，并组成造血灶；巨核细胞的核较大，有时易被误认为肿瘤细胞。

**9. 其他**　小鼠无汗腺，尾有四条明显的血管，背面和两侧各有一条静脉，腹面有一条动脉，尾有散热、平衡、自卫等功能。

### （三）主要生理学特点

**1. 生长发育**　小鼠出生时体重1~1.5g，体长20mm，赤裸无毛，身体呈半透明，眼紧闭，两耳贴皮肤。出生后1~2小时即可吃奶。3日龄皮肤出现毛色；4~6日龄双耳张开耸立；7~8日龄开始爬动；9~11日龄听觉发育，被毛长齐；12~14日龄睁眼，开始采食饮水，四处活动；

21日龄离乳。

**2. 生殖生理** 小鼠生长周期短、成熟早，雌性小鼠35~50日龄、雄性小鼠45~60日龄性发育成熟；雌性小鼠65~75日龄、雄性小鼠70~80日龄达到体成熟。小鼠性活动保持1年，繁殖力强；性周期（动情周期）4~5天，妊娠期19~21天，哺乳期20~22天，每胎产仔8~15只。有产后24小时内发情的特点，特别有利于繁殖生产。成年雌性小鼠在动情周期的不同阶段，阴道黏膜均发生典型变化。采用阴道分泌物涂片和组织学检查，可观察阴道上皮细胞的变化，进而推测各个相应时期卵巢、子宫的状态和激素分泌的变化。小鼠阴道分泌物涂片的细胞学变化特点见表4-1。

**表4-1 小鼠性周期阴道分泌物涂片变化**

| 阶段 | 持续时间（小时） | 涂片可见 | 卵巢变化 |
| --- | --- | --- | --- |
| 动情前期 | 9~18 | 大量有核上皮细胞<br>少量角化上皮细胞 | 卵泡加速生长 |
| 动情期 | 6~12 | 满视野角化上皮细胞<br>少量有核上皮细胞 | 卵泡成熟、排卵 |
| 动情后期 | 30~48 | 角化上皮细胞及白细胞 | 黄体生成 |
| 动情间期 | 6~42 | 大量白细胞及少量黏液 | 黄体退化 |

一般雌鼠交配后10~12小时，在阴道口可见1个白色、米粒大小的阴道栓，有防止精子倒流的作用，以提高受孕率。阴道栓的形成可作为小鼠交配成功的标志。

**3. 消化生理** 小鼠属杂食性动物，喜吃淀粉含量高的饲料，以谷物为主，蛋白质含量应达到20%~25%。小鼠胃容量小（1.0~1.5mL），功能差，不耐饥饿。有随时采食习性，夜间更为活跃。

**4. 体温调节** 正常体温为37~39℃。小鼠没有汗腺，通过耳和尾部血管扩张加快散热。有褐色脂肪组织，最大的脂肪群位于两肩胛骨中间，参与代谢和增加热能。新生小鼠是变温动物，20日龄后才具有体温调节能力。

**5. 其他** 尿量少，每次仅1~2滴。可通过排尿释放信息，用于同类间报警。

## 二、在生物医学研究中的应用

由于小鼠体型小、生长快、饲养管理方便、容易达到标准化，因此在生物医学研究中得到广泛的应用，其使用数量远远超过其他实验动物。

### （一）药物研究

**1. 药物安全性评价试验** 小鼠常用于药物的急性毒性试验及最大给药量、最大耐药量的测定等，“三致”（致畸、致癌、致突变）试验也常用小鼠进行。

**2. 药物筛选** 小鼠价廉易得，常常用于各种药物的筛选，如抗肿瘤、结核、疟疾药物的筛选。

**3. 药效学评价试验** 常用小鼠做某些药物的药效学和副作用的评价，如利用小鼠瞳孔放大作用测试药物对副交感神经和神经接头的影响；用声源性惊厥的小鼠评价抗痉挛药物；用小鼠热板技术引起的后爪运动或机械压尾评价止痛药的药效。

**4. 生物制品的检定** 小鼠广泛地应用于血清、疫苗等生物制品的检定，各种药物的效价测

定，以及放射性同位素照射剂量与生物效应等试验。

### （二）肿瘤学研究

**1. 自发肿瘤** 许多小鼠品系能自发产生肿瘤。据统计，近交系小鼠中有244个品系或亚系都有其特定的自发性肿瘤，AKR小鼠白血病发病率为90%，C3H小鼠的乳腺癌发病率高达90%～100%。从肿瘤发生学看，这些自发性肿瘤与人体肿瘤相近，所以常选用小鼠自发的各种肿瘤模型进行肿瘤病因、肿瘤遗传学等的研究。

**2. 诱发性肿瘤** 小鼠对致癌物敏感，可诱发各种肿瘤模型，如用甲基胆蒽诱发小鼠胃癌和宫颈癌、用二乙基亚硝胺诱发小鼠肺癌等，用于肿瘤防治的实验研究。

**3. 人癌细胞移植** 胸腺缺陷的裸小鼠可接受人类各种肿瘤细胞的植入，成为活的癌细胞"试管"，是研究人类肿瘤生长发育、转移、治疗和抗癌药物筛选的最佳实验动物。

### （三）遗传学研究

**1. 遗传学分析** 小鼠的毛色变化多种多样，其遗传学基础已经研究得比较清楚，因而小鼠毛色常被用作遗传学分析中的遗传标记及品种品系鉴定的依据。

**2. 基因研究** 重组近交系小鼠将双亲品系的基因自由组合和重组，产生一系列的子系，这些子系是小鼠遗传学分析的重要工具，主要用于研究基因定位及其连锁关系；同源突变近交系、同源导入近交系小鼠常用来研究多态性基因位点的效应和功能以及发现新的等位基因；利用转基因小鼠和基因敲除小鼠可以进行基因功能、表达和调节方面的研究，探索疾病的分子遗传学基础和基因治疗的可能性。

**3. 突变系疾病** 动物模型小鼠由于基因突变可能导致某些遗传性疾病的发生，如小鼠黑色素病、白化病、家族性肥胖、遗传性贫血等，均与人发病相似，可作为研究人类遗传性疾病的动物模型。现可通过人工致突变方法，如乙烷基亚硝基脲（ENU）致突变大规模筛选培育突变系动物模型。

### （四）感染性疾病研究

**1. 病毒性疾病** 小鼠对淋巴细胞性脉络丛脑膜炎、脊髓灰质炎、流行性感冒、狂犬病、脑炎等疾病的病原体敏感，可用作上述疾病的研究。

**2. 细菌性疾病** 小鼠可用于沙门菌病、钩端螺旋体病等细菌性疾病的实验研究。

**3. 寄生虫疾病** 小鼠宜做感染血吸虫、疟原虫、马锥虫等寄生虫疾病的研究。

**4. 动物模型** 小鼠对多种人病原体敏感，可用于制作人类传染性疾病的动物模型。如将麻风杆菌接种于免疫功能低下或缺陷小鼠的足垫或耳部，可造成此病的动物模型，用以研究麻风杆菌的生物学性状和评价抗麻风药物的药效等。

### （五）免疫学研究

**1. 制备单克隆抗体** 使用BALB/c、AKR、C57BL等小鼠免疫后的脾细胞与骨髓瘤细胞融合，可进行单克隆抗体的制备和研究。

**2. 动物模型** 如利用裸小鼠缺乏T淋巴细胞的免疫功能缺陷，用于研究T淋巴细胞功能以及细胞免疫在免疫应答反应中的作用。SCID小鼠是T、B淋巴细胞联合免疫缺陷动物，对NK细胞、LAK细胞、巨噬细胞和粒细胞等"自然防御"细胞和免疫辅助细胞的分化和功能以及它们

与淋巴细胞及其分泌的淋巴因子的相互作用研究非常有益。

**3. 免疫功能** 利用小鼠对病原体的敏感性进行病原体与宿主免疫系统相互作用等方面的研究。

### （六）老年病学研究

小鼠寿命短、个体差异小、价廉易得，在老年病实验研究中的使用仅次于大鼠，常用于老年病的发病机理、表现及防治研究。如快速老化模型小鼠（senescence accelerated mouse，SAM）系列中的一个品系，在4~6月龄以前与普通小鼠的生长一样，4~6月龄以后则迅速出现老化诸特征，该小鼠是研究老年病的理想动物模型。

### （七）其他研究

**1. 神经系统疾病** 如亚急性坏死性脑脊髓病、癫痫可用小鼠进行研究。

**2. 呼吸系统疾病** 小鼠在氢氧化铵喷雾剂刺激下有咳嗽反应，可利用此特性研究镇咳药物的效果。

**3. 消化系统疾病** 中毒性肝炎、肝硬化和胰腺炎等也可在小鼠身上复制成功，进行研究。

**4. 计划生育** 雌性小鼠适合进行避孕药物的抗生育、抗着床、抗早孕、抗排卵等实验研究。

## 三、常用品种品系

小鼠是实验动物中培育品系最多的动物，其中近交系已有250多个，均有不同的生物学特征。这里介绍我国已有的一些常用的小鼠近交系和封闭群，对具有自发性疾病的品系如NOD/LtJ、BALB/c-Nude、NOD/SCID、SCID-Beige、SAMP8等，在人类疾病动物模型中进行介绍。

### （一）近交系

**1. BALB/c 白化** 1913年H. J. Bagg用从Ohio宠物商那里得到的品系培育出“Bagg albino”，1923年Mac Dowell将其进行近交，1932年Snell得到第26代，1935年Andervont引入该品系，1951年NIH从Andervont引入第72代，1985年我国从美国NIH引进，为BALB/c第180代。毛色为白色。该小鼠乳腺肿瘤自然发生率低，但用乳腺肿瘤病毒诱发时发病率高；卵巢、肾上腺和肺的肿瘤在该小鼠有一定的发生率；易患慢性肺炎，对放射线甚为敏感；与其他近交系相比，肝、脾与体重的比值较大；20月龄的雄鼠脾脏有淀粉样变，有自发高血压症，老年鼠心脏有病变，雌雄鼠均有动脉硬化；对鼠伤寒沙门菌补体敏感，对麻疹病毒中度敏感；对利什曼原虫属、立克次体和百日咳组织胺易感因子敏感。主要应用于肿瘤学、生理学、免疫学、核医学研究，以及单克隆抗体的制备等。

**2. C57BL/6J** 1921年Little由Abby Lathrop得到动物后开始近亲交配，育成数个近交系。雌鼠57与雄鼠52交配而得C57BL，用雌鼠58与雄鼠52交配即得C58，1937年从C57BL分离出C57BL/6及C57BL/10两个亚系。1985年从Olac引进到中国。毛色为黑色。该小鼠乳腺肿瘤自然发生率低，化学物质难以诱发乳腺和卵巢肿瘤；12%有眼睛缺损；雌仔鼠16.8%、雄仔鼠3%为小眼或无眼；用可的松可诱发腭裂，其发生率达20%；对放射物质耐受力中等；补体活性高；较易诱发免疫耐受性；对结核杆菌敏感，对鼠痘病毒有一定抵抗力，干扰素产量较高，嗜酒精性高，肾上腺素类脂质浓度低；对百日咳组织胺易感因子敏感；常被认作“标准”的近交系，为许多突变基因提供遗传背景。雄性C57BL/6小鼠群养时，易发生打斗、外伤现象，因此尽可能

降低饲养密度。主要用于肿瘤学、生理学、免疫学、遗传学等研究。

**3. C3H**　1920 年 Strong 将一只 Bagg albino 雌鼠和一只 DBA 雄鼠进行杂交得到该品系，1930 年 Andervont 引入了该品系的 4 只雌性和 2 只雄性鼠，再经近交培育，随后 Heston 引入了第 35 代，1951 年 NIH 从 Heston 引入第 57 代。1985 年从 Olac 引进到中国。毛色为棕灰色（野生色）。该小鼠乳腺癌发病率高，6~10 月龄雌鼠乳腺癌自然发生率达 85%~100%，乳腺癌通过乳汁而不是胎盘途径传播。14 月龄雌鼠肝癌发生率为 85%；补体活性高，干扰素产量低；仔鼠下痢症感染率高，对狂犬病毒敏感，对炭疽杆菌有抵抗力，血液中过氧化氢酶活性高。雄鼠对氨气、氯仿、松节油等甚为敏感，死亡率高。主要用于肿瘤学、生理学、核医学和免疫学的研究。

**4. DBA/1**　1909 年由 C. C. Little 在品系毛分离试验中建立，为最古老的近交品系小鼠。1929~1930 年在亚系间进行杂交，建立了一些新亚系，包括当时称为 12（现在称为 1，即 DBA/1）和 212（现称为 DBA/2）的品系。1947 年到 HummelH，1948 年到 Jackson 研究室，再次进行了近亲交配。1965 年到 Hoffman，1967 年于 Jax 近交 F3 时到 NIH。于 1977 年从 Lac 引进到我国。毛色为淡棕色。该小鼠对实验性结核杆菌的易感性强，对鼠斑疹伤寒补体 C5 敏感，对 DBA/2 的大部分移植瘤有抗性，老年雌鼠有乳腺癌发生，经产母鼠的乳腺癌发病率为 61.5%，一年以上的繁殖小鼠中约有 3/4 发生乳腺肿瘤，白血病发病率为 8.4%；对疟原虫感染有一定抵抗力，对曼氏血吸虫有极高的敏感性，对利什曼原虫伯纳特立克次体敏感；对新型隐球菌有抵抗力；对接种结核杆菌敏感，繁殖后几乎全部的雌鼠可见心脏钙质沉着，P1534 瘤株的生长率为 50%。常用于肿瘤学、生理学、遗传学和免疫学等方面的研究。

**5. DBA/2J**　1909 年由 C. C. Little 培育，为最古老的近交系小鼠。1929~1930 年在亚系间进行杂交，建立了一些新亚系，包括 DBA/1 和 DBA/2。1959 年由 JAX 引到 LAC，然后引到 OLAC。1986 年引入中国。毛色为淡棕色。该小鼠乳腺癌发生率经产鼠为 66%，未产鼠为 3%；对大部分 DBA/1 的瘤株有抗性，但黑色素瘤 S-91 在两系小鼠中均能生长，雌雄鼠均会自发产生淋巴瘤。白血病的发生率：DBA/2/Ola 雌鼠为 34%，雄鼠为 18%；而 DBA/2N 雌鼠为 6%，雄鼠为 8%。雄鼠接触氯仿和乙二醇的氧化物以及维生素 K 缺乏时，死亡率高，35 日龄鼠听源性癫痫发作率为 100%，55 日龄后为 5%，对鼠伤寒沙门菌 C5 有抵抗力，对百日咳组胺易感因子和酒精过敏。可用于营养与肝癌发生率关系的研究，也可作为许多瘤株的宿主。常用于肿瘤学、遗传学和免疫学等方面的研究。

**6. A/Wy**　1921 年 L. C. Strong 用 Cold Spring Harbor albino 白化原种和 Bagg albino 白化原种杂交后，近交培育而成。1928 年引到 Cloudman，1947 年引到 Jax。1989 年引入中国。毛色为白色。可用于免疫学、肿瘤学、微生物学、生理学和病理学方面的研究。

**7. CBA**　1920 年 Strong 用 Bagg 白化雌性小鼠与 DBA 雄性小鼠交配后，经近交培育而成。分为 CBA/J/Ola 和 CBA/N 等品系。毛色为野鼠色。于 1985 年和 1987 年分别从 Olac 及 NIH 引入中国。该小鼠易诱发免疫耐受性，乳腺肿瘤发病率为 33%~65%，雄性鼠肝细胞瘤发病率为 25%~65%，雌鼠中有 15%的淋巴细胞癌发病率。对麻疹病毒高度敏感，抵抗狂犬病毒；对中剂量放射线有抗性，血压较高，对维生素 K 不足高度敏感。连续注射酪蛋白后较 C3H 更易引起淀粉样变症，肾脏的金属结合蛋白酶含量低。携带视网膜退化基因（rd）。18%的动物有下颚第三臼齿缺失。主要用途为乳腺肿瘤、B 细胞免疫功能等研究，常用于肿瘤学、生理学和免疫学等方面的研究。

**8. SJL**　1955 年 James Lambert 对 1938 年到 1943 年引入 Jackson 实验室的三个不同品系的 Swiss Webster 小鼠选育而成。常用于免疫学、视网膜蜕变、转基因和基因敲除研究，并可用于肝

炎病毒感染实验和淋巴瘤等方面的研究。

**9. AKR** 1936 年育成，1975 年由英国实验动物中心（Lac）引入我国。毛色为白化。为高发白血病品系，淋巴性白血病发病率雄性为 76%~99%、雌性为 68%~90%。血液内过氧化氢酶活性高，肾上腺类固醇脂类浓度低。对百日咳组胺易感因子敏感。常用于肿瘤学和免疫学等的研究。

**10. 129** 由 Jackson 实验室的 L. C. Stevens 在研究工作中得到，20 世纪 70 年代 L. C. Stevens 将该品系引入法国巴斯德研究所 J. L. Guenet 的实验室，1996 年 8 月 Iffa Credo 引入该品系。毛色棕褐色，腹部为浅色的深浅环纹。该小鼠有 5% 自发性睾丸畸胎瘤的发病率，对乳腺肿瘤刺激物敏感。对利什曼原虫有抵抗力，对仙台病毒特别敏感。对卵巢和原卵移植研究有重要意义，所有年龄段对雌激素高度敏感，对 X 线有抗力，心率较慢。易发生尿路结石。可用于转基因和基因敲除模型研究，肿瘤学、生殖生理学等方面的研究。

**11. TA1（津白 1 号）和 TA2（津白 2 号）** 1955 年天津医学院将市售杂种白化小鼠经近交培育而成自发低乳腺癌系 TA1；1963 年又将昆明种小鼠经近交培育而成自发高乳腺癌系 TA2。1985 年被国际小鼠遗传标准化命名委员会承认。毛色均为白化。主要用途为乳腺肿瘤的研究。

**12. T739** 1987 年由天津市医学科学研究所选用 615 雄鼠和昆明种母鼠近交 46 代后培育而成。毛色为土黄色。该小鼠是 LA795 的理想宿主，为可移植性胸腹水型淋巴细胞白血病 L845 的同基因瘤株，利用该模型进行多种抗癌药物的反应实验，比较敏感，效果良好。该系小鼠及其瘤株已广泛用于实验肿瘤学、抗肿瘤药物的筛选和遗传等方面的研究。

**13. 615** 1961 年由中国医学科学院输血和血液研究所将 KM 小鼠与 C57BL/6 杂交所生子代经近亲交配 20 代以上而育成。现已被国际小鼠遗传标准化命名委员会公认。毛色为深褐色。该小鼠肿瘤发病率为 10%~20%（雌鼠为乳腺癌，雄鼠为肺癌）。22 种肿瘤移植品系通过此种动物建立。这些动物被广泛应用于抗癌药物的筛选，同时还应用于肿瘤免疫、肿瘤机理研究。对津 638 白血病病毒敏感。8 月龄后，开始出现衰老现象，表现为肥胖、增重，最大体重雄鼠为 40g 以上，雌鼠可达 38g 以上，被毛蓬松、脱落；自发肿瘤发生率：低白血病、低乳腺癌、高肺腺癌。主要用于白血病等研究。

### （二）封闭群

**1. KM 白化** 1926 年美国 Rockfeller 研究所从瑞士引入白化小鼠培育成 Swiss 小鼠。1944 年我国从印度 Hoffkine 研究所引入 Swiss 小鼠，饲养在中国昆明。1952 年由昆明空运引入北京生物制品所，1954 年推广到全国各地。毛色为白色。由于该小鼠起初引入地是昆明，故称为昆明小鼠。主要特性为繁殖力强，对疾病的抵抗力强，适应性强；雌鼠乳腺肿瘤发生率为 25%。被广泛应用于药理、毒理、微生物学研究，以及生物制品、药品的检定。

**2. ICR（CD-1）白化** 来源于 2 只雄性和 7 只雌性白化 Swiss 小鼠，这些 Swiss 小鼠来自瑞士 Centre Anticancereux Romand 的 Coulon 实验室的非近交品系，1926 年 Rockefeller 研究所的 Clara Lynch 博士引入了这些小鼠，1948 年费城癌症研究所用 Rockefeller 研究所培育出的 Swiss 小鼠培育出 Hauschka Ha/ICR，并且由 Edward Mirand 博士引入 Roswell Park Memorial Institute，命名为 HaM/ICR。1973 年引入中国。毛色为白化。该小鼠繁殖力好，对疾病的抵抗力强。主要用于药物安全性评价、药理学、毒理学、感染及免疫学实验等方面的研究，已成为全世界使用最广泛的实验动物。

**3. NIH 白化** 1936 年 NCI（National Cancer Institute）从 N：GP（S）种群中分化而来。由

NIH 培育而成。毛色为白色。主要特性为繁殖力强，产仔成活率高，雄性好斗。广泛应用于细菌学、药理学、毒理学等领域研究，以及药品、生物制品的生产与检定。

**4. CFW 白化**　起源于 Webster 小鼠，1935 年英国 Carworth 公司由美国 Rockfeller 研究所引进，经 20 代近交培育后，采用随机交配繁殖培育而成。我国于 1973 年从日本国立肿瘤研究所引进。

**5. LACA 白化**　将 CFW 引入英国实验动物中心（Lac），改名为 LACA。1973 年由英国实验动物中心引入我国。毛色为白色。

## 四、饲养管理要点

### （一）饲养环境

小鼠对环境变化敏感，自动调节体温的能力较差，过冷过热易诱发疾病。SPF 级小鼠应饲养在标准化的屏障环境中。

### （二）营养要求

一般饲喂全价营养颗粒饲料，饲喂前需经灭菌处理。成年小鼠日采食量一般为2.8~7.0g，日排粪量为 1.4~2.8g。饲料添加可一次添加 2~3 天的量，最好采取“少量勤添”饲喂方式，限量添加可减少小鼠啃咬颗粒干料磨牙造成的浪费。一只成年小鼠饮水量为每天 4~7mL。饮水应经灭菌处理，保持充足清洁，每周换水 2~3 次，应经常检查瓶塞，防止瓶塞漏水弄湿动物被毛而引发疾病。

### （三）清洁卫生

垫料、笼具、水瓶每周更换 2 次，每周清洗消毒 2 次。严禁未经消毒的水瓶、笼具等继续使用。由于小鼠在吸水过程中口内食物颗粒和唾液可倒流入水瓶，因此换水时应清洗饮水瓶和吸水管以避免微生物污染。

# 第二节　大　鼠

大鼠（rat，*Rattus norvegicus*）在动物分类学上属于哺乳纲（Mammalia）、啮齿目（Rodentia）、鼠科（Muridae）、大鼠属（*Rattus*），为野生褐家鼠（*R. norvegicus*）的变种。染色体为 21 对（2n=42）。

实验大鼠是野生褐家鼠驯化而成，起源于北亚洲，于 17 世纪初传到欧洲，18 世纪中期在欧洲首次将野生大鼠及白化变种大鼠用于实验，进行人工饲养。19 世纪初，美国费城的 Wistar 研究所开发大鼠作为实验动物，从而培育成了 Wistar 大鼠，为医学研究做出了突出贡献。20 世纪以后，大鼠开始在生命科学领域广泛应用，尤其在肿瘤学、药理学、内分泌学和营养学方面应用最为广泛。目前世界上使用的许多大鼠品系均起源于此。大鼠是最常用的实验动物之一，品种品系多，其用量仅次于小鼠。

## 一、生物学特性

### （一）习性和行为

**1. 昼伏夜动**　大鼠属于夜行性动物，习于昼伏夜动。白天喜欢挤在一起休息；夜间和清晨比

较活跃，采食、交配多在此时间进行。

**2. 喜群居** 大鼠和小鼠一样，喜欢群居生活，当雄性大鼠合群饲养时，其斗殴倾向却明显少于小鼠。

**3. 性情温顺、胆小怕惊** 大鼠性格较温顺，行动迟缓，易于捉取，咬伤人的概率远低于小鼠。但当捕捉方法粗暴、饲料中缺乏维生素A、处于怀孕和哺乳期或受到其他同类尖叫声的影响时，则难于捕捉，甚至攻击人。

**4. 喜啃咬** 大鼠门齿较长，终生不断生长，因而喜啃咬。所以喂饲的颗粒饲料要求软硬适中，以符合其喜啃咬的习性。

**5. 不耐干燥环境** 对饲养环境的湿度极为敏感，相对湿度低于40%时，易患环尾症，还会引起哺乳母鼠食仔现象发生。一般饲养室湿度应保持在50%~65%。

**6. 对噪声敏感** 大鼠在高分贝噪声刺激下，常常发生母鼠吃仔现象。故饲养室内应尽量保持安静。

**7. 对饲养环境中的粉尘、氨气和硫化氢等极为敏感** 如果饲养室内空气卫生条件较差，在长期慢性刺激下，可引起肺部大面积的炎症。

**8. 大鼠汗腺极不发达** 仅在爪垫上有汗腺，尾巴是散热器官。当周围环境温度过高时，靠流出大量唾液调节体温，但当唾液腺机能失调时，易中暑引起死亡。

### （二）主要解剖学特点

**1. 外观与体型** 大鼠外观与小鼠相似，但体型较大，体重约是小鼠的10倍。面部尖突，嘴脸前部有触须，耳耸立呈半圆形，眼大，鼻尖，尾长。大鼠尾部被覆短毛和环状角质鳞片。新生仔鼠体重5.5~10g，根据环境和营养状况的不同，6~8周龄达到180~220g，其体长不小于18~20cm，可供实验使用。成年雄性大鼠体重可达300~800g，雌性大鼠可达250~400g。

**2. 骨骼** 由头骨、躯干骨（椎骨、胸骨、肋骨）和四肢骨组成。躯干骨由脊柱、肋骨和胸骨组成。脊柱分为5个部分，包括颈椎7枚、胸椎13枚、腰椎6枚、荐椎4枚、尾椎27~30枚。肋骨13对，前7对为真肋，后6对为假肋。胸骨共6枚。四肢骨包括肩带、前肢骨、腰带和后肢骨。肩带由肩胛骨与锁骨构成。腰带由1对髋骨（由耻骨和坐骨组成）组成。

**3. 牙齿** 大鼠的齿式为2（门1/1，犬0/0，前臼0/0，臼齿3/3）=16，每侧上、下颌各有门齿1个，臼齿3个。门齿终生不断生长，需磨牙维持其恒定。

**4. 消化系统**

（1）口腔 大鼠上唇于中线处裂开，门齿外露，口腔后部因有硬腭和软腭存在，鼻后孔后移直接通向喉咽，空气与食物的通道在咽腔交叉。该解剖特点使大鼠在口腔充满食物时，仍可进行呼吸。

（2）胃 大鼠的胃属单室胃，分为前胃和后胃，前胃壁薄呈半透明状；后胃不透明，富含肌肉和胃腺，伸缩性强。

（3）肝脏和胆囊 大鼠肝脏分为6叶，即左叶、左副叶、右叶、右副叶、尾状叶及乳头叶。肝脏再生能力极强，被切除60%~70%后仍可再生。大鼠无胆囊，胆管直接与十二指肠相通。

（4）胰腺 胰腺位于胃的后方，呈树枝状，横卧脊柱前方，左端在胃的后面与脾相连，右端紧连十二指肠。与脂肪组织的区别是，胰腺颜色较暗，质地较坚硬。

**5. 呼吸系统** 大鼠有左肺和右肺，左肺为单叶，右肺分为上叶、中叶、下叶和后叶4叶。

**6. 内分泌系统** 甲状腺位于颈部肌肉的深面，喉头的下方，气管两侧，为一对长椭圆形的器官，呈红褐色。肾上腺位于肾脏上端，芝麻大小，呈粉黄色，埋在脂肪中。脑垂体较松弛地附于漏斗下部，易做去垂体模型。

**7. 生殖系统**　雌性大鼠为双角子宫，左右子宫角与子宫体呈“Y”形。雄性大鼠有凝固腺，其分泌物起着凝固精囊腺分泌液的作用，交配后可在雌性大鼠阴道口形成阴道栓。

**8. 乳腺**　共有 6 对乳腺，胸部 3 对，鼠蹊部 3 对。

### （三）主要生理学特点

**1. 生长发育**　大鼠出生时体重 5~7g，赤裸无毛，眼紧闭，两耳贴皮肤，嗅觉、味觉敏感。3 日龄皮肤出现毛色；4~6 日龄双耳张开耸立；7~8 日龄开始爬行；9~11 日龄听觉发育，被毛长齐；12~14 日龄睁眼，开始采食饮水，四处活动；21 日龄离乳。

**2. 生殖生理**　大鼠成熟快，繁殖力强，在 6~8 周龄时达到性成熟，约于 3 月龄时达到体成熟。雌性大鼠为全年多发情动物，性周期 4~5 天，可分为发情前期、发情期、发情后期和间情期。大鼠妊娠期为 19~23 天，平均为 21 天，每窝产仔 6~12 只；产后 24 小时内出现一次发情；哺乳期为 21~28 天。同小鼠类似，成年雌性大鼠在动情周期的不同阶段，阴道黏膜均发生典型变化。采用阴道分泌物涂片和组织学检查，可观察阴道上皮细胞的变化，进而推测各个相应时期卵巢、子宫的状态和激素分泌的变化。大鼠交配后，雄性大鼠凝固腺分泌物留在雌性大鼠阴道口，在遇空气后凝固而形成黄豆大小的阴道栓，具有阻塞作用，防止精子倒流外泄。阴道栓可作为判断大鼠交配成功的标志。

**3. 消化代谢**　大鼠为杂食性动物，食物以谷物为主，兼食肉类。对蛋白质、维生素 A、维生素 E 缺乏敏感。缺乏维生素 A 时，大鼠会咬人。缺乏维生素 E 时，大鼠可丧失生殖能力。大鼠的食管通过界限嵴的一个皱褶进入胃小弯，该皱褶阻止胃内容物反流到食管，这是大鼠不会呕吐的原因，因此不适宜做呕吐实验。

**4. 感觉器官**　大鼠视觉灵敏，对光照较敏感；嗅觉灵敏，可利用嗅觉来识别同类；味觉很差；对噪音较敏感，强噪声可使大鼠出现食仔现象；能听到超声波。

## 二、在生物医学研究中的应用

### （一）内分泌学研究

**1. 内分泌学研究**　大鼠的内分泌腺容易摘除，常用于研究各种腺体及激素对全身生理生化功能的调节、激素腺体和靶器官的相互作用、激素对生殖功能的影响，如发情、排卵、胚胎着床等的调控作用，以及生殖与避孕研究。

**2. 内分泌疾病模型**　自发性或诱发性的尿崩症、糖尿病、甲状腺功能衰退、甲状旁腺功能低下造成的新生儿强直性痉挛等疾病动物模型，常常用于内分泌功能失调所致疾病的研究。肥胖症大鼠可用于高脂血症的研究。大鼠垂体-肾上腺系统发达，应激反应灵敏，适用于制作应激性胃溃疡模型。

### （二）营养、代谢性疾病研究

大鼠对营养物质缺乏敏感，是营养学研究使用量最多的重要动物。营养缺乏时可发生典型缺乏症状，如各种维生素缺乏症，蛋白质、氨基酸和钙、磷等代谢的研究，营养不良、动脉粥样硬化、酒精中毒、十二指肠溃疡等的研究。

## （三）药物研究

**1. 药物安全性评价试验** 大鼠常用于药物长期毒性试验、皮肤被动过敏试验、生殖毒性试验和药物毒性作用机理的研究。

**2. 药效学研究**

（1）*神经系统药物的评价* 利血平和阿扑吗啡可诱导大鼠神经性异常行为。可利用迷宫或惩罚和奖励试验来测试大鼠的学习记忆能力，进而评价上述药物的药效。

（2）*心血管系统药物的评价* 大鼠血压和血管阻力对药物的反应很敏感，常用作研究心血管药物的药理和调压作用的动物模型和心血管系统新药的筛选。

（3）*抗炎药物的筛选和评价* 如大鼠踝关节对炎症反应敏感，常用以筛选抗关节炎药物；大鼠也用于多发性、化脓性及变态反应性关节炎、中耳炎、内耳炎、淋巴结炎等治疗药物的评价。

## （四）行为学研究

大鼠行为表现多样，情绪反应敏感，具有一定的变化特征，常用以研究各种行为和高级神经活动的表现。

**1. 迷宫试验** 利用迷宫试验测试大鼠的学习和记忆能力。

**2. 奖励和惩罚试验** 采用跳台试验等方法，测试大鼠记忆判断和回避惩罚的能力。

**3. 成瘾性药物的行为学研究** 大鼠适合于成瘾性药物的行为学研究，在一定时间内给大鼠喂饲一定剂量的酒精、咖啡因、鸦片后，大鼠对上述药物（物质）产生依赖及行为改变。如对酒精依赖的大鼠，当取消酒精喂饲后，可产生行为改变，甚至出现阵发性强直性肌肉痉挛乃至死亡。

**4. 高级神经活动研究** 行为学研究中常用大鼠研究那些假定与神经反射异常有关的行为情景。如进行神经症、抑郁性精神病、脑发育不全或迟缓等疾病的行为学研究。

## （五）老年病学研究

大鼠是进行老年病学研究常用的实验动物。由于老年病学的动物实验周期长，老年实验动物体质差，必须用SPF大鼠和无菌大鼠在屏障环境和隔离环境中进行实验。

使用大鼠可以进行衰老的机理研究，如衰老的生理变化、成活率与年龄相关曲线的关系、胶原老化、器官老化、饮食方式与寿命的关系等方面的研究。还可以进行老年高发肿瘤和非肿瘤损伤所引发的老年性疾病研究。

## （六）肿瘤学研究

大鼠可用于自发性和诱发性肿瘤模型的研究。自发性肿瘤动物模型有肾上腺髓质肿瘤、乳腺癌和粒细胞性白血病。诱发性肿瘤模型使用的化学物质有二乙基亚硝胺和二甲基氨基偶氮苯（诱发肝癌）、甲基苄基亚硝胺（诱发食管癌）、3-甲基胆蒽（诱发肺鳞癌及恶性胸膜间皮瘤、大肠癌等）。

## （七）感染性疾病研究

常用大鼠制作细菌性、病毒性和寄生虫性疾病动物模型，其中部分模型的发病经过与人相似。制作感染性疾病常用的病原体：细菌有沙门菌、大肠杆菌、巴斯德杆菌、念珠状链杆菌、各

种厌氧菌、黄曲霉菌等；病毒有肝炎病毒、疱疹病毒、流感病毒等；寄生虫有旋毛虫、血吸虫、钩虫、疟原虫、马锥虫等。

### （八）心血管系统疾病研究

常用大鼠制作心肌缺血、心律失常、高血压、动脉硬化、实验性动脉瘤、肺水肿、恶性贫血、血小板减少症等动物模型，进行上述疾病发病机理和治疗等方面的研究。

## 三、常用品种品系

目前大鼠的品系有上百种，这里介绍我国已有的一些常用的大鼠近交系和封闭群。对具有一些自发性疾病的品系如 SHR、GK、ZDF 等，在人类疾病动物模型中进行介绍。

### （一）近交系

**1. F344/N**　1920 年哥伦比亚大学研究所 M. R. Curtis 购买当地 Fischer 种鼠用于癌症研究，在 344 号鼠的后代中得到该品系，并于同年将其培育成近交系动物，1949 年 Heston 引入该品系，1951 年被 NIH 引入。我国从美国 NIH 引入。毛色为白色。F344 大鼠旋转运动性差，血清胰岛素含量低，脑垂体大，癌症发生的研究中应用较多。自发性肿瘤的发生率：甲状腺癌为 22%；单核细胞白血病为 24%；乳腺癌雄性大鼠为 23%、雌性大鼠 41%；脑垂体腺瘤雄性大鼠占 24%、雌性大鼠占 36%；雄性大鼠睾丸间质细胞瘤为 85%；雌性大鼠乳腺纤维腺瘤为 9%；多发性子宫内膜肿瘤占 21%。F344/N 广泛用于毒理学、肿瘤学、生理学研究。

**2. Lou/CN**　Lou/CN 是 Bazin 和 Beckers 培育出的浆细胞瘤高发系，其同类系 Lou/MN 为浆细胞瘤低发系，两者组织相容性相同。1985 年从美国 NIH 引入我国。毛色为白色。Lou/CN 大鼠的腹水量比 BALB/c 小鼠大几十倍，可大量生产单克隆抗体。

**3. Lewis**　该品系是 20 世纪 50 年代初由 Lewis 博士从 Wistar 品系繁育而成。毛色为白色。该大鼠可诱发过敏性脑脊髓膜炎和自身免疫复合体肾小球肾炎，血清中甲状腺素、胰岛素和生长激素含量高，对诱发自身免疫心肌炎高度敏感，高脂食物容易引起肥胖症。用于脑脊髓炎、免疫性心肌炎、免疫性复合性肾小球肾炎、药物诱发关节炎等疾病研究，能移植淋巴瘤、肾肉瘤、纤维肉瘤等多种肿瘤，该鼠也用于器官移植方面的研究。

**4. BN（Brown Norway）**　1958 年由 Silvers 和 Billingham 用 D. H. King 和 P. Aptekman 培育的棕色突变型动物近交繁殖而来。1930 年 Wistar 研究所的 King 在野外捕获的野生大鼠，并由 King 和 Aptekman 维持繁育，其中一个大鼠品系发生褐色突变，1958 年 Silvers 和 Billingham 利用它们进行兄妹交配并进行组织相容性选择培育而成，1976 年 Charles River 从 Netherlands 放射生物研究所引入。毛色为棕色。该大鼠对实验性过敏性脑脊髓炎及自身免疫性复合型肾小球肾炎有抗性。雌雄大鼠上皮瘤的发生率分别为 28% 和 2%；雌鼠输尿管肿瘤的发生率为 20%，雄鼠为 6%；雄鼠膀胱癌自发率 35%，胰腺腺瘤 15%，脑垂体腺瘤 14%，淋巴网状组织肉瘤 14%，肾上腺皮质腺瘤 12%，髓质性甲状腺癌 9%，肾上腺嗜铬细胞瘤 8%；雌鼠脑垂体腺瘤 26%，输尿管癌 22%，肾上腺皮质腺瘤 19%，子宫颈肉瘤 15%，乳腺纤维腺瘤 11%，胰腺瘤 11%；平均 31 月龄大鼠心内膜疾病的发生率为 7%，先天性高血压为 30%。对戊基巴比妥钠中度敏感，其 LD50 为 90mg/kg。该品系繁殖力低，雄鼠平均寿命 29 个月，雌鼠为 31 个月。常用于黑色素肿瘤的研究，该鼠也用于器官移植方面的研究。

### （二）封闭群

封闭群大鼠有 Wistar、SD、Long-Evans 等品种。

**1. Wistar 大鼠** 1907 年由美国 Wistar 研究所育成，是最常用的大鼠品种，现已遍及世界各国的实验室。我国从苏联引进，是引进最早、使用最广泛、数量最多的大鼠品系之一。毛色为白色。Wistar 大鼠性周期稳定，繁殖力强，生长发育快；性情温顺，抗病性强，自发肿瘤率低。广泛用于营养学、生殖生理、毒理、药理、免疫和微生物等的研究。

**2. SD（Sprague Dawley，SD）大鼠** 1925 年 Robert W. Dawley 将一只杂种雄性和一只雌性 Wistar 大鼠交配而培育的品系。毛色为白色。SD 大鼠头部狭长，尾长接近于身长，生长发育较 Wistar 为快，产仔多，生殖力强，生长发育快，抗病能力强，自发肿瘤率低，对性激素感受性高。常用作营养学、内分泌学和毒理学等方面的研究。

**3. Long-Evans 大鼠** 该大鼠是 1915 年由 Long 和 Evans 用野生雄性褐家鼠与雌性白化大鼠杂交培育而成。体型比 Wistar 和 SD 大鼠为小，头颈部为黑色，背部有一条黑线，尾部为黑白色或黑色毛。

此外，常用的封闭群大鼠尚有 Osborne-Mended、Sherman、August 等。

## 四、饲养管理要点

### （一）饲养环境

大鼠与小鼠的饲养环境相似，清洁级及 SPF 级大鼠均应饲养在标准化的屏障环境中。

### （二）营养要求

一般饲喂全价营养颗粒饲料，饲喂前需经灭菌处理。成年大鼠的胃容量为 4~7mL。50g 大鼠的采食量为每天 9.3~18.7g，妊娠母鼠容易缺乏维生素 A，要定期予以补充。饮水与小鼠饮水要求相似，饮水量为每天 20~45mL，排粪量为每天 7.1~14.2g，排尿量为每天 10~15mL。每周换水 2~3 次，应经常检查瓶塞，防止瓶塞漏水弄湿动物被毛而引发疾病。

### （三）清洁卫生

垫料及笼具每周更换 2 次，每周清洗消毒 2 次。严禁未经消毒的水瓶、笼具等继续使用。

# 第三节 仓鼠（地鼠）

仓鼠（hamster，*Cricetulus*）又称地鼠，在动物分类学上属哺乳纲（Mammalia）、啮齿目（Rodentia）、仓鼠科（Cricetidae）、仓鼠亚科（Cricetinae）、仓鼠属（*Cricetulus*）。作为实验动物的地鼠主要有金黄地鼠（golden hamster，*Mesocricetus auratus*）和中国地鼠（Chinese hamster，*Cricetulus griseus*）。金黄地鼠染色体为 22 对（2n=44），中国地鼠染色体为 11 对（2n=22）。

金黄地鼠又称叙利亚地鼠，因源自 1930 年耶路撒冷 Hebrew 大学教授 Aharoni 从叙利亚 Aleppo 地区捕获的 1 雄 2 雌野生地鼠而得名，经与其同事 Abler 博士为进行黑热病研究繁衍而来。目前它已遍及世界各国，虽然它在实验动物中历史较短，但因地鼠成熟快，不经驯化阶段而成为实验动物，因此各国培育的近交品系较多。目前为止，英国已有近十种近交系，美国有若干系，日

本亦有若干系。中国地鼠又称黑线仓鼠或背纹仓鼠，我国学者谢恩增1919年首次引入实验室用于肺炎球菌鉴定，此后一些学者对其进行驯育均告失败。1948年美国Schwentker从我国取走10对野生原种，经几年研究繁殖成功，现在已经遍及欧美、日本等国。在实验动物的使用量上仓鼠次于小鼠、大鼠，占第三位。

## 一、生物学特性

### （一）习性和行为

**1. 胆小怕惊**　同小鼠一样，地鼠胆小怕惊，行动迟缓，不敏捷，易捕捉。但受惊或被激怒时会咬人。

**2. 昼伏夜动**　仓鼠白天很少活动，一般在夜晚8~11时最为活跃，运动时腹部着地。

**3. 喜独居**　金黄地鼠和中国地鼠是独居动物。不同于群居型动物，其领地意识极强，特别是雌性仓鼠。雌鼠不易与雄鼠同居，只有在繁殖季节到来时，仓鼠才会成对交配。

**4. 生性好斗**　地鼠好斗，雌性比雄性更凶，因此雄性常被雌性咬伤。

**5. 喜啃咬**　牙齿十分坚硬，能把木头、稻草、纸和布等物品咬碎做成巢穴，也可咬断细铁丝。

**6. 有储食习性**　有在颊囊内储食的习惯。

**7. 有嗜睡习惯**　睡眠很深时，全身肌肉松弛，且不易弄醒，有时被误认为死亡。室温低时出现冬眠，一般于8~9℃时可出现冬眠，此时体温、心跳、呼吸频率、基础代谢率均降低。室温低于13℃则幼仔易于冻死，饲养环境的室温最好保持在20~25℃，相对湿度40%~70%。

### （二）主要解剖学特点

**1. 外观与体型**　金黄地鼠成年体长16~19cm，雌性体重平均140g（最大可达180g），雄性体重平均130g（最大可达160g）。眼小而亮，耳色深呈圆形，尾粗短。被毛柔软，常见脊背为鲜明的金黄红色，腹部与头侧部为白色。由于突变，毛色和眼的颜色产生诸多变异，毛色可有野生色、褐色、乳酪色、白色、黄棕色等，眼可有红色和粉红色。

中国地鼠体型较小，呈灰褐色，成年体长约9.5cm，体重约40g。眼大、黑色，颈部短，外表肥壮、吻钝、尾短，背部从头顶直至尾基部有一暗色条纹。

**2. 颊囊**　地鼠口腔内两侧各有一个颊囊，一般深度为3.5~4.5cm，直径为2~3cm，一直延续到耳后颈部，由一层薄而透明的肌膜构成，其内缺少腺体和完整的淋巴管通路。其颊囊可充分扩张，容量可达10cm$^3$。地鼠通过颊囊将大量食物搬于巢中，便于冬眠时食用。

**3. 牙齿**　齿式为2（门1/1，犬0/0，前臼0/0，臼齿3/3）=16，门齿能终生生长。

**4. 脊椎**　有43~44枚，其中颈椎7枚、胸椎13枚、腰椎6枚、荐椎4枚、尾椎13~14枚。

**5. 呼吸系统**　肺分5叶，右肺4叶、左肺1叶。中国地鼠细支气管上皮为假复层柱状上皮，与人类相似。

**6. 消化系统**　肝分6叶，左肝2叶、右肝3叶和1个很小的中间叶。金黄地鼠小肠为体长的3~4倍。中国地鼠无胆囊，胆总管直接开口于十二指肠；大肠相对短，其长度与体长比金黄地鼠小1倍。

**7. 生殖系统**　雌鼠乳房数：中国地鼠4对，金黄地鼠7~8对；属双角子宫，呈“Y”形。中国地鼠睾丸大，比金黄地鼠重近一倍。成熟的中国地鼠的睾丸下降到阴囊内，阴囊长约1.3cm，

阴囊到阴茎的距离为2.5~3cm。

**8. 毛色** 地鼠毛色有白色、野生色、褐色、乳酪色、黄棕色等。毛色由毛色基因控制。

### （三）主要生理学特点

**1. 生长发育** 新生金黄地鼠体重约2g左右，全身无毛，眼、耳紧闭，3~4日龄耳壳开始突出体外，4日龄长毛，约5日龄耳张开，12日龄可爬出窝外觅食，一边觅食一边靠母鼠乳汁哺育，15日龄睁眼。生长发育很快，4周后雌鼠体重超过雄鼠，两个多月时体重可达80~100g。

中国地鼠生长发育与小鼠接近，成年体重约为35g，雄鼠则比雌鼠大。寿命为2.5~3年，少数可达4年多。

**2. 生殖生理** 金黄地鼠性成熟约30日龄，雄鼠2~5月可交配。性周期4~5天，妊娠期为16（14~17）天，为啮齿类动物中妊娠期最短者。哺乳期20~25天。每年每只雌鼠可产7~8胎，每胎产仔5~10只，平均7只左右。中国地鼠8周龄性成熟，性周期3~7天，妊娠期19~21天，哺乳期20~25天。

**3. 消化生理** 为杂食性动物，以植物性饲料为主，食谱广泛。

**4. 遗传特性** 金黄地鼠染色体22对。中国地鼠染色体11对，染色体大且数量少，易于相互鉴别，其Y染色体形态独特，极易识别。近交系中国地鼠易发生自发性遗传性糖尿病。

**5. 免疫反应** 地鼠对皮肤移植的反应很特别，在许多情况下，非近交系的封闭群地鼠个体之间皮肤相互移植均可存活，并能长期成活；而不同种群动物之间的皮肤相互移植，则100%不能存活，并被排斥。

**6. 体温调节** 金黄地鼠体温的高低与季节有关，夏天一般为（38.7±0.3）℃。一天内也有变化，晚上21~23时体温最高，从中午到傍晚较低，凌晨3~5时和上午10时体温上升。颊囊内的温度为（37±1）℃，雄鼠直肠温度和颊囊温度大体一致，雌鼠直肠温度比颊囊低1~2℃。

## 二、在生物医学研究中的应用

### （一）肿瘤学研究

地鼠颊囊是缺少组织相容性抗原的免疫学特殊区，瘤组织接种于颊囊中易于生长，可利用这一特性进行致癌物研究；金黄地鼠对移植瘤接受性强，移植瘤在其身上较易生长；地鼠对可以诱发肿瘤的病毒很敏感，还能成功地移植某些同源正常组织细胞或肿瘤组织细胞等，因而地鼠是肿瘤学研究中最常用的动物，广泛应用于研究肿瘤的增殖、致癌、抗癌、移植、药物筛选、X线治疗等。

### （二）传染病学研究

容易诱发感染，是内脏利什曼原虫和阿米巴肝脓肿的极佳动物模型。中国地鼠的睾丸很大，为传染病学研究的良好的接种器官。金黄地鼠对病毒非常敏感，已成为病毒研究领域的重要实验材料。

### （三）遗传学研究

中国地鼠已为细胞遗传学、辐射遗传学等学科广泛应用，它的地理分布、生活习性和繁殖特点也成为进化遗传方面的研究对象。中国地鼠染色体大，数量少，且易于相互鉴别，在小型哺乳动物中是难能可贵的，为研究染色体畸变和染色体复制机理的极好材料。

### （四）计划生育研究

妊娠期短，仅16天，雌鼠出生后28天即可繁殖。性周期比较准，约4.5天，适合于计划生育的研究。

### （五）生理学研究

地鼠的颊囊由一层薄而透明的肌膜组成，便于微循环观察，常用于观察淋巴细胞、血小板变化及血管反应性变化。可诱发冬眠，用于研究冬眠时的代谢生理特点。

### （六）糖尿病研究

中国地鼠是真性糖尿病的良好动物模型。

### （七）营养学研究

如维生素A缺乏症、维生素E缺乏症、维生素$B_2$缺乏的研究等。

### （八）生物制品或疫苗研究

利用地鼠的肾脏作组织培养接种病毒，制备流行性乙型脑炎疫苗、狂犬疫苗，用量很大。

### （九）其他研究

口腔医学研究，可用于龋齿的研究。药物研究，如药物毒性和致畸的研究。组织移植研究和血液学研究，如皮肤、胎儿心肌、胰腺等移植；研究血小板减少症等血液病。

## 三、常用品种品系

目前常用的地鼠有两种。

### （一）金黄地鼠（golden hamster，*Mesocricetus auratus*）

金黄地鼠，又称叙利亚仓鼠。金黄地鼠脊背为鲜明的淡金红色，腹部与头侧部为白色。由于突变毛色呈多样，可有野生色、褐色、乳酪色、白色等。我国有发现白化个体并育成近交系的报道。

目前使用的金黄地鼠大部分属于封闭群，繁殖性能良好。我国现在繁殖和使用量最多的亦属封闭群动物。育成的金黄地鼠近交系有38种，突变系17种。

### （二）中国地鼠（Chinese hamster，*Cricetulus griseus*）

中国地鼠，又称黑线仓鼠。毛色为灰色，背部从头顶直至尾基部有一黑色条纹。

中国地鼠体型小，体重约40g，体长约9.5cm。近交系中国地鼠易发生自发性遗传性糖尿病，用于1型糖尿病的研究很有价值。我国目前已育成的主要有山西医科大学的山医中国地鼠近交系、军事医学科学院的A:CHA白化黑线仓鼠突变群。

**1. 山医中国地鼠近交系**　主要特性：自发的遗传性糖尿病模型，动物为非肥胖型，血糖呈

中、轻度增高，血清胰岛素浓度表现多样，胰岛病变程度不一，糖尿病发病率受饮食和环境因素影响，且具有多基因遗传特点，与人类2型糖尿病相似。发病年龄大多在1岁以内，♀：♂性别比为1.21∶1，群体发病率为20.88%。A家系高血糖发病率为55.5%，E家系高血糖发病率为27.27%。

**2. A∶CHA白化黑线仓鼠突变群** 主要特性：遗传性状稳定，动物健康温顺，具有黑线仓鼠品种属性和白化种群自身的特点，是辐射遗传和细胞遗传研究的理想实验动物，是黑热病和阿米巴肝脓肿的首选动物模型。由于该种群动物在遗传、解剖和生理上的多种独特的生物学特性，在实验肿瘤学、遗传学、糖尿病及分子生物学等研究中有广泛的应用前景。

全世界普遍应用于医学科研工作的多为金黄地鼠，约占使用地鼠的90%，其次是中国地鼠，约占使用地鼠的10%。

### 四、饲养管理要点

#### （一）饲养环境

仓鼠的饲养环境基本同小鼠，保持室内安静，空气流通，室温20～25℃，相对湿度40%～70%为宜。可直接使用大小鼠的笼具。笼具的盖子应用金属丝固定好，防止动物咬断。

#### （二）营养要求

一般采用全价颗粒饲料。仓鼠对饲料中蛋白质含量要求高，繁殖料要求蛋白质含量达24%，饲料蛋白质含量低可引起雄性仓鼠生殖系统发育不全，繁殖力低下。给予充足的清洁饮水。

#### （三）清洁卫生

垫料及笼具每周更换2次，每周清洗消毒2次。

## 第四节　长爪沙鼠

长爪沙鼠（mongolian gerbil，*Meriones unguiculatus*）在动物分类学上属于哺乳纲（Mammalia）、啮齿目（Rodentia）、仓鼠科（Cricetidae）、沙鼠亚科（Cerbillinae）、沙鼠属（*Meriones*），亦称蒙古沙鼠或黑爪蒙古沙土鼠、黄耗子、砂耗子等。染色体为22对（2n=44）。

长爪沙鼠最早由日本的Kasuga博士捕获了20对开始驯化饲养，1954年由Victor Schwentker博士引入美国，于20世纪60年代开始应用于医学研究。我国于20世纪70年代开始饲养长爪沙鼠。目前在中国、日本和欧美都有养殖，已有封闭群和近交系。

### 一、生物学特性

#### （一）习性和行为

**1. 性情温顺** 长爪沙鼠性情温顺，喜群居，有贮粮习惯，不冬眠。

**2. 行动敏捷** 后肢长而发达，可作垂直与水平的快速运动，有一定攀越能力。

**3. 昼夜活动** 午夜和下午15点左右为活动高峰期。

**4. 草食性动物** 采食植物幼芽、根须和子实。对饲料要求不严格，采食时常取半直立姿势。

**5. 自发性癫痫**　易陷于催眠状态为长爪沙鼠的一个重要的行为学特征，有类似人的自发性癫痫，突然放入宽敞场地或握在手中常发生癫痫。

### （二）主要解剖学特点

**1. 外观与体型**　长爪沙鼠体重介于大、小鼠之间，成年体重平均77.9（30~113）g，雄性大于雌性，平均体长11.25（9.7~13.2）cm。耳明显，平均耳长1.45（1.2~1.7）cm，耳壳前缘有灰白色长毛，内侧顶端毛短而少，其余部分裸露。背毛棕灰色，体侧与颊部毛色较淡，到腹部呈灰白色。尾较粗而长，平均长度为10.15（9.7~10.6）cm，长满被毛并常在尾尖部集中成毛簇。后肢与掌部被以细毛，趾端有圆锥形长而有力的爪，适于掘洞。

**2. 脊椎**　颈椎7枚、胸椎12~14枚、腰椎5~6枚、骶椎4枚、尾椎27~30枚。

**3. 牙齿**　齿式为2（门1/1，犬0/0，前臼0/0，臼齿3/3）=16，牙齿尖利，终生生长。

**4. 腹标记腺**　长爪沙鼠中腹部有一卵圆形棕褐色上被有蜡样物质的腹标记腺，或称腹标记垫。其在物体上摩擦时会引起腺体分泌，分泌物具有标记长爪沙鼠活动疆界的功能。雄性长爪沙鼠的腹标记腺较雌鼠大且出现早，成年时会形成无毛区，其标记行为和腺体的完整完全受雄激素控制，一般在群养时，以其中最常分泌分泌物的动物为统治者。而雌性沙鼠腹标记腺较小（通常不剪毛不易发现），其标记活动在妊娠和早期哺乳期增强。

**5. 副泪腺**　眼球之后、眼角内侧有副泪腺，可分泌吸引素，从鼻孔排出与唾液混合，在动物洁净腹部时气味扩散开来，具有促进发情期雌鼠交配的作用。

**6. 肾上腺**　长爪沙鼠肾上腺较大，与体重相比，其肾上腺较大鼠大3倍，其产生的皮质甾酮多。与大鼠相比，切除肾上腺的沙鼠不能通过补充钠而得到维持。

**7. 脑底动脉环**　长爪沙鼠一个非常重要的解剖学特征是脑底动脉环后交通支缺损，没有连接颈内动脉系统和椎底动脉系统的后交通动脉，不能构成完整的Willis动脉环。如进行单侧颈动脉结扎常发生脑梗死，是研究人类脑血管疾病的理想模型。

### （三）主要生理学特点

**1. 生长发育**　初生仔鼠无毛，体重1.5~2g，贴耳，闭眼。3~4日龄耳壳竖起，6日龄开始长毛，8~9日龄长出门齿，14~15日龄能爬出巢外，16~18日龄睁眼，20日龄能直立和食固体饲料。生长发育较快，适配年龄从3~6月龄起，雌鼠可利用15个月。平均寿命为2~4年。

**2. 生殖生理**　性成熟期10~12周，性周期4~6天，为全年多发情动物，但繁殖以春秋季为主，每年的1月和12月基本不繁殖，交配多发生在傍晚和夜间，接受交配时间为1天。妊娠期24~26天，一胎平均产仔5~6只，最多可达12只，成年雌鼠一年可产5~8胎，哺乳期平均21天。

**3. 代谢生理**　长爪沙鼠血清胆固醇水平受饲料中胆固醇含量的影响显著，尽管沙鼠能忍受动脉粥样硬化，但高胆固醇饮食可导致肝脂沉积和胆结石。耐渴，尿量极少，每天只有几滴，粪便干燥。

**4. 射线耐受性**　长爪沙鼠对X射线和γ射线耐受量为其他动物的2倍。

**5. 药物敏感性**　长爪沙鼠对链霉素敏感。

## 二、在生物医学研究中的应用

长爪沙鼠在医学领域作为实验动物已有二三十年历史，其使用量较大鼠、小鼠、豚鼠和仓鼠

少得多，但其在某些特殊研究领域具有重要价值，是大鼠和小鼠无法比拟的，而且其应用范围也越来越广。事实证明，长爪沙鼠是具有重要开发价值的实验动物，主要应用于下面一些研究领域。

### （一）脑神经病研究

由于长爪沙鼠独特的脑血管解剖特征，结扎沙鼠的单、双侧颈动脉，很容易建立脑缺血模型，可用于脑梗死所呈现的中风、术后脑贫血及脑血流量改变等疾病及药物治疗的研究。长爪沙鼠还具有类似人类的自发性癫痫发作的特点，经过选择饲养，易感性可接近 100%。加利福尼亚大学洛杉矶分校 Loskota 在长爪沙鼠具有癫痫发作特点的基础上，培育出发作感受型 WJL/uc 和发作抵抗型 STR/uc 两个新品系，是理想的癫痫动物模型。

### （二）病毒学研究

长爪沙鼠对来自黑线姬鼠、褐家鼠或人类的流行性出血热病毒（EHFV）均敏感。与大鼠相比，具有对 EHFV 敏感性高、适应毒株范围广、病毒在体内繁殖快、分离病毒和传代时间短等优点，故长爪沙鼠是研究流行性出血热的理想实验动物。长爪沙鼠还对狂犬病毒和脊髓灰质炎病毒等敏感。

### （三）细菌学研究

长爪沙鼠不仅对肺炎双球菌、流感嗜血杆菌及其他需氧和厌氧菌本身敏感，对其培养物也极为敏感。将此类细菌接种于中耳泡上腔内 5~7 天，X 线耳镜检查，其反应极为敏感。此外，在接种厌氧菌的慢性研究中，病理组织学反应也很明显。长爪沙鼠不仅可作为研究细菌性中耳炎的模型，又可广泛应用于细菌学研究。

### （四）寄生虫病研究

长爪沙鼠的寄生虫自然感染不常见，但对多种丝虫、原虫、线虫、绦虫和吸虫实验性感染非常敏感，是研究寄生虫病的良好对象。特别是近年来国内外都认为长爪沙鼠是研究丝虫病的理想模型动物。

### （五）内分泌学研究

繁殖期长爪沙鼠肾上腺皮质类固醇（主要是糖皮质固醇）分泌亢进，同时伴有高血糖和动脉硬化等。而且长爪沙鼠在异常环境中，如过冷或浓乙醚蒸气环境中，肾上腺释放糖皮质激素和黄体酮比对照组明显增多，但醛固酮分泌并不受影响。另外，长爪沙鼠睾丸的内分泌也很有特点，在促黄体激素（LH）作用下，睾丸间质细胞不仅释放雄激素，也释放黄体酮（孕激素），两者释放呈明显正相关。故不仅可利用长爪沙鼠研究雄激素对皮质腺活动和发育的影响，也可研究肾上腺、睾丸分泌激素的特点及代谢情况。

### （六）代谢性疾病研究

长爪沙鼠肝内类脂质含量高，能保持高血脂和高胆固醇水平，血清胆固醇含量极易受饲料胆固醇含量影响，对研究高血脂、胆固醇吸收和食源性胆固醇代谢很具价值。还可用于与糖代谢有关的糖尿病、肥胖病、齿周炎、龋齿、白内障等疾病的研究。

### （七）肿瘤学研究

长爪沙鼠有自发肿瘤倾向，24 月龄以上 10%~20%产生自发肿瘤，一般发生于肾上腺皮质、卵巢和皮肤等部位。此外，长爪沙鼠是唯一产生自发性耳胆脂瘤的非人动物，用电耳蜗记录技术，可有效而无损伤地记录耳胆脂瘤的发生。长爪沙鼠也容易接受同种和异种肿瘤移植物，可用于肿瘤生长及转移的研究。

### （八）其他研究

通过对长爪沙鼠耐辐射能力的研究，探查抗辐射机理；通过研究长爪沙鼠的社会结构及生活地区局限等特性，做心理学研究；利用长爪沙鼠少尿及增加饮水后尿量增加的特点，做肾功能性病变研究；复制慢性铅中毒动物模型等。另外，长爪沙鼠还可用于筛选抗抑郁和抗丝虫药。

## 三、饲养管理要点

### （一）饲养环境

室温 18~25℃，超过 25℃容易生病引起死亡。相对湿度 50%~70%。自然采光，要求光线暗淡、环境安静。

### （二）营养要求

野生长爪沙鼠食性随季节变化而变。在人工饲养条件下，一般以全价颗粒饲料喂养，并添加一定量新鲜蔬菜。每 3~4 天饲喂 1 次全价颗粒料，任其自由取食。每天加喂 1 次新鲜蔬菜，每周加喂 1 次葵花籽和麦芽。但饲料中脂肪过多易引起沙鼠肥胖，妊娠率降低，甚至不育。

### （三）清洁卫生

垫料及笼具每周更换 2 次，每周清洗消毒 2 次，保持环境卫生。

# 第五节 豚 鼠

豚鼠（guinea pig，*Cavia porcellus*）在动物分类学上属哺乳纲（Mammalia）、啮齿目（Rodentia）、豚鼠科（Caviidae）、豚鼠属（*Cavia*），由野生动物驯养而来，又称天竺鼠、荷兰猪、海猪等。染色体为 32 对（2n=64）。

实验豚鼠的祖先原产于南美洲平原，16 世纪由西班牙人作为观赏动物传入欧洲，豚鼠传到东方来，是由荷兰传到日本，后传入我国，故称荷兰猪。1780 年，Laviser 首次用豚鼠做热原实验，此后开始实验动物化。20 世纪后期，英国培育的 Dunkin-Hartley 短毛豚鼠是最早的实验豚鼠品种。现豚鼠已遍布世界各地，广泛应用于医学、药学、生物学、兽医学等领域。

## 一、生物学特性

### （一）习性和行为

**1. 外观与体型** 豚鼠体形短粗紧凑，头大颈短，耳壳薄而血管明显，上唇分裂。四肢短小，

前足四趾，后足三趾，趾端有尖锐短爪，脚型似豚。尾部仅有残迹。被毛短粗，紧贴体表。毛色多样，因品种而异。

**2. 性情和生活习性** 豚鼠性情温顺，喜欢安静、干燥、清洁的环境。较少斗殴，但陌生的多个雄性成年种鼠间较易争斗，极少咬人。喜群居，其活动、休息、采食多呈集体行为，休息时紧挨躺卧。群体中有专制型社会行为，1～2 只雄鼠处于统治地位，一雄多雌的群体具有明显稳定性。

## （二）主要解剖学特点

**1. 骨骼** 全身骨骼由头骨、躯干骨和四肢骨组成。躯干骨包括 36～38 块脊柱骨，其中颈椎 7 块、胸椎 13～14 块、腰椎 6 块、骶椎 3～4 块、尾椎 7 块。肋骨通常为 13 对，偶见 14 对，第 7～9 对肋骨称为浮肋。前肢骨包括肩胛骨、锁骨、肱骨、桡骨、尺骨和前足。后肢骨包括髋骨、股骨、胫骨、腓骨、髌骨和后足。豚鼠至 7 月龄时骨骼发育基本完善。

**2. 牙齿** 齿式为 2（门 1/1，犬 0/0，前臼 1/1，臼齿 3/3）= 20，门齿弓形，终生生长。

**3. 肺** 共有 7 叶，右肺比左肺大，由尖叶、中间叶、附叶和后叶 4 个叶组成；左肺由尖叶、中间叶和后叶 3 个叶组成。肺部淋巴组织丰富。气管和支气管不发达，只有喉部有气管。

**4. 心脏** 位于胸腔正中，为一中空的肌质器官。外观呈不规则的圆锥形，内分四腔。心底朝前，心尖朝向后下方。右缘处于第 2 和第 3 肋间隙，左缘位于第 2～4 肋间隙之间。

**5. 胃** 介于食管和小肠之间，胃壁极薄，胃容量 20～30mL。

**6. 肠道** 肠管较长，约为体长的 10 倍。盲肠发达，占腹腔容积 1/3。

**7. 肝脏** 分 5 叶，为外侧左叶、外侧右叶、内侧左叶、内侧右叶和尾状叶。

**8. 胆囊** 壁薄，呈浅绿色，为贮存和浓缩胆汁的椭圆形囊，位于肝方叶的胆囊窝内，分底、颈和体部。发出的胆囊管与肝导管汇合成胆总管，进入到十二指肠的起始端。

**9. 胰腺** 位于十二指肠弯曲部的肠系膜上，呈乳白色片状物，分头部和左右两叶。

**10. 睾丸和附睾** 睾丸为椭圆形，纵轴较长，淡红色，纵行稍向背外侧排列于阴囊内。附睾为一高度卷曲的组织器官，由头、体、尾 3 部组成，部分附着于睾丸上。

**11. 卵巢和子宫** 卵巢 1 对，属腹膜内器官，其背部及两端扁平，黄白色，卧于输卵管系膜的卵巢囊内。豚鼠属双角型子宫，为一“Y”字形、粉红色、细长形器官，前接输卵管，后通阴道。

**12. 胸腺** 全位于颈部，三角形，位于下颌骨角到胸腔入口的中间，颈胸部皮下的颈淋巴结下方，易摘除。由两个光亮的浅黄色（有时是褐色）、细长呈椭圆形、充分分叶的腺体组成，位于颈正中线两侧的皮下脂肪内层。

**13. 淋巴结** 豚鼠的淋巴系统较发达，对侵入的病原体微生物极为敏感。剖检豚鼠时，常发现其颈淋巴结和肠系膜淋巴结肿大、充血或出血，甚至化脓，表明此部位的远端已有感染。

**14. 乳腺** 豚鼠的乳腺只有 1 对，位于鼠蹊部，左右各一。

## （三）主要生理学特性

**1. 感官特性** 豚鼠的嗅觉和听觉发达，胆小易惊。能识别多种不同的声音，突然的声响、震动可引起四散奔逃或呆滞不动，甚至会引起孕鼠流产。当有尖锐的声音刺激时，常表现耳郭竖起应答，并发出吱吱的尖叫声，称为普莱厄反射或听觉耳动反射，该反射可作为判断其听觉是否正常的依据。耳壳大，耳道宽，耳蜗网发达，耳蜗管对声波敏感，听觉敏锐。听神经对声波特别是

700~2000Hz 的纯音最敏感。

**2. 生长发育** 豚鼠生长发育较快。新生仔鼠周身被毛，体重约 80g，两耳竖起，两眼张开，具视力，有门齿。出生后 1 小时即能活动，几小时后即可自己采食，几天后就可独立生活，属于胚胎发育完善的动物。出生后前半月每日增重 4~5g，2 月龄体重可达 350g，5 月龄雌鼠体重可达 700g，雄鼠体重可达 750g。寿命一般 4~5 年，最长可达 8 年。

**3. 生殖生理** 豚鼠有性早熟特征。雌鼠 30~45 日龄，雄鼠 70 日龄性成熟。雄鼠射出精液中的副性腺分泌物在雌性阴道口凝固形成阴道栓，停留数小时后脱落，故查找阴道栓可用于确定交配日期，准确率达 85%~90%。雌鼠的性周期为 15~17 天。妊娠期比其他啮齿类动物长很多，为 59~72 天，妊娠后期易流产。一般每窝产仔 3~4 只，哺乳期 2~3 周。

**4. 消化生理** 豚鼠属草食性动物，臼齿和咀嚼肌发达，爱吃含纤维素较多的禾本科嫩草。食量较大，食性挑剔，对饲料的改变敏感。胃壁极薄，盲肠发达，肠管长。体内缺乏左旋葡萄糖内酯氧化酶，自身不能合成维生素 C，必须补充青绿饲料。有食粪癖，从肛门口处取食软粪补充营养，幼仔从母鼠粪中获取正常菌丛。

**5. 体温调节** 体型紧凑，利于保温，但不利于散热，故耐冷不耐热，自动调节体温的能力较差。当环境温度反复变化且幅度较大时，易造成自身疾病流行。超过 30℃，体重会减轻，妊娠后期会引起流产或死亡。尤其当室温升至 35~36℃时，易引发豚鼠急性肠炎，抗病力较差。

**6. 易感性** 豚鼠对组胺敏感，能引起支气管痉挛性哮喘。对麻醉药物敏感，麻醉死亡率较高。抗缺氧能力强，比小鼠强 4 倍，比大鼠强 2 倍。对结核杆菌高度敏感。皮肤对毒物刺激反应灵敏。对抗生素类的药物反应大，较大剂量用药后 48 小时常可引起急性肠炎，甚至致死，这是由于肠道正常菌丛在抗生素作用下产生内毒素所致。

## 二、在生物医学研究中的应用

### （一）免疫学研究

豚鼠是现有实验动物中最易致敏的，常用实验动物对致敏源的反应程度由高到低依次为：豚鼠>兔>犬>小鼠>猫>蛙，因此豚鼠是过敏性试验和研究变态反应的首选动物，2~3 月龄、350~400g 的豚鼠最适宜做过敏反应研究。豚鼠的迟发型超敏反应与人类似。此外，豚鼠血清中的补体含量是现有实验动物中最高的，免疫学实验中的补体大多用豚鼠来制备。

### （二）药品、生物制品及化妆品研究

豚鼠皮肤对毒物刺激敏感，且反应近似于人。药品、化妆品安全性评价中，豚鼠常用于皮肤毒性和过敏性测试。与大鼠、小鼠不同，豚鼠妊娠期长，幼仔出生时发育完全，被毛长全，睁眼竖耳，具有恒齿，因此适合研究药物对胎儿后期发育的影响。生物制品检定中，豚鼠多用于毒性检查和免疫力测定。利用豚鼠对组胺可产生支气管痉挛性哮喘的特性，进行平喘药和抗组胺药的药效测试；利用 7% 氨气、二氧化硫或柠檬酸可诱导豚鼠咳嗽的特性，可用于评价镇咳药的药效。

### （三）传染病学研究

豚鼠对许多病原微生物都十分敏感，如白喉、鼠疫、钩端螺旋体、疱疹病毒、霍乱弧菌、布氏杆菌、沙门氏菌、炭疽杆菌、Q 热、淋巴细胞脉络丛脑膜炎病毒等，常用于这些病原体感染性

疾病的研究。豚鼠尤其对人型结核杆菌高度敏感，感染病变类似人，是进行结核杆菌分离、鉴别、诊断、病理研究、治疗研究的首选动物。幼龄豚鼠可应用于研究支原体感染后的病理和细胞免疫。某些寄生虫病，如旋毛虫病也要用豚鼠进行研究。

### （四）营养学研究

豚鼠自身不能合成维生素 C，因此通过控制饮食中摄入量可形成维生素 C 缺乏病，是研究实验性维生素 C 缺乏病的常用动物。此外，还可用来研究叶酸、维生素 $B_1$ 和钾等营养成分对机体的作用。

### （五）悉生生物学研究

豚鼠是最早培育成功的无菌动物种类，对豚鼠较易推算剖宫产时间，幼仔出生时发育完全，容易成活，为悉生动物的建立提供了方便。

### （六）内耳实验研究

豚鼠听觉发达，耳郭大，易于进入中耳和内耳操作，其耳蜗血管延伸至中耳腔，便于进行内耳循环检查。耳蜗管构造对特定声波表现出特殊的敏感性，因此便于进行听觉和内耳疾病方面的研究，如噪声对听力的影响、抗生素的耳毒性等。

### （七）其他研究

豚鼠也适用于妊娠、毒血症、动物代血浆、自发流产、睾丸炎等方面的研究。豚鼠的血管反应灵敏，出血症状明显，辐射损伤引起的出血综合征在豚鼠表现最明显，常用于放射病的相关研究，其后依次为猴和家兔、大鼠和小鼠。

## 三、常用品种品系

### （一）Hartley 豚鼠

1926 年 Dunkin-Hartely 用英国种豚鼠繁育而成。我国 1973 年从英国引进 DHP（Dunkin-Hartely Pirbright）品系，属封闭群。有白、黑、棕、灰、淡黄、巧克力等单色，也有白与黑等双色或白、棕、黑等三色。该品系豚鼠生长迅速、生殖力强、性情活泼温顺，母鼠善于哺乳，致敏性强，应用比较广泛，多用于药物检定、免疫学、传染病学等研究。

### （二）近交系 2 号

Wright 用 1906 年从美国农业部引进的豚鼠进行繁殖，1915 年繁殖到 11 代，改用近亲繁殖，从 33 代后再改为随机交配。1940 年 Heston 又用近交，1950 年后由 NIH 分赠世界各地。其毛色为黑、棕、白三色毛。成年体重小于近交系 13 号，但脾脏、肾脏和肾上腺大于近交系 13 号，老年豚鼠其胃大弯、直肠、肾脏、腹壁横纹肌、肺和主动脉等都有钙质沉着。对结核杆菌抵抗力强，并具有纯合的 GPL-A（豚鼠主要组织相容性复合体）、B1 抗原，血清中缺乏诱发的迟发型超敏反应因子，对实验诱发自身免疫性的甲状腺炎比近交系 13 号敏感。

### （三）近交系 13 号

培育历史与近交系 2 号基本相同。其毛色为黑、棕、白三色。对结核杆菌抵抗力弱，受孕率比 2 号差，体形较大。GPL-A、B1 抗原与 2 号相同，而主要组织相容性复合体 1 区与 2 号不同。对诱发自身免疫性甲状腺炎抵抗力比 2 号强。血清中缺乏迟发型超敏反应因子。生存期 1 年的豚鼠白血病自发率为 7%，流产率为 21%，死胎率为 45%。

#### （四）FMMU 种

白化，属封闭群，多用于药物检定、免疫学、传染病学等研究。

#### （五）Zmu-1:DHP 种

白化，属封闭群，遗传稳定，均一性好，对组胺等化学介质敏感性高。

### 四、饲养管理要点

#### （一）饲养环境

饲育环境适宜的温度为 22~26℃，湿度为 50%~60%。豚鼠是温顺、胆小易惊的动物，饲养操作要力求轻稳。豚鼠不善于攀登和跳跃，故繁殖群可放在无盖小水泥池或大塑料笼盒中进行饲养。实验豚鼠一般采用塑料盒式笼具或悬挂式不锈钢网笼具饲育。

#### （二）营养要求

成年豚鼠每天摄食 20~30g 饲料，因其不会过食，所以可适当多加些饲料。豚鼠饲料中应保证 12%~14%的粗纤维，若粗纤维不足，可发生排粪较黏和脱毛现象，还会相互吃毛。因豚鼠体内不能合成维生素 C，因此，在饲料中一定要补给。一般每日 0.5~1.0mg 维生素 C/100g 体重可满足豚鼠生长发育的需要，而 1.5~2.0mg 维生素 C/100g 体重则可使繁殖豚鼠的受孕率、产仔数、初生体重和离乳成活率达到最高。每只豚鼠每日摄水 80~120mL，要保证饮水的充足和清洁。暑天豚鼠有吸水蹭身如同洗澡的习性，要保证水源充足。

#### （三）清洁卫生

垫料每周更换 2~3 次，每周清洗消毒 1~2 次，保持环境卫生。

## 第六节 兔

兔（rabbit，*Oryctolagus cuniculus*）在动物分类学上属于哺乳纲（Mammalia）、兔形目（Lagomorpha），兔形目包括两个科：鼠兔科（Ochotonidae）和兔科（Leporidae）；兔科内主要有兔属（*Lepus*）、棉尾兔属（*Sylvilagus*）和穴兔属（*Oryctolagus Poelagus*）。染色体为 22 对（2n=44）。现在常用的兔来源于穴兔，有许多变种和 50 个以上的品种，用于肉食、观赏和实验研究与测试。

兔曾被列入啮齿目，后因啮齿目动物只有 4 颗切齿，而兔有 6 颗切齿，其中有 1 对较小的切齿紧贴在上腭 1 对大切齿的后方，呈圆形而不尖锐，故现被列入兔形目。

### 一、生物学特性

#### （一）习性和行为

**1. 昼伏夜动** 兔是夜间活动的动物，夜间十分活跃；白天活动少，除进食外常处于假眠或闭

目休息状态。

**2. 胆小怕惊** 兔异常胆小，喜欢安静环境，如受惊过度往往乱奔乱窜，甚至冲出笼门。被陌生人接近或捕捉时，常用后肢拍击踏板，甚至咬人，或因挣扎而抓伤捕捉者。

**3. 群居性差** 兔性情温顺，但群居性差，群养的同性别成年家兔往往发生斗殴。

**4. 草食性** 兔属草食性动物，其消化道结构利于粗纤维和粗饲料的消化吸收。

**5. 食粪癖** 兔有从肛门直接食粪的癖好，哺乳期仔兔也有吃母兔粪的习惯，以吃夜间排出的软粪为主。吃粪可使软粪中丰富的粗蛋白、粗纤维素和维生素 B 族得到重新利用。

**6. 怕潮湿** 兔耐干燥而不耐潮湿，潮湿环境容易患肠道疾病。家兔喜欢清洁、干燥、凉爽的环境，有耐寒不耐热、排粪尿固定在笼具一角的特性，不能忍受污秽的条件。

**7. 喜啃咬** 兔具有啮齿类动物的习性，喜欢磨牙和啃咬木头，损坏木制品。

**8. 喜穴居** 散养的家兔保留穴居习性，喜欢在泥土地上挖洞穴。

### （二）主要解剖学特点

**1. 外观与体型** 兔属于中等体型，毛色主要有白、黑、灰蓝色，还有咖啡色、灰色、麻色，耳朵大、眼睛大、腰臀丰满、四肢粗壮有力，某些品种母兔颈下有肉髯。

新生仔兔体重约 50g；成年兔因品种而异，体重差异很大，小型成年兔体重为1.5~2.5kg，大型的可达 4~5kg。

**2. 骨骼** 兔的骨骼分为头骨、躯干骨和四肢骨。躯干骨包括脊柱、胸骨和肋骨。脊柱大约有椎骨 46 块（45~48 块），其中颈椎 7 块、胸椎 12 块、腰椎 7 块、荐椎 4 块，尾椎一般有 16 块尾椎骨。肋骨 12 对，前 7 对为真肋，后 5 对为假肋。最后 3 对假肋的腹端变细呈游离状态，它们易于移动而称为浮肋。胸骨有 6 块。前肢骨分为肩带、臂、前臂和前足四部分。后肢骨分为腰带、大腿、小腿和后足四部分。

**3. 口腔** 口腔小，上唇分开。乳齿齿式为 2（门 2/1，犬 0/0，前臼 0/0，臼齿 3/2）= 16，成年兔齿式为 2（门 2/1，犬 0/0，前臼 3/2，臼齿 3/3）= 28。唾液腺有 4 对，即腮腺、颌下腺、舌下腺和眶下腺。

**4. 肺** 左肺分为尖叶、心叶和膈叶 3 叶，右肺分为尖叶、心叶、膈叶和中间叶 4 叶。

**5. 胸腔** 兔的胸腔被纵隔分为互不相通的左右两半，心脏又有心包胸膜隔开，当开胸或打开心包胸膜暴露心脏时，只要不弄破纵隔膜，动物不必做人工呼吸。

**6. 心脏** 位于狭窄的胸腔前部，纵隔的中间位，界于第 2 肋骨的后缘至第 4 肋骨的后缘或第 5 肋骨的前缘之间。分为左、右心室和左、右心房 4 个腔。

**7. 胃** 为消化管中最膨大的部位，呈囊袋状，横卧于腹腔的前部。胃的入口为贲门，上接食管；其出口为幽门，与十二指肠相通。胃的外表面附有脂肪的网状膜，叫作大网膜，兔的大网膜并不发达。

**8. 肠** 兔肠管发达，成年兔肠管的长度平均值可达 5m 左右，大约为体长的 10 倍。肠可分为小肠和大肠两大部分。小肠包括十二指肠、空肠和回肠。大肠包括盲肠、结肠和直肠。兔盲肠特别发达，位于腹腔的中后部，几乎占据了腹腔的 1/3。回肠和盲肠相连处膨大形成一厚壁的圆囊，称圆小囊（淋巴球囊），有 1 个大孔开口于盲肠，为兔特有的结构。

**9. 肝脏** 肝脏腹面的裂沟可将肝脏分成四部分，左侧有两个大的肝叶，分别称为左外侧叶和左内侧叶；右侧有一较小的右叶，右叶与左内侧叶之间为狭窄的中央叶。

**10. 胆囊** 位于肝的中央叶与右侧叶之间的沟裂处，是一个绿色梨状的囊袋。从胆囊发出的胆囊管与肝导管汇合成胆总管，进入十二指肠的起始端，其开口处距幽门约1cm。

**11. 胰腺** 为一个疏松的脂肪状、分散的腺体，由复管泡状腺组成，大部分腺体呈单独的小叶状，沿着肠系膜零散分布，呈浅粉黄色，与脂肪相似。

**12. 睾丸和附睾** 睾丸呈长卵圆形。幼兔的睾丸位于腹膜内，性成熟后睾丸会降到阴囊或缩回腹腔。附睾为精子进一步成熟的器官，分为附睾头、附睾体和附睾尾3个部分。

**13. 乳腺、卵巢和子宫** 兔的乳腺有4对。卵巢位于腹腔内，肾的后方，左右各一，呈扁平卵圆形。到发情期，可排卵经输卵管进入子宫。子宫属于双子宫类型，是由一对独立的子宫角弯曲而成。子宫角的后端扩大成子宫，每个角是一个独立的子宫，左右子宫的出口分别独立进入阴道。

### （三）主要生理学特点

**1. 感官特性** 兔的嗅觉、听觉、视觉十分灵敏，能凭嗅觉辨别非亲生仔兔，并拒绝为其哺乳，还能嗅到其他动物。大耳朵能听到很微弱的声音，快速准确地定位声源。视野广阔，常直坐俯视地面。

**2. 生长发育** 生长发育迅速。初生仔兔无毛，眼睛紧闭，耳闭塞无孔，趾趾相连，3~4日龄即开始长毛，4~8日龄脚趾开始分开，10~12日龄睁眼，出巢活动，21日龄左右即能吃饲料，30日龄左右被毛形成。初生体重约为50g，1月龄时体重为出生时的10倍，至3月龄体重增加、直线上升，于3月龄后增加缓慢。不同品种和性别的幼兔，其生长速度并不完全相同。兔在正常生命活动中有两种换毛现象，一种是年龄性换毛，一种是季节性换毛。换毛期间兔抵抗力差，最易发生消化道疾病。兔的寿命可达8~10年。

**3. 生殖生理** 兔性成熟较早，一般4~6个月性成熟，适配月龄6~8个月，每月发情2~3次，发情周期8~15天。兔属典型的刺激性排卵动物，交配后10~12小时排卵，性周期一般为8~15天，无发情期。只有待雄兔交配动作刺激或注射绒毛膜促性腺激素后，卵细胞才能移到输卵管内，准备接受精子，否则卵细胞在卵巢内被吸收消失。一年四季均可交配繁殖，妊娠期30~33天，每窝产仔数为4~10只，哺乳期40~45天。生育年龄5~6年。

**4. 消化生理** 兔属草食性动物。在回肠和盲肠交接处圆小囊的囊壁富有淋巴滤泡，其黏膜不断分泌碱性液体，可以中和盲肠中微生物分解纤维素所产生的各种有机酸，有利于消化吸收，故对粗纤维的消化能力较强，饲料组成中粗纤维含量不足常可引发消化性腹泻，一般应控制在11%~15%为宜。兔除排泄颗粒状硬粪外，夜间还排泄另一种小球状软粪。兔往往在夜间直接从肛门口吞食这种软粪，这种食粪行为是一种正常生理现象，可使兔重新吸收软粪中经分解的蛋白质、肠道菌丛产生的B族维生素和维生素K等营养物质。兔对外源性胆固醇吸收率高达75%~90%，对高脂血症清除能力较低。

**5. 体温调节** 兔属恒温动物，正常体温在38.5~39.5℃，体温变化灵敏，最易产生发热反应，发热反应典型、恒定。对致热物质反应敏感，适用于热原试验。汗腺不发达，在高温环境下主要通过浅而快的喘式呼吸和耳部血管扩张来散热，维持体温恒定。兔适宜的环境温度因年龄而异，初生仔兔窝内温度30~32℃，成年兔（20±2）℃。

**6. 免疫特性** 兔免疫反应灵敏，血清量产生较多。后肢膝关节屈面腘窝处有一个比较大的呈卵圆形的腘淋巴结，长约5mm，易触摸定位，适用于淋巴结内注射。兔对皮肤刺激反应敏感，反应近似于人。兔群中有1/3的兔在遗传上具有能产生阿托品脂酶的基因，该酶能水解阿托品，因此给这些动物注射阿托品是无效的。

## 二、在生物医学研究中的应用

### （一）发热及热原试验

兔体温变化十分灵敏，对细菌内毒素、化学药品、异种蛋白等致热原易产生发热反应，发热反应典型、恒定。因此常选用兔进行热原试验，检查药品、生物制品中是否存在致热原，广泛用于制药工业、生物制品等各类制剂的热原质检及发热解热机制研究。

在感染性和非感染性发热试验中，给兔皮下注射灭活的大肠杆菌、乙型副伤寒杆菌、伤寒-副伤寒四联菌苗及细菌毒素等，均可引起感染性发热；而注射某些化学药品或异体蛋白，如皮下注射二硝基酚溶液、松节油，肌肉注射蛋白胨等，则可引起非感染性发热。

### （二）皮肤刺激试验

兔皮肤对刺激反应敏感，其反应近似于人。常选用家兔皮肤进行化妆品、药物、毒物对皮肤局部作用的研究，观察各种毒物和药物对皮肤的刺激性。

### （三）免疫学研究

兔常用来制备免疫血清，用于人医、兽医、法医的临床诊断和鉴定，免疫学、免疫组织化学、免疫印迹法、蛋白质组学等方面的研究都需要高效价和特异性强的免疫血清。如鉴定多种细菌、病毒、立克次氏体的病原体免疫血清；又如兔抗人球蛋白血清、羊抗兔免疫血清等间接免疫血清；再如兔抗大鼠肝组织、兔抗大鼠肝铁蛋白等抗组织免疫血清；以及兔抗豚鼠球蛋白等抗补体抗体免疫血清。

### （四）制作动脉粥样硬化症模型

兔对外源性胆固醇吸收率高达75%~90%，对高脂血症清除能力较低，制作的高脂血症、主动脉粥样硬化斑块、冠状动脉粥样化病变模型与人类的病变基本相似。静脉注射胆固醇乳状液后，在兔引起的持续的高脂血症为72小时，而大白鼠仅为12小时，因此造型时间短。通过喂饲高胆固醇、高脂肪饮食3个月左右，兔可形成动脉粥样硬化症模型。其造模时间比用犬、猴制作同类模型所需时间（分别为14个月、6个月以上）短。

### （五）计划生育研究

兔属刺激性排卵动物，利用雄性家兔的交配动作，或者静脉注射绒毛膜促性腺激素，均可诱发排卵，可以准确判断其排卵时间，同期胚胎材料容易取得。而注射黄体酮及某些药物却可抑制排卵，排卵多少可以用卵巢表面带有鲜红色小点的小突起个数表示。故常常使用兔进行计划生育方面的研究，以及生殖生理和避孕药的筛选研究。

### （六）心血管系统疾病研究

兔颈部神经血管和胸腔的特殊构造，很适合做急性心血管实验，如直接法记录颈动脉血压、中心静脉压，间接法测量冠脉流量、心搏出量、肺动脉和主动脉血流量等，因而适合制作心血管病的各种动物模型。如实验性心肌梗死、心源性休克、缺血性心律失常、肺心病、肺水肿等。由于兔胸腔结构的特殊性，使造模过程不需要采用人工呼吸，减少了人为损伤导致实验失败的概

率，因而研究心血管疾病动物模型常选用兔。

### （七）微生物学研究

兔对许多病毒和致病菌非常敏感，故常用于建立天花、脑炎、狂犬病、细菌性心内膜炎、沙门氏菌、溶血性链球菌、血吸虫、弓形体等感染性动物模型。

### （八）眼科学研究

兔眼球大，便于手术和观察，可以制作角膜瘢痕模型、眼球前房内组织移植模型，并观察药物对上述模型的作用。

### （九）急性实验

常用兔进行生理学、药理学和病理学等学科的急性实验，如失血性休克、感染性休克、阻塞性黄疸，微血管缝合、眼球结膜和肠系膜微循环观察，离体肠段和子宫的药理实验，观察颈动脉压、中心静脉压、冠脉流量、心搏出量、肺动脉和主动脉血流量，卵巢和胰岛等内分泌实验等。

### （十）遗传学研究

用兔可以开展软骨发育不全、低淀粉酶血症、脑小症、药物致畸等遗传学疾病研究。

### （十一）口腔科学研究

兔可作为口腔黏膜病、牙周病及整形材料毒性试验的对象。还可用于唇裂、腭裂等口腔畸形的研究。

## 三、常用品种

### （一）新西兰白兔

新西兰白兔培育地是美国加利福尼亚州，具有毛色纯白、体格健壮、繁殖力强、生长迅速、性情温和、容易管理等优点，以早期生长快而著称。多用于热原试验、致畸试验、毒性试验，亦用于胰岛素检定、妊娠诊断、计划生育、人工受胎、诊断血清制造等领域。在我国被广泛用于药理学和免疫学方面的研究，其使用量占兔总量的70%以上，特别是在热原试验中，几乎100%使用新西兰白兔。

### （二）日本大耳兔

日本大耳兔是日本用中国白兔选育而成的皮肉兼用兔。毛色纯白，红眼睛，耳大、薄向后方竖立，血管清晰，便于采血。耳根细，耳端尖，形同柳叶，母兔颌下有肉髯。体型中等偏大，被毛浓密，生长快，繁殖力强，抗病力较差，适应性好。常用于皮肤、热原试验、抗体制备、心血管疾病模型复制、发育生物学及生理学等方面的研究。

### （三）青紫蓝兔

青紫蓝兔原产于法国，属皮肉兼用兔。毛色特点：每根被毛都有3~5段颜色，如灰色、灰白色、黑色等。由于这种特殊的毛色很像一种原产于南美洲的毛丝鼠（*Chinchilla*）的毛色，故根据译名命名为青紫蓝兔。体型中等，体质结实，腰臀丰满，繁殖性能较好，适应性好，生长快，容易饲养。分标准型、中型、巨型3个种群。实验中常用标准型，是我国人用生物制品检定用的主要品种之一。

#### （四）力克斯兔

力克斯兔原产于法国，属皮肉兼用兔。全身长有密集、光亮如丝的短绒毛，枪毛极少或全无，有时自然形成漂亮的波纹。力克斯兔被毛保温力强，不易脱落。须眉细而卷曲。成年兔体重3.0~3.5kg。背部红褐色，体侧毛色渐浅，腹部呈浅黄色。经不断选育与改良，已有黑、白、古铜、天蓝、银灰等各种自然色。

力克斯兔作为实验用兔具有良好的发展前景，因为该兔本身属皮用兔，其毛皮有很高的经济价值，而许多实验往往并不损坏其毛皮，用于实验可一举两得。

#### （五）白毛黑眼兔

白毛黑眼兔（white hair black eyes rabbit，简称WHBE兔）是浙江中医药大学动物实验研究中心陈民利教授等于1998年在日本大耳兔的生产群中发现的一个突变品系。WHBE兔为白毛黑眼，即全身被毛白色、毛色纯白、富有光泽，双目瞳孔黑色，网膜颜色随着生长发育的进行，由褐色逐渐变成棕色，类似于人的眼睛。其体温稳定，且重复性好。该兔繁殖能力强，生长发育快。WHBE兔具有遗传的稳定性，“白毛黑眼”表型遗传性状易于鉴别，有遗传基因容易控制等特点，为我国生物医药研究提供了一个新的兔品系资源。主要用于眼科学、热原试验、消化道应激反应、肠道疾病、心功能、血液学和免疫学等实验研究。

### 四、饲养管理要点

#### （一）饲养环境

根据不同等级实验动物环境条件要求，为兔群提供相应的环境条件。饲养间或实验室必须通风干燥，并且严防野生动物入侵。动物实验兔一般采用不锈钢丝笼或塑料笼单个饲养。笼具要定期清洗消毒。

#### （二）营养要求

采用全价营养颗粒饲料，饲料配方应符合有关规定标准并保持相对稳定，投料应定时定量，防止过食或不足。保证供应足够的清洁饮水，饮水器具要定期清洗消毒。

#### （三）清洁卫生与检疫

保持环境卫生清洁，注意冬天保暖、夏天防暑。每天打扫粪便，进行地面冲洗，洗刷食盒和饮水盆。

在饲养室内转群或购买实验用兔，必须注意安全运输及合理分群，避免造成意外伤害或外逃。新引进的种兔必须经过隔离检疫，发现病兔要及时淘汰。

## 第七节 犬

犬（dog，*Canis familiaris*）又名狗，在动物分类上属哺乳纲（Mammalia）、食肉目（Carnivora)、犬科（Canidae)、犬属（*Canis*)、犬种（*Canis familiaris species*)。染色体为39对（2n=78)。

自人类有史以来，犬与人一直长期共同生活和相互依存，犬是人类忠实的朋友，并已家畜化。我国早有用犬做毒性实验的记载，但用犬作为实验用动物始于20世纪40年代。1950年，美国推荐小猎兔犬（Beagle，英国产）作为实验用犬，适用于生物医学各个学科的研究，并为世界公认。

## 一、生物学特性

### （一）习性和行为

1. 犬喜近人，易驯养，能领会人的简单意图，有服从主人的天性。犬喜欢主人轻轻拍打、抚摸其头颈部，但臀、尾部忌摸。听觉、嗅觉灵敏，反应灵敏，对外界环境适应性强，易于饲养，可通过调教很好地配合实验工作的需要。不合理饲养及虐待，会恢复野性。

2. 正常的犬鼻尖呈油状滋润，触摸有凉感。视力很差，每只眼有单独视力，视角25°以下，正面景物看不清，对移动物体感觉灵敏，视野仅20～30m，红绿色盲。

3. 喜吃肉类、脂肪，习惯啃骨头，对动物蛋白和脂肪的需要高，对植物纤维和生淀粉消化力差，也可杂食或素食；善于撕咬和切断食物，咀嚼不完全即吞食入肚。

4. 环境温度高时，加速呼吸频率，似喘息样，舌头伸出口外，以加强散热。

5. 犬喜欢清洁，冬天喜晒太阳，夏天爱洗澡；犬具有高度群居性和社会性，雄犬性成熟后爱撕咬、喜斗，有合群欺弱的特点；好奇心强，习惯不停地活动，有良好的耐力，如果运动量不足，会导致雌犬到时不发情或配种后不孕，长期饲养应该配备运动场。

6. 品种多，个体差异很大。现有品种多达100余种，按成年体重可分为5种：微型犬，3kg以下；小型犬，10kg以下；中型犬，25kg以下；大型犬，50kg以下；巨型犬，50kg以上。实验外科学倾向于用较大体型犬，而毒理学研究倾向于用中小体型犬。

### （二）主要解剖学特点

**1. 骨骼**　犬的全身骨骼分为头骨、脊柱骨、肋骨、胸骨、前肢骨和后肢骨。其中脊柱包括颈椎7块、胸椎14块、腰椎5～6块、荐椎3块、尾椎8～22块。肋骨包括9对真肋、3对假肋、1对浮肋。阴茎骨是犬科特有的骨头，但没有锁骨，肩胛骨由骨骼肌连接躯体。

**2. 感觉器官**　眼水晶体较大。嗅脑、嗅觉器官、嗅神经发达，鼻黏膜上布满嗅神经。

**3. 牙齿**　犬的牙齿具备肉食动物的特点，犬齿、臼齿发达，撕咬力强，咀嚼力差。犬齿大而锐利，能切断食物，喜欢咬、啃骨头以利磨牙。乳齿齿式为2（门3/3，犬1/1，前臼3/3，臼齿0/0）=28。成年齿式为2（门3/3，犬1/1，前臼4/4，臼齿2/3）=42。

**4. 肺**　肺共有7叶，左肺分成尖叶、心叶和膈叶3叶，右肺分成尖叶、心叶、膈叶和中间叶4叶。左肺比右肺小四分之一。

**5. 心脏**　心脏较大，占体重的0.1%～0.5%。心尖钝圆，心尖在左侧第六肋骨间隙或第七肋骨部并于胸骨相接之处。心底部主要对着胸前口，在第三肋骨下部。心脏的内腔分为左、右心房和左、右心室。

**6. 胃**　胃较小，在充满状态呈不正梨形，容量比较大。左侧贲门部比较大，呈圆形；右侧及幽门部小，呈圆桶形。胃大弯长度约为小弯的4倍。易做胃导管手术。肠道较短，为体长的3～

4倍。

**7. 肝脏** 肝脏分为7个主要肝叶：前面左、右叶又各分为外侧叶和中央叶；后面一叶分为舌形叶、尾叶和乳头叶。

**8. 胆囊** 隐藏在肝脏右外侧与右中央叶之间的胆囊窝内。胆管在门静脉裂的腹侧部与肝总管相连接，形成胆总管，开口于十二指肠，开口距幽门5~8cm。

**9. 胰腺** 胰腺较小，呈粉红色，柔软，细长，"V"字形状，分成两个细长的分支。与其他器官分离，易摘除。

**10. 脾** 呈淡红色，长而狭窄，略呈镰状，下端较宽。移动性较大，很松弛，附着在大网膜上。脾脏是犬最大的储血器官。

**11. 肾** 两个，比较大，均呈蚕豆状，背腹径较厚，腹侧面圆形隆起，背侧面隆凸较小，表面光滑。肾门位于肾内侧缘的中央部，向内凹陷，较宽广；没有肾盏；肾盂在肾门处变窄，与输尿管相连。

**12. 睾丸和附睾** 睾丸位于阴囊内，左右各一，较小，呈卵圆形，长轴自上后方向前下方倾斜。附睾较大，紧密附着于睾丸外侧面的背侧方，其前端膨大为附睾头，后端为附睾尾。犬没有精囊腺和尿道球腺。

**13. 卵巢和子宫** 卵巢位于腹腔内，肾的后方，左右各一，呈扁平卵圆形。到发情期，可产卵子经输卵管排入子宫。子宫属于双角子宫型，子宫体很短，子宫角细长，没有弯曲，近乎直线，子宫角的分歧处成"V"字形，向肾脏伸展。

**14. 乳腺** 有4~5对乳腺，位于腹中线两侧。

## （三）主要生理学特点

**1. 感官特性** 犬视觉不发达，每只眼睛有单独视野，视角仅为25°以下。正面近距离是看不到的，这是由于犬眼球的水晶体较大，眼睛测距性能差，视网膜上无黄斑，即没有最清晰的视觉点。一般视距仅20~30m。实验证明犬的色感也差，为红绿色盲。犬的听觉和嗅觉十分灵敏。听觉范围为50~55000Hz，听力是人类的16倍。犬的嗅神经极为发达，鼻黏膜布满神经末梢，鼻黏膜内大约有2亿个嗅细胞，为人类的40倍，嗅细胞表面还有许多粗而密的纤毛，大大提高了嗅细胞的表面积，使之与气体的接触面积扩大，产生敏锐的嗅觉功能，其嗅觉能力是人的1200倍。一般说按体型比例，鼻尖离嗅脑越远，则嗅觉能力越强。通常鼻尖湿润，触之有凉感。味觉极差。触觉较敏感，触毛生长在上唇、下唇、颜部和眉间，粗且长，敏感度较高。

**2. 神经系统** 犬的神经系统发达，大脑特别发达，与人脑有许多相似之处。犬有多种神经类型，神经类型不同，性格也不一样，用途也不同。主要神经类型：①多血质（活泼的）：均衡的灵活型。②黏液质（安静的）：均衡的迟钝型。③胆汁质（不可抑制的）：不均衡、兴奋占优势的兴奋型。④忧郁质（衰弱的）：兴奋和抑制均不发达。这对一些慢性实验，特别是高级神经活动实验用犬的选择很重要。

**3. 生长发育** 幼仔发育快速，食欲旺盛。犬齿是辨识犬龄的重要依据，犬出生后十几天开始换齿，8~10个月换齐，但1岁半后才能生长坚实。可参考犬齿更换和磨损情况来估计其年龄（见表4-2）。牙的磨损取决于饲料和好斗情况，所以在估计年龄时还要看饲养情况。喜啃骨头、啃咬，好斗者牙磨损情况提早。犬寿命10~20年。

表 4-2　犬的牙齿生长、更换、磨损与年龄的关系

| 年龄 | 牙齿情况 |
| --- | --- |
| 2 月龄以下 | 仅有乳牙（白、细、尖锐） |
| 2~4 月龄 | 更换门齿 |
| 4~6 月龄 | 更换犬齿（白、牙尖圆钝） |
| 6~10 月龄 | 更换臼齿 |
| 1 岁 | 牙长齐，洁白光亮，门齿有尖突 |
| 2 岁 | 下门齿尖突部分磨平 |
| 3 岁 | 上下门齿尖突部分磨平 |
| 4~5 岁 | 上下门齿开始磨损，呈微斜面并发黄 |
| 6~8 岁 | 门齿磨成齿根，犬齿发黄，磨损唇部，胡须发白 |
| 10 岁以上 | 门齿磨损，犬齿不齐全，牙根黄，唇部胡须全白 |

**4. 生殖生理**　犬为春秋季单次发情动物，多数在春季 3~5 月和秋季 9~11 月发情，发情周期 13~19 天，发情期可持续 6~10 天。雌犬发情时肢体和行为会有特征性变化，主要表现为兴奋性增强，活动增加，烦躁不安，吠声粗大，眼睛发亮；阴门肿胀、潮红，流出伴有血液的红色黏液；食欲减少，排尿频繁，举尾拱背等。犬交配时间较长，需 10~50 分钟。雄犬交配过程中，阴茎根部球状海绵体迅速膨胀，机械阻滞于雌犬耻骨前缘，射精完毕，海绵体缩小后，阴茎才能退出。妊娠期平均为 60（58~63）天，有假妊娠现象，交配后判断雌犬是否妊娠，应看阴唇外翻程度，外翻明显则可能已受孕。分娩前体温会下降 0.5~1.5℃，为预测分娩的重要指标，分娩多在夜晚和凌晨。每胎产仔 2~8 只，哺乳期 60 天。母乳一般可哺乳 6~7 只幼仔。适合配种年龄，雄犬为 1.5~2 岁，雌犬为 1~1.5 岁。

**5. 体温调节**　犬的皮肤汗腺极不发达，趾垫上有少量汗腺。散热主要靠加强呼吸频率，将舌头伸出口外以喘式呼吸，通过加速唾液中水分的蒸发，来加速散热，调节体温。

**6. 血型**　血型有 A、B、C、D、E 5 种，只有 A 型有抗原性，会引起输血反应，其余 4 型可任意供其他血型的犬受血。

## 二、在生物医学研究中的应用

### （一）实验外科学

犬属大型实验动物，解剖生理特点比较接近于人，又比非人灵长类易于获得和饲育。广泛用于心血管外科、脑外科、断肢再植、器官或组织移植的研究，常采用犬进行手术或麻醉技术方法的创新、改进、操作练习。

### （二）药理和毒性研究

常用于各种新药的药效学、药物代谢的研究。犬的血液循环系统较发达，血管较粗，管壁弹性强，适合观察药物对循环系统的作用机制。药物安全评价的急性毒性试验、长期毒性试验及安全性药理研究等，其对药物和毒物的毒性反应基本与人一致。

### （三）基础生理研究

犬具有发达的神经系统，神经较粗，常用于脊髓传导实验。犬的大脑皮质定位，易于形成条

件反射，常用于进行高级神经活动研究。犬的消化系统和消化过程与人比较相似，常用犬制作各种消化道瘘进行消化生理的观察。

### （四）口腔医学研究

犬的牙周膜组织学、牙周炎组织病理、牙周病许多病因与人相似，是较理想的牙周病模型。将犬第2、3、4前磨牙拔除后取出根间骨骼，可形成类似人的拔牙创，可用于干槽症的动物模型研究。犬也可作为颌面畸形的动物模型研究，还是自体牙移植中常用的动物。

### （五）心血管系统疾病研究

目前犬较多用于研究失血性休克、弥漫性血管内凝血、动脉粥样硬化、脂质在动脉壁沉积、高胆固醇血症、不同类型心律失常、急性肺动脉高压及肾性高血压等心血管疾病的研究。

### （六）其他研究

犬科还可用于先天性白内障、胱氨酸尿、遗传性耳聋、血友病A、先天性心脏病、蛋白质营养不良、家族性骨质疏松、视网膜发育不全、动脉粥样硬化、糖原缺乏综合征等营养学和生理学方面的研究。

此外，犬还可以进行狂犬病疫苗、发病机制、流行病学以及防治狂犬病等的研究；行为学的研究。犬可以通过训练来配合实验，所以比较适合进行慢性实验。

## 三、常用品种

### （一）比格犬（Beagle 犬）

比格犬又称小猎兔犬，原产英国，是猎犬中较小的一种，成年体重8～13kg，体长30～40cm。1880年传入美国，我国从1983年引入并繁殖成功。属小型犬，短毛，温驯易捕，亲近人，对环境适应力强，抗病力强，性成熟早，产仔多。此种犬是公认的实验用犬。广泛用于基础医学研究、药品和农药的各种安全性实验，以及慢性实验研究。

### （二）四系杂交犬

由Gvayhowd、Samoyed、Besenji、Labrador四品系动物杂交而成，兼有每种犬的优点，专门用于外科手术，具有体型大、心脏大、耐劳、不爱吠叫等优点。

### （三）纽芬兰犬

专用于实验外科。性情温驯、体型大。

### （四）墨西哥无毛犬

可用于黑头粉刺病的研究。

### （五）Boxer 犬

可用于淋巴肉瘤、红斑狼疮病的研究。

### （六）Dalmation 犬

Dalmation 犬是一种黑白花斑点的短毛犬，可作为特殊的嘌呤代谢动物模型。

### （七）中国地方品种犬

我国繁殖饲养的犬品种繁多，主要有：华北犬，耳朵小、后肢较小、颈部较长；西北犬，形态上正好和华北犬相反。两种犬各部体表面积的百分比有一定差异，都适合做烧伤、放射损伤等研究。此外，还有中国猎犬、西藏牧羊犬等不同品种。

## 四、饲养管理要点

### （一）饲养环境

可采用散养和笼养。生产群、待用犬可散养，需要向阳、有运动场的房舍，一般每厩不超过10只。仔犬和实验用犬可笼养。犬吠声大，需单独养在一个独立区域，必要时可采用破坏声带手术来减低犬吠声。

### （二）营养要求

犬的饲料多样，可用膨化颗粒饲料，也可喂煮熟的米饭、窝窝头等，应注意全价营养，喂食量按体重计算，膨化颗粒饲料按体重的4%供给，每日分2次喂饲。保证供给充足的饮水，自由饮用。

### （三）清洁卫生与检疫

保持环境卫生清洁，注意冬天保暖、夏天防暑。每天打扫粪便，进行地面冲洗，洗刷食盒和饮水盆。经常刷、梳犬毛，除去浮毛和污物。夏天可给犬洗澡。

做好隔离检疫工作，新购入犬需有检疫和注射狂犬疫苗等疫苗的证明。隔离饲养21~26天，此期间做临床观察和血液检查、驱虫等工作。对没有注射狂犬疫苗的要补注射。

# 第八节　小 型 猪

小型猪（miniature pig，*Sus scrofa domestica*）在动物学分类上属哺乳纲（Mammalia）、偶蹄目（Artiodactyla）、野猪科（Suidae）、猪属（*Sus*）。染色体为19对（2n=38）。

猪在形态学、生理学、发病机制等方面与人很相似，同时不受动物保护主义及伦理问题干扰，又价廉易得，有替代犬的倾向，是一个重要的新型的实验动物。目前已被用于生物医学研究的各个领域。

## 一、生物学特性

### （一）习性和行为

小型猪为杂食性动物，以植物性饲料为主。性情温顺，易于调教，喜群居，成年小型猪合群，初期好打斗，群内地位重新建立之后可一直和睦相处。嗅觉灵敏，有用吻突到处乱拱的习性，对外界温湿度变化敏感。小型猪因品种、品系不同成年体重有差异，6月龄体重一般在25~35kg。

### （二）主要解剖学特点

齿式为 2（门 3/3，犬 1/1，前臼 4/4，臼齿 3/3）= 44，有发达的门齿、犬齿和臼齿。雄性小型猪犬齿发达，伸出口腔，又称獠牙。颈椎 7 块，胸椎 14 块，腰椎 5~6 块（荐椎 4 块），尾椎 21~22 块。唾液腺发达；胃为单室混合型，在近食管口端有一扁圆锥形的胃憩室；贲门腺、幽门腺发达，贲门腺占胃的大部分，幽门腺比其他动物宽大。肝脏分为 5 叶；有胆囊，胆囊浓缩能力很强，且胆汁量少。子宫为双角子宫，胎盘类型属上皮绒毛膜型。汗腺不发达，对外界温湿度变化敏感。

猪的皮肤结构与人很相似，上皮修复再生性相似，皮下脂肪层和烧伤后内分泌与代谢的改变也相似，2~3 月龄小猪的皮肤解剖生理特点最接近于人，见表 4-3。猪和人的脏器重量、齿象牙质和齿龈的结构也相似，猪和人类脏器重量比值，见表 4-4。

**表 4-3 人类与 3 月龄小猪皮肤结构厚度的比较（mm）**

| 皮肤结构 | 人类 | 小猪 |
|---|---|---|
| 皮肤 | 2.0（0.5~3.0） | 1.3~1.5 |
| 表皮 | 0.07~0.17 | 0.06~0.07 |
| 真皮 | 1.7~2.0 | 0.93~1.7 |
| 基底细胞层所处的深度 | 0.07 | 0.03~0.07 |
| 表皮和真皮厚度的比例 | 1∶24 | 1∶24 |

**表 4-4 猪和人类脏器重量比值**

| 脏器 | 猪（50kg） | 人（70kg） |
|---|---|---|
| 脾脏 | 0.15 | 0.21 |
| 胰脏 | 0.12 | 0.10 |
| 睾丸 | 0.65 | 0.45 |
| 眼 | 0.27 | 0.43 |
| 甲状腺 | 0.618 | 0.029 |
| 肾上腺 | 0.006 | 0.29 |
| 其他器官 | 8.3 | 9.4 |

### （三）主要生理学特点

小型猪因品种、品系不同生理学指标有差异。一般性成熟为 3~4 月龄，为全年性多发情动物，性周期 21（16~30）天，发情期 4~5 天，妊娠期 114（109~120）天，产仔数 2~12 头，哺乳期 45~60 天，初生仔猪体内没有母源抗体，只能从初乳中获得。小型猪的寿命为10~27 年。通常成年小型猪体重在 30kg 左右（6 月龄），而微型猪最小在 15kg 左右。猪的胎盘类型属上皮绒毛膜型，没有母源抗体。猪的心血管系统、消化系统、皮肤、营养需要、骨骼发育及矿物质代谢等也与人颇为相似。猪初乳中含多量的 IgG、IgA 和 IgM，常乳中含有多量的 IgA。猪的血液学和血液化学各种常数也和人近似。

## 二、在生物医学研究中的应用

### （一）心血管系统疾病研究

小型猪心血管系统与人类相似，尤其是其冠状动脉循环在解剖学、血流动力学方面与人类很相似。小型猪对高胆固醇饮食的反应和人一样，可自发动脉粥样硬化，其变化与人相似。研究表明，不同品种的小型猪用高脂饲料均可引起动脉粥样硬化症，是研究动脉粥样硬化最好的动物模型。

### （二）代谢性疾病研究

小型猪的饮食结构、营养吸收和胃肠道结构、新陈代谢机制，以及糖的吸收、转运和利用等方面与人类相似；此外，猪的胰腺发育和形态也与人类相似。因此，用小型猪制作代谢性疾病动物模型与其他同类动物模型相比有独特的优点。乌克坦小型猪（墨西哥无毛猪）一次静脉注射水合阿脲 200mg/kg 即可引起典型的急性糖尿病。用改良的动脉粥样硬化饮食饲喂 Ossabaw 小型猪，24 周后 Ossabaw 小型猪表现严重的代谢综合征和与人类极其相似的非酒精性的肝硬化。贵州小型猪饲喂高脂高糖饲料 3 个月后，其体重、血糖、胰岛素及血脂变化，出现明显的高血糖症和高脂血症，并可用此来建立 2 型糖尿病动物模型。

### （三）皮肤烧伤研究

烧伤和烫伤是临床上常见的疾病，猪的皮肤在形态学、生理学、药理学方面与人非常相似，包括体表毛发的疏密、表皮厚薄、表皮具有的脂肪层、表皮形态学和增生动力学、烧伤皮肤的体液和代谢变化机制等，故猪是进行实验烧（烫）伤研究的理想动物。同时小型猪也有望成为皮肤毒理学替代试验的理想模型，用于药物、化学品等产品的安全测试和相关科学研究。特殊制作的冻干猪皮肤用于烧伤后创面敷盖，比常用的液状石蜡纱布要好，其愈合速度比后者快一倍，既能减少疼痛和感染，又无排斥现象，血管联合也好。

### （四）外科学研究

由于小型猪体型中等、解剖形态与人类相似，性情温顺，麻醉方法简单，耐受性强，是实验外科研究理想的实验动物。小型猪腹壁拉链对其正常生理功能干扰不大，其保留时间可达 40 天以上，这为科学研究和临床治疗中需反复手术的问题提供了较好的解决办法。小型猪代替犬用于外科手术教学实验，具有安全有保障、麻醉操作简单、伤口愈合好、感染率低、术后应激反应小等优点，并且学生易接受。

### （五）肿瘤学研究

辛克莱小猪可作为研究人类黑色素瘤的良好模型，80%可发生自发性皮肤黑色素瘤，其特点是发生于子宫内和产后自发的皮肤恶性黑色素瘤发病率很高，有典型的皮肤自发性退行性变，有与人黑色素瘤病变和传播方式完全相同的变化。

### （六）免疫学研究

小型猪的母体抗体通过初乳传递给仔猪。刚出生的仔猪，体液内 γ-球蛋白和其他免疫球蛋白含量极少，但可从母猪的初乳中得到 γ-球蛋白。无菌猪体内没有任何抗体，所以在生活后一经接触抗原，就能产生极好的免疫反应。可利用这些特点进行免疫学研究。

### （七）产期生物学和畸形学等研究

产期仔猪和幼猪的呼吸系统、泌尿系统和血液系统与新生婴儿很相似，所以仔猪广泛应用于

营养和婴儿食谱的研究；由于母猪泌乳期长短适中，一年多胎、每胎多仔，易获得和便于操作，所以仔猪成为畸形学、儿科学研究的理想动物模型。

### （八）遗传性和营养性疾病研究

猪可用于遗传性疾病的研究，如先天性红细胞病、卟啉病、先天性肌肉痉挛、先天性小眼病、先天性淋巴水肿等；也用于营养代谢病，如卟啉病、食物源性肝坏死等疾病的研究。

### （九）口腔医学研究

小型猪的牙颌系统、牙体形态、牙齿生长发育特点，以及具有乳牙和恒牙两副牙列等，与人类极为相似，且易患人类某些口腔疾病。因此近年来，猪常被用作口腔疾病的模型动物。可用外科手术方法建立小型猪腭裂模型和牙槽嵴裂模型，用于临床唇腭裂修复研究；给予致龋菌丛和致龋食物可产生与人类一样的龋损，是复制龋齿的良好动物模型。

### （十）药理学研究

如新药药理、药效及毒理实验、中医理论研究等。

### （十一）异种器官移植研究

小型猪在解剖学、生理学特性、营养代谢等方面与人很相似，以及随着移植医学和免疫学的深入研究，到目前为止，小型猪被选定为最适合的异种移植供体。小型猪器官、组织、细胞移植是当今生物医学领域难题和研究的热点之一，主要障碍是人体对植入外源器官的免疫反应。目前已利用体细胞基因打靶技术与体细胞克隆技术，获得了世界上第一头基因敲除α-1,3半乳糖转移酶克隆猪，克服了猪器官移植到人体内所引起的超急性排斥反应问题，使异种器官移植成为可能。已有报道，基因敲除α-1,3半乳糖转移酶克隆猪的心或肾移植到已免疫抑制的狒狒体内，分别成活179天和83天。利用猪的心脏瓣膜叶修补人的心脏瓣膜缺损或其他疾患，目前国外已普遍推广，每年可达几万例，我国临床上也已开始应用。

无菌小型猪和悉生小型猪可研究各种细菌、病毒、寄生虫病、血液病、代谢性疾病和其他疾病。

## 三、常用品种

### （一）国内主要小型猪品种

**1. 巴马小型猪** 从1987年开始，广西大学王爱德教授等，从原产地引入广西地方猪种巴马香猪。至2009年，已分别完成封闭群（A系）21世代和近交系（B系）11世代的培育。该小型猪的最大特点为白毛占体表面积大，达92%以上，个体具有较为整齐的头臀黑、其余白的独特“两头乌”毛色，而且出现双白耳的突变个体和除尾尖少许黑毛的全白突变个体。该小型猪还具有体形矮小、性成熟早、繁殖能力强等优点。24月龄公猪体重40~50kg，母猪30~40kg，初产8.5头，经产10头。

**2. 贵州小型猪** 贵州小型猪是贵阳中医学院（现贵州中医药大学）甘世祥教授等，于1982年以原产于贵州丛江县的丛江香猪为基础种群进行定向选育的。贵州小型猪有体形小、被毛全黑、四肢短细、性情温顺、抗逆性强、耐粗饲、繁殖能力强、实验耐受性强等特征。母猪乳头多为5对，繁殖力强。成年体重约30kg。初生体重0.4kg，6月龄体重25kg，12月龄体重30kg。近年来，进一步开展微型化培育工作。贵州小型猪作为人类疾病动物模型已用于烧伤、心血管疾病等方面的研究。

**3. 版纳近交系小型猪**　云南农业大学曾养志教授等，以西双版纳小耳猪为基础种群，经过7年、14代严格的亲子或兄妹交配，初步培育成两个体形大小不同的JB（成年体重70kg）和JS（成年体重20kg）近交系，其中又分化为6个不同家系，家系下再进一步分化为带有不同遗传标记的17亚系，近交系数已高达95.2%。有抗逆力、抗病力较强，耐粗饲等特点。初生体重0.64kg，6月龄体重10~18kg，12月龄体重20~35kg，成年体重35~40kg。

**4. 五指山小型猪**　五指山小型猪又称老鼠猪，主产于海南省五指山区，是中国著名的小型猪种之一。被毛黑色或棕色，有头小、耳小、腰背平直、臀部不发达、四肢细长等特点。反应灵敏，善于奔跑。成年体重30~35kg。中国农科院北京畜牧兽医研究所冯书堂教授等经过近20年时间已培育成近交系，目前理论群体近交系数高达96.5%以上，具有性成熟早、遗传稳定、代谢率低、适应性和抗逆性强等诸多优良特性。已应用于药学、畜牧、兽医学及人类比较医学等方面的研究。

**5. 西藏小型猪**　又称藏香猪，简称藏猪，成年体重一般25~40kg。被毛黑色为主，长而密，被毛下密生绒毛。具有耐寒、耐粗饲、生长慢、体格小、性成熟早、抗逆性强等独特的生物学特征。2004年广东南方医科大学实验动物中心顾为望教授等进行实验动物化培育。西藏小型猪性成熟早，母猪在120~150日龄初次发情，发情周期20天左右，发情持续时间为3~4天。西藏小型猪线粒体DNA（mtDNA）控制区分子遗传学研究表明，西藏小型猪可分为两种：A型和B型。此外，在mtDNAD-Loop区共检测到三个特征性转换变异位点305、500、691，A型（c，g，g）、B型（t，a，a）两种类型分别占42.4%和45.8%。据此，将其作为西藏小型猪的分子遗传学标记。主要应用于人类疾病模型、转基因动物及克隆动物的研究。

### （二）国外主要小型猪品种

国外报道的主要小型猪品种有哥廷根小型猪（Gottingen miniature pig）、明尼苏达小型猪（Minnesota minipig）、皮特曼·摩尔小型猪（Pitmun Moor miniature pig）、汉佛特系小型猪（Hanford miniature pig）和日本小型猪会津系、阿米尼系、克拉文系、皮特曼系、CSK系和约克坦系。

## 四、饲养管理要点

### （一）饲养环境

小型猪一般采用小圈群养，其饲养方式可采用塑料漏缝地板高床方式或水泥地面圈舍，种用雄猪和后备雄猪应单圈饲养，哺乳母猪饲养在产床上，仔猪给予保暖。小型猪耐热而不耐寒，小型猪饲养的适宜温度为18~25℃，新生仔猪温度为25~30℃，当气温下降至15℃应给予保暖，空气相对湿度为40%~75%。

### （二）营养要求

采用自动饮水器供猪群自由饮水。每日喂2~3次全价颗粒饲料，成年小型猪每日0.5~1.0kg全价颗粒饲料。

### （三）清洁卫生与检疫

小型猪饲养房每日清扫2次，饲养环境每周消毒1次，灭蚊灭蝇。

猪群每年进行2次预防接种，主要预防猪瘟、猪肺疫、猪丹毒，根据饲养地区疫情及时调整疫苗接种计划。

实验后的小型猪饲养在独立于基础群饲养房的实验观察房。实验产生的小型猪尸骸及时进行无害化处理。

## 第九节 非人灵长类实验动物

非人灵长类动物具有许多与人类相似的生物学特征，因而非人灵长类实验动物具有其他实验动物所不能替代的地位。由于近年全球范围兴起的动物保护运动，且灵长类实验动物稀缺，价格昂贵，除非必需，一般用其他动物代替。我国在云南、广西等地建立了非人灵长类动物人工饲养繁殖中心，已成为提供非人灵长类实验动物的主要地区。

非人灵长类中用作实验动物的主要有猴科猕猴属的猕猴和食蟹猴，以及狨科侏狨属的绒猴。

### 一、生物学特性

猕猴（rhesus monkey，*Macaca mulatta*）在动物分类学上属于哺乳纲（Mammalia）、灵长目（Primates）、猴科（Cercopithecidae）、猕猴属（*Macaca*）、猕猴种（*species macaca mulatta*）。染色体为21对（2n=42）。

猕猴属共12个种46个亚种，分布于我国的有5个种。作为实验动物饲养繁殖的主要有猕猴（又称恒河猴）和食蟹猴。猴的进化程度高，接近人类，具有与人类相似的生理生化代谢特征和相同的药物代谢酶，其代谢方式也与人类相似。以下以猕猴为代表进行生物学特性描述。

#### （一）行为和习性

**1. 聪明伶俐、动作敏捷** 好奇心和模仿能力都很强，对周围发生的一切事情都感兴趣。猴的嗅脑不发达，嗅觉不灵敏，而听觉敏感，有发达的触觉与味觉。

**2. 视觉好** 它的视觉较人敏锐。在其视网膜上有一黄斑，黄斑上的视锥细胞与人相似；猴有立体视觉能力，能分辨出物体间位置和形状，产生立体感；猴也有色觉，能分辨物体的各种颜色，还具有双目视力。

**3. 杂食性** 猕猴是杂食性动物，以素食为主。猴体内缺乏维生素C合成酶，自身不能合成维生素C，需要从饲料中摄取。

**4. 颊囊** 猕猴有颊囊，系口腔中上下黏膜的侧壁与口腔分界而成，是因为摄食方式改变而发生的进化特征。吃食时，猕猴先将食物送入颊囊中，不立即吞咽，待摄食结束后，再以手指将颊囊内的食物顶入口腔内咀嚼。

**5. 性成熟** 雄猴为4.5岁，雌猴为3.5岁。发情周期为28天左右。在野生环境中，猴的繁殖是有季节性的，通常在10~12月受孕，第2年的3~6月分娩。妊娠期156~180天，每胎产仔1只，哺乳期约半年左右，幼猴离乳后，母猴应休息2个月再行交配。若让幼猴3月龄时离乳，可确保雌猴每年怀1胎。猴的生殖能力可持续到20岁左右。寿命可达30年。

**6. 猕猴群居性强** 猕猴群之间喜欢吵闹和厮打。每群猴均由一只最强壮、最凶猛的雄猴当

“猴王”。在“猴王”的严厉管制下，其他雄猴和雌猴都严格听从；进食时“猴王”先吃，但“猴王”有保护猴群安全存在的天职。

### （二）主要解剖学特点

1. 乳齿式为2（门2/2，犬1/1，前臼0/0，臼齿2/2）= 20，恒齿式为2（门2/2，犬1/1，前臼2/2，臼齿3/3）= 32。盲肠发达。四肢粗短，具五指，拇指与其他四指相对，具有握物攀登功能。指（趾）端的爪部变为指（趾）甲。两眼朝前，眉骨高，眼窝深。两颊有颊囊，可贮存食物。阴囊下垂，睾丸在阴囊内。胸部有两个乳房。脑壳有一钙质裂隙（后叶矩状沟）。

2. 猕猴具有发达的大脑，有大量的脑回和脑沟。视网膜具有黄斑，有中央凹，视网膜黄斑除了有与人类相似的锥体细胞以外还有杆状细胞。

3. 猴为单室胃，胃液呈中性，含 0. 01%～0. 043%的游离盐酸。肠的长度与体长的比例为5∶1～8∶1；猴的盲肠很发达，但无蚓突。猕猴都有胆囊，位于肝的右中央叶。肝分6叶。猴肺为不成对肺叶，猕猴右肺4叶，左肺3叶。猴的血液循环系统和人相似。

### （三）主要生理学特点

1. 体内不能合成维生素C，需从食物中摄取。猕猴的血型有A、B、O型和lewis型、MN型、Rh型、Hr型等。猕猴血型和人的A、B、O、Rh型相同。栗色猕猴主要是B型；食蟹猴主要是B、A、AB型，O型较少；平顶猴主要是O、B型。猕猴属动物的Rh系统，均为Rho（又叫Rhl）。猴和人类一样有汗腺。

2. 初生仔猴体重0. 4～0. 55kg。出生7周后，可离开母体，独自游玩。哺乳期半年以上。雄性4. 5岁性成熟，雌性3. 5岁性成熟，即可交配繁殖。性周期21～28天，月经期2～3天，月经开始后12～13天排卵。有明显的繁殖季节，但全年发情。妊娠期165天左右。每胎产仔1个，极少2个，年产1胎，胎盘为双层双盘。雌猴生殖器附近及整个臀部，在排卵前期，特别是排卵期呈明显的肿胀、发红，月经之前消退，这种肿胀称为“性皮肤”。

3. 猕猴正常体温白天为38～39℃、夜间为36～37℃；心率（168±30）次/分钟，心率随年龄增长而减慢；猕猴的血压：收缩压（120±26）mmHg，舒张压（84±12）mmHg，随动物年龄的增长和体重的增加，血压会相应升高。猕猴寿命10～30年。

## 二、在生物医学研究中的应用

### （一）传染病学研究

在人类疾病特别是传染性疾病研究方面灵长目动物具有极重要的用途。猕猴几乎可以感染人类所有的传染病，特别是其他动物所不能复制的传染病。

**1. 病毒性疾病**　猕猴是研究病毒性非典型肺炎、脊髓灰质炎、麻疹、疱疹、病毒性肝炎、病毒性腹泻、病毒性流感、B病毒、艾滋病等病毒性传染病的极好动物模型，用于疾病的发病机理、诊断、预防和治疗的研究。

**2. 细菌性疾病**　猕猴对人的痢疾杆菌和结核杆菌易感。用猕猴可以制作链球菌病、葡萄球菌病、肺炎球菌性肺炎、鼠伤寒沙门菌病、立克次体病等细菌性疾病的动物模型。

**3. 寄生虫病**　可用人疟原虫感染猕猴动物模型来筛选抗疟药。猕猴也是研究阿米巴脑膜炎、丝虫病、弓形体病等寄生虫疾病的动物模型。

### （二）营养和代谢性疾病研究

**1. 动脉粥样硬化症动物模型** 用添加胆固醇的饲料喂饲猕猴，可发生严重而广泛的动脉粥样硬化症，出现冠状动脉、脑动脉、肾动脉及股动脉的粥样硬化，还会产生心肌梗死。

**2. 营养性疾病动物模型** 可用于制作胆固醇代谢、脂肪沉积、肝硬化、铁质沉着症、肝损伤、维生素 A 缺乏症、维生素 $B_{12}$ 缺乏症、镁离子缺乏伴随低血钙、葡萄糖利用降低等的动物模型。

### （三）老年病学研究

用猕猴可以进行老年性白内障、慢性支气管炎、肺气肿、老年性耳聋、牙龈炎、牙科口腔疾病等老年性疾病的研究。还可以用电解损伤的方法制作猴帕金森病动物模型。

### （四）生殖生理研究

**1. 计划生育研究** 猕猴的生殖生理与人类非常接近，可用于类固醇型避孕药、非类固醇型避孕药、子宫内节育器的研究。也用于性周期及性行为研究、受精卵着床过程和卵子发育的研究。

**2. 其他** 用于宫颈发育不良、雌激素评价、子宫内膜生理学、淋病、妇科病理学、妊娠肾盂积水、妊娠毒血症、胎儿发育迟滞、胎粪吸引术、子宫肿瘤等妇产科疾患的研究，以及前列腺发育、输精管切除术、淋病等男科疾病的研究。

### （五）环境保护方面研究

制作一氧化碳、二氧化碳、臭氧、矽肺病的动物模型，进行大气污染研究。使用猕猴作为动物模型，开展重金属、农药、微生物的环境污染研究。

### （六）药理学和毒理学研究

猕猴对麻醉药与毒品的依赖性表现与人类接近，戒断症状比较明显且易于观察，已成为新型麻醉剂和具有成瘾性新药进入临床前所进行试验使用的动物。猕猴也是研究致畸的良好动物。

### （七）器官移植的研究

猕猴组织相容性白细胞抗原（rhesus monkey histocompatibility leukocyte antigen，RHLA）是灵长类动物中研究主要组织相容性复合体基因区域的重要对象之一。同人类白细胞抗原（human leukocyte antigen，HLA）相似，猕猴 RHLA 也具有高度的多态性。RHLA 的基因位点排列同人类有相似性。

### （八）肿瘤学研究

猕猴自发性肿瘤很常见，如上皮肿瘤和恶性淋巴瘤等。这些肿瘤在转移、侵袭、致死性、致突变性及肿瘤病因学研究方面与人类有相似之处，是研究人类肿瘤的良好动物模型。

### （九）生理学研究

可用于脑功能、血液循环、血型、呼吸、内分泌、神经等生理学研究，以及行为学和老年学研究。

## 三、常用品种

**1. 猕猴**　又名广西猴。体型中等且匀称，成年雄猴体重 6～12kg，雌猴体重4～8kg，体长 50～60cm，尾长为体长的 1/2 左右。背毛棕黄色，至臀部逐渐变深为深黄色，肩及前肢色泽略浅，胸腹部、腿部为浅灰色，面部和两耳多为肉色，少数为红面，眉高眼深，臀胝多红色。猕猴主要用于传染病学、生殖生理研究和生物药品安全性评价等。

**2. 食蟹猴**　又名爪哇猴。体型比猕猴小，身长不超过 50cm，尾长为头和体长的1～1.5 倍，头上有小尖头毛或灰色腮须。因野生常栖于海滨河畔红树林中，捕食水中小蟹，故名食蟹猴。食蟹猴性情温顺，便于实验操作，常应用于药理学、毒理学、药物安全性评价等方面的实验研究。

**3. 狨猴**　狨猴又名绢毛猴、普通狨、银狨、倭狨、棉顶狨。产于中南美洲，特点是体小尾长，尾不具有缠绕性，头圆、无颊囊。狨猴活泼温顺，易驯养，需经常食虫，不然难于长期存活。妊娠期为 146（140～150）天，性成熟为 14 个月，有月经，性周期为 16 天。交配不受季节限制，可以在笼内人工繁殖，每胎 1～3 仔，双胎率约为 80%。主要用于生殖生理、避孕药物研究和甲型肝炎病毒和寄生虫病的研究。

## 四、饲养管理要点

### （一）饲养环境

猕猴采用舍养或笼养方式，繁殖群及慢性实验可舍养，检疫、隔离、实验应单笼饲养。因猴类聪明、敏捷，无论是舍养还是笼养，均应有防逃逸设施和装置，笼门锁应安装在猴手够不到的位置。猴实验室内应有空调、通风换气、照明设备，采用自动饮水及攀爬玩耍装置。环境最适温度为 20～25℃，相对湿度 40%～60%；环境要保持冬暖夏凉，并适当遮阴。

### （二）营养要求

主饲料为颗粒料或配合饲料加工的窝头，另辅以水果、蔬菜、干果。每日每猴的干饲料量依据动物大小和食欲情况而定，每日喂食 2～3 次，喂食要定时。瓜果、蔬菜要洗净，用高锰酸钾或碘伏液浸泡消毒。

### （三）清洁卫生与检疫

动物笼、舍每天要清洗，每周一次定期消毒，食具每日清洗消毒，动物室内外要保持清洁、整齐。

新购入猴检疫期为 1～2 个月，建立个体档案，进行体内外寄生虫检查、结核菌素试验和 B 病毒抗体测定。

从业人员工作时佩戴防护用品，小心操作，防止被猴咬伤和抓伤。应定期进行体检，要绝对没有任何传染病；凡发现患有传染病者，应立即调离工作。

# 第十节　其他实验用动物

## 一、猫

猫（cat，*Felis catus*）在动物学分类上属哺乳纲（Mammalia）、食肉目（Carnivora）、猫科

(Felidae)、猫属(*Felis*)。染色体为19对(2n=38)。

人类驯养猫已有数千年。因猫的生理学特征以及对疾病的反应与人类相似，自19世纪末开始用于实验。虎斑猫是我国培育的实验用猫。

### (一) 生物学特性

**1. 行为习性** 性情孤僻，喜欢舒适、明亮、干燥的环境，有在固定地点大小便、便后立即掩埋的习惯。善捕捉、攀登，经过驯养的猫比较温顺。每年春秋两季，各换毛1次。喜食鱼、肉。猫对环境变化敏感。

**2. 主要解剖学特点** 齿式为2(门3/3，犬1/1，前臼3/2，臼齿1/1)=30。舌上有丝状乳头，被有较厚的角质层，成倒钩状。大脑和小脑发达，头盖骨和脑有一定的形态特征。猫的视力好，眼睛能按照光线的强弱灵敏地调节瞳孔，光线强时瞳孔可收缩成线状，光线弱时瞳孔可变得很大。颊部触须具有感觉功能。趾垫间有少量汗腺。胸腔较小，腹腔很大。单胃，肠较短。盲肠小，肠壁较厚。发达的大网膜连着胃、肠、脾、胰，有固定作用和保护作用。肝分5叶。肺分7叶，右4叶，左3叶。双角子宫，腹部有4对乳头，雄猫有阴茎骨。

**3. 主要生理学特点** 猫6~10月龄性成熟，属于季节性多次发情动物，性周期14天，发情期持续3~7天。属典型的刺激性排卵，即只有经过交配刺激才能排卵，交配后24小时开始排卵。妊娠期63(60~68)天，产仔3~5只。哺乳期60天。适配年龄雄性1岁，雌性10~12月龄。雄性育龄6年，雌性育龄8年，寿命8~14年。初出生小猫全身被毛，闭眼。10日龄睁眼，20日龄可独立生活。3个月内雌、雄生长发育无明显差异，3月龄后雄性明显大于雌性。

猫对呕吐反应灵敏，受机械和化学刺激易发生咳嗽。平衡感好、瞬膜反应敏感；血压稳定，血管壁较坚韧；红细胞大小不均，边缘有一环形灰白结构，称红细胞折射体，正常情况下，占红细胞总数的10%。

### (二) 在生物医药研究中的应用

猫主要用于神经系统、生理学和毒理学的研究。猫可以耐受麻醉与脑的部分破坏手术，在手术时能保持正常血压，猫的反射机能与人近似，循环系统、神经系统和肌肉系统发达，实验效果较啮齿类更接近于人。

**1. 神经系统功能、代谢、形态研究** 常用猫脑室灌流法来研究药物作用部位；血脑屏障，即药物由血液进入脑或由脑转运至血流的问题；神经递质等活性物质的释放，特别是在清醒条件下研究活性物质释放和行为变化的相关性，如针刺麻醉、睡眠、体温调节和条件反射。常在猫身上采用辣根过氧化物酶(HRP)反应方法来进行神经传导通路的研究。在神经生理学实验中常用猫做大脑僵直，姿势反射实验以及刺激交感神经时瞬膜及虹膜的反应实验。

**2. 药理学研究** 观察用药后呼吸系统、心血管系统的功能效应和药物的代谢过程。如常用猫观察药物对血压的影响，进行冠状窦血流量的测定，以及阿托品解除毛果芸香碱作用等实验。

**3. 循环功能的急性实验** 选用猫做血压实验优点很多，如血压恒定，较大鼠、家兔等小动物更接近于人体，对药物反应灵敏且与人基本一致；血管壁坚韧，便于手术操作和适用于分析药物对循环系统的作用机制；心搏力强，能描绘出完好的血压曲线；用作药物筛选试验时可反复应用等。特别指出的是它更适合于药物对循环系统作用机制的分析，因为猫有瞬膜，便于分析药物对

交感神经节和节后神经的影响，且易于制备脊髓猫以排除脊髓以上的中枢神经系统对血压的影响。

**4. 在其他研究中的应用**　猫可用作炭疽病的诊断以及阿米巴痢疾的研究。近年来我国用猫进行针刺麻醉原理的研究，效果较理想。在生理学上利用电极刺激神经测量其脑部各部分的反应。在血液病研究上选用猫做白血病和恶病质者血液的研究。猫是寄生虫中弓形属的宿主，因此在寄生虫病研究中是一种很好的模型。猫可做成许多良好的疾病模型，如 Kinefelter 综合征、白化病、聋病、脊裂、病毒引起的发育不良、急性幼儿死亡综合征、先天性心脏病、草酸尿、卟啉病、淋巴细胞白血病等。

### （三）饲养管理要点

**1. 饲养环境**　猫生性孤独，喜爱明亮干燥的环境，对环境适应性强。

**2. 营养要求**　猫属于肉食性动物，对蛋白质要求高，而生长的仔猫对蛋白质数量和质量的要求更高，动物性蛋白更适合猫。在笼内饲养的猫没有自由捕食的机会，所以应当特别注意饲料的配合，饲料中特别需要有一定量和一定比例的牛磺酸，亚油酸的含量不应少于 1%。每日喂料 2 次，幼猫 3~4 次。成年猫配合饲料 75g/d，荤料 75~100g/d，荤料要固定少变，不要喂变质多骨的鱼。每只猫给水 100~200mL/d。

**3. 清洁卫生**　保持清洁卫生，常换垫料，定期消毒。

## 二、树鼩

树鼩（tree shrew，*Tupaia belangeris*），又称树仙，在动物分类学上属哺乳纲（Mammalia）、树鼩目（Scandentia）、树鼩科（Tupaiidae）、树鼩属（*Tupaia*）。染色体数目因种的不同而有所差异，为 22~23 对（2n=44~46）。

树鼩具有体型小，繁殖快，易捕捉和饲育，进化程度高，解剖形态及新陈代谢近似于人等优点。主要生活在热带和亚热带森林、灌木及村落附近，分布在北纬 28°~南纬 9°，东经 35°~122° 的地区内，如我国云南、广西、广东、海南，以及印度恒河北部、缅甸、越南、泰国、马来西亚、印度尼西亚和菲律宾等地。

### （一）生物学特性

**1. 外貌特征**　树鼩体型像松鼠，尾部毛发达，并向两侧分散。成年体重 120~150g。被毛呈粟黄色，颌下及腹部为浅灰色毛。颈侧条纹是区别树鼩属种的重要标志。

**2. 行为习性**　树鼩生性胆小，易受惊。如长期处于惊吓紧张状态，会造成体重下降，睾丸缩小，臭腺发育受阻。当臭腺缺乏时，母嗣产后食仔、生育力丧失。野生树鼩多在丘陵，行动灵活。成对生活，不群居。雄性凶暴，两雄相处常互相咬斗，因此不宜将雄性树鼩同笼饲养。树鼩是杂食性动物，常以昆虫、小鸟、五谷野果为食，喜甜食，如蜂蜜。鉴于其肉食性强，笼养时须注意有足够的动物蛋白质饲料。

**3. 解剖学特点**　树鼩颈椎 2 枚、胸椎 13 枚、腰椎 6 枚、骶椎 3 枚、尾椎 24~27 枚。耻骨与坐骨左右形成 1 cm 软骨接合部，鼓骨包已形成。胫骨与腓骨独立，眼窝与颞窝隔开。

犬齿细小，前臼齿宽大，成年树鼩齿式为 2（门 2/2，犬 1/1，前臼 3/3，臼齿3/3）= 36。

胃形态简单，似人胃，无明显的幽门管，在幽门孔括约肌形成一环状嵴与十二指肠明显分开。小肠由十二指肠、空肠和回肠组成，三者界限不明显；大肠含盲肠、结肠、直肠；肝分左、

中、右3叶；胰总管和胆总管共同开口于十二指肠。右肺分上叶、中叶、下叶和奇叶，左肺分3叶或4叶。肾在形态上同一般哺乳动物。子宫为双角子宫，分子宫角、子宫体和子宫颈3部分。神经系统接近于灵长类。

**4. 生理学特性** 树鼩血相与人相比，红细胞数较高，白细胞数较低，在白细胞分类中淋巴细胞所占百分比较高。嗜碱性粒细胞出现少量环形核（ring-shape nucleus）粒细胞。树鼩还具有退化细胞和裸核细胞。胆固醇糖值有种和亚种的区别。

树鼩性成熟时间为4~6月龄，妊娠期41~50天，繁殖能力强，胎仔数为2~4只，每年4~7月份为生殖季节。实验室饲养时宜雌雄分居，交配时合笼，发现怀孕及时将雌性动物移到繁殖笼内，分娩育仔。仔树鼩初生时体重约10g，5~6周断奶而独立生活。

### （二）在生物医学中的应用

树鼩是一种体型小、较价廉的灵长类动物，其解剖学和生理学特性较其他动物更接近人，在医学生物学中用途很广，已受到广大学者的重视。对树鼩的研究已涉及形态解剖学、行为学、遗传学、生理学、胚胎学、微生物学、免疫学、病理学、肿瘤学等多领域。

**1. 肝炎研究** 树鼩在肝炎病毒的研究中具有重要的意义，目前已建立甲型肝炎、乙型肝炎、丙型肝炎、丁型肝炎动物模型。树鼩作为甲型肝炎病毒和乙型肝炎病毒的肝炎模型分别取得了一定的阳性结果。

**2. 肿瘤研究** 树鼩可自发多种肿瘤。目前已发现树鼩自然发生乳腺瘤、淋巴肉瘤、肝细胞瘤、霍奇金病、恶性淋巴瘤、骨瘤和表皮细胞癌等肿瘤。另外，某些化学物质（如黄曲霉素）可诱发肝癌，黄曲霉素加入饲料中引起所有的雌性树鼩、50%的雄性树鼩产生了肝癌；用3-甲基胆蒽（MCA）注射可诱发纤维肉瘤；以250mg/kg剂量的2-2,二羟基丙烯亚胺皮下注射，65~102周80%以上的树鼩可诱发肺腺癌和肝癌。

**3. 病毒研究** 树鼩在自然条件或实验室条件下能感染人的疱疹病毒。此外，树鼩对轮状病毒、单纯疱疹病毒、登革热病毒等敏感，可用于研究这些疾病的发病机理。用树鼩鼻黏膜细胞作培养后接种EB病毒可取得良好效果。树鼩经脑内或腹腔注射登革热病毒，可诱发病毒血症。另外，树鼩还对流感病毒、屈曲病毒（chikungunya virus，CHIKV）等病毒易感。

**4. 糖尿病** 利用链脲佐菌素（STZ）150 mg/kg腹腔注射方法可建立树鼩糖尿病模型，空腹血糖（FBG）> 11.1 mmol/L。树鼩1型糖尿病模型（TIDM）骨骼肌纤维明显萎缩，肌纤维平均截面积明显减少，电镜下呈散在灶性肌溶解，类似人类糖尿病肌病表现。

**5. 神经系统研究** 树鼩系低等灵长类动物，其神经生物学特征与人类较为接近，脑的脏器系数较大，且进化程度高，多用于神经系统方面的研究。如对大脑皮质的定位，嗅神经、纹状体颞皮质，小脑核团的形态，神经节细胞识别能力，口腔黏膜感觉神经末梢，神经系统的多肽、应激等研究。

**6. 其他研究** 树鼩的胆汁组成与人类相似，高胆固醇膳食易引起胆结石，是制作胆结石模型的理想的实验动物。树鼩血中高密度脂蛋白成分占血脂总量的60%~70%，比例较高，已用于探索抑制动脉粥样硬化发病机制的研究。消化系统方面用于进行胃黏膜、下颌牙床、胆石症的研究。泌尿系统方面用于交感神经对肾小球结构的作用、肾衰竭等研究。神经介质方面用于乙酰胆碱、五羟色胺、肾素、血管紧张素等的研究。

### （三）饲养管理要点

我国目前已建立成熟的树鼩人工驯养技术体系，其实验动物标准也在顺利进行中。

**1. 饲养环境**　饲养环境控制同普通级实验动物。饲养方式可分为笼养和群养。笼具采用不锈钢材料笼具。小笼饲养适于配对繁殖；大笼饲养主要作为实验和观察用，一般大笼饲养8~10只。

**2. 营养要求**　喂食要定时、定量，保持充足的饮水。配制营养饲料的原料有玉米、豆粕、大麦、苜蓿粉、鱼粉、鸡蛋、奶粉、牛油、骨粉、蔗糖及多种维生素等，制成直径5mm的颗粒料。自由饮水。

**3. 清洁卫生**　安静，避免不必要的干扰和惊动，尤其是交配繁殖期间。保持清洁卫生，常换垫料，定期消毒。

## 三、雪貂

雪貂（ferret，*Mustela putorius furo*）在动物学分类上属哺乳纲（Mammalia）、食肉目（Carnivora）、鼬科（Mustelidae）、鼬属（*Mustela*）。染色体为40对（2n=80）。

雪貂除了作为野生动物定居在新西兰之外，其他地方均未发现雪貂的野生状态。雪貂最初对人类的用处在于它们能杀死蛇和啮齿类动物，后来它们在欧洲被用于猎兔并作为宠物而闻名。直到20世纪初，人类才开始引用雪貂作为实验用动物。

### （一）生物学特性

**1. 外貌特征**　雪貂的身体细长，身上布满褐色、黑色、白色或混色的体毛。体长平均51cm（包括长约13cm的尾巴），体重0.7~2kg，雄貂明显较雌貂大。

**2. 行为习性**　雪貂喜欢群居，暮晨最为活跃。尽管雪貂作为凶猛的捕鼠能手而赢得美名，但实际上，它们是一种容易驯服、友善、很能适应实验条件而有好奇心的小动物，对人、猫和狗无天生的敌意。

**3. 解剖学特点**　雪貂和其他鼬科动物一样，显示了一些解剖学上的独特性，包括没有盲肠或没有阑尾的特性，雄貂则缺乏前列腺。

雪貂具有典型的对称的鼬科分泌麝香的肛门腺，它是一种潜在的防御器官，在雪貂被激怒或受到惊吓时，可排空这些腺体。雌貂在发情期间，麝香腺的分泌活动和气味会增加，如果需要，这些腺体可以用外科手术摘除，最适摘除时间是在雪貂6~8月龄时。

**4. 生理学特性**　雪貂的妊娠期为42日，会产下3~7只的幼貂。雌貂一年可以生2~3胎。幼貂3~6周就会断奶，3月龄便可独立，6月龄即性成熟。平均寿命为8年。

### （二）在生物医学中的应用

雪貂在生物医学中的应用主要在病毒学研究方面，但在繁殖生理学和药理学等的研究中也被广泛应用。

**1. 流感病毒疾病模型**　雪貂当前被认为是最适合用来研究人流感病毒的小哺乳动物模型，同时也有一些研究表明，雪貂也适合研究高致病性禽流感（H5N1）、H7N9和其他动物流感病毒。感染流感病毒雪貂的临床症状与人类相似，包括打喷嚏、发烧、流鼻涕等。有文献指出，雪貂的呼吸道和人类的很相似，在上呼吸道的上皮细胞表面都具有α-2,6唾液酸，一些流感病毒容易与之结合。

**2. 幽门螺杆菌疾病模型**　雪貂的胃组织中普遍存在幽门螺杆菌（弯曲杆菌属）。一般雪貂有胃溃疡和胃炎都与幽门螺杆菌（弯曲杆菌属）密切相关，因此建议利用雪貂作为研究幽门螺杆菌感染动物疾病模型。该模型也广泛用于开发和评估抗幽门螺杆菌的药物。

**3. 脑血管疾病模型** 雪貂作为脑血管研究实验的显著优点在于雪貂的中枢神经和视觉系统在结构上与兔、狗相似；雪貂出生后的神经系统发育成熟，这提供了一个潜在的发育学和畸形学研究条件；体内脑血管造影术能够很容易地反复操作；在灌注大脑血管系统的样本中，颈内、外动脉之间是没有连接的；此外，一个较长的颅外颈动脉片段提供缓沟连接到颅内血管系统。

**4. 恶心呕吐模型及开发止吐药** 雪貂是很好的评估具有催吐性质药物的动物模型，因为雪貂的脑干和胃在神经解剖学上与人的很相似，对于呕吐诱导事件是很敏感的。恶心呕吐模型对止吐药的开发也是至关重要的，它被用来开发 5HT3 受体拮抗剂，同时也用来开发 NK1 拮抗剂止吐药，并且这个药已经在临床上使用很多年了。

**5. 囊性纤维化动物模型** 雪貂被证实是极好地研究囊性纤维化跨膜通道调节因子肺生物学动物疾病模型。与小鼠相比，雪貂肺生理学、气管形态学、细胞分型与人类有显著的类似，目前雪貂已经被广泛用于细菌和病毒感染肺疾病模型研究。

### （三）饲养管理要点

我国目前已建立成熟的雪貂人工驯养技术体系，实验用雪貂的标准化及管理也在进行中。

**1. 饲养环境** 雪貂与水貂及野生鼬不同，既不需要室外房舍建筑，也不需要跑动场地，它们是爱玩耍的群居动物，幼小时每只笼可养 2 只或群养。老龄动物大部分时间都处于睡眠状态。可单独饲养或按性别分开群体饲养。

雪貂可用标准兔笼饲养，但要改进上面悬挂的送料斗以防止它们出逃。雪貂最好养在铺有刨花垫料的坚实地面上，它们总在笼子的一个角落排粪，也很容易调教它们使用铺垫料的盒子。

群体饲养的雄貂彼此之间可显示其好斗性，尤其是在繁殖季节更好斗。在动情期间，为避免雌貂出现假孕现象，应将它们分别饲养。

环境温度为 0~32℃时，雪貂可以茁壮成长。雪貂几乎没有汗腺，当高湿度和温度超过 30℃时，成年雪貂就出现紧张不安的现象。

**2. 营养要求** 采用含 35%蛋白质及具有 5%灰分的 30%脂肪的标准湿饲料，投料应定时定量，防止过食或不足。保证供应足够的清洁饮水，饮水器具要定期清洗消毒。

**3. 清洁卫生** 安静，避免不必要的干扰和惊动，尤其是交配繁殖期间。保持清洁卫生，常换垫料，定期消毒。

## 四、水生实验动物

现已开发利用做动物实验的鱼类近 100 种，被用于生物医学、环境保护科学等领域的实验研究，已在世界各地获得了不少科研成果，其中斑马鱼和剑尾鱼应用最广泛。

### （一）斑马鱼

斑马鱼（zebra fish，*Danio rerio*）在动物分类学上属脊椎动物门（Vertebrata）、鱼纲（Osteichthyes）、硬骨鱼目（Teleostei）、鲤科（Cyprinidae）、鲐属（*Danio*）。斑马鱼有漂亮的条纹，群居生活，一直用于水污染检测和标准毒理学的研究。目前，在印度、印度尼西亚、中国香港、新加坡、美国等地维持有许多品种的斑马鱼。

**1. 生物学特性**

（1）一般特性 斑马鱼因其体侧具有像斑马一样纵向的暗蓝与银色相间的条纹而得名。体小，成鱼体长 3~4cm。雌雄鉴别较容易，雄斑马鱼鱼体修长，鳍大，雄鱼的蓝色条纹偏黄，间以柠檬色条纹；雌鱼的蓝色条纹偏蓝而鲜艳，间以银灰色条纹，臀鳍呈淡黄色，身体比雄鱼丰满粗壮，各鳍均比雄鱼短小，怀卵期鱼腹膨大明显。

（2）*解剖特点*　有较完整的消化、泌尿系统，泌尿系的末端是尿生殖孔，也是生殖细胞排出体外的通道。鱼的心脏只有一个心房和一个心室，单核-吞噬细胞系统无淋巴结，肝、脾、肾中有巨噬细胞积聚。

（3）*生理特点*　雌鱼性成熟后可产几百个卵，卵子体外受精和发育，发育速度很快，孵出的卵3个月后可达性成熟。卵子和受精卵完全透明，有利于研究细胞谱系、跟踪细胞发育命运。

**2. 在生物医学研究中的应用**

（1）*发育生物学和遗传学的模式*　动物较完善的胚胎和遗传学操作技术在斑马鱼上可以像在低等模式动物如线虫、果蝇上一样，很方便地进行细胞标记和细胞谱系跟踪；也可像在爪蟾上一样做胚胎的细胞移植。此外，还可培育单倍体及基因组倍增。1994年5月，德、美两家实验室筛选出约4000种斑马鱼突变体，发表了斑马鱼第一个基因连锁图，为脊椎动物发育的分子机制储备了丰富的遗传资源。斑马鱼是迄今适合用于饱和诱变的唯一的脊椎动物。

（2）*人类疾病模型的研究*　人类大部分疾病是由于基因异常引起的。斑马鱼的生长发育过程、组织系统结构与人有很高的相似性，两者在基因和蛋白质的结构和功能上也表现出很高的保守性，因此斑马鱼是研究人类疾病发生机制的优良模式动物。迄今已鉴定的一些斑马鱼突变体，其表型类似于人类疾病。例如，sauternes（sau）突变体表现为红细胞小、血红蛋白含量低的贫血，它类似于人类ALAS. 2基因突变引起的先天性铁粒幼红细胞性贫血症；斑马鱼yqu突变体因尿卟啉原脱羧酶（UROD）基因缺陷而使成红细胞中积累过多的卟啉，表现为对光过敏，它与人的红细胞卟啉症类似；gridlock突变体不能形成正常的动脉血管而导致血液循环受阻，类似人类先天性动脉血管收缩症；doublebubble突变体的表型类似于人类常染色体显性囊肾病的症状；belladonna等突变体是人视网膜变性病的模型；sapje突变体是人类肌无力症的模型。

肿瘤是对人类健康威胁最大的疾病之一，近年的研究表明斑马鱼同样可以作为肿瘤模型。

（3）*环境监测*　斑马鱼胚胎和幼鱼对有害物质非常敏感，可用于测试化合物对生物体的毒性，能快速、真实、直观地反映水污染的状况，也是环境激素监测的实验动物。转基因斑马鱼也是一种灵敏的生物监测系统。目前，美国、新加坡等国分别构建了报告基因受芳烃响应元件、亲电子响应元件、金属响应元件、甾体激素响应元件控制的转基因斑马鱼，这些转基因斑马鱼对水中多环烃、多氯连苯、苯醌、重金属离子、甾体激素或类似物等污染物非常敏感，利用荧光检测计，通过检测荧光强度来判定污染物的浓度。

**3. 饲养管理要点**　斑马鱼对水质要求不严，水质为中性，水温以25~26℃为宜，其耐热性和耐寒性都很强，可在10℃以上的水中很好地生长，属低温低氧鱼。喜在水族箱底部产卵，斑马鱼最喜欢自食其卵。一般可选6月龄的亲鱼，在25cm×25cm×25cm的方形缸底铺一层尼龙网板，或铺些鹅卵石，繁殖时卵产出后即落入网板下面或散落在小鹅卵石的空隙中。可与其他小型鱼混养，对食物不挑剔，各种动物性饲料、干饲料均可。此鱼很少患病，极易饲养。繁殖比较容易，繁殖水温以24℃为宜。产卵结束后，要立即取出亲鱼，以免食卵。为防止鱼卵孵化时被细菌感染，可在箱中加两滴亚甲基蓝。幼鱼约2个月后可辨雌雄，斑马鱼的繁殖周期约7天左右，5个月可达性成熟，每年可繁殖6~8次。

## （二）剑尾鱼

剑尾鱼（swordtail，*Xiphophorus helleri*）又名剑鱼、青剑，属硬骨鱼纲（Osteichthyes）、鳉形

目（Cyprinodontiformes）、胎鳉科（Poeciliidae）、剑尾鱼属（*Xiphophorus*）。染色体为 24 对（2n=48）。

目前已建立 5 个不同体征的剑尾鱼近交系，其中 RR-B（红眼红体）系成为我国首个通过审定的鱼类实验动物品系。

**1. 生物学特性**

（1）*解剖特点* 剑尾鱼体形小，雌鱼全长 5~8cm，雄鱼全长 7~11cm；二者在体色上无明显区别。头较尖，吻尖突，口中等大，下颌微突出。雌雄鱼体形相差较大，雌鱼腹部圆大，怀卵时尤甚；而雄鱼体形细长和侧扁，尾鳍最下方 5~6 鳍条合并向后伸延，呈剑状。心脏较小，位于鳃盖后方的腹侧，由静脉窦、心房及心室组成。肠道较长，雌鱼约为体长的 4 倍，雄鱼为体长 2 倍左右，肝脏由单叶组成。肾分为左右两叶。性成熟期时，雌性生殖腺占据腹腔大部分，约占体重的 8%，依发育程度而异；雄性精巢较小，占体重的 0.8%，为两条索状结构，末端游离于腹腔内，开口于臀鳍变成的生殖足。

（2）*生理特点* 剑尾鱼属卵胎生鱼类，行体内受精，仔鱼自雌体产出即可正常生活。70 日龄左右的雄性出现性征（尾鳍出现剑尾），120 日龄左右两性出现追逐、嬉戏等性行为，雄鱼具生殖足（由臀鳍演变而来），由其完成受精行为，6~8 月龄的剑尾鱼性成熟。雌性有“性逆转”现象，有些产过仔鱼的雌鱼身体逐渐变细，圆形的臀鳍逐渐变成棒状，尾鳍下端开始长出剑状突起物。成熟后的雌鱼繁殖周期约 35 天，在水温 20℃~28℃范围内，每隔 5~8 周产仔一次，每次产仔 20~30 尾，多者达 100 条。

由于长期人工选择和杂交育种，剑尾鱼体形和体色变异较大，构成品种的多样性。体色有深红、浅红、橙黄、白腹、全白、绿色和黑色斑纹等诸多变异。眼球有红眼和黑眼等类型。遗传学实验证明黑眼为显性性状，红眼为隐性性状。

**2. 在生物医学研究中的应用**

（1）*环境污染检测* 在水环境监测的应用中，发现剑尾鱼对环境激素、酚类、烷基苯类、硝基苯类化合物及铬、铜、铅、汞等重金属毒性监测具代表性，应用前景良好；对常用的敌百虫、马拉硫磷、甲胺磷等杀虫剂和氯氰菊酯、溴氰菊酯等农药也比较敏感。

（2）*疾病动物模型的研究* 鱼类病原菌人工感染试验显示剑尾鱼对高强毒株、中强毒株和弱毒株的死亡率呈明显的梯度变化，症状与天然发病鱼相似，适用于鱼类病原菌毒力的评价和疾病模型的构建。

**3. 饲养管理要点** 剑尾鱼环境适应能力强，在弱酸性、中性或弱碱性的水中都能生存，易于饲养。剑尾鱼的最适生长水温 18~24℃，可忍受 14℃的低水温，当水温降至 10℃时，只是不吃不动，不会冷死。为保持品种的纯正，不同品种的剑尾鱼应分开饲养，以防种间杂交。

剑尾鱼属杂食性鱼，天然条件下仔鱼阶段以小型浮游生物为食，成鱼则以水蚯蚓、枝角类等为食。人工饲养中，一般热带观赏鱼能吃的饵料它们都吃。仔鱼产出后即可游动觅食，其开口饵料最好投喂小型水蚤或草履虫、轮虫等，亦可以蛋黄水、奶粉代替。6 天后投喂丰年虫无节幼体，15 天后改喂小型枝角类，之后逐渐过渡到大型枝角类、颗粒饲料。

## 五、青蛙和蟾蜍

青蛙和蟾蜍属于两栖类动物。蟾蜍和青蛙除在发育生物学中的经典应用外，还常用于生理学、药理学实验研究。

1. 蛙类的心脏在离体情况下仍可有节奏地搏动较长时间，常用来研究心脏生理、药物对心脏

的作用。

2. 腓肠肌和坐骨神经可用于观察外周神经的生理功能，药物对周围神经、横纹肌或神经肌肉接头的作用。

3. 青蛙的腹直肌还可用于鉴定胆碱能药物。

4. 用青蛙和蟾蜍可进行脊髓休克、脊髓反射、反射弧分析实验。

5. 蛙有肠系膜上的血管现象和渗出现象，常用于肠系膜或蹼血管微循环等实验研究，还可利用蟾蜍下肢血管灌流方法观察肾上腺素和乙酰胆碱等药物对血管作用的影响。

6. 在临床检验工作中还可用雌蛙做妊娠诊断实验，蟾蜍的卵较大，适宜做卵子发育的研究。

7. 两栖类中 Luckers 腺病及皮肤肿瘤是肿瘤学研究较好的材料。

近年来，两栖类动物还常用于比较发育和免疫学，毒物和致畸胎药物筛选，肢体再生，渗透调节，两栖动物变态的生理学和内分泌学以及激素测定等研究领域。

## 六、鹌鹑

鹌鹑（quail，*Coturnix coturnix*）属于鸟纲（Aves）、鸡形目（Galliformes）、雉科（Phasianidae）、鹌鹑属（*Coturnix*）。鹌鹑是雉科中体形较小的一种。成体体重为 66～118g，体长 14.8～18.2cm，尾长约 4.6cm。

随着科学研究的发展，各国都重视实验动物的培育和饲养，而鹌鹑就是其中最佳动物之一。因其体型小，占面积少，耗料少，易饲养，繁殖快，敏感度好，实验结果快、准确性高。目前已培育出“无菌鹑”“近交系鹑”“SPF 鹑”，为各种实验创造了条件。

按照实验目的，家鹑可供进行诸如营养学、疾病学、组织学、胚胎学、内分泌学、遗传学、生理学、繁殖学、药理学、毒性学等学科方面的实验和研究。

**1. 在遗传学中的应用**　鹌鹑羽色丰富，其突变形状明显，是研究羽色变异和开展遗传实验研究的好材料。

**2. 在病毒学中的应用**　利用鹌鹑的胚做感染实验，由于胚体小，进行 SPF 或无菌动物实验，比鸡胚有更多的优点。

**3. 在免疫学中的应用**　鹌鹑体内的褪黑素可以调节机体的免疫功能，其含量受环境中光照时间的影响。

**4. 在毒理学中的应用**　鹌鹑作为实验用动物，越来越多地被应用于一些化学毒性的实验中，是评价农药安全性试验最常用的实验动物。

**5. 在动物育种中的应用**　利用鹌鹑羽色突变可以培育供蛋用和供肉用的不同羽色的突变系，产生显著的经济和社会效益。

**6. 在动物繁殖学中的应用**　包括鹌鹑胚胎移植和体外受精研究、输卵管生物发生器等的研究。

**7. 在禽病防治中的应用**　常见鹌鹑疾病有 20 多种，有很多疾病是禽类共患病，鹌鹑对很多疾病感染敏感，因此鹌鹑在禽类疾病预防中有很重要的价值。

**8. 鹌鹑高尿酸血症动物模型**　鹌鹑高尿酸血症模型具有造模代价低、动物体积小、实验操作简便、易于饲养管理、模型稳定、重复性好等优点。

**9. 鹌鹑高脂血症和动脉粥样硬化模型**　鹌鹑具有体型小，饲养管理、采血、给药方便等优点，加上鹌鹑动脉病变与人类早期脂肪斑块相似，因此，鹌鹑是建立高脂血症和动脉粥样硬化模型的常用实验动物。

**10. 鹌鹑脂肪肝动物模型** 鹌鹑脂肪肝动物模型是通过喂高脂饲料造成肝脏脂肪积累形成，与日常生活中由于脂肪和糖摄入过多而发生脂肪肝病例较为相似。

## 七、家鸽

鸽（pigeon，*Columba livia*）属于鸟纲（Aves）、鸽形目（Columbiformes）、鸠鸽科（Columbidae）、鸽属（*Columba*）。家鸽是由野鸽驯化而成的变种。家鸽已失去营巢能力，居于人造巢内，以谷粒及昆虫为食。脏器结构大致与鸡相似。家鸽在生物医学研究中的应用有以下几个方面。

### （一）感觉功能

研究发现家鸽的听觉非常发达，对姿势的平衡反应很敏感，故生理学实验中常用家鸽观察迷路与姿势的关系。当破坏一侧半规管后，其肌紧张协调发生障碍，在静止和运动时失去正常的姿势。

### （二）神经功能

可用切除家鸽大脑半球的方法来观察其大脑半球的一般功能。家鸽的大脑皮层不发达，纹状体是中枢神经系统的高级中枢，单切除大脑皮层影响不大，若将大脑半球全部切除，则家鸽不能正常活动。

### （三）心血管功能

家鸽食用高胆固醇、高脂饲料后易形成动脉粥样硬化病变，适宜进行动脉粥样硬化实验研究。对强心苷的反应个体差异小，常用作强心苷类药物的生物检定。

### （四）其他研究

家鸽呕吐反应灵敏，适合做呕吐实验。

## 八、鸡

鸡（chicken，*Gallus domesticus*）属于鸟纲（Aves）、鸡形目（Galliformes）、雉科（Phasianidae）、原鸡属（*Gallus*）。鸡进化程度高，品种多，近交程度高，饲养环境控制水平高，已普遍达到 SPF 动物标准，广泛应用于生物医学研究。

1. 鸡蛋是生物制品生产的重要原料，鸡胚常用于病毒的培养、传代和减毒。因此，鸡常用于病毒类疫苗生产鉴定和病毒学研究。

2. 常用鸡或鸡的离体器官进行药物评价试验。如利用 1~7 日龄雏鸡膝关节和交叉神经反射评价脊髓镇静药的药效，6~14 日龄雏鸡评价药物对心血管的影响，离体嗉囊评价药物对副交感神经肌肉连结的影响，离体心耳评价药物对心脏的影响，离体直肠评价药物对血清素的影响等。

3. 用于研究链球菌感染、细菌性内膜炎、支原体感染引起的肺炎和关节炎等传染性疾病。

4. 研究去势后引起的内分泌性行为改变、甲状腺功能减退、垂体前叶囊肿等内分泌疾病。

5. 用于维生素 $B_{12}$ 和维生素 D 缺乏症、钙磷代谢的调节、嘌呤代谢的调节、碘缺乏症等营养学研究。

6. 鸡有自发性的动脉粥样硬化，用高胆固醇膳食可诱发高脂血症、动脉粥样硬化病变，适合

做心血管疾病的研究。

7. 鸡在肿瘤学研究（如研究病毒性白血病和 Marek 病）和环境污染研究（监测环境有机磷水平、微生物污染水平）等方面得到广泛的应用。

## 九、果蝇

果蝇（vinegar fly，*Drosophila melanogaster*）属节肢动物门（Arthropoda）、昆虫纲（Insecta）、双翅目（Diptera）、果蝇科（Drosophilidae）、果蝇属（*Drosophila*）。果蝇体长不过 0.5cm，喜欢吃腐烂的水果。果蝇的繁殖能力很强，一天时间卵可以变成蛆，2~3 天变成蛹，再过 5 天羽化为成虫，一年可以繁殖 30 代。果蝇细胞体内染色体很少，只有 4 对 8 条，清晰可辨。

果蝇体型小，管理简单，繁殖快，染色体数量少，生命周期短，是其他实验动物无法比拟的，在生物医学中有一定的应用。

### （一）干细胞领域的研究

研究人员发现一种丝氨酸/苏氨酸激酶：Fuesd（Fu）能调控 Hedgehog，并与 Smurf 形成复合物，通过骨形成蛋白（BMP）应答系统操纵果蝇生殖干细胞的命运。

### （二）转基因领域的研究

美国耶鲁大学医学院的神经生物学家将一个来自大鼠的基因植入果蝇体内，这个基因编码是一种离子通道蛋白质。在环境中存在生物能量分子 ATP 的情况下，该离子通道允许带电粒子通过细胞膜，从而传递电脉冲。

### （三）遗传领域的研究

科学家不仅用果蝇证实了孟德尔定律，而且发现了果蝇白眼突变的性连锁遗传，提出了基因在染色体上的直线排列及连锁交换定律。

### （四）其他研究

其他研究包括发育的基因调控研究、各类神经疾病研究、衰老与抗衰老研究、学习与记忆及某些认知功能研究等。

# 第五章
# 实验动物的选择和应用

扫一扫，查阅本章数字资源，含PPT、音视频、图片等

实验动物的选择正确与否是从事实验动物研究者的研究课题能否达到预期成果的重要环节之一。不同的实验动物具有不同的生物学特性，存在遗传组成、解剖结构、生理代谢、病理方面的差异，同一个品种品系实验动物存在生理状态、年龄（体重）、性别差异，在生物医学研究中应根据实验研究目的选择相应的实验动物。如果实验动物选择不当，就很难得到科学的实验结果和结论，甚至前功尽弃，还可能由于实验结果的错误给研究者造成误导。事实上，每一项生物医学科学实验都有其相对适宜的实验动物。因此，选择合适的实验动物在实验研究过程中至关重要，这关系到实验结果的科学性、可靠性，在进行实验研究过程中必须认真对待。

## 第一节　实验动物的选择原则

### 一、根据实验动物与人类相似性的原则选择动物

#### （一）选用在整体上与人类的结构、功能及进化程度相似的实验动物

在生物医学领域内实验研究的根本目的就是要解决人类疾病的预防和治疗，利用实验动物某些与人相近似的特性，通过动物实验，对人类某些生理、病理和治疗的结果进行观察、推断和探索。一般来说，实验动物愈高等，进化程度愈高，越接近于人类，其结构、机能、代谢、结构愈复杂，反应就愈接近人类。猴、狒狒、猩猩、长臂猿等灵长类动物是最近似于人类的理想动物，它们是研究胚胎学、解剖学、生理学、药理学、病理学、免疫学、放射医学等学科的常用动物。很多人类的烈性传染病也能感染灵长类动物，如新型冠状病毒（COVID-19）感染、传染性非典型肺炎（SARS）、禽流感、脊髓灰质炎、结核、脑炎、麻疹等，因此灵长类动物是研究许多传染病的理想动物。猕猴生殖生理与人非常相近，其月经周期和人类一样也是28天左右，是研究人类生殖生理与避孕的首选动物。猕猴还能发生各种形态上和生物学性质上与人类的肿瘤相似的病变。但由于非人类灵长类动物饲养要求较高、饲养管理成本高，在大量应用时有一定的困难。

另外，值得注意的是动物进化程度越高并不一定所有器官和功能都接近人类。例如，非人灵长类动物诱发动脉粥样硬化时，病变部位经常在小动脉，即使出现在大动脉，也与人的分布不同，而作为鸟类的White Cameau鸽胸主动脉出现的黄斑面积可达10%，镜下形态学变化与人类较相似。因此根据结构、功能及进化程度等方面特点来选用实验动物时应具体分析，以免事倍功半。

研究发现原始灵长类动物树鼩，其新陈代谢过程有别于家犬、啮出等动物，与人类相似，大体解剖和生理功能方面也与其他灵长类相似，在乙型肝炎和睡眠生理研究上有重要用途。树鼩还

能自然感染和实验感染人单纯疱疹病毒，适于进行人疱疹病毒的研究。

### （二）选用在局部与人类的系统、器官的结构、功能相似的实验动物

有些实验动物虽然在整体的进化程度上不及灵长类动物，但某些系统、器官的结构和功能与人类相似，在实验研究中有特定的意义。

1. 犬具有发达的血液循环和神经系统以及基本上与人类相似的消化过程，其毒理反应与人比较接近，适合做毒理学、药理学、营养学、行为科学及实验外科学的研究。

2. 猫具有发达的神经系统，对麻醉与脑的部分破坏术耐受较强，其神经反射机能与人类相似，适用于神经冲动的传导、知觉和毒理学方面的研究。

3. 猪的皮肤组织学结构与人类相似，上皮再生、皮下脂层、烧伤后其内分泌与代谢同人类相似，故用猪做烧伤研究较为理想。此外，猪的心血管系统也与人较为相似，可自发动脉粥样硬化，如采用高脂饲料诱发，可加速动脉粥样硬化病理模型的形成。猪心脏的侧支循环和传导系统血液供应类似于人的心脏，猪的心脏瓣膜可以直接作为修补人的心脏瓣膜缺陷之用。因此常用猪做烧伤及心血管疾病的研究。

4. 蛙的大脑不发达，与人类相差甚远，但如果要做一个简单的反射弧实验，选用蛙就很合适。蛙和蟾蜍的腓肠肌和坐骨神经容易获得，特别适用于观察外周神经、横纹肌或神经肌接头的反应，因此蛙或蟾蜍是该实验的首选动物。

### （三）选用疾病特点与人类相似的实验动物

同一种病因/病原对不同动物（包括人类）的致病作用各不相同，有的差异很大，而有的却非常相似。要寻找与人类有关疾病相似或接近的自发或诱发性疾病模型动物，选择合适的疾病模型动物进行实验研究。

1. SHR 大鼠，其自发性高血压的变化与人类相似，伴有高血压性心血管病变，如脑血栓、梗死、肾动脉硬化等，是研究高血压的理想动物。

2. 鸡、鸽的脂质代谢与人类相似，故可用鸡、鸽研究高脂血症。

3. 小鼠在氢氧化铵喷雾刺激下有咳嗽反应，可利用这个特性来研究镇咳药物。

4. 中国地鼠易产生自发性糖尿病，BB 大鼠的糖尿病与人的糖尿病极为相似，临床表现基本相同，且病后依靠胰岛素维持，适用于糖尿病研究。

5. 绵羊的蓝舌病与人的脑积水相似，适用于脑积水实验研究。

6. 无胸腺裸鼠、青光眼兔、肥胖症小鼠等具有免疫缺陷病、遗传性疾病的动物，在一定程度上减少了人为因素干扰，更接近自然的人类疾病，其应用价值很高。

### （四）选用群体分布与人类相似的实验动物

以群体为对象的研究课题，要选择群体基因型、表现型分布与人类相似的实验动物。如做药物筛选和毒性试验时，除了应考虑人类与实验动物群体在代谢类型上的差异外，通常以封闭群模拟自然群体基因型，因为封闭群动物既要保持其个体基因的杂合状态，还要保持其群体基因频率的稳定性。近交系动物由于其基因高度纯合，表型一致，因而对实验刺激也一致。但是对于同一种实验刺激，不同近交系由于其遗传组成不同，因而对实验刺激的敏感性也不同，有的品系高，有的品系低，它不能反映人类作为基因杂合状态下对实验刺激的反应，因而一般药物筛选和毒性试验不选用近交系。

## 二、根据实验动物解剖学和生理学特点的原则选择动物

选用解剖学和生理学特点符合实验目的要求的实验动物进行实验研究（见表5-1~5-2），是保证实验成功的关键。很多实验动物具有某些特殊的解剖学和生理学特点，为实验所要观察的器官或组织等提供了很多便利条件，使实验成功率明显提高，更容易达到实验设计的目的。例如，在外科手术操作性模型中，体形大的动物比体形小的动物在操作实感上更接近人类，在此情况下应选用猪、犬等大动物。

### （一）选用解剖特点符合实验目的和要求的动物

1. 兔的胸腔结构与其他动物不同，中央有一层很薄的纵隔膜将胸腔分为左右两部分，互不相通，两肺被肋胸膜隔开，当打开心包膜，暴露心脏进行实验操作时，只要不弄破纵隔膜，动物不需要人工呼吸便可进行心血管实验。兔的减压神经和交感神经、迷走神经是分别独立行走的，观察减压神经对血压的反应，最好选用兔。

2. 犬的汗腺不发达，不宜选做发汗实验。胰腺小，适宜做胰腺摘除手术。犬的甲状旁腺位于甲状腺端部表面，位置固定，而兔的甲状旁腺分布较散，位置不固定。如做甲状旁腺摘除实验，应选用犬而不是兔。要做甲状腺摘除而保留甲状旁腺的功能，则用兔比较合适。

3. 大鼠和仓鼠无胆囊，不能选做胆囊功能的研究，但适合做胆管插管收集胆汁，进行消化功能的研究。

4. 小鼠、大鼠及豚鼠的气管和支气管腺不发达，只在喉部有气管腺，支气管以下无气管腺，选用这些动物做慢性支气管炎的模型或祛痰平喘药的疗效实验就不合适。猴等动物则不然，气管腺的数量较多，直至三级支气管中部仍有腺体存在，选用这种动物就很适宜。

5. 裸鼠其胸腺先天性缺陷，T淋巴细胞缺损，缺乏免疫应答，不发生免疫排斥反应，适于免疫生物学、免疫病理学、移植免疫、肿瘤免疫、病毒和细菌免疫等实验研究，是实验免疫学和实验肿瘤学研究较好的模型动物。它又是研究胸腺功能最适宜的天然模型动物。

6. 雄鸡头上长有很大的鸡冠，这是雄鸡的重要一雄性特征，适于做壮阳实验的研究。

7. 乌贼有一条巨大的神经纤维，能允许微电极插入其纤维内，尚保留接近正常的活动机能，常选用它来做神经纤维的膜电位和动作电位的实验。

8. 蚯蚓背纵肌不存在毒蕈碱-乙酰胆碱受体（M-AChR）和烟碱1-乙酰胆碱受体（$N_1$-AChR），仅存在烟碱2-乙酰胆碱受体（$N_2$-AChR），适于胆碱能受体的研究。

9. 蝌蚪缺乏甲状腺素，不能正常变成蛙，如给以适量甲状腺素则可加速变成蛙，因此常用蝌蚪的发育来做甲状腺素的实验。

**表5-1 人和实验动物在解剖学、生理学及代谢方面的比较**

| 动物 | 相似点 | 相异点 |
|---|---|---|
| 非人灵长类 | 脑血管，肠循环（猩猩），胎盘循环，胰管，牙齿，肾上腺，神经分布，核酸代谢，坐骨区（新世猴），脑（大猩猩），生殖行为，胎盘，精子 | 止血，腹股沟，坐骨区（旧世猴） |
| 小鼠 | 老龄肝变化 | 脾脏，肝脏 |
| 大鼠 | 脾脏，老龄胰变化，老龄脾变化 | 网膜循环，心脏循环，无胆囊，肝脏，汗腺 |
| 豚鼠 | 脾脏，免疫 | 汗腺 |

续表

| 动物 | 相似点 | 相异点 |
|---|---|---|
| 猫 | 脾脏血管，蝶骨窦，表皮，锁骨，硬膜外，脂肪分布，鼓膜张肌 | 脾脏，对异种蛋白的反应，汗腺，喉部，中膈，性索的发育，睡眠，热调节 |
| 犬 | 垂体血管，肾动脉，脾脏，脾脏血管，蝶骨窦，肾表血管，肝脏，表皮，核酸代谢，肾上腺神经分布，精神变化 | 心脏，肠道循环，网膜循环，肾动脉，胰管，热调节，汗腺，膈，喉神经，睡眠，淋巴细胞显性 |
| 猪 | 心血管分支，红细胞成熟，视网膜血管，胃肠道，肝脏，牙齿，肾上腺，皮肤，雄性尿道 | 淋巴细胞显性，脾脏，肝脏，汗腺，丙种球蛋白（新生） |

## （二）选用生理特点符合实验目的和要求的动物

1. 犬有红绿色盲，不能以红、绿色作为条件刺激来进行条件反射实验。犬的嗅觉特别灵敏，又喜与人相伴，易于驯养，经短期训练能很好地配合实验研究，并加以应用，如刑事侦查等。

2. 兔体温反应灵敏，对致热原十分敏感，是热原检查、进行发热和解热实验研究最常用的动物。

3. 犬和猫对呕吐反应敏感，以呕吐为指标的研究用犬和猫为宜。

4. 豚鼠体内缺乏合成维生素 C 的酶，对维生素 C 缺乏敏感，适合做维生素 C 缺乏的实验研究。豚鼠易于致敏，对组胺反应十分敏感，适用于做过敏实验。根据动物对致敏原的敏感程度，从高到低依次为豚鼠>家兔>犬>小鼠>猫>青蛙。

5. 大鼠、小鼠性成熟早、性周期短，妊娠期只有 21 天，产仔多，特别是有产后发情便于繁殖的特点，适于做计划生育药、保胎药、雌激素和避孕药的研究。成年小鼠和大鼠在动情周期不同阶段，阴道黏膜可发生典型的变化，根据阴道涂片的细胞学变化，可进行卵巢功能的测定实验。但大鼠、小鼠给予雌激素能终止妊娠，却不能终止人早期妊娠，故观察具有雌激素样作用的药物终止妊娠实验时，不能选大、小鼠进行实验。大多数实验动物，如大鼠、小鼠、猴、猪、豚鼠等实验动物是按一定性周期进行排卵的；而兔和猫属典型的刺激性排卵动物，只有经过交配的刺激，才能进行排卵，因此兔和猫是避孕药研究的常用动物。

6. 豚鼠、家犬、猫、猴、猪等较大体型的实验动物，正常心电图均有典型的 S-T 段，但大鼠和小鼠等较小鼠类没有 S-T 段，甚至有的导联见不到 T 波，如有 T 波也是与 S 波紧挨着，或在 R 波降支上即开始，因此在进行心肌缺血性实验中应注意。

7. 比格犬（Beagle 犬）具有毛短、体形小、性温驯、易于抓捕等特点，最适用于毒物学、药理学和生理学实验研究，特别适用于长期慢性实验。

8. 家兔对射线十分敏感，照射后常发生休克样的特有反应，并有部分动物在照射后立即或不久死亡，其休克的发生率和动物死亡率与照射剂量呈一定的线性关系，不适于做放射病研究。常选小鼠、大鼠、狗和猴等实验动物进行这方面的研究。

**表 5-2　实验动物的一些特殊解剖学、生理学和生物化学特点**

| 动物 | 解剖学和生理学 | 代谢 |
|---|---|---|
| 大鼠、小鼠 | 大鼠肝切除 60%～70% 后可以再生；95% 的吞噬活性来源于肝的枯氏细胞 | 易发营养缺乏（维生素、氨基酸） |
| 地鼠 | 颊窝是极有用的组织培养和人类癌肿的异种移植部位；雄体的阴囊宽大 | 代谢和发育极快 |

续表

| 动物 | 解剖学和生理学 | 代谢 |
| --- | --- | --- |
| 豚鼠 | 耳蜗敏感，可供听觉实验；氧消耗；对低氧有抵抗力 | 对青霉素敏感 |
| 兔 | 特有的巨大盲肠和特有的菌丛；耳静脉粗大 | 孕激素的生物测定 |
| 猫 | 脑部神经中枢发达；血压稳定；静脉壁较韧；瞬膜高度发达，故瞬膜收缩可用为记录颅内刺激 | 有产生正铁血红蛋白的能力，适宜于某些化合物如乙酰苯胺等的毒性试验；对强心苷、酚类敏感 |
| 犬 | 分散的胰脏；静管系统大小合适，易于进入；不同品种体型大小各异 | 对磺胺类药物；不同品种代谢过程判别甚大 |

### （三）选用体型和脏器大小符合实验目的和要求的动物

动物体型大小决定了脏器的大小。体型小的动物所能获得的血液样品量和脏器量也少，在实验设计时应充分考虑到实验中或实验结束动物处死时所获得的样品量能否充分满足实验的需要。很多实验之所以选择大鼠而不是小鼠，除有一些要求外，还有一个重要原因是大鼠提供的血液量和脏器标本量较小鼠多，能满足一般实验的需要。如在药物代谢动力学研究过程中，要求在给药后不同时间点取血，取血次数多达十几次，如果每次微量采血 0. 1mL，大鼠也能承受，如果每次需血量为 2~5mL，必需要用犬、小型猪等大型实验动物进行实验。

外科学实验是为临床操作打基础，应选用与临床操作感受较接近的动物。因为猪的心脏形态、大小与人接近，人类心脏移植手术操作的动物实验，常选择猪进行实验；做胎儿围产期实验，用孕羊较好，因羊一胎产仔 1~2 只，且大小、体重与人类相似。

医疗器械、组织工程生物材料的生物评价实验，应根据所评价的器械特点选择合适的实验动物。有些器械体积较大，需选择羊、猪、兔等实验动物，观察研究各类植入性医疗器械的临床作用、安全性、降解速率，为植入性医疗器械、组织工程材料的临床应用提供相关参考。

### （四）选用对某些药物有特殊反应的动物

犬、兔、猴、大鼠和人应用吗啡后产生中枢抑制，而小鼠和猫则是兴奋作用。降血脂药氯贝丁酯可使犬下肢瘫痪，而对猴及其他动物不会引起这样的副作用。苯可引起兔白细胞减少及造血器官发育不全，而对犬却能引起白细胞增多及脾脏和淋巴结增生。苯胺及其衍生物对犬、猫和豚鼠能引起与人类相似的病理变化，产生变性血红蛋白，但对兔则不易产生变性血红蛋白，大鼠、小鼠则完全不产生。性激素可使犬易发生化脓性子宫内膜炎而死于败血症。

水蛭肌或青蛙腹直肌对乙酰胆碱具有极高的敏感性，适宜进行与乙酰胆碱有关的实验。

## 三、根据标准化的原则选择动物

标准化的实验动物是指经过人工饲育，对其携带的微生物、寄生虫实行控制，遗传背景明确或者来源清楚，用于科学研究、教学、生产、检定及其他科学实验的动物。医学研究实验中的一个关键问题，就是怎样使动物实验的数据真实可靠，从而得到科学的结论。因此，动物实验中不管选用什么动物，首先要考虑该动物是否标准化。需要说明的是实验动物不等于实验用动物，实验用动物指一切可用于实验的动物，其来源不明、随意交配、遗传背景不清楚、携带的微生物与寄生虫没有进行控制，在用于研究时最好避免选用或在实验因素控制下进行。

只有使用标准化的实验动物，并且在实验的整个过程也在标准环境中饲养和实验的动物才能最大限度排除因环境条件变化所引起的个体差异，才能排除各种因素的影响，减少实验误差，提高结果的科学性和正确性。

值得注意的是，生物医学研究涉及的领域很广，现有的实验动物往往满足不了实际实验研究的需要，还需要选用特定的家畜、家禽和野生动物，如羊、鸭、雪貂等。因此，利用这些动物在实验设计和实验结果分析时应考虑各方面对实验结果的影响。

## 四、根据实验选用年龄和体重符合要求的动物

一般实验均采用成年动物来进行，但在慢性或长期的实验中，因观察时间长，故需选用合适的年龄或幼龄动物做实验。老年医学实验研究，选用老龄动物进行实验较为合适。由于动物的年龄与体重呈正相关，通常动物的年龄是按出生日期或体重大小来估计，但由于不同品种、品系之间体型差异很大，有时不一定准确，应参考不同品种品系动物的生长曲线加以确定。生长曲线的实际应用价值：①根据年龄判断体重，或根据体重判断年龄。②根据生长曲线，选择购买适合实验需要的动物。③根据生长曲线，判断实验刺激对动物生长发育的影响。性成熟前后生长发育最快，而体成熟后生长发育趋缓。因此，用性成熟前后动物做实验，如实验因素对动物生长发育有影响，就能很快反映出来。如正常大鼠体重与日龄的关系（见表5-3）。大动物如实验需要准确的年龄，应由动物供应商提供动物出生日期的记录。常用成年动物的体重为：封闭群小鼠18~28g（4~6周龄），大鼠180~220g（6~8周龄），豚鼠350~650g（6~9周龄），兔2~3kg，猫1.5~2.5kg，犬6~15kg。进行长期动物实验时年龄应适当小一些，选用动物的体重为：小鼠15~18g，大鼠80~100g，豚鼠150~200g，兔1.5~1.8kg，猫1.0~1.5kg，犬6~8kg。实验时动物的年龄应尽可能一致，体重应大致相近，一般不应相差10%。如年龄不一致，体重相差悬殊，则易增加动物反应的个体差异。还必须了解所选动物的寿命、妊娠期、哺乳期等一些指标，对保证研究工作的顺利进行及实验结果分析是非常重要的。

实验动物的年龄与体重有一定的相关性，但是需要注意的是这种体重与年龄间的相关性，依赖于一定的营养水平及饲养条件。在正常营养状态及饲养条件下，也可根据体重加以选择，选择发育正常、体重符合要求的实验动物，不宜笼统对待。同一实验中，动物体重尽可能一致，若相差悬殊，则易增加动物反应的个体差异，影响实验结果的正确性。一般来说，实验研究中常选择性成熟的青壮年动物。老龄动物的代谢、各系统功能均下降，除特殊实验外，不宜选用。实验动物的寿命各不相同，选择实验动物时，应注意到各种实验动物之间的年龄对应，犬与人的年龄对应关系（见表5-4），人与各种实验动物寿命的对应关系（见图5-1），以便进行分析和比较。不同种属实验动物的寿命不同。选择实验动物时要了解有关动物的寿命，并选择与人的某年龄时期相对应的动物进行实验研究。如老年病实验研究，选择寿命较短的实验动物就较方便。大鼠的寿命为2.5~3年，24月龄以上相当于人的衰老早期。

**表5-3　Wistar和SD大鼠体重与日龄的关系（单位：g）**

| 品种 | 性别 | 日龄（d） | | | | | | | |
|---|---|---|---|---|---|---|---|---|---|
| | | 21 | 28 | 35 | 42 | 49 | 56 | 63 | 70 |
| Wistar | ♂ | 56 | 97 | 134 | 187 | 233 | 297 | 325 | 370 |
| | ♀ | 54 | 91 | 134 | 166 | 209 | 214 | 232 | 246 |
| SD | ♂ | 52 | 101 | 150 | 206 | 262 | 318 | 365 | 399 |
| | ♀ | 50 | 86 | 130 | 172 | 210 | 240 | 258 | 272 |

表 5-4 犬与人的年龄对应关系

| 种类 | 年龄对应 | | | | | | | | | | | | | | | |
|---|---|---|---|---|---|---|---|---|---|---|---|---|---|---|---|---|
| 犬 | 1 | 2 | 3 | 4 | 5 | 6 | 7 | 8 | 9 | 10 | 11 | 12 | 13 | 14 | 15 | 16 |
| 人 | 15 | 24 | 28 | 34 | 36 | 40 | 44 | 48 | 52 | 56 | 60 | 64 | 68 | 72 | 76 | 80 |

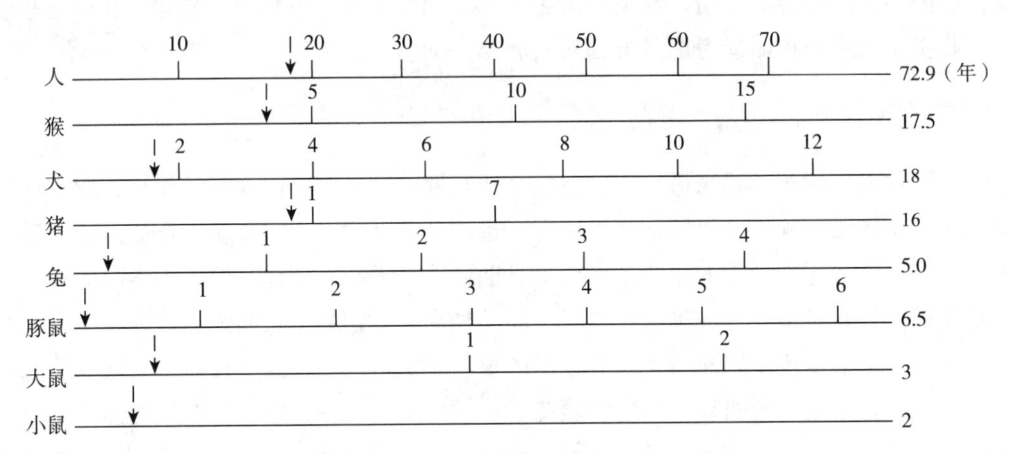


图 5-1 人与各种实验动物寿命的对应关系

## 五、根据实验选用性别符合要求的动物

实验证明，不同性别对同一刺激的反应也不同，特别是对药物的毒性反应。如给大鼠皮下注射 30%乙醇 0. 1~0. 2mL，雄性大鼠死亡率为 84%，而雌性大鼠仅为 30%。通常雌鼠对急性毒性试验较雄鼠敏感，如给大鼠麻醉剂（戊巴比妥钠）时，雌性动物的敏感性为雄性动物的 2. 5~3. 8 倍；而雄鼠对慢性毒性试验则较雌鼠敏感。造成性别差异的原因可能与性激素或肝脏微粒体药物代谢酶的活性有关。因此，在实验研究中如无特殊要求，一般宜选用雌雄各半，以避免由性别差异造成的误差。但如果已知药物作用与性别无关的话，则可用单性别动物进行实验，如用链脲佐菌素注射诱发糖尿病，以及用降糖药进行实验时，尽量选雄性大鼠、小鼠，因为雌性大鼠、小鼠的性周期 4~7 天，性激素的周期性变化可导致血糖的波动；用自发性高血压大鼠进行降血压药物实验时也可选用单性别大鼠。在用热板法筛选镇痛药物时，选用雌性小鼠，因为雄性小鼠受热阴囊下垂，由于阴囊皮肤对热敏感，小鼠易跳跃，不易观察到舔后足的现象。

一些与性别有关的实验只能用相应性别动物进行，如研究妇科疾病或进行生殖实验，应选用雌性动物；进行男科疾病实验研究时，宜选用雄性动物。

## 六、根据实验选用品种、品系符合要求的动物

不同品种、品系代表实验动物的不同遗传基因型。不同品种、品系动物具有不同的生物学特性，对同一刺激的反应差异很大，在选择时必须注意。采用遗传学控制方法培育出来的近交系动物、突变系动物、杂交系动物存在遗传均质性，反应一致性好，因而实验结果精确可靠，广泛用于各科研领域。封闭群动物在遗传控制方面虽比未经封闭饲养的一般动物严格，具有群体的遗传特征，但是动物之间存在个体差异。因此，其反应的一致性不如近交系动物。在选择动物品种、品系或应用实验结果时，要考虑到不同遗传基因型所致的生物学特性差异，因此，在实验报告或发表的科研论文中，一定要注明动物的品种、品系。

封闭群动物由于具有一定的遗传差异，对各种刺激反应的均一性不如近交系动物，但这类似于

人体群体遗传异质性的遗传组成，多应用于人类遗传研究、药物筛选、毒物试验等；而近交系独特的基因型对实验刺激的反应不能代表种属的“共性”，因而近交系一般不用于药理学、毒理学研究。

## 七、根据实验选用生理状态符合要求的动物

动物的健康状况对实验结果正确与否有直接的影响，健康动物一般发育正常、体型丰满、被毛浓密有光泽、眼睛明亮有神、行动敏捷、反应灵敏、食欲良好。健康动物对刺激的耐受性较患病动物高，因此，一般实验研究选用健康状况良好的动物。外购的实验动物，应观察 1 周以上，证实其身体健康后再进行实验。

动物实验一般选用未孕动物。动物的特殊生理状态如妊娠、哺乳时，其体重及某些生理生化指标有所不同，对实验结果影响很大。如非专门研究妊娠、哺乳等实验，应去除特殊生理状态的动物，减少实验结果的个体差异。

## 八、根据动物的易获得性、经济原则和有关国际规范选用动物

经济的原则是指在实验过程中在不影响实验结果的前提下，尽量选择最经济、最易获得、最易繁殖、最易饲养管理的实验动物进行实验研究。实验研究需要大量的经费，应本着科学的、实事求是和实验实际需要出发选择实验动物。

为了确保实验结果的可靠性和科学价值，要求动物实验应遵照实验室操作规范（Good laboratory pracitce，GLP）和标准操作程序（Standard operating procedure，SOP）要求，这些规范对实验动物的选择和应用、实验室条件、工作人员素质、技术水平和操作方法都要求标准化，所有药物的安全评价试验都必须按规范进行。2018 年我国颁布了《实验动物　福利伦理审查指南》（GB/T 35892-2018），对实验动物福利与伦理规定了相关要求。实验动物生产和动物实验应严格执行该标准，注重实验动物福利和动物实验伦理，要遵循“3R”原则：reduction（减少），要求提高实验动物质量，尽可能减少实验用动物的数量，以获取同样多的信息；refinement（优化），要求尽可能改进实验程序，减少动物在实验过程中的痛苦或不安；replacement（替代），要求通过使用其他方法或模型来替代动物的使用。所以能用小动物就不用大动物，能用低等动物就不用高等动物，能用容易饲养的动物就不用难饲养的动物，在不影响实验结果正确、可靠的前提下，尽量选用比较经济实用的实验动物。在能反映实验指标的情况下，选用结构功能简单的动物。

值得注意的是，在实验设计中，如何科学地选择实验动物应从多方面考虑，权衡利弊，充分考虑选择的实验动物对实验结果的影响。

# 第二节　医学研究中实验动物的选择和应用

## 一、药理学实验研究

药理学实验研究包括药效学和药动学等的实验研究，除小部分采用离体实验外，绝大多数均采用整体动物进行实验研究。

### （一）药效学实验研究

**1. 作用于神经系统的药物研究**

（1）镇静催眠药实验研究　常选用小鼠、大鼠、猫、鸽、猴等实验动物。小鼠、大鼠适用

于刺激性实验研究，因为大鼠视觉、嗅觉较灵敏，做条件反射等实验反应良好。如高级神经中枢实验研究最好选用猴子或猩猩非啮齿类动物。

（2）镇痛药实验研究　常用小鼠扭体法或小鼠热板法评价镇痛药。常用成年小鼠、大鼠、家兔，必要时也可用豚鼠、犬等。一般雌雄兼用，但在热板法或足跖刺激法实验中，不用雄性动物，因为雄性动物的阴囊受热后松弛，可能触及热板，会出现错误结果。中枢性肌松药研究一般选用小鼠和猫，猫的神经反射极敏感。

（3）解热药实验研究　首选兔，因家兔对细菌、内毒素、异种蛋白、化学药品等致热原极为敏感，最易产生发热反应，发热反应典型、稳定。应当注意的是兔的品种、年龄、实验室室温、动物活动情况等不同，对发热反应的速度和程度都有明显影响。大鼠、小鼠体温调节不稳定，不宜选用。

（4）神经节传导阻滞药实验研究　首选动物是猫，最常选用颈神经节警醒实验，因其前部和后部均容易区分。

（5）研究药物对神经肌肉接点的影响时，常用动物是猫、家兔、鸡、小鼠和蛙。

（6）进行影响副交感神经效应器接点的药物研究时，首选动物是大鼠。

**2. 作用于心血管系统的药物研究**

（1）抗心肌缺血药实验研究　选用犬、小型猪、猫、兔、大鼠和小鼠。犬是心肌缺血实验良好的模型动物。犬的心脏解剖与人类相似，占体重的比例很大，管状血管容易操作，心脏抗紊乱的能力较强。猪心脏的侧支循环和传导系统、血液供应类似于人，侧支循环不如犬丰富，易于形成心肌梗死，室颤发生率高。家兔开胸进行冠状动脉结扎不需人工呼吸，可大量进行。

（2）抗心律失常药实验研究　选用豚鼠，因为豚鼠动作电位平台期十分明显。在研究药物对心脏的作用时，可选择蟾蜍和青蛙，因为它们的心脏在离体情况下仍可长时间地保持有节律地搏动。小鼠不便操作，不宜选用。

（3）抗高血压药实验研究　一般选用犬、猫或大鼠。大鼠是复制肾性高血压模型的良好动物。不宜选用兔，因兔外周循环对外界环境刺激极敏感，血压变化大。

（4）治疗心功能不全药实验研究　常用犬、猫、豚鼠，也可用兔，一般不宜用大鼠，因为大鼠对强心苷和磷酸二酯酶抑制药的强心反应不敏感。

（5）降血脂药实验研究　一般选用大鼠、兔，尤其是遗传性高脂血症兔是良好的模型动物。

（6）抗动脉粥样硬化药实验研究　目前比较理想的模型动物是小型猪，对高脂日粮诱发脂代谢紊乱极为敏感，动脉粥样硬化极易形成，动脉粥样硬化发病部位及病理改变情况与人类一致。金黄地鼠是近年来在抗动脉粥样硬化药物研究中使用较多的动物。

**3. 作用于呼吸系统的药物研究**

（1）镇咳药实验研究　①药物的筛选首选豚鼠，因为豚鼠对化学刺激或机械刺激都很敏感，刺激后能诱发咳嗽，刺激其喉上神经亦能引起咳嗽。②猫在正常生理条件下很少咳嗽，但受机械刺激或化学刺激后易诱发咳嗽，故可刺激猫的喉上神经诱发咳嗽，在初筛的基础上进一步肯定药物的镇咳作用。③犬不论在清醒或麻醉条件下，经化学刺激、机械刺激或电刺激其胸膜、气管黏膜或颈部迷走神经均能诱发咳嗽。犬对反复应用化学刺激所引起的咳嗽反应较其他动物变异小，故特别适用于观察药物的镇咳作用持续时间。④兔对化学刺激或电刺激不敏感，刺激后发生喷嚏的机会较咳嗽为多，故兔很少用于筛选镇咳药的研究。⑤小鼠和大鼠给以化学刺激虽能诱发咳嗽，但喷嚏和咳嗽动作很难区别，变异较大，特别是反复刺激时变异更大，实验可靠性较差。尽管目前常有研究人员用小鼠进行氨水或二氧化硫引咳法来初筛镇咳药，但应仔细区别，对实验结

果要根据其他实验进行判断。

（2）扩张支气管药实验研究　最常用的动物是豚鼠，因其气管平滑肌对致痉剂和药物的反应最敏感。药物引喘时，宜选用体重不超过 200g 的幼龄豚鼠效果更佳。大鼠的某些免疫学和药理学特点与人类较接近，如大鼠的过敏反应由 IgE 介导，大鼠对色甘酸钠反应较敏感。因此，大鼠气管平滑肌标本亦常被选用。另外，大鼠气管平滑肌对氨酰胆碱也较敏感，但对组胺不敏感。

（3）祛痰药实验研究　一般选用雄性小鼠、兔或猫，观察药物对呼吸道分泌的影响。在观察药物对呼吸道黏膜上皮纤毛运动影响的实验中，可采用冷血动物蛙和温血动物鸽。兔因气管切开时容易出血，会影响实验结果，不宜采用。

**4. 作用于消化系统的药物研究**

（1）促胃液分泌药实验研究　常用犬、小鼠和大鼠，进行胃酸及胃蛋白酶的测定和分析。

（2）影响胰液分泌药实验研究　选用犬、兔或大鼠，可收集胰液。

（3）影响胆汁分泌药实验研究　常选犬、猫、兔、大鼠和豚鼠进行，但以犬为最佳。观察药物对胆汁的分泌、胆汁排出以及存在于胆系内结石的影响，需要研究用药前后胆汁流量及其成分的变化。胆汁还可采用胆囊瘘和胆总管瘘的方法收集；若要观察胆汁的分泌情况采用结扎胆囊管方法，或选用大鼠，因大鼠无胆囊，做胆总管造瘘手术常选用大鼠。

（4）缓解胃肠痉挛药实验研究　可用大鼠、豚鼠、兔、犬等，雌雄均可。

（5）催吐或止吐药实验研究　一般选猫、犬、鸽等。家兔、豚鼠等草食动物呕吐反应不敏感，小鼠和大鼠无呕吐反射，镇吐实验就不宜选用。

**5. 作用于泌尿系统的药物研究**

（1）利尿药或抗利尿药的研究　一般以雄性大鼠或犬为佳，大鼠较为常用。小鼠尿量较少，兔为草食动物，实验结果不尽如人意，不宜选用。

（2）治疗尿路感染药实验研究　一般用大鼠和小鼠，小鼠较为常用。

（3）治疗前列腺药实验研究　一般用雄性的大鼠和小鼠。

（4）治疗肾炎药实验研究　一般用大鼠、小鼠、犬和兔。

**6. 作用于内分泌系统的药物研究**

（1）调节肾上腺皮质激素类药物研究　可选用大鼠、小鼠，雌雄均可。

（2）影响代谢药实验研究　选用大鼠、小鼠、兔和犬，雄性动物，便于收集尿样。

（3）影响组胺受体药实验研究、$H_1$ 受体激动药物或阻断药物研究　首选豚鼠，其次是大鼠，雌雄均可。

**7. 作用于血液系统的药物研究**

（1）抗血小板聚集药实验研究　一般选用兔和大鼠，个别实验选用小鼠。为避免动物发情周期影响，宜用雄性动物。

（2）抗凝血药实验研究　常用大鼠和兔，也可用小鼠、豚鼠或沙鼠等，以雄性动物为宜。

**8. 影响精神的药物研究**

（1）抗焦虑药实验研究　一般选用小鼠、大鼠、犬等。长期实验以选用雄性动物为好，因为雄性动物耐受性强。

（2）抗抑郁药实验研究　一般选用小鼠、大鼠，其次为犬、猪。

**9. 生殖系统药物研究**

（1）口服避孕药筛选实验研究　筛选口服避孕药的实验动物多使用啮齿类实验动物，因为它们具有规律的动情周期，排卵有明显的指标，易于检测。具有月经周期的灵长类动物由于来源

困难、管理困难、排卵和月经周期难于检测，一般实验不做最佳选择。应当注意的是雌激素能终止大鼠和小鼠的早期妊娠，但不能终止人的妊娠。当动物实验证实药物有抗生育的效果后，还必须进行各种药理实验。

（2）女用避孕药物实验研究 研究抗生育实验时，雌性动物与雄性动物合笼前和合笼交配期间，给雌性动物服用实验药物，观察药物对生育的影响，检查动物怀孕百分率和每只孕鼠的胚胎数。进行防止受精卵着床或中断早期妊娠的实验研究时，只在需要时服用实验药物。

（3）男用避孕药物实验研究 常选用成年雄性大鼠进行实验，如观察药物对大鼠生育的影响，对大鼠精子数的影响，对大鼠精子活力的影响以及对雄性激素的作用等。

（4）促孕、保胎药实验研究 常选用大鼠、小鼠、兔、犬、猴等。大、小鼠生殖能力强，一胎有几个乃至十几个，怀孕周期短，约为21天，虽药物的筛选较为常用，但作为药效学验证性实验最好用高等动物，如猴等。

### （二）药动学实验

药动学研究的目的是为了更好地了解活性药物的吸收、分布、代谢和排泄的体内过程。考察药物的量效关系、酶的活性及相关参数，如半衰期、表观分布容积、蛋白结合率、稳态血药浓度等的建立。常用动物有大鼠、小鼠、兔和犬等。由于犬的代谢接近于人，且血量较大，可以多次取血，是进行药动学研究最常用动物。

## 二、药物安全性评价研究

药物安全性评价研究中的动物实验需要在GLP认证的动物实验室内进行。

### （一）急性毒性试验

急性毒性试验是通过单次或短时间内多次给药，了解动物所产生的毒性反应及其严重程度，为临床安全用药及监测提供参考。

急性毒性试验一般用啮齿类小鼠和大鼠，其中小鼠应用最多。但是申报新药必须至少用两种动物，最好一种为啮齿类，一种为非啮齿类，非啮齿类动物最好用比格犬。小鼠一般选用昆明种、ICR或NIH等封闭群，雌雄各半，体重18~22g（4~5周龄），同批动物体重正负相差不超过4g；大鼠体重120~150g，同批动物体重正负相差不超过20g。犬一般用体重8~10kg的成年小型犬，有利于实验操作和节省实验药物。

### （二）长期毒性试验

长期毒性试验是通过连续反复多次给药一段时间，新药研究中用药实验一般是临床疗程的3~4倍，观察动物用药后出现的毒性反应、剂量与毒性的关系、主要损害的靶器官、毒性反应的性质和程度以及毒性反应是否可逆等。

药物长期毒性试验要求用两种动物。啮齿类首选大鼠；当供试品为化学药品时，非啮齿类动物首选比格犬，当供试品为生物药品时，选用猕猴。由于犬经常作为人的宠物，在国外逐渐推荐小型猪代替比格犬进行长期毒性试验。

**1. 大鼠的选用** 可选用SD或Wistar种，体重一般在180~220g（6~8周龄），体重差异应不超过平均体重的10%。实验周期在3个月以上，可选用体重120~160g（5~6周龄）。每组雌雄各半，雌性应未孕。如临床为单性别用药，应采用相应的单一性别的动物。实验前应观察1周，停药后再观察2~4周，观察药物对动物毒性的恢复情况。

**2. 比格犬的选用**　一般用6~12月龄，实验前应观察2周，必要时需要接种疫苗和驱除肠虫。停药后再观察2~4周，观察药物对动物毒性的恢复情况。

**3. 猕猴的选用**　常采用成年猴，3~5岁（3.5~6.5kg），实验前应观察1个月，必要时需要接种疫苗和驱除肠虫。

长期毒性实验一般设定3个剂量组，一般以等容量不等浓度给药。低剂量组目的是寻找动物安全剂量范围，以临床剂量为设计做参考，一般应高于整体动物有效剂量，此剂量下应不出现毒性反应。中剂量组应使动物产生轻微的或中度的毒性反应。高剂量组目的是为寻找毒性靶器官、毒性反应症状及抢救措施提供依据，也为临床毒性及不良反应监测提供参考，应使动物产生明显的或严重的毒性反应，或个别动物死亡。空白对照组给予溶媒或其他赋形剂，若所用溶媒或赋形剂有毒性时则应增加正常对照组。

### （三）一般药理试验

一般药理学研究是药物临床前安全性评价的重要组成部分，研究的内容主要是考察被研究药物对心血管系统、呼吸系统和中枢神经系统的作用。动物在不采用任何处理的前提下，常用清醒状态进行试验。常用实验动物小鼠、大鼠、猫、犬等。每组小鼠和大鼠数一般不少于10只，犬一般不少于6只。小鼠、大鼠应符合国家实验动物标准SPF级及其以上等级要求，犬应符合国家实验动物标准普通级及其以上等级要求。如果使用麻醉动物，应注意麻醉药物和麻醉深度的选择。对心血管和呼吸系统的影响，实验常用大鼠、犬或猫进行，但以犬为最佳。大鼠为啮齿类动物，不推荐采用其来观察心血管和呼吸系统的影响。猫为心血管系统试验中常用的动物之一，但猫来源多为市售，动物来源、年龄、遗传背景不清，不符合安全性评价的要求。

### （四）局部毒性试验

**1. 刺激性试验**　观察动物的血管、肌肉、皮肤、黏膜等部位接触受试物后是否引起红肿、充血、渗出、变性或坏死等局部反应。应选择与人类皮肤、黏膜等反应比较相近的动物，如兔、豚鼠和小型猪等。如眼刺激性试验和血管刺激性试验通常选用兔；肌肉刺激试验通常选兔或大鼠；滴鼻剂和吸入剂刺激性试验可选用兔、豚鼠或大鼠；阴道刺激性试验通常选用大鼠、兔或犬；直肠刺激性试验通常选兔或犬；皮肤刺激试验通常选兔或小型猪；皮肤给药毒性试验选用成年白色豚鼠；口腔黏膜刺激性试验选择用金黄地鼠。

**2. 过敏性试验**　观察动物接触受试物后的全身或局部过敏反应。过敏试验应选择白色豚鼠和大鼠。一般的过敏试验中，主动全身过敏试验通常选用体重为300~400g的豚鼠；主动皮肤过敏试验通常选豚鼠；被动皮肤过敏试验通常选大鼠或小鼠，有时根据试验需要用豚鼠，选择动物时应考虑IgE的出现时间；而皮肤光过敏反应试验选用成年白色豚鼠。

## 三、其他学科实验研究

### （一）免疫学实验研究

免疫学的研究包括从抗感染免疫、机体识别自身或非自身的基本生物现象，到免疫病理实验研究，一般都选用实验动物作研究对象。特别是各种近交系和突变系动物、无菌动物、悉生动物及无特定病原体动物的培育，为免疫学研究提供了重要手段，极大地促进了免疫学的发展。

**1. 免疫学实验研究**

在抗感染免疫、免疫生物学研究中应用最广的是BALB/C小鼠和各种免疫缺陷动物，如T细胞缺陷的裸小鼠、B细胞缺陷的CBA小鼠、NK细胞缺陷的Beige小鼠以及T、B细胞均缺陷的SCID小鼠。

（1）*自身免疫性疾病实验研究* 应用最广的是新西兰黑（NZB）以及新西兰黑和新西兰白的杂交$F_1$代（NZB×NZWF1）小鼠动物模型。NZB在出生后4~6个月大多数发生自身免疫性溶血性贫血，红细胞表面有自身抗体，血清中有抗核抗体，老龄小鼠出现红斑狼疮细胞和有类狼疮性肾炎。$F_1$小鼠由于主要组织相容性复合体（MHC）决定的抑制性T细胞功能丧失或减退，能自发地发生与人的系统性红斑狼疮十分相似的自身免疫病。因此，一般认为它是人类自身免疫疾病的最佳天然模型。

（2）*变态反应实验研究* 一般选择豚鼠。豚鼠血清中免疫球蛋白有IgG（$IgG_1$、$IgG_2$）、IgA和IgE，其中IgE含量高，受变应原刺激后持续时间长。$IgG_1$是变态反应的媒介，$IgG_2$与小鼠的$IgG_1$和$IgG_2$相似，在抗原-抗体作用中起结合补体的作用。选择豚鼠时，应特别注意机体本身的因素，如年龄、体重和遗传因素。不同品系对特异性抗原产生的免疫反应有显著不同。2~3月龄或体重为350~400g的豚鼠做迟发型变态反应研究最合适。豚鼠13系对结核菌素型变态反应比豚鼠2系敏感。相反，豚鼠2系对接触性过敏反应比豚鼠13系敏感。Hartley系豚鼠对结核菌素型变态反应和接触反应皆敏感。

（3）*移植免疫实验研究* 移植的异体组织之所以被排斥，是因为受者的免疫系统对供者的组织发生了免疫反应的结果。引起这种免疫反应的抗原称为移植抗原（transplantation antigens）或组织相容性抗原（histo-compatibility antigens）。在小鼠，这一抗原系统称为H-2抗原系统。不同近交品系小鼠有不同的H-2型，两个相同H-2型品系小鼠间移植，可不发生排斥反应。

**2. 免疫学应用**

（1）*单克隆抗体的制备* 目前用于细胞融合的小鼠骨髓瘤细胞几乎都来源于BALB/C系小鼠。其杂交瘤可接种于BALB/C或它的杂交第1代小鼠，从带瘤动物取血清或腹水制备单克隆抗体。

（2）*免疫血清的制备* 免疫血清的制备常用兔或山羊/绵羊。兔选用2~2.5kg雄性兔，山羊/绵羊选用成年羊。初次免疫用抗原与福氏完全佐剂混合，第2次开始用抗原与福氏不完全佐剂混合，乳化成油包水乳液，在背部皮肤多点注射。每次免疫间隔时间2周，共3~4次。

（3）*补体的制备* 豚鼠血清中富含补体，常用新鲜豚鼠血清作为补体，用于补体结合试验。

## （二）肿瘤学实验研究

在肿瘤学实验研究中，实验动物是其主要研究的对象和材料。通过选用实验动物进行动物实验，发现了化学致癌物质和致癌病毒，推动了肿瘤学的研究，为肿瘤的防治开辟了广阔的前景。特别是近交系动物的发展，对肿瘤的病因学、治疗学和新抗癌药物的研究等都发挥了重要作用。

**1. 自发性肿瘤模型** 在自发性肿瘤模型动物中，利用小鼠生长快、生命周期短、近交品系多、自发性肿瘤与人类肿瘤发病相似等特点，可以选用具有不同的遗传性状特点的近交系动物进行肿瘤遗传学和肿瘤病因学研究。如C3H小鼠出生后有高的乳腺癌发生率，A系小鼠出生后18个月内有90%的肺癌发生率，AKR和C57小鼠有高的白血病发生率等。

由于不易同时获得大批病程相似的自发性肿瘤动物，又因这种肿瘤生长较慢，实验周期相对较长，死亡率高，所以自发性肿瘤动物一般很少用于药物筛选研究。

**2. 诱发性肿瘤模型**　用化学致癌物、射线或病毒均可在各类动物中诱发不同类型的肿瘤。如用二甲基苯蒽（DMBA）和甲基胆蒽可诱发乳腺癌，二苯苄芘诱发纤维肉瘤，二乙基硝胺（DEN）诱发大鼠肝癌，黄曲霉毒素诱发大鼠肝癌等。

在使用化学致癌剂致癌时，要注意各类化学致癌剂对动物致癌的特点。

芳香胺及偶氮染料类致癌物的特点：①要长期、大量给药才能致癌。②肿瘤多发生于膀胱、肝等。③有明显的种属差异（见表5-5）。④其本身不是直接致癌物，致癌是由于其某种代谢产物的作用。⑤其致癌作用往往受营养或激素的影响，例如，二甲氨基偶氮苯仅在缺少蛋白质和核黄素的饲料喂饲大鼠时才引起肝癌，而且雄性大鼠较敏感，邻位氨基偶氮甲苯则易引起雌性大鼠的肝癌。

亚硝胺类的致癌特点：①致癌性强，小剂量一次给药即可致癌。②对多种动物（包括猴、豚鼠等不易诱发肿瘤的动物）的许多器官（包括食管、脑、鼻窦等不易引起癌的器官）能致癌，甚至可以通过胎盘致癌，如给怀孕大鼠以二乙基亚硝胺（Diethylnitrosamine，DEN）可较快地引起仔鼠的神经胶质细胞瘤。③具有不同结构的亚硝胺有明显的器官亲和性，如二甲基亚硝胺等对称的衍生物常引起肝癌，不对称的亚硝胺如甲基苄基亚硝胺常诱发食管癌；对于大鼠，二丁基亚硝胺能引起膀胱癌，二戊基亚硝胺能诱发肺癌，而N-甲基-N-硝基-N1-亚硝基胍则能引起胃肠癌。

黄曲霉毒素致癌特点：①毒性很强，很小剂量（1mg/kg体重）即可使犬、幼龄大鼠、火鸡或小鸭致死。②致癌性强，最小致癌剂量比亚硝胺要小数十倍，是已知化学致癌物中作用最强者。它能诱发多种动物（从鱼到猴）的肝癌，也可引起肾、胃及结肠的腺癌，滴入气管内可引起肺鳞状细胞癌，注入皮下可引起局部的肉瘤，还可引起泪腺、乳腺、卵巢等其他部位的肿瘤。

**表5-5　不同种类动物对口服芳香胺类致癌物的敏感性比较**

| 动物 | 2-萘胺 | 4-氨基联苯 | 联苯胺 |
|---|---|---|---|
| 人 | 膀胱 | 膀胱 | 膀胱 |
| 狗 | 膀胱 | 膀胱 | 膀胱 |
| 猴 | 膀胱 | - | - |
| 地鼠 | 膀胱 | - | 肝 |
| 小鼠 | 膀胱 | 肝 | 肝 |
| 大鼠 | 无 | 乳腺、肠 | 外耳道、肠 |
| 兔 | 无 | 膀胱 | 膀胱 |

**3. 移植性肿瘤模型**　移植肿瘤模型主要利用T细胞缺陷裸小鼠、裸大鼠及T、B细胞缺陷SCID小鼠，将人体肿瘤移植于免疫缺陷动物，因能保持其生物学特性，用于研究人体肿瘤对药物的敏感性有较大的帮助，日益受到多方面的重视。

裸小鼠可直接作为人体肿瘤异种移植的接受体，不需进行附加因子的处理，使人体肿瘤移植后生长良好。肿瘤细胞形态、染色体含量和同工酶水平与人体肿瘤一样，说明未发生细胞选择和细胞杂交现象，细胞动力学和生物化学特征也未变，故这种小鼠的异种移植人体肿瘤已成为免疫学和肿瘤学研究中较为理想的模型。目前已成功将结肠癌、乳腺癌、肺癌、卵巢癌、黑色素瘤、胃癌、淋巴瘤和白血病、肾癌、宫颈癌、软组织肉瘤和骨肉瘤等移植于裸鼠，获得一定的良好生长肿瘤，部分并可传代。若用已建株的人体肿瘤组织培养细胞作移植材料，接种后成活率更高。

这些成活的肿瘤对化疗药物的敏感性与临床所见十分相近。

常用的人癌组织移植的途径可分为皮下移植、腹腔移植、原位移植和肾囊膜下移植几种。原位移植是指将人的某个脏器的癌组织移植到裸鼠相应的脏器内，其优点是相同的周围环境更适合人癌组织的生长。将人癌组织移植入裸鼠肾囊膜内，观察肿瘤生长大小和抗癌药物疗效，此方法比皮下接种快速。

### （三）遗传学实验研究

在遗传学上用来研究阐明正常遗传及遗传性疾病机制的动物称为模式动物。由于进化的原因，生命在发育过程中的基本模式具有相当的同一性，利用位于生物复杂性阶梯较低级位置上的物种来研究发育共同的规律是可能的。因为这些生物的细胞数量更少，分布相对单一，变化也易于观察，而对这些生物的研究有助于人们理解生命世界的一般规律。目前在遗传学研究上公认的模式动物有果蝇、线虫、斑马鱼和小鼠等。

**1. 果蝇的应用** 果蝇的染色体数量少，遗传背景清楚，基因定位与表型效应的关系明确，各种遗传分析方法也较成熟，是一种经典的模式动物。

**2. 线虫的应用** 线虫的细胞分化谱系明确，为研究细胞与细胞间相互作用和特定细胞功能提供了很好的模型。

**3. 斑马鱼的应用** 斑马鱼通体透明，它具有体外受精、胚胎透明、体外发育、胚胎早期发育快和易于大量获得样品等独有的特点，是研究器官发育的最佳材料之一。

**4. 小鼠的应用** 近二十年来，小鼠作为模式动物受到人们的重视。小鼠体形小、繁殖快、生命周期短，与人同属哺乳动物。小鼠的基因组序列已经全部阐明，基因组和人类 90% 同源，且生理生化和发育过程和人类相似。更为重要的是小鼠的胚胎操作技术、胚胎干细胞技术及基因改造技术已经成熟。这些优势凸显了小鼠在模式动物中的地位，成为建立人类遗传性疾病的动物模型的最佳实验材料。

### （四）病毒学实验研究

实验动物在病毒学研究中起着重要作用。从病因未明病原体的分离确认到发病机制的研究、抗病毒药物筛选、疫苗效果鉴定、诊断试剂制备等，都需要对病毒敏感的动物（见表 5-6）。

不同种属动物对同一病毒的易感性不同，对一种动物是病原体，对另一动物可能并不致病。即使是同一种属动物的不同品系，对同一刺激的反应也有很大差异。年龄、体重、性别、生理状态、健康情况的差异，往往导致对同一刺激的不同结果。此外，病毒接种途径的改变往往导致不同的感染结果。实验中，应尽量使用标准的实验动物，并要在相应等级的生物安全实验室内进行。应用敏感的家畜、家禽和野生动物做传染病学研究时，应注意了解这些动物的自然感染情况，避免自然感染对实验感染结果的干扰。

病毒学研究常选用的实验动物有小鼠、金黄地鼠、豚鼠、兔、绵羊、禽类、猴等。分离病毒广泛使用的是乳鼠，它对柯萨奇病毒、呼吸道肠道病毒和虫媒病毒感染有高度易感性。许多柯萨奇病毒 A 型直到目前仍然不能在 1 月龄小鼠以外的任何非人的宿主中培养。因此，目前研究虫媒病毒常选用小鼠乳鼠及刚断乳的幼鼠，A 型柯萨奇病毒需用出生 1 天内的小鼠培养。用感染乳鼠脑制备补体结合抗原，滴度常较高且非特异性反应较少。

表 5-6　各种病毒常用易感动物与接种途径

| 病毒 | 实验动物 | 接种途径 |
|---|---|---|
| 单纯疱疹 | 兔<br>豚鼠 | 角膜、脑内<br>肉趾 |
| 痘苗、天花 | 兔<br>犊牛<br>恒河猴等 | 角膜、睾丸<br>皮肤<br>皮肤、角膜、呼吸道 |
| 水痘 | 恒河猴等<br>兔 | 脑内、睾丸<br>睾丸、眼前房 |
| 脊髓灰质炎 | 各种猴　　兰辛株Ⅱ型<br>棉鼠<br>小白鼠<br>金黄地鼠 | 脑内、鼻内、腹腔<br>脑内、扁桃体、腹腔<br>脑内、脊椎内<br>脑内 |
| 柯萨奇、甲型风疹 | 初生小白鼠<br>乳小白鼠<br>雪貂 | 脑内、肌肉、腹腔、皮下<br>皮下、腹腔、鼻腔、静脉<br>皮下、脑内 |
| 狂犬病 | 兔<br>小白鼠、地鼠、大白鼠、犬<br>猫、鸡、猴 | 脑内、皮下<br>脑内 |
| 流感 | 雪貂<br>小白鼠（传代适应、甲、乙型）<br>猴 | 鼻内<br>鼻内<br>鼻内 |
| 腮腺炎 | 恒河猴等 | 脑内、腹腔、静脉、腮腺 |
| 麻疹 | 恒河猴（部分可用豚鼠、兔） | 皮下、肌肉、静脉、脑内、脑腔 |
| 乙型脑炎 | 小白鼠<br>恒河猴 | 脑内、腹腔、皮下<br>脑内、鼻内、皮下 |
| 登革热 | 恒河猴等<br>小白鼠乳幼鼠（传代适应） | 脑内<br>脑内 |

其他实验动物，如成年小鼠、兔、豚鼠、雪貂等主要用来研究病理机制、制备诊断用品等，并不用于分离病毒。灵长类动物广泛用于致病性研究，特别是可能由“慢病毒”感染引起的一些疾病。

一些重要的病毒性传染病的模型动物的选择如下。

**1. 流感病毒模型**　动物流感病毒属正黏病毒科，感染引起人流行性感冒。模型动物最好用雪貂，也可用小鼠、金黄地鼠、豚鼠、猴及猪。雪貂是较为理想的流感模型动物。白色皮毛的雪貂较杂色雪貂更为敏感。病理材料经鼻腔内接种。雪貂对甲、乙型流感均易感，病毒不经适应即能对雪貂致病，并易传播给其他雪貂和人。其临床表现与人相似，发热，并伴上呼吸道感染。愈后血清中产生高滴度抗体。小鼠对流感病毒敏感，但其症状与人不同，主要表现为下呼吸道感染，并死于肺炎。直接取自患者的材料不宜用小鼠分离病毒。适用的方法：有毒材料应在乙醚麻醉下通过鼻腔接种，且先在雪貂身上适应。

**2. SARS 病毒模型**　动物 SARS 病毒属冠状病毒科，感染引起人的重症急性呼吸综合征（severe acute respiratory syndrome，SARS），即病毒性非典型性肺炎。自然感染宿主可能为野生果子狸。恒河猴对病毒敏感，感染后均有一过性（4 天左右）体温升高。病毒接种第 5 天，在部分恒河猴的咽拭子标本中即检测出 SARS 冠状病毒 RNA；接种第 10 天，咽拭子标本中均检测出 SARS 冠状病毒 RNA。在病毒感染的第 7 天及第 13 天，可从咽拭子和肺脏组织、淋巴结标本中分离出 SARS

冠状病毒。在病毒接种的第 17 天，血清中抗 SARS 冠状病毒抗体（IgG）呈阳性反应。

病理学观察在病毒接种的第 5、10、15、20、30 天，恒河猴肺组织检查可见间质性肺炎，肺组织水肿、结构破坏、出血，小血管玻璃样变。30 天后感染猴已经出现肺纤维化。其病理学改变与人类感染 SARS 冠状病毒后出现的病理改变十分接近。

**3. 甲型肝炎病毒模型** 动物甲型肝炎病毒（HAV）属肠道病毒科小 RNA 病毒，感染引起人甲型肝炎。狨猴、黑猩猩、红面猴对 HAV 均易感，经口或静脉注射接种病毒后，可产生肝炎。

肝组织呈现肝炎的病理改变。细胞浆内查到 HAV 抗原，恢复期血清中检测出相应抗体，粪便中可排出 HAV 颗粒。

**4. 乙型肝炎病毒模型** 动物乙型肝炎病毒（HBV）属嗜肝病毒科，感染引起人乙型肝炎。除了黑猩猩外，对 HBV 易感动物很少。狨猴虽可感染但不如前者敏感。因此，黑猩猩是研究 HBV 的发病机理、检测自动免疫、被动免疫效果及 HBV 疫苗安全性最理想的动物。

由于黑猩猩是濒危珍稀动物，一般不使用。已知土拨鼠、地松鼠和鸭可感染各自的嗜肝病毒，其病毒的结构、感染方式和病理变化与 HBV 相似，可利用这些动物进行 HBV 感染的实验研究。

近年来 HBV 转基因小鼠受到重视。将 HBV 目的基因显微注射到小鼠的受精卵，产生稳定整合 HBV 的小鼠。在目的基因的选取上，可以是 HBV 全长也可以是 HBV 片段，如前 s、s、c 和 x 基因，用于研究各基因及其表达产物在 HBV 生活史中的作用。HBV 转基因小鼠不仅可以研究 HBV 感染过程和感染后的免疫病理改变，还有助于发展新的抗病毒治疗方法。

**5. 肾综合征出血热病毒模型** 动物肾综合征出血热病毒（HFRSV）属布尼亚病毒科（*Bunyaviridae*）中的汉坦病毒（Hantavirus，HV），感染引起人肾综合征出血热。隐性感染动物模型有非疫区黑线姬鼠、大鼠、长爪沙鼠、兔等。黑线姬鼠和大鼠感染后无任何症状，亦无明显病理变化，病毒可长期储存在动物的肺等脏器内达 5 个月之久，主要用于病毒分离和传代。长爪沙鼠、兔等感染后为自限性的隐性感染，感染约 2 周后体内抗体产生，病毒被清除。

致病模型动物有乳小鼠、乳大鼠、裸鼠及环磷酰胺处理的金黄地鼠，表现为显性感染甚至死亡，并伴有明显病理改变。主要用于发病机制研究和药物筛选等。

**6. 新型冠状病毒模型** 新型冠状病毒感染（corona virus disease 2019，COVID-19）是由新型冠状病毒（severe acute respiratory syndrome coronavirus 2，SARS-CoV-2）引起的具有高传播性、致病性和侵袭性等特征的急性感染性呼吸道疾病。目前尚无理想的 COVID-19 动物模型。实验人员采用构建人 ACE2（human ACE2，hACE2）腺病毒载体、筛选鼠适应性毒株、重组毒株、基因编辑技术和筛选易感动物等方法，成功复制出能够部分模拟临床表现、发病过程、病理生理变化和免疫反应等特征的 COVID-19 动物模型。易感动物主要有恒河猴、食蟹猴、腺病毒转导 hACE2 野生型小鼠、叙利亚金黄地鼠、hACE2 转基因小鼠、雪貂、仓鼠和中国树鼩等。非人灵长类 COVID-19 模型是目前相对理想的动物模型，但非人灵长类动物存在个体差异较大、繁殖慢和成本高等限制；叙利亚金黄地鼠 COVID-19 动物模型具有较大开发潜力，但感染症状相对较轻；变异毒株或重组毒株 COVID-19 小鼠模型能较好地模拟临床肺组织病理改变，但该变异毒株或重组毒株可能会产生免疫逃逸现象；雪貂 COVID-19 模型适用于呼吸道传染研究，但肺病毒复制量较少；中国树鼩 COVID-19 动物模型有望用于 SARS-CoV-2 致病机制研究、药物和疫苗评价（蔡亚争，周莉，孙祖越. 新型冠状病毒肺炎动物模型研究进展［J］. 中国药理学与毒理学杂志，2022，36（5）：321-328.）。

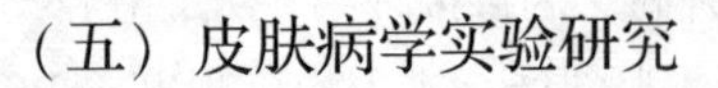

（五）皮肤病学实验研究

**1. 麻风病实验研究** 常选用的是裸鼠。裸鼠对麻风杆菌具有高度易感性，在裸鼠身上接种麻风杆菌，生长良好，且病理组织学检查结果类似人的瘤型麻风感染。

**2. 黑色素瘤实验研究**　裸鼠是人类恶性黑色素瘤适宜的模型动物。

**3. 真菌感染实验研究**　常用裸鼠，因裸鼠易发生真菌感染，特别是对新型隐球菌高度易感。

**4. 免疫性皮肤病实验研究**　随着免疫血清学研究的需要，目前已发展成用致敏动物含反应素抗体的血清注射到同种或密切相关的异种正常动物皮内，24~72 小时后，静脉注射抗原，观察局部皮肤过敏反应，统称 PCA 反应。PCA 反应试验常选用的动物是大鼠，亦用小鼠，有时根据实验需要用兔，这些动物 PCA（24~72 小时）反应是由 IgE 介导的。

犬可用作全身性红斑狼疮研究；豚鼠是研究实验性接触性变态反应的常用实验动物，且是研究接触性变态反应的最佳动物。豚鼠易于致敏，其发生变态反应性接触性皮炎与人类十分相似。

### （六）微循环实验研究

进行外周微循环实验观察时，常选用小鼠耳郭、金黄地鼠颊囊、兔眼球结膜、兔耳郭透明窗等。进行内脏微循环实验观察时，常选用青蛙、大鼠、小鼠、豚鼠、兔、猫和犬的肠系膜、大网膜和肠壁等。

### （七）放射学实验研究

放射学研究中可选用成年的猴、猪、羊、犬、兔、豚鼠、田鼠、大鼠、小鼠等动物进行实验。一般认为用猴、犬、大鼠和小鼠复制放射病模型比较理想。BALB/cAnN、A、LACA 小鼠和 Wistar 大鼠对射线敏感，应该首选。

不同种系动物的放射敏感性差别很大，总的趋势是种系等级愈高，机体结构愈复杂，其放射敏感性也愈高。脊椎动物的放射敏感性高于无脊椎动物；在脊椎动物中，哺乳类比鸟类、鱼类、两栖类和爬虫类为高。哺乳类中各种实验动物的放射敏感性差异也较大，豚鼠、犬、山羊、绵羊、猪对射线比较敏感，猴、小鼠次之，大鼠、田鼠更次之（见表 5-7）。

**表 5-7　各种动物对放射的半数致死量比较表**

| 动物种类 | $LD_{50}$ |  | 动物种类 | $LD_{50}$ |  |
|---|---|---|---|---|---|
|  | C/kg | Gy |  | C/kg | Gy |
| 猴 | 0.129~0.142 | 5.46 | 豚鼠 | 51.6~103.2 | 4.00 |
| 羊 | $9.03\times10^{-2}$~$1.29\times10^{-2}$ | 2.37 | 田鼠 | 0.18 | - |
| 猪 | $5.93\times10^{-2}$~$7.1\times10^{-2}$ | 2.47 | 大鼠 | 0.155~0.206 | 7.96 |
| 犬 | $6.45\times10^{-2}$~$7.74\times10^{-2}$ | 2.44 | 小鼠 | 0.103~0.155 | 6.33 |
| 兔 | 0.194~0.206 | 7.51 | 人 | $7.35\times10^{-2}$~$6.45\times10^{-3}$ | - |

### （八）老年病实验研究

目前，用于老年病研究中的实验动物以哺乳类动物为主，有小鼠、大鼠、豚鼠、兔、犬、猪、猴等，其中大鼠使用最多，并广泛用于各种项目的研究，以细胞生物化学、消化器官、激素、酶等研究为主；小鼠的使用数虽比大鼠低，但用途广泛，以放射线、消化器官、免疫、酶等的研究为主，该项研究要选用老年动物。鸟类的使用率不高，但涉及的研究项目很广，鱼类、两栖类、爬虫类及无脊椎动物等，绝大多数被用于比较生物学的研究。非哺乳类动物在老年医学研究中也被选用，如果蝇、沙蚤、蚯蚓、轮虫、线虫、水螅、原虫等。

# 第六章
# 人类疾病动物模型

扫一扫，查阅本章数字资源，含PPT、音视频、图片等

## 第一节　概　述

### 一、人类疾病动物模型的定义

人类疾病动物模型（animal models for human diseases）是指为生物医学研究和阐明人类疾病的发生机理及建立预防、诊断和治疗方法而制作的，具有人类疾病类似表现的实验动物。

在生命科学和医药学研究中，受伦理学的制约，许多实验不能直接在人体上进行，需要借助实验动物才能得以完成。利用人类疾病动物模型进行研究是当代生物学、药物学、医学等研究中一种便于认识客观事物的实验方法和手段，该方法既可克服某些疾病临床研究的困难，有意识地改变那些在自然条件下不可能或不容易控制的因素，以观察模型的反应结果并将研究结果推及人类疾病；又可解决以人作为实验对象在伦理道德和方法学上的诸多问题，避免临床经验的局限性，从而有助于更有效地揭示疾病的本质和发展规律。这是生命科学和医药学发展史上极其重要的进步。

疾病动物模型的研究实质上是一门有关实验动物应用的科学，是指导人们利用各种动物的生物学特征和疾病特点，与人类疾病进行比较的研究，因而是比较医学的重要组成部分。长久以来，人们发现，以人本身作为实验对象来推动医学发展是缓慢的，临床所积累的经验在时间和空间上都存在着局限性。要从众多的临床资料中获得具有可比价值的材料很不容易，而使用动物模型就可以克服这些缺点。

当前，有价值的各种模型已有数千种，疾病动物模型作为人类医学的巨大资源宝库，正吸引着越来越多的科技人员投身于这项研究工作中。本章所介绍的内容只能从宏观上阐明一些基本概念，介绍动物模型的发展史、使用意义、制作原则和模型分类等。对于某特定疾病模型的具体制作过程、材料方法等内容，仍需翻阅有关文献，并在实践中摸索。

### 二、人类疾病动物模型的发展史

人类用动物进行实验来探索生命的奥秘已经有几千年的历史，但作为生物医学各学科发展的初级阶段，在很长的一段历史时期内主要是通过观察、比较动物与动物之间以及动物与人之间在解剖结构和功能上的共同点和差异点来认识人类自身。在这个阶段，“健康”的动物实际上充当了“健康”的人类模型。而真正作为疾病动物模型进行研究，最早可追溯到18世纪，当时正是通过对大量动物疾病的研究，使人们对疾病的本质、对人与动物的关系有了一个崭新的认识，为现代疾病动物模型的开创奠定了基础，进而为现代实验医学的发展起到了里程碑式的作用。

18 世纪，英国医生詹纳（Edward Jenner）通过实验发现并证实了给人接种牛痘可使之获得天花免疫，从而为成功抵制天花对人类的侵袭制定了免疫接种的标准方法。1980 年 5 月，第 23 届世界卫生大会正式宣布天花被完全消灭，詹纳被后人称为“伟大的科学发明家与生命拯救者”。

1876 年，德国医生郭霍（Robert Koch）从病牛的脾脏中得到了致炭疽病的细菌，并且移种到老鼠身上，使老鼠相互感染，最后又重新分离获得相同的杆菌。通过对致炭疽病细菌的研究，使人们首次认识了由微生物引起的人畜共患病。

1884 年，法国化学家和生物学家巴斯德（Louis Pasteur）研制出狂犬病病毒疫苗后成功地在狗身上进行了试验。在此基础之上发明了一种人体免疫法，此法使人接种后对可怕的狂犬病具有免疫能力。从那时起，其他科学家也发明了防治许多严重疾病如流行性斑疹伤寒和脊髓灰质炎的疫苗。

1911 年，美国病理学家劳斯（F. P. Rous）用鸡肉瘤的无细胞滤液注射到健康鸡皮下，结果在接种部位出现新生肿瘤，从而发现这种肿瘤具有“传染性”。随后的研究发现这种肿瘤是由病毒引起的，这是病毒引起肿瘤理论的最早研究。1914 年，日本科学家山极和市川用沥青长期涂抹家兔耳朵成功诱发皮肤癌，进一步研究发现沥青中的 3，4-苯并芘为化学致癌物，从而证实了化学物质可以致癌的理论。

20 世纪 50 年代中期，美国科学家加德赛克（Daniel Carleton Gajdusek）对发生在巴布亚新几内亚土著部落的库鲁（Kuru）病进行研究，发现库鲁病是一种类似于人类克雅氏病的传染病。美国科学家普鲁西纳（StanleyB. Prusiner）对库鲁病的病原体做了进一步的研究，发现变异的普里昂蛋白（prion protein，也译为“朊蛋白”）才是库鲁病的病原体，从而揭示了本病由朊蛋白（prion）感染因子所引起的本质，这一发现对其他神经系统疑难杂症的解决提供了新的途径。

人类疾病的动物模型作为专题进行开发研究则是在 20 世纪 60 年代初才真正开始的。1961 年在美国国立卫生研究院（NIH）病理培训委员会主办的第一次比较病理研讨会中，首次提出加强开发人类疾病的动物模型。1968 年美国联邦实验生物学学会（FASEB）召开了“人类疾病研究中动物模型的选择”专题会，此后每年均举办有关讨论会，分专题介绍各类疾病动物模型。同年，美国实验动物资源署（ILAR）与美国实验动物医学会（ACLAM）出版了《生物医学研究的动物模型》一书，1972 年美国比较病理注册处开始出版《人类疾病动物模型手册》，每年增补新内容，至 1986 年底已达 15 分册。1982 年 Hegreberg 和 Leathers 编辑出版了《动物模型一览》，共收集各种模型 4000 余种。

20 世纪 80 年代后，现代生物学技术被广泛地应用到疾病动物模型研究中，建立了许多转基因和基因敲除动物模型，极大地丰富了疾病动物模型的种类和内容。

目前，人类疾病动物模型已经成为现代医学特别是药效学、肿瘤学、免疫学及临床实验医学深入发展不可或缺的工具，且有良好的发展前景和很高的实用价值。可以说，一个好的人类疾病动物模型的建立可极大地促进研究该疾病发病机理、诊断、预防及治疗以及相关新药开发的进程；而一种疑难病、烈性传染病如无相应的动物模型，则是限制该病深入研究的瓶颈。

## 三、应用人类疾病动物模型的优越性

在动物整体水平上建立真实模拟人类疾病的模型，是在体功能分析、疾病发病机制探讨、药物新靶点发现及临床前药效学评价等生物医学研究的必要条件，具有十分重要的科学意义和临床意义。人类疾病动物模型是现代医学常用的且有时是不可替代的实验方法或手段。应用动物模型

间接研究人类疾病具有以下意义。

### （一）减少人体接受实验的风险

人类疾病的研究，各种治疗药物、生物制品、化妆品等的开发，在人体身上进行试验是必需的，但其可能的危害也是不可避免的。若首先应用相应疾病的实验动物模型，对其进行临床前的药效学试验和毒理学评价，可以最大限度避免人体直接接受实验所带来的风险。尤其临床上某些疾病如外伤、中毒、放射病及肿瘤等，由于社会道德伦理方面的原因，不能直接在人体身上做试验，可选择这些疾病的动物模型来开展研究。

### （二）缩短实验研究的周期

人类某些慢性疾病，如糖尿病、肿瘤、慢性支气管炎、慢性萎缩性胃炎、动脉粥样硬化、老年性痴呆和许多遗传性疾病等，由于其病因的特殊性，所以治疗周期长，研究难度大。而应用人类疾病动物模型，则因其生命周期比较短，人們可在较短时间内对相关人类疾病动物模型进行长生命周期的观察，从而大大缩短研究周期。小型实验动物模型因其个体小、生命周期短、对疾病治疗反应快等特点而倍受研究者的青睐。

### （三）便于实验样本的收集

临床上从患者身上可能获取疾病的相关材料，但在数量上和种类上均有局限性。应用人类疾病动物模型，不仅在群体数量上，而且在获取疾病材料的多样性上都易于满足。除了能近似地再现人体疾病的各种特征以外，它还有利于研究者收集各种与疾病有关的样本，如组织、器官、细胞、血液、尿液、染色体、基因等。通过分批处死（或在活体）收集所需样品，还可以了解疾病模型动物异常反应的全过程。

### （四）便于研究结果的分析

人类疾病影响因素通常十分复杂，往往多种疾病同时共存，即使单一疾病，由于年龄、性别、体质、遗传及环境等影响因素不同，对其疾病发生发展都起着相当大的影响，并出现不同的状况。应用人类疾病动物模型，通过控制动物品种、品系、性别、年龄、体重、健康状态和生长环境，选择相应的复制方法，同时设置对照，可以排除干扰因素，在短时间内获得大量能够再现疾病演变过程且可比性较强的实验材料，使得到的结果更加准确，获得的内涵更加深入。这些结果不仅增加了因素的可比性，还具有良好的可重复性。

### （五）提供罕见疾病的材料

临床上有些疾病如某些遗传性、免疫性、代谢性、内分泌及血液系统疾病等的发病率较低，有些疾病如麻风病、AIDS 病等的潜伏期较长，能用于分析研究的疾病材料明显不足。应用人类疾病动物模型技术可以在较短时间内获得大量疾病材料，有助于对这些疾病的分析和评判。

### （六）全面认识疾病的本质

某些病原体不仅可引起人类感染，还会使多种动物发生疾病。各脏器的表现也可能各有特点。通过比较研究，可充分认识到同一病原体在不同机体内引起的损害，从而更全面地认识疾病的本质。从某种意义上讲，可以使研究工作升华到立体水平来揭示疾病的本质。

## 四、人类疾病动物模型的制作原则

建立实验动物模型的最终目的是为了防治人类疾病，因此，疾病模型研究结果的可靠程度取决于模型与自然原型（即人类疾病）的相似或可比拟的程度。一个好的动物模型应具有以下特点。

**1. 相似性**　应与人类疾病有相似之处，可再现所要研究的人类疾病的病理改变。相似之处越多，模型的研究价值就越大。

**2. 可靠性**　应具体可靠地反映特定疾病或特定功能，代谢或结构变化，能通过各种观察指标得到明确诊断。

**3. 完整性**　所选的动物的背景资料要完整，生命史能满足实验需要，能显示某种疾病从发病到转归的整个变化过程。

**4. 重复性**　相近条件下，能够复制和再现；最好能在两种以上不同种属动物上得到证实。

**5. 规范性**　在研制与复制过程中有基本同一的操作规程、技术参数与观察指标等。

**6. 实用性**　可应用于药物药效学和毒理学检测，对药物疗效和安全性评价有实用价值；或可应用于医学实验研究，对临床诊治工作有理论指导意义等。

**7. 易行性**　能充分保障所需动物和试剂的来源，并做到制作方法简便，仪器设备普及，造模价格适中。在同等条件下优先使用标准化实验动物。

如果模型动物的病理性状出现率不高，总体上说该模型价值不高。如果一种方法可复制很多模型，无专一性，也会降低该模型的应用价值。

人类疾病动物模型是由生物医学领域中的研究者以实验动物为研究对象，通过观察、选育、研制、实验、测试与比较等，建立的一种类似于人类疾病的动物模型。通过对该模型病因、疾病发生、发展、转归及可能施加的干预措施及其影响的研究，与人类的相应疾病进行比较，从而更有效地认识人类疾病的发生、发展和防治规律。

此外，应该懂得，没有一种动物模型能完全复制人类疾病的状况，动物体毕竟不是人体的真实摹本。模型实验只是一种间接性研究，只可能在一个或几个方面与人类疾病相似。因此，模型实验结论的正确性只是相对的，最终必须在人体上得到验证，即最标准的终极“模型”只能是患者本身。所以复制过程中一旦出现与人类疾病不同的情况，必须分析其差异的性质和程度，找出相平行的共同点，正确评估哪些是有价值的内容。

总之，人类疾病动物模型研究是一门新兴的科学，被普遍得到重视只有60余年的历史。要制备有价值的动物模型，除了必须学习有关知识，掌握丰富的医学和实验动物学知识外，还需参考有关文献资料，精于选用已知的各种模型和开发新的模型。

## 五、人类疾病动物模型的分类

人类疾病动物模型有以下几种分类方法。

### （一）按疾病动物模型制作方法的分类（见表6-1）

**1. 诱发性疾病动物模型（induced disease animal model）**　又称为实验性疾病动物模型（experimental disease animal model），是通过物理、化学、生物等因素作用，人为地诱发动物产生某些类似人类疾病的组织、器官、局部或整体的损伤。例如，利用胸腺切除和X线照射使幼年大鼠产生免疫功能缺陷和自体免疫性甲状腺炎；口服黄曲霉毒素诱发大、小鼠肝细胞癌等。这类模型

的优点是制作方法简便，短期内可复制大量疾病模型，实验条件比较简单，其他因素容易控制。缺点是由于疾病是通过人为限定的方式产生的，所以多数情况下与临床存在着一定的差异；况且很多人类疾病尚不能用人工诱发的方法复制，因此有一定的局限性。诱发性人类疾病动物模型在医学研究中应用较广，特别在药理学、毒理学、肿瘤学和传染病学等方面被研究者广泛接受。

**2. 自发性疾病动物模型（spontaneous disease animal model）** 是指实验动物未经任何人工处置，在自然条件下发生的，或由于基因突变的异常表现，通过遗传育种保留下来的动物模型。其中主要包括近交系的肿瘤疾病模型和突变系的遗传疾病模型。突变系疾病动物模型（mutant disease animal model）是动物在自然环境下发生基因变突，或在繁育过程中隐性致病基因的暴露或多疾病基因的重新组合，导致动物出现异常疾病表现，通过定向培育而保留下来的疾病模型。例如，快速老化小鼠（SAM 品系小鼠）6 月龄后迅速出现老化特性；高血压大鼠 SHR 10 周龄雄鼠平均血压可达（184±17）mmHg，雌鼠可达（178±14）mmHg。这类模型的优点是在一定程度上减少了人为的因素影响，因此更接近于自然发病的人类疾病。缺点是目前所发现的动物自发性疾病模型数量还有限，疾病动物难以饲养，因此培育费时、专业性强。近年来许多学者对自发性动物模型产生浓厚的兴趣，在遗传病、代谢病、免疫缺陷病、肿瘤等方面的应用正日益增多。应该指出，很多自发性疾病动物在饲育过程中往往被当作患病劣质动物而淘汰，这是很可惜的。若能建立一种机制，通过分析和定向培育，将能开发出更多的保留其疾病特征的自发性疾病动物模型。

**3. 诱变系疾病动物模型（mutagenic disease animal model）** 用物理、化学方法诱导致基因突变，是研究基因功能、加速突变系疾病动物模型开发的一个重要手段。诱导致突变的物理因素有 X 射线或 $\gamma$ 射线。X 射线诱导突变的频率约（13～50）$\times10^{-5}$/位点，超过自发性突变频率的 20～100 倍。但是射线产生的突变常常是大的缺失或其他大的病变，如转位或复杂的重排，与大部分人类疾病的遗传改变不一致。化学致突变剂有 N-乙基-N-亚硝基脲（N-ethyl-N-nitrosourea，ENU）和苯丁酸氮芥（chlorambucil，CHL）等。近年来建立了用 ENU 进行大规模动物基因致突变技术，使动物的精原细胞染色体基因发生点突变，通过交配，使突变基因遗传给子代，通过对子代动物的检查，筛选出有价值的疾病动物模型。这种技术的优点是可以进行大规模制作和筛选，从中发现有价值的突变系疾病模型。缺点是耗资巨大，工作量大，不能有目的地制作某种动物模型。

**4. 遗传工程动物疾病模型（genetically engineered animal disease model）** 是指运用各种技术手段有目的地干预动物的遗传组成，导致动物新的性状出现，并使其能有效地遗传下去，形成新的可供生命科学研究和其他目的所用的动物模型，具有以下几个特点。

（1）它是人工在实验室里制作出来的，可以人为地加入或灭活一个基因，观察基因的表达及功能。

（2）它可以打破自然情况下的种间隔离，使外源致病基因在种系关系遥远的机体内表达。

（3）它可以稳定地传给后代。

（4）它不仅可应用于遗传性疾病的研究，还可应用于肿瘤学、心血管疾病及病毒性疾病等的研究。

近年来在世界范围内对遗传工程动物疾病模型的开发和利用已经形成热点，有进一步加快发展的趋势。缺点是制作遗传工程动物技术属于生物高技术，投入的仪器设备昂贵，需要熟练的操作技术；由于人类的很多疾病是多基因遗传，而目前的大多数遗传工程动物疾病模型是单个基因的加入或灭活，因而是部分模拟了一些人类疾病，距离“理想”地再现人类疾病的动物模型还有一定的差距。

表 6-1　按制作方法分类的不同人类疾病动物模型的比较

| | 诱发性疾病动物模型 | 自发性疾病动物模型 | 诱变系疾病动物模型 | 遗传工程疾病动物模型 |
|---|---|---|---|---|
| 制作原理 | 物理、化学、生物因素诱导 | 自发产生 | 人工致突变技术 | 遗传工程技术 |
| 制作目的性 | 明确 | 不明确 | 明确 | 明确 |
| 制作难度 | 容易 | 不易发现 | 检测建系工作量大 | 难，需有相应设施设备和熟练技术人员 |
| 大量使用 | 随时可能 | 视种群大小 | 视种群大小 | 视种群大小 |
| 稳定遗传 | 不可 | 可 | 可 | 可 |
| 建系保种 | 无须 | 需要 | 需要 | 需要 |
| 疾病范围 | 广泛 | 比较局限（遗传病、肿瘤、免疫缺陷、代谢病等） | 比较局限（遗传病、肿瘤、免疫缺陷、代谢病等） | 比较广泛（遗传病，肿瘤，免疫缺陷病，代谢病，心血管病，病毒性疾病等） |
| 模型来源 | 自己制作 | 向实验动物公司定购 | 向实验动物公司定购 | 向实验动物公司定购 |

### （二）按各系统人类疾病动物模型的分类

各系统人类疾病动物模型（disease animal model of different systems）是指与人类各系统疾病相对应的动物模型，如心血管、呼吸、消化、造血、泌尿、生殖、内分泌、神经、运动等系统疾病模型。此种分类避开了动物的种类和模型的制作方式，把不同动物模型按系统分类，便于使用者进行评价和检索，有一定的合理性，一般教材和科技书的编排均采用此种分类。

### （三）按疾病基本病理过程动物模型的分类

疾病基本病理过程动物模型（animal model of fundamentally pathologic processes of disease）是指致病因素在一定条件下作用于动物后，动物在功能、代谢和形态结构上出现某些共性改变而形成的动物模型。这种动物模型的致病因素较多，可包括化学、物理和生物因素，但在动物身上反映出的症状往往带有共性，不是某种疾病所特有的，诸如发热、缺氧、水肿、炎症、休克、电解质紊乱、酸碱平衡失调、呕吐、腹泻等疾病的基本病理变化，分析应用起来有一定的局限性，在评价某个动物模型（尤其是诱发性动物模型）的价值时有一定的困难，有时甚至可能是诱发性动物模型制作过程中的副作用。但疾病基本病理过程动物模型在研究某个疾病的发病机理和药物筛选、疾病治疗方面有一定的应用价值。

### （四）中医证候动物模型的分类

几十年来，我国中医药研究工作者利用中医学的独特理论体系辨证论治，利用实验动物复制临床不同的证候，以不同的证型表现出来，建立了数量较多、具有中国特色的中医证候动物模型。值得注意的是，大多数中医证候动物模型都是诱发性动物模型，它的覆盖面包括八纲辨证、脏腑辨证、气血津液辨证、六经辨证、病因辨证、卫气营血辨证等。目前，有关中医证候动物模型的研究已成为广大中医药研究工作者越来越重视的一个方面。随着这方面研究的进一步深入，必将在中医药基础理论研究方面发挥无可替代的重要作用。

## 第二节　自发性疾病动物模型

自发性疾病动物模型是指在自然情况下正常染色体上的基因发生突变，或在繁育过程中隐性

致病基因的暴露或多疾病基因的重新组合，从而出现具有某种遗传缺陷或某种遗传特点的动物，如裸鼠、糖尿病大鼠等。在自然情况下基因发生突变的概率是非常低的，大约十万个到一亿个生殖细胞中才会有一个发生突变，且有的有明显的症状，而有的却没有。由于发现和验证基因突变需要有专门的遗传学知识和应对程序，所以在日常饲育过程中，那些呈“畸形”或“缺陷”的动物，常常被饲养人员视作“非健康”者而处理掉了。

在自然界，自发性疾病往往是散发的，难以进行收集和复制，因此许多自发性疾病模型的培育带有一定的偶然性。要建立自发性疾病模型，研究者首先应有敏锐的眼光，及时发现有特殊疾病意义的个别突变动物，并通过合理的遗传育种和检测手段加以定向培育，保持其遗传性状，培育出有研究价值的突变系动物。

目前，已培育的自发性疾病动物模型达千余种，其中有的极有价值，本节就此对其中常用的几种做一简要的介绍。

## 一、自发性糖尿病动物模型

世界卫生组织（WHO）于1985年将糖尿病分为胰岛素依赖型（insulin dependent diabetes mellitus，IDDM）和非胰岛素依赖型（non insulin dependent diabetes mellitus，NIDDM）。目前已培育出上述两种类型糖尿病的动物模型，其中以NIDDM动物模型居多。

### （一）NOD/LtJ 小鼠

在对ICR/Jcl小鼠进行近交培育的第6代时，从白内障易感亚系分离出非肥胖糖尿病品系（NOD）和非肥胖正常品系（NON）。在近交系20代时，首先发现NOD雌鼠有胰岛素依赖型糖尿病。1999年引入中国。毛色：白化为非肥胖糖尿病小鼠。90～120日龄（相当于人类青春期）初期发病表现为高血糖、尿糖、酮尿、多饮、多尿、消瘦等症状。30周龄时糖尿病累计发病率雌雄分别为60%～80%和10%～70%，睾丸切除可增加糖尿病发病，而卵巢切除减少发病，临床症状与人类1型糖尿病类似，糖尿病由胰岛素依赖引起，用于糖尿病研究。免疫系统在糖尿病的发生发展中起重要作用，胰岛β-细胞损伤继发于自身免疫过程，引起低胰岛素血症。雌性NOD小鼠的发病率显著高于雄性，且发病早。

### （二）db/db（Diabetes）小鼠

db/db小鼠是由近交系C57BL/KS小鼠单隐性基因突变后培育而成，属NIDDM糖尿病模型。该模型具有肥胖、胰岛素抵抗、高血糖、高胰岛素血症、高甘油三酯血症等特征，临床症状包括肥胖、高血糖、糖尿、蛋白尿、烦渴、多尿，最后可因酮尿而死亡。

### （三）OB（B6. VLepob/J）小鼠

纯合子小鼠的肥胖自发突变（Lepob：通常被称为肥胖），大约在4周龄的时候即可识别出来。纯合子突变小鼠与体重正常的野生型对照体重增加迅速，可达到其3倍。除了肥胖，突变小鼠还表现为摄食过度，具有类似糖尿病的症状：高血糖、葡萄糖耐受、血浆胰岛素水平升高、繁殖力降低、伤口愈合受损、垂体及肾上腺激素分泌增加，另外代谢及体温也降低。肥胖的特点是脂肪细胞数量和规模都有所增加。突变的纯合子小鼠对于胰岛素分泌刺激的阈值非常低。雌性纯合子表现：子宫及卵巢重量降低，卵巢激素分泌降低，滤泡颗粒细胞及子宫上皮组织层的表现形式降低。与携带糖尿病突变的db小鼠一样，糖尿病的表型对遗传背景的依赖性很强，高血糖症

是暂时的，在 C57BL/6J 背景 14～16 周龄之间衰退，在 C57BLKS 背景，肥胖纯合子随胰岛的衰退发生严重的糖尿病，并在早期死亡。主要用于肥胖的生化、病理、激素及药物的治疗、内分泌和免疫方面的研究。

### （四）KK（KK/Upj-Ay/J）小鼠

由 Kasukabe 小鼠与 C57BL/6J 小鼠杂交后培育而成，属非胰岛素依赖型糖尿病，主要表现为中度肥胖、中度糖尿病动物模型，8 周龄高血糖、高胰岛素、葡萄糖耐受不良，是由胰岛素抵抗引起的 2 型糖尿病小鼠。

### （五）BB（Biobreeding）大鼠

选育自 Wistar 大鼠，是 1 型糖尿病的良好模型。其发病与自身免疫性损伤胰岛 β 细胞引发胰腺炎和胰岛素缺乏有关。大鼠通常在 60～120 日龄时发病，数天后就出现严重的高血糖、低胰岛素和酮血症。给予免疫抑制剂、切除新生鼠胸腺等方法可预防糖尿病的发生，说明自身免疫参与发病过程。

### （六）Zucker（fa/fa）大鼠

属典型的高胰岛素血症肥胖模型。动物有轻度糖耐量异常，高胰岛素血症和外周胰岛素抵抗，无酮症表现，类似人类的 NIDDM 糖尿病。该大鼠也称 fa/fa 大鼠。其纯合子 fa/fa 大鼠是肥胖型，杂合子 fa/fa 大鼠为正常表型，肥胖特征以常染色体隐性方式遗传。fa/fa 大鼠在离乳前脂肪细胞的体积已开始增大，离乳后体重增长较快，血浆胰岛素明显升高，10 周龄时体重可达 1045g，同时还有食量大、采食次数减少、高胰岛素血症和胰岛素抵抗等特点。该鼠由于可采血量大而较为常用。

### （七）GK（Goto-Kakizaki）大鼠

GK 大鼠是通过选择糖耐量处于上限的 Wistar 大鼠近交繁殖重复数代培育而成。表现为胰岛素分泌不全、胰岛素抵抗、胰岛纤维化等典型的 NIDDM 糖尿病特征。大鼠在长期糖尿病后会出现各种并发症，如视网膜病、微血管病、神经病、肾病等。和其他啮齿类 2 型糖尿病动物模型相反，GK 大鼠是非肥胖的。

### （八）ZDF（ZDF-$Lepr^{fa}$/CrlVr）大鼠

ZDF 大鼠是封闭群 Zucker 大鼠发生突变后得到的高血糖品系，其瘦素基因发生突变，胰岛 β 细胞基因转录功能缺陷而导致胰岛素抵抗，与糖尿病的发展过程极为类似。经过特殊饲料诱导，在 10 周龄时，ZDF 大鼠的血糖达到正常大鼠的 4 倍以上并伴随一生。同时，ZDF 大鼠先天自发高胰岛素血症，在 22～42 周时，β 细胞功能衰竭，有肾损伤出现；在 16～24 周时，出现冠状动脉和主动脉内皮细胞功能障碍。ZDF 大鼠心血管病变伴随着氧化应激和高血糖。

### （九）其他

大动物如犬、猫、猴等也有自发性糖尿病发生。其中，非人灵长类动物模型的血糖变化规律、病理特征与在人类糖尿病患者中所观察到的临床特征最为相似。自发性糖尿病可见于食蟹猴、恒河猴、冠毛猴、台湾猴、豚尾猴、西伯里斯岛猴、非洲绿猴及狒狒等非人灵长类动物。灵

长类动物在糖尿病并发心血管和大血管疾病，如动脉粥样硬化等研究中，有着小动物所不能替代的优势。

## 二、自发性高血压动物模型

目前已培育出兔、大鼠和小鼠自发性高血压模型，比较成熟的品种包括以下几种：①自发性高血压大鼠（spontaneous hypertension rat，SHR），利用 SHR 还培育出卒中易感型自发性高血压大鼠（SHR/sp）、抗脑出血和脑栓塞自发性高血压大鼠（SHR/sr）等亚型。②Dahl 盐敏感大鼠（DS）。③米兰种高血压大鼠（MHS）。④遗传性高血压大鼠（GH）。⑤以色列种高血压大鼠（SBH）。⑥里昂种高血压大鼠（LH）等。

### （一）自发性高血压大鼠（SHR）

SHR 是利用有显著高血压症状的远交 Wistar Kyoto 雄性鼠和带有轻微高血压症状的雌性鼠交配，自此开始兄妹交配并连续选择自发高血压性状，选育而成。该鼠毛色为白色，其后代患有高血压，一般在出生后血压会随着年龄的增长而升高。10 周龄雄鼠平均血压为（184±17）mmHg，雌鼠平均血压为（178±14）mmHg，最高可超过 200mmHg。该鼠高血压形成机制与人类有许多相似之处，如血压的升高与外周血管阻力的增加有关，高血压性心血管病变多发，无明显原发性肾脏或肾上腺损伤，对抗高血压药物有反应等。因此，它是目前国际公认的最接近于人类高血压的动物模型，亦是目前最为成熟、使用最多的自发性高血压动物模型，适用于人类原发性高血压研究及高血压药物活性筛选。

### （二）易卒中型自发性高血压大鼠（SHR/sp）

SHR/sp 是从 SHR 中用亲代死于或不死于脑出血和脑栓塞的仔鼠分别进行选择性交配而培育成功的，其特点是易脑出血和脑栓塞。该鼠出生后迅速发生严重高血压，90%以上出现脑出血和脑栓塞，适用于高血压研究。

### （三）盐敏感高血压大鼠（Dahl/SS）

1962 年 Brookhaven 国家实验室的 LK Dahl（Upton，New York）从 Sprague Dawley 封闭群中选择培育出对氯化钠引发的高血压敏感/抗性的大鼠种群，1986 年俄亥俄医学院（Toledo，OH）的 John P Rapp 博士利用该核心群交配繁育得到 Dahl 盐敏感/抗性大鼠（Rapp）。Harlan 实验室从俄亥俄医学院引进，Theodore Kurtz（UCSF，CA）博士从 Harlan 公司 SS/Jr 种群中一组同品系的对照 Dahl/SS 大鼠（SS/JrHsd）近交繁育得到 Dahl /盐敏感大鼠。此模型表现出肾病、结节性动脉周炎、盐敏感高血压、胰岛素抗性、高胰岛素血症、高甘油三酯血症、高胆固醇血症、高脂血症、主动脉和心脏肥大、心力衰竭、中风、蛋白尿等。可应用于肾病、中风、舒张性心力衰竭、血压调节、25-Hydroxyvitamin D 排泄至尿液、酒精消耗、高血压基因分析、出生前和新生儿高血压、遗传性高血压的伤害性反应等研究。

## 三、自发性肥胖症动物模型

自发性肥胖症动物模型种类主要有 ob/ob 小鼠、Yellow（Ay/a）肥胖小鼠、Zucker 大鼠等。目前最常用的是 ob/ob 小鼠。

Yellow（Ay/a）肥胖小鼠是最早培育的肥胖小鼠，其肥胖性状通过常染色体显性遗传。该小鼠出生后 4 周体重就与对照组有差异，4~8 周达 40~45g，24 周时达 60g。其特征是饮食亢进，代谢率低，即使控制食量也会出现体重过度增长，这与其棕色脂肪组织的线粒体缺陷，产热作用障碍所致的能量保存有关。

## 四、自发性快速老化动物模型

快速老化小鼠（senescence accelerated mouse/prone，SAMP）是由 AKR/J 小鼠（胸腺肿瘤模型小鼠）中突变品种培育而成。AKR/J 系小鼠在繁殖饲养过程中发现有几窝小鼠表现有程度不同的脱毛、皮肤粗糙、白内障、行为障碍及生存期缩短等现象，具有遗传倾向。以老化度评分（在 8 月龄时衰老程度）、生存期限及与衰老相关疾病的病理学改变为依据。根据生存曲线及老化度评分标准得出小鼠的衰老特征为快速老化，因此称为快速老化小鼠。该小鼠 4~6 月龄以前与普通小鼠的生长一样，SAMP 小鼠在增龄过程中脑内有大量 Aβ 沉积。4~6 月龄以后则出现迅速老化等特征。如脑、视器、心、肺、肾、皮肤等器官老化，血液、免疫和抗氧化等系统老化，出现骨质疏松和老化淀粉样变。适用于研究衰老与学习记忆功能及学习记忆功能障碍发生机制和益智药物评价，而且是研究神经内分泌免疫调节网络平衡的良好模型。

## 五、自发性银屑病动物模型

### （一）鳞片状皮肤（flaky skin，fsn/fsn）突变鼠

该模型是一种自发常染色体隐性基因突变品系小鼠，fsn 突变基因主要影响皮肤和造血系统，该小鼠初生时除低色素性贫血外，其他表现均正常，不久全身或局部出现鳞状灰白色斑块，其组织学表现为显著棘层肥厚、角化过度伴灶性角化不全、角层下脓疱、真皮毛细血管扩张和以淋巴细胞为主的多种炎性细胞弥漫浸润。另外，其表皮增生活跃，通过角层剥脱易出现同形反应。因此，这种小鼠的皮肤无论形态学还是组织学特点均与人类银屑病病变极为相似，目前被认为是较好的银屑病动物模型。

### （二）缺皮脂（asebia，ab/ab）突变鼠

该模型表现为皮脂腺发育不良、皮肤轻度角化过度和真皮肥大细胞数量增加。其表皮细胞慢性增生可能由真皮肥大细胞释放的炎性介质所致。由于银屑病皮肤损害的发生、发展和维持与皮肤中的肥大细胞和神经肽 P 物质释放炎性介质有关，因此该模型适用于开展银屑病发病机理及治疗药物活性评价的研究。

上述突变品系小鼠的皮肤改变是在自然情况下发生的，尤其是 fsn 突变小鼠，其皮肤改变与人类银屑病的发生、发展十分相似，所以比诱发性动物模型更有价值，以此来研究银屑病的分子遗传学、发病机理、病理生理和药物筛选都是很合适的。

## 六、自发性肿瘤动物模型

目前已发现和培育出多种小鼠自发性肿瘤，大鼠自发性肿瘤的发生率较低，而其他实验动物的自发性肿瘤则更少。

### （一）小鼠自发性肿瘤动物模型

由于小鼠肿瘤在组织发生、临床过程和组织形态学上都与人类的肿瘤有相似之处，因此，肿

瘤实验研究常选用小鼠，尤其是肿瘤发生率高的近交系小鼠，它们在一定年龄内，可以发生一定比率的某种自发性肿瘤。在肿瘤的发生部位上，以乳腺、肺、肝和造血系统为多，其中乳腺肿瘤发病率最高。在组织学类型上，小鼠自发性癌较肉瘤常见。小鼠自发性肿瘤主要包括乳腺肿瘤、肝肿瘤、肺肿瘤、网状细胞肉瘤、淋巴肉瘤、白血病、卵巢肿瘤、胃肠道肿瘤、垂体瘤、肾上腺皮质腺瘤、先天性睾丸畸形瘤、肾腺癌、骨肉瘤、血管内皮瘤、骨髓上皮瘤、皮肤乳头状瘤等。

### （二）大鼠自发性肿瘤模型

大鼠的体形较大，供给的组织较多，便于手术、注射等实验操作，大鼠自发瘤在肿瘤研究中的应用仅次于小鼠，其发生率不仅与品系有关，与营养和传染病也有很大关系。大鼠自发性肿瘤主要包括乳腺肿瘤、垂体瘤、肾上腺瘤、睾丸瘤、白血病、胃肠道肿瘤、膀胱肿瘤、嗜铬细胞瘤、甲状腺瘤、子宫瘤、胰岛细胞瘤、胰腺腺癌、淋巴网状组织肉瘤、输尿管瘤、胸腺肿瘤、肝肿瘤等。

## 第三节　诱发性疾病动物模型

诱发性疾病动物模型又称为实验性疾病动物模型，指通过运用物理、化学、生物等致病因素人为作用于实验动物，造成其组织、器官或全身的一定损害，出现某些类似人类疾病功能、代谢或形态结构等方面的变化：（1）物理因素：包括手术、机械、烟雾、气压、温度、辐射、噪声等。如冠脉结扎手术复制心肌缺血模型，机械损伤复制各类骨折模型，被动吸烟复制慢性支气管炎模型，气压骤变复制潜水病模型，长期热水灌胃复制慢性萎缩性胃炎模型，$^{60}Co$-γ 射线辐射复制再生障碍性贫血模型，噪音刺激复制听源性高血压模型等。运用物理因素复制各种模型时必须考虑不同对象应采用不同的刺激强度、频率和作用时间，按设计要求摸索有关实验条件。（2）化学因素：包括有毒药物、强酸强碱、农药、重金属及各种有害的有机和无机化学物质。如环磷酰胺诱发白细胞减少症模型，阿霉素诱导的充血性心力衰竭模型，普萘洛尔涂抹诱发银屑病样模型，强碱强酸诱发皮肤烧伤模型，高脂饲料诱导动脉粥样硬化模型，乌头碱诱发心律失常模型，α-萘基异硫氰酸诱导肝内胆汁淤积模型等。运用化学因素复制各种模型时应注意不同品种、不同年龄的动物存在着剂量、耐受性和副作用等差异，实验者需要通过广泛收集有关信息，在预实验中摸索稳定而有效的实验条件。（3）生物因素：包括细菌、病毒、寄生虫、激素、生物制品等。如幽门螺杆菌（Hp）诱导慢性萎缩性胃炎模型，大肠杆菌内毒素诱导细菌性胆道感染模型，HBV 接种诱导乙型肝炎模型，日本血吸虫感染模型，睾酮诱发良性前列腺增生症模型，牛血清白蛋白诱导慢性肾小球肾炎模型，抗血小板血清所致血小板减少性紫癜模型，Aβ 注射诱导的老年痴呆模型，木瓜蛋白酶诱发骨关节炎模型等。运用生物因素复制各种模型时，首先要充分了解动物与人在遗传背景、疾病易感性及临床表现等方面的异同处。

诱发性疾病动物模型的制作方法简便，实验条件可人工控制，重复性好，可在短期内获得大量疾病模型样品。但是必须指出，这类模型与自然发生的动物疾病及人类疾病本身仍存在某些差异；因此在讨论与应用有关实验结果时，应对这种差异予以充分考虑。另外，尚有不少人类疾病至今未能用人工方法复制，需进一步研究。

诱发性疾病动物模型适用于对各类疾病病因和发病机制的研究，候选药物活性的筛选，药物

临床前药效学和毒理学的评价。

## 一、心血管系统疾病动物模型

### （一）心律失常（cardiac arrhythmia）动物模型

心律失常是指心律起源部位、心搏频率与节律、冲动传导的异常。经典的模型制备方法有药物诱导法、电刺激法、冠脉结扎法等。

［例］静脉注射乌头碱诱发心律失常模型

模型制作：可选用兔、大鼠、小鼠、豚鼠等实验动物复制模型。动物麻醉后固定，动态连续观察和记录给予乌头碱前后动物Ⅱ导联或胸导联心电图变化。乌头碱主要通过抑制 $Na^{+}$-$K^{+}$-ATP酶，显著增加钙电流，抑制外向钾电流使复极时间延长，增加后除极的发生率，从而诱发心律失常。乌头碱给予方法分为一次性静脉注射和连续恒速静脉注射两种。

模型特点：给兔一次性静脉注射乌头碱 100～150μg/ kg（大鼠、小鼠分别为 30～50μg/ kg、200μg/ kg），1～5 分钟注完，3～10 分钟出现心律失常，维持时间 90～120 分钟。给大鼠恒速静脉注射乌头碱，速度为每分钟 1μg，4～5 分钟出现室性早搏或二联律，7～9 分钟出现短暂阵发性室速或连续性室速，10～13 分钟出现室性纤颤，14～15 分钟心跳停止。该模型适用于对具有钠通道阻滞或膜稳定作用受试药物药效活性的筛选和初步评价。阳性对照药有利多卡因或普鲁卡因胺。其中，一次性静脉注射模型可以作为治疗性给药研究；恒速静脉注射模型可以通过预防性给药方式，观察受试物对各阶段心律失常的拮抗作用。

### （二）心肌缺血（myocardial ischemia）动物模型

凡因各种原因引起的冠状动脉血流量降低，致使心肌氧供不足以及代谢产物清除减少均属心肌缺血。模型制备方法主要有冠脉结扎法、药物诱导法。

［例］冠脉结扎诱发心肌缺血模型

模型制作：大鼠麻醉后固定，连接心电记录装置，开胸暴露心脏及大血管根部，切开心包，挤出心脏，在左冠脉前降支起始部缝针，回纳心脏入胸廓，收线打结，止血后逐层关胸。分别于开胸后、缝针后、结扎后和关胸后四个点记录Ⅱ导联心电图变化。术后 2～6 周，进行心电图、心功能及组织病理学检查。

模型特点：ST 段弓背向上抬高，QRS 波群幅度降低；心功能显著下降；左室前壁形成大量边界清楚的圆形梗死灶，梗死区心肌大量坏死，坏死心肌结构紊乱，部分梗死区出现肉芽组织。心梗面积在冠脉结扎后 6 周时较 2 周时明显增加。该模型制作方法简单，成模动物心电图变化与临床相似，可做较长时间观察。但大鼠冠脉侧支循环丰富，模型变异性较大，实验所需标本量较多。

### （三）高血压（hypertension）动物模型

高血压是一种以动脉血压持续升高（收缩压和/或舒张压≥140/90mmHg）为主要表现的慢性疾病，分原发性和继发性两大类。其中原发性高血压的病因有高盐饮食、肥胖、高龄、遗传等。相应的模型制备方法主要有手术法（肾血管性高血压模型）、药物/饮食法（盐性高血压模型）、遗传法（自发性高血压）。

［例］肾血管性高血压模型

模型制作：成年犬（兔、大鼠），麻醉后固定，打开腹腔，分离左侧肾动脉，用一 U 型银夹或Ω型银环套在肾动脉上，使其血流量下降50%~70%为宜。对侧肾脏可以根据试验要求保留、切除或同样进行肾动脉狭窄术。

模型特点：成模动物手术后6周时收缩压大于160 mmHg（21.3kPa）。在一定时间范围内，动物血压升高的速度和程度与其后动脉血流量下降程度成正比，如肾动脉狭窄不够，则难以形成高血压，如过度狭窄，则易引起肾坏死。

### （四）动脉粥样硬化（atherosclerosis，As）动物模型

As的病理特点主要是动脉内膜出现大量的粥样斑块和泡沫细胞，病因与糖耐量降低、脂质代谢异常、高血压、肥胖等因素相关。该模型制备方法有高脂高糖饲料喂饲法、药物诱导法、血管内膜损伤法、基因工程法。

[例] 高脂饲料诱导As模型

模型制作：成年兔喂饲含1.5%胆固醇饲料80g/（kg·d），连续12周，或在饲料中加入15%蛋黄粉、0.5%胆固醇和5%猪油，连续喂饲3周后将饲料配方中胆固醇减去再喂饲3周，可造成高血脂及As动物模型。

模型特点：血清总胆固醇（TC）、低密度脂蛋白（LDL）水平升高，主动脉管壁有大量黄白色脂样物向管腔突出，并连成片状，血管内膜增厚，斑块隆起，内含大量泡沫细胞。大鼠、小鼠、鸡、鸽、鹌鹑、猕猴、小型猪、犬等动物均可用于制作动脉粥样硬化模型。但模型兔在心脏的主要病变部位与人类不同；大鼠、小鼠和犬较难在动脉形成粥样硬化斑块；猕猴虽接近于人的病理变化，但费用昂贵；小型猪诱发的病变部位、病理特点均与人类相似，有时还伴心肌梗死，但饲养管理比较麻烦。

## 二、消化系统疾病动物模型

### （一）慢性萎缩性胃炎（chronic atrophic gastritis，CAG）动物模型

CAG属胃黏膜退行性病变，其主要病理特征是黏膜固有腺呈局限性或广泛性萎缩，重度者伴肠上皮化生或/和不典型增生，与胃癌的发生密切相关。CAG病因与原发疾病、微生物感染、自身免疫、遗传因素等有关。常见的模型制备方法有物理刺激法、化学品诱导法、幽门螺杆菌感染法、自身免疫法、胃肠吻合术法等。

[例] 幽门螺杆菌（Hp）诱导CAG模型

模型制作：SPF级BALB/c小鼠，禁食12小时和禁水8小时后灌注Hp（SSI）菌液（1012CFU/L），隔天1次，共3次，每次100μL。12周后处死动物，取胃并沿胃小弯剪取从食管到十二指肠球部的组织做病理检查，观察炎症反应和Hp定植情况。

模型特点：感染12周，胃组织表面的黏液及胃小凹顶部胃组织处有大量Hp定植，尤以胃体-胃窦及胃体-胃底交界处的定植密度最高，组织中以多核淋巴细胞为主的炎性细胞浸润；感染24周，Hp定植密度增加，胃组织出现萎缩，上皮细胞变性，中性粒细胞及嗜酸性粒细胞浸润。Hp是一种螺旋状的革兰染色阴性微生物，是引起包括慢性萎缩性胃炎在内的非糜烂性胃炎的主要原因。Hp（SSI）是一株适合在小鼠胃内定植的Hp菌株。该菌株动力极强，属Ⅰ型Hp，接种于SPF级BABA/c小鼠胃内，能引起胃组织严重的病理改变，包括正常胃腺体消失、糜烂及溃疡等。该模型亦可选用大鼠、豚鼠、小型猪等实验动物进行Hp接种复制。

## （二）肝内胆汁淤积（intrahepatic cholestasis，IHC）动物模型

胆汁生成障碍或（和）胆汁流动障碍可诱发 IC，其病因与药物毒性、慢性肝病、外科手术、感染等因素有关。模型制备方法有 α-萘基异硫氰酸法、牛黄石胆酸钠法、肝外胆汁淤滞法等。

［例］α-萘基异硫氰酸诱导 IC 模型

模型制作：成年大鼠，一次性灌胃 α-萘基异硫氰酸（α-naphthyl isothiocyanate，ANIT）100~200 mg/kg，或腹腔注射 ANIT 75mg/kg，可诱发急性肝内胆汁淤滞。若将 ANIT 以 0.1%的比例混合在饲料中长期喂饲动物，可诱发持续性的胆管炎症。造模后，抽取胆汁和全血做胆汁和血清生化学检测，摘取肝脏和胆囊做组织病理学检查。

模型特点：体重减轻，肝胆肿大，胆汁流量减少，数天后引发黄疸。给予 ANIT 24 小时，肿瘤坏死因子-α（TNF-α）、白细胞介素-6（IL-6）、天冬氨酸转氨酶（AST）、谷丙转氨酶（ALT）、乳酸脱氢酶（LDH）、γ-谷氨酰转肽酶（GGT）及碱性磷酸酶（ALP）、血清总胆红素（TBIL）、结合胆红素（CB）、总胆酸（TBA）、总胆固醇（TC）及脂质过氧化物（LPO）水平均呈显著升高，48 小时后更甚。病理检查显示，肝细胞有坏死、变性，肝窦有扩张，毛细胆管淤积明显，汇管区有大量炎性细胞（淋巴细胞和浆细胞）浸润，胆管上皮细胞水肿，空泡变性多见。小剂量 ANIT 掺入饲料中长期喂饲大鼠，可导致动物肝细胞轻度损害，出现明显的胆管炎症和毛细血管增生，7 周后呈现胆汁性肝硬化改变。ANIT 诱发动物肝损的生物化学和病理形态学改变与人类肝内胆汁淤滞病变十分相似，主要表现为肝细胞变性坏死，肝内胆管上皮细胞损伤，小叶间胆管周围产生炎症，从而造成胆汁通过障碍。通过对该模型动物胆汁、血清生化和组织形态学指标的检测，可以清晰地了解胆汁酸的代谢状况（TBIL、DBIL、TBA、TC 及 LPO），胆汁淤滞所致细胞因子分泌紊乱的信息（TNF-α、IL-6）和肝细胞的受损程度（AST、ALT、LDH、GGT 和 ALP），以及诊断肝脏或毛细胆管的病变特点（显微镜、电镜和酶组化检查）。由于该模型制作方法简便，病理和生化指标明确，且在动物身上可以诱发黄疸，所以常作为保肝或退黄药效模型而被使用。豚鼠或兔亦是该模型适宜的复制动物。

## （三）脂肪肝（fatty liver，FL）动物模型

FL 是由各种原因引起的肝细胞内脂肪堆积过多的一类疾病。其病因大致有过量饮酒、长期高糖/高脂饮食、药源性肝损害、慢性肝病等。经典的动物模型制备方法主要有高脂/高糖饲料喂饲法、四氯化碳诱导法、乙醇灌胃法。

［例］高脂饲料诱发 FL 模型

模型制作：成年大鼠，每天喂饲高脂饲料（2%胆固醇、10%猪油、0.3%胆酸钠等），连续 8~12 周。造模后，抽取全血，摘取肝脏，测定血中总胆固醇（TC）、甘油三酯（TG）、游离脂肪酸（FFA）、极低密度脂蛋白（VLDL）、碱性磷酸酶（ALP）、谷丙转氨酶（ALT）、天冬氨酸转氨酶（AST）及肝组织中 TC、TG、FFA、谷胱甘肽过氧化物酶（GSH-Px）、丙二醛（MDA）的含量，采用反转录-聚合酶链反应（RT-PCR）测定肝组织中酰基辅酶 A 氧化酶（AOX）的表达，并对肝脏做组织病理学检查。

模型特点：血清 TC、TG、FFA、AST、ALT 及肝组织 TC、TG、FFA 含量增加，AOX 表达升高；肝脏全小叶脂肪变性，有大囊泡融合形成的脂囊；脂变肝细胞以中央静脉周围最明显；100%存在小叶内炎症，以单核细胞、淋巴细胞浸润为主，并可见点状、灶状、碎屑样坏死。采用高脂饲料持续饲养 2~4 周可出现高脂血症，8~12 周后肝脏呈中-重度大泡性脂肪变伴转

氨酶增高。

### （四）肝纤维化（liver fibrosis，LF）动物模型

LF是由各种致病因子致肝组织长期炎症、肝内结缔组织异常增生、肝内弥漫性细胞外基质过度沉淀的病理过程。模型制备方法有化学品诱导法、乙醇灌胃法、血清免疫法、胆总管结扎法等。

［例］四氯化碳（$CCl_4$）诱导LF模型

模型制作：成年雄性大鼠，按3mL/kg的剂量皮下注射60%$CCl_4$溶液，首剂加倍，每周2次，共9周。造模期间，每日观察动物的一般情况，每周称重一次。造模过程中，动态抽取全血制备血清做生化检测。造模后，处死动物，摘取肝、脾等脏器称重，计算脏器系数，并做组织病理学检查。

模型特点：注射$CCl_4$后，模型动物活动逐渐减少，精神萎靡，毛发蓬乱无光泽，进食量减少，体重增长减慢。在造模1周时，血清谷丙转氨酶（ALT）升高；3周时，肝脏开始肿大，肝细胞出现大面积的脂肪变性；5周时，ALT、天冬氨酸转氨酶（AST）、透明质酸（HA）同时升高，血清总蛋白（TP）、白蛋白（ALB）下降，球蛋白（GLO）增高，肝脏明显肿大，质较硬且脆，油腻感较重，肝实质内大量炎症细胞浸润，胶原纤维从汇管区开始向实质延伸；7周时，体重、肝重指数、血清指标变化更甚，肝细胞约半数发生坏死，小部分视野中出现纤维包裹形成假小叶；9周时，肝脏仍肿大变硬，但增大程度和肝重指数上升程度稍有下降，ALT下降，HA仍呈上升趋势，肝细胞大部分发生变性坏死，胶原纤维包裹肝组织形成假小叶。该模型通常首选雄性大鼠作为受试动物。染毒途径主要为灌胃、腹腔注射或皮下注射。灌胃法优点在于$CCl_4$可直接经门静脉到达肝脏，1.5小时后肝内即可达最高水平，但死亡率较高则是其难以克服的弱点；而皮下注射法虽成模率有所提高，且受干扰因素影响相对较少，但成模时间较长。该模型致模机理明确、病变典型、操作简便，但造模周期过长，动物死亡率较高，且停药后有一定自然恢复趋势。为此，有研究者采用$CCl_4$复制模型时，先于饮水中加入苯巴比妥35mg/dL以诱导肝药酶，增加细胞色素P450的活性，从而增加$CCl_4$对肝脏的毒性；还有研究者除了皮下注射$CCl_4$外，还在饲料中混以猪油、胆固醇，并以30%的乙醇为饮料，以缩短模型动物肝纤维化形成的时间。

### （五）胆囊炎（cholecystitis）动物模型

胆囊炎是由细菌感染或化学刺激（胆汁成分改变）所致的胆囊炎性病变。经典的模型制备方法有细菌感染法、植石刺激法、化学品诱导法、胆总管结扎加细菌感染法等。

［例］细菌性胆道感染模型

模型制作：成年豚鼠，麻醉后剖腹，暴露胆囊，用1mL注射器吸出其中胆汁后，注入$3\times10^4$个大肠杆菌，或按0.005mg/kg的剂量注入内毒素，立即结扎针眼，缝合肌肉及皮肤。10天后，心脏采血制备血清，剖腹取胆囊，用10%福尔马林固定后做病理检查。

模型特点：胆囊中注入大肠杆菌10天，模型动物胆囊黏膜皱褶增粗增多，固有层纤维细胞数增加，纤维高度增厚，固有膜呈炎症细胞局部灶性或弥散性密集浸润。胆囊内注入内毒素（大肠杆菌脂多糖），黏膜凝固坏死、出血，大面积纤维蛋白沉积，广泛黏膜缺失。人类胆囊炎发病的主要原因之一是细菌感染，其中以大肠杆菌（肠源性革兰阴性杆菌）最为常见。本方法直接将大肠杆菌或大肠杆菌内毒素注入动物胆囊，使模型动物外周血白细胞升高，胆道括约肌张

力增加，胆汁流量下降，胆囊组织破损或坏死，纤维蛋白沉积，炎性细胞浸润，造成的模型与人类非结石性胆囊炎的急性缺血性损害近似。

## 三、呼吸系统疾病动物模型

### （一）慢性支气管炎（chronic bronchitis，CB）动物模型

CB是指由于感染或非感染因素引发气管、支气管黏膜及其周围组织的慢性非特异性炎症。其病因主要有吸烟、微生物感染、粉尘刺激、过敏等因素，病理特点是支气管腺体增生，黏液分泌增多。常用的模型制备方法有呼吸道感染法、烟熏法、气道高反应法、福尔马林刺激法、基因工程法等。

[例] 烟熏诱导的CB模型

模型制作：成年小鼠，置于10L的下口瓶中，下口连接一个三通管，分别连接50mL注射器和点燃的香烟，用注射器通过三通管连续吸注香烟烟雾，瓶中烟雾浓度控制在4%左右，每次400mL，烟熏30分钟。前10天每天烟熏2次，上、下午各1次，后10天每天烟熏1次，模型制作全程为20天。

模型特点：气管、支气管及肺泡内均有不同程度的慢性炎症细胞浸润。支气管管腔内有较多的分泌物及巨噬细胞、多形核白细胞；支气管黏膜上皮纤毛细胞出现变性、坏死或脱落；杯状细胞增多，胞体增大，胞质内含丰富的黏蛋白颗粒。该模型呈现的病理形态学变化与临床CB早期病理特征比较相似，但腺体增生不明显，可能是因小鼠支气管腺体不发达所致。该模型简便易行，较接近临床实际，为CB最常见的造模方法。

### （二）支气管哮喘（bronchial asthma，BA）动物模型

BA是由包括肥大细胞、嗜酸性粒细胞和T淋巴细胞在内的多种细胞共同参与的一种气道慢性炎性疾病。诱发该病的关键因素是变应原和敏感体质。复制该模型首选动物为较敏感者，如豚鼠、BN大鼠、BALB/c小鼠等；致敏原有卵蛋白（OVA）、尘螨、豚草花粉等。制备方法通常采用腹腔注射致敏、雾化吸入激发，有时根据实验需要加用免疫佐剂。

[例] OVA诱导豚鼠BA模型

模型制作：成年豚鼠，按200mg/kg的剂量腹腔注射10% OVA生理盐水溶液，第15天时，用5% OVA生理盐水溶液雾化吸入激发哮喘发作。

模型特点：吸入OVA后即刻表现为呼吸急促，严重者呼吸节律减慢或不整齐，轻度紫绀，四肢瘫软，反应迟钝，毛色失去光泽，支气管腔和肺泡腔内渗出物增多，支气管壁及支气管周围组织中炎症细胞增多，特别是嗜酸细胞的浸润同时伴有支气管黏膜下水肿。豚鼠高敏反应的靶器官为肺脏，并且能够产生速发相和迟发相双相哮喘反应，因而成为常用的哮喘模型。该模型具有哮喘发作特有的症状、通气功能和病理形态学改变的特征，符合公认的哮喘模型标准。

## 四、泌尿系统疾病动物模型

### （一）慢性肾小球肾炎（chronic glomerulonephritis，CGN）动物模型

CGN是由多种原因引起的以肾小球为主要病变部位的慢性疾病。模型制备方法有抗血清法、牛血清白蛋白法、阿霉素法等。

［例］牛血清白蛋白诱导 CGN 模型

模型制作：成年兔，按 4mg/kg 的剂量静脉注射阳离子的天然牛血清白蛋白（C-BSA），每天 1 次，每周 7 次，连续 5 周，第 6 周开始剂量加倍。造模前及造模 5～6 周时，测定模型动物 24 小时尿蛋白，并采血做血清总蛋白（TP）、胆固醇（TC）、肌酐（Cr）、尿素氮（BUN）检测。实验结束后处死动物，取肾脏组织做病理检查。

模型特点：注射 C-BSA 后 5～6 周，模型动物 24 小时尿蛋白及血清 TC、Cr、BUN 升高，TP 降低，肾皮质区大部分肾小球体积增大，肾小球内细胞数量增多，并可见大量中性粒细胞浸润，部分肾小球内可见明显的胶原化，呈典型慢性肾小球肾炎病理变化。该模型显现的生化和病理变化与人类慢性肾炎及肾病综合征的特征较为相似，可用于慢性肾炎治疗药物的活性筛选和疗效评价。

### （二）慢性肾功能衰竭（chronic renal failure，CRF）动物模型

CRF 是因各种原因造成的慢性进行性肾实质损害，致使肾脏明显萎缩，不能维持其基本功能，出现代谢产物潴留，水、电解质、酸碱平衡失调，以致全身各系统受累的临床综合征。模型制备方法有部分肾切除法、化学品诱导法、牛血清白蛋白法等。

［例］部分肾切除所致 CRF 模型

模型制作：成年大鼠，麻醉后固定，切开皮肤，暴露左侧肾脏，切开上、下极的包膜，上、下极分别切除肾脏的 1/3，用吸收性明胶海绵压迫创面止血后缝合肌层和皮肤，关闭腹腔。1 周后同法手术，切除整个右肾。手术前及造模 1～10 周期间，定期测定受试动物 24 小时尿蛋白，定时抽血制备血清检测血清总蛋白（TP）、胆固醇（TC）、肌酐（Cr）、尿素氮（BUN）。实验结束后处死动物，取肾脏组织做病理检查。

模型特点：模型动物体重下降，活动与进食量减少，体毛疏松。造模后 1 周时出现蛋白尿，血清 Cr、BUN 和 24 小时尿蛋白逐渐升高；术后 6 周时进入肾功能代偿期，机体出现电解质紊乱、贫血及血压显著升高；8 周时血压可达到肾血管性高血压标准；术后 10 周时血清 Cr、BUN、24 小时尿蛋白、血压均显著升高，血压可达到 140mmHg 以上。镜下见肾小球毛细血管扩张，内皮细胞肥大并伴有足突水肿融合，肾小球出现中到重度系膜增生，局灶节段性肾小球玻璃样变性及硬化，伴小管间质单核淋巴细胞浸润。该模型以肾小球肥大、硬化为主要特点，其生化和病理表现比较接近临床，符合肾小球高度滤过致肾衰学说。

## 五、生殖系统疾病动物模型

### （一）子宫内膜异位症（endometriosis）动物模型

子宫内膜异位症是指具有生长功能的子宫内膜在子宫被覆面以外的地方生长繁殖而形成的一种妇科疾病。常见的模型制备方法有腹壁子宫内膜异位法和皮下子宫内膜异位法等。

［例］大鼠腹壁子宫内膜异位症模型

模型制作：成年雌性大鼠，麻醉后固定，右下腹做斜切口，挑出右侧子宫角，切取并分离子宫内膜约 5mm×5mm，将其表面上皮对着腹壁与腹壁肌肉缝合，然后逐层关腹，缝合切口。术后模型动物单笼常规饲养，自由饮水及进食。

模型特点：术后 4 周，异位子宫内膜沿腹壁表面再生，隆起透亮小包，表面滋生有血管，内部充满积液；镜下见异位子宫内膜表面上皮明显增生，间质中固有腺体大多消失；异位内膜中表

面上皮糖原及 RNA 含量降低，特异性烯醇化酶（NSE）下降。本方法移植的子宫内膜短期内可成活，并对卵巢激素有反应，局部出现类似宫腔液的液体积聚，后者为内膜成长和生长良好的标志，其病理特征与人类子宫内膜异位症近似。

### （二）良性前列腺增生症（benign prostatic hyperplasia，BPH）动物模型

BPH 是指以前列腺中叶增生为实质改变而引起的一种特殊的组织病理性疾病。其病因和发病机制至今尚未完全明确，目前主流理论有双氢睾酮学说、雄-雌激素协同学说、胚胎再唤醒学说等。基于上述学说理论，模型制备方法有雄性激素法、胎鼠尿生殖窦植入法、自发性动物模型法等。

［例］犬 BPH 模型

模型制作：雄性 Beagle 犬，年龄 2~3 岁。麻醉后固定，用无菌手术切除其双侧睾丸。1 周后，给模型动物肌肉注射含 5α-雄甾烷-3α、17β-二醇（25mg/mL）、17β 雌二醇（0.25mg/mL）的甘油三酯 1mL，每周 3 次，连续注射 6 个月。期间，B 超测量去势前及制模后 2、4、6 个月时的前列腺体积，放射免疫法测定血清及前列腺组织中双氢睾酮（DHT）水平，活体穿刺进行前列腺组织病理检查。6 个月后，处死动物，摘取前列腺称重，取其组织做病理检查。

模型特点：制模 1~2 个月，前列腺上皮细胞多呈低柱或立方状，间质内胶原纤维增生不明显；3~4 个月，腺上皮细胞呈柱状或高柱状，胶原纤维增生；5~6 个月，腺上皮呈柱状复层或假复层，间质内充满胶原纤维，表现为重度增生。哺乳动物中唯有人和犬能终生保持睾酮转变为双氢睾酮的能力，所以临床上中老年男性和老年雄性犬都可能会发生前列腺增生。因此，选用自发生长有前列腺增生的老年犬或按本方法制备的年轻成年犬模型是目前最为经典的方法。前者由于动物很难获得，且个体差异比较大，目前实际应用不多。后者相对而言，造模方法简便，耗费低廉，实用性强，适用于 BPH 发病机制的实验研究。

## 六、血液系统疾病动物模型

### （一）白细胞减少症（leucopenia）动物模型

白细胞减少症是指各种原因所致外周血液中白细胞数持续低于 $4\times10^9/L$ 的临床病症。其诱发因素主要包括药物毒性、化学毒物、γ 射线辐照、微生物感染、自身免疫等。如肿瘤化疗可导致白细胞减少症及骨髓有核细胞减少症。模型制备方法主要有化学诱导法、射线辐照法、免疫介导法等。

［例］环磷酰胺诱导的白细胞减少症模型

模型制作：成年大鼠，按 30mg/kg 的剂量腹腔注射环磷酰胺（CY）溶液，每天 1 次，连续 5 天。在制模前注射 CY 3~5 天以及停注后 2~15 天采血检查其血象。观察结束后，处死动物，取其股骨，测定造血功能。

模型特点：注射 CY 第 3 天，模型动物的外周血白细胞数降低，第 5 天降到最低值，停药后 15 天内，白细胞数虽呈逐日回升趋势，但仍处低下水平。镜下显示，骨髓有核细胞数显著降低。该模型表现出低白细胞、低骨髓有核细胞数的特点，与临床上肿瘤患者化疗时出现的毒副反应症状一致，可用于临床化疗毒性的防治和化疗、放疗降毒升白药物的筛选研究。

### （二）血小板减少性紫癜（idiopathic thrombocytopenic purpura，ITP）动物模型

原发性血小板减少性紫癜属自身免疫性综合性病征，是最常见的出血性疾病之一，其临床特

点是血循环中存在抗血小板抗体。模型制备方法主要有化学诱导法和免疫介导法。

[例] 抗血小板血清诱导 ITP 模型

模型制作：BALB/c 小鼠，按 100μL/只剂量腹腔注射豚鼠抗同品系小鼠血小板血清（APS），并于 2 周内，隔天腹腔注射 APS 1 次，共 7 次，每次 100μL，使小鼠血小板呈慢性、持续性减少。

模型特点：该模型抗血小板血清注入体内后，引起血小板数减少，血小板相关抗体 IgG（PAIgG）水平升高。采用免疫法建立的小鼠血小板减少模型优于化学诱导（ADP、白消安、环磷酰胺）法，其最大特点是 PAIgG 水平升高，且注入的抗血清越多，PAIgG 升得越高，血小板减少程度越严重。该模型操作简便易行，与人类 ITP 患者症状相似，适用于 ITP 发病机理的研究和抗血小板减少药物的筛选及评价。

## 七、内分泌疾病动物模型

### （一）甲状旁腺功能亢进症（hyperparathyroidism，HPT）动物模型

原发性甲状旁腺功能亢进症（“甲旁亢”）是由于甲状旁腺激素（PTH）合成和分泌过多，导致体内钙磷代谢紊乱的一种内分泌疾病。目前，常采用的模型制备方法为高磷饮食诱导法。

[例] 高磷饮食诱导 HPT 模型

模型制作：成年兔，以富含高磷饲料喂饲，连续 5 个月。高磷饲料配方：钙、磷含量分别为 0.48%和 3.41%，Ca∶P＝1∶7。

模型特点：喂饲高磷饲料 1～3 个月，模型动物血钙水平下降；4～5 个月，血钙水平升高，血磷水平下降。喂饲高磷饲料 3 个月后，组织学变化明显，大多数甲状旁腺轻度至中度增生，细胞数目增多，体积增大。喂饲高磷饮食 4 个月后，大多数模型动物骨骼影像学异常改变，表现为肋骨、骶骨及髂骨骨密度降低。实验期间，PTH 呈进行性升高。该模型可研究原发性甲旁亢骨病的 CT、MR 征象，客观性强。

### （二）甲状腺功能减退症（hypothyroidism）动物模型

甲状腺功能减退症（“甲减”）是由于甲状腺激素合成或分泌不足，引起机体代谢活动下降所引起的临床综合征。胚胎期或婴儿期患此病有罹患“克汀病”可能。模型制作方法有低碘饲料喂饲法、化学诱导法、先天模型法、甲状腺切除法、基因工程法，其中化学诱导甲减模型应用较多。

[例] 丙硫氧嘧啶诱导甲减模型

模型制作：受孕成年雌性大鼠，从妊娠 18 天起，按 25mg/kg 剂量灌胃给予丙硫氧嘧啶（PTU）溶液，每日 1 次，直至仔鼠出生和断奶，即可用于实验。

模型特点：与正常仔鼠比，模型仔鼠血清甲状腺素（T4）水平降低，小脑重量减轻，组织发育延迟，外颗粒细胞层、分子层和白质中凋亡细胞数量增加。镜下显示，20 日龄时，小脑外颗粒细胞层有 2～5 层（正常仔鼠仅剩 1 层）；30 日龄时，有 1～2 层。因 PTU 能抑制甲状腺激素的合成，故常用其作为复制甲减动物模型的化学物质。其他能诱发甲减的物质有甲硫氧嘧啶（MTU）、甲巯咪唑（MMI）、甲状腺激素（TH）、过氯酸钠（$NaClO_4$）、PTU/碘番酸（IOP）等。

## 八、神经系统疾病动物模型

### （一）局灶性脑缺血（focal cerebral ischemia）动物模型

大脑中动脉（MCA）是人类脑卒中的多发部位，大脑中动脉闭塞（Middle cerebral artery occlusion，MCAO）模型被普遍认为是局灶性脑缺血的标准动物模型。常用的制备方法：线栓法、电凝法、光化学法、血栓法、局灶性脑缺血再灌注法。

［例］线栓法局灶性脑缺血模型

模型制作：成年大鼠，麻醉后固定，切开右侧颈部皮肤，分离和结扎右侧颈总动脉、颈外动脉及其分支。在右侧颈内、颈外动脉分叉处剪一小口，将直径约 0.25mm 的尼龙线经颈内动脉插至大脑中动脉起始部，堵塞大脑中动脉开口，造成脑组织局部缺血。1～3 小时后，缓慢退出尼龙线实施再灌注。

模型特点：模型动物在再灌注后即有行为障碍症状，3～6 小时达高峰，12 小时后症状减弱。缺血坏死区主要位于视交叉后 2～4 mm 脑皮质；脑缺血 1.5 小时后，脑梗死体积有上升趋势。采用本方法复制模型的关键是对尼龙栓线头端的预处理，如在栓线头部加热钝化，前端涂以 L-多聚赖氨酸并蘸取肝素以防止继发血栓的形成，尼龙线插入的深度以 17～19mm 为宜，具体长度可通过“同身寸”法计算栓线深度。该模型的优点：手术操作无须开颅，模型缺血部位恒定，对缺血及再通时间能进行准确控制，可进行再灌注。缺点：涉及血管多，手术比较复杂，对动物体重要求严格，与临床常见的脑卒中存在一定差异。

### （二）抑郁症（depression）动物模型

抑郁症是一类以情绪低落为主要特征的情感性精神疾患，呈慢性、反复性发作。最早期的抗抑郁药是在临床试验中偶然发现的，如单胺氧化酶抑制剂异丙烟肼在用于抗结核病治疗时发现能提高结核病患者的情绪，三环化合物丙米嗪在治疗精神病时被发现能改善一些精神病患者的抑郁症状。在此基础上，人们陆续建立了一些抑郁动物模型。目前，比较经典的模型制备方法有应激法、药物法、手术法。

［例］尾悬挂实验模型

模型制作：成年雄性小鼠，将其尾端 2cm 的部位用胶布贴在一水平木棍上，使动物成倒挂状态，其头部离台面 15cm 以上，观察其在 6 分钟内不动的时间。

模型特点：模型动物在活动一定时间后出现间断性不动的“失望”状态。抗抑郁药可使不动时间明显缩短。阳性药物有三环类抗抑郁药、单胺氧化酶抑制剂、非典型性抗抑郁药（包括 5-HT 再摄取抑制剂）。该方法常用于抗抑郁药的初筛，在需要短暂抑郁症状的实验中具有较好的可用性，是一种评价抗抑郁化合物的简单易行的方法。

### （三）记忆障碍（dysmnesia）动物模型

常用的复制动物记忆障碍的方法有多种，如电休克法、缺血缺氧法、药品诱导法、应激法、剥夺睡眠法等，但其技术关键是对记忆能力的检测。目前，最常用的学习记忆实验方法有跳台法、避暗法、迷津法。

［例］Morris 水迷津法

模型制作：Morris 水迷宫，灌以清水至预定的水池高度，水温 23～25℃。将站台放置在水池的预定部位，其顶端平面应低于水面 2cm，作为动物入水后搜索的目标。实验动物预先进行训练，每天将动物按东、南、西和北 4 个入水点分别放入水池，每天训练 4 次。实验时，将动物头朝池壁轻轻地放入水中。同时开启视频采集系统，以动物入水到四肢爬上站台所需时间为潜伏期，记录动物入水后的游泳轨迹，并分析动物在水中活动的总时间、总路程、上台前路程、潜伏期，分别在 4 个象限的活动时间和路程，分别在站台周围Ⅰ、Ⅱ、Ⅲ和Ⅳ区域内的活动时间和路

程等多项指标。

模型特点：药物、神经毒素、血管性痴呆及多种因素引起的记忆障碍动物模型均可使潜伏期延长，撤台实验时穿越原有站台位置的次数减少，并可引起定向障碍和运动轨迹混乱。而促智药物则可使潜伏期缩短，定向能力增强，达标时间提前。完整的记忆过程包括记忆获得、巩固与再现三个阶段。不同类型的记忆障碍模型可分别观察药物对上述三个阶段的影响。①记忆获得障碍模型：于训练前30分钟，按2~4mg/kg的剂量腹腔注射东莨菪碱、樟柳碱、利血平、戊巴比妥钠、氯丙嗪或氯氮等中枢抑制剂。②记忆巩固障碍模型：于训练后立即或训练前10分钟，按120mg/kg的剂量腹腔注射环己酰亚胺、氯霉素或茴香霉素等蛋白质合成抑制剂。③记忆再现缺失模型：经训练的小鼠于重测前30分钟，按10mL/kg的剂量腹腔注射40%~45%的酒精。该方法结果稳定，易于重复，对中枢和一般运动功能无明显影响。

### （四）阿尔茨海默病（alzheimer's disease，AD）动物模型

AD是老年痴呆症的主要类型，是一种以进行性记忆力下降、认知功能障碍、行为异常和人格失常等为主要临床特征，以大脑皮质和海马区出现老年斑（senile plaque，SP）及神经原纤维缠结（neurofibrillary tangle，NFT）为病理特征的神经变性疾病。常用的模型制备方法主要有胆碱能损伤法、快速老化法、Aβ注射法。

［例］Aβ注射致痴呆模型

模型制作：成年大鼠，麻醉后固定头部于立体定位仪上，暴露颅骨面，分别在左右两侧海马背侧缓慢插入内径为0.25 mm的中空不锈钢管，在5~10分钟内，用恒速推进泵向双侧海马内各注入$Aβ_{1\sim40}$（或$Aβ_{25\sim35}$）5μL（10μg，溶于无菌生理盐水），留针5分钟后缓缓退出。受试动物于术后恢复14天，然后进行学习及记忆功能测试。

模型特点：模型动物呈现行为障碍和记忆缺损症状，主动和被动回避反射及空间分辨能力下降，皮质和海马神经元减少、退变，皮质下血管淀粉样变，并出现Aβ沉淀。Aβ是AD患者脑中老年斑的核心蛋白，将其注入动物海马区，可经侧脑室弥漫至全脑并发挥细胞毒性作用，更接近Aβ细胞毒作用的实际过程。本方法采用脑室注射具有定位准确、取材量多等优点，是目前临床前药效学评价的重要模型。

## 九、代谢系统疾病动物模型

### （一）高尿酸血症（hyperuricemia，HUA）动物模型

高尿酸血症是由于尿酸产生过多和（或）肾脏排泄尿酸减少所致的疾病。人类由于体内缺乏尿酸氧化酶，所以其嘌呤核苷酸代谢途径与啮齿类动物、哺乳类动物不同，而与禽类相似。目前，常选用禽类作为受试动物复制高尿酸血症模型。

［例1］禽类高尿酸血症模型

模型制作：实验用鸡，每天饲喂腺嘌呤4g/kg。或实验用鹌鹑，每天喂饲尿酸350~700mg/kg或腺嘌呤300~600mg/kg。

模型特点：连续喂饲腺嘌呤3周，鸡血尿酸水平升高且可持续稳定8周以上，肾功能及肾脏的病理改变不明显。连续喂饲尿酸或腺嘌呤，鹌鹑亦可出现持续的高尿酸血症，肾功能及体重未见明显异常。禽类与人类的嘌呤核苷酸代谢途径相似，都以尿酸为最终产物排出体外。鸡、鹌鹑高尿酸血症模型维持时间较长，肾脏损伤轻微，可作为观察药物治疗作用的理想模型。但禽类不

属于哺乳类动物，与人类的生理分化方面差异较大，且饲喂条件特殊，因此该动物模型具有一定的局限性。

［例 2］大鼠高尿酸血症模型

模型制作：200g 左右成年雄性大鼠，以 200mg/kg 灌服腺嘌呤加乙胺丁醇，每天 1 次，给药第 7 日起血尿酸水平便可升高。同时亦可联合应用尿酸氧化酶抑制剂，使模型效果更为理想。

模型特点：本模型制作方法简单，形成高尿酸血症时间较短，效果显著。大鼠高尿酸血症常伴随肾功能损害，因此多用于复制高尿酸血症肾病模型。

［例 3］次黄嘌呤高尿酸血症小鼠模型

模型制作：取 20g 左右的 KM 小鼠，按 1000mg/kg 的剂量一次性经腹腔注射次黄嘌呤。

模型特点：本模型采用直接注射生成尿酸的前体物质——次黄嘌呤的方法，制作简单，成模时间短。经腹腔注射次黄嘌呤后 0.5 小时，模型小鼠血清尿酸值达到高峰，6 小时后血清尿酸值可降低到一半，但仍接近高尿酸血症的临床诊断标准。与正常对照动物相比，模型动物血清尿酸值明显升高并可持续 24 小时。其中 0.5~1 小时期间，尿值已超过血清尿酸值的饱和浓度。适用于抗高尿酸血症药物治疗和药物筛选方面的研究。

［例 4］氧嗪酸钾盐高尿酸血症小鼠模型

模型制作：取 28g 左右的雄性 KM 小鼠，按 300 mg/ kg 的剂量经腹腔注射氧嗪酸钾盐。

模型特点：氧嗪酸是一种尿酸氧化酶抑制剂，使动物体内的尿酸不能分解，从而造成血清尿酸生成增多，最后形成高尿酸血症动物模型。模型制作方法简便，短时间内就可造成血尿酸升高，重复性好，但模型小鼠形成的高尿酸血症仅能维持 5 小时，也存在时效性。本模型常用于抗高尿酸血症和痛风药物治疗作用的评价。

### （二）肥胖症（obesity）动物模型

肥胖是体重明显超重及脂肪层过厚的一种临床表现。单纯性肥胖通常无明显神经和内分泌系统形态和功能改变，但伴有脂肪和糖代谢调节过程障碍，是临床上最为常见的一类肥胖，一般分为体质性肥胖和营养性肥胖两种。常用的模型制备方法有饮食诱导法、化学诱导法和基因工程法等。

［例 1］营养性肥胖大鼠模型

模型制作：离乳大鼠，每天饲喂含 10%猪油、10%蛋黄粉、80%基础饲料的高脂饲料，同时每天按 2g/kg 的剂量灌胃给予蔗糖溶液。饲料以食完为限，饮水自由。

模型特点：连续饲喂高脂饲料 12 周后，该模型的动物体重明显增加，总胆固醇（TC）、甘油三酯（TG）、低密度脂蛋白（LDL）水平升高；解剖可见腹腔内肾周围、生殖器周围脂肪明显增加。高脂饮食诱发刚离乳大鼠肥胖比成熟大鼠的致肥效果好。该模型特点为诱发肥胖的同时胰岛素敏感性下降，餐后 2 小时血糖升高。适用于预防和治疗肥胖症药物的疗效观察评价。预防性药物在开始造模的同时给药，观察预防肥胖发生的效果；治疗性药物则在第 6 周肥胖发生后再开始给药，以观察药物的减肥作用。

［例 2］谷氨酸钠（MSG）致大鼠肥胖模型

模型制作：新生大鼠自出生当日开始，每天在颈背部皮下注射谷氨酸钠（MSG）3g/kg，连续 5 天。限每只母鼠喂养乳鼠 4~6 只，第 21 日后断乳，并饲以营养饲料，至 6 周后出现进行性肥胖，5~6 月龄时，肥胖处于稳定。

模型特点：谷氨酸钠（MSG）使大鼠下丘脑神经元（视前叶、弓状核和中央隆起内散在的

神经元）受损，但“饱中枢”的腹侧正中核（VMH）并未受损，下丘脑弓状核（ANH）部位多巴胺系统受损，但其他儿茶酚胺系统未见受损。该模型 MSG 所致的肥胖与代谢异常有关，由于该模型动物伴有严重的内分泌失调现象，可用于研究内分泌失调在肥胖中的作用和地位。MSG 大鼠的特点：①脂肪堆积、身体变短致 Lee's 指数显著增加，并不伴有体重的显著增加，有的体重甚至低于对照组。②摄食量并不增加，甚至有减少的倾向，其自发活动减少，学习区别能力减弱。③MSG 大鼠的血糖和胰岛素在平时升高，而在饥饿状态下降低；饥饿过夜后的 MSG 大鼠 TG、VLDL、TC 含量升高。④MSG 大鼠的棕色脂肪组织重量有增加的趋势，但其颜色变淡，提示其增加的部分可能主要是白色脂肪组织。⑤MSG 大鼠内分泌器官，如垂体、甲状腺、肾上腺和睾丸重量均降低，MSG 雌性动物还表现为卵巢、子宫重量减轻，青春期推迟，糖皮质激素水平升高。⑥MSG 大鼠小肠绒毛密度增加，形态饱满，沟回多，体积增大，提示这种动物的肠道吸收功能增强，这种吸收功能的改变可能是 MSG 大鼠肥胖的一个重要因素。

［例 3］金硫葡萄糖（GTG）致小鼠肥胖模型

模型制作：取体重为 20～24g 的雄性小鼠，禁食 16 小时后，腹腔注射 GTG 800mg/kg 1 次，在给 GTG 后 2 周其棕色脂肪组织（BAT）的脂肪合成是对照组的 2 倍，但随后降至对照水平。而肝中脂质合成的高峰在给药后 7～12 周，在白色脂肪组织（WAT），其脂肪生成高峰在给药后 2～4 周。

模型特点：GTG 小鼠的显著特点是肥胖和多食，动物体重增加，Lee's 指数增加，血中 TG 显著升高。肝中 TG 和 TC 水平升高，脂肪细胞变大。GTG 小鼠产生肥胖的主要原因是 TG 的合成增加和脂解酶活性降低。GTG 动物产生肥胖还可能与脂蛋白酯酶的组织特异性表达有关，研究发现这种动物的血糖水平、血清胰岛素水平均升高，胰岛素分泌功能加强，有资料显示其肌肉组织对胰岛素产生抵抗，而脂肪组织对胰岛素敏感性增加。GTG 所致的肥胖可代表因摄食中枢受损所致的肥胖，可用于中枢性肥胖机制的探讨。

### （三）糖尿病（diabetes mellitus，DM）动物模型

DM 主要分胰岛素依赖型（1 型糖尿病）和非胰岛素依赖型（2 型糖尿病）。前者以胰岛 β 细胞破坏导致胰岛素绝对缺乏为主要特征，可分为自身免疫性（A 亚型）和特发性（B 亚型）两亚型；后者以胰岛素抵抗为主伴胰岛素分泌不足，或胰岛素分泌不足为主伴或不伴胰岛素抵抗为主要临床表现。复制糖尿病的方法有多种，如化学诱导法、胰腺切除法、高脂/高糖饲料喂饲法、自发性动物法、基因工程法。其中，以实验性链脲佐菌素（STZ）诱导大、小鼠糖尿病模型最为常用。

［例 1］1 型 DM 模型

模型制作：成年小鼠，禁食 10 小时，按 35～55mg/kg 多次小剂量腹腔注射或静脉注射 STZ 溶液。

模型特点：成模后空腹血糖均值高于 11. 1mmol/L，非空腹血糖均值高于 16. 7mmol/L，并伴有“三多一少”症状。常选用 6～8 周龄成年雄性 $C_{57}$BL/6J、BALB/c 小鼠作为受试动物，一般以禁食 10～16 小时制模为宜。

［例 2］2 型 DM 模型

模型制作：成年大鼠，用含 20%蔗糖和 10%猪油的高糖高脂饲料饲养，4 周后按 30mg/kg 的剂量一次性腹腔注射或静脉注射 STZ 溶液。

模型特点：注射 STZ 后 7、14、21 天时，模型动物体重增长曲线、血清胆固醇、甘油三酯、低密度脂蛋白、空腹和餐后血糖、糖化血红蛋白水平均明显升高，其中空腹血糖均值高于

6.78mmol/L。该模型表现为胰岛素抵抗、高血糖等2型糖尿病的特征，但有时高胰岛素并不明显，故不适宜于胰岛素增敏剂的研究。

## 十、骨骼疾病动物模型

### （一）骨质疏松症（osteoporosis，OP）动物模型

OP是指骨骼中单位体积内骨量减少、骨组织显微结构异常、骨脆性增加、容易发生骨折的一种疾病，临床表现为骨密度（BMD）降低，骨皮质变薄，髓腔增宽，骨小梁变小，易于骨折。常用的模型制备方法有卵巢切除法、维A酸诱导法、可的松诱导法等。

［例］维A酸诱导OP模型

模型制作：3月龄雌性大鼠，按70mg/kg的剂量灌胃给予维A酸溶液，每天1次，连续2周，随后2周将维A酸改为生理盐水。动物常规饲养，自由饮水及进食。于造模4周后处死动物，取其胫骨做病理检查。

模型特点：灌胃维A酸溶液2周，模型动物体重减轻，活动减少，拱背竖毛，胫骨近心段松质骨（骨小梁）骨量及形态发生改变，骨小梁面积和密度减少，间隙增大，胫骨中段密质骨面积亦减少，骨髓腔面积百分数增大。该模型组织病理改变典型，骨小梁稀疏，骨皮质变薄，骨髓腔扩大，且制作方法简便，造模周期短，成模率高，易于疾病诊断和疗效评价。

### （二）类风湿关节炎（rheumatoid arthritis，RA）动物模型

RA是指一种以关节滑膜炎症为特征的慢性全身性自身免疫性疾病。模型制备方法主要有胶原法、佐剂法、酵母多糖法、多聚糖法等。

［例］佐剂性关节炎模型

模型制作：成年大鼠，在其左后足跖皮内注射CFA 0.1mL致炎。CFA的配制方法：卡介苗（BCG），80℃灭活1小时，置液体石蜡中，调配成浓度为10g/L的BCG乳剂，充分碾磨，混匀即得。

模型特点：致炎后18小时，左足肿胀达峰值，持续3天后逐渐减轻，8天后再度肿胀；致炎后约10天，对侧和前足肿胀，且进行性加重，耳和尾部出现关节炎小结，变应性角膜炎及体重下降，同时，血清中蛋白水平与炎症参数（关节肿胀度、IL-6活性等）呈平行改变。该模型与人类类风湿关节炎有许多相似处，是免疫性关节炎模型的基本方法。虽然目前尚无能完全模拟人类类风湿关节炎状况的模型，但现有的各种模型可为类风湿关节炎的病因病理提供独特的研究内容。

### （三）骨坏死（femoral head necrosis）动物模型

骨坏死是一种常见病，主要累及股骨头，当累及股骨头时称为股骨头坏死，又称股骨头无菌性坏死或缺血性坏死。骨坏死通常会进展到股骨头塌陷并继发骨性关节炎。该模型的制备方法主要分创伤性和非创伤性骨坏死动物模型两大类，而后者包括自发性、激素性、脂多糖性、免疫性、酒精性以及激素与其他非创伤因素联合应用致骨坏死法。

［例］兔激素性股骨头坏死模型

模型制作：成年兔，耳缘静脉注射脂多糖（LPS）10μg/kg，每天1次，连续2天，同时臀部肌肉注射地塞米松注射液25mg/kg，每天1次，连续3天，给药后每日做一般情况观察，4周

后做X线检查、双能量X线骨密度测量和组织病理学检查。

模型特点：造模4周后，X线检查显示，兔关节间隙增宽、密度增大，关节软骨下骨密度增高，股骨头变平，骨小梁模糊，软骨下骨与骨松质界限不清，在股骨头内出现斑块状高密度区域，股骨颈变短粗。双能量X线测量仪检测兔股骨头骨密度结果显示，骨密度和骨矿物质含量均呈下降。组织病理检查显示，骨细胞陷窝空疏，脂肪细胞增多，部分血管栓塞，骨坏死率和骨陷窝率升高。

## 第四节 免疫缺陷动物与移植性人体肿瘤动物模型

21世纪初以来，人们一直试图建立人类肿瘤动物模型。最初将人类肿瘤直接接种于动物体内，由于排斥反应而未获成功，进而又将肿瘤组织移植到动物某些免疫反应较弱的器官，如眼球前房或脑组织、仓鼠颊囊及鸡胚等。其中一些移植肿瘤存活下来，但是由于瘤体生长缓慢、瘤块较小、不能传代或传代的肿瘤失去原有肿瘤的生物学特征，因而不能广泛应用。其后又采用免疫抑制剂或全身射线照射等方法抑制动物的免疫机能，再进行肿瘤移植；但控制免疫抑制剂的剂量是一个棘手的问题，剂量过大会危害动物，剂量过小则移植物会受排斥。

免疫学研究进展发现，对异种移植物起排斥作用的是T淋巴细胞的活性。因而切除新生动物的胸腺、脾脏，以选择性破坏对同种或异种肿瘤移植物的排斥，可提高肿瘤移植的成功率。但这种方法的手术复杂，动物的生命周期短。

免疫缺陷动物的发现，为建立人类肿瘤移植动物模型开辟了新路径。在过去的30年中，已成功地将nu基因（裸基因）导入不同近交系动物，形成了系列动物模型；仅小鼠就建立了二十余种近交系裸鼠模型。发现和培育了以B淋巴细胞功能缺陷为特征的CBN/N小鼠，自然杀伤细胞（natural killer cell，NK）功能缺陷的Beige小鼠，以及T、B淋巴细胞功能联合缺陷的SCID小鼠等各类免疫缺陷动物模型。近年来，利用基因导入育种技术，又可依研究所需而将不同类型免疫异常基因整合在一个动物上。这些具有不同遗传背景和不同免疫缺陷的动物模型成为近代生物医学宝贵的实验材料，并大大推动了肿瘤学和免疫学等学科的发展。免疫缺陷动物模型的建立与发展，是继近交系动物、悉生动物之后的又一重大突破。

### 一、免疫缺陷动物分类

依据缺陷的免疫细胞种类，可将免疫缺陷动物分为如下几类。

#### （一）先天性免疫缺陷动物

先天性免疫缺陷动物是指与体内淋巴细胞发育有关的基因发生突变，导致该淋巴细胞群的发育不全或功能障碍而形成的自发性免疫缺陷动物。应用同源导入技术将两种或两种以上导致不同淋巴细胞缺陷的突变基因导入一个动物品系中，由此形成的联合免疫缺陷动物也归于此类。

**1. T淋巴细胞功能缺陷动物** 裸小鼠、裸大鼠、裸豚鼠、裸牛等。

**2. B淋巴细胞功能缺陷动物** CBA/N小鼠（性连锁免疫缺陷小鼠）、Arabin马、Quarter马、免疫球蛋白异常血症动物等。

**3. NK细胞功能缺陷动物** Beige小鼠。

**4. 联合免疫缺陷动物** SCID小鼠（T、B细胞联合免疫缺陷），Beige-Nude小鼠（T、NK细胞免疫缺陷），虫蛀小鼠（T、B、NK细胞功能异常）等。

其他免疫缺陷动物：无脾（Asplenia）突变系小鼠等。

### （二）获得性免疫缺陷动物

获得性免疫缺陷动物是指在动物出生后，通过摘除免疫器官（如胸腺或脾脏摘除）或感染免疫缺陷病毒而形成的免疫功能缺陷动物。

**1. 猴 AIDS 模型**　猴免疫缺陷病毒（SIV）急性感染模型、SIV 慢性感染模型、D 型逆转录病毒感染模型。

**2. 黑猩猩 AIDS 模型**　黑猩猩人免疫缺陷病毒（HIV）感染模型。

### （三）遗传工程免疫缺陷动物

用遗传工程技术敲除与淋巴细胞发育有关的基因，或导入免疫缺陷病毒的基因，形成遗传工程免疫缺陷动物。

1. SCID 小鼠的 AIDS 模型。

2. 转基因小鼠的 AIDS 模型。

## 二、免疫缺陷动物模型

### （一）T 淋巴细胞功能缺陷动物模型

**1. 裸小鼠（nude mice）**　属先天性无胸腺裸小鼠。

遗传背景：起源于非近交系小鼠品系，第 11 号染色体上带有 nu 隐性突变基因。该基因已回交到不同品系，包括 BALB/c nu/nu、NIH-nu、NC-nu/nu、Swiss-nu、C3H-nu/nu、C57BL/6-nu/nu 等。

品系特征：①体表：被毛生长异常，呈裸体外表。随着年龄增长，皮肤逐渐变薄、头颈部皮肤出现皱褶、生长发育迟缓。其中，BALB/c 裸小鼠为浅红色、白眼睛，C3H 裸小鼠为灰白色，黑眼睛，C57BL 裸小鼠为黑灰色或黑色。②免疫：T 淋巴细胞功能缺陷，淋巴细胞转化试验为阴性；B 淋巴细胞功能一般正常，但分泌的免疫球蛋白以 IgM 为主，仅含少量的 IgG；NK 细胞活力正常，6~8 周龄时细胞活性还高于一般小鼠。③生理：无胸腺，仅有胸腺残迹或异常胸腺上皮，不能使 T 淋巴细胞正常分化，缺乏成熟的 T 淋巴细胞；抵抗力差，容易患病毒性肝炎和肺炎，必须饲养在屏障系统中。④生殖：一般采用纯合子雄性小鼠与杂合子雌性小鼠交配繁育，可以获得 1/2 纯合型仔鼠。⑤寿命：在 SPF 环境下可活 15~26 周。⑥T 淋巴细胞缺陷可通过移植成熟 T 淋巴细胞、胸腺细胞或正常胸腺上皮得到校正。

用途：广泛应用于肿瘤学、免疫学、遗传学、寄生虫学、毒理学等基础医学和临床医学的实验研究。实验用裸小鼠一般选择 4~8 周龄。

（1）BALB/c Nude

遗传背景：Charles River Japan（CRJ）公司通过对 BALB/cABon-nu 和 BALB/cAnNCrj-nu 进行交配和回交得到该品系，1985 年 CRJ 得到了来源明晰的 BALB/cAnNCrj-nu 孕鼠，并在同年进行剖宫产，这种小鼠是近交的，遗传监测确证是BALB/c 裸鼠，此小鼠没有胸腺，因此造成 T 淋巴细胞缺陷。

品系特征：全身无毛，生长发育不良，母性差，繁殖力低下，抵抗力低下，易发生严重感染；胸腺缺失，为第 11 对染色体隐性遗传；T 淋巴细胞免疫缺陷，B 淋巴细胞正常，但功能缺陷，抗体主要为 IgM，只有少量 IgG；具有较高的 NK 细胞活力；无接触敏感性，无移植排斥反应。

用途：广泛用于免疫生物学、免疫病理学、移植免疫、肿瘤免疫、病毒细菌免疫学实验、麻风、

胸腺功能研究和寄生虫感染研究，可用于建立人癌移植瘤模型，进行抗肿瘤药物的化学治疗研究。

（2）CD-1 Nude

遗传背景：1979 年 CRL 将 Crl:NU-Foxn1nu 的裸基因导入 CD-1（ICR）小鼠，通过一系列交配和回交得到该品系。

品系特征：胸腺缺失，T 淋巴细胞免疫缺陷。

用途：可用于免疫学、肿瘤学等方面的研究，由于是封闭群动物，有较好的生长繁殖能力，机体抵抗力较强，更利于长期及慢性实验。

（3）NU/NU

遗传背景：此免疫缺陷鼠来源于 NIH，开始被认为是 BALB/c 的同类系，后来表明此鼠不是近交小鼠，并以远交方式保存下来。

品系特征：胸腺缺失，T 淋巴细胞免疫缺陷。通常 NU/NU 与 CD-1（ICR）Nude 小鼠表现相同。

用途：可用于免疫学、肿瘤学等方面的研究，生长繁殖能力强，机体抵抗力强，更利于长期及慢性实验。

**2. 裸大鼠（nude rat）** 又名 NIH 裸大鼠。

遗传背景：1979～1980 年期间，含有裸基因的 8 个近交系大鼠（BN、MR、BUF、WN、ACI、WKY、M520、F344）在一系列交配之后育成了 NIH 裸大鼠。基因符号为 *rnu*。

品系特征：①体表：躯干部被毛稀少，头部、四肢和尾根部毛较多；2～6 周龄期间皮肤上有棕色鳞片状物，随后变得光滑。②免疫：T 淋巴细胞功能缺陷，对结核菌素无迟发性变态反应，淋巴细胞转化试验为阴性；B 淋巴细胞功能一般正常，但血中未能测出 IgM 及 IgG；NK 细胞活力增强，可能与干扰素水平有关。③生理：无胸腺，仔鼠 4 周左右断乳，发育相对缓慢，体重约为正常大鼠的 70%；体质比裸小鼠强壮，但对多种传染病更敏感，易患呼吸道疾病，必须饲养在屏障系统中。④生殖：采用纯合型雄性大鼠与杂合型雌性大鼠交配繁殖方法，可获得 1/2 纯合型裸大鼠仔。⑤寿命：在 SPF 环境下可活 1～1.5 年。⑥同种或异种皮肤移植生长期可达 3～4 月以上，可接受人类正常组织和肿瘤的异种移植。

用途：体型较大，适宜大范围的外科手术，常用于人类多种肿瘤移植研究，如黑色素瘤、恶性胶质瘤、结肠癌、胰腺癌、肺癌、乳腺癌等。

## （二）B 淋巴细胞功能缺陷动物模型

CBA/N 小鼠，又称性连锁免疫缺陷小鼠（x-linked immune deficiency mouse，XID）。

遗传背景：起源于 CBA/H 品系，X 染色体上带有性连锁隐性基因 xid（x 连锁免疫缺陷基因）。

品系特征：①免疫：B 淋巴细胞发育先天性缺陷，B 淋巴细胞功能缺乏，对非胸腺依赖性Ⅱ型抗原没有体液免疫反应，血清 IgG、IgM 含量低。②生理：有 x-连锁免疫缺陷（x-linked immune defect），其病理改变与人类 Bruton 丙种球蛋白缺乏症及 Wiskott-Aidsch 综合征等相似。③移植正常鼠骨髓到 xid 宿主，B 淋巴细胞缺损可得到恢复。

用途：适用于研究 x 染色体对免疫功能的影响，是研究 B 淋巴细胞的发生、功能与异质性的理想动物模型。

## （三）NK 细胞功能缺陷动物模型

**1. Beige 小鼠**

遗传背景：起源于经射线辐射的小鼠生产的仔鼠中的变异者，第 13 对常染色体上带有 bg 隐性突变基因。现有品系为 C57BL/6N-bg。

品系特征：①体表：毛色变浅，耳郭和尾尖色素减少，尤其是出生时眼睛色淡，表型特征与人色素缺乏易感性增高综合征即齐-希二氏综合征（Chedian-Higashi syndrome）相似。②免疫：NK 细胞发育和功能缺陷，细胞毒性 T 细胞功能损伤，粒细胞趋化性和杀菌活性降低，巨噬细胞抗肿瘤活性、移植物抗宿主（GVH）反应欠缺。③生理：溶酶体功能缺陷，对化脓性细菌敏感，必须饲养于 SPF 环境中。④若将 bg 和 nu 非等位基因的小鼠（C57BL/6J），通过杂交-互交，即可培育出 T 与 NK 细胞功能联合缺陷的 Beige/nude 小鼠。

用途：Beige 小鼠适用于作为色素缺乏易感性增高综合征动物模型进行实验研究。Beige/nude 小鼠特别适用于对肿瘤转移因素的研究。

**2. SCID Beige 小鼠**

遗传背景：由 Croy 等在 Guelph 大学通过 C. B-17SCID/SCID 和 C57BL/6bg/bg 小鼠的杂交得到。为 SCID 和 Beige 常染色体隐性突变同类系（congenic）小鼠。

品系特征：毛色为白化，B、T 淋巴细胞功能缺失，同时 NK 细胞功能低下。该突变基因小鼠血清中缺乏免疫球蛋白，其细胞在活体外对测试 B 细胞或 T 细胞功能的免疫学实验不发生反应，在组织病理方面表现为淋巴组织重度淋巴细胞减少。

用途：广泛应用于人类生理学、病理学、免疫学和血液病学等方面的研究，能接受人体正常组织的移植而成为一种嵌合体小鼠（即 SCID-hu 模型），进行人体免疫功能重建和肿瘤学方面的研究。

## （四）联合免疫缺陷动物模型

**1. SCID（CB-17 SCID）小鼠**

SCID（severe combined immune deficency，SCID）的英文意思是严重联合免疫缺陷，SCID 小鼠即重症联合免疫缺陷小鼠。

遗传背景：起源于 BALB/c 带有免疫球蛋白重链等位基因（Igh-1b）的同源近交系，在 1983 年由美国的 M. J Bosma 在 C57BL/ka 与 BALB/cAnIcr 杂交 17 代后的 C・s20B-17 近交系小鼠中发现，是位于第 16 号的染色体的单个基因发生隐性突变所致，SCID 小鼠是 C・s20B-17/lcrJ 的同源近交系。1988 年从美国 Jackson 实验室引进我国。

品系特征：①免疫：T 淋巴细胞和 B 淋巴细胞数目大大减少，细胞免疫和体液免疫功能缺陷；骨髓结构、巨噬细胞和 NK 细胞功能正常。②生理：胸腺、脾脏、淋巴结重量下降；外周血白细胞和淋巴细胞减少，丧失 T 淋巴细胞和 B 淋巴细胞免疫功能，容易死于感染性疾病，必须饲养在屏障环境中；2%~23%出现淋巴细胞功能恢复即渗漏现象。③寿命：1 年以上。④通过移植人免疫组织或免疫细胞，可使 SCID 小鼠具有人类部分免疫系统，称为 SCID-hu 小鼠。⑤与非肥胖糖尿病小鼠 NOD/Lt 杂交可培育出杂交双突变 NOD-SCID 小鼠，后者除保留了 SCID 小鼠 T、B 细胞缺陷的特点外，同时还具有低 NK 细胞活性的特性，属 T、B、NK 细胞缺陷的严重联合免疫缺陷动物模型。

用途：应用于免疫细胞分化和功能研究，异种免疫功能重建、人单抗生产、人类自身免疫性疾病及免疫缺陷性疾病，病毒学及肿瘤学、异体移植等方面的研究。

**2. NOD/SCID 小鼠**

遗传背景：SCID 小鼠是 C. B-17 小鼠的突变系，C. B-17 小鼠是 BALB/c 小鼠的同源近交系，该小鼠除了携带来自 C57BL/Ka 小鼠的免疫球蛋白重链 lg-lb 等位基因与 BALB/c 小鼠不同

外，两品系小鼠其余基因完全相同，由 Jackson 实验室用非肥胖糖尿病小鼠 NOD/Lt 与 SCID 小鼠杂交而成。

品系特征：毛色为白化，非肥胖糖尿病重症联合免疫缺陷小鼠，杂交双突变 NOD/Lt-SCID 表达了 NK 细胞活性相对低的特性，属 T、B 和 NK 细胞缺陷的严重联合免疫缺陷动物。

用途：常用于肿瘤、免疫学、胚胎干细胞、艾滋病及肝炎、人类自身免疫性疾病和免疫缺陷性疾病的研究。

**3. 虫蛙（Motheaten）突变系小鼠**

遗传背景：起源于 C57BL/6J 的同源近交系，第 6 号染色体上带有 me 突变基因。现有品系为 C57BL/6J-me。

品系特征：①免疫：4 周龄后胸腺即退化，对 T 和 B 细胞分裂素的增殖反应严重受损，细胞毒 T 细胞和 NK 细胞活性减低，出现严重免疫缺陷。②生理：1~2 日龄表皮可见嗜中性白细胞集聚，表皮色素呈斑点状，故称虫蛙小鼠；伴有自身免疫的倾向，免疫复合物沉积于肾、肺、皮肤。③寿命：短，不超过 8 周。④纯合虫蛙鼠的几乎全部 B 细胞上表现有 Ly-1 抗原。

用途：广泛应用于生命早期免疫功能缺陷和某些自身免疫病的发生机制研究。

### （五）无脾（Asplenia）突变系小鼠

遗传背景：起源于 C57BL/6J 和 C3HeB/FeJ 的 F1 代。现有品系为 B6C3F1-a/a-Dh。

品系特征：①免疫：杂合子出现先天性缺脾脏和体液免疫缺陷。对绵羊红细胞（SRBC）缺少体液免疫反应。②生理：淋巴结肿大，白细胞增多。血管内碳清除率降低。③病理：带有显性半肢畸形基因（dominanthemimelia，Dh）。该基因为 1 号染色体上的显性突变基因，纯合致死。后肢畸形即多趾或少趾，泌尿生殖系统和消化系统有缺陷。④若将 nu 基因与 Dh 基因结合在一起，即可培育出无胸腺和无脾脏的 La-sat 小鼠。

用途：适用于脾脏功能的研究，也是研究中医中药的重要动物模型，还是研究血吸虫病的良好实验材料。

### （六）猴免疫缺陷病毒（SIV）慢性感染动物模型

模型制作：恒河猴，按 3 个 100%猴感染剂量（$3MID_{100}$）静脉注射 SIV mac 251，感染后追踪观察其临床表现、体征变化、病程进展、血浆和全血病毒血症规律、淋巴细胞亚群 CD4 的动态。

模型特征：血浆病毒血症水平在感染后 14 天达高峰，21 天开始下降，60~360 天检不出或低滴度；全血病毒血症水平在感染后 10 天开始至 3 个月持续高滴度，9 个月后下降；淋巴细胞亚群 $CD_4$ 值感染后 14~30 天略下降，后回升。

模型特点：SIV 慢性感染猴模型临床表现、病毒学和免疫学的变化及病程进展类似人艾滋病感染者在进入艾滋病中、晚期前的慢性感染过程，可用于抗艾滋病药物药效学的研究。

## 三、移植性人体肿瘤动物模型

移植性人体肿瘤免疫缺陷动物模型指把人的肿瘤细胞或肿瘤组织移植到免疫缺陷动物体内形成的动物模型。使用人类肿瘤细胞系建立的动物模型称作肿瘤细胞系异种移植模型（cancer cell line-based xenograft，CDX），而使用患者源性肿瘤移植建立的动物模型称作人源性肿瘤异种移植模型（patient-derived tumor xenograft，PDX）。建立异种可移植性肿瘤模型的目的是提供人类肿

瘤的体内研究手段，以便于直接研究人类肿瘤的生物学特性及其发病机制。目前大多数人体肿瘤均已在免疫缺陷动物体内异种移植成功，并已广泛应用于各种人体肿瘤的生物学特性研究以及抗肿瘤药物的筛选与评价。目前用于人体肿瘤移植的免疫缺陷动物主要有T淋巴细胞缺陷动物裸小鼠、裸大鼠、联合免疫缺陷SCID小鼠和NOD/SCID小鼠。根据肿瘤移植的部位，移植性人体肿瘤免疫缺陷动物模型的复制方法主要分为异位移植和原位移植两大类。而按照移植性肿瘤模型特征而言，可分为侵袭、转移、复发和耐药等肿瘤模型。

## （一）异位移植人体肿瘤免疫缺陷动物模型

**1. 皮下移植侵袭模型**

模型制作：皮下移植按照人体肿瘤的接种方式分为组织块法、细胞悬液法、匀浆法、培养细胞法、腹水法等。皮下移植的部位亦较多，包括常规皮下移植（背侧皮下、大腿外侧皮下、腋窝皮下等）和特殊皮下移植（爪垫皮下、耳郭皮下、尾部皮下、阴茎皮下等），其中以背侧皮下最为常用。实验时用穿刺针（注射器）将肿瘤组织移植（接种）至所需部位即成。

模型特点：皮下是异位移植中最常使用的部位，因其移植方法简便、肿瘤体积易于测量等优点而被使用广泛。大多数人恶性肿瘤都已成功建立了皮下移植瘤模型。

**2. 肌肉内移植侵袭模型**

模型制作：用左手保定裸小鼠并固定一侧后肢，右手用注射器把肿瘤细胞缓慢接种至后肢大腿肌肉内，注射体积不大于100μL。也可将剪切好的瘤组织小块用穿刺针移植于右侧后肢大腿部肌肉内。

模型特点：该模型能发生有规律的肿瘤侵袭，是很好的侵袭模型，其缺点是不易定量。肌肉内肿瘤移植实验以动物后肢大腿肌肉组织内移植较为常见。

**3. 肾包膜下移植侵袭模型**

模型制作：肾包膜下移植一般选用肿瘤组织块移植。移植时，在麻醉动物左侧背部距中线0.5cm处，做一长约1.0~1.5cm的纵切口，分离软组织，暴露肾脏，将剪切好的肿瘤组织块吸入穿刺针，小心移植于肾包膜下肾外侧中线处，向内延伸0.3~0.5cm，推出瘤块，取出穿刺针，将肾脏复位，逐层缝合。

模型特点：肾包膜下移植瘤位置相对固定，肾皮质区血管丰富，肾组织结构层次清楚，便于进行侵袭过程形态学观察。

**4. 睾丸包膜下移植侵袭模型**

模型制作：移植时，在麻醉动物左侧阴囊部做切口暴露睾丸，用穿刺针将剪切好的瘤组织块吸入管内，移植于睾丸包膜下，然后将睾丸复位，随即缝合。

模型特点：睾丸包膜下移植瘤位置表浅，睾丸左右成对，囊内有丰富的血管和淋巴管，这不仅便于在体表直接观察肿瘤生长状态，利用两侧睾丸进行平行对照研究，还有利于对瘤细胞浸润与转移的关系进行研究。

**5. 脑内移植侵袭模型**

模型制作：在动物头部所需接种部位的颅骨上打洞，用穿刺针将剪切好的瘤组织块缓缓送入脑组织内，也可采用细胞悬液注射的方法。

模型特点：脑内移植肿瘤细胞能呈侵袭性生长，是研究脑内瘤细胞侵袭有用的模型。但由于脑内空间狭小，环境复杂，肿瘤生长至一定大小时易造成动物过早死亡，影响实验结果的观察和分析。

### （二）原位移植人体肿瘤免疫缺陷动物模型

原位移植是指将人类肿瘤接种到免疫缺陷动物相同器官组织内，使其获得与人体肿瘤相似的微环境。原位移植又被称为常位移植或正位移植，移植部位包括肺、胃、肝、肾、肠、乳腺、卵巢、前列腺等。原位移植可使移植瘤细胞处在与其实际生长相应的体内器官微环境之中，不仅可提高移植的成功率，而且所获得的移植瘤的生物学特性更接近人体肿瘤的生物学行为，尤其适合癌转移模型的观察和研究。

[例 1] 肺癌原位移植模型

模型制作：在麻醉裸小鼠左胸壁处行 0.8cm 的切口，分离和暴露肋肌及肋间肌，在第 3、第 4 肋间行 0.4～0.5cm 肋间切口，打开胸腔，以镊子取出左肺，将剪切成 1.0～1.5$mm^3$ 的瘤块 1～6 块缝入肺中，将肺退回胸腔，胸壁切口以 6/0 缝线紧密缝合，立即检查闭合状态，以注射器抽取胸腔内剩余空气，逐层缝合。

模型特点：肺癌病因研究多采用吸入法，原发性支气管肺癌研究以支气管灌注法为主，而肺癌转移研究多采用外科手术方法。通过胸廓切开术在动物肺部植入肿瘤，这种方式不仅可产生广泛的局部肿瘤生长，而且对侧肺和淋巴结等也可发生转移。但实施开胸术会对动物造成一定的创伤或死亡，肺实质内移植肿瘤，只能使 70%～90%的小鼠产生肿瘤。

[例 2] 胃癌原位移植模型

模型制作：麻醉裸小鼠腹正中切口，将胃轻柔地拉出，先用 8/0 缝合线对胃壁浆膜层做荷包缝合（直径约 0.5cm）制备胃黏膜小囊，再用眼科剪细心划伤荷包中心胃壁浆肌层，然后将 1 块瘤组织块包埋至小囊内，扎紧荷包缝线，最后用 4/0 缝合线分别缝合腹膜及皮肤。精心饲养观察，待动物濒临死亡时处死解剖。

模型特点：原位移植瘤在原位生长后可自发转移至肝，转移形成周期为 12～24 周不等，肝转移率取决于所选细胞株本身的转移潜能。该法原位成瘤率和局部浸润率均为 100%，肝转移率为 66.7%，幽门梗阻为 83.3%，中位生存期为 18 周。

[例 3] 肝癌原位移植模型

模型制作：沿麻醉裸小鼠腹中线打开腹腔，暴露肝叶，在肝左叶中间部位轻轻戳一个约 3mm 深度的隧道，棉签局部轻压止血。将准备好的人癌组织小心送入隧道内或用穿刺针将瘤组织块送入肝被膜或实质内，若植入的瘤组织较易脱落，可用 8/0 丝线做 8 字缝合，棉签轻压止血，若出血较多可用 OB 胶（医用粘连剂）局部外用止血，仔细检查无活动性出血后全层关腹。术后继续饲养，自由进食，定期观察。

模型特点：大多数人肝癌细胞株移植动物体内，其潜伏期相对较长，生长速度较慢，移植成功率不高。通常雄性小鼠的移植成功率和转移率要略高于雌性小鼠。

[例 4] 结肠癌原位移植模型

模型制作：麻醉裸小鼠行腹正中切口，钳出盲肠，于盲肠末端用手术刀轻轻划破浆膜面，用无齿镊将盲肠末端向内推压，使局部肠壁形成凹龛。将直径 1.5mm 的肿瘤组织块塞入凹内，并在瘤表滴上一滴 OB 胶，使胶覆盖瘤体表面，并铺展至盲肠壁，OB 胶凝固后将盲肠回纳腹腔，逐层关腹。

模型特点：结肠癌原位移植模型展示的肿瘤生物学行为与临床病人较为相似，如局部生长、广泛腹腔种植、淋巴结转移、肝转移和结肠梗阻等，较之皮下移植瘤模型更能代表临床大肠癌的生长特点。

［例 5］乳腺癌原位移植模型

模型制作：将人乳腺癌组织块剪切成 1.5mm×1.5mm×1.5mm 大小，用套管针移植到雌性裸小鼠乳房的脂肪垫上，观察移植后的肿瘤生长情况。

模型特点：目前国内外已经建立了 20 多种人源性的乳腺癌细胞株，其中较为常用的主要有 MCF-7 和 MDA-MB-231 两种，但属激素依赖性肿瘤，受动物模型受体内激素调节等因素的影响，而且移植成功的肿瘤大多数生长潜伏期较长，生长速度较慢。

［例 6］卵巢癌原位移植模型

模型制作：麻醉雌性裸小鼠，于肋下做 1cm 长的纵切口，暴露一侧卵巢，在解剖显微镜下剪开卵巢白膜，用 5 号可吸收缝线缝合卵巢（做一结节但不要结扎），将 1 块移植瘤组织植入卵巢包膜下，结扎可吸收线缝合包膜，逐层关腹，术后逐日观察。

模型特点：采用组织块法建立卵巢癌原位移植模型，其原位移植肿瘤的生长和转移较完整地重现了人卵巢癌临床发展和转移模式，包括移植瘤在裸小鼠卵巢内呈侵袭性生长，对侧卵巢、腹壁、网膜、横膈和盆腹腔脏器（肝、脾、肾、肠等）转移，淋巴结转移（髂内、髂外、髂总、腹主动脉和腹股沟淋巴结），血行转移到肺，腹水形成。

［例 7］前列腺癌原位移植模型

模型制作：麻醉裸小鼠，下腹正中切口，显微镜下暴露前列腺，分离前列腺腹侧筋膜，用剪刀分离两腹侧叶，将肿瘤块置于两腹侧叶间的缝隙中，用 8/0 缝合线利用两腹侧叶将肿瘤块缝入缝隙中，包埋严密，将外侧前列腺筋膜包裹其上，用 4/0 缝合逐层关腹，术后逐日观察。

模型特点：前列腺癌分为雄激素依赖型和雄激素非依赖型两种，前者分化程度高、恶性度低，去除雄激素后可发生凋亡；而后者分化程度低、恶性度高，对去除雄激素无反应。前列腺癌动物模型较难建立成功，尤其是雄激素依赖型的，通过人为定期注射激素或皮下包埋激素缓释胶囊，可提高肿瘤移植成功率和维持肿瘤的正常生长。已建立的人源性前列腺癌细胞株有激素非依赖型的 DU145、PC-3、PC-3M 和激素依赖型的 LNCaP、CWR22 等。

# 第五节　中医证候动物模型

## 一、中医证候动物模型定义

中医证候动物模型是指在中医整体观念及辨证论治思想的指导下，运用脏象学说和中医病因、病机理论，把人类疾病原型的某些特征在动物身上加以模拟复制而成，且可以用于开展中医证候研究，是与人体中医证候表现特点相同或相似的实验动物。

此处的“动物”包括整体动物，动物的器官、组织、细胞；“证候”包括中医的其他状态性病象，如症、病（胃痛症、乳痞），但不包括机理性病象（肺与大肠相表里，肾主耳）。

中医证候动物模型研究包括中医实验动物研究和中医动物实验方法研究。前者主要是研究如何按证候需要创造病理模型选择动物（如雄性小鼠比雌性小鼠对大黄合剂脾虚造模更为敏感；中医重视舌象，而猪的舌在组织学上与人相似等）；后者则主要研究适合证候需要的动物实验方法（如气候箱、活动频度测量装置）。中医证候动物模型研究的目的是科学评价证候动物模型与临床证候的相似关系，为中医基础病理和中医基础药理研究提供服务，是中医动物实验研究体系中的一个重要组成部分。

中医要走向现代化，必须从单一的经验医学向经验医学与实验医学研究相结合的方向发展。

在这中间动物实验研究是必不可少的。从传统中医临床研究到中医动物实验研究，要经历三个转变：①临床思维的科学化预处理：包括实证化、客观化、规范化三个方面，用于排除传统中医临床思维中的虚幻性、主观性和多歧性。②在此基础上，研究方法实验化，如设对照组、条件控制等。③在此基础上，研究对象（证候）的载体动物化。

完成第一个转变，在思维上类似现代临床医学；完成第二个转变，则成为中医临床实验；再完成第三个转变，则成为中医动物实验。

在每个具体实验中的工作都是围绕这三个转变进行的。如临床诊断标准的确立和规范（第一转变），在此基础上依据动物特点确定在动物上的诊断标准、选择动物（第三转变），实验设计（第二转变）等。这三个转变的一般和具体规律就是中医证候动物模型研究的主要内容。

用动物模型进行实验比用人（临床）做实验有两方面的优点：①道德上的，如空白对照问题、损伤实验等。②实验学上的，随意抽象和条件高度可控，选择合适指标，单盲，大样本，短周期。这就是中医证候动物模型及其研究的存在依据。

## 二、中医证候动物模型种类与研制方法

### （一）中医证候动物模型的种类

迄今为止的证候动物模型，覆盖广泛，包括八纲辨证、脏腑辨证、气血津液辨证、六淫辨证、六经辨证、卫气营血辨证等。各种模型以脾虚、肾虚、血瘀证最多。

按照脏腑辨证，包括肾虚证（肾阴虚证、肾阳虚证）动物模型、脾虚证动物模型、肝脏证候（肝郁、肝阳上亢）动物模型、心脏证候动物模型（心气虚）、肺脏证候动物模型等。

按照气血津液辨证，包括气虚证动物模型、血虚证动物模型、血瘀证动物模型等。

按照六淫辨证，包括寒证动物模型、热证动物模型。

按照卫气营血辨证，包括温病动物模型。

其他，还有痹证动物模型、厥脱证动物模型等。

### （二）中医证候动物模型的造模方法

**1. 中医病因模型** 根据中医病因学说理论，研究建立各种证候动物模型，如冷水浴制造阳虚模型；温湿箱加高糖高脂饮食制作温病湿温之湿热中阻模型。还有利用中药四气五味特性制成的特色模型，如青皮、枳壳、附子制作的糖尿病气阴两虚证动物模型。

**2. 西医病理模型** 基于某些药物的毒性反应或手术后的不良反应所致特异病理改变与中医某些证候中典型的病理改变相一致，将该种病理模型纳为中医证候模型。典型者如利血平造模形成的脾虚证模型。

**3. 中医病因加西医病理模型** 综合上述两种模型的优势，旨在形成贴近理想的中医病证模型。如吕爱平等以Ⅱ型胶原免疫所致关节炎性病理改变为基础，以风寒湿痹证为外因、肾虚为痹证内因的学说为依据，利用中西医结合肾本质研究的成果，采用复合因子方法制作痹证动物模型。但由于中西医的发病机制不同，具体相关性尚有待深入研究，故该种模型目前应用较少。

### （三）中医证候动物模型的证候信息采集及辨证依据

中医证候动物模型的证候信息采集可借鉴中医临床的望、闻、问、切诊疗方法，通过对动物症状和体征的观察，结合现代实验室仪器检查对动物进行辨证。在观察动物症状和体征时，应尽

可能采用客观性指标，并使之量化。如饮食可用日均摄食量指标，皮肤、舌苔颜色可用仪器进行色差比较，活动度可用自主活动仪测定等。

**1. 症状**　观察其寒热，饮食，二便，面色，活动度，神色，舌 r 值，爪 r 值，尾 r 值，体重，形体虚实，毛色，呼吸，眼神，耳，鼻，唇，腹，二阴，爪和尾显微拍照（颜色、胖瘦、光泽、爪舒展、爪伸展、爪老嫩、爪洁净、爪溃烂），闻气味等。

**2. 体征**　体温，步态，心率，舌，脉，肌力，神经功能等。

**3. 病理改变**　相关病变系统、器官的组织切片，观察具体病理改变。

**4. 生化指标**　目前实证的生化指标，主要根据具体病变系统和器官而定。如中风血瘀证观察血液流变学改变和脑虚证所涉及的指标，以免疫学相关指标为主，其他指标相对较少。具体体现在气虚证以研究免疫学相关指标为主；血虚证以研究外周血象及骨髓造血细胞为主；阴阳虚证以研究血液、肝脾肾组织中生化指标，如酶、激素、电解质等的变化。

**5. 分子生物学指标**　基因芯片技术目前在中医药科研中得到广泛应用。当使用证的动物模型，或在疾病模型基础上通过辨证区分为不同的证，对主要的病变组织了解后，便可以利用基因芯片技术，观察有关组织基因的表达变异，以了解证与证、证与病、证与体质之间的差异。沈自尹关于肾本质的研究，可作为这方面的代表。随着现代分子生物学、生命科学的发展，这样的研究会取得更多成绩。

**6. 治疗反证**　将针对该证候的方药使用于证候模型动物，观察是否有效，以反证该模型的制作成功与否。

## 三、中医证候动物模型研制概况

20 世纪 60 年代以来，借鉴现代医学制作疾病动物模型的思路和方法，国内学者展开了大量的中医证候动物模型研究，建立起包括肾阳虚证动物模型在内的 200 余种中医证候动物模型。这些模型在中医各个学科得到广泛的应用，推动了中医学实验研究的发展和中医药的现代化。

回顾半个世纪以来中医证候动物模型造模的探索与发展，有关实验动物中医证候造模的一些学术分歧和利弊已逐渐明朗。以临床同病异证和异病同证发生的角度来衡量，中医证候动物模型造模大体可以分为以下类型。

**1. 有是病便有是证模型**　即建立或应用疾病动物模型，而这些疾病模型会伴随一些典型的证候与病机，如糖尿病造模或自发性糖尿病大鼠模型会出现类似于糖尿病患者典型的阴虚火旺证候和病机；自然衰老实验动物被认定存在肾虚，也符合中医有关生长壮老已的理论。虽然该类模型总体趋势如此，但由于个体差异，部分动物也存在不同表现，即同病异证。

**2. 病机同且证候同**　比如一些疲劳造模，由于符合中医劳则气耗的理论，实验动物会普遍出现乏力、懒动等典型气虚表现。

**3. 证候近似但病机不同**　许多造模属于这一类，其特点是造模后可以见到近似于一些证候的表现，但由于此类模型多是利用了一些药物或治疗方案的毒副作用，病机与证候表现有所不同。这类证候造模对常用具有毒副作用治疗方案的中医药防治有益，也可用于研究证候表象，但不宜等同于传统的源自外感和内伤杂病的证候，应予区别。

**4. 完全脱离了临床实际的证候造模**　如在疾病模型动物的基础上叠加证候造模（采用一些不相干的药物或治疗方案诱发的所谓病证结合模型）、缺少临床依据的多因素复合造模等。一些造模甚至混淆了中医和西医的一些基本概念，如把颗粒细胞减少视为中医“血虚证”，这类患者临床往往表现为气虚证，不宜混淆。

有学者总结后认为，中医证候动物模型的研制经历了四个时期：第一时期为散在发生期（1960—1976），第二时期为方法尝试期（1977—1984），第三时期为初步总结期（1984—1988），第四时期为实用验证期（1988 至今）。四期时间互有重叠。

第一时期的特点：研究模型种类少，没有形成趋势或集约力量；研制者均为西医机构，中医机构没有参加；研究工作在中医界未产生影响。

第二时期的特点：中医界认识到动物模型实验方法在中医研究中的重要性，因而此项工作得到迅猛发展，但在方法论上有较大分歧。因此，许多模型创立后难以投诸应用，而多被用于探索如何在造模上体现中医特色。

第三时期的特点：由于中医动物模型研究的不断增加，学术上的日趋成熟，中西医结合界要求从组织、理论上加以把握，促使它走向常规学科，从而成为方法尝试期向实用验证期转变的准备、过渡阶段。

第四时期的特点：在方法论争论逐渐减少的同时，造模为实用服务的目标得到确立，造模方法和技术也趋于实用、细致，并在实践中予以应用和验证，这表明中医证候动物模型这一新学科已步入了科学、稳定发展的轨道。

## 四、中医证候动物模型简介

### （一）气虚证

［例 1］控食+强迫跑步+普萘洛尔气虚证模型

BALB/c 或 KM 小鼠，雌雄均可，体重 22g，单笼饲养。小鼠在电动跑台上无电刺激运动，每天 10 分钟，共 3 天；淘汰无法适应跑台跑步的小鼠。继而每只小鼠每日给饲料 15g/100g（基础饮食量）；每天在电动跑台上电刺激强迫跑步，速度为每分钟 18m，至力竭（实验中以小鼠连续落后在电极附近 5 次为标准）；连续 12 天。第 13 天起每日灌服普萘洛尔（心得安）溶液 2.4mL/100g，连续 4 天。造模后可见气虚表现。若采用单因素诱导气虚，更符合临床实际。

［例 2］环磷酰胺气虚、阳虚证模型

KM 小鼠，雄性，体重 22g。每只小鼠大剂量（50mg～200mg/kg）注射一次；或小剂量（10mg/kg）注射，连续 14 天。造模后可见气虚、阳虚表现，成模率高，适用于化疗药物导致的毒副作用研究。

［例 3］大黄苦寒泻下脾气虚、脾阳虚证模型

KM 小鼠，雌雄均可，体重 22g。含 100%～125%生药的生大黄煎液，每只每天 0.4～0.8mL 灌胃，持续 7～8 天。造模后有便溏、脱肛、纳呆、活动减少等气虚、阳虚表现。

### （二）血虚证

［例 1］乙酰苯肼血虚证模型

KM 小鼠，雌雄均可，体重 18～21g。皮下注射乙酰苯肼溶液，每次 1.5～3mg/10g；或隔 3 天再注射一次。造模后出现溶血性贫血，成模率高。依据溶血严重程度不同，可出现血虚、气虚，甚至阳虚表现。

［例 2］放血血虚证模型

KM 小鼠，雌雄均可，体重 20～27g。将鼠尾部以 75%酒精反复擦拭，使之充血后剪去尾尖 0.25～0.75cm；并将鼠尾浸入 37～40℃温水中，一次失血达 0.5mL，隔日一次，共 3 次。造模后

有气血虚表现，但持续时间短，易于恢复。

### （三）阴虚证

［例 1］甲状腺激素阴虚证模型

KM 小鼠、CFW 等小鼠，雌雄均可，体重 18~30g。灌胃甲状腺片混悬液 300mg/kg，或其他甲状腺激素类制剂，连续给药 7 天。造模后可见消瘦、轻度发热、心率加快等表现；但造模结束后，动物会迅速恢复。

［例 2］肾上腺皮质激素肾阴虚模型

KM 小鼠或 NIH 小鼠，雌雄均可，体重 24~29g。皮下注射氢化可的松 100mg/kg，或其他皮质激素制剂，连续 4~7 天。造模后小鼠出现消瘦、体温升高、心率加快等表现，与肾上腺皮质功能亢进，或大剂量的皮质激素使用后患者临床表现近似，但不够稳定。

### （四）阳虚证

［例 1］利血平脾阳虚证模型

KM 小鼠，雄性，体重 30g。每天腹腔注射利血平 0.3mg/kg，连续 14 天。造模后出现腹泻、体温低下、摄食量减少、懒动、消瘦等表现。

［例 2］羟基脲肾阳虚模型

KM 小鼠或 NIH 近交系小鼠，雄性，体重 20~24g。羟基脲片，每只每天 300~400mg/kg，混悬液灌胃 14 天。造模后出现体温降低、少动等表现。

［例 3］硫脲类药物肾阳虚模型

KM 小鼠或 CFW 小鼠，雌雄均可，体重 20~25g。丙硫氧嘧啶混悬液，每天 40mg/kg，灌胃 20 天；或采用甲巯咪唑。造模后出现少动、体温轻度下降。

［例 4］自然衰老肾阳虚模型

KM 小鼠，雌雄均可，饲养至 24 月龄以上。模型小鼠出现体重增加、少动；雌性小鼠卵巢和子宫萎缩，类似于《黄帝内经》描述的肾虚“天癸竭”。

［例 5］醋酸氢化可的松肾阳虚模型

KM 小鼠，雌雄均可，体重 20g。醋酸氢化可的松，皮下或肌肉注射，每只每天 0.5mg，连续 7 天。小鼠可见倦怠、耐寒时间缩短、蜷曲少动、体重减轻等表现。然而，值得注意的是皮质激素造模会造成体内皮质激素浓度过高，对下丘脑-垂体-肾上腺轴的负反馈、对甲状腺轴和性腺轴造成影响，以及撤激素后的反应等一系列复杂的改变；另外不同批次实验动物对某一固定造模方法的反应也可能存在差异，质量控制较难。

### （五）寒证

［例 1］风寒证模型

KM 小鼠或 NIH 小鼠，雄性，体重 18~22g。风寒刺激箱［温度（10±2）℃，风速 2.5m/sec，相对湿度 75%］连续吹风 10 小时，中间停止 1 小时，以便动物摄取饮食。造模后小鼠出现畏寒喜暖、蜷缩、活动减少、直肠温度下降。

［例 2］冰水灌胃寒实证模型

Wistar 大鼠，雌雄各半，体重 180~220g。麻醉下采用 20%醋酸微量注射法制备胃溃疡模型，然后胃饲冰水 2mL/100g，每天 2 次，至第 7 天。可致模型大鼠中脘穴区温度降低。

### （六）热证

［例 1］仙台病毒滴注肺热证模型

ICR 小鼠，雌雄均可，体重 20g。乙醚麻醉后从鼻腔滴入仙台病毒液。造模第 2 日起小鼠出现蜷缩、耸毛、少食、大便干燥、呼吸急促、消瘦。

［例 2］干姜灌胃胃实热证模型

SD 大鼠，雌雄均可，体重 200～280g。100%干姜水煎剂灌胃，每只每天 1.0～1.5mL，给药 2 周。造模后大鼠饮水量、摄食量增加。

［例 3］啤酒酵母或干酵母皮下注射热证模型

Wistar 大鼠，雌雄均可，体重 200～280g。背部皮下注射 10%鲜啤酒酵母悬浮液 3mL/kg；或 20%酵母悬液 10mL/kg。造模后大鼠在 4～6 小时体温明显升高。

［例 4］大肠杆菌内毒素里热证模型

Wistar 大鼠，雄性，体重 200～280g。尾静脉注射大肠杆菌内毒素 80μg/kg。造模后 80 分钟体温上升达高峰，通常在注射大肠杆菌内毒素后 120 分钟体温恢复正常。

### （七）血瘀证

［例 1］寒冷刺激性寒凝血瘀证模型

KM 小鼠，雄性，体重 24～31g。用 3 份冰加 1 份结晶氯化钙粉碎混合，制成冰袋；用褪毛剂将小鼠双侧后肢被毛除去；用冰袋围置后肢，温度降至零下 20℃，分别冷冻 0.5 小时、1 小时。造模后小鼠后肢皮肤苍白、冰冷；复温后局部红、肿、瘀血。

［例 2］局部肾上腺素滴注血瘀证模型

KM 小鼠，雄性，体重 28～30g。麻醉后使鼠仰卧固定，在中下腹做正中切口，打开腹腔后，取回盲部肠襻，轻轻从腹腔中拉出，平铺在装有 38℃灌流液的肠系膜灌流盒圆形观察台上。灌流液从灌流瓶中流入导管，经恒温水浴加热，再通过塑料导管流入灌流盒，由输液泵排出，使灌流盒中灌流液进出速度相同，恒温在 38℃。将灌流盒置于显微镜载物台上，在制备好的小鼠肠系膜循环标本上局部滴注肾上腺素（1∶1000）5μg。可以从镜下观察小鼠肠系膜循环在滴注肾上腺素前后的改变。

［例 3］脑内血肿血瘀证模型

KM 小鼠，雄性，体重 30～35g。浅麻醉下摘除右侧眼球，用无菌 0.5mL 注射器，取血 0.2mL，迅速注入同一动物左侧大脑半球中部（中骨缝偏左 1mm，左眼眶眉棱骨上 4mm，深度 0.4mm），使动物造成左侧大脑半球内血肿，出现偏瘫。

［例 4］肿瘤接种血瘀证模型

KM 小鼠，雄性，体重 18～22g。$2\times10^6$ 个 S180 肿瘤细胞 0.2mL 于右上肢腋窝内接种。接种肿瘤细胞大约一周后，腋下出现肿块，固定不移。实验室检测：血小板聚集率呈高聚集变化。

## 第六节　病证结合动物模型

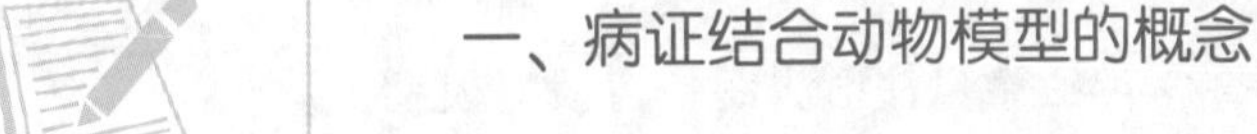

### 一、病证结合动物模型的概念

中医学着重于对特定疾病发生发展过程中证的衍变转化规律进行分析，并做出相应的诊断和治疗，据此在研究中广泛使用了各种中医证候动物模型。而随着现代医学，特别是中医药学与现代医学结合领域基础和临床研究的迅猛发展，证与现代系统性疾病已紧密结合，病证结合已成为传统中医药学发展的方向，而针对本领域研究使用的动物模型即为病证结合动物模型（integrated animal model of syndrome and disease）。

病证结合动物模型是指在中医药理论指导下，适当结合现代医学理论与实验动物科学的基本知识，分别或同时采用传统中医学病因、现代医学病因复制证候动物模型、疾病动物模型，令动物模型同时具有中医证候特征与西医疾病症状。

病证结合是现代中医临床的基本模式，也是中西医结合医学的重要理论创新。正如原本疾病分类指导下的医学研究需要疾病动物模型，证候分类理论指导下的中医学研究需要证候动物模型，病证结合理论指导下的中西医结合医学研究则需要病证结合动物模型。病证结合动物模型的相关理论和实践研究，包括模型的规范化和标准化等方面的问题已在近年来取得了重大进展，但其发展道路仍然漫长，也还有一些问题尚待解决。

## 二、建立病证结合动物模型的意义

病证结合动物模型是现代实验动物模型的重要组成部分，具有重要的理论和实践意义。辨病是西医的特长，辨证是中医的优势；在疾病发生过程中，病和证本来就是不可分割的两个方面，病证结合是目前中医临床的重要诊疗模式，它要求在诊疗中既重视对西医疾病的诊断，也重视对中医证候的认识。病证结合动物模型在制备过程中同时考虑了病和证，是宏观和微观、整体论和分析论的结合。它既体现西医疾病的特点，又有中医证候的特征，是证候动物模型发展的必然趋势，在中西医结合临床基础研究中具有重要的理论意义和实际应用价值，对于在深层次研究探讨中西医理论的内在联系也具有重大意义。

建立病证结合动物模型的优势和价值还体现在模型的客观性强、可信度高、更贴近临床。它不仅有助于中药、方剂药理学研究、中药药效评价和新药开发，而且在客观地认识中药的科学内涵、探讨疾病病理生理变化与中医证候特征之间的关系等方面也具有显著意义。同时，病证结合动物模型对于探讨特定证候在特定疾病的表现、建立证候量化诊断标准、证候疗效评价体系及判定标准等方面均具有显著优势。近年来，随着对证候本质认识的深入，无论是临床研究还是动物实验，在从寻求单一“证”的特异性指标发展为“病”“证”结合探究某一病证的客观指标方面，都积累了丰富的研究资料，为推动中医药现代化、国际化起到了积极作用。建立病证结合的动物模型，可以达到既保留中医传统理论体系的精髓，又可用科学方法去证实的目标，是促进中医药临床发展、实现中医药现代化的重要基础和前提。

## 三、常用病证结合动物模型制作方法

1. 以单一病理因素作为动物模型中疾病和证候的共同造模因素，建立病证结合动物模型。

造模过程中选取的致病因素可以是手术方法，也可以是药物因素。例如，选取中华小型猪，实施冠状 Ameriod 环缩术，通过动态观察和综合评价，术后 4 周表现为冠心病（心肌缺血）血瘀证，从而制备了心肌缺血血瘀病证结合小型猪模型。又如，选取 Wistar 大鼠，利用连续 2 周每日以 1mL/100g 剂量灌胃 0.1%丙硫氧嘧啶（propylthiouracil，PTU）的方法可制备肾阳虚型甲状腺功能减退病证结合动物模型，检测结果表明其与患者的临床表现及其发展演变过程基本一致。该抗甲状腺药物诱发甲减动物模型既体现了现代医学的临床及实验特点，又反映了中医的证候特征，是用于甲减中医实验研究较为理想的病证结合动物模型。此类建模方法由于造模因素单一，

可控性相对较强，对于有些病证不失为一种简易、有效、可行的造模方法。

2. 在造成西医疾病模型的基础上，不再施加人为干预因素，在疾病模型建立过程中或建成后，观察、检测动物疾病模型是否表现出中医证的特点，即判定动物疾病模型所具备的中医证候类型和特征，建立病证结合动物模型。

在造模过程的开始，建立并对照临床疾病证候诊断标准，从多种动物造模方法中选取最接近临床的一种，建模后以方测证对模型进行科学评价，得到可应用于中医药学基础和临床研究的病证结合动物模型。例如，应用下述方案可建立子宫内膜异位气滞血瘀病证结合动物模型。

（1）子宫内膜移植+皮下注射肾上腺素。

（2）子宫内膜移植+情志刺激。

（3）子宫内膜移植+皮下注射肾上腺素+情志刺激。

结果显示，由以上三种方案构建的大鼠模型均表现出易激怒、咬人、喜扎堆、贴边、胡须下垂、大便松散且有恶臭等症状，符合肝郁证的特征；同时，根据临床实际，选择了血液流变学指标作为反映血瘀证病理实质的微观指标，并将一些免疫细胞因子（如肿瘤坏死因子、白细胞介素-2、白细胞介素-4 等）也纳入了模型的微观辨证体系；从而分别从中西医角度评价、认定了该子宫内膜异位气滞血瘀病证结合动物模型造模成功。又如，在脑梗死瘀血阻脉证大鼠模型的建立过程中，采用插线法阻断大鼠大脑中动脉以造成脑动脉供血阻断，供血区脑组织大面积缺血、缺氧、坏死；同时，因青紫舌、紫暗舌或舌下脉络瘀曲是中医诊断血瘀证的重要依据，可在线栓手术后根据舌质的色度、舌下脉络显色长短等分级积分，综合评价血瘀证的出现及其程度；根据评价结果即可建立脑梗死瘀血阻脉病证结合大鼠模型。

3. 在建立西医疾病模型的基础上，运用单因素或多因素刺激进行中医证候造模，建立病证结合动物模型。

先以特异性致病因素刺激建立西医疾病模型，其后采用包括情志、饮食、劳倦、药物或手术等单因素或多因素刺激使动物进一步表现出中医证候特征，制备病证结合动物模型。例如，以 Wistar 大鼠为研究对象，以蛋氨酸饮食复合“基础饮食”和“负重游泳”法建立的动物模型表现出了精神萎靡、反应迟钝、体质量下降等现象，与临床络气虚滞型血管内皮功能障碍患者的证候特点基本吻合。该模型建立以同型半胱氨酸血症诱发血管内皮功能障碍为基础病理模型，叠加基础进食和强迫负重游泳诱发气虚证候，从而制备了络气虚滞型血管内皮功能障碍病证结合动物模型。模型血管内皮功能障碍较单纯同型半胱氨酸对照组进一步加重；而且不同类别通络方药可使上述病证得到不同程度改善，进一步提示所建立的动物模型是成功的，也为模型评价提供了有力、可靠的实验依据。又如，采用四氯化碳注射法复制肝硬化疾病模型后，分别附加夹尾和大黄灌胃法造成肝郁脾虚证、游泳疲劳法造成气虚血瘀证，通过病理检查和中医证候特征判别，证明模型既符合肝纤维化病理特征，又能体现中医不同证候特点，即成功制备了肝纤维化脾气虚病证结合大鼠模型。再如，KK 小鼠为多基因遗传 2 型糖尿病模型鼠，转入突变毛色基因 $A^y$ 将形成 KK-$A^y$ 转基因 2 型糖尿病小鼠；$A^y$ 基因不仅可影响小鼠的毛色，而且可引起代谢紊乱，出现肥胖、高血糖、脂质代谢紊乱、高胰岛素血症等代谢异常综合征，与人类的 2 型糖尿病表现极为相似，是一种较理想的 2 型糖尿病模型动物。在制备 KK-$A^y$ 转基因 2 型糖尿病小鼠的基础上，再连续给予高脂饲料 2 个月，其体重和摄食量明显增加，空腹血糖、胰岛细胞数目明显减少，TC 和 TG 也明显升高。结合糖尿病临床观察结果，认为饲喂高脂饲料诱导的 KK-$A^y$ 糖尿病肥胖小鼠模型基本符合糖尿病气阴两虚、痰浊内阻证的病理特点，从而建立了糖尿病气阴两虚、痰浊血瘀证病证结合动物模型。

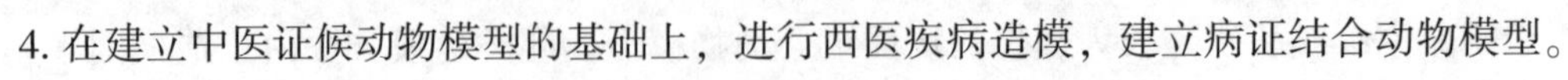

4. 在建立中医证候动物模型的基础上，进行西医疾病造模，建立病证结合动物模型。

先采用饮食、劳倦、药物等方法建立动物的中医证候特征，再应用手术、药物等因素干预造成西医疾病表现，制备病证结合动物模型。例如，利用100%大黄煎液灌胃小鼠7天建立脾虚模型，在第5~7天同时注射己烯雌酚进行银屑病造模，检测其脾虚相关指标血清褪黑激素（MT）与银屑病相关指标血浆内皮素-1、可溶性E选择素及增殖性细胞核抗原（proliferating cell nuclear antigen，PCNA），结果证明成功构建了有别于单一银屑病动物模型相关指标的银屑病脾虚病证结合动物模型。又如，首先采用耗气破气加饮食失节法建立大鼠脾气虚模型，在脾虚造模10天后用醋酸法建立胃溃疡模型：麻醉动物后暴露胃窦部，将0.02mL 50%冰醋酸注入黏膜下层，然后逐层缝合切口；手术后继续脾虚造模14天，成功建立了胃溃疡脾气虚病证结合大鼠模型。再如，因高脂饲料喂养可模拟中医“饮食不节，脾胃损伤”的病因，水谷精微不能正常运化而聚为痰；痰浊附于管壁，气血阻滞而为瘀，痰瘀互结，阻滞心脉。故造模时先采用高脂饲料喂养中国小型猪2周，其后通过手术介入法即植入球囊扩张血管、反复加压并轻微拉动的方法行冠状动脉血管内皮损伤，降低其屏障功能，促进脂质沉积和动脉硬化的发生发展；术后继续给予高脂饲料喂养12周。检测显示动物血脂水平显著升高、冠状动脉出现粥样硬化性改变，有斑块形成、内膜增厚、管腔狭窄等现象。结果表明采用高脂饲料喂养和冠状动脉血管球囊损伤两种复合因素作用的方式成功建立了冠心病痰瘀互结证小型猪模型，建模过程基本符合冠心病的病理生理和痰瘀互结证的病机演化过程。

5. 利用自发性动物模型，通过对其中医证候属性的确认，建立病证结合动物模型。

通过对自发性疾病动物模型一般行为、宏观表征及行为学方面的研究，探讨、判定其中医证候属性，制备病证结合动物模型。例如，通过对自发性高血压大鼠（spontaneously hypertensive rat，SHR）的宏观表征及行为学的研究，包括对其一般行为、易激惹程度、旋转耐受时间、痛阈、大小便状况、毛发色泽、毛发生长速度、体重、舌象、眼球突出度、眼结膜色度、血压、心率等指标的观察，对早期（14~18周龄）SHR的中医证候属性进行判定，发现早期SHR的血压随周龄增长逐渐上升，并表现出心率偏高、易激惹程度增加、精神紧张、痛阈提高、旋转耐受时间降低、眼球突出、眼结膜色淡、体重减轻、毛色发黄而无光泽且脱落较多、小便颜色偏黄、大便颗粒较小且质地较干、舌红等现象，从而得出了14~18周龄早期SHR的中医证候特征类似人类高血压肝火上炎证，即制备了高血压肝火上炎病证结合大鼠模型。又如，SAM小鼠是从普通遗传群AKR/J系小鼠中通过表型选择而培育出的快速衰老模型，其中的快速老化亚系SAMP8（senescence accelerated mouse/prone，SAMP）小鼠为老化痴呆模型动物，4~6个月成熟期后即发生较为快速的老化过程，表现出学习记忆力减退、认知功能障碍、脑神经元退行性改变等重要老化特征，与人类阿尔茨海默病（AD）的临床特征较为接近。中医理论认为，肾藏精，精生髓，而脑为髓海，所以肾与大脑的功能关系非常密切；肾虚是衰老的最主要原因，也是导致老年性痴呆的重要因素。根据SAMP8小鼠快速衰老及其表现出的与衰老相关的病理特点，中医理论认为，肾阴虚为其病因病机。而给予益肾养阴经典方剂六味地黄丸治疗后，SAMP8小鼠症状明显好转，故初步认为SAMP8小鼠进入衰老周期后，不仅具有AD病理表现和症状，也符合中医肾虚的病因病机过程，故可作为老年性痴呆肾阴虚证模型。

## 四、病证结合动物模型证候属性的判定方法

病证结合动物模型的证候属性判定是该类模型的核心环节，如何通过动物模型的表现与人的证候进行对比，进而对动物的证候属性进行合理判定具有重要的意义。现阶段对于病证结合动物模型的判定方法仍不够完善，目前常用的方法主要包括以下几种。

**1. 根据造模因素推测认定** 该方法是从中医病因角度推测认定证候属性。如认为动物过劳可以造成气虚模型、惊恐造成肾虚模型、置于冰水之上造成寒凝血瘀模型。这种审因测证的方法虽然简便易行，但对动物证候诊断缺乏确切的评估，加之中医病因致病的复杂性，同样的致病因素可能出现不同的证候变化，影响了模型证候的唯一性。

**2. 从模型动物宏观体征、行为表现判定** 该方法是从造模后模型动物的宏观表现判定证候属性。如模型大鼠出现疲乏无力、活动少、精神萎靡、多蜷缩、呼吸困难、活动后明显出现口唇及舌质发黯、严重的呈瘀斑、瘀点等表现，为既有气虚证又有血瘀证表现，符合气虚血瘀证辨证标准。这种判定证候属性的方法较为直接，也很常用，但由于采集、提取动物身上的四诊信息常常有一定难度，且存在主观性较强、不易量化等问题，加之临床的四诊信息往往很难在动物身上找到相应的表现，有些动物的宏观行为与体征很难简单地与相应的临床症状对应，其临床意义有待进一步研究。

**3. 根据证候相关的个别理化指标判定** 由于在动物宏观的行为与体征观察中遇到的困难，部分学者参考证候生物学基础研究的成果，将临床报道与证候相关的某些理化指标纳入证候诊断指标。如对血瘀证的客观化研究可从血液生化学、血流动力学、血液流变学、免疫功能、病理形态、微循环等方面进行；在测定气虚血瘀证动物模型心血管功能时，可以将血浆肾素活性（plasma renin activity，PRA）、血管紧张素Ⅱ（angiotensin Ⅱ，Ang Ⅱ）、血栓素B2（thromboxane B2，TXB2）、纤溶酶原激活物抑制剂-1（plasminogen activator inhibitor -1，PAI-1）及心脏结构的变化作为指标判定模型的证候属性。同时，随着系统医学的发展，利用组学研究成果，对特异性中医证候的系统生物学特征进行分析、归纳，并利用网络药理学技术判断某一特定证候的药理学特征，为中医证候研究提供了新的视野和评价依据。

**4. 中药药物反证法判定** 依据模型动物对不同治则的代表性方剂的反应性，推测其证候属性，即以方测证。该方法是指利用公认方剂的药理作用反证动物模型，通过方证相应（“证实”）和方证相左（“证伪”）的策略评价动物模型的可靠性。例如，前述快速衰老SAMP8亚系动物模型，应用益肾养阴代表方剂六味地黄丸可使动物在水迷宫、穿梭箱等项实验中的总错误数、到达安全平台潜伏期、主动回避潜伏期等均有明显降低，由此可判定该模型动物的证候属性为肾阴亏虚。又如，前述子宫内膜异位气滞血瘀病证结合动物模型造模后，采用异位痛经丸（主要药物：丹参、当归、桃仁、赤芍、莪术、水蛭、乳香、没药、乌药、延胡索等）和调肝汤（主要药物：当归、白芍、阿胶、山茱萸、巴戟天、山药、甘草等）分别进行“证实”和“证伪”治疗后，观察大鼠宏观症状表现，测定其血液流变学指标及细胞因子水平，将其与治疗前的相应指标进行比较，通过其疗效即可评价该病证结合大鼠模型子宫内膜异位气滞血瘀证的可靠性。这种方法对模型动物证候的判定有一定的参考价值，但由于中药相对证型并没有一对一的关系，且药物反证无效不一定不对证，故而这种认定不具有特异性，其推理严密性日益受到质疑，多数的研究已仅把以方测证作为佐证。

证候属性认定还可在采用设计-衡量-评价（design，measurement and evaluation，DME）方法对疾病辨证标准进行群体水平研究并收集所研究的病-证全部临床信息的基础上，运用现代统计方法中的结构方程模型（structural equation model，SEM）进行处理和分析，以病与证候结合的方法进行证候的规范标准研究，客观地确定病中各证候的共同症状，并由这些共同症状组成基础证。从中医临床角度而言，各种疾病的基础证候对病证结合的临床辨证具有重要意义，因其可确保在病证结合研究中，在区分各病种的证候、寻求各证候相应的关键指标、进行相应的临床辨证等方面均获得较满意的结果。

此外，疾病在发生发展过程中往往会引起某些组织病变，表现为特异性物质含量的变化。从病理生理角度检测与疾病相关性明显的一些生理生化指标，可以进行模型“病”的评价。还可通过代谢组学方法检测不同时间的尿液或血液，对模型代谢产物的分析将有助于了解病变的过程、寻找疾病的生物标记物，使诊断更加科学化，为证候和疾病标准化的研究提供另外一类可行的方法。

在模型评价中，应特别注意加强疾病的本质和中医证候物质基础之间的联系。例如，对类风湿性关节炎诊断特异性达 96.8%的血清 Sa 抗体可以作为类风湿性关节炎动物模型评价的一个特异性指标。同时，应努力寻找对于中医证候和西医疾病病理状态关联性大的检测指标。例如，骨桥蛋白（osteopontin，OPN）就是在肾虚证和免疫系统功能障碍之间起到桥梁和显著关联作用的重要指标。

总之，模型评价体系是模型构建、制备中的必须环节。其评判应坚持中医理论指导，符合中医病因学说，可采取反证治疗等手段加以判定，并结合实验室指标检测结果进一步确证动物模型证候属性，进而应用于临床实践。

## 五、病证结合动物模型证候属性判定的关键性科学问题

尽管近年来病证结合动物模型在制作方法建立、评价体系构建及其实践应用与意义方面都有了显著的发展和成就，但也还存在一些共性的问题，尤其是在模型的证候属性判定中，有些科学问题值得关注并亟待解决与改进。

在各种模型建立方法中，应用自发性动物模型与人类疾病具有更好的相似性，其制备过程就是自然繁殖过程，不需外加因素干预，模型的重复性和可靠性更强，具有简易、可控的特点，是国际上公认最理想的动物模型。但以自发性动物模型为基础制备的病证结合动物模型在制备过程中存在的关键问题也是显而易见的，即如何将动物模型的信息加以抽象概括，进而从中医角度对其证候类型加以归属，采集中医四诊信息，对“证”加以判定并据此辨证论治，建立体现中医特色的模型评价体系。以往对病证结合动物模型的研究较少，评判技术不足，造成信息采集有一定难度，对证候、体征的辨证诊断相对也较为困难；前述在测定气虚血瘀证动物模型心血管功能时采用了多种理化指标，但该类指标的特异性不够强，客观性和重现性也较差，且动物的这些理化指标变化的含义是否与人类一致也还未得到最后的确证。其中，没有公认规范化的标准是中医动物实验研究、也是病证结合动物模型制备中最突出的问题。

如果先建立疾病模型，在动物疾病模型的基础上，应用特定方式刺激构建中医证的特征，此过程有可能使原有的西医动物模型发生改变，无法达到病与证在最终构建的动物模型上的完全体现。有些证的表现还可能是西药带来的副作用，而此副作用是否与中医证候相同、其属性判定是否准确还有待进一步深入研究。同时，因为人为施加的因素比较多，制备的动物模型的稳定性和可靠性也易受影响。而且由于证候造模因素本身的可控性较差，模型均一性可能受到影响。如果在造成西医病模型的基础上不再施加人为干预因素，只观测和提炼动物模型证的特点，据此制备的病证结合动物模型，可以增加模型的可靠性和稳定性，还可系统动态地观察动物的证候变化，更好地体现中医对疾病的认识规律和辨证特点，整体、动态地融入病证结合、宏观与微观结合、中药作用机制与现代治疗机制结合的中西医结合总体思路。

总之，借助现代科学技术手段建立标准化的病证结合动物模型及其评价体系，对中药药理、中医证候研究和中西医结合医学的发展都将具有极大的推动作用，也将使模型更好地应用于病证机制分析和中药新药的临床前评价。

# 第七节 遗传工程动物模型

## 一、概述

遗传工程动物是指将特定的外源基因或经改造的自身基因片段通过各种途径导入动物受精卵或胚胎内，使之稳定整合于动物的染色体基因组并能遗传给后代的一类动物。

遗传工程动物制备方法、原理与模型特点主要包括以下方面。

**1. 显微注射法** 将带有完整序列的外源基因构件通过显微注射注入受精卵的雄性原核中，外源基因随机插入并整合到染色体上的任意序列中。将显微注射后的受精卵经体外培养，移植到假孕小鼠的输卵管内，出生后用分子生物学方法鉴定，确认整合有外源基因的动物即为转基因动物。

该制备法的优点：①方法经典、简便、可靠，实验周期短。②操作得当，外源目的基因的长度可达 100Kb（10 万个碱基对）。

缺点：①显微注射的整合率低，只有 5%。②需要贵重精密仪器。③技术操作难度大，显微注射的成功率与技术人员的技术熟练程度密切相关。④外源基因的整合位点和整合的拷贝数都无法控制。⑤只能敲入基因，不能敲除或原位修饰。⑥整合是随机的，由于插入位点的关系，转基因表达具有不确定性，有的高，有的低。⑦由于是随机整合，可能破坏重要的内源性 DNA 序列或激活细胞的致癌基因，易造成宿主动物基因组的插入突变，引起相应的性状改变，重则致死。

**2. 逆转录病毒载体法** 逆转录病毒是一类具有逆转录酶的病毒，能将病毒 RNA 逆转录成双链 DNA，进而整合到宿主细胞染色体内。利用这个特点，可将逆转录病毒改造成外源基因表达载体，将外源基因整合到早期胚胎内，用于转基因动物的制备。

逆转录病毒科有三个亚科：RNA 肿瘤病毒亚科、慢病毒亚科和泡沫病毒亚科。用于转基因的病毒载体主要是从 RNA 肿瘤病毒亚科和慢病毒亚科的某些病毒（如小鼠白血病病毒和 HIV-1 前病毒）基因组改造而来。RNA 肿瘤病毒载体仅能转染分裂期细胞，在逆转录时整合到分裂细胞，这一过程依赖有丝分裂的核裂开，这样逆转录病毒载体转染动物早期胚胎时可形成延迟整合，产生不同组织和不同位点的镶嵌体。而慢病毒载体，除具有一般逆转录病毒载体的优点外，还有更广泛的宿主范围，即不仅可以转染分裂细胞，还能转染多种类型非分裂细胞，可在从生殖细胞到囊胚期各发育阶段进行转基因，因而在转基因动物制备上受到重视。

逆转录病毒是单链正肽 RNA 病毒。病毒进入细胞后，RNA 首先编码逆转录酶。在逆转录酶的作用下，病毒 RNA 逆转录成 RNA-DNA 杂交体和双链 DNA，进而整合到宿主细胞染色体 DNA 中，成为前病毒（provirus）。前病毒在依赖 DNA 的 RNA 聚合酶作用下，转录成病毒 RNA，病毒 RNA 再在细胞核蛋白体上制造完整病毒所必需的病毒蛋白和酶类，最后包装成感染性病毒颗粒释放到细胞外。

逆转录病毒的基因组结构如图 6-1。

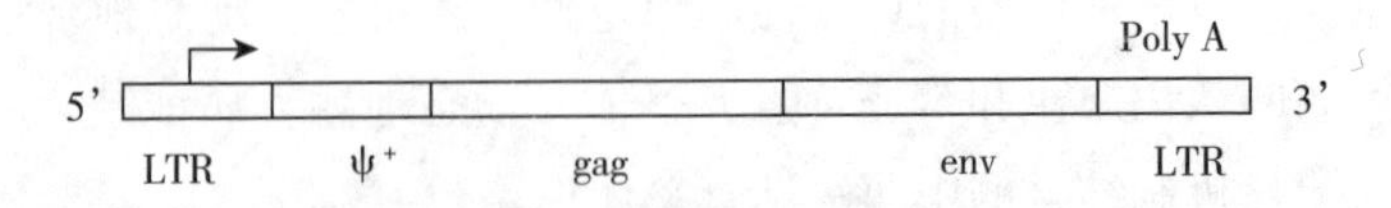


$\psi^+$：病毒包装信号，具有指导病毒 RNA 包装成病毒颗粒功能；gag：编码病毒的核心蛋白；pol：编码整合酶和逆转录酶；env：编码病毒的被膜糖蛋白

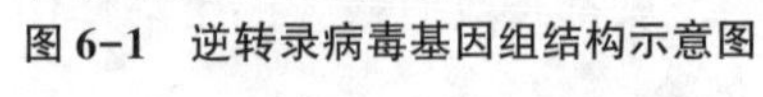

**图 6-1 逆转录病毒基因组结构示意图**

LTR（long terminal repeat）：长终端重复序列，5' 末端 LTR 具有启动子/调控序列作用，3' 末端 LTR 具有 poly A 信号作用。

现在用于逆转录病毒的基因表达系统分为两部分，一个是逆转录病毒载体，一个是包装细胞。

逆转录病毒载体是由野生型的逆转录病毒经改造而成。其中最重要的改造是将逆转录病毒基因组中与病毒复制有关的基因 gag、pol 和 env 去掉。病毒基因组的剩余部分 LTR 和 $\psi^+$ 包装信号为逆转录病毒载体的基础部分，是必需的元件。载体中的 LTR 用于插入到宿主细胞基因组内，起着启动子和加工的作用，$\psi^+$ 包装信号能够使 RNA 被识别并包装成病毒颗粒。

包装细胞是将病毒复制所需要的基因部分 gag、pol 和 env 稳定地整合到体外培养细胞的基因组内，形成包装细胞系。包装细胞可表达 gag、pol 和 env 的基因产物。

在构建逆转录病毒载体时，在载体中加入选择标记基因和感兴趣的外源基因。

由于病毒载体本身不具有感染性，需要通过转染包装细胞，由包装细胞提供病毒复制所需酶和病毒结构蛋白，在包装细胞内包装成高感染度的病毒颗粒。

收集带有外源基因的感染性逆转录病毒颗粒，将其感染受精卵后，病毒 DNA 连同外源基因一起整合到宿主染色体内。由于受精卵内缺乏病毒复制所需要的基因部分 gag、pol 和 env，整合的病毒 DNA 将不再能形成感染性病毒颗粒释放出来。将感染的胚胎细胞通过胚胎移植导入受体动物子宫内，可发育成携带外源基因的子代动物。

该制备法的优点：①逆转录病毒结构基因 gag、env 和 pol 缺失不影响其他部分的活性。②包装好的假病毒颗粒易于分离制备。③逆转录病毒携带的遗传物质高效地进入靶细胞。④前病毒通过 LTR 高效整合至靶细胞基因组中，有利于外源基因在靶细胞中的永久表达。

缺点：①逆转录病毒载体的容量较小，外源基因不宜超过 10Kb，否则影响活性和稳定。②病毒 DNA 可能影响外源基因在宿主动物的表达。③易产生嵌合体。

**3. 胚胎干细胞法**　基因敲除小鼠的制备首先是在胚胎干细胞（ES）水平上进行基因打靶，导致细胞的基因突变，随后将突变的 ES 细胞注入小鼠囊胚内转化为突变个体，从而实现了按照人们意愿制作基因敲除小鼠的设想。

外源基因打靶载体是根据同源重组原理设计。一般打靶载体的设计原理是将要基因敲除的一段外显子序列中插入一个外源筛选标记基因（如 $Neo^r$ 基因）。当同源重组后由于外源筛选标记基因的插入导致该基因的失活，达到基因敲除的目的。

ES 细胞是指从囊胚期的内细胞团中分离出来并能在体外培养的未分化的胚胎细胞。当 ES 细胞在体外培养、扩增后，用经过改造的外源基因打靶载体导入 ES 细胞内，在细胞水平筛选外源基因定点整合的 ES 细胞株，将外源基因定点整合的 ES 细胞注入囊胚期胚胎的囊胚腔内，在体外短暂培养后，移植到假孕小鼠子宫内。出生的小鼠为 ES 细胞来源品系和囊胚供体品系之间的嵌合体。外源基因能否传给下一代取决于 ES 细胞在嵌合体动物中的嵌合程度，嵌合程度越高，ES 细胞在嵌合体动物中分化成生殖细胞，遗传给下一代的可能性就越大。

该制备法的优点：①能在细胞水平进行筛选，外源基因整合率高，设计的载体可随机整合。②可定点整合，能敲入、敲除或替换某个基因，或进行小到一个或几个核苷酸修饰，并能充分利用分子生物学发展起来的各种先进方法，是很有前途的技术。

缺点：①ES 细胞培养条件苛刻，技术要求高，成本大。②不同 ES 细胞株的生殖系传播能力差异很大。③目前 ES 细胞仅在小鼠和人的早期胚胎中分离出来，而对生物医药产业有重要意义的大动物家畜还没有建立分离 ES 细胞的技术。④由于 ES 介导的转基因需要经过嵌合体这一中间步骤，所以整个实验周期比较长。

**4. Cre/LoxP 重组酶系统** Cre-LoxP 的基因打靶分两步来进行：第一步，通过打靶载体的设计和对同源重组子的筛选在胚胎干细胞的基因组中引入 LoxP 序列；第二步，通过 Cre 介导的重组来实现靶基因的遗传修饰或改变。Cre-LoxP 系统，既可以在细胞水平上用 Cre 重组酶表达质粒转染靶细胞，通过识别 LoxP 位点将抗性标记基因切除，又可以在个体水平上将重组杂合子小鼠与 Cre 转基因小鼠杂交，筛选子代小鼠就可得到删除外源标记基因的条件性敲除小鼠。或者将 Cre 基因置于可诱导的启动子控制下，通过诱导表达 Cre 重组酶而将 LoxP 位点之间的基因切除（诱导性基因敲除），实现特定基因在特定时间或者组织中的失活。

Cre-LoxP 重组酶系统在新型基因打靶中获得广泛应用，是条件性基因打靶、诱导性基因打靶、时空特异性基因打靶策略的技术核心。

当外源基因在转基因动物体内表达，并培育出其表型与人类疾病症状相似的动物模型，则称其为遗传工程动物模型。

目前，人类疾病遗传工程动物模型有数千种，其中 1288 种比较成熟的人类疾病小鼠模型在 JAX 网站上有详细的介绍。本章节主要介绍重要疾病的遗传工程动物模型。

## 二、糖尿病动物模型

### （一）$GK^{+/-}/IRS-1^{-/-}$双基因敲除小鼠

属 β 细胞特异性葡萄糖激酶（GK）和胰岛素受体底物-1（IRS-1）缺失小鼠模型。胰岛素受体底物-1 基因纯合子（$IRS-1^{-/-}$）小鼠表现为胰岛素抵抗，但由于 β 细胞代偿性增生，胰岛素分泌增多，糖耐量正常；β 细胞特异性葡萄糖激酶杂合子（$GK^{+/-}$）小鼠由于胰岛素分泌减少，仅出现轻度糖耐量异常；两者杂交产生的 GK/IRS-1 双基因敲除小鼠（$GK^{+/-}/IRS-1^{-/-}$），既有胰岛素抵抗又有糖耐量异常，其表现与 2 型糖尿病特征相一致。这也说明胰岛素抵抗和胰岛素分泌缺陷两因素在 2 型糖尿病的发病中可能起着协同作用。

### （二）$IR^{+/-}/IRS-1^{+/-}$双基因剔除杂合体小鼠

$IR^{+/-}$或 $IRS-1^{+/-}$单个基因剔除的杂合体小鼠，无明显的临床症状。而 $IR^{+/-}/IRS-1^{+/-}$双杂合子小鼠的肌肉和肝脏中 IR 和 IRS-1 表达水平下降 60%，由胰岛素介导的 IR 自动磷酸化，IRS-1 和 IRS-2 的酪氨酸磷酸化，PI3-激酶的 p85 亚基与 IRS-1 的结合均减少。建模后 2 个月时，胰岛素水平升高；4~6 个月时，呈明显的胰岛素抵抗，表现为高胰岛素血症和对外源性胰岛素不敏感；6 个月时，40%杂合体双突变小鼠出现糖尿病症状，表现为胰岛素抵抗和胰岛素分泌不足（不能引起 β 细胞代偿性增生，无法对抗胰岛素抵抗），从而引发 2 型糖尿病。

### （三）MKR 转基因小鼠

属骨骼肌胰岛素样生长因子-1（IGF-1）受体和胰岛素受体功能缺失小鼠。该模型小鼠遗传稳定，所有子代均会出现长度为 330 bp 的 DNA 片段。MKR 小鼠在出生 3 周开始，出现显著血糖升高，5 周后血糖则较稳定地维持在高水平（随机血糖≥11. 1 mmol/L），同时表现出显著的胰岛素抵抗，胰岛 β 细胞功能紊乱以及脂代谢紊乱等。MKR 小鼠在生长过程中无自然死亡发生，且发病快，应用简单，是一种研究 2 型糖尿病的极好动物模型。

### （四）MODY 转基因小鼠模型

属 β 细胞特异 HNF-1α（hepatocyte nuclear factor-1α，肝细胞核因子-1α）突变的转基因动

物，可特异抑制 β 细胞 HNF-1α 功能。雄性在 6 周龄时出现糖尿病症状，胰岛素分泌功能受损；雌性糖耐量异常。其特点：动物出生后胰岛生长方式改变（α 细胞/β 细胞比值升高），超微结构显示 β 细胞线粒体肿大。糖尿病鼠胰岛内胰岛素水平下降，高血糖素水平升高，是最常见的一种青少年发病的成人型糖尿病模型。

#### （五）Glis3 基因缺陷小鼠模型

Glis3 突变可导致新生儿糖尿病和甲状腺功能减退，并伴有其他器官疾病，如遗传性多囊肾（PKD）和肝纤维化等；$Glis3^{-/-}$小鼠出生后即表现为高血糖，胰腺中胰岛素 mRNA 水平低下，胰岛生长受抑制，胰岛素生成细胞减少。该小鼠是一种新生儿糖尿病模型。

### 三、高血脂动物模型

#### （一）ApoE 基因敲除小鼠模型

属 ApoE 基因缺失纯合子转基因小鼠，其特征为血浆中没有 ApoE。在正常饮食喂养下，血浆 TC 水平是正常对照组的 5 倍，其主要原因是由于 VLDL、IDL 和 LDL 中胆固醇含量增高所致，而 HDL-C 却下降了 55%。该模型血脂变化状况与人类先天性缺失 ApoE 者相似，可用于研究药物或基因治疗高脂血症。

#### （二）ApoE2/B 转基因小鼠模型

用杂合子 ApoE2 的转基因小鼠（ICR）与杂合子人类 ApoB 的转基因小鼠交配（C57BL），其子代共有 4 种基因型，选用同时表达有人 ApoE2/ApoB 的转基因小鼠。其特点：血脂 VLDL、IDL 明显升高，LDL、HDL 降低，与人高脂血症相似，是用于研究人类高脂血症发病机制很好的模型。

#### （三）ApoE* 3 Leiden 转基因小鼠模型

该模型小鼠摄入高脂饮食（甚至低脂饮食）极易诱导产生高脂血症和动脉粥样硬化（Atherosclerosis，AS），表现为高脂血症和 AS，能够研究血清 TC 的暴露程度与 AS 面积之间的关系。

### 四、心房颤动动物模型

#### （一）IKOAch 通道敲除型小鼠模型

该模型小鼠应用卡巴胆碱后，易诱导发生房颤［（5.7±11）分钟］，显示 IKOAch 通道在小鼠心房颤动发生中的关键作用。

#### （二）$Cx40^{-/-}$转基因小鼠模型

该模型小鼠 Cx40 基因全身性缺失，心室心电生理无明显异常，但窦房结恢复时间延长，心房传导速率减慢，易触发刺激诱导发生房性心律失常。其特点：$Cx40^{-/-}$小鼠的心房传导速率与杂合或野生对照相比下降 30%。由于 Cx40 在小鼠体内分布与人类相似，此模型可研究人体 Cx40 与房颤的关系。

## 五、脂肪肝动物模型

### （一）PEPCK-nSREBP-α 转基因小鼠模型

该模型小鼠肝细胞特异性过表达 nSREBP-α 转基因。小鼠出生后即发生暂时性脂肪肝。断奶后给予低碳水化合物、高蛋白质饮食以激活磷酸烯醇丙酮酸羧激酶（Phosphoenolpyruvate carboxykinase，PEPCK）驱动肝脏表达从 SREBP-α 截取的一种主要带阳电荷的蛋白片段，诱导多种脂肪生成酶的 mRNA 表达，驱动小鼠再次形成脂肪肝。

### （二）aP2-nSREBP-1c 转基因小鼠模型

该模型具有 PEPEC-nSREBP-α 小鼠某些特征。它是通过 aP2 增强剂驱动转入基因 SREBP-α 的表达来完成的。aP2-nSREBP-1c 小鼠 nSREBP1c 的转录因子积聚在白色和褐色脂肪细胞的细胞核中，这些脂肪细胞不能完全分化，肝脏系统内脂肪“输入量”超过“输出量”（脂肪酸氧化或排出的量），肝细胞出现脂肪变性，白色脂肪组织重量明显增加。其特点：肝脏充满三酰甘油，给予瘦素治疗，可稍微增加其食物的摄取和体重，并能治愈高胰岛素血症、胰岛素抵抗和脂肪肝。该模型对于脂肪肝病理和治疗的进一步研究有着深远的意义。

## 六、支气管哮喘动物模型

**CD23 基因敲除小鼠模型**

该模型小鼠 CD23 基因缺失，易被诱发成支气管哮喘，表现为 IgE、IgG1 水平增高，肺部嗜酸细胞（EOS）浸润，出现肥大细胞和 T 淋巴细胞等多种炎性细胞参与的慢性气道炎症，并由此导致气道高反应性（AHR），从而引起气道阻塞，气流受限。

## 七、老年性痴呆动物模型

### （一）APP 转基因小鼠模型

该模型小鼠大脑灰质和白质均有损害，且 Aβ 沉积量随年龄增长而逐渐增多。其特点：神经细胞外硫黄素 S 阳性的 Aβ 沉积，突触减少，胶质细胞增生，胆碱能神经末梢变异和大脑皮质神经元退行性改变，并表现出 AD 临床相似的行为学障碍。用于研究 APP 过度表达与 AD 病理改变的关系及其分子机制，也用于试验新的治疗药物。

### （二）APP/PS1 双重转基因小鼠模型

该模型小鼠 APP 和 PS1 两种突变基因表达阳性，能模拟 AD 的年龄依赖性老年斑的形成、胶质细胞增生和突触减少等部分神经病理特征，并表现出与 AD 临床相似的学习记忆能力下降等行为学障碍，且在 Aβ 沉积区记忆形成相关基因的 mRNA 表达减少，但缺乏神经细胞内神经纤维丝缠结（NFT）的形成。如进一步将 1mol/L $AlCl_3 \cdot 6H_2O$ 溶液腹腔注射染毒，染毒 30 次，每次 0.05mL，则模型具备老年斑、神经原纤维缠结、淀粉样蛋白沉积和颗粒空泡变性等典型的形态学特征，可以较好地模拟 AD 的神经行为表现和具备 AD 的全部典型形态学改变。

## 八、癫痫病动物模型

### （一）Cystatin B 基因敲除小鼠模型

该模型小鼠 Cystatin B 基因表达缺失，而 U-L 型肌阵挛癫痫（PME）综合征患者均呈 Cystatin B 基因突变及功能缺失，该模型与 U-L 型 PME 综合征患者的神经表型呈特殊的重叠。

### （二）Q54 转基因小鼠模型

该模型小鼠 Q54 基因表达阳性，其癫痫发作始于 2 月龄时，伴有行为受限及呆板重复动作；连续脑电图监测发现海马有局限性癫痫活动，甚至扩展至皮层；病理检查发现海马 CA1-3 区及门区有大量的细胞脱失及胶质增生。

### （三）Tottere 小鼠（tg/tg 系）模型

该模型小鼠在编码 α1 亚单位 P/Q-型钙通道基因突变，具有共济失调、肌阵挛、部分性发作和失神发作、小脑性共济失调和间歇性运动障碍等，一些行为特征类似于人类肌阵挛或肌阵挛癫痫。EEG 呈现为双侧同步性 6-7 Hz 棘波与多棘慢波。发作出现于 4 周龄左右，其易感性被认为与脑内去甲肾上腺素能的过度支配有关。该模型可用于基因突变致癫痫机制的研究。

## 九、帕金森病动物模型

### （一）α-synuclein 转基因小鼠

该模型小鼠大脑海马、新皮层、纹状体区的人类 α- Synuclein mRNA 表达阳性；表现有帕金森病（PD）的部分特征，如纹状体 DA 神经末梢丢失，在胞浆有 α-synuclein 和 ubiquitin 阳性包涵体形成，呈进行性运动协调能力丧失，且随年龄增长，这种差异更加明显。尽管未出现典型的 PD 特征性病理改变路易小体，但从行为表现等方面很好地模拟了人类帕金森病的基本特点，可作为帕金森病动物模型。

### （二）α-synuclein 转基因果蝇

该模型人 α- Synuclein mRNA 表达阳性。表现为 DA 能神经元缺失，神经细胞内包涵体形成，运动功能障碍等。由于果蝇的遗传规律研究较透彻加上寿命较短，这一模型对了解某些新蛋白在 PD 发病机制中的作用有重要价值。

## 十、银屑病动物模型

### （一）JunB 和 c-Jun 基因剥除小鼠模型

该模型小鼠角质形成细胞 JunB 及其功能伴侣 c-Jun 表达缺失。造模 18 天后，模型小鼠全身出现特征性皮肤改变，在毛发稀疏的部位（耳朵、脚掌、尾巴）症状尤其明显，且该模型可见明显足部畸形、掌趾关节处炎性细胞浸润、骨组织破坏等银屑病样关节炎改变，与人类银屑病颇为相似。

### （二）整合素转基因小鼠模型

该模型小鼠表皮基底层整合素表达异常；基底层表达整合素对角质形成细胞（KC）的黏附、

增生及终末分化起一定的作用。单独表达β1亚基及表达β1、α2二聚体或β1、α5复合体的整合素的小鼠表皮增生、KC分化异常并伴有皮肤炎症，与人类银屑病的皮肤病理表现相同。整合素表达异常是引发银屑病的原因而不是结果，且与生长因子有关，特异性的生长因子能在时间和空间上调节KC表达整合素的类型、扰乱生长因子信号通路和整合素的表达，因而导致了表皮的异常。

### （三）双调蛋白转基因小鼠模型

该模型小鼠在KC表皮基底层双调蛋白基因高表达。其特点：模型小鼠寿命缩短，皮肤有明显的红斑、鳞屑伴脱发，偶有乳头瘤样表皮生长。组织学检查显示，其皮肤呈现大面积明显角化过度，局灶性的角化不良，棘层肥厚，真皮、表皮中淋巴细胞和中性粒细胞浸润，真皮乳头部血管扩张。

## 十一、血管瘤动物模型

**Py MT 转基因血管瘤动物模型**

该模型小鼠基因组中含有Py MT基因，出现血管瘤表型，主要分布于皮肤表面及黏膜组织丰富的器官。其裸露的黏膜及皮肤表面均可见有明显的血管样异常增生物。胸膜、腹膜及胃黏膜表面均有明显的血管瘤样增生物。小鼠存活3周后死亡。肿瘤的组织学结构或临床表现都与真实血管瘤极为近似。

## 十二、骨关节炎动物模型

**COL-A1 基因敲除小鼠模型**

该模型小鼠COL-A1等位基因表达阴性。模型小鼠存在软骨缺陷，可出现软骨基质胶原纤维数量减少、软骨细胞粗面内质网扩张、生长发育障碍、骨密度减低、易于骨折等表现；而高龄小鼠（15个月）则表现出典型的骨关节炎（OA）样软骨退行性变，OA的发生率为60%~90%，而正常对照组只有20%~45%。与人类软骨发育异常类似。

## 十三、人源化肝脏小鼠模型

**Tet-uPA/Rag2$^{-/-}$/Il2rg$^{-/-}$人源化肝脏小鼠模型**

该小鼠又叫URG小鼠，包含2个转基因和2个基因敲除。将人肝细胞移植到Tet-uPA/Rag2$^{-/-}$/Il2rg$^{-/-}$肝损伤的免疫缺陷小鼠体内建立的人肝嵌合小鼠模型。该模型是高度免疫缺陷、背景可调控的高效肝损伤模型。该模型可以用于药物体内代谢、药物毒理研究，也是研究乙型肝炎病毒（HBV）、丙型肝炎病毒（HCV）和疟疾（malaria）等人类传染病可靠的动物感染模型，能够为这些疾病的病理研究、疫苗和新药研发以及人肝细胞代谢功能的体内研究提供可靠的研究平台。

# 第八节 动物模型的评价

实验动物模型作为医药研究的重要支撑，在现代医学实验中的使用可有效帮助人类认识疾病的发生发展规律，探讨疾病的防治措施。因此，准确评价动物模型复制成功与否，对疾病的研究、科研实验的开展、新药开发、中药药效和作用靶点解析均有一定的指导意义。

基于动物模型制作的原理和方法，并结合不同品系动物的特点，对动物模型应该从西医和中医的角度进行全面的鉴定和评价。目前，动物模型评价具体的方法主要包括：

## 一、表观指标评价方法

表观指标是动物实验中最直观的观测指标，能清晰地反映动物模型是否复制成功，同时也能反映中医辨证思想和中医证候的特点。表观指标主要包括：体长、体重、毛色、毛发、皮肤、饮食量、饮水量、活动量、体温、尿量、大便量、大便性状、喘息、扭体、抓力、平衡力、学习能力、动情间期、繁殖能力等。通过对比临床疾病的表观指标或中医证候，来判断动物模型是否制备成功。

如体癣临床特征为：病菌侵入表皮后寄生于表质层，只在局部引起轻度的炎症，初起为红丘疹或小水疱，继之形成鳞屑，再向周围逐渐扩展成边界清楚的环形损害，边缘常可见丘疹、水疱，表面一般无渗液。评价体癣动物模型主要以表观指标观察为主，判断模型成功的指标为：弥漫性红斑，细碎鳞屑；小片棕褐色结痂、皮发易脱落等。豚鼠体癣模型还出现精神差、反应迟钝、体质量下降、小便量增多、垫料潮湿度增加等中医证候表现。

表观指标评价方法能够直观反映动物模型的宏观表现（西医）和证候表型（中医），进而判断动物模型是否复制成功。但是，在表观评价过程中容易带有主观思想，缺乏一定的客观性。因此，对于外观表型或证候表型特征不显著的疾病，表观指标评价仅仅只能作为一个间接的评价标准。

## 二、病理评价方法

对于器质性病变的疾病，无论在临床实践还是科研实验中，病理评价可以称为此类疾病诊断的“金指标”。病理评价方法主要包括：对病变器官进行组织学观察、病理学染色、超微结构观察、组织化学观察等。

如多囊卵巢综合征（PCOS）临床特征为：性激素分泌失衡、不排卵或排卵障碍、月经异常、不孕，其中以卵巢囊性改变为临床主要的诊断依据。评价 PCOS 动物模型主要以卵巢组织病理评价为主，判断模型成功的标准为：通过 HE 染色，在光镜下可见较多闭锁卵泡，囊泡扩张明显增加，颗粒细胞层减少，黄体数量明显下降。

如慢性萎缩性胃炎（CAG）作为消化系统常见病之一，临床上病理特征为胃黏膜变薄、皱襞紊乱、固有腺体数目减少甚至消失等。常常采用幽门螺杆菌（Hp）感染或者 N-甲基-N′-硝基-N-亚硝基胍（MNNG）联合饥饱失常法建立 CAG 动物模型，判断 CAG 动物模型成功的指标为：内镜下表现为黏膜红白相间、以白为主、黏膜粗糙、皱襞变平或消失、镜下黏膜血管逐步显露、黏膜呈颗粒状或结节状表现。通过 HE 染色观察黏膜慢性炎症程度（正常、轻度、中度、重度），黏膜萎缩程度（轻度、中度、重度），黏膜肠化程度（轻度、中度、重度）。

病理评价方法能够减少实验所需的动物数量、最大化获得实验数据，符合动物福利 3R 原则。病理指标与各种疾病的病症均有确切关系，且受其他因素的影响较小。因此，该评价方法能够准确判断病症，也是掌握病情、确定治疗手段的重要依据。虽然，病理评价能够在一定程度上体现中医药动物模型特点，但也有明显的局限性。如中医认为“肾主骨”，若仅以胫骨、股骨病理或胫骨力学强度及股骨的骨密度作为骨质疏松症模型成败的评价指标难以解释“肾主骨”的中医认识，难以解释采用补肾中药治疗骨质疏松症的中医药内涵，增加中医“肾”相关指标认识则更能贴合中医药的特点。因此，采用病理评价结合中医因素进行动物模型的评价更有利于体

现中医药的特点。

## 三、疾病评价方法

疾病评价方法主要是根据不同疾病自身的特点，重点评价脏器重量、长度、外观，血清、血浆、尿液、组织等中的相关指标的变化趋势，与临床患者是否具有一致性，可以说是从多个发病机制和实验角度进行动物模型评价。其中，血清、尿液等中的生化指标的变化在一定程度上可反映组织器官是否发生实质性病变，而减少对相应器官组织的取材及病理鉴定，简化诊断流程。

如溃疡性结肠炎（UC）常以结肠长度、结肠重量、疾病活动指数评分、结肠组织外观和病理学改变等为评价依据。肝损伤常以血清中谷丙转氨酶（ALT）、天冬氨酸转氨酶（AST）活性升高为评价依据。肾功能异常、肾损伤常以血清或尿液中尿酸、肌酐（Cre）、尿素氮（BUN）的异常为评价依据。急性心肌梗死常以血清中心肌酶含量异常升高作为评价依据，包括：乳酸脱氢酶（LD 或 LDH）、肌酸激酶（CK）及同工酶、α-羟丁酸脱氢酶（α-HBD）等。

该评价方法较少纳入中医相关因素，且受限于造模因素的单一性，难以反映不同发病阶段生化指标变化特点。如：ALT、AST 表达升高与肝损伤严重程度相关性尚无明确定论，必要时还需结合病理指标进行综合判断。

## 四、病证结合评价方法

病证结合评价方法，既包含表观指标，如一般情况、活动、进食、大小便、体质量等，也包含疾病指标，如发病情况、血清、尿液等指标变化程度等，从多个角度说明疾病变化过程，可以反映部分疾病中医证候变化特点，进而指导中医药临床研究。

如急性酒精性脂肪肝脾胃湿热证的临床特征主症为：①舌苔黄腻；②胸闷；③胃脘痞满或胀；④食欲不振。次症：①口苦而黏；②口渴少饮或喜热饮；③大便溏，或有黏液；④恶心；⑤身困乏力；⑥脉濡缓，或脉滑。临床诊断标准为主症①必备，兼具②、③、④之二；或主症①必备，兼具②、③、④之一同时兼具 2 个次症；或主症①必备，兼具 3 个以上次症。评价食蟹猴急性酒精性脂肪肝脾胃湿热证模型时，通过观察食蟹猴精神状态、活动情况，面色，舌象，大便的颜色、成形度、黏滞或燥结情况，皮肤有无湿疹瘙痒等证候学指标来判断食蟹猴脾胃湿热证情况；进一步通过 B 超测定肝脏回声、血管纹理，HE 观察肝组织病理学改变，检测血清中 ALT、AST、甘油三酯（TG）、总胆固醇（TC）含量观察肝脏是否有脂肪性病变；通过检测血清胃泌素（GAS）和胃动素（MTL）评价胃肠功能，最终综合判断食蟹猴急性酒精性脂肪肝脾胃湿热证模型是否成功。

病证结合动物模型是目前能够体现中医药特点的动物模型，为深入了解疾病的复杂病因病机，进一步完善临床治疗研究提供思路。因此，完善病证结合动物模型的评价体系是中医药研究的发展趋势。

## 五、行为学评价

行为学评价一般常用于抑郁症、焦虑、应激状态、阿尔茨海默病（AD）和帕金森病（PD）等行为异常或者行为障碍类疾病动物模型的评价。在相关动物实验中，行为学通常是研究后续发病机制的重要前提，可在一定程度反映疾病的发生和发展进程，从而使模型呈现出更好的表观效果。

如抑郁症的临床主要特征为情绪低落、兴趣丧失、思维迟缓等。评价抑郁症动物模型时，可以利用强迫游泳和悬尾实验中的“行为绝望”的时间，电击实验中逃避失败的次数，旷场实验中进入中央区域的时间和比率，糖水偏好实验中糖水偏好指数，新奇食物探索实验中接触新奇事物的时间等评价是否复制成功。焦虑是一种情绪障碍性疾病，评价动物模型时常用旷场实验、高架十字迷宫中进入开放臂的次数和停留时间、高架零迷宫中进入开臂的次数百分率和开臂探头次数百分率等行为学表现。PD 主要临床特征为静止性震颤、动作迟缓及减少、肌张力增高等，并呈进行性加重，姿势平衡障碍等。评价 PD 动物模型时，常常通过疲劳转棒测试记录模型动物在旋转棒上停留的时间，爬杆测试记录模型动物由头朝小球完全转为头向下爬至爬杆底部的时间等指标。

行为学评价以动物的症状、行为学和体征等表观指标评价为主，可反映中医“望”的特点，能在一定程度体现中医特色。然而，行为学评价的结果往往会受到动物品系、年龄、状态和周围环境的影响，因此需要较多样本数来得到稳定的实验结果。神经系统疾病发病机制比较复杂，除了行为学的直接指标，还会增加一些营养因子、神经递质、激素、氧化应激等间接指标，对动物模型进行综合的评价。

## 六、分子生物学指标评价方法

分子生物学指标能够清晰地反映机体内的基因表达、转录、翻译、活性、突变等过程，是监控病情、阐述致病及治疗机制的可靠依据。

如溃疡性结肠炎（UC）主要临床特征表现为结肠及直肠长期反复发作的慢性炎性反应，其发病机制与机体免疫系统的紊乱和异常的免疫反应密切相关。葡聚糖硫酸钠（DSS）可破坏结肠上皮细胞，损害上皮屏障功能，使肠腔中炎性物质入侵固有层及黏膜下层。因此，评价 DSS 制备 UC 动物模型时，常常以血清或者结肠黏膜中白介素 6（IL-6）、白介素 1（IL-1α 和 IL-1β）、白介素 4（IL-4）、白介素 8（IL-8）、肿瘤坏死因子（TNF-α）、γ 干扰素（IFN-γ）等相关细胞炎症因子 mRNA 或者蛋白含量，作为评价指标。

对于一些基因敲除或者过表达小鼠，往往采用分子生物学检测验证模型是否成功。如神经细胞 β-淀粉样前体蛋白（APP）基因通过酶切，形成 Aβ 淀粉样斑块是 AD 典型病理变化。因此，评价 APP 转基因 AD 小鼠模型时，往往采用 PCR 实验技术检测 APP mRNA 表达，western blot 检测 Aβ 蛋白表达，免疫组织化学染色观察 Aβ 淀粉样斑块的沉积情况，从基因的转录和翻译水平双重验证 APP 基因的过表达情况。

分子生物学指标评价缺少中医相关的特色。一种疾病往往涉及多个基因的改变，单个或几个基因评价难以反映疾病的整体性。分子生物学指标相对单一、相关设备造价昂贵、实验操作过程复杂繁琐、实验的可重复性较低，因此在实际应用中分子生物学指标评价可作为一种辅助的评价手段。

## 七、中医证候学评价方法

中医证候动物模型是探索证候的发生与演变的重要载体，是中医药现代化研究的基本前提之一。中医“证”可追溯至中医中的望、闻、问、切，又称“四诊”，可由动物的症状和体征进行反映。随着证型的研究深入和科学技术的发展，中医“证”也可由现代医学检测手段体现，如结合“四诊”，以生化指标、分子生物学、代谢组学分析等微观指标呈现。

如采用失血法和环磷酰胺并用法复制气血两虚动物模型，动物出现蜷缩少动、毛蓬竖少光

泽、鼠尾苍白、闭目、体重减轻、胸腺和脾脏明显缩小等体征。同时血常规结果显示，气血两虚动物的红细胞数、血红蛋白值、血细胞比容、红细胞平均血红蛋白量、平均红细胞体积、血氧饱和度等指标较正常水平显著下降。采用氢化可的松复制肾阳虚动物模型，动物表现出皮毛色泽暗淡、枯疏欠光亮，倦怠乏力，精神萎靡，懒动喜卧，行动缓慢等肾阳虚症状。此外，环磷酸腺苷（cAMP）与鸟嘌呤核糖苷（cGMP）含量及比值，雌二醇（E2）与睾酮（T）含量及比值也常用于肾阳虚的客观评价指标。氢化可的松复制肾阳虚动物血清中 cAMP 降低、cGMP 升高、cAMP/cGMP 比值降低；雄性模型动物血清中 T 降低，E2 升高，E2/T 比值升高；雌性模型动物血清中 T 升高，E2 降低，E2/T 比值降低。

中医“证”的评价以“四诊”为主，并逐渐采用组织病理、生化指标、分子生物学等指标为辅，有一定的科学性和实用性，对于中医药的现代化具有积极推进作用。

## 八、基于中西医临床特点评价方法

基于中西医临床特点评价方法，将表观、病理和生化等指标均考虑在内，又按“主次”及交互作用进行量化分级，使动物模型的评价方法更趋于标准化、客观化、规范化。基于中西医临床特点评价方法将西医病理、疾病和基因评价方法涵盖在内，全面反应动物模型的西医临床表现；还纳入了中医的证候，同时将动物的表观指标、行为学等纳入评价范围，最大程度反映动物模型的证候，是目前较为全面的评价动物模型的方法之一。

如黄疸是常见临床肝胆系统疾病，主要由血清胆红素含量过多导致，临床表现为虹膜、皮肤、眼睛、小便等黄染，包括梗阻性、肝细胞性、溶血性等类型。在评价黄疸动物模型时从西医诊断标准和中医诊断标准进行评价。根据《临床内科诊疗学》和《黄疸疾病的诊断与治疗》拟定黄疸动物模型的西医诊断标准，分为核心指标和次级指标并进行量化评分。核心指标：①皮肤、巩膜等黄染，瘙痒，黄疸加深时尿、痰、泪液黄染②肝功能检查，血清胆红素、ALT、AST、血清蛋白变化③肝脏形态、轮廓、大小、表面和边缘状态。次级指标：①食欲不振、便秘、心动过缓、腹胀、脂肪泻、精神萎靡②浓茶样尿，陶土样便③胆管扩张，胆囊是否肿大，胆管内有无结石或占位病变，胆管壁是否增厚而阻塞④肝小叶、肝内管道结构，肝静脉、门静脉的检查⑤胆汁酸、碱性磷酸酶、γ-谷氨酰转肽酶在体内表达含量的检查。其中符合一项赋值 8%，满分为 100%。根据《中医内科学》《黄疸诊疗指南》拟定黄疸动物模型中医诊断标准，主要包括：湿热发黄证、疫毒发黄证、胆郁发黄证、瘀血发黄证、寒湿发黄证。其中，主症：① 眼睛发黄；②身体发黄；③小便短少黄赤；④大便秘结或大便溏垢。次症包括：①食欲减退，身体消瘦；②烦躁易怒；③肢倦乏力，腹胀脘闷；④皮肤瘙痒。主症症状符合一项赋值 20%，次症症状符合一项赋值 5%，最后根据评分来对比动物模型复制的吻合度。

基于中西医临床特点评价方法在一定程度上补充了实验相关疾病的中医学理论依据，为相关疾病的中药新药研究、成药配伍、组方剂量提供新的方法思路，促进了中医的现代化发展。但中医理论体系中一些特有的体征无法在动物身上进行收集和评价，且造模过程中无法完全复制相关因素（如舌象和脉象特点等）；其次，体征收集不全造成“四诊”信息不完善，导致临床评价具有较大的主观性，没有统一的判断模型成功标准。

## 九、以方测证评价方法

以方测证是利用药效反应，推知病机，是现阶段验证证候模型是否成功、推测疾病模型证候属性的重要手段。“病”是概括疾病发展的始终，而疾病的阶段性发展由“证”来体现，“证”

是疾病性质与患者体质的共同作用的体现，运用“以方测证”验证动物模型证候，可增加模型的可信度和说服力。

通过对比类似功效的方剂，如养阴的一贯煎、补益肝肾的六味地黄丸、活血化瘀的下瘀血汤，对四氯化碳所致肝纤维化动物模型的药效学效应具有一定“趋同性”，而“方证不对应”的茵陈蒿汤对该动物模型无药效学效应，甚至有加重趋势。因此，从“以方测证”的角度推测四氯化碳所致肝纤维化动物模型属于阴虚证，以“肝阴虚损，瘀血阻络”为中医证候。采用风寒湿刺激合并注射含热灭活结核杆菌的完全弗氏佐剂（CFA）方法制备类风湿性关节炎风寒湿痹证动物模型，通过评价具有温经祛寒、除湿止痛的乌头汤（方证对应的论证方剂）治疗效果来正向验证风寒湿痹证模型复制是否成功；同时以清热利湿、通筋利痹的四妙丸（非方证对应的论证方剂）反向验证，从反证角度证明该动物模型复制成功。

以方测证的核心基础是“方证对应”，鉴于中药方剂的多效应性、多靶点等特点，方与证之间并非固定的锁定关系，即同一方剂可适用于多种病证，同一证候的有效方剂亦远不止有一个，同时还应考虑方证之间的关联程度大小。

总之，实验动物模型评价的指标，应该是内在统一的，当某一项指标发生改变，其余指标也必然会发生相应的改变。因而，应将动物模型评价的指标有机地串联在一起，从整体上评价动物模型复制的成功与否。同时，各类疾病的发生发展受内外环境、饮食、情志等多因素影响，所以在科研实践中，其对应的动物模型也应考虑多因素作用及与临床证型和病症的吻合程度，需要结合实际情况及具体病证来进行判定。

## 第九节　动物模型的应用

动物模型是现代医学的常用方法和手段，通过严格控制动物品系和等级、施加因素和影响措施等，可使动物模型复制成功后具有较高的相似性和相对统一的标准，个体差异比较小，把很多非常复杂的疾病简单化，有利于研究结果的获得。随着中医药现代化研究的不断深入，可以大批量复制，相对经济的动物模型在中医药研究中应用越来越广。动物模型在中医药研究中的具体应用情况如下。

### 一、利用动物模型复制临床病/证

#### （一）复制相似的原病/证

无论是西医病的动物模型还是中医证的病理模型，其基本特征之一就是模型与原型（病/证）之间有广泛的相似性。这种相似性使得动物模型具有较大的临床基础研究价值。如睡眠障碍动物模型可通过腹腔注射对氯苯丙氨酸（PCPA）制备，高效率阻断5-羟色胺合成，扰乱睡眠-觉醒的调节，该动物出现的失眠症状与人类相似，目前已广泛用于失眠动物实验的研究。中药番泻叶性寒，具有泻热行滞、通便、利水的作用。灌胃服用番泻叶水煎液的大鼠，第三天出现泄泻、为不成形稀便内有黏液、食少、纳呆等症状；第四天起逐渐出现神态萎靡不振、双目无神、反应迟钝、行动迟缓甚至行走不稳、嗜睡，并有毛色枯槁、散乱竖起及脱毛现象等，类似于人类脾虚证的一系列症状。

#### （二）复制典型的原病/证

在临床上由于个人体质、心情、环境等众多因素的影响，大多数的病/证很难达到病因、病

况、病理等一致，给临床研究带来了很大的困难。因此，通过对动物品系、性别、年龄、环境等因素进行控制，则可复制出相对一致、标准统一的动物模型，可大批量的应用于临床基础的研究。

如采用SPF级、雄性、SD大鼠（要求统一范围内体重），通过大脑中动脉栓塞手术法阻断大脑中动脉血流，制备短暂性脑缺血发作动物模型。模型成功的动物均表现为毛发杂乱、精神萎靡、眼睑下垂、不活跃，出现神经功能缺失等典型的症状，即可用于缺血性脑卒中的科学研究。如通过注射糖皮质激素氢化可的松，可使大鼠出现体质量降低、尿量增加、蜷缩委顿、毛发萎黄无光泽等典型的肾阳虚证临床证型，可用于中医证型疾病研究。

## 二、动物模型对中医药理论的推动作用

动物模型作为现代科学技术研究重要的科研手段，在中医药现代化进程中发挥了重要作用。为了验证中医药理论而设计的动物实验，其实验结果和数据成为支持中医药理论和临床有效性的有力证据，是提炼中医药理论的基本途径。

### （一）动物模型促进中医药理论的发展

通过动物实验来研究中药的药性（四气、五味、归经、升降浮沉），不仅从药理学的角度揭示中药药性的本质，而且通过研究药物与机体、细胞及分子之间的相互作用，使药性理论的宏观性、整体性、灵活性与药理的客观性、微观性、针对性相互渗透和结合。

### （二）中医证候动物模型深化了中医药理论

应用中医证候动物模型可通过“方证对应”找寻适用方剂和中药，还可以通过“以方（药）测证”方式进行方证相映、正误反证，进一步达到以方促证、以证辨方。其中，肾虚模型是建立最早的中医动物模型，脾虚模型和血瘀证模型是造模方法最多的证候模型。这些动物模型体系的建立，奠定了中医证候动物模型的基础，这对于帮助解读中医经典，阐明和更新中医药基础理论，全面完善中医学理论体系，具有重要的推动作用。

## 三、动物模型在解析中医药药理中的应用

### （一）利用动物模型揭示中医药的药理和毒理作用

中医认为人体气血阴阳平和为常，任意一方偏衰或偏盛则为病，应以具有偏性（寒、热、温、凉）药治之。中药毒性即偏性，中药治病以偏纠偏。中药沿用数千年，用药史记载了药剂参考量，再以正常动物（阴阳平和）探讨其毒性，以具有偏性的中药作用于无偏性的正常动物，毒性显而易见，以此得出毒性的剂量。这无疑降低了中药正常使用量，为临床上用药量提供了理论指导。在研究中药药理作用时，以模型动物为载体，研究中设置正常组、病证结合模型组、正常给药组，通过对比分析模型成功指标和潜在的毒性指标，综合考虑得出中药毒性相关指标以供临床参考。

### （二）利用动物模型缩短中医药药理的研究周期

中医药学的发展历史悠久，源远流长，有些问题单凭临床经验积累需要花费很长时间才能得到解决，甚至得不到解决，而通过动物实验有些问题就可以得到迅速解决。如“十八反”“十九

畏”是中医药配伍禁忌的核心内容，是中药合理用药的重要内容和参考依据，同时也是各代医家最有争议的问题。通过动物实验研究，在较短的时间内就证明了药物用量不同、配伍不同所产生的毒性大小也不一样。中药十八反中“诸参辛芍反藜芦”的“诸参”主要包括人参、丹参、玄参、苦参、沙参。①通过动物实验验证了藜芦中含有的藜芦碱等生物碱类毒性成分与诸药配伍后可能与其中所含酸性成分相互作用，有助于毒性成分的浸出；②藜芦与诸药不同比例进行配伍后，促进了人参皂苷、芍药苷等有效成分的降解，其降解产物进一步与毒性成分相互作用提高毒性、降低了有效性；③藜芦生物碱可以与苦参药材中的生物碱类成分相互作用形成复合物，稳定其存在状态，延缓在动物体内的代谢过程而致毒性增强。

### （三）利用动物模型为中医药临床理论和实践的发展提供科学依据

中医药动物实验研究的目的在于提高中医药的临床疗效，进一步丰富中医药临床理论基础。在中医动物模型中，脾虚模型的造模方法较多。通过耗气破气加饮食失节法、苦寒泻下法、过劳加饮食失节法、X射线照射法、秋水仙碱法等不同方式复制脾虚动物模型，评价动物的表型、病症、病理特点，以及由脾虚导致机体代谢的变化和胃肠病理损伤，进而为临床“脾气虚，脾不统血”证候理论深化提供了条件。值得引起注意的是，当今社会人们工作压力增大、环境污染、药物滥用等已经成为诱发各种疾病尤其是慢性疾病、心脑血管疾病、肿瘤等的重要因素。因此，在制备肾虚证动物模型时，依据中医基础理论中“恐伤肾”学说，增加了外界的影响因素，成功复制了人体肾虚证的证候及对应的病理特征，这不仅丰富了中医病因学，使中医治疗现代新生的疾病有了理论基础，同时也为中医药新的学说提供了依据。

虽然动物模型的应用极大地促进了疾病发病机制研究，推动了中医药理论和实践。但是在中医药的研究中，动物模型的应用研究也具有自身的局限性，可能会导致动物实验结果的不确定性。

**1. 种属差异影响动物模型的稳定性**　虽然动物的生理、病理、康复等与人体在许多方面相似，但也存在着巨大差异。不同动物物种，对于疾病的复制和药理作用效果也不一样。如大鼠本身具有自我清除高胆固醇能力，这种清除能力远远高于人体；豚鼠对饮食中胆固醇的变化较为敏感，少量胆固醇就能够引起较为明显的高胆固醇血症。因此，采用高脂饮食模式复制动脉粥样硬化动物模型，往往采用豚鼠，豚鼠病变部位主要在主动脉和冠状动脉，在脂质代谢、胆固醇高敏感性等方面与人类相似。因此，我们应该针对疾病本身的特点，使用合适的动物物种进行实验。

**2. 动物模型与病证之间的差异性**　临床上疾病的发生与发展受多种因素的影响，同一种病或证，甚至同一病理改变，在人和不同物种的表现不一定相符，几乎很难完全等同复制出人类的疾病。一般而言，动物模型只是在某一（些）方面与原病证相似，绝对不是等同，这种差异或多或少会影响实验结果的准确性和可靠性。

如采用胶原酶注射法复制脑出血模型，胶原酶可以溶解血管内皮下基膜层和细胞间基质的胶原，造成血管壁破坏，从而造成脑出血。通过胶原酶局部注入，形成血块大小和形状可以得到较好控制，可以较好地模拟临床患者脑出血脑内血肿扩大的发病过程，模型制作简单快捷、可重复性好。但胶原酶注入后是弥散性出血引起的血肿，所以形成的血肿存在的时间比较短，且由于弥漫的时间较慢，不太符合临床上脑出血急性出血期的发病机制；且由于胶原酶自身带炎症反应和有细胞毒性作用，会对血脑屏障产生较强的破坏，且恢复时间较长，所以不适用于脑出血的发病机制的研究，而更加适用于对脑出血后治疗恢复期的各项指标的研究。

**3. 动物模型的典型性与不全面性**　动物模型复制往往反映的多为病证的主要矛盾，许多影响

主要矛盾的因素往往被忽略。如肝癌实验研究中，采用不同的动物模型建立方法，也具有不同的特点。原位移植法复制肝癌动物模型，其病理变化与人类肝癌病理变化最接近，成模的周期较快，多用于大鼠肝癌模型建立。但是，在手术过程中应注意选择合适的原位移植部位，还要注意肝的出血与止血问题、手术过程感染问题等。皮下移植法复制肝癌动物模型，移植成功率高，瘤体可见，且移植瘤可保持原有的特征和生物学特性，成模较快，多用于小鼠肝癌模型的建立。但该方法忽视了肝癌细胞与肝脏组织的相互作用，与人类临床原发性肝癌中常见的复发转移等特点不相符。

**4. 中医动物模型研究的局限性** 一直以来，中医药研究大部分遵循西医模式，动物实验是在严格控制的条件下来研究中医药的药效、毒理和药动学，欲从动物身上来破解中药之谜。中医药源于临床，是大量临床实践的积累，在动物研究方法上如何体现中医药元素、中医特色，会有一定的欠缺。如“望、闻、问、切”是搜集临床资料的主要方法，而搜集临床资料则要求客观、准确、系统、全面、突出重点，这就必须“四诊并用”“四诊并重”“四诊合参”。其中，“望诊”中的面色、舌象等，“切诊”中的“诊脉”，很难在动物实验中实现。此外，有时候在动物研究中出现了药、病分离的现象，最后只关注了那些在研究中显现疗效良好、机制明确的药物，而在临床上疗效不确切。所以，应该寻求更多的研究方法，衔接好那些机制清晰、疗效明确的药物与多样化的临床之间的联系，体现中医药在真实世界中的特点。

因此，在中医动物模型复制及应用时，应在注重明显变化指标的同时，也注重潜性变化及隐潜性变化的指标。由于实验条件、环境出入较大，在科研研究中应根据“遵循主要原则（理），修改辅助条件”的方法，适当修改有关方法，以最终的结果、指标、反证等确定模型是否复制成功。同时也应以发展的眼光来看待中医药研究中采用的动物模型，动物模型不断的完善与发展，需要大量临床到实验，再到临床的反复验证、修改，最后从实验反证于临床的研究。这将会更加吻合原病或证，在中医药研究中起到越来越重要的作用。

# 第七章
# 动物实验设计与结果分析

扫一扫，查阅本章数字资源，含PPT、音视频、图片等

## 第一节　动物实验设计

动物实验设计是指研究者为了达到研究目的，在实验前根据实验目的和要求，运用有关科学知识和原理，结合统计分析及伦理学的要求而制定的在动物身上进行实验的实施计划和方案，并用文字记录或流程图表述的实验方案和技术路线。动物实验的结果能否达到研究者预想的研究目的，很大程度上取决于研究者动物实验设计是否科学、缜密。

在医学动物实验中，实验设计是关系该项研究成败的关键。动物实验设计周密，就可以用比较少的人力、物力和时间，最大限度地获得可靠、丰富和具有创新的资料。如果实验设计有疏忽、不严密等缺点，就有可能造成不必要的浪费或降低实验研究的价值，使实验研究的结果真实可靠性降低。因此在制订研究计划时，首先要科学地、认真细致地考虑动物实验的设计问题。

生物医学实验研究可分为整体水平、器官水平、细胞水平、亚细胞水平、分子水平等层次的研究，一个课题可以仅在一个水平层次进行研究，但更多的是多个水平层次的综合研究。动物实验研究是以整体水平层次为主的研究。

进行生物医学研究首先要选题立项，同时要提出科学假说和实验预期结果，明确研究目标，构思研究基本框架，再根据研究目标进行实验设计，优化实验方法，撰写实验方案和技术路线，从而用相对较低的实验费用、较少的实验动物完成研究内容，达到研究目的。

### 一、动物实验设计的基本要素

根据研究课题和目标的不同，动物实验设计可以很庞大、复杂，也可以很小、很简单。绝大部分研究课题需要研究者自己进行动物实验设计。而一些具体的测试、检验等的动物实验方法已经被大家公认成为常规或经典，不需要再进行动物实验设计。

动物实验设计包括以下三个基本要素。

#### （一）处理因素

处理因素是指研究者根据研究目的施加于研究对象，在实验中需要观察并阐明其效应的因素。如实验中给予的受试药物、造模药物、手术处理、麻醉药物等。

与处理因素同时存在，并可能使研究对象产生效应的其他因素称为非处理因素。例如，比较某药物对动物体重影响的实验中，动物的种属、年龄、性别、垫料等也可能影响其体重，它们就属于非处理因素。实验研究时需尽量控制非处理因素的影响，以减少系统误差。

处理因素应在整个实验过程中保持不变，始终如一是保证实验结果稳定、准确的一个重要措

施。所谓标准化就是按一个标准进行，具有明确的量化标准。如处理因素是药品，应明确其名称、成分、剂量、批号、配制方法、保存方法等一致，否则会影响实验结果的评价。在一次实验中处理因素不宜过多，也不应过少。过多增加分析的难度，过少则实验结果蕴藏的信息量不足。

### （二）受试对象

在动物实验中，受试对象是实验动物。根据研究课题不同，遵循同质、敏感、反应稳定、来源容易的原则，选择适合本课题研究的动物的种属、品种品系、年龄、性别（体重）等，确定分组情况、每组的样本量和受试对象总数。在一般情况下，应优先使用标准化实验动物以保证动物实验的质量。

### （三）实验效应

实验效应是研究因素作用于受试对象的客观反映与结果，通过观察指标来表达。它是结果的最终体现，是实验研究的核心内容。观察指标分为主观指标和客观指标。为保证实验数据的可靠性和可比性，在选择指标时应尽可能选择客观指标，或尽可能将主观指标转化成客观指标，并要求有一定的灵敏度和精确性。

## 二、动物实验设计的基本原则

动物实验的目的是通过动物实验来认识受试物作用的特点和规律，为评价受试物可能产生的作用提供科学依据。由于动物实验的对象是特定的生物体，其个体之间存在着一定的差异性。没有严谨的设计，实验效果将明显降低，甚至得不到准确可靠的结果；良好的动物实验设计不仅是实验过程的依据和结果处理的先决条件，而且也是科研达到预期目的的重要保证。为了保证实验结果的准确、可靠，必须对实验进行科学、严密的设计，以便控制可能影响实验结果的各种条件。动物实验设计要遵循下列原则。

### （一）对照性原则

实验研究一般都把实验对象随机分设成实验组和对照组。对照性原则要求在实验中设立可与实验组比较，用以消除各种无关因素影响的对照组。对照组与实验组具有同等重要的意义，设置对照组是消除或减少非实验因素的干扰所造成误差的有效措施。对照应有可比性，即在“同时同地同条件”下进行。动物实验的影响因素很多，如遗传、环境、操作技术等，合理设计对照能最大限度地减少非处理因素对动物实验结果的影响。一般来说，每个实验都会设立一个或多个不同的对照组。对照的形式有多种，可根据实验目的及内容选用不同的对照。

**1. 空白对照** 空白对照是指不加任何处理的空白条件下观察自发变化规律的对照，主要是要反映研究对象——实验动物在实验过程中的自身变化，如兔白细胞数每天上下午有周期性生物钟变化，大鼠的血压每天上下午呈规律性的变化，雌性鼠的血糖随着性周期而呈周期性上下波动。空白对照的作用是排除非处理因素产生的偏差。如有些动物本身有自发性疾病或在老年时发生进行性的老年性疾病，尤其长期毒性试验，必须设立空白对照，以辨别是药物毒性或副作用引起的疾病还是动物自身的一些自发性疾病。

**2. 阴性对照** 阴性对照是不发生已知的实验结果，主要验证实验方法学的特异性，防止假阳性结果产生的对照。阴性对照一定要排除非处理因素的影响，如使用安慰剂、采取相同的手术过程。如进行药物的致敏试验、过敏试验、刺激试验，往往用不产生致敏、过敏和刺激的生理盐水作为阴性对照。排除使用的溶剂或环境等因素引起的假阳性结果。在药物疗效试验和毒性研究中，常用不具有药效和毒性的生理盐水或溶剂（溶媒）作为阴性对照。

**3. 阳性对照** 阳性对照是指已知的能产生预期实验结果的处理因素的对照，主要是检验实验的方法是否可靠。阳性对照组有两个作用，一是检验实验体系是否正确，如果阳性对照未出现阳性结果，就应该检查实验体系的哪个环节出现了问题。受试药物即使显示效应，但在同次实验中阳性对照物无法检测到此作用，结果也应视为无效。二是阳性对照可作为参照物，粗略估计受试药与阳性对照药的作用强度与特点有哪些差异，实验组的阳性结果是高于还是低于阳性对照。在药物疗效和局部毒性试验研究中常要设置阳性对照。如进行药效试验时，用已知有疗效的药物作为阳性对照，以验证模型是否可行。如在皮肤刺激试验中，常用已知对皮肤有刺激的20%十二烷基硫酸钠（SLS）作为阳性对照；在豚鼠致敏试验中，用已知对豚鼠能产生致敏反应的巯基苯并噻唑、苯佐卡因、二硝基氯苯、331环氧树脂等致敏剂作为阳性对照；在豚鼠全身过敏试验中，常用牛血清白蛋白或卵白蛋白等已知致敏的阳性物质作为阳性对照。

**4. 标准品对照** 标准品对照是用一已知能引起标准反应的药物做对照，这样既可考核实验方法的可靠性，又可通过比较了解药物的特点。如做降压物质的检测，用组胺作为降压物质的标准品对照。在测定某一药物的生物学效价时，也往往需要有相应的标准品做对照，如测定胰岛素效价的动物实验时，需要有胰岛素标准品做对照。

**5. 实验对照/模型对照** 实验对照是指在研究过程中，给对照组施加部分处理因素，但不是被研究的处理因素。因为在许多情况下，只有空白对照，常不能控制影响实验结果的全部因素，如给药实验中的溶媒、手术、注射及观察抚摸等都可以对动物发生影响，这时应采取与实验操作条件一致的对照措施，即实验对照。如针刺犬人中穴对休克、心脏血流动力学有改变，但采用空白对照（不针刺）是不够的，应该还设有针刺其他部位或穴位的实验对照。如中草药烟熏的动物实验，要说明中草药烟熏本身的作用，要排除烟熏的作用，除设立空白对照组外，还应设立不加中草药的单纯烟熏对照。

为了研究某种药物对某一病种或证型的治疗作用，常常采用一定的动物模型。有些动物疾病有一定的自愈性，也有些动物疾病是进行性的，在不同时期的动物模型的病理进展程度不同，因此，要设立不给药的模型对照组。药物治疗组和模型对照组对动物模型的处理是完全相同的，但是药物治疗组给予药物，而模型对照组是不给药物的。但在制备手术模型的研究中，仅设模型对照组还是不能控制影响实验结果的手术操作因素，必须设立假（伪）手术对照，如制备冠脉结扎心肌缺血动物模型，设立假手术对照组的动物除了在心肌上穿线但不结扎冠脉外，所有手术过程与制备模型动物一样，以排除手术操作因素对动物实验结果的影响。

**6. 标准对照或正常对照** 标准对照是以标准值或正常值做对照，以及在相同的条件下进行观察的对照。在以动物为实验对照组时，常设立一个不造模处理的正常对照组，即标准对照组，在与实验组和治疗组同样的条件和环境中完全按常规饲养。例如，在中药抗衰老的研究中，除了不给药物但与治疗组同种类、同月龄、同性别、体重相似的老年对照组以外，还需设立一个青年对照组。青年对照组的动物种类、性别与老年对照组和治疗组相同，只是月龄小、体重轻。老年对照组相当于老年模型对照，而青年对照组相当于标准对照组，其实验数据对于老年对照组而言，相当于未衰老时的标准值或正常值。

此外，有的实验还可设自身对照。自身对照是指在同一个体身上观察实验处理前后某种指标的变化，即把实验处理前的观察指标作为实验处理后同一指标变化的对照；或同一动物在施加实验因素的一侧与不施加实验因素的另一侧做左右的对照。如兔的皮肤刺激实验，可在兔背部皮肤

左侧给药，右侧不给药，观察药物对皮肤的刺激作用。自身对照可有效减少个体差异对实验处理反应的影响。凡可进行自身对照设计的实验应尽量加以采用。

在药理学和毒理学实验中，实验组还进一步分成多个剂量组，以此观察不同剂量的量效关系。不同剂量组也可互视为剂量对照组。

### （二）随机化原则

在医药科学研究中，不仅要求有对照，还要求各组间除了处理因素外，其他可能对处理因素效应产生影响的非处理因素要尽可能保持一致和均衡。实际工作中，非处理因素很难做到完全一致和绝对均衡，而随机化是使其趋于一致和均衡的重要手段。

随机化原则就是按照机遇均等的原则来进行分组。“随机”不等于“随便”。随机化的概念是在抽样研究中，总体中每一个个体都有相等的机会被研究者抽取作为样本。在实验研究中，每一个受试对象被分入对照组还是实验组，完全由机遇决定，而不是有意或无意地由实验者的主观意识或某种客观倾向所决定。即指每个受试对象以机会均等的原则分配到实验组和对照组。只有按随机化原则分组，才能使每一个受试对象都有同等的可能性进入实验组或对照组。在整个实验中凡可能影响实验结果的一切顺序因素应一律加以随机化，使各组非实验因素的条件均衡一致，以消除对实验结果的影响。

### （三）重复性原则

重复性原则是指一个实验设计的每一组要设置多个样本数。重复的主要作用是估计实验误差、降低实验误差和增强代表性，提高实验结果的精确度；同时为体现结果的真实性，保证实验结果能在同一个体或不同个体中稳定地重复出来，也需要足够的样本数。样本数过少，实验处理效应不能充分显示；样本数过多，又会增加实际工作中的困难。因此在进行实验前必须确定最少的样本例数。

样本量多少与统计显著性检验要求相关。如果样本小，很可能产生较大误差。样本越大，实验结果越能接近真值。但是在实验研究中，由于受经费、人力、物力、时间等因素的制约，不能无限地扩大样本量，此时可以从概率的要求中计算出最小符合概率的样本数量。

在动物实验方面需按研究内容和动物种类而定，使用大小鼠时，一般大鼠每组最少 6 只，小鼠每组最少 10 只，如考虑性别，每组需要 20 只，雌雄各半，低于此数统计学检验效果差。考虑到成本和实验目的，大的实验动物可以更少一些，狗、猫等一般 6~10 只，猴 4~6 只。

### （四）一致性原则

一致性原则是指在实验中实验组与对照组除了处理因素不同外，非处理因素基本保证均衡一致。均衡一致是处理因素具有可比性的基础。动物实验时研究者应选用合理的设计方案，以控制干扰因素趋于一致。为获得可靠的实验结果，最重要的是实验过程中保证实验组与对照组之间除被研究实验处理因素有所不同之外，实验对象、实验条件、实验环境、实验时间、药品、仪器、设备、操作人员等均应力求一致。即要在动物品系、体重、年龄、性别、饲料和饲养方式等方面保持一致；要使实验室温度、湿度、气压、季节和时间等环境条件保持一致；要在仪器种类、型号、灵敏度、精确度、零点漂移、电压稳定性、操作步骤熟练程度等方面保持一致；要使药物厂商、批号、纯度、剂型、剂量、注射容量和速度、酸碱度、温度、给药途径和给药顺序等方面保持一致。

### （五）客观性原则

动物实验设计中要力戒主观偏性干扰，选择观察指标时，不用或尽量少用带主观成分的指标。结果判断要客观，不能以主观的意愿对结果或数据做任意的改动和取舍。如中医辨证“气虚”症状为面色苍白，头晕目眩，少气懒言，神疲乏力，甚则晕厥。在大小鼠辨证中可用自发活动仪记录小鼠的自发活动情况，舌苔颜色可用拍照与标准色卡对比记录，并与正常对照组比较。

### （六）福利原则（“3R”原则）

动物实验过程中，在一定程度上会对受试对象造成一定的紧张、痛苦或持续性的损伤，因此必然涉及动物的福利问题。在利用实验动物进行动物实验时，应该善待实验动物，合理设置仁慈终点，提倡动物福利，在实验中尽一切可能减少动物的应激和痛苦，以提高动物实验的准确性和可靠性。同时，所有的动物实验开始前，必须得到本单位动物使用管理委员会（或伦理委员会）的批准，否则不允许开展。

## 三、动物实验设计的方法和步骤

### （一）查阅文献，提出实验的假说

在制订具体的动物实验方案时，首先要根据课题研究的主题内容，查阅文献资料，在此基础上，提出一个初步的设想。

**1. 查阅文献**　根据项目研究的主题内容和研究目标，有针对性地查阅国内外相关研究资料，可通过文献检索、查阅数据库等查阅各个时期的书刊，获得与课题研究相关的信息。广泛查阅文献是为了了解项目研究焦点问题的背景、使用的实验方法、选择的模型等情况，以及实验观察的内容和检测的手段、方法等相关信息，以排除不必要的重复研究。

**2. 提出实验的假说**　将查阅获得的所有的相关研究信息进行分析、归类，在此基础上，结合国内外研究进展及有关理论知识和现已具备的条件，提出实验的初步设想，即实验的假说。在该阶段，还要考虑实验的可行性问题。

（1）*动物福利和动物实验伦理问题*　应考虑动物福利的“3R”原则，这个实验是否一定要用动物才能达到实验目的？是否可用其他实验方法来代替？如果实验必须要在动物身上进行，则应该如何善待动物，如何在实验中减轻动物的痛苦和不安？实验者必须提出令人信服的理由证明这个实验必须要用动物做，而且在实验设计中采取了善待动物和减轻动物痛苦的具体措施，并承诺本动物实验方法和目的符合人类的道德伦理标准和国际惯例，在动物实验期间遵守有关的法规、实验动物伦理福利原则和动物实验室的规章制度。为本单位的 IACUC 审查该项目不是重复性研究、使用实验动物的必要性（无可替代物）、减轻动物疼痛的可行性操作等提供依据。

（2）*实验条件问题*　实验者必须了解进行本实验的所有条件是否均已具备，如相应的动物设施、动物来源、仪器设备、试剂、人员、技术熟练程度等，这些实验条件的描述将充分体现在实验方案中。

（3）*经费预算问题*　动物实验是需要经费支持的，一般来说，同一课题经费不同，所选择的实验条件会不同，研究的层次也会不同。本着节约经费的原则，有多少经费做多少事情，量入为出。应特别注意的是，实验过程中会发生很多不可预见的意外，增加额外的经费，充分估计到

各种情况就能保证实验方案的顺利实施。

### （二）实验方案的制订

一个完整的动物实验方案应包括以下内容。

**1. 研究对象的确定** 根据研究内容和目的选择最佳实验动物或动物模型，包括使用实验动物种属、品种品系、性别、年龄（体重）的确定。若做药效实验或疾病研究，则要选择合适的模型类型，是自发性的还是诱发性的，若确定是诱发性的动物模型，则要确定是手术造模还是药物造模。如实验性胃溃疡大鼠模型，需选择是应激性的还是药物性诱导或是胃幽门结扎型的，这需要在充分查阅文献的基础上，结合与同一研究领域的课题组或研究者的讨论结果，以及自身的实践经验和知识积累，针对研究主题内容和实验目的确定合适的模型类型。

**2. 观察内容和检测指标的确定** 在动物实验设计中，实验指标的选定非常重要。通过实验指标可获得大量数据，用于分析实验结果，得出实验结论。检测指标从一般观察到生理生化、解剖生理、组织病理、分子病理等，指标很多，研究中要选择能反映研究主题特征的指标或与所研究疾病有针对性的指标。

动物实验指标一般包括两部分：实验期间活体观察指标和实验结束处死、解剖、观察、取材、测试指标。实验期间活体观察指标包括一般观察、无创伤性测定指标和创伤性测定指标。一般观察包括动物的精神、行为、营养、被毛、摄食情况、大小便及口鼻耳阴部分泌物等，一般无须惊动动物；无创伤性测定指标包括心电图、血压、呼吸、自主活动等测试，有的需要无线遥控设备。无线遥控无创伤观察测试可避免干扰动物，减少动物应激，因而测试数据更真实可靠，符合临床实际表现。创伤性测定指标包括手术、取血、取材等，对动物长期观察或多或少产生影响。实验设计时要考虑研究团队有无技术基础和实验条件，以及评估创伤性实验对动物实验的影响。实验结束处死、解剖、观察、取材、测试，涉及取全血/血浆/血清、脏器称重、病理组织取材及固定等一系列步骤，可依据实验目的和检测指标选择部分或全部进行。

**3. 实验方法学的确定** 根据研究的内容和目标确定实验方法。首先确定实验处理因素，包括药物、手术等，给药方法，包括给药方式、途径、时间、强度（剂量）、次数与频率的确定。若是手术处理则要确定手术的方法、手术时间、操作要求等，包括麻醉方法的确定。若做药效实验或疾病研究，要确定造模的方法，包括造模因素、手段、时间与操作步骤。动物实验效应是通过指标观察来表达的，因此要确定指标检测的方法，包括检测样本和检测方法的确定。确定检测样本包括样本的取样方法、处理方式和储存要求，检测方法的确定包括检测试剂、仪器和检测时间、次数与频率等。另外，还需确定动物实验结束后的安乐死方法。

由于动物实验涉及基础和临床各个学科，不同的研究有不同的目的和要求，所用的实验方法、仪器设备和指标也各不相同，但无论选择何种实验方法，均应力求做到以下几点：①可靠性，即方法切实可行、指标稳定可靠，是公认的方法或经典方法。②客观性，尽量选用仪器设备检测，避免主观描述，能定量的就不要选用定性指标。③先进性，当今重大科研成果的出现几乎都利用了先进的仪器设备、技术和检测指标，将整体动物实验与细胞水平、分子水平检测指标结合起来进行综合分析。因此充分利用本单位或其他单位的先进仪器设备为自己的课题服务，对于提升课题的研究水平，提高实验质量有着重要意义。

**4. 实验组数的确定** 动物实验可分为实验组和对照组，实验组又可分为如高、中、低等不同剂量组或不同处理组；对照组要根据研究内容和目标确定，常用的有正常对照组、空白对照组、阴性对照组、模型对照组、假手术组、阳性对照组。组别设置得越科学、缜密，实验结果分析依

据就越充分。

**5. 动物实验分组设计**　根据实验目的的不同，应选择不同的实验设计方法。最常用的实验设计方法包括完全随机设计、配对设计、随机区组设计、析因设计、拉丁方设计、交叉设计、重复测量设计等。针对每种设计方法，其处理因素和实验条件都可以考虑一定的灵活性，但是，必须采取相应标准的统计分析方法。

一些统计学教材对这些设计方法都有详细的描述，这里简要提示几个常用设计方法的重点注意事项。

（1）完全随机设计　将实验对象随机分配至各处理组，观察实验效应，是最常用的实验设计方法。在完全随机化设计中，研究因素只有一个，但具有几个水平。进行完全随机设计时，可以先把实验动物编号，用抽签法或随机数字表将实验动物随机分配到各组。本设计方法简便、灵活，处理数及重复数都不受限制，各处理组样本例数可以相等，也可以不等。统计分析也比较简单，抗数据缺失能力较强。如某个实验动物发生意外，信息损失小于其他设计，对数据处理的影响也不大。其缺点是对非实验因素缺乏有效控制，只能依靠随机化方法平衡有关因素的影响，因而精确度较低，误差往往偏高。适用于实验对象同质性较好的实验设计。

（2）配对设计　实验动物个体之间的差异较大时，可采用配对设计。即分配动物之前，先把动物按性别、年龄、胎别、体重或其他有关因素加以配对，以条件基本相同的两个动物为一对分配成若干对，然后再将每一对动物随机分配到两组中。这样可使非实验因素对两组的影响较为接近，两组动物数目必然相同，而且他们的胎别、性别、年龄、体重的分配情况也基本相同，从而可以减少个体差异性，即可以减少误差。因此，它是比完全随机设计优越的设计方法。具体方法是先进行配对分配，再进行资料处理。如果配对随机分配设计的资料是测量资料，可用成对比较 t 测验方法。

通过比较相对效率可以知道，尽管完全随机化设计与配对随机化分配设计的结论相同，但它们的精确度是有差别的。如果比较两种设计的相对效率，更能说明后者优于前者。例如，配对设计用 10 对动物的效率相当于完全随机设计用 50 头（25 对）动物的效率。

（3）随机区组设计　又称配伍设计，是配对设计的扩大，即将几个受试对象按一定条件划分成配伍组或区组，再将每一配伍组的各受试对象随机分配到各处理组中去，以增加实验的准确性。具体方法是先把实验动物按胎别、性别、年龄、体重等分成若干区组，再把实验动物随机分配到各组中去。注意每个区组的动物数量须相等。由于各区组内每只动物接受何种处理是随机的，所以随机区组设计的均衡性好，可减少误差，提高实验效率，统计分析也较简易。其缺点是抗数据缺失性低，如一个区组的某个动物发生意外，那么整个区组都须放弃，或不得已采取缺项估计。

（4）析因设计　将两个或多个因素的各个水平进行排列组合，交叉分组进行实验。该设计可用于分析各因素间的交互作用，比较各因素不同水平的平均效应和因素间不同水平组合下的平均效应，寻找最佳组合。

各种因素不同“水平”的所有可能组合成实验中的处理数，处理数的总数是各种因素的总乘积。例如，对三个因素同时进行实验，每个因素有两个水平，则处理数为 $2^3=8$；若每个因素有三个水平，处理数为 $3^3=27$。所以，在析因实验中，水平数不能太多。其实验结果可用方差分析加以统计处理。

例如，用实验动物研究 A 药和 B 药对肿瘤的不同作用，那么 A 药与 B 药则为两种因素，每一种药物可分为“用”与“不用”两个水平，因而总处理数为 $2^2=4$，即两药都用、单用 A 药、

单用 B 药和两药都不用四种组别。通过这样的设计，可以了解两种药物单用和合用有什么区别，两种药物是否存在协同、相同或拮抗作用。在进行实验设计时，要用随机的方法把实验动物分为四组，最好每组动物数相等。析因实验可以用相应的方差分析进行统计处理。

该方法的主要优点是不仅可以准确估计各实验因素的主效应的大小，还可估计实验因素之间各级交互作用的效应大小。其缺点是所需要的实验次数很多。

在实际应用中，近交系小鼠遗传一致性好，可应用完全随机化设计。SPF 级封闭群大小鼠可采用随机区组设计。而普通级大型实验动物，因其个体差异较大，不易获得较大数量的相似个体，则应采用配对设计或随机区组设计。

**6. 每组样本量的确定** 每组的样本量反映了同一处理的重复个数。样本量过小，抽样误差大，不易发现实际存在的差异，得不出统计学意义的结论；样本量过大，不符合动物福利的原则，也浪费人力、物力和财力。一般情况下，啮齿类大小鼠实验分组每组 10~20 只。如果进行长期实验，在实验中间需要处死部分动物进行观察，每组可适当增加至 20~40 只。大动物如兔、犬和猪的实验一般每组 6~10 只。通常雌雄各半即可满足统计学分析的要求，但也有部分实验需要用单一性别动物。如热板法镇痛实验常选雌鼠，而不用雄鼠的原因为雄性动物受热阴囊下垂，由于阴囊皮肤对热敏感，小鼠易跳跃，观察不到舔后足的现象。而关节炎的研究多使用雄鼠的原因是用雄鼠诱发关节炎的易感性较雌鼠的效果显著。

动物实验研究人员多不选择使用雌性动物，主要是因为雌性动物有周期性的生殖激素，变量较多，研究人员因此认为雌性动物不适合作为实验的研究对象。如临床诊断患焦虑和忧郁症的女性是男性的 2 倍多，但针对焦虑和忧郁症进行的实验研究中使用雌性动物的比例不足 45%；女性中风的比例也高于男性，然而仅有 38%的动物实验使用雌性动物；有些甲状腺发生于女性的概率是男性的 7~10 倍，但仅有 52%的动物实验模型使用雌性动物。事实上没有多少证据可以证明雌性动物不适合进行动物实验。因此，动物实验尽量选择雌雄各半，以避免由性别差异造成的误差。

一般来说，各组样本量相等时，统计效率最高。在实际工作中，因一批动物中个别不均一性而剔出、实验人员操作技术不熟练或技术复杂、高剂量组因毒性的不确定等而在实验中致动物死亡等的情况屡有发生，因而实际使用的动物数量应比理论计算的样本量要适当增加。

**7. 实验周期的确定** 一个动物实验周期要持续多长时间取决于实验目的和是否能从动物实验中得到所需要的实验结果。实验周期的确定与使用的模型类型或造模时间，以及给药和指标观察的时间有关。例如，用兔制作动脉粥样硬化模型，饲喂高脂、高胆固醇饲料后一个半月，兔的主动脉上可产生肉眼可见粥样斑块，表明造模成功。如果此时用药物干预治疗，还需要再增加 4 周以上的治疗时间，总的实验周期在 3 个月左右。给药治疗的时间一定要参考临床对该疾病治疗的疗程，在实验设计中需参照文献报道或根据相关实验室的经验，或通过预实验摸索。

### （三）药物剂量的设计和换算

实验研究结果的好坏与剂量设计有很大的关系。一个疗效好的药物剂量过小可能在实验中显示不出药效，剂量过大可能对动物产生毒性甚至致死。因此准确地剂量设计对实验的成功起着重要的作用。

如果研究的是一种新药，在没有临床资料和动物实验资料参考的情况下，只能通过设置多个剂量进行预实验摸索，找到量效关系。当这种新药用动物证明其疗效时，需要设计人的临床用量。另外，很多中药在长期实践中已经制定了临床用药剂量，当进行动物实验时需要将人的用药剂量转化为动物的用药剂量。这里就涉及不同动物之间或动物与人之间用药剂量的转换问题。

研究表明，药物的等效剂量并不与动物的体重成正比，而是与单位体重体表面积成正比，因此小动物的等效剂量往往是人的数倍。标准体重动物间和动物与人间的等效剂量换算见表 7-1。

**表 7-1　标准体重动物间和动物与人间的等效剂量换算系数表（mg/kg）**

| 种属 | 小鼠 b<br>(0.02) | 大鼠 b<br>(0.150) | 地鼠 b<br>(0.080) | 豚鼠 b<br>(0.4) | 兔 b<br>(1.8) | 比格犬 b<br>(10.0) | 猕猴 b<br>(3.0) | 成人 b<br>(60.0) |
|---|---|---|---|---|---|---|---|---|
| 小鼠 a | 1.00 | 0.50 | 0.60 | 0.375 | 0.25 | 0.150 | 0.25 | 0.081 |
| 大鼠 a | 2.00 | 1.00 | 1.20 | 0.75 | 0.50 | 0.30 | 0.50 | 0.162 |
| 地鼠 a | 1.67 | 1.20 | 1.00 | 0.625 | 0.417 | 0.25 | 0.417 | 0.135 |
| 豚鼠 a | 2.67 | 1.33 | 1.60 | 1.00 | 0.667 | 0.40 | 0.667 | 0.216 |
| 兔 a | 4.00 | 2.00 | 2.40 | 1.50 | 1.00 | 0.60 | 1.00 | 0.324 |
| 比格犬 a | 6.67 | 3.33 | 4.00 | 2.50 | 1.67 | 1.00 | 1.67 | 0.541 |
| 猕猴 a | 4.00 | 2.00 | 2.40 | 1.50 | 1.00 | 0.60 | 1.00 | 0.324 |
| 人 a | 12.33 | 6.17 | 7.40 | 4.63 | 3.08 | 1.85 | 3.08 | 1.00 |

注：引自黄继汉等. 药理试验中动物间和动物与人间的等效剂量换算. 中国临床药理学与治疗学. 2004，9（9）：1069-1072。括号中数值单位为 kg。

例 1：《中国药典》2020 年版一部规定中药雄黄的人临床用量为 0.05~0.1g，换算成标准体重小鼠的用量是多少？

答：按人临床最高用量 0.1g、体重 60kg 计算，得 1.7mg/kg，换算成小鼠用量时查表 7-1 人 a 行小鼠 b 列的换算系数为 12.33，故小鼠的等效剂量是 1.7mg/kg×12.33=21.0mg/kg。

例 2：已知某药 20g 小鼠用 4mg/kg，换算成 10kg 比格犬的用药剂量？

答：查表 7-1 小鼠 a 行，比格犬 b 列的换算系数为 0.15，故比格犬的剂量=4mg/kg×0.15=0.60mg/kg

以上换算是在各种动物标准体重情况下进行的。如果动物 a 和动物 b 中一种或两种都不是标准体重，就需要根据表 7-2 折算成与标准体重的比率（B=W/W 标），再乘以校正系数。

非标准动物的换算：

（1）非标准动物换算成标准动物　给药剂量×校正系数 Sa ×换算系数。

（2）标准动物换算成非标准动物　给药剂量×换算系数×校正系数 Sb。

（3）非标准动物换算成非标准动物　给药剂量×校正系数 Sa ×换算系数×校正系数 Sb。

**表 7-2　非标准体重动物的校正系数**

| B=W/W 标 | 校正系数 Sa | 校正系数 Sb |
|---|---|---|
| 0.3 | 0.669 | 1.494 |
| 0.4 | 0.737 | 1.357 |
| 0.5 | 0.794 | 1.260 |
| 0.6 | 0.843 | 1.186 |
| 0.7 | 0.888 | 1.126 |
| 0.8 | 0.928 | 1.077 |
| 0.9 | 0.965 | 1.036 |
| 1.0 | 1.000 | 1.000 |
| 1.1 | 1.032 | 0.969 |

续表

| B=W/W 标 | 校正系数 Sa | 校正系数 Sb |
|---|---|---|
| 1.2 | 1.063 | 0.941 |
| 1.3 | 1.091 | 0.916 |
| 1.4 | 1.119 | 0.894 |
| 1.5 | 1.145 | 0.874 |
| 1.6 | 1.170 | 0.855 |
| 1.7 | 1.193 | 0.838 |
| 1.8 | 1.216 | 0.822 |
| 1.9 | 1.239 | 0.807 |
| 2.0 | 1.260 | 0.794 |
| 2.2 | 1.301 | 0.769 |
| 2.4 | 1.339 | 0.747 |
| 2.6 | 1.375 | 0.727 |
| 2.8 | 1.409 | 0.709 |
| 3.0 | 1.442 | 0.693 |
| 3.2 | 1.474 | 0.679 |

注：引自黄继汉等. 药理试验中动物间和动物与人间的等效剂量换算. 中国临床药理学与治疗学. 2004，9（9）：1069-1072。

例 3：长期毒性试验 350g 大鼠用 10mg/kg，换算成 8kg 比格犬的用药剂量？

答：查表 7-2，B=W/W 标=350/150≈2.33，校正系数 Sa 取 1.301。同理，校正系数 Sb 取 1.077，再查表 7-1 大鼠 a 行，比格犬 b 列的换算系数为 0.30，故 8kg 比格犬的剂量=10mg/kg×1.301×0.30×1.077≈4.20mg/kg。

应当指出的是上述不同种属动物之间以及动物与人之间药物剂量的转换是根据单位体重的体表面积计算的，有一定参考意义，但是由于不同种属动物对同一种药物的敏感性存在差异，实际应用中可能出现剂量过高或过低的现象，需要进行调整。

药物的药效作用成不对称 S 型的量效关系曲线。一般来说，在整体实验上，选择 2~3 个剂量组来反映药效关系，其中低剂量组必须高于设计的临床用药剂量，应相当于主要药效学的有效剂量，高剂量以不产生严重毒性反应为限。

# 第二节 动物实验前的准备

动物实验前要进行一系列的准备工作，包括知识和技术准备、实验条件准备、预实验。知识和技术准备主要指掌握动物实验的基础知识和动物实验技术、了解动物实验的规章制度等。尤其是根据实验动物的特点，结合实验研究的内容和要求，科学合理地选择适合的实验动物。实验条件准备指仪器设备的备置与校准、药品的配制、器械的准备、实验动物的购入、实验场所消毒与器具配套等。预实验是正式实验的“预演”。动物实验前的准备工作对实验研究成功与否极为重要。

## 一、知识和技术的准备

### （一）掌握有关实验动物方面的基础知识

要了解和掌握有关实验动物科学方面的基础理论和知识，特别是熟悉实验动物的生物学特性和在生物医学上的应用，对开展动物实验研究将十分有益。

实验动物和动物实验方面文献资料浩瀚，新技术、新方法、新成果层出不穷。通过查阅文献，了解与本课题有关的前人所做的工作，所用实验动物的品种品系、年龄（体重）、性别、数量、分组情况等，为提出新的科研思路打下基础。尤其值得注意的是，应该强化查阅实验动物方面的文献和加强与实验动物科技工作者的思想沟通，以便有效地充分利用实验动物学的研究成果，从而使实验动物科学更好地为自身课题服务。事实证明，对实验动物科学及其发展动态熟悉并善于利用其成果服务于自身课题的医学生物工作者，往往使自身的研究更有效、更具特色和创新性。

### （二）掌握有关动物实验方法学方面的基本技术

动物实验方法学中涉及动物实验研究过程中的各种实验技术、实验方法及技术标准。研究者通过掌握和领会使用标准的实验动物和规范的技术方法进行科学实验，研究实验过程中动物的反应、表现及其发生发展规律，解决科学实验中的问题，获得新的知识，发现新的规律。没有过硬的基本动物实验技术，也就无法获得正确的实验数据和结果，甚至无法将实验进行下去。

## 二、实验条件的准备

动物实验前的条件准备主要指准备好实验仪器、药品、试剂和实验动物等，尽可能选用标准化的实验手段和实验方法。例如，实验仪器必须校准；药品的纯度应有明确的要求；试剂的配制必须严格遵照操作规程，按说明书提示进行；称量药品应使用精确的计量仪器，称量、计算应认真校对、进一步复核。

现在很多医学院校和科研机构都有专门的实验动物中心或实验动物室进行动物实验的管理，起着动物实验公共服务平台的作用。这些实验动物中心或实验动物室的设施必须经过上一级实验动物管理委员会验收，并有相应的各种规章制度，有专业技术人员管理，具备资质，并获得相应资格证书。在进入实验动物中心或实验动物室进行实验时，应注意以下几个方面问题。

1. 了解和熟悉进行动物实验的各项规章制度。动物实验的规章制度是各个动物实验机构根据本单位的具体情况，参考国内外的有关做法制定出来的。各实验动物机构的规章制度可能有所不同，但都是各自管理经验的结晶。如果不按照规章制度去做，势必造成管理混乱，最终影响动物实验的开展。这些规章制度对研究人员如何申请做动物实验，如何采购、验收、检疫、交接，如何保证动物实验各个环节顺利进行，对动物实验室的环境控制、工作人员职责、技术水平和操作方法都有明确要求。严格按照规章制度进行动物实验是保证动物实验取得成功的重要一环。因此，参加动物实验的人员必须接受有关实验动物学知识和政策法规，以及利用动物实验设施进行动物实验操作的培训，持证上岗。

2. 进行咨询和预约登记，如实申报动物实验的名称、课题来源、动物实验的起止日期，以及所用动物的品种品系、等级、数量、年龄、性别等，并说明供试品是否有毒、有害、有感染性或放射性等，实验的特殊条件和要求，以求得与实验动物室进行沟通，落实动物到达时间，安排饲养和实验场所。

3. 对于有毒、有害、有感染性或放射性研究等特殊的动物实验，应在不同隔离级别或相应的动物实验设施设备内进行，并执行有关的规章制度。

4. 屏障系统管理严格，包括人员、动物、饲料、垫料、各种用具及仪器设备在内的所有需要进入屏障系统的对象均需采用不同方式消毒后方可入内。

### 三、预实验的目的与意义

预实验是实验者在正式实验前对实验方法和条件及实验对象的一个摸索或尝试过程，是正式实验前的模拟或者演习，其目的在于检查各项准备工作是否完善，人员是否到位，实验方法和步骤是否切实可行，技术是否熟练，仪器设备是否运行正常，测试指标是否稳定可靠，剂量是否设计合理等，了解实验结果与预期结果的距离，从而为正式实验提供补充、修正的意见和经验，是动物实验必不可少的重要环节。预实验可有效地避免匆忙进入正式实验后才发现很多实验细节准备不充分，以至于影响实验进展的现象。因此，预实验不仅不会浪费钱财，而且会有事半功倍的效果，增强正式实验成功的信心。

预备实验可使用少量动物进行，实验方法和观测指标应和正式实验一致，但预实验的结果不能纳入正式实验的结果中一同分析。

## 第三节　动物实验数据收集和结果分析

动物实验数据的收集和结果分析是一个完整的、有序的工作，研究者应从设计实验时就给以充分的重视，并在实验进行的过程中认真实施，及时进行必要的修订，这样就能够保证资料的完整性。

动物实验的统计工作一般分为收集数据、整理数据和结果分析三个步骤。这三个阶段是密不可分的，任何一个环节出了差错，都会影响全局。因此，所有数据的真实性和准确性是十分重要的。

### 一、动物实验数据的记录和贮存

收集数据是进行统计的第一步，也是最重要的一步。如果收集的实验数据因为计划本身不完善，原始数据残缺不全，内容不够正确或不具有代表性等原因，常常造成数据分析的困难，或所得的资料不能说明问题。因此，在进行动物实验之前，必须考虑实验数据的收集。这是一项必须认真对待的重要工作。

#### （一）实验数据的来源

动物实验数据的来源大多是在动物实验过程中对动物采取各种处理的观察记录或用各类方法检测而获取的原始资料或数据。原始资料还包括照片、图片和视频记录。在动物实验过程中，要认真、真实地记录动物的反应、表现以及有无异常（实验设计时没有考虑到的）情况发生等，努力使实验资料能较好地反映实验结果。

#### （二）实验数据的记录

在收集数据前，应根据实验设计的类型和要求，编制出用于记录实验数据的表格，以便于以后的认识、归类、处理和分析。在记录的过程中既不要盲目贪多，也不要缺漏项，应与设计要求一致，还要书写清楚、易辨，避免可能引起误解的数据记录，记录到的数据应有较高的精确度和准确度。不能随便记录实验结果，事后再将其转抄到规定的记录本中去。

对于仪器设备自动打印的原始数据，应标注日期、课题名称、实验名称和实验者，粘贴到实验记录本内，以免丢失。

### （三）实验数据的贮存

实验数据的贮存就是将载有记录数据的介质保存起来。一般记录的介质有实验专用记录本（卡）、计算机的硬盘、光盘、U 盘等。不论采用何种介质，应便于数据的再利用、汇报交流、查询及补充、修改和连接，同时还应做好必要的数据备份。

## 二、实验数据的检查和分类

### （一）原始数据的检查与核对

对原始实验数据进行检查与核对，是统计处理中一项必不可少的重要工作。只有在统计分析前进行了检查与核对，才能提高数据的完整性和准确性，从而真实、可靠地反映出实验的客观情况。数据的检查与核对一般指检查数据本身是否有错误、取样是否有差错和不合理数据的订正等确认性工作。

在检查和核对时，特别要注意以下几点。

**1. 资料的完整性** 预计要调查或观察的项目是否填写或记录完整无缺。不仅是动物实验的数据，还应包括实验环境或实验条件等。

**2. 资料的正确性** 检查每个研究项目记录是否正确，同时判断标准的正确性；各个项目之间有无矛盾，记录的数字有无不合理处；记录有无错行或重复记录；以及根据数据的统计学规律和要求进行检查。

**3. 资料的及时性** 填写记录的时间是否选得正确并符合要求，记录的资料有无补记等。

对于存在缺点或错误的资料，应当给予补充、修正以及合理地剔除。对资料的检查最好经常进行，边记录边检查，以便随时改正错误或做必要的复查。对于资料的补充、修正或剔除，要尊重事实，切忌随心所欲。

### （二）数据缺项与差错的处理

由于种种原因往往会造成实验数据的缺项和一些差错。对于缺少统计分析必不可少的（如研究动物生长发育时缺少初始体重）数据，则必须剔除。有时为了避免剔除数据过多，对有些非关键性的项目缺失可不剔除，在做单项分析时仅做减少样本数处理。对于实验室研究，若实验条件控制较严格，则个别缺项可用相应的统计技术求出其估计值。对于数据中出现明显差错的，尤其是人为造成的差错应予以纠正，无法纠正的则只能剔除；而对于不是人为造成的差错或可疑值也可运用统计学技术决定取舍。例如，当样本数大于 10 且呈正态分布时，对于在平均数（X）±3 倍的标准差（S）范围以外的数值应积极查找原因。

### （三）实验数据的分类

对实验数据进行检查和核对完成后，进行统计计算与分析（即数据整理）。整理数据时应先区别原始数据是数量性状资料（包括连续性资料即计量资料和不连续性或间断性资料即计数资料）还是质量性状资料。不同类型的数据采用不同的整理方法。

**1. 数量性状资料** 包括连续性资料即计量资料和不连续性或间断性资料即计数资料。

（1）计数资料 指用计数方式而获得的资料。这类资料每个变量或变数必须以整数表示，在两个相邻的整数间不允许有带小数的数值存在。如产仔数、成活数、雌雄数等。

（2）计量资料 指通过直接计量而得来的以数量为特征的资料，采用度量衡等计量工具直接测定的。如体重、血压、肺活量、脏器重量等。

**2. 质量性状资料** 指一些能观察到而不能直接测量的性状资料，又称属性性状资料。如毛色、性别、生死等。对于质量性状资料的分析，必须将质量性状数量化，其方法如下。

（1）统计次数法 根据动物的某一质量性状的类别统计其次数，以次数作为质量性状的数据。在分组统计时，可按质量性状的类别进行分组，再统计各组出现的次数。

（2）评分法 对某一质量性状，因类别不同，分别给予评分或用数字划分等级，如动物对某一病原的感染程度可分为0（免疫）、1（一过性感染）、2（顿挫性感染）、3（致死性感染）；病理组织坏死情况可分为无（-）、25%以下坏死（+）、25%~50%坏死（++）、50%~75%坏死（+++）、75%以上坏死（++++）。这样就可将质量性状资料量化，以利进一步统计处理与分析。

### （四）实验数据的统计处理

与物理、化学实验可精细定量分析不同，动物是一个非常复杂的生命体，生命现象的特点是具有变异性（个体之间存在差异）、随机性（变异不能准确推算）和复杂性（影响因素众多，有些是未知的），如一组动物接受同一处理后得到的反应数据各不相同，但大多以平均数为中心做正态分布。用常规的数学方法不能进行分析，只能依靠生物统计学方法用概率进行分析。

生物统计学处理数据的方法很多，最常用的统计方法：各组间计量资料的比较用方差分析法（F检验），各组间计数资料的比较用卡方检验（$\chi^2$检验），通过概率计算得出各组间差异是否具有显著性意义。一般认为两组数据之间差异概率$P<0.05$具有显著性意义，$P<0.01$具有极显著意义，表明两组数据之间的差异不是抽样误差，而是处理因素作用所致。

现在一般实验数据的统计学处理有专用软件，如SPSS、SAS、SYSTAT、GraphPad Prism等。

## 三、分析动物实验结果应注意的问题

### （一）实验结果的解释和实验结论的确立

动物实验是在活体动物上进行，存在着动物个体的差异和周围环境等各种因素的影响，因此动物实验得到的原始数据一般不像化学分析那样整齐、精确，需要将实验所获得的原始数据进行归纳、整理、统计分析。这些实验结果说明了什么？如何解释这些结果？这是研究者必须回答的问题，也是科技论文中讨论部分常涉及的内容。科学研究是缜密、严谨的逻辑思维过程，对实验结果的分析应建立在真实可靠的事实和数据之上，得出实验结论，并根据前人的报道进行比较，从中找出实验结论中的规律和创新点。

生命科学是在不断求真求新中发展的。离开了创新思维，就成了无效劳动或重复劳动。当实践中出现实验结果和结论与现有理论或文献报道不一致，甚至相反时，需要研究者冷静思考，仔细回顾实验过程的每个细节是否有失误的地方，并在重复实验时加以纠正。如果重复实验结果还是一样，就必须做出合理的解释。不要轻易否定自己在严密的实验设计和严谨认真的实验操作下做出的实验结果和结论，在分析排除各种干扰因素后，重复实验，也许会有新的研究发现。因此，研究者开展动物实验时，应在熟悉实验动物知识和动物实验技能的基础上，积极开拓知识面，突破固有的思维方式，大胆设想，严密求证，不让科研新发现被遗弃。

### （二）对动物实验研究的客观评价

**1. 动物实验结果的外推** 实验动物与人在结构、生理功能、生化过程、新陈代谢及进化上有着不同程度的相似性，因而可以用实验动物作为人的替代者进行试验，这是实验动物进行试验的基础。但实验动物与人在结构、生理功能、生化及进化上又有着不同程度的差异，即使是很细微的差异，在对实验的刺激、药物的敏感性等方面也会出现不同的反应。这些差异可能导致动物实验结果并不一定在人体可以重复，有的甚至结果是相反的。因此，如何将动物实验的结果外推到人体上，是我们需要思考的问题。简单地将一种动物实验的结果外推到人体是不科学的。

研究人员通过遗传控制、外科手术或注入外来物质诱发动物产生疾病，“模拟”人类的疾病。然而这种研究也具有缺陷性。进化过程在物种之间已引起了无数微妙而重要的差异。每个物种有多个系统和器官，如心血管系统、神经系统等，它们之间有着十分复杂的相互关系。模拟施加于一个特殊器官或系统的刺激，往往以不能预测或不能完全弄清的方式打乱动物总的生理功能。在这种不确定性的情况下，将动物实验结果的数据外推到其他物种（包括人类）上可能是不适合的。当然，“动物模型”最好类似于人的情况，但目前没有哪种理论能够证明这种类推法的有效性。

由于不同种动物有不同的功能和代谢特点，在动物身上无效的药物不等于临床无效，而在动物身上有效的药物也不等于临床有效。所以在肯定一个实验结果时最好采用两种以上动物进行比较观察。一般所选的实验动物中一种为啮齿类动物，另一种为非啮类动物。啮齿类动物选用小鼠或大鼠，非啮齿类动物选用犬或猴。如一种实验处理在多种动物身上产生共性结果，往往适用人体的可能性更大。

**2. 谨慎评价动物实验结果**　近交系动物因其遗传背景清楚，对实验的刺激反应一致，因而实验研究结果数据整齐、重复性好，目前制作的很多突变系疾病动物模型的突变基因大都导入近交系遗传背景中，以利于实验结果的分析。不同品系具有各自不同的敏感特性，在近交系培育过程中所造成的近交衰退与人体的正常生理条件差异很大，因此在某些研究中很难说正确地反映了人体的条件。对近交系动物的使用和评价更要慎重，避免因动物实验结果的误导而造成难以想象的后果。

研究开发新药的真实结果最终应该在人体上试验得出。药物的药理学和毒理学研究是处在非临床阶段，在此阶段主要以动物实验为主。临床试验是指任何在人体（病人或健康志愿者）进行药物的系统性研究，以证实或揭示试验药物的作用、不良反应及/或试验药物的吸收、分布、代谢和排泄，目的是确定试验药物的疗效与安全性。

许多药物经过漫长的动物实验和临床试验似乎是安全的，而且获得了权威执法部门的批准，允许用于人类临床，在上市后由于样本的扩大和各种个体的差异还是出现了严重的不良反应，不得不退出市场。与此相反，有的动物实验结果显示为无效或有毒性，而在人体应用却显示有效或无毒，应结合临床全面考虑。

### （三）动物实验研究的局限性

两千多年来，人类进行的动物实验为人类了解自然界、了解动物，进而了解人类自身，为人类自身的发展和健康做出了巨大的贡献。随着生物科学的发展，实验动物的使用量逐年增加，使用种类也逐年扩大。虽然现代医疗技术的发展与动物实验密切相关，但不能对动物实验产生盲目的迷信和依赖。事实上动物实验有许多局限性，生命科学的发展也并不一定都要通过动物实验。理性地看待动物实验，了解它的“利”和“弊”、“优”和“劣”，在研究中结合多种生物医学技术和方法，合理应用动物实验，从多角度、多方位进行研究应该是生物医学研究的方向。

**1. 动物实验研究仅是生物医学研究的一部分**　生物医学研究的领域和范围很广，动物实验研

究仅是生物医学研究的一部分。但是有些疾病如糖尿病、冠心病研究，先天性免疫缺陷症的病因研究等的许多成果并不完全归功于动物实验，而主要是来自人群的流行病学调查的结果。例如，有人发现夏枯草可以降低鼠的血糖，便由此开发了治疗糖尿病的新药，但这种药在临床应用时却被证明无效。因此，中药研究必须忠实于中医药理论和临床结果。即从临床中发现问题，再到实验室解决问题，而不是把实验室的结果直接用于临床。

例如，在非自然条件下用猴免疫缺陷病毒（SIV）感染猴，结果证明，口交有传染该病毒的危险，但该研究并不能说明口交一定会在人类引起 HIV 的传染。1993—1994 年，Gerard J. Nuovo 及其同事利用对人的宫颈组织样品和淋巴结样品进行研究，发现该病毒穿过宫颈细胞，然后再进入附近的淋巴结，阐明了 HIV 进入妇女体内的途径。1996 年，有人把 SIV 注入恒河猴的阴道内，然后处死动物，并剖检其阴道，证实该病毒侵入途径方面的结论与上述通过人体的临床研究结果相一致。

癌症研究中也显示出动物实验有一定的局限性，而对人群观察却提供了十分重要的线索。结果表明，多食用蔬菜、水果和低脂肪食物的癌症患者存活的时间更长，而且复发的危险性较小。

此外，有些研究以前用动物实验，现在一般不再采用动物实验。如病毒传代和鉴定以前通常采用动物接种，现在除了个别病毒（如柯萨奇病毒、乙型脑炎病毒及病因未明的病毒感染）外，普遍采用细胞培养和组织培养技术，因为细胞培养和组织培养生产疫苗的现代方法更安全、更有效。

**2. 动物种属差异可能导致实验结果不一致** 实验动物的一个重要用途是用来测试药物或化学物质的安全性。但是，不同动物所测得的结果往往不一致，甚至相互矛盾。因为不同种属的动物，其组织解剖结构、生化代谢、生理现象又各有特性，对外界化合物的吸收、分布、代谢转化及排泄等不同，因此，实验结果也不同。例如，苯胺及其衍生物对不同种属动物的实验结果不一致。对犬、猫、豚鼠均能引起与人相似的病理变化，产生变性血红蛋白，但对家兔则不易产生变性血红蛋白，对小鼠则完全不产生。一般认为，人体对毒物作用的敏感度比动物高，在 260 种化合物的人与动物的比较中，90%的毒物对人的致死剂量均低于实验动物，有 30%竟相差 25～450 倍。1988 年，Lester Lave 在《自然》杂志上报道，用大鼠和小鼠测试 214 种化合物的致癌性的双重试验，其反应一致性的仅有 70%。啮齿类动物和人之间的相关性将会更低。David Salsburg 也发现，已知 19 种人类摄入时会致癌的化合物，如采用现定的标准用量，只有 7 种化合物能在小鼠和大鼠身上引起癌症。许多动物，特别是大鼠和小鼠，其体内合成维生素 C 的量为人类推荐的每日允许摄入量的近 100 倍，表明动物对外界诱变剂的抵抗能力比人强得多。

当人们对生物医学中一些理论产生怀疑和争论时，往往引用动物实验研究结果作为证据。但是，动物实验研究结果有时是不适合的，不同的实验者在其实验方案中往往采用不同的动物，得到不同的实验结论。例如，吸烟对人体是有害的。但吸烟能否致癌？当研究人员用小白鼠做实验对象时，没有取得成功。但改用家兔时，用烟草燃烧时产生的烟焦油物质反复涂抹在家兔耳朵上，经过一段时间，涂烟焦油的上皮细胞和组织发生了癌变。

**3. 辩证地看待动物实验的结论** 有些动物实验结论误导了科学家，而使一些医药学领域的重要进展被推迟了。如 20 世纪 30 年代，对猴的实验研究发现，脊髓灰质炎病毒主要侵犯神经系统，因而被认为不可能通过消化道传播。这一错误的结论导致人们对该病产生错误的预防措施，并延迟了疫苗的开发。1949 年，当人们首次使用人的非神经组织细胞培养这种病毒获得成功，并将减毒活疫苗口服用于预防脊髓灰质炎时，证明了前期的临床研究认为脊髓灰质炎病毒主要感染途径是胃肠道的观点是正确的。

20 世纪 60 年代，科学家根据许多动物实验推断，吸入烟草烟雾不会引起肺癌，因为涂在啮齿类动物皮肤上的烟雾焦油不引起肿瘤发生，而吸入烟草烟雾的可能性就更小。结果在其后的许多年里，国际上许多烟草公司得以以这些研究结论为依据，设法去推迟政府的警告，并阻止医生干涉患者的吸烟习惯。现在，人类群体研究提供了烟草与癌症之间密切相关的证据，证实烟草对癌症的发生具有密切的因果关系，烟草中苯并芘的衍生物是致癌物，可引起肺癌。

客观地评价动物实验，理性地看待动物实验，正是为了坚持动物实验，合理应用动物实验，减少不必要的动物实验，促进多学科的融合和发展。

总之，应用动物实验进行研究和检测，只是许多可用的实验技术和方法之一。除了动物实验外，还有许多好方法可供研究人员采用，包括流行病学调查、临床干预试验、临床观察和检验、人体组织和细胞培养、尸体解剖、内窥镜检查、活体组织检查及新的图像成像技术等。人类健康是与精神活动及社会行为、社会组织等紧密联系的，因此，对于生命与健康规律的认识，应向以人的整体为研究对象这一目标转变，同时医学模式也必须有一个大的转变。21 世纪的医学将更加重视预防，重视“环境-社会-心理-工程-生物”医学模式，重视整体医学观和有关复杂系统的研究。

# 第八章
# 影响动物实验结果的因素

在实验过程中，由于非处理因素的干扰，导致实验结果出现偏差。生命活动是最复杂的活动现象，是由物理活动、化学活动、代谢活动组成，因此，每个动物存在一定的个体差异，对周围环境的反应也有一定的差别。为了能够得到客观的、理想的动物实验结果和数据，使动物实验结果最大限度地反映实验因素的反应，就必须对影响实验结果的各种因素进行人为控制，使各种非实验因素的影响降到最低程度。因此，在动物实验过程中，必须对动物遗传因素、环境因素及实验操作等方面加以控制，保证动物实验结果的准确性、可靠性和重复性。

## 第一节　动物因素

### 一、种属

不同种属的哺乳动物的生命现象，特别是一些最基本的生命过程，有一定的共性，而且种属越近，其生命现象也越接近，这正是在医学实验中可以将动物作为人的模型进行动物实验的基础。但另一方面，不同种属的动物，在解剖、生理生化和代谢特点上又各有个性，表现在不同种属动物对同一实验刺激的反应性不同，可以导致动物体内的药效学、药动学和毒性反应各异。

例如，不同种属动物对同一致病因素的易感性不同，甚至对一种动物是致命的病原体，对另一种动物可能完全无害；在动物身上无效的药物不等于在人身上无效，在动物身上有效的药物也不等于在人身上有效。与其他哺乳动物相比，人对毒物的敏感性要高得多，90%的毒物对人的致死量均低于动物（可相差1~10倍），其中有30%竟相差25~450倍。因此，了解并掌握这些种属差异，有利于实验结果的分析，及时转变思路，寻找合适的动物进行实验。

种属差异在药物对动物实验结果的影响中表现最为突出（见表8-1）。

（1）不同种属动物对致病因素敏感性的不同　不同种属动物对同一致病因素的易感性不同，甚至对一种动物是致命的病原体，对另一种动物可能完全无害。

（2）不同种属动物基础代谢的不同　常用的实验动物中以小鼠的基础代谢最高，鸽、豚鼠、大鼠次之，猪、牛最低。因此，熟悉并掌握这些种属差异，有利于动物的选择，否则可能贻误整个实验。

（3）不同种属动物对药物反应的不同　不同种属动物对药物的反应有差异。大鼠、小鼠、豚鼠和兔等动物对催吐药不产生呕吐反应，猫、犬和人则容易产生。

（4）不同种属动物激素反应水平的不同　雌激素能终止大鼠和小鼠的早期妊娠，但不能终止人的妊娠，因此，在大鼠和小鼠筛选带有雌激素活性的药物时，常常会发现这些药物能终止妊娠，似乎可能是有效的避孕药，但一旦用于人则并不成功。所以如果知道一个化合物具有雌激素

活性，用这个化合物在大鼠或小鼠上观察终止妊娠的作用是没有应用意义的。

（5）*不同种属动物神经反应类型的不同*　吗啡对狗、兔、猴、大鼠和人的主要作用是中枢抑制，而对小鼠和猫的主要作用是兴奋；降血脂药氯贝丁酯可使狗下肢瘫痪，而对猴及其他动物则不能引起这样的副作用；驱绦虫及血吸虫的鹤草酚可损害狗的视神经并引起失明，但在猴就没有这些副作用。不同种属动物药物代谢动力学不同。

（6）*不同种属动物对药物反应性也不同，所以药效就不同*　吸收过程的差异：如大鼠吸收碘非常快，而兔和豚鼠则吸收得慢，因而碘在二者体内发挥的药效就有差异。排泄过程的差异：如大鼠体内的巴比妥在3天内可排出90%以上，而鸡在7天内仅排出33%。因此，巴比妥对鸡的毒性比对大鼠要大得多。

（7）*不同种属动物的肿瘤发生也有不同*　雌犬常发生乳腺肿瘤，母牛等其他大型实验动物则不是，但雌犬所发生的乳腺肿瘤与人乳腺癌的表现形式不同，前者是混合型的，不仅包含上皮性成分，还包含有骨和软骨等其他组成成分。

为了避免动物种属因素对实验研究的影响，在药效学和毒理学实验中规定至少需用两种动物，它们的种属差异愈大愈好。

**表8-1　人与实验动物的反应差异**

| 刺激物 | 对人的作用 | 与人反应不同的动物及反应情况 |
|---|---|---|
| 吗啡 | 中枢抑制 | 对小鼠和猫的主要作用为兴奋 |
| 氯贝丁酯 | 降血脂 | 可使家犬下肢瘫痪 |
| 鹤草酚 | 驱绦虫及血吸虫 | 可损害家犬的视神经并引起失明 |
| 氯苯氧异丁酸乙酯 | 降胆固醇，毒性不大 | 对家犬毒性大 |
| 雌激素 | 无终止妊娠作用 | 可终止大、小鼠的早期妊娠 |
| 阿托品 | 敏感 | 家兔极不敏感 |
| 苯 | 白细胞减少，造血器官发育不全 | 引起家犬白细胞增多及脾和淋巴结增生 |
| 苯胺及其衍生物 | 产生变性血红蛋白 | 对家兔不易产生变性血红蛋白，小鼠则完全不产生 |

## 二、品种品系

由于遗传变异和自然选择作用，即使同一种属动物也有不同品系，采用不同遗传育种方法，可使不同个体之间在基因型上千差万别，表现型上同样参差不齐。因此，同一种属不同品种和不同品系动物，对同一刺激的反应有很大差异。不同品系的小鼠对同一刺激具有不同反应，而且各个品系均有其独特的品系特征。例如，DBA小鼠的促性腺激素含量比A系小鼠高1.5倍，而$C_3H$小鼠的甲状腺素含量比C57BL小鼠高1.5倍；DBA/2小鼠100%的可发生听源性癫痫发作，而C57BL小鼠根本不出现这种反应；C57BL小鼠对肾上腺皮质激素的敏感性比DBA及BALB/c小鼠高12倍；$C_3H$雌鼠乳腺癌自发率高达90%，AKR小鼠白血病自发率可达65%。对微生物感染，不同品系之间也有很大差异，如鸡新城疫病毒感染DBA/2小鼠会引起肺炎，而C3H小鼠感染鸡新城疫病毒则引起脑炎。

## 三、年龄与体重

年龄是动物的一个重要的生物量，动物的解剖生理特征和反应性随年龄变化而有明显的变

化。一般情况下，幼年动物比成年动物敏感。如用断奶鼠或仔鼠做实验其敏感性比成年鼠要高。这可能与抗体发育不健全、解毒排泄的酶系尚未完善有关。但有时由于敏感而与成年动物的实验结果不一，所以一般认为幼年动物不能完全取代成年动物实验。老年动物的代谢功能低下，反应不灵敏，不是特别需要一般不选用。因此，一般动物实验设计应选成年动物进行实验。一些慢性实验，观察时间较长，可选择年幼、体重较小的动物做实验。观察性激素对机体影响的实验，一定要用幼年的或新生的动物。

实验动物年龄与体重一般是呈正比关系的，小鼠和大鼠常根据体重来推算其年龄。订购实验动物时常用体重代表年龄，但其体重和饲养管理有密切关系，动物正确年龄应以其出生日期为准。常用几种实验动物的成年年龄、体重和寿命见表 8-2。同时，实验动物年龄、体重与品种品系有关，同一体重规格在不同品种中代表了不同的年龄。如体重为 18~22g，KM 小鼠为 4 周龄，而 BALB/c 小鼠为 7 周龄。常用品系小鼠体重与日龄的关系见表 8-3。一般而言，大多数实验采用成年动物。幼年动物比成年动物敏感，老年动物反应不敏感，承受实验刺激的能力降低，易发生死亡。

**表 8-2 常用实验动物的成年动物的年龄、体重和寿命**

| | 小鼠 | 大鼠 | 豚鼠 | 兔 | 犬 |
|---|---|---|---|---|---|
| 成年日龄（d） | 65~90 | 85~110 | 90~120 | 120~180 | 250~360 |
| 成年体重（g） | 20~28 | 200~280 | 350~600 | 2000~3500 | 8000~15000 |
| 平均寿命（y） | 1~2 | 2~3 | > 2 | 5~6 | 13~17 |
| 最高寿命（y） | > 3 | > 4 | > 6 | > 13 | 34 |

**表 8-3 常用品系小鼠体重与日龄的关系（单位：g）**

| 品系 | 性别 | 初生 | 1 周 | 2 周 | 3 周 | 4 周 | 5 周 | 6 周 | 7 周 | 8 周 |
|---|---|---|---|---|---|---|---|---|---|---|
| KM | ♂ | 1.9 | 6.4 | 9.77 | 14.8 | 20 | 29.5 | 32.5 | 36 | 38 |
| | ♀ | 1.9 | 6.4 | 9.77 | 14.8 | 20 | 29.5 | 32.5 | 36 | 38 |
| BALB/c | ♂ | 1.46 | 3.5 | 5.6 | 7.4 | 12.45 | 16.1 | 17.4 | 18.65 | 20.25 |
| | ♀ | 1.4 | 3.35 | 5.5 | 7.32 | 11.6 | 14.75 | 15.6 | 16.1 | 18.16 |
| C57BL/6 | ♂ | 1.44 | 3.5 | 5.6 | 6.9 | 12.57 | 18.1 | 20.5 | 21.6 | 22.4 |
| | ♀ | 1.4 | 3.42 | 5.55 | 6.4 | 12.2 | 16.9 | 18.4 | 19 | 20.25 |
| 615 | ♂ | 1.58 | 4.64 | 7.96 | 9.83 | 19 | 22.58 | 25.96 | 27.96 | 28.83 |
| | ♀ | 1.58 | 4.64 | 7.96 | 9.83 | 15.75 | 20.75 | 21.88 | 23.12 | 24.16 |
| $C_3H$ | ♂ | 1.44 | 4.4 | 7.7 | 9.7 | 13.3 | 17.2 | 20 | 21.2 | 22.3 |
| | ♀ | 1.44 | 4.4 | 7.7 | 9.7 | 12.1 | 15.2 | 17.8 | 18 | 19.27 |

## 四、性别

许多实验证明，不同性别动物对同一药物的敏感性差异较大，特别是对药物的毒性作用表现得尤为明显，造成性别差异的原因可能与性激素或肝脏微粒体药物代谢酶的活性有关。对各种刺激的反应也不尽一致，雌性动物性周期不同阶段和怀孕、授乳时的机体反应性有较大的改变。因此，科研工作中一般优先选雄性动物或雌雄各半做实验，动物性别对动物实验结果无影响的实验或一定要选用雌性动物的实验才选用雌性动物。

药物反应中有性别差异的例子很多。如激肽释放酶能增加雄性大鼠血清中的蛋白结合碘，减

少胆固醇；而雌性大鼠相反，是减少碘的。麦角新碱对5~6周龄雄性大鼠有镇痛作用，对雌性大鼠则无镇痛作用。3月龄的Wistar大鼠对乙醇的摄取量和排泄量，雌性大鼠比同体重的雄性大鼠多。药物反应性方向的性别差异见表8-4。

表8-4　药物反应性的性别差异

| 药物 | 品种 | 感受性强的性别 | 药物 | 品种 | 感受性强的性别 |
|---|---|---|---|---|---|
| 肾上腺素 | 大鼠 | 雄 | 铅 | 大鼠 | 雄 |
| 乙醇 | 小鼠 | 雄 | 野百合碱 | 大鼠 | 雄 |
| 四氧嘧啶 | 小鼠 | 雌 | 烟碱 | 小鼠 | 雄 |
| 氨基比林 | 小鼠 | 雄 | 氨基蝶呤 | 小鼠 | 雄 |
| 新胂凡钠明 | 小鼠 | 雌 | 巴比妥酸盐类 | 大鼠 | 雌 |
| 毒毛花苷 | 大鼠 | 雄 | 苯 | 兔 | 雌 |
| 印防己毒素 | 大鼠 | 雌 | 四氯化碳 | 大鼠 | 雄 |
| 钾 | 大鼠 | 雄 | 氯仿 | 小鼠 | 雄 |
| 硒 | 大鼠 | 雌 | 地辛 | 犬 | 雄 |
| 海葱 | 大鼠 | 雌 | 二硝基苯酚 | 猫 | 雌 |
| 固醇类激素 | 大鼠 | 雌 | 麦角固醇 | 小鼠 | 雄 |
| 士的宁 | 大鼠 | 雌 | 麦角 | 大鼠 | 雄 |
| 碘胺 | 大鼠 | 雌 | 乙基硫氨酸 | 大鼠 | 雌 |
| 乙苯基 | 大鼠 | 雌 | 叶酸 | 小鼠 | 雌 |

## 五、生理状态

不同生理状态对致病因素、药物、毒物的反应各不相同，如怀孕、授乳时，其对外界环境因素作用的反应性常较不怀孕、不授乳的动物有较大差异。因此，在一般实验研究中不宜采用这种动物。但为了某种特定的实验目的，如为了阐明药物对妊娠及子代在胎内、产后的影响时，必须选用这类动物。动物处于不同的生理功能状态下对药物的反应也有不同，如在体温升高状态时对解热药比较敏感，而正常体温时对解热药就不敏感；高血压状态时对降血压药物比较敏感，而在血压正常时对降血压药的敏感性较低。

## 六、健康情况

一般情况下，健康动物对药物的耐受量比有病的动物要大，所以有病动物比较易于中毒死亡。动物发炎组织对肾上腺激素的血管收缩作用极不敏感。有病或营养条件差的兔不易复制成动脉粥样硬化动物模型。犬食量不足，体重减轻10%~20%后，麻醉时间显著延长。有些犬因饥饿、创伤等原因在尚未正式做休克实验时，即已进入休克。动物发热可使代谢增加，体温升高1℃，代谢率一般增加7%左右。

动物潜在性感染对实验结果的影响也很大。如观察肝功能在实验前后变化时，必须排除实验用兔是否患有球虫病，如果兔的肝脏上已有很多球虫囊，肝功能必然发生变化，所测结果波动很大。

健康动物对各种刺激的耐受性一般比有病的动物要大，实验结果稳定，因此一定要选用健康

动物进行实验，患有疾病或处于衰竭、饥饿、寒冷、炎热等条件下的动物，均会影响实验结果。选用的动物应没有该动物所特有的疾病，如小鼠的脱脚病（鼠痘）、病毒性肝炎和肺炎、伤寒；大鼠的沙门菌病、病毒性肺炎、化脓性中耳炎；豚鼠的维生素 C 缺乏症、传染性肺炎、沙门菌病；兔的球虫病、巴氏杆菌病；犬的狂犬病、犬瘟热；猫的传染性白细胞减少症肺炎；猕猴的结核病、肺炎、痢疾等。

总之，动物的种属、品系、年龄、性别、生理状态、健康情况等对实验结果有重要影响，因此，在同一实验中所选用动物应尽量为同一品系、年龄相近的动物。由于不同产地、厂家生产的同一品系的动物，其特性也可能因饲养环境、方式、饲料等多种因素不同而发生变异，因此，同一实验最好选择同一产地、厂家生产的同一批动物。同时，应根据实验要求选用适宜生理状态和疾病模型的动物。尽量避免由于动物的因素而影响实验效果。

## 第二节　环境因素

环境因素是指影响动物的个体发育、生长反应和生理生化平衡的所有外界条件。依据其来源、性质以及对实验动物的影响程度，可将环境因素分为气候因素、理化因素、生物因素等。气候因素包括温度、湿度、气流和风速，理化因素包括光照、噪声、粉尘、辐射和有害气体，生物因素包括空气中的细菌数、社会因素和动物饲养密度等。它们可对实验动物造成“有利”或“有害”的影响。在进行实验动物环境控制研究时，要充分利用和创造对动物有利的因素，消除和防止有害的因素。保证实验动物的健康以满足实验的需要。不同因素对实验动物影响的性质与程度不同，其重要性亦不相同。某些环境因素对实验动物的影响不一定很快表现出来，须经过一定的累积才显示其作用。如氨气对实验动物的影响就表现为累积作用，短时间接触可以允许的浓度稍高；而较长时间接触时，允许的浓度就较低。

通常环境因素对实验动物的影响作用不是单一因素，而是多种因素联合作用。如环境温度、湿度、气流都可影响实验动物的体温。而在湿度较低、气流较强时，即使温度稍高，实验动物仍可接受。因此，实验动物环境控制必须综合考虑主要影响因素（图 8-1）。

基于环境因素对动物实验结果的不同影响，国家标准要求在进行动物实验时不仅应使用合格的实验动物，而且应在相应级别的动物实验室中进行。

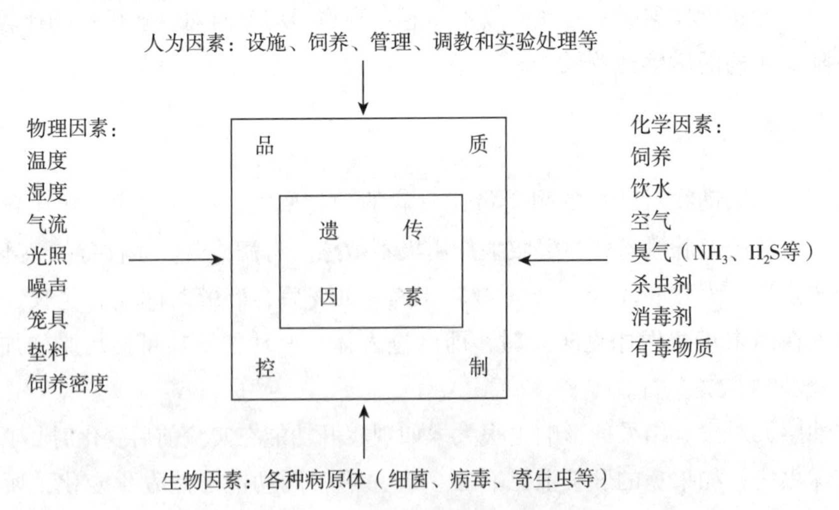

**图 8-1　影响动物实验效果的因素**

## 一、气候因素

影响实验动物的气候因素包括温度、湿度、气流和风速等。

### （一）温度

温度变动缓慢，在一定范围内，机体可以本能地进行调节与之适应。但变化过大或过急，对机体行为和生理将产生不良影响，影响实验结果。温度对实验动物的影响主要有如下几个方面。

**1. 影响代谢**　温度显著影响动物的代谢水平。当环境温度低于正常体温一定范围时，实验动物增加代谢，补充体热。据研究，最适温度每降低1℃，动物的摄食量增加1%左右，以补充能量的消耗。但爬行类、两栖类动物和地鼠，在低温时，动物代谢减慢，进入冬眠状态；而高温时，由于体内水分的蒸发，动物饮水量明显增加。由于啮齿类动物的体温调节能力较灵长类弱，因而在高温情况时更易发生代谢障碍，甚至死亡。

**2. 影响生长发育和繁殖**　观察发现，温度影响大、小鼠尾巴的生长，低温环境下繁殖的小鼠其尾长明显缩短，而高温环境则使大鼠尾巴长得更长。动物在低温环境发育延迟，生长速度亦放慢。气温过高或过低常导致雌性动物性周期紊乱，产仔率下降，死胎率增加，泌乳量减少，甚至拒绝哺乳。如环境温度过高或过低使雌性小鼠性成熟推迟、性周期延长。小鼠在21℃环境下每年能产仔5窝，而在-3℃则仅能产仔2窝。高温对雄性动物的影响很大，如在超过30℃环境下，雄性动物的生殖能力降低，睾丸萎缩，精子产生能力下降。

**3. 影响生理功能**　温度的变化影响动物的生理功能。将9~10周龄ICR小鼠放置在10~30℃温度环境下观察其生理反应，随着温度的升高，小鼠的脉搏数、呼吸数和发热量都呈直线下降趋势。这表明小鼠的脉搏、呼吸、产热等生理反应对环境温度的变化是很敏感的，这也意味着环境温度将左右生理实验的结果。

**4. 影响健康和抗感染能力**　适宜温度时，感染力及毒力不强的病原微生物只对动物造成隐性感染，而不表现临床症状。一旦环境温度过度升高或降低时，实验动物的抵抗力将明显下降，某些条件性致病菌将引发疾病，影响实验结果的正确性，甚至导致传染病流行和动物大量死亡。如将BALB/c小鼠从22℃移至12℃或32℃环境中，其白细胞、B淋巴细胞、T淋巴细胞数出现明显变化。冬季较易暴发流行的小鼠脱脚病、仙台病毒病和小鼠肝炎与低温条件下动物抵抗力下降有密切关系。在冬季，巴斯德杆菌可引起怀孕的金黄地鼠死亡，其诱因也是低温。夏季高温时，大鼠在31℃、鸡在35℃的环境下，肠道需氧菌群增加。这些温度异常与疾病的发生存在密切的关系。

**5. 影响实验结果**　实验动物在一定的环境温度范围内其生理状态相对稳定，因而对实验刺激比较一致。温度过高或过低影响实验动物生理状态的稳定，从而得到不同的实验结果。

在低温环境下，新陈代谢量增加，对动物的脏器重量产生很大影响。如在12~18℃繁殖饲养的小鼠心脏、肝脏和肾脏系数较在20~26℃繁殖饲养的大，呈显著的负相关。

温度过高或过低环境中饲养的大、小鼠，其血液学和血液生化的各项指标，如红细胞、白细胞、B淋巴细胞数均高于20~26℃繁殖饲养的大、小鼠。此外，血浆蛋白、尿素氮、碱性磷酸酶、谷草转氨酶、谷丙转氨酶等在低温下有所增加或有增加的倾向。

不同环境温度下，动物对药物的反应也不同。如测定在12~32℃不同环境温度条件下，腹腔注射戊巴比妥钠（95mg/kg）对雌性Wistar大鼠半数致死量（$LD_{50}$）的影响，结果发现18~30℃时大鼠的死亡率较低，而较低或较高温时，其死亡率都明显升高（见表8-5）。

**表 8-5 不同环境温度对戊巴比妥钠（95mg /kg）腹腔注射导致大鼠死亡率的影响**

| 环境温度（℃） | 给药动物数（只） | 死亡动物数（只） | 死亡率（%） |
|---|---|---|---|
| 12 | 20 | 20 | 100 |
| 14 | 20 | 20 | 100 |
| 16 | 20 | 20 | 100 |
| 18 | 20 | 10 | 50 |
| 20 | 20 | 10 | 50 |
| 22 | 20 | 10 | 50 |
| 24 | 20 | 10 | 50 |
| 26 | 20 | 7 | 35 |
| 28 | 20 | 6 | 30 |
| 30 | 20 | 11 | 55 |
| 32 | 20 | 16 | 80 |

另有资料表明，麻黄碱等 3 种药物在不同温度测得的 $LD_{50}$ 亦不相同（见表 8-6）。长期毒性实验、致癌实验、致畸实验及免疫实验的结果也受环境温度的影响。因此，严格控制环境温度对毒理实验和其他动物实验都非常重要。大多数哺乳类实验动物的环境温度控制在 16～26℃。

**表 8-6 两种不同温度对药物 $LD_{50}$ 的影响**

| 药物 | 15.5℃ $LD_{50}$（mg/kg） | 27℃ $LD_{50}$（mg/kg） |
|---|---|---|
| 苯异丙胺 | 197.0 | 90.0 |
| 盐酸脱氢麻黄碱 | 111.0 | 33.2 |
| 麻黄碱 | 477.1 | 565.0 |

此外，即使环境温度维持在正常范围内，但如果温度短时间内发生急剧变化也会对实验动物造成严重的影响，引起动物死亡、孕鼠流产、死胎、不育等，须引起足够重视。

各种动物，甚至同种动物不同品系间，其最适宜温度都有差别。室温应保持在各种动物最适宜温度±3℃范围内。为保证实验动物的正常生产，保持动物实验条件的相对稳定以提高实验的重复性和可比性，实验动物饲养环境温度应控制在一定范围之内。不同实验动物、不同设施，温度要求范围不同。啮齿类实验动物繁育、生产屏障环境要求温度范围为 20～26℃，普通环境犬、兔、猴、小型猪等控制在 16～28℃，豚鼠、地鼠控制在 18～29℃，日温差≤4℃。

## （二）湿度

表示空气中所含水蒸气多少的物理量称为湿度。相对湿度是指空气中实际水蒸气分压力与同温度下饱和水蒸气分压力之比，用百分率表示。实验动物饲养室、动物实验室常用相对湿度为指标。在一定范围内，湿度越高，空气中含水量越多。

湿度与环境温度、气流速度共同影响动物体温。当环境温度接近体温时，实验动物主要靠蒸发方式散热。而在高温、高湿情况下，机体调节体温的主要方式蒸发散热受障碍，易于引起代谢紊乱及抵抗力下降，实验动物的发病率和死亡率亦明显增加。当环境温度达 30～35℃接近动物体温时，若湿度亦增大，卵蛋白引起小鼠过敏性休克的死亡率也明显升高。此外，相对湿度 85%～90%的高湿环境还利于病原微生物的存活和传播，垫料、饲料亦易于霉变，因而不利于实验动物的健康。

湿度过低时，室内干燥，灰尘易于在室内弥漫，易引起实验动物呼吸系统疾病，对实验动物的健康不利。空气的相对湿度也与动物的体温调节有密切关系，在高温情况下其影响尤为明显，如相对湿度低于40%时，大鼠体表的水分蒸发很快，尾巴失水过多，可导致血管收缩，而引起环尾病。在湿度过低时，某些母鼠拒绝哺乳，甚至咬吃仔鼠，仔鼠也发育不良。一般认为，大多数实验动物能适应40%~70%的相对湿度，并以（50±5）%为最佳（见表8-7）。

**表8-7　一些国家对实验动物设施内相对湿度的规定**

| 动物 | 实验动物设施内规定的相对湿度（%） | | | |
|---|---|---|---|---|
| | 美国ILAR＊ | OECD＊＊ | 日本 | 中国 |
| 大鼠 | 40~70 | 30~70 | 45~55 | 40~70 |
| 小鼠 | 40~70 | 30~70 | 45~55 | 40~70 |
| 仓鼠 | 40~70 | 30~70 | | 40~70 |
| 豚鼠 | 40~70 | 30~70 | 45~55 | 40~70 |
| 兔 | 40~70 | 30~70 | | 40~70 |
| 猫 | 30~70 | | 45~55 | 40~70 |
| 犬 | 30~70 | | 45~55 | 40~70 |
| 猴 | 40~70 | | 45~55 | 40~70 |

注：＊ILAR代表“实验动物资源研究所”；＊＊OECD代表“经济合作与发展组织”

由于温度、湿度是经常可发生变化的因素，因此温度、湿度控制成了整个实验动物环境控制的重点。现在，越来越多的动物实验研究评审，如药物安全性评价研究，要求附有实验时的各项环境指标，如温度、湿度等，以确保实验是在稳定的环境中进行的。清洁级、SPF级动物设施需要配备包括温度、湿度在内的自动记录系统，并要求设施具有足够的调温、调湿能力，且能做全自动不间断的控制，即使在外界极端温湿度条件下也能把饲养室、实验室有关指标控制在标准范围之内。

### （三）气流和风速

实验动物其单位体重的体表面积一般均比人大，因此气流对实验动物的影响也较大。实验动物大多饲养在窄小的笼具内，其中不仅有动物，还有排泄物，因此，实验动物比人对空气的要求更高。污浊的空气易造成呼吸道传染病的传播。空气中氨的含量是衡量空气质量的指标，劳动卫生标准中对空气中氨浓度的限度，在实验动物要求不超过20ppm。空气中氨含量增多可刺激动物黏膜而引起流泪、咳嗽等，严重者可引起黏膜发炎、肺水肿和肺炎。因此，动物饲养室和动物实验室的空气应尽量保持新鲜，注意通风换气；要求氨浓度小于14ppm，气流速度每秒10~25cm，换气次数每小时10次以上。

实验动物设施内的气流来源于通风换气设备。合理组织气流流向和风速能调节温度和湿度，又可降低室内粉尘及有害气体污染，甚至可以控制传染病的流行，因而有利于实验动物和工作人员的健康。

气流速度主要影响动物体表皮肤的蒸发和对流散热。当室内温度升高时，动物体表热量不容易散发，气流有利于动物体表的热量交换、对流散热和蒸发散热，对动物健康有良好的作用；当室温降低时，气流会增加动物的散热量，加剧寒冷的影响。另外，由于大多数实验动物体型较小，其体表面积与体重的比值较大，因此对气流更加敏感。

饲养室内的通风程度，一般以单位时间的新风换气次数（即每小时送入新风量与该室容积

之比为新风换气次数）来表示。室内换气次数实际上决定于风量、风速、送风口和排风口截面积、室内容积等因素。一般要求饲育室和动物实验室动物笼具处的风速控制在每秒≤0.2m，屏障环境换气次数≥每小时 15 次。此外，送风口和出风口的风速较快，其附近不宜摆放影响送风和排风的设施，如实验动物笼架等。

## 二、理化因素

影响实验动物的理化因素包括光照、噪声、粉尘、有害气体和杀虫剂、消毒剂等。

### （一）光照

光照与动物的性周期有密切关系，光照过强，对动物有害，易引起某些雌性动物的食仔现象和哺育不良。光照过强、光照时间过长或过短都对实验动物不利，特别明暗周期不规律对动物的损害更严重。光照对实验动物的影响如下。

**1. 影响视力** 鸟类视觉细胞以视锥细胞为主，适应强光。而啮齿类动物视觉细胞则以视杆细胞为主，其辨色力差，不能分辨红色，且易受强光损害。强光会损害实验动物特别是啮齿类的视力，并使其辨色能力下降。研究发现，大鼠在 20000Lx（照度单位）连续几小时照射下，可出现视网膜障碍；若长时间（13 周）持续照射，即使照度低至 60Lx，也将使大鼠出现视网膜退行性变。

**2. 影响生理及生殖机能** 照明时间对实验动物的生殖生理有明显影响。在昼夜明暗交替时间为 12h∶12h 或 10h∶14h 的条件下，大、小鼠的性周期最为稳定。持续黑暗使大鼠卵巢和子宫的重量减轻，生殖过程受抑制；而持续光照则会过度刺激动物的生殖系统，可连续发情，大、小鼠出现持久性阴道角化，并阻碍卵细胞成熟，多数卵泡达到排卵前期，而不能形成黄体。在实验条件下，可通过人工控制光照，以调节其生殖过程，包括发情、排卵、交配、妊娠、分娩、泌乳和育仔等。此外，光色即光线波长可影响动物的生殖机能，研究发现蓝光比红光更能促进大鼠的性成熟。鸡在长时间光照下，性成熟年龄提前，产蛋量增多。

对光照的控制，一般要求光源合理分布，尽量使饲养室和实验室各处获得均匀的光照。工作照度要求在离地 0.9m 处，控制照度大于 200Lx 较适宜，既符合动物需要，又方便工作人员观察和操作。为了减少光照对动物实验的影响，可每天按顺序依次更换笼盒的上下位置，使处在大、小鼠笼架不同位置的动物能均匀地接受光照。

人工照明应特别注意光照周期要符合动物活动和休眠的规律，要使光照周期稳定，避免人工控制的随意性，如采用 12h∶12h 或 10h∶14h 的明暗交替照明方式。如有条件最好是用自动控制装置实施渐明渐暗，模仿日出日落而有利于动物健康，尚可避免光照突然变化惊动动物。

### （二）噪声

噪声可引起动物紧张，并使动物受到刺激，即使是短暂的噪声也能引起动物在行为上和生理上的反应。实验动物饲养室内的噪声主要来自外环境、饲养室和实验室内的空调设备、层流柜等。此外，人的活动以及实验动物采食、走动、争斗和鸣叫等亦是噪声来源。要注意，实验动物的听觉音域比人宽，如小鼠可听到人类听不见的超声波，严重时甚至导致死亡，因此应十分重视噪声对动物的影响。图 8-2 为各种动物能感受的音域。

噪声对实验动物的主要影响如下。

**1. 影响神经及心血管系统功能** 噪声常引起实验动物烦躁不安、紧张、呼吸和心跳加快、血

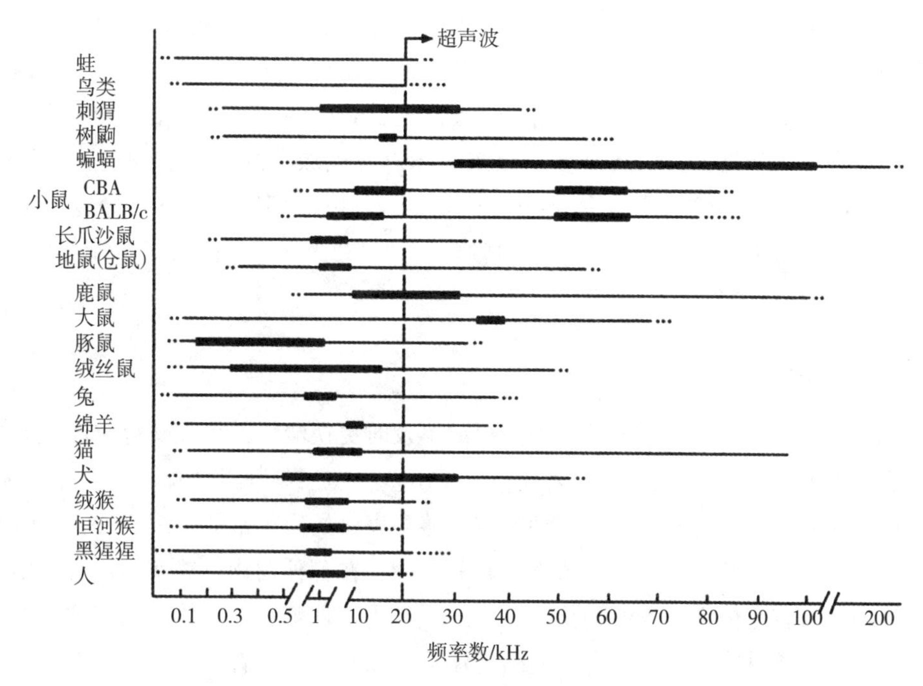


**图 8-2　各种动物能感受的音域**

压升高、肾上腺皮质酮增高等。某些实验动物如 DBA/2 幼鼠，在持续高分贝噪声环境中可发生听源性痉挛，甚至死亡。大鼠暴露在 95 分贝环境中，中枢神经将出现损害，如暴露达 4 天，可导致死亡。

**2. 影响消化及内分泌系统功能**　强噪声通常使动物摄食量减少，并导致消化系统功能紊乱。而大鼠在噪声环境中的表现却是摄食量增加，但体重反而下降。实验表明，噪声还影响动物的内分泌，如使小鼠的血糖浓度改变。大鼠每天暴露在 107~112 分贝环境 1.5 小时，5 天后发现肾上腺素分泌明显增加。

**3. 影响繁殖及幼小动物生存**　过强或持续不断的噪声可导致动物交配率降低，并妨碍受精卵着床，因而繁殖率下降，并使母鼠流产、拒绝哺乳，甚至吃仔。高频强烈噪声还可直接导致幼小动物死亡。

不同的动物适应噪声的能力不同。如犬生活在 90 分贝以上环境，可不表现异常。而大多数动物则较适应 60 分贝以下的环境。一般应将室内噪声控制在 60 分贝以下。

### （三）粉尘

粉尘是指较长时间飘浮在空气中的固体微粒。动物饲养室空气中的粉尘来源主要有两个途径，其一是室外空气未经过滤处理直接进入；其二为室内动物体表被毛、皮屑、排泄物、饲料及垫料等的碎屑，往往可以被气流携带在空气中悬浮形成粉尘颗粒物。我们把空气浮游微粒总称为气溶胶。

粉尘对工作人员的健康有很大影响。粉尘可作为变应原引起动物和人的呼吸系统疾病及过敏性皮炎等。粉尘还是病原微生物的载体，可把各种微生物如粉螨、真菌孢子、各种细菌及其芽孢和病毒带入动物室，可促使微生物扩散，而引发多种传染病。

粉尘对实验动物的健康影响也很大，特别是与动物密切接触的垫料中的粉尘，吸入后常引起肺间质性炎症及麻醉后的吸入性肺炎。

对屏障环境以上级别设施中的空气必须进行有效过滤，去除颗粒物，使空气达到相应的洁净度。目前常用三级过滤法，通过初效、中效和高效过滤，使空气净化后送入实验动物设施，再用抽风系统排出室内的脏空气，从而降低粉尘，并使之达到合格的洁净度。空气洁净度以空气中粉尘的浓度和粒径大小为指标，并以达到多少级来表示。我国颁布的实验动物设施建筑技术规范（GB50447—2008）要求屏障环境的空气洁净度达到7级，隔离环境的空气洁净度要求达到5级或7级。洁净度7级表示空气中≥0.51μm的颗粒物为352个/升，相当于英制10000个/立方英尺。

### （四）有害气体

在动物饲养室内，动物的粪尿及污染的垫料如不及时更换清除，将发酵分解产生恶臭的挥发性物质，主要包括氨气、甲基硫醇、硫化氢、硫化甲基、三甲氨、苯乙烯、乙醛和二硫化甲基等，这些气体都具有强烈的臭味，对人和动物有直接毒害，妨碍正常的生理过程，影响人和动物的健康。其中，氨气是这些有害气体中浓度最高的一种，在各种动物饲养室内均可测出，因而常以其浓度作为判断有害气体污染程度的指标之一。氨作为一种刺激性气体，当其浓度增高时，可刺激动物眼结膜、鼻腔黏膜和呼吸道黏膜而引起流泪、咳嗽，严重者甚至产生急性肺水肿而导致动物死亡。观察表明，大鼠接触氨浓度140mg/$m^3$，4～8天后，其支气管上皮将出现轻度增厚，上皮纤毛脱落并出现广泛褶皱。长期处于高浓度氨的作用下，实验动物上呼吸道黏膜可出现慢性炎症，易合并细菌、支原体感染。这种病理变化将严重影响呼吸系统的实验研究结果。

此外，氨还会加重鼻炎、中耳炎、气管炎和肺炎等疾病。如果人每天工作8小时、每周工作5天，氨浓度必须低于17.5mg/$m^3$才无损健康，低于14mg/$m^3$的氨浓度才能保证实验动物健康安全。动物饲养室温湿度上升、收容动物密度增加、通风条件不良（换气次数太少）、排泄物及垫料未及时清除，都可以使饲养室氨浓度急剧升高。应注意改善有关条件，加强通风，使饲养室内的氨浓度达到低于14mg/$m^3$的国家标准要求。

### （五）清洁液和消毒剂等

由于饲养室的清洁卫生、笼具清洗消毒包括饲养室内的维持消毒的需要，要使用各种清洁剂、消毒剂包括使用杀虫剂，尤其是犬、兔等普通饲养室的清洁消毒常用杀虫剂，而清洗液、杀虫剂、消毒剂等含有各种化学物质，若在使用时漂洗不彻底，会在饲养笼盒、食料盒和饮水瓶内残留，影响动物健康。因此，在使用时要谨慎，注意防止化学制剂在动物的食物及饮水和容器内残留。其中，六氯化苯不能超过100ppm，DDT不能超过5ppm。

## 三、生物因素

### （一）空气中的微生物

空气中的微生物有致病性和非致病性两类。通常微生物附着于空气中的粉尘成为气溶胶。在湿度很高时，气雾微粒也成为微生物的载体和良好的生存环境。在屏障系统内，通过初效、中效、高效三级过滤，空气中99.99%的≥0.51μm尘埃颗粒被过滤掉，因而在静态（设施未启用）时，经清洗消毒，屏障系统内空气几乎是无菌状态；但是在动态（设施内饲养动物）时，虽然送入的空气是洁净的，但因动物本身带有大量的非致病菌，其排泄物尘埃随动物的活动而飞扬，因而屏障系统环境中并非是无菌的。

### （二）社会因素

生活在自然界的动物都有其社会性，表现在同一种属动物个体与个体之间的相互依存、相互制约，共同实现种属延绵，以及某个种群中动物个体的优劣及其社会地位的关系。动物个体体格的优劣通常决定了它在社会中的地位，如在每群猕猴中，必有一只最强壮、最凶猛的雄猴为“猴王”，其他猴子都严格听从“猴王”的指挥。实验动物群体因其被人为限制，其社会性已大部分甚至全部被剥夺。在动物实验中，为了实验的需要，人为控制群体大小、人为进行性别隔离等。这种处理也会造成负面影响，如动物长期单个饲养会引起生理、精神和行为改变，不同种群来源的雄性动物一起饲养容易发生激烈争斗而被咬伤甚至咬死。

### （三）饲养密度

动物饲养密度是指在一定饲养面积内所饲养的动物数量。动物饲养室或饲养笼具内应有一定的动物活动面积，不能过分拥挤，不然也会影响动物的健康，对实验结果产生直接影响。饲养密度过高，动物活动受限，易发生相互间激烈争斗而被咬伤；同时排泄物增加，有害气体增多，影响动物健康，不能满足动物福利和实验操作的要求。饲养密度过高也影响实验动物的一些生理功能，如性周期和排卵数，值得注意。

各种动物所需笼具的面积和体积因饲养目的而异，按国家标准，饲养室每平方米面积收容的成年实验动物最大密度：小鼠 100 只、大鼠 20 只、豚鼠 20 只、兔 5 只、犬 1 只、猴 1 只。用笼盒饲养时，每只实验动物所需的最小空间：小鼠需要 $0.0067 \sim 0.0092m^2$，大鼠需要 $0.04 \sim 0.06m^2$，豚鼠需要 $0.030 \sim 0.065m^2$；而兔、犬、猴则单个笼养，其所需的最小空间分别为 $0.18 \sim 0.20m^2$、$0.60 \sim 1.50m^2$ 和 $0.50 \sim 0.90m^2$ 以上。

## 四、居住因素

### （一）饮用水

目前 SPF 级实验动物饮用水多采用自来水高压灭菌或石英砂——活性炭和反渗透法制备的纯水装置，保证动物饮用清洁、无菌的饮用水。这些装置运行需要定期检测，滤材需要定期更换，一旦系统内发生污染，对动物实验将造成影响。此外，饮水瓶橡胶塞含有重金属，易溶解于饮水中，影响实验结果，最好改成硅胶塞。

### （二）垫料

垫料为动物提供保温、舒适的微环境，可以吸附水分和动物的排泄物。垫料是能够影响实验数据和动物健康的关键环境因子。垫料选用不当会对动物造成危害并影响实验结果。锯木屑、刨花等家具木材加工副产品常含有杀虫剂、黏合剂和甲醛等污染物；未经高温处理的松木刨花会释放挥发性芳香类化合物，可诱导肝脏微粒体酶的活性，影响药物代谢的研究结果；玉米芯垫料可能含有农药和黄曲霉素，因而对动物健康及其生理生化指标产生很大的影响。因此，垫料所使用的材料要求严格，应无粉尘或少粉尘、吸湿性好、柔软舒适、无异味、无毒性，未被重金属及有毒有害物质、微生物、寄生虫等污染，不被动物采食，无变质、腐败、霉变。

### （三）笼具

某些塑料笼具有毒性，长期饲养能使大鼠肝、肾肿大，血清胆固醇和磷脂含量升高；长时间

用铁丝网底笼饲养时，个别实验兔会发生足跗部糜烂、溃疡，甚至全身感染死亡。单笼饲养的笼具应设计成动物之间可以互相看见，以防止动物因孤独而产生心理和生理指标的改变。

## 第三节 饲料营养因素

保证动物足够量的营养供给是维持动物健康和提高动物实验结果的重要因素。实验动物对外界环境条件的变化极为敏感。其中饲料与动物的关系更为密切。动物的生长、发育、繁殖、增强体质和抗御疾病及一切生命活动无不依赖于饲料。动物的某些系统和器官，特别是消化系统的机能和形态是随着饲料的品种而变异的。实验动物品种不同，其生长、发育和生理状况都有区别，因而对各种营养的要求也不一致。因此，保证动物足够的营养供给是维持动物健康和提高动物实验结果质量的重要因素。

### 一、饲料中的各种营养素对实验动物的影响

#### （一）蛋白质对实验动物的影响

如果饲料中的蛋白质含量不足，某些必需氨基酸缺乏或比例不当，则动物生长发育缓慢、抵抗力下降甚至体重减轻，并出现贫血、低蛋白血症等，长期缺乏可导致水肿，并影响生殖。若长期给动物喂食蛋白质含量过高的饲料，则会引起代谢紊乱，严重者甚至出现酸中毒。应供给实验动物含适量蛋白质的饲料。

#### （二）碳水化合物对实验动物的影响

碳水化合物由碳、氢、氧三种元素组成，通常分为无氮浸出物和粗纤维两大类。无氮浸出物（即糖类）包括淀粉和糖，是实验动物的主要能量来源。饲料中的糖类被动物采食后，在酶的作用下分解为葡萄糖等单糖而被吸收。在体内，大部分葡萄糖氧化分解产生热能，供机体利用；小部分葡萄糖在肝脏形成肝糖原储存，尚可转化为脂肪。碳水化合物缺乏常引起机体代谢紊乱。

#### （三）脂类对实验动物的影响

脂类包括脂肪、脑磷脂、卵磷脂、胆固醇等，后三种脂类是细胞膜和神经等组织的重要组成成分。脂肪被机体消化吸收后，可通过代谢产生热量供动物利用。多余的能量可转变为脂肪，并在皮下形成脂肪层，脂肪组织除储备能量外，尚有保温以及缓冲外力的保护作用。脂肪还是脂溶性维生素 A、维生素 D、维生素 E、维生素 K 的溶剂，可促进其吸收和利用。

脂肪由脂肪酸和甘油组成。脂肪酸中的亚油酸、亚麻酸、花生四烯酸等在实验动物体内不能合成，而只能从饲料中摄取，称必需脂肪酸。必需脂肪酸缺乏可引起严重的消化系统和中枢神经系统功能障碍，如可使动物患皮肤病、脱毛、尾坏死、生长发育停止、生殖力下降、泌乳量减少，甚至死亡。饲料中脂肪过多则使动物肥胖而影响健康，并且不利于实验研究。

#### （四）矿物质对实验动物的影响

饲料分析中的粗灰分即矿物质，包括钙、磷、钾、钠、氯、镁等常量元素及铁、铜、锌、锰、碘等微量元素。前者占实验动物体重的 0.01%以上，而后者则占其体重 0.01%以下。矿物质对实验动物机体的生理机能及生长发育繁殖起重要作用。

**1. 钙和磷**　在机体内，80%~90%以上的钙和磷是构成骨骼和牙齿的主要成分；钙也参与对血液和组织液的调节，并维持神经肌肉的适当兴奋性，以及血液凝固等生理过程。磷脂与蛋白质结合参与能量代谢过程；磷还参与形成三磷酸腺苷（ATP）和 DNA、RNA，并有助于维持体液酸碱平衡等。

**2. 氯和钠**　氯和钠二者以离子形式存在，参与维持血浆和体液的渗透压、pH 以及水盐代谢平衡，维持神经系统生理功能等。饲料中应含有 0.5%~1%食盐。饲料中氯和钠的缺乏，会引起实验动物对蛋白质和碳水化合物的利用减少，致使动物的发育迟缓，繁殖力下降。

**3. 钾和镁**　钾和镁参与糖和蛋白质的代谢。钾离子影响神经系统的活动，维持心脏、肾脏及肌肉的正常功能。镁离子是维持骨骼正常发育所必需的元素。镁元素缺乏时，可使动物出现神经过敏、肌肉痉挛、惊厥等症状。在植物性饲料和含钙高的饲料中，一般不缺乏钾和镁。但摄入过多的镁可引起动物腹泻。

**4. 微量元素**　微量元素的营养作用和缺乏症，见表 8-8。

**表 8-8　微量元素的营养作用、缺乏症**

| 微量元素 | 营养作用 | 缺乏症 |
|---|---|---|
| 铁（Fe） | 是血红蛋白的重要成分，运输氧气，参与细胞内生物氧化过程 | 贫血、生长发育不良、精神萎靡、皮毛粗糙无光泽 |
| 铜（Cu） | 与造血过程、神经系统及骨骼正常发育有关，亦为多种酶的活化剂 | 腹泻、四肢无力、营养性贫血 |
| 锌（Zn） | 是许多酶的成分，以碳酸酐酶最重要 | 生长停止、进行性消瘦、脱毛、不孕、性周期紊乱、形态变异 |
| 锰（Mn） | 参与造血、骨骼发育、脂肪代谢 | 生长发育不良、共济失调、骨节肥大 |
| 碘（I） | 甲状腺素成分，与基础代谢有关 | 甲状腺肿、黏液性水肿 |

## （五）维生素对实验动物的影响

维生素在体内主要作为代谢过程的激活剂，调节、控制机体的代谢活动。实验动物对维生素的需要量虽然很小，但却是维护机体健康、促进生长发育、调节生理功能所必需的。通常按溶解性能把维生素分为脂溶性和水溶性两大类。脂溶性维生素包括维生素 A、维生素 D、维生素 E、维生素 K，水溶性维生素包括 B 族维生素和维生素 C。一般饲料中容易缺乏的是维生素 A、维生素 C 和维生素 E。各种维生素的生理功能和缺乏症，见表 8-9。

**表 8-9　维生素的生理功能、缺乏症**

| 维生素 | | 生理功能 | 缺乏症 |
|---|---|---|---|
| 脂溶性 | 维生素 A | 维持正常视觉，参与上皮细胞正常形成，促进生长发育 | 视觉损害、夜盲症、上皮粗糙角化、骨发育不良、生长迟缓 |
| | 维生素 D | 促进钙吸收与骨骼的形成 | 软骨病有关 |
| | 维生素 E | 与胚胎发育及繁殖有关，保持心血管系统结构功能的完整性 | 生殖系统损害、睾丸萎缩、肌肉麻痹、瘫痪、红细胞溶血 |
| 水溶性 | 维生素 $B_1$ | 参与糖代谢 | 多发性神经炎 |
| | 维生素 $B_2$ | 参与生物氧化、晶状体及角膜的呼吸过程，维护皮肤黏膜完整性 | 生长停止、脱毛、白内障、角膜血管新生 |
| | 维生素 C | 参与糖、糖蛋白代谢，参与胶原、齿质及骨细胞间质生成 | 维生素 C 缺乏病 |

### （六）水对实验动物的影响

任何生物都离不开水，实验动物同样如此。实验动物体内的水含量约占其体重的60%，水是一切组织、细胞和体液的重要组成成分。动物体内物质的输送、组织器官形态的维持、渗透压调节、体温调节、生化反应与排泄等活动的进行都有赖于水的参与。当实验动物体内水分减少8%时，就会出现严重干渴、食欲丧失、黏膜干燥、抗病力下降、蛋白质和脂肪分解加强；水分减少20%，将导致动物死亡。因此，缺水对实验动物造成的危害比缺饲料还大。

## 二、饲料营养素对动物血液生化等检测指标的影响

饲料中所含营养素直接影响动物的生长发育和繁殖情况，当饲料中的某种营养素含量发生改变时，必然导致动物血液、某些脏器及组织中该种营养素含量的改变，并对相关的生理生化指标造成影响。例如，饲料中粗蛋白含量过低导致大鼠血红蛋白、血细胞比容、血清总蛋白、血清白蛋白值均降低，同时，血清中促甲状腺激素、胰岛素和类固醇皮质激素水平亦下降。粗蛋白含量过高，引起肝中谷丙转氨酶和山梨醇脱氢酶的活性增高，并且这种变化往往不可逆转。目前，在生物医学研究中采用生化指标作为衡量动物健康的标志越来越多，因而营养因素对与之相应的研究结果产生明显的影响。饲料中的某些营养素，如维生素 A、维生素 E，微量元素锌、锰、硒等的含量，对动物的免疫系统功能有着显著的影响，因而也最终影响实验结果。

## 三、动物生长发育不同阶段的不同营养需求

动物生长发育不同阶段对各种营养的要求也不相同。一般实验动物饲料分为繁殖料和育成料，繁殖料供繁殖种群食用，而育成料供成年动物食用，前者的粗蛋白含量高于后者约10%。涉及动物的交配、妊娠、哺乳阶段的实验，如生殖毒性试验、遗传工程小鼠制备时所需的种公鼠、供受精卵雌鼠、结扎雄鼠和假孕雌鼠，要饲喂繁殖料。

## 四、特殊动物实验对饲料营养的不同要求

制作各种动物模型时，常伴有因各种原因（如失血性贫血、肝肾功能不全等）引起的低蛋白血症，进而导致动物的免疫功能低下。在观察药物治疗这些疾病的同时，不要忽略营养因素对实验结果的影响，应同时给予高蛋白饲料，以补充机体组织修复对外源蛋白质的需求。大动物手术后要增添额外高蛋白饲料，以促进伤口的愈合。

在一些与摄入营养有关的代谢性疾病和营养缺陷动物实验研究中，常常需要根据实验目的自行配制特殊配方饲料，人为地增加或减少某些营养素的比例，以制作代谢性疾病和某种营养缺陷的动物模型。在制定特殊饲料配方过程中，研究人员往往注重目的营养成分的比例而忽视各种营养成分的合理配比，结果导致实验结果未达到预期效果。其中最常见的是忽略了饲料中总蛋白含量的降低，导致饲喂特殊配方饲料的动物生长缓慢，影响了实验结果。

# 第四节　动物实验技术因素

动物实验技术环节涉及多个因素，如动物的选择、实验季节、昼夜过程、麻醉深度、手术技巧等，要降低这些因素对实验结果的影响，就要结合以往研究资料，慎重选择实验动物，密切注意季节、昼夜变化等引起的动物生理功能的规律变化，并设立恰当的对照，来消除季节、昼夜变

化的影响。麻醉和手术技巧需熟练掌握动物解剖结构，并多加练习，方可熟能生巧，减少因麻醉及手术失误而影响实验结果的情况。

## 一、运输应激和适应性饲养

实验动物从供应商处运送到动物实验场所，由于运输途中的拥挤、高温、低温、颠簸等，到达目的地后饲养条件和饲料的改变等，均会引起动物的恐惧和应激，改变动物的生理生化和免疫学数据。正确的做法是动物运到后进行适应性饲养，观察一段时间，使动物恢复后再进行实验。适应性饲养的时间：啮齿类动物一般急性实验为2~3天，长期实验为7天；对于如犬、猴等大动物需要时间更长，犬为两周，猴为1~2个月。在此期间进行健康观察、微生物学检查等检疫工作。

## 二、实验动物选择和实验方法

实验动物的选择是动物实验研究工作中一个重要环节，不同实验的研究目的和要求不同，不同种类的实验动物的各自生物学特点和解剖生理特征亦不同，因此不能随意选用。因为在不适当的动物身上进行实验，常可导致实验结果的不可靠，甚至使整个实验徒劳无功，所以，实验动物的选择直接关系到科学研究的成败和质量。

动物实验中除了要注意选择合适的实验动物外，还要使用合适的实验方法，如不同方法制备模型，其模型的症状和病理的严重程度不同，这直接影响实验结果。

## 三、实验技术和手术技巧

动物实验操作对动物实验结果的影响很大。人们常常重视受试物对动物的作用，而忽略了环境改变和操作引起的精神、神经因素对实验研究的影响。当动物遭受到强行抓取、固定、实施手术等意外刺激，或突然改变饲养条件，其神经系统、内分泌系统、循环系统及机体代谢都会受到很大影响，甚至改变动物的生理状态，从而得到不正确的实验数据。

动物实验中手术技巧即操作技术的熟练程度和手术方法是否得当对能否获得正确可靠的实验结果具有至关重要的影响。手术熟练可以减少对动物的疼痛刺激，使动物所受创伤减轻，甚至可以使动物在手术过程中极少出血，从而提高动物实验的成功率和实验结果的正确性、可靠性。

应养成日常善待动物，并熟练掌握捉拿、固定、注射、给药、手术等技能，尽量减少对动物施加的不良刺激和痛苦。

在犬、猴等大动物的整个饲养过程中，饲养人员和实验人员均应经常去亲近它们、安抚它们，使它们增加对实验人员的信任感，提高对痛苦的忍耐度和对实验的配合，并能促进外科创伤的愈合。

## 四、实验药物与给药方式

动物实验中常常需要给动物体内注入各种药物以观察其作用和变化。药物不同、给药途径不同、给药剂量不同、给药次数不同等均可对动物实验的结果产生显著影响。长期给药实验应有固定的给药时间，如果时间不固定，其血药浓度波动很大，很难反映出准确的剂量效应关系，而使实验结果产生误差。给药途径应与受试物临床设计的给药途径相同，不同的给药途径使药物在体内的吸收、分布、转化和排泄的机理和效率不同。有的激素在肝脏内破坏，经口给药就会影响其效果；有些中药成分在消化道破坏或不被吸收，如枳实中的升压有效成分辛弗林和N-甲基酪胺

只是在静脉注射时才有疗效。具有刺激性的药物不适用于皮下、肌肉和腹腔注射，只能经口给药或静脉注射。给药的次数对一些药物发挥药效也有影响，如雌三醇与细胞核内物质结合的时间非常短，所以每天一次给药的效果就比较弱，如将一天剂量分为 8 次给药，则效果将大大加强。药物的浓度和剂量也是一个重要问题，太高的浓度、太大的剂量都会得出错误的结果。在动物实验中常遇到的问题是动物和人的剂量换算。若按体重把人的用量换算给动物则剂量太小，做实验常得出无效的结论，或按动物体重换算给人则剂量太大。动物和人用药剂量换算以体表面积计算比以体重换算好一些，但仍需慎重处理。

## 五、麻醉药物与麻醉方式

麻醉的目的是消除实验动物在手术过程中引起的痛苦和不适。在动物实验中施行各种手术和实验时，要求麻醉深度要适度，在整个实验过程中要始终保持恒定，以确保实验动物的安全和动物实验的顺利进行。实验过程中对动物实施麻醉也是动物实验伦理的一个重要方面。

不同的麻醉剂有不同的药理作用和不良反应，应根据实验要求与动物种类而加以选择。使用合适的麻醉药及麻醉深度的控制是顺利完成实验、获得正确实验结果的保证。麻醉过深，动物处于深度抑制，甚至濒死状态，动物的各种正常反应抑制，对术后恢复产生影响，就不能获得可靠的实验结果；麻醉过浅，在动物身上进行手术或实验将会引起强烈疼痛刺激，导致动物剧烈挣扎，无法完成实验操作。疼痛使动物全身，特别是呼吸、循环、内分泌和免疫系统功能发生改变，如疼痛刺激会反射性地长时间中止胰腺的分泌。在整个实验中保持麻醉深度的始终一致是非常必要的，因为麻醉深度的变动会使实验结果产生前后不一致的变化，给实验结果带来难以分析的误差。

## 六、实验对照

在动物实验中设立对照也是非常重要的问题，常有忽视或错误地应用对照的情况，从而造成实验失败。一般对照的原则是“齐同对比”。不同的实验要求设置不同对照，如正常对照、空白对照、实验（假/伪或阴性）对照、配对对照、阳性（有效或标准）对照、组间对照、历史对照等。合理、正确设置实验对照可排除各种干扰因素对实验结果的影响。

**1. 空白对照** 是在不给任何措施的情况下观察自发变化的规律，如兔白细胞数每天上下午有周期性生物钟变化。

**2. 实验（假/伪或阴性）对照** 是采用与实验相同操作条件的对照，如给药实验中的溶媒、手术、注射及观察抚摸等都可以对动物产生影响。有人报道针刺犬人中穴对休克、心脏血流动力学有改变，但采用空白对照（不针刺）是不够的，应该还设有针刺其他部位或穴位的实验对照。

**3. 阳性（有效或标准）对照** 常用于药物研究，对新药的疗效试验可用已知的有效药或能引起标准反应的药物做对照，这样既可考核实验方法的可靠性，又可通过比较了解新药的疗效和特点。

**4. 配对对照** 是同一个体在前后不同时间比较对照其和实验期的差异或在同一个体的左右两部分做对照处理和实验处理的差异，这样可大大减少抽样误差。在实验中也可用一卵双生或同窝动物来做对照。

**5. 组间对照** 是将实验对象分成两组或几组比较其差异，这种对照个体差异和抽样误差比较大。组间对照可用交叉对照方法以减少误差。如观察某药物的疗效可用两组犬先分别做一次实验和对照，再互相交换，以原实验组作为对照组，原对照组作为实验组，重复第一次实验观察的疗效或影响，而且检查的指标和条件要等同。

**6. 历史对照与正常值对照**　这种对照要十分慎重，必须要条件、背景、指标、技术方法相同才可进行对比，否则将会得出不恰当的甚至错误的结论。

**7. 实验重复和肯定**　由于不同种属动物有不同的功能和代谢特点，所以在肯定一个实验结果时最好使用两种以上的动物进行比较观察，其中一种应该是非啮齿类动物。尤其是动物实验结果要推到人的实验，所选用的动物品种应不少于 3 种，而且其中之一不应是啮齿类动物，常用的生物序列是小鼠、大鼠、犬（或猴）。

## 七、实验季节

生物体的许多功能随着季节产生规律性的变动。目前已有大量资料表明，动物对化学物质作用的反应也受到季节的影响，不同季节，动物的机体反应性有一定改变。例如，在春、夏、秋、冬分别给 10 只大鼠注入一定量的巴比妥钠，发现入睡时间以春季最短，秋季最长，而睡眠时间则相反，春季最长，秋季最短（见表 8-10）。又如，不同季节对辐射效应有影响。犬和兔在春夏季对辐射的反应比在秋冬季敏感，所以在春夏季经辐射照射后的实验动物死亡率高；小鼠的放射敏感性在冬季显著升高，而夏季则降低；大鼠的放射敏感性则没有明显的季节性波动。因此，这种季节的波动在进行跨季度的慢性实验时必须注意。

**表 8-10　大鼠对巴比妥钠反应的季节变动**

| 季节 | 入睡时间（分钟） | 睡眠时间（分钟） | 季节 | 入睡时间（分钟） | 睡眠时间（分钟） |
|---|---|---|---|---|---|
| 春 | 56. 1±11. 0 | 470±34. 0 | 夏 | 93. 5±11. 3 | 242±14. 3 |
| 秋 | 120. 0±19. 0 | 190±18. 7 | 冬 | 66. 5±8. 2 | 360±33. 0 |

## 八、昼夜过程

机体的有些功能还有昼夜规律性变动。啮齿类实验动物和兔是夜行性动物，它们的体温、血糖、基础代谢率、各种内分泌激素的昼夜性节律变化与人不同。经实验证明，实验动物的体温、血糖、基础代谢率、内分泌激素的分泌均发生昼夜节律性变化。因此，这类实验的观察一方面要在每天同样的时间进行，另一方面设有相应的对照，并注意实验中某种处理的时间顺序对结果的影响。为了得到可比性的实验结果，所有实验组动物应在同一时间内进行各种实验处理。

# 第九章
# 实验动物与生物安全

扫一扫，查阅本章数字资源，含PPT、音视频、图片等

随着人类社会经济的不断发展和对地球上生物资源的不断开发利用，在为人类谋取自身经济利益和探索自然界奥秘的同时，也不可避免地产生一些负面影响。例如，对野生动物的滥捕滥杀造成生物多样性的逐渐消失；过分侵犯野生动物的领地和利用野生动物造成一些未知传染病的发生和流行；引进的外来物种一旦脱离人为控制，可能威胁生态平衡；生命科学研究中使用的大量有机化学品、有毒试剂和供试品流入环境中造成环境污染，进而影响生物界和人类自身；依靠先进的生物技术手段进行生物体之间基因的转换与重组，如基因编辑、合成生物学可能带来潜在的、不可预见的危害和灾难。此外，一些烈性传染病病原体和生化材料也可能被恐怖分子利用制造生物武器，用于战争和破坏活动。我们把利用生物技术引起的上述这些负面影响称之为“生物危害（biohazard）”。

实验动物是生命科学研究和生物技术开发的重要支撑条件，但对实验动物和动物实验管理不善也可导致生物危害。例如，动物本身的烈性传染病可导致大批实验动物的死亡，感染人畜共患病病原体的动物可危害饲养人员和实验人员的健康和生命安全。

因此，为防止生物危害，保障饲养人员和实验人员的健康与安全，必须高度重视实验动物及动物实验中的生物安全问题。

## 第一节　生物安全的基本概念及法规

### 一、生物安全的定义

生物安全（biosafety）是指国家有效防范和应对危险生物因子及相关因素威胁，生物技术稳定健康发展，人民生命健康和生态系统相对处于没有危险和不受威胁的状态，生物领域具备维护国家安全和持续发展的能力。广义的生物安全是国家安全的组成部分，是指有效应对与生物有关的各种因素对社会、经济、自然界生态环境及人类健康所产生的危害或潜在风险，包括人类的健康安全、人类赖以生存的农业生物安全及与人类生存有关的环境生物安全三个方面。狭义的生物安全是指应对在各学科领域中现代生物技术的研究、开发、应用可能对生物多样性、生态环境和人类健康产生潜在的不利影响。

### 二、生物安全的相关术语

#### （一）实验室生物安全（laboratory biosafety）

实验室生物安全是指从事生命科学研究和教学的实验室为避免各种生物危害而采取包括建立

规范的管理体系，配备必要的物理、生物防护设施和设备等综合措施。

### （二）生物安全实验室（biosafety laboratory，BSL）

生物安全实验室是指专门从事病原微生物的实验室，为避免病原微生物对工作人员、公众的危害及对环境的污染，保证实验研究的科学性或保护被试验因子免受污染，通过防护屏障和管理措施，达到生物安全要求的生物实验室。

世界通用生物安全水平标准是由美国疾病控制中心（Centers for Disease Control and Prevention，CDC）和美国国立卫生研究院（National Institutes of Health，NIH）制定的。根据操作不同危险度等级微生物所需的实验室设计特点、建筑构造、防护设施、仪器、操作及操作程序不同，实验室的生物安全水平可以分为基础实验室——一级生物安全水平、基础实验室——二级生物安全水平、防护实验室——三级生物安全水平和最高防护实验室——四级生物安全水平（见表 9-1）。

**表 9-1　实验室生物安全水平分级**

| 分级 | 危害程度 | 处理对象 |
| --- | --- | --- |
| 一级 | 低个体危害，低群体危害 | 对人体、动植物或环境危害较低，不具有对健康成人、动植物致病的致病因子 |
| 二级 | 中等个体危害，有限群体危害 | 对人体、动植物或环境具有中等危害或具有潜在危险的致病因子，对健康成人、动植物和环境不会造成严重危害。有有效的预防和治疗措施 |
| 三级 | 高个体危害，低群体危害 | 对人体、动植物或环境具有高度危险性，主要通过气溶胶使人传染上严重的甚至是致命疾病，或对动植物和环境具有高度危害的致病因子。通常有预防治疗措施 |
| 四级 | 高个体危害，高群体危害 | 对人体、动植物或环境具有高度危险性，通过气溶胶途径传播或传播途径不明，或未知的、危险的致病因子。没有预防治疗措施 |

### （三）实验动物生物安全实验室（animal biosafety laboratory，ABSL）

将不同级别的病原微生物感染动物进行动物实验研究，用于动物传染病或动物模型的临床诊断、治疗、预防，以及未知病原体的鉴定研究等工作，需要在相应级别的 ABSL 中进行，如一、二、三、四级病原微生物的动物实验应在 ABSL-1、2、3、4 中进行。级别越高，硬件防护设施和软件管理要求就越严格。因此，不同级别动物实验室在操作技术规范的制定、个人安全防护设备的设置以及实验室设施的设计和建设上，都应具备相应的特殊要求。动物性气溶胶危害要用实验室设施来防范，通过静态隔离、动态隔离和排风处理（HEPA 过滤）等措施，把产生的动物性气溶胶牢固地控制在污染区内，确保不向外环境扩散。人畜共患病危害，则要用个人安全防护设备来防止病原微生物对实验人员的感染。动物生物安全实验室的其他要求见表 9-2。

我国的《病原微生物实验室生物安全管理条例》（2004 年 11 月 12 日公布）规定一级、二级实验室不得从事高致病性病原微生物实验活动。新建、改建或者扩建一级、二级实验室，应当在该区的市级人民政府卫生主管部门或者兽医主管部门备案。三级、四级实验室应当通过实验室国家认可，取得资格证书后，依照国务院卫生主管部门或者兽医主管部门的规定，报省级以上人民政府卫生主管部门或者兽医主管部门批准，方可从事研究工作。

表 9-2 动物生物安全实验室的其他要求

| 危害等级 | 防护水平 | 实验室操作和安全设施 |
| --- | --- | --- |
| Ⅰ | ABSL-1 | 限制出入，穿戴防护服和手套 |
| Ⅱ | ABSL-2 | 在达到 ABSL-1 条件的基础上，还应具备生物危害警告标志，可产生气溶胶的操作应使用生物安全柜。废弃物和饲养笼舍在清洗前先清除污染 |
| Ⅲ | ABSL-3 | 在达到 ABSL-2 条件的基础上，还应有准入控制。所有操作应使用生物安全柜，并穿着特殊的防护服，离开时淋浴 |
| Ⅳ | ABSL-4 | 在达到 ABSL-3 条件的基础上，还应严格控制出入。进入前更衣。配备Ⅲ级生物安全柜或正压防护服。离开时化学淋浴（正压服型）。所有废弃物在清除出设施前，应先清除污染 |

注：（1）在设计和建造动物生物安全实验室时，还应考虑减少人流和物流交叉污染的危险。
（2）ABSL-1 至 ABSL-4 除了要满足 BSL-1 至 BSL-4 的要求外，还应满足以上要求。

## 三、生物安全的相关法规

20 世纪 50~60 年代，欧美国家就开始关注实验室生物安全问题，这也引起了世界卫生组织的重视。20 世纪 70 年代，美国成立了环境保护局和职业安全和保健管理局，旨在限制临床实验室必须严格使用和处理有毒或生物危害物质，不能影响环境。

在 SARS 发生以前，我国虽有几部与传染病相关的法律法规，但几乎未涉及实验室生物安全。SARS 疫情发生以后，国务院公布了《突发公共卫生事件应急条例》，明确提出了严格防止传染病病原体的实验室感染、菌（毒）种保藏和病原微生物的扩散的要求，为以后实验室生物安全的法制建设奠定了基础。同时，原卫生部发布的《传染性非典型肺炎人体样品采集、保藏、运输和使用规范》，提出了在菌（毒）种管理技术规范方面的要求，成为我国最早出现的实验室生物安全法规之一。这些关于生物安全管理的标准和法规，有力地推动了实验室安全管理和实验室生物安全认可工作朝科学化、制度化、规范化方向发展，对有效进行实验室生物安全管理给予了法律保障。

### （一）国外实验室生物安全的法规及标准

**1.《实验室生物安全手册》** 世界卫生组织一直非常重视实验室生物安全问题，1983 年推出了《实验室生物安全手册》第一版，1993 年发表了第二版《实验室生物安全手册》，2002 年又发表了第二版的网络修订版，2004 年发表了该手册的第三版，2021 年发表了该手册的第四版。

第四版《实验室生物安全手册》的主要内容包括危险度评估、核心要求、强化控制措施、转移和运输生物安全程序管理、实验室生物安保、国家/国际的生物安全监督。第四版的主要变化是将实验室生物安全防护要求分为核心要求、强化控制措施和最高防护措施三个等级，而不再用生物安全防护水平 BSL-1、2、3、4。

**2.《微生物学及生物医学实验室生物安全准则》** 美国疾病预防控制中心（CDC）和美国国立卫生研究院（NIH）首次提出将病原微生物和实验活动分为四级的概念，并于 1993 年联合出版了《微生物学及生物医学实验室生物安全准则》，将实验操作、实验室设计和安全设备组合成 1~4 级实验室生物安全防护等级。1999 年第四版已正式发布，该准则目前已被国际公认为“金标准”。很多国家在制定本国的生物安全准则时，主要参考上述 2 个标准。

**3. 欧洲经济共同体委员会指令 93/88** 主要内容包括一般规定（目的、定义、范围、危害检查和评估、危害评估中的例外情况），实验室所在单位责任（替代、降低危害、咨询专家、卫生与个人防护、新手培训、工作手册、操作不同危害生物因子人员名单、向专家通报情况）及各

种规定（健康监测、除诊断实验室以外的保健机构、各种监测、资料利用、对生物因子分类、附加内容、通报委托方、废止、生效）。该指令列出了 2~4 级对人有致病性的微生物危险等级，并对从事这类病原微生物研究的工作人员的预防免疫做出了相应的规定。

### （二）我国实验室生物安全的法规及标准

**1.《中华人民共和国生物安全法》** 《中华人民共和国生物安全法》是我国第一部生物安全相关的法律。第十三届全国人大常委会第二十二次会议于 2020 年 10 月 17 日表决通过，自 2021 年 4 月 15 日起正式施行。国家生物安全法共分为十章，包括八十八条，内容分别为总则、生物安全风险防控体制、防控重大新发突发传染病、动植物疫情、生物技术研究及开发与应用安全、病原微生物实验室生物安全、人类遗传资源与生物资源安全、防范生物恐怖与生物武器威胁、生物安全能力建设、法律责任及附则。该法明确了生物安全的定义、实施范围，是一部具有基础性、系统性、综合性和统领性的生物安全法，是今后一个时期我国维护国家生物安全的基本法律。

**2.《病原微生物实验室生物安全管理条例》及配套文件** 2004 年 11 月 12 日国务院令 424 号公布《病原微生物实验室生物安全管理条例》，2018 年 3 月 19 日国务院令第 698 号《国务院关于修改和废止部分行政法规的决定》修订对该条例进行了修订。条例分为七章：总则、病原微生物的分类和管理、实验室的设立与管理、实验室感染控制、监督管理、法律责任、附则，共 72 条。农业部和卫生部出台了配套文件。农业部文件包括《动物病原微生物分类名录》《致病性动物病原微生物菌（毒）种或者样本运输包装规范》和《高致病性动物病原微生物实验室生物安全管理审批办法》。卫生部文件包括《人间传染的病原微生物名录》和《可感染人类的高致病性病原微生物菌（毒）种或样本运输管理规定》。

**3.《医疗废物管理条例》及配套文件** 《医疗废物管理条例》（第 380 号国务院令）于 2003 年 6 月 16 日公布，2011 年 1 月 8 日《国务院关于废止和修改部分行政法规的决定》修订对该条例进行修订。条例分总则、医疗废物管理的一般规定、医疗卫生机构对医疗废物的管理、医疗废物的集中处置、监督管理、法律责任、附则，共 7 章 57 条。该条例适用于医疗废物的收集、运送、贮存、处置以及监督管理等活动。根据条例规定，任何单位和个人有权对医疗卫生机构、医疗废物集中处置单位和监督管理部门及其工作人员的违法行为进行举报、投诉、检举和控告。

根据《医疗废物管理条例》，原卫生部和原国家环境保护总局制定了《医疗废物分类目录》《医疗废物管理行政处罚办法》。原卫生部颁布实施了《医疗卫生机构医疗废物管理办法》（2003 年 8 月 14 日经卫生部部务会议讨论通过）。原国家环境保护总局颁布实施了《医疗废物专用包装物、容器标准和警示标识规定》（环发〔2003〕188 号）和《医疗废物集中处置技术规范》（试行）（环发〔2003〕206 号）。

**4.《实验室生物安全通用要求》** 中华人民共和国国家标准《实验室生物安全通用要求》（GB 19489-2008）为 GB 19489 的最新版，由原中华人民共和国国家质量监督检验检疫总局和中国国家标准化管理委员会于 2008 年 12 月 26 日颁布，2009 年 7 月 1 日起实施。该标准规定了不同生物安全防护级别实验室的设施、设备和安全管理的要求，并指出为了尽可能地减少生物安全事件及事故的发生，应强化生物安全意识，加强管理，而不是过分依赖实验室设施设备。

**5.《生物安全实验室建筑技术规范》** 住房和城乡建设部 2011 年 12 月 5 日发布公告，《生物安全实验室建筑技术规范》（GB 50346-2011）自 2012 年 5 月 1 日起开始实施，是对 2004 版的

修订。该规范的实施改变了长期以来我国在生物安全实验室建设、建筑技术方面缺乏统一标准的局面。

该规范内容包括生物安全实验室的分级、分类和技术指标；建筑、装修和结构；空调、通风和净化；给水排水与气体供应；电器；消防、施工要求；检测和验收等各方面。它适用于微生物学、生物医学、动物实验、基因重组及生物制品等使用的新建、改建、扩建的生物安全实验室的设计、施工和验收，并明确生物安全实验室的建设应以生物安全为核心，确保实验人员的安全和实验室周围环境的安全，并满足实验对象对环境的要求，做到实用、经济为原则。

**6.《兽医实验室生物安全管理规范》** 为加强兽医实验室生物安全工作，防止动物病原微生物扩散，确保动物疫病的控制和扑灭工作及畜牧业生产安全，原农业部根据《中华人民共和国动物防疫法》和《动物防疫条件审核管理办法》的有关规定，参照国际有关对实验室生物安全的要求，制定了《兽医实验室生物安全管理规范》，并于2003年10月15日颁布施行。

### 四、动物实验中的生物安全问题

实验动物在生产、使用过程中，有可能存在以下几方面的生物安全问题。

1. 实验动物的一些烈性传染病的流行和传播可造成大批动物的死亡，危及动物的健康；实验动物带有的一些人畜共患病病原微生物可感染人，危害人的健康。此外，用来做实验研究的野生动物也可能携带对人类产生严重威胁的人畜共患病病原体。

2. 动物实验过程中使用的一些有毒有害化学品、有毒有害药品、消毒剂、杀虫剂、农药等，流入环境，造成环境污染，最终影响自然界和人类健康。

3. 实验动物的皮毛及排泄物对某些过敏体质的人是变应原，可引起过敏性鼻炎、支气管哮喘、皮疹等。

4. 由重组DNA技术发展形成的遗传工程细菌和动物可能造成以目前科学水平和知识所无法预见的危害，如重组DNA操作过程中大量使用的抗药性标记基因氨苄西林抗性基因和新霉素抗性基因导入到细菌和动物中。

在上述生物安全问题中，由动物感染人畜共患病而引起有关人员感染的安全问题最为直接，后果最为严重，因而最受人们的重视。

## 第二节　实验动物生物危害的种类及防控

从实验动物的生产到动物实验中动物的饲养和动物实验处理的过程中会产生或可能会产生各种潜在的生物危害的因素，如果不加处理，不仅会危害设施内的环境、动物和操作人员，亦会污染环境，危害设施外公共卫生和安全。制定相应的规章制度妥善处理这些生物危害因素是保障工作人员和实验人员的安全和健康、保护环境的重要一环。与实验动物和动物实验有关的生物危害种类有以下几种。

### 一、废弃物

实验动物饲养及动物实验操作中都会产生大量的废弃物，如废弃垫料、医疗及实验用品废弃物、废液。

#### （一）废弃垫料

目前小动物（如小鼠、大鼠、仓鼠和豚鼠）大多采用塑料笼盒内加垫料进行饲养。垫料起着吸附尿液和臭气的功能，以及适合啮齿类动物做窝的习性。从理论上讲，普通级和SPF级动物的粪便中不含有动物的烈性传染病和人畜共患病病原体，但潜伏期或隐性感染动物体内的病原体会通过气溶胶、粪尿等途径存在于废弃垫料中，引起感染的播散和流行，必须加以重视。

一般的废弃垫料收集装袋后，可委托环卫部门进行焚化处理。如明确动物患有烈性传染病和人畜共患病，则这些动物的废弃垫料必须经高压灭菌或喷洒消毒药水处理。

### （二）医疗及实验废弃物

动物实验中使用的一次性手套、口罩、帽子，一次性注射器及实验耗材在实验过程中可能沾染了动物的血液和组织液，应有专用容器收集，定期回收进行焚烧等处理，否则会导致病原微生物传播。

用于显微观察的血液、唾液及其他体液、粪便样品在固定和染色时，不必杀死涂片上所有的微生物和病毒。应当用镊子拿取这些物品，恰当储存，并经清除污染和（或）高压灭菌后再丢弃。

对于不能焚烧处理的有毒有害玻璃试剂瓶等，也应用专用容器收集，交环卫部门处理。

### （三）废液

废液主要来自清洗动物的笼器具的污水，不能够直接排入下水道，须有专门的污水管道排入化粪池进行无害化处理。动物实验过程中使用的试剂如福尔马林、多聚甲醛、丙酮等有机溶剂废弃时应倒入专用废液容器内储存，定期交专业废液处理公司处理。

### （四）动物排泄物

动物排泄物主要指用水冲洗式饲养的大动物如兔、犬、猴、猪、羊等产生的粪便。这些排泄物通过自来水冲洗排入专门的化粪池处理。在化粪池中通过悬浮生长的微生物在耗氧条件下对粪便中的有机物进行降解，形成二氧化碳和水，污水中有机污染物得到降解而去除，澄清后的污水作为处理水排出系统。

如明确动物患有烈性传染病和人畜共患病，除了处理动物外，这些动物的笼架、笼具及相邻的地面、墙面、下水道和粪便必须喷洒消毒药水进行严格消毒，必要时饲养室/实验室空置一段时间后再次消毒处理。

废弃物管理的总体原则是对实验室废弃物的产生、分类收集、警示标记、密闭包装与运输、贮存、集中统一无害化处置的整个流程实行全过程严格控制，确保使感染性、损伤性废物得到有效安全处理。

## 二、动物尸体

死亡或实验结束后解剖处理的动物尸体和脏器组织应用塑料袋等容器密封，放入专用的冷冻冰柜暂时保存，最后集中送焚烧炉焚烧。实验单位如无焚烧炉的可委托有资质的部门处理。怀疑未知病原体感染或确认烈性传染病和人畜共患病感染的动物尸体应先进行高压蒸汽灭菌处理，或消毒液中浸泡后再作为一般动物尸体处理。

## 三、野生动物和昆虫

实验动物设施内气候环境适宜，食物丰富，导致动物入侵设施的概率提高，且由于实验动物

设施内部的相对封闭性，一旦进入很难自行离开，加大了根除的难度。

实验动物设施周围的野鼠和野猫是实验动物生物安全的最大潜在危险。野鼠可携带多种严重人畜共患病病原体，如淋巴细胞脉络丛脑膜炎病毒、流行性出血热病毒等，排出的粪尿污染饲料、垫料，造成疾病流行；咬断电线造成设施运行障碍等。

此外，昆虫类动物如蝇、蚊、蟑螂、跳蚤等可通过设施的开放区域进入动物饲养室。苍蝇、蚊子和蟑螂等是虫媒传播的重要载体，跳蚤、螨虫、虱子等是实验动物寄生虫感染的病原，螨几乎能传播所有的病原体，亦能引起人的严重变应性、丘疹性皮炎。

为了保障实验动物的安全，应从硬件设施和软件管理两方面着手，在实验动物设施管理中杜绝外界野生动物和各种昆虫的进入。

在实验动物设施设计上，应在下水道尤其是大动物饲养室下水道安装网眼挡板，在普通级大动物饲养室门口安装挡鼠板，避免野鼠的侵入。窗户应安装纱窗，出入通道处安装灭蚊蝇灯等。

在软件管理上，定期检查设施内外野鼠密度，捕杀野鼠，驱赶流浪猫。对饲养室逃逸的实验动物如不明来源应一律捕杀。严格的管理制度也是防范外界动物入侵的重要一环，进入实验动物设施的人员应养成随手关门的习惯。对于意外侵入动物饲养室的蚊蝇、蟑螂等昆虫应以物理捕杀，不得用化学杀虫剂杀虫。

## 四、实验动物致敏原

近 20 年来从接触实验动物的人员中收集到的流行病学资料证实，人们因接触实验动物而发生的变态反应已成为很突出的问题。这是由于动物的被毛、皮屑、唾液、粪便和尿液中的一些微小酸性糖蛋白对某些过敏体质的人具有抗原性，引起人的Ⅰ型变态反应，发生过敏性鼻炎、支气管哮喘等，应引起足够的重视。动物饲养过程中产生的被毛、皮屑、粪便和尿液干燥后通过动物的活动，飞扬到空气中飘浮传播，也可吸附于衣物上，其致敏途径包括呼吸道、皮肤、眼、鼻黏膜或消化道以及被动物咬伤、抓伤等。由于动物变应原具有颗粒小（大部分在 10μm 以下）、持续漂浮时间长（可超过 60 分钟）的特性，因此即使并未直接接触到动物的工作人员，也可能在同一个工作环境中接受到变应原的刺激。

人患实验动物过敏症的症状主要有过敏性鼻炎、支气管哮喘、荨麻疹等。诊断除了依靠动物接触史外，还应做致敏原检查。对实验动物过敏的实验人员应做好个体防护，实验前戴厚口罩、手套和防护眼镜，身穿隔离服，防止皮肤暴露在外。治疗可用一般抗过敏药缓解症状，症状严重者需要脱离动物饲养环境。

## 五、有害气体

动物饲养室内的有害气体来源于动物的粪尿排泄物。有害气体的主要成分为氨气，还有硫化甲基、甲基硫醇等。当饲养室饲养动物的密度过大，或更换垫料、粪便冲洗不及时均会引起动物室的氨气浓度增加。特别是大动物排泄物多，高浓度氨气更易发生在大动物饲养室中。一般以氨浓度的高低来评价饲养室内空气的新鲜度。

氨气对人和动物均有一定的危害，特别是动物要长期生活在高浓度氨气中，可引起呼吸系统的疾病，皮肤和眼睛亦会受到强烈刺激，不仅影响实验结果，而且不符合动物福利的原则。长期在高浓度氨气中工作的饲养人员也会患有慢性鼻炎、气管炎、支气管炎及眼结膜炎等。饲养室内氨浓度的高低也是衡量设施设计和管理的一个指标。

要消除动物饲养室的氨气，第一，在设施设计时应符合国家实验动物环境设施标准，保证足

够的通风量和换气次数；第二，要及时更换垫料、冲洗粪便，保持良好的环境卫生；第三，保持适度密度，使动物有足够的活动空间和新鲜空气。

### 六、有毒有害供试品

根据国家食品药品监督管理总局第 2 号令第 9 章附则的规定，供试品定义为供非临床研究的药品或拟开发为药品的物品。供试品的安全关系到动物实验人员、动物与环境的安全。因此，有毒有害供试品的管理至关重要。

1. 有毒有害供试品要存放于保险箱（柜）中，采用双人双锁管理。

2. 有毒有害供试品要配备相关的防护设施，如洗眼器、防护镜等。

3. 有毒有害供试品设置相应的实验、储存、配制、处置设施等，应符合国家相关规定。对于含挥发性物质的供试品，在贮存时应配备密闭容器和设施，配置时注意使用具有生物安全保护条件的设施。对于含有放射性物质的供试品，应配备符合国家规定要求的特殊设施。生物危害性物质主要包含病毒、微生物和有害化学物质等，应配备生物安全柜等安全设备。

4. 有毒有害供试品要施行严格的申请、审批、采购、接收、使用、废弃的数量和过程的程序化管理。

## 第三节　实验动物从业人员的安全防护

动物实验人员的安全防护主要是指针对在实验动物操作过程中可能对饲养人员和实验人员造成的危害和对公共环境造成的污染等各种不安全因素进行的防护。动物实验的不安全因素主要来自实验动物、化学试剂、实验用品等。

### 一、动物实验前人员的安全教育

我国的实验动物法规规定，从事实验动物和动物实验工作的人员必须经过培训，了解和掌握相关的法规规范及操作程序、实验动物知识、动物实验基本技术，其中也包括了安全意识教育，了解和掌握生物危害的防护知识。

动物实验前人员的安全教育形式是多样的，如参加实验动物从业人员的岗位培训、选修《实验动物学》课程，对初入实验动物室的实验人员进行现场介绍、指导等。生物安全的许多内容包含在实验动物室的各种管理制度中，因此实验人员熟悉并严格遵守这些规章制度是生物安全的保证。

### 二、动物实验中的个人安全防护

#### （一）个人防护用品的穿戴

实验动物操作中最基本的防护就是要穿着合适的防护工作服和戴口罩、帽子和手套，避免身体与动物直接接触。不同级别的环境要求着装也不同，普通环境必须穿白大衣、戴口罩、帽子和手套。抓取和保定大动物如兔、犬、猫、猴等，需要戴围裙和长袖橡胶手套，以免被动物抓伤或咬伤。进入屏障环境须穿无菌隔离服，戴口罩、帽子和手套，更换清洁拖鞋。

当进行特殊实验时应根据需要选择相应特殊防护装置，如 ABSL-3 除要求穿特制的无菌隔离服外，在处理病原体时还须戴防护面罩，离开时淋浴；ABSL-4 要求穿具有生命维持系统的正压

防护服，离开时淋浴。

隔离服的样式很多，分体式的隔离服要求裤子扎住上衣，脚套扎住裤腿口，并将所有扣子或拉链系好；连体式的隔离服要求将所有扣子或拉链系好，一次性手套包裹隔离服袖口。

### （二）健康检查及疫苗接种

对直接接触实验动物的工作人员，必须定期组织体格检查。对患有传染性疾病，不宜承担所做工作的人员，应当及时调换工作。如果进行已知的传染性实验，要在实验前对工作人员进行特异性血清抗体检测并留存，以后要进行定期特异抗体检测，以便了解工作人员是否在工作中受到了感染。进行强传染性病原体研究的人员，有条件者要进行药物和血清抗体预防治疗或备用，有疫苗的要进行预防免疫。

建议长期饲养犬的饲养人员预防接种狂犬疫苗，饲养灵长类动物的饲养人员预防接种甲型肝炎疫苗，并定期进行结核菌素试验。

## 三、意外损伤的防护

在实验动物操作时，经常会发生一些个体意外损伤的情况，如被动物咬伤、抓伤，被注射针头、手术器械等锐器扎伤，或被有毒有害、感染性材料溅到皮肤等情况，需要根据不同情况进行处理。

### （一）动物咬、抓伤

饲养人员和实验人员应熟练掌握各种实验动物的抓取和保定技术，尽量避免被动物意外咬伤。

被SPF大小鼠抓伤皮肤较表浅时，可在伤处局部皮肤区涂抹碘伏即可；如被大小鼠咬伤出血，可先挤出伤口处血液，再用0.3%过氧化氢棉球消毒伤口，用干棉球擦干后再外贴创可贴。

被普通级豚鼠、兔抓伤时，先清洗局部皮肤，再在伤处局部皮肤区涂抹碘伏即可。

被普通级比格犬咬伤时，视咬伤时伤口的大小和深浅、出血的多少而定。伤口较小，出血较少的伤口可先挤出伤口处血液，再用0.3%过氧化氢棉球消毒伤口，用干棉球擦干后再外贴创可贴；伤口较大、出血较多时，应送医院进行治疗。

被非标准化实验动物如犬、猫、羊、猪等咬伤时，除了进行上述创口处理外，应详细了解供应商的诚信程度、该批动物的来源和疫苗接种情况，确认原始个体档案的真实可靠。如无法对上述资料的真实性做出判断时，视咬伤程度决定是否应注射狂犬疫苗。

应对咬人非标准化实验动物进行至少2周的密切观察，观察的内容包括一般状态、精神行为、摄食和饮水、大小便等。如有疑似狂犬病或其他重要人畜共患病症状时，动物应立即捕杀，尸体焚烧处理。被咬人局部消毒，并应送医院进行紧急处理。

### （二）注射针头、手术刀等锐利的器械损伤

如果这些锐器已接触动物组织或血液，处理方法同动物咬伤；如果未接触动物，则消毒包扎即可。创口较大、出血较多时，应送医院进行治疗。

### （三）有毒有害、感染性材料污染身体

有毒有害试剂污染皮肤时，应用适量自来水冲刷，用肥皂洗涤即可。当感染性病原体污染皮

肤时，皮肤局部用碘酒消毒，再用75%酒精去碘消毒。当有毒有害、感染性材料溅入眼睛时，应立即用洗眼器冲洗眼睛，用抗生素眼药水滴眼。

## 第四节 常见的人畜共患病及防护

按照世界卫生组织的定义，人畜共患病是指脊椎动物与人类之间自然传播和感染的疾病，即人类和脊椎动物由共同病原体引起，在流行病学上又有关联的疾病。它是由病毒、细菌、衣原体、立克次体、支原体、螺旋体、真菌、原虫和蠕虫等病原体所引起的各种疾病的总称。多数人畜共患病，人是其终端宿主。高度致死性和传染性的人畜共患病，不仅影响动物实验的结果，而且严重影响人的生命健康，破坏生态平衡。

动物实验人员应该掌握必要的防范技能，不断提高安全意识，一旦出现突发事件，能够迅速冷静地处理和排除事故。

### 一、常见的人畜共患病

#### （一）病毒性疾病

**1. 狂犬病**

【病原体】狂犬病毒（rabies virus）。

【传播途径】患病动物如犬和猫是主要的传染来源。患病动物含有病毒的唾液经由咬伤、抓伤或其他伤口进入人体内。几乎所有温血动物都对狂犬病毒易感。

【临床表现】狂犬病的临床表现可分为四期。

（1）潜伏期　平均1~3个月，在潜伏期中感染者没有任何症状。

（2）前驱期　感染者开始出现全身不适、发热、疲倦、不安、被咬部位疼痛、感觉异常等症状。

（3）兴奋期　患者各种症状达到顶峰，出现精神紧张、全身痉挛、幻觉、谵妄、怕光、怕声、怕水、怕风等症状。因此狂犬病又被称为恐水症，患者常常因为咽喉部的痉挛而窒息身亡。

（4）昏迷期　如果患者能够度过兴奋期而侥幸活下来，就会进入昏迷期，本期患者深度昏迷，但狂犬病的各种症状均不再明显，大多数进入此期的患者最终衰竭而死。

【防治措施】对可疑动物应隔离，密切检疫观察2周以上。如2周内死亡，应取其脑组织送到地区疾病控制中心进行病理检查。动物尸体整体焚毁。人被动物咬伤后，伤口应立即彻底清洗，不包扎，并立即（24小时内）到防疫部门进行预防注射。一般在做犬类实验前，应给所有犬注射狂犬疫苗。在购入犬做实验时，注意从标准化犬场购入健康实验犬做实验，不买无健康保证的犬，以免对实验人员造成危害和影响实验结果。

**2. 淋巴细胞脉络丛脑膜炎**

【病原体】淋巴细胞脉络丛脑膜炎病毒（Lymphocytic Choriomeningitis Virus，LCMV）。

【传播途径】野小鼠是该病毒的天然宿主，可自然或实验室感染人。感染动物通过粪便、尿液、鼻腔分泌物将病毒排出体外，可经消化道和呼吸道传染，也可经吸血昆虫传播，胎儿可经胎盘垂直感染。该病毒还可通过乳汁排出，感染仔鼠。人可通过接触感染动物经皮肤、结膜、吸入或经口摄入病毒而感染。感染淋巴细胞脉络丛脑膜炎病毒的小鼠肿瘤或组织亦可通过接种传染给研究人员。

实验小鼠、大鼠、地鼠、豚鼠、家兔、犬、猪、猴等及人均可感染。

【临床表现】人感染该病毒后可引起人的无菌性脑膜炎或流感样症状，偶有严重的脑膜炎或脑膜脑脊髓炎，且大多预后良好，仅有极少数病例死亡。主要症状有发热、头痛、肌肉疼痛、动眼时疼痛、恶心、呕吐，部分表现为咽喉痛、畏光、咳嗽、腹泻等。

【防治措施】严格控制和防止野鼠、感染动物或被污染的移植物等引入实验室，是防止本病发生的关键。及时做好动物群体的检疫有利于防止本病的发生。

**3. 流行性出血热**

【病原体】汉坦病毒（Hantavirus）。

【传播途径】野生褐家鼠是本病的传染源和储存宿主。野生褐家鼠窜入动物饲养室是实验大鼠感染并在动物群内传播的重要原因。实验大鼠感染后可通过粪尿污染饲料、垫料，经消化道传播，亦可通过呼吸道以气溶胶形式传播。人对汉坦病毒易感。

【临床表现】本病典型表现：起病急，有发热（38~40℃）、“三痛”（头痛、腰痛、眼眶痛）及恶心、呕吐、胸闷、腹痛、腹泻、全身关节痛等症状，皮肤黏膜“三红”（脸、颈和上胸部发红），眼结膜充血，重者似酒醉貌。口腔黏膜、胸背、腋下出现大小不等的出血点或瘀斑，或呈条索状、抓痕样的出血点。随着病情的发展，病人退热，但症状反而加重，继而出现低血压、休克、少尿、无尿及严重出血等症状。典型的出血热一般经过发热、低血压、少尿、多尿及恢复五期。如处理不当，病死率很高。因此，对病人应实行“四早一就”，即早发现、早诊断、早休息、早治疗，就近治疗，减少搬运。

【防治措施】流行性出血热是一种对实验人员危害较大的人畜共患传染病，在国内外已发生多次实验大鼠出血热感染事件，应引起高度重视。灭野鼠、防止野鼠进入实验室是防止本病感染实验鼠的主要措施。应从有实验动物生产许可证的单位购买动物，定期血清学监测。一旦发现感染鼠应及时扑杀，彻底消毒饲养室和笼具，清除被污染的血清和组织。实验人员应加强个人防护，避免伤口被动物排泄物污染。

**4. 猴 B 病毒病**

【病原体】猴疱疹病毒（HerpesVirus Simiae），又称 B 病毒（B virus）。

【传播途径】B 病毒可自然感染猕猴、红面猴、食蟹猴。感染 B 病毒呈无症状携带状态，或呈良性经过的疱疹样口炎。人在接触感染猴时被其咬伤、被污染的针头或 B 病毒细胞培养瓶破碎而刺伤都容易感染该病毒。

【临床表现】人感染后局部形成水疱与坏死灶，出现淋巴结炎和淋巴管炎症，病毒侵入中枢神经系统，引起脑脊髓炎，能引起死亡。

【防治措施】病猴要及时隔离，或将病猴处死。与猴接触的有关人员应注意防止被猴咬伤，当人被猴咬伤后应立即用肥皂水清洗伤口，用碘酊消毒。

## （二）细菌性疾病

**1. 沙门氏菌病**

【病原体】沙门氏菌属（*Salmonella*），包括鼠伤寒沙门氏菌和肠炎沙门氏菌。

【传播途径】多种实验动物对沙门氏菌易感，尤以小鼠和豚鼠最敏感。接触传播。

【临床表现】沙门氏菌中毒的症状主要以急性肠胃炎为主，潜伏期一般为 4~48 小时，短期是数小时，长期是 2~3 天，前期症状有恶心、头疼、全身乏力和发冷等，主要症状有呕吐、腹泻、腹痛，粪便为黄绿色水样便，有时带脓血和黏液，一般发热的温度在 38~40℃，重病人出现

寒战、惊厥、抽搐和昏迷的症状。病程为3~7天，一般预后良好，但是老人、儿童和体弱者如不及时进行急救处理也可导致死亡。多数沙门氏菌病患者不需服药即可自愈，婴儿、老人及那些已患有某些疾病的患者应就医治疗。

【防治措施】由于多种实验动物对本病易感，因此不宜在同一室内饲养多种动物，以避免相互交叉感染。饲料要妥善保管，严防变质，严防野鼠、苍蝇和粪便污染。颗粒饲料中总蛋白含量不得低于国家标准，否则易引起营养不良，体质下降，诱发本病。从预防着手，加强环境控制，坚持日常消毒灭菌工作，定期进行微生物学检测。发现患病动物和可疑动物要及时隔离，及早处理。沙门氏菌对化学消毒剂敏感，一般常用消毒剂和消毒方法均能达到消毒目的。

**2. 布鲁氏菌病**

【病原体】布鲁氏杆菌（brucella）。

【传播途径】目前已知有60多种家畜、家禽、野生动物是布鲁氏菌的宿主。与人类有关的传染源主要是羊、牛及猪，其次是犬。染菌动物首先在同种动物间传播，造成带菌或发病。病畜的分泌物、排泄物、流产物及乳类含有大量病菌，是人类最危险的传染源。主要通过接触传播，亦可通过呼吸道和消化道感染。

【临床表现】人感染布鲁氏菌后，可表现为发热、头痛、寒战、出汗、虚弱、肌肉疼痛、恶心和体重减轻，伴有全身性淋巴结疼痛和脾肿大。有些病例还出现肺部、胃肠道、皮下组织、睾丸、附睾、卵巢、胆囊、肾及脑部感染，多发性、游走性全身肌肉和大关节痛，以后表现为骨骼受累，其中脊柱受累最常见。

【防治措施】不从布氏杆菌疫区购买实验用家畜、家禽，购入的非标准化实验动物应进行隔离检疫，观察健康无疾病才可以用于实验。一旦动物确诊感染布氏杆菌，应立即处死，焚化处理，消毒饲养环境。实验人员应注意个人防护。人感染布氏杆菌病，应立即采取相应的隔离措施，及时治疗疾病。

**3. 结核病**

【病原体】结核分枝杆菌（*M. tuberculosis*）。

【传播途径】主要由呼吸道传播感染，也可经消化道、皮肤创伤等途径感染。实验动物中猴最为敏感。

【临床表现】本病症状一般很少有特征性。人感染本病初期症状比较轻微，不易引人注意。全身症状主要有低热，常在午后或劳动后体温升高，入睡后出汗（盗汗）；疲倦乏力，性情急躁，体重减轻、消瘦，月经失调等。呼吸系统症状主要有咳嗽，部分患者有咯血或痰中带血，胸部隐痛，病情很严重者可有呼吸困难等。

【防治措施】定期进行猴群的微生物监测，一旦发现患病猴必须立即淘汰，并做好无害化处理及环境消毒工作。结核菌可通过多种途径传染给人，人患本病后应进行抗结核治疗。

**4. 细菌性痢疾**

【病原体】痢疾志贺氏菌（*Shigella dysenteriae*）。

【传播途径】由消化道感染，苍蝇和蟑螂为主要传播媒介。灵长类动物最为敏感。

【临床表现】人感染后有三种类型。①急性菌痢：急性腹泻，伴有发冷、发热、腹痛、里急后重、排黏液脓血便，全腹压痛、左下腹压痛明显。②急性中毒型菌痢（多见于儿童）：起病急骤，突然高热，反复惊厥，嗜睡、昏迷，迅速发生循环衰竭和呼吸衰竭，肠道症状轻或缺如。③慢性菌痢：有持续轻重不等的腹痛、腹泻、里急后重、排黏液脓血便的痢疾症状，病程超过2个月。

【防治措施】定期进行猴群的微生物监测，发现粪便痢疾志贺氏菌阳性的病猴或健康带菌猴

应及时隔离治疗，做好环境消毒工作。人患细菌性痢疾后，应暂时脱离动物饲养/实验岗位，进行抗痢疾杆菌治疗，必要时静脉滴注，纠正水、电解质紊乱和酸碱平衡。

## （三）寄生虫病

**1. 阿米巴病**

【病原体】溶组织内阿米巴（*Entamoeba histolytica*）。

【传播途径】多数家畜、灵长类、啮齿类、两栖爬行类动物和野生动物都可大量感染溶组织内阿米巴，作为其储藏宿主。在实验动物中主要是犬和猴。蟑螂可携带阿米巴包囊。接触或消化道传播。

【临床表现】轻微的水泻到急性爆发性血痢或黏液样痢疾，伴有发热或寒战，在几个月至几年间交替出现或缓解或加重现象。

【防治措施】定期进行寄生虫监测，发现粪便阿米巴原虫阳性或健康带虫动物应及时隔离治疗，做好环境消毒工作。动物饲养室周围定期灭蟑螂。人患阿米巴痢疾后，应暂时脱离动物饲养/实验岗位，进行抗阿米巴治疗。

**2. 弓形虫病**

【病原体】弓形虫（*Toxoplasma gondii*）。

【传播途径】猫及某些猫科动物为其终末宿主，中间宿主则非常广泛，包括爬行类、鱼类、昆虫类、鸟类、哺乳类等动物和人。通过皮肤黏膜或消化道传播。

【临床表现】老年人感染弓形虫多表现为发热、斑丘疹、肌肉疼痛、关节痛、淋巴结炎症、肺炎、心肌炎和脑膜炎。先天性感染可导致全身性疾病，常伴有严重的神经病理学变化。出生的婴儿感染表现为全身淋巴结炎，不经治疗可在几周内消退。

【防治措施】引进动物前要进行弓形体检查，定期进行血清学检查以预防本病的传播。妊娠3个月内孕妇应避免接触犬、猫等动物。确诊弓形虫感染应进行治疗。

## （四）其他病原微生物疾病

**1. 真菌病**

【病原体】真菌（fungus）。

【传播途径】传染源为患皮肤真菌感染的动物，通过接触传播。

【临床表现】人感染后可表现为局部皮肤鳞屑形成、红斑等，偶有水疱和裂纹，可使指甲增厚、变色等。

【防治措施】及时处理患皮肤真菌的动物，做好个人防护。皮肤真菌可用抗真菌软膏局部涂抹治疗。

**2. 钩端螺旋体病**

【病原体】钩端螺旋体（*Leptospira*）。

【传播途径】皮肤黏膜及消化道传播，吸血昆虫亦可传播该病。

【易感动物】钩端螺旋体宿主广泛，以啮齿类动物、食肉目最为重要。犬是钩端螺旋体的重要储存宿主和传染源。

【临床表现】钩端螺旋体通过皮肤黏膜侵入机体，约在局部经7~10天潜伏期，然后进入血流大量繁殖，引起早期钩体败血症。在此期间，由于钩端螺旋体及其释放的毒性产物的作用，出现发热、恶寒、全身酸痛、头痛、结膜充血、腓肠肌痛。钩端螺旋体在血中约存在1个月左右，随后钩端螺旋体侵入肝、脾、肾、肺、心、淋巴结和中枢神经系统等组织器官，引起相关脏器和组织的损害和体征。由于钩端螺旋体的菌型、毒力、数量不同以及机体免疫力强弱不同，病程发展和症状轻重差异很大，临床上可见多种类型：流感伤寒型、黄疸出血型、肺出血型，尚有脑膜脑炎型、肾功能衰竭型、胃肠炎型等。以上类型均表现相应器官损害的症状；部分病人还可能出现恢复期并发症，如眼葡萄膜炎、脑动脉炎、失明、瘫痪等，可能是由于变态反应所致。

【防治措施】实验用犬预防接种钩端螺旋体疫苗，定期消毒饲养室。做好个人防护。

## 二、人畜共患病的防护

### （一）实验动物安全管理

世界卫生组织目前已列出150~200种直接或间接由动物传播给人的传染病。最常见的动物疾病有结核病、布鲁氏菌病、炭疽病、沙门氏菌病、狂犬病、弓形虫病、绦虫病等。在进行相关动物实验时必须采取以下措施。

1. 分析可能会有哪些人畜共患病存在，并做针对性预防。

2. 使用的实验动物质量应符合国家标准。新购进的实验动物宜进行隔离观察，隔离观察时间：小鼠、大鼠、沙鼠、金黄地鼠和豚鼠为3~5天，兔、猫和犬为10~14天，非人灵长类为40~60天。

动物健康管理：创造动物良好的合格的生活环境，保证所需食物营养，进行科学卫生管理。动物中发生疫情或疑有传染应立即隔离检疫，不能控制则坚决处死，彻底灭菌，消灭传染源，并对相关动物进行检疫。必要时把同一饲养室的动物全部处死。

### （二）人畜共患病的防护

流行性人畜共患病的地区存在特殊的危险性，一定要按规定实施严格的检疫。许多实验动物隐性感染后，可在唾液、尿液或粪便中带毒。尽管发生人畜共患病传染的危险性随动物等级、种类的不同而有很大的差异，在未能保证实验动物完全健康的情况下，所有实验动物都应被视为潜在的病原携带者。管理此类实验动物的细则如下。

1. 饲养笼具、食物盒、饮水设备应同时高压蒸汽灭菌；在饲养、加水、处理和搬运感染实验动物时应戴手套，严禁徒手操作。

2. 更换垫料时要小心谨慎，减少饲养笼具中尘埃的飞散。

3. 及时检查笼具，发现死尸应立即运走。动物尸体盛装在防漏的容器中，并标明日期、实验内容、"生物危险"或"感染"、笼具编号等，在尸检前应放置在指定的冰柜中储藏。

4. 给实验动物注射生物危害性物质时，饲养人员应佩戴具有保护性作用的手套，实验人员戴外科手套，防止实验动物出现应激反应，避免生物危害性物质的扩散，做好实验动物和人员的防护。

5. 暴露于生物危害性气溶胶的实验动物应饲养于密闭的通风笼具中，或使用独立通风笼具来保护饲养人员的安全；实验动物转运时应放置于密闭的笼具或其他可防止气溶胶扩散的笼具中进行。

通过正确的兽医管理并认真履行实验操作规程，通常可以避免由动物将传染病传播给人。建议操作不明来源实验动物的人员，实际上包括所有接触不明来源动物的人员都应该进行免疫预防接种和血清学检查，并建立具有参考意义的血清样；对有过敏史的人员在工作前进行有针对性的

过敏反应实验。

要特别重视非人灵长类实验动物的检疫和质量检测工作，因为这类动物本身对人常见传染病很敏感，而且是几种严重人畜共患病的潜在传染源。因此，要对非人灵长类动物工作人员的医疗史和结核病进行调查。除此之外，建议工作中要遵循下列规则：

1. 拥有灵长类动物饲养设施的机构都应负责提供适当的兽医和医疗服务，以确保实验人员、实验动物的健康与安全。

2. 新引进的黑猩猩可能携带甲肝病毒，相关工作人员应事先接受人免疫球蛋白预防注射。还应该对动物进行人肝炎抗原检测，如果出现阳性，就要严格检疫，合理处置。

3. 所有与猴接触过的人员必须没有结核病，每年至少进行 1 次结核菌素皮肤试验及 X 光检查。

4. 进饲养室工作时一定要穿防护服、工作鞋、防护帽及口罩，不可以裸手接触猴，或接触猴直接接触过的东西。离开动物室时一定要脱下防护服装，并彻底洗手。

5. 严禁在猴类饲养室内吸烟，严禁将食品和饮料带进实验室。

6. 应注意凡是带有外伤的人员不得接触灵长类动物。在不得已时，必须在进入猴饲养室前，用敷料把伤口彻底包扎好，一离开猴区就应换掉敷料。

7. 对检疫隔离期内死亡的猴进行尸体剖检时，应该采取专用防护措施，包括穿着防护帽、口罩及橡胶手套等。

8. 所有直接接触过猴或其排泄物的物品在洗涤前应先经过高压消毒。

# 第十章
# 动物实验技术与方法

扫一扫，查阅本章数字资源，含PPT、音视频、图片等

## 第一节　动物实验的基本操作

动物实验方法已成为医学科学研究和教学工作中必不可少的手段。动物实验方法多种多样，在医学研究的各个领域有其不同的应用，但一些基本操作方法具有共性，如动物的选择、抓取、保定、麻醉、脱毛、给药、采血、采尿、急救、处死、尸检等，这些基本操作方法是医学科技工作者必须掌握的基本功。

### 一、抓取与保定

抓取与保定动物的目的是为了便于观察、给药、手术、数据采集等，使动物保持安静状态，体位相对固定，充分暴露操作部位，便于顺利地进行各项实验。正确抓取动物，可避免被动物咬伤、造成动物的伤亡和应激反应，保障动物实验的顺利进行。

动物抓取保定的方法应根据实验内容和动物种类而定。在抓取保定动物前，必须对各种动物的一般习性有所了解，抓取保定时既要小心仔细，不能粗暴，又要大胆敏捷，从而达到正确抓取与保定动物的目的。根据实验需要选择合适的保定方式；在保定时，动物出现呼吸频率变化等问题，应立即停止操作；遇到较急躁动物（如肝纤维化模型动物）时，可选择帆布手套或钢丝手套进行抓取与保定。

#### （一）小鼠的抓取与保定

小鼠性格较温顺，容易抓取和保定，但操作者抓取不当则会被小鼠抓伤或者咬伤。

**1. 双手抓取法**　用右手拇指和食指捏住小鼠尾巴中部放在鼠笼网格或粗糙的台面上，在其向前爬行时，用左手拇指和食指抓住小鼠的两耳和颈部皮肤，将鼠体置于左手心中，把后肢拉直，以无名指按住鼠尾，小指按住后腿。

**2. 单手抓取法**　直接用左手小指钩起鼠尾，见图 10-1（A），迅速以拇指和食指、中指捏住其耳后、颈背部皮肤即可，见图 10-1（B）。这种在手中保定的方式，能进行实验动物的灌胃及皮下、肌肉和腹腔注射，以及其他实验操作。若要进行手术、解剖、心脏采血等操作，需要使用保定板进行保定；进行尾静脉注射或者采血时，需要使用特定的保定装置，也可用自制三角保定袋保定，见图 10-1（C）。

在保定时，可同时进行小鼠的性别鉴定，在鼠笼网格或粗糙的台面上，只要轻轻提起尾部，用其他手指轻轻按压尾根部，查看生殖器官。雄性小鼠肛门生殖器之间的距离是雌性的 2 倍左右，见图 10-1（D）。

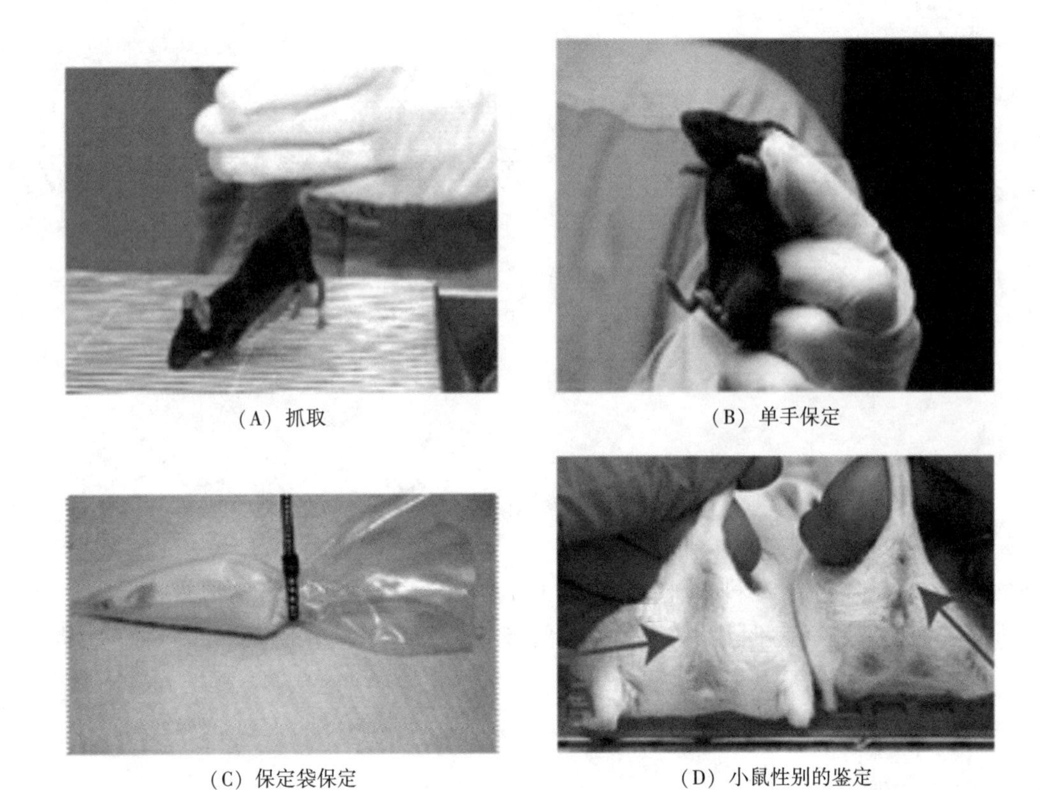

（A）抓取　（B）单手保定

（C）保定袋保定　（D）小鼠性别的鉴定

**图 10-1　小鼠抓取与保定**

## （二）大鼠的抓取与保定

大鼠的抓取方法基本与小鼠相同，但大鼠牙齿较为尖锐，当其受到威胁时，容易咬人，抓取时一定要特别小心。①方法一：抓取时，用右手抓住大鼠尾根部并提起，见图 10-2（A），将其放在笼盖或粗糙的台面上，此时可同时进行性别鉴定，方法与小鼠相同。如大鼠情绪急躁，可以先将大鼠头部遮盖起来，可使其安静下来。先用右手轻轻向后拉住鼠尾，待其向前爬行时，迅速将左手的拇指和食指插入其腋下（勿过紧），见图 10-2（B），其余 3 指及掌心握住大鼠身体中段，见图 10-2（C）；或用食指放在颈背部，拇指及其余 3 指放在肋部，食指和中指夹住左前肢，分开两前肢举起来，见图 10-2（D）。②方法二：迅速将左手的中指和食指插入颈部并夹住头部（勿过紧），见图 10-2（E），拇指和其余 2 指放在肋部，见图 10-2（F），右手按住后肢保定，见图 10-2（G）。③方法三：可伸开左手之虎口，敏捷地一把抓住颈部和背部皮肤，右手保定尾巴，见图 10-2（H）。

（A）

（B）

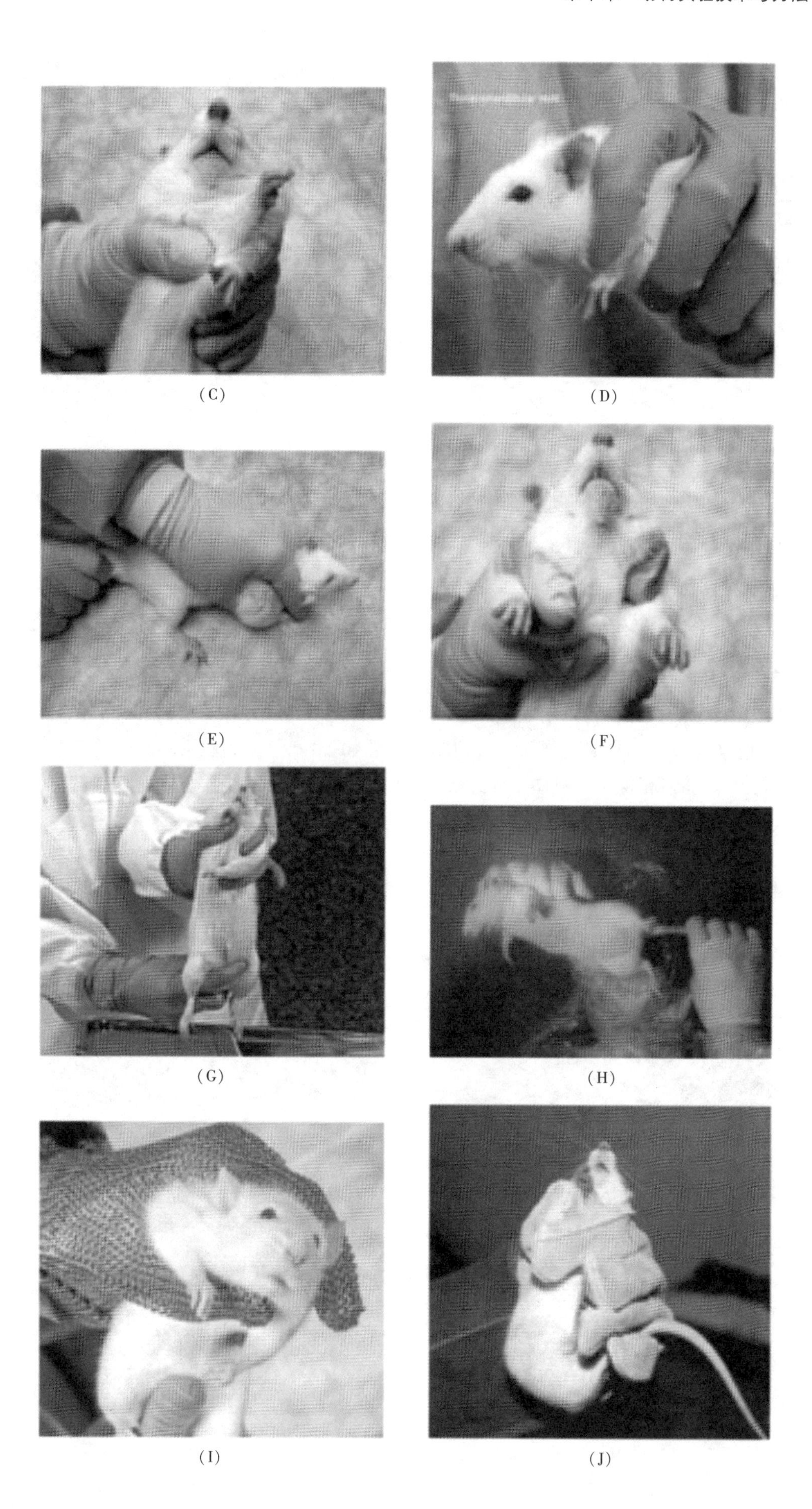

(C)　(D)

(E)　(F)

(G)　(H)

(I)　(J)

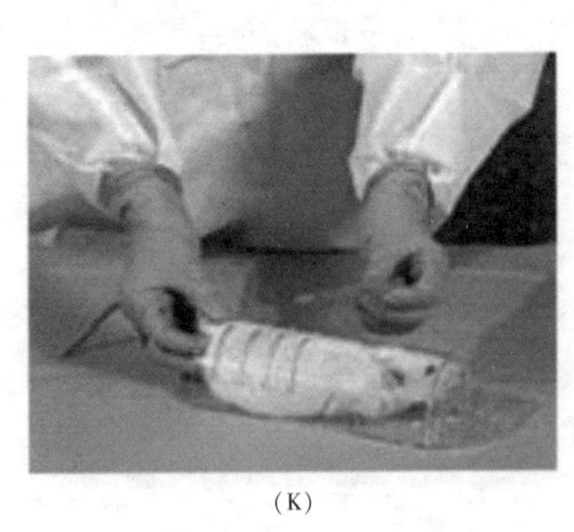
（K）

（L）

**图 10-2 大鼠的抓取与保定**

为防止咬伤，可戴帆布手套或钢丝手套，见图 10-2（I），用小指和无名指夹住尾部保定，见 10-2（J），便可进行灌胃、腹腔注射等各种实验操作。若做手术或解剖等操作，则需事先麻醉或处死大鼠，将其背卧位绑在大鼠保定板上；尾静脉注射时的保定与小鼠相同，可用保定器或保定袋保定，见图 10-2（K、L）。

## （三）豚鼠的抓取与保定

豚鼠性情温顺，不会咬人，但豚鼠胆小易惊，在抓取与保定时应快速轻柔。幼小豚鼠的抓取，可用双手捧起。成熟动物则用左手抓起，用右手保定。即先用左手轻轻扣住豚鼠背部，顺势抓紧其肩胛上方皮肤，拇指和食指环扣其颈部，见图 10-3（A），用右手轻轻托住其臀部，见图 10-3（B），即可将豚鼠保定，见图 10-3（C、D）。抓豚鼠时，不能抓豚鼠的腰腹部位，否则易造成肝破裂而引起死亡。

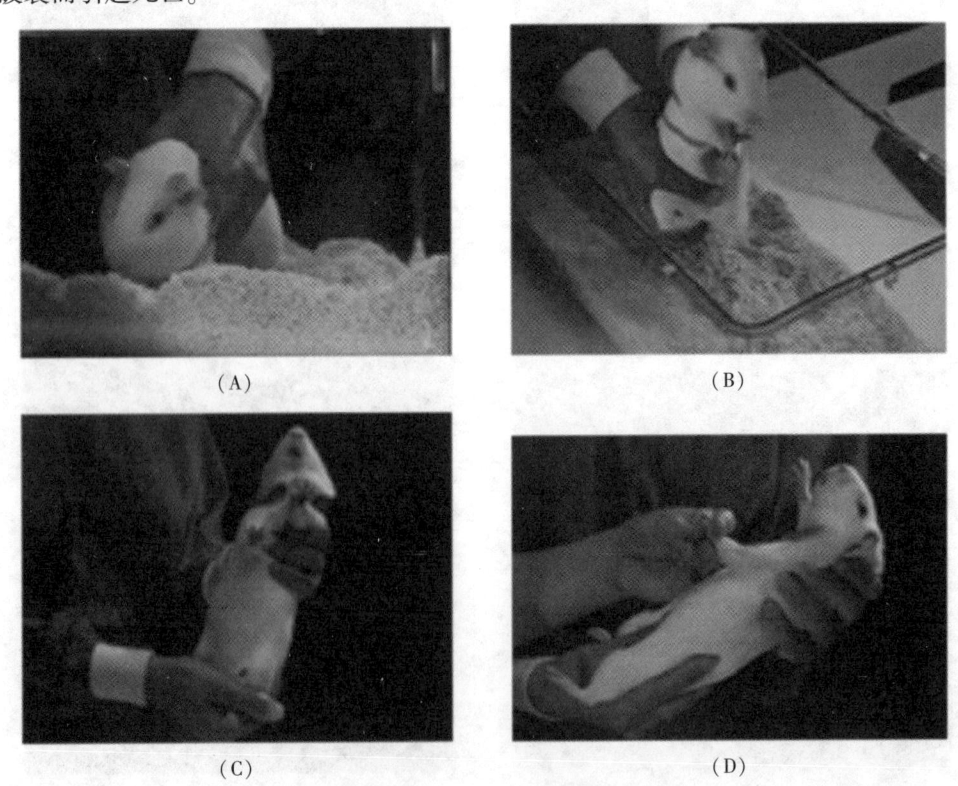
（A） （B）
（C） （D）

**图 10-3 豚鼠的抓取和保定**

## （四）兔的抓取与保定

兔性情温顺，胆小怕惊，一般不会咬人，但爪较尖，不正确的抓取容易被其抓伤。抓取方法：先轻轻打开箱门，当兔在笼内安静下来时，用右手轻轻地抓住颈后部被毛和皮肤，轻轻把实验兔提起，左手托住实验兔的臀部，见图 10-4（A），把实验兔从笼子里拿出来。抱起后，尽量让实验兔头部朝向怀内，见图 10-4（B），使实验兔观察不到周围的情况，可有效使实验兔保持安静的状态，见图 10-4（C）。若要放回笼内，须一手抓住实验兔颈背部，另一手托住臀部，使实验兔的臀部朝向自己，放回笼内，见图 10-4（D）。根据实验需要进行保定，兔做静脉注射、采血或做热原试验时，可用兔保定器保定，也可用帆布或浴巾替代保定盒进行保定，见图 10-4（E）~（H）。如要测量血压、呼吸等实验和手术时，可用兔手术保定台。

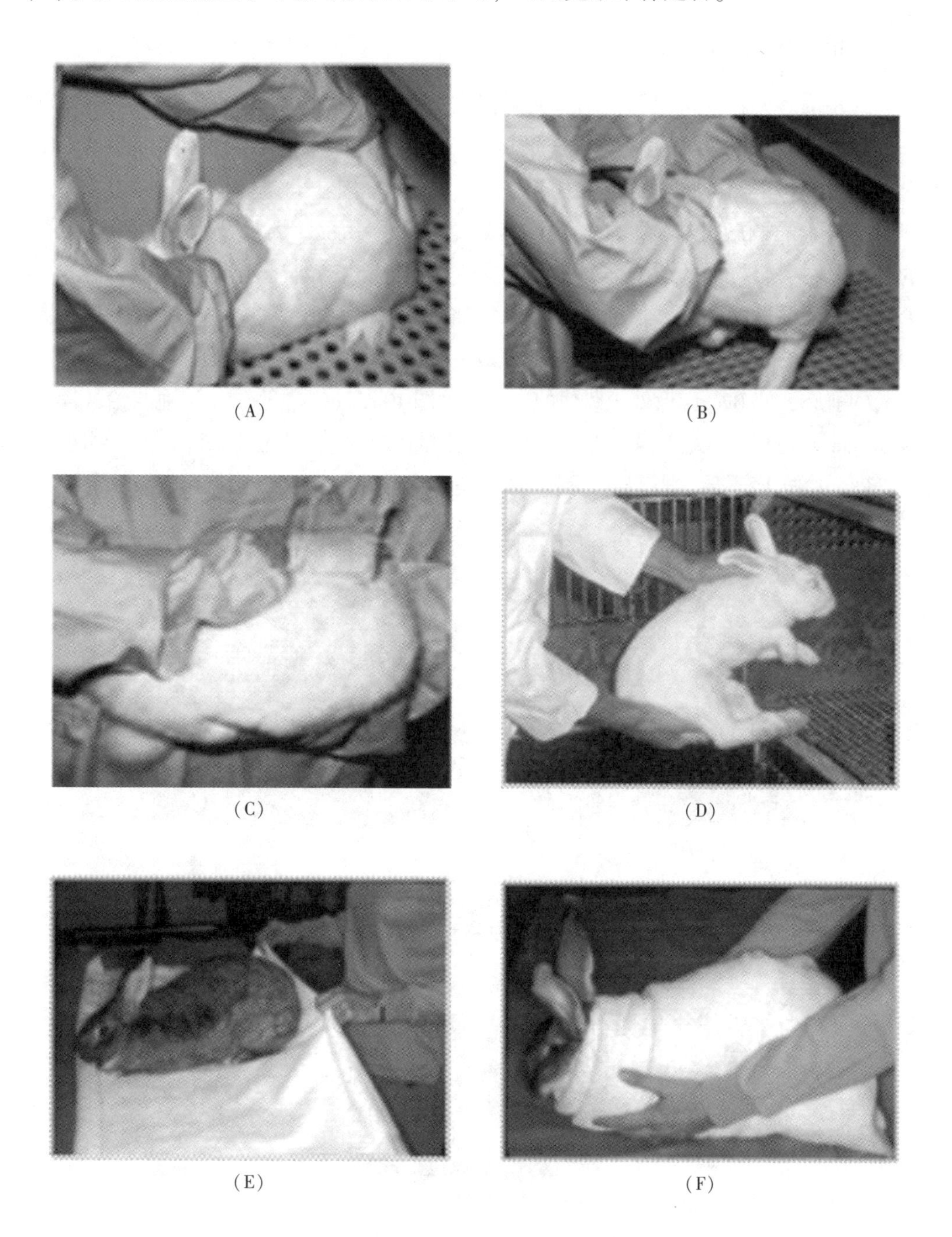

（A）　（B）

（C）　（D）

（E）　（F）

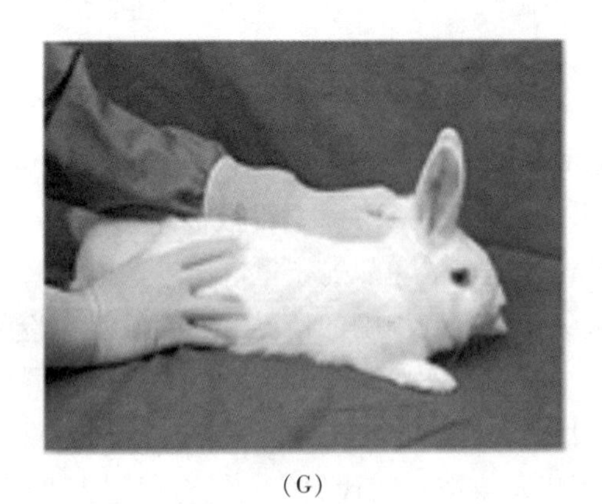
(G)

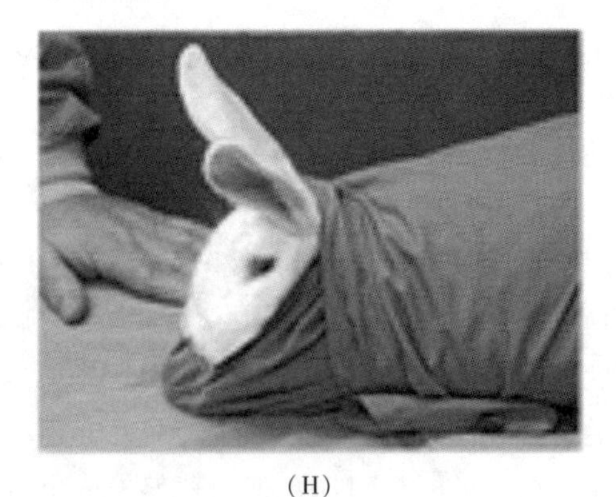
(H)

图 10-4 兔的抓取与保定

## （五）比格犬的抓取与保定

比格犬（Beagle 犬）性情温和，不必强制保定。可用双手抱住犬的颈背部与腰部的方法抓取，动作不宜过于粗暴和用力，以免引起犬的反抗。另外，也可左手伸入 Beagle 犬的前胸部，右手伸入犬的右侧腹下侧，将 Beagle 犬托起，置于实验平台上，用左手抚摸 Beagle 犬的下颌部，右手轻抓 Beagle 犬右侧后腿部，并轻轻抚摸犬的臀部，使 Beagle 犬保持坐立的姿势；或用左手抚摸犬的背部，右手轻抚犬的前胸部，使犬保持站立姿势和安静状态，见图 10-5（A）；或用左手绕过犬身伸入两前肢间隔处，抓住右前肢，并将犬身紧贴实验者，保持站立姿势（前肢固定姿势），见图 10-5（B），便于取血或给药等操作；或用右手弯曲绕过 Beagle 犬的颈部，左手抓住 Beagle 犬的前肢，使 Beagle 犬处于趴伏的姿势，见图 10-5（C），也便于取血与给药操作；或用双手轻压 Beagle 犬的身体，左手抓住 Beagle 犬的左侧前肢，右手抓住 Beagle 犬的左侧后肢，使其保持侧卧姿势，并便于翻转，进行各种操作。如需进行静脉滴注给药，则需用帆布保定架保定。

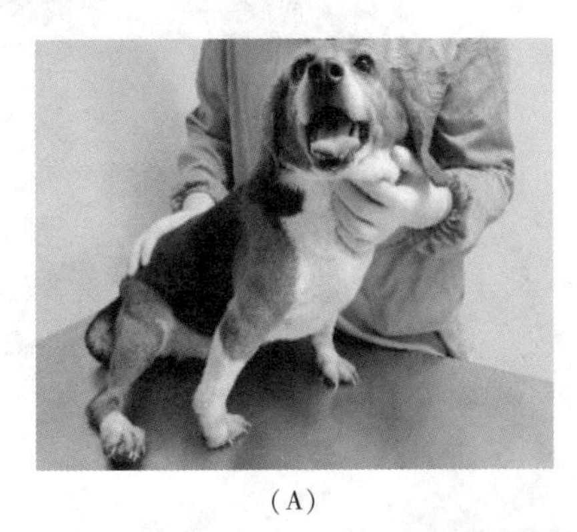
(A)

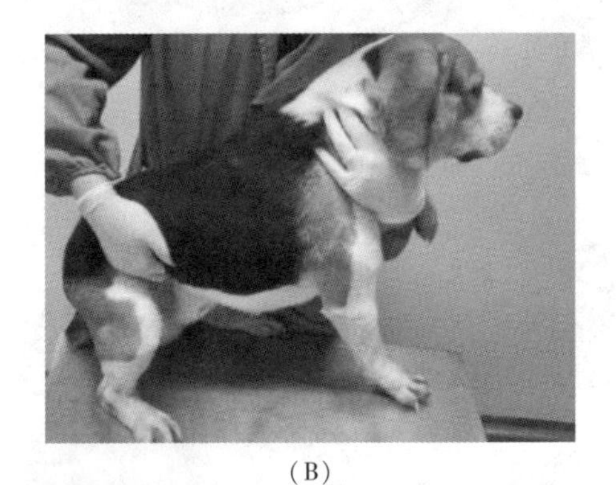
(B)

(C)

图 10-5 Beagle 犬的保定

### （六）猴的抓取与保定

一般采用网罩法和挤压式不锈钢笼保定法保定。网罩法是以右手持短柄网罩，左臂紧靠门侧，以防笼门敞开时猴逃出笼外。左手打开笼门，右手将网罩塞入箱内，由上而下罩捕。猴被罩倒后，应立即将网罩翻转取出笼外，罩猴在地，由罩外抓住猴的颈部，轻掀网罩，再提取猴的手臂反背握住，此时猴即无法脱逃。在室内或大笼内捕捉时，则需两人合作，用长柄网罩，最好一次罩住，由于猴特别灵巧，受惊后很难捕捉。

### （七）小型猪的抓取与保定

体型较小的一般采用抓后肢和抱胸法保定。从小型猪的身后抓住后腿提起，但在抓取的时候要轻且能握紧小型猪的后腿，避免其出现疼痛或损伤。可右手抓住小型猪一侧后腿跗关节部位提起，左手抱住小型猪身体的胸部，然后右手再放在头部下方，使小型猪紧贴操作者的身体。对于体重较大的小型猪，可将其驱赶到一个适合的小车内，限制其活动，便于注射。猪也可采用挤压式不锈钢笼保定。

## 二、动物标记

实验动物分组时，需要对实验动物进行编号标记。标记方法应该保证不影响动物的生理或实验反应。标记要清晰耐久、简便易读，要对实验动物无毒性，操作简单。一般分为短期标记和长期标记，可根据实验动物的种类和实验类型选择合适的标记方法。

### （一）短期标记

**1. 记号笔法**　常用于被毛白色的大鼠、小鼠、豚鼠、兔等动物的编号标记。在动物不同的身体部位如头、背、四肢等，逆着被毛排列的方向，用不同颜色的油性记号笔涂上适当的生物染料剂，可标记 10 只动物，如图 10-6。也可在尾根部涂色或直接写上编号。此方法适用于急性实验或短时间能识别标记，一般动物实验的时间不超过 3 天。

**2. 染色法**　常用于被毛白色的大鼠、小鼠、豚鼠、兔等动物的编号标记。使用化学药品在动物明显体位被毛上进行涂染识别的方法。一般用于短期实验。如做长期实验，为避免褪色，可每隔 2~3 周重染一次。常用的染液为 2%的硝酸银溶液（棕黄色）、0.5%的中性红或品红溶液（红色）和甲紫溶液（紫色）。也有用 3%~5%的苦味酸溶液（黄色）做标记，但苦味酸对动物有伤害，可能对实验造成影响，因此，不建议使用苦味酸溶液做标记。

标记时，用棉签蘸取染液涂在动物身体的不同部位，呈斑点状。编号的原则是“先左后右，先上后下”。左前腿部记为 1 号，左侧腰部记为 2 号，左后腿部记为 3 号，头部记为 4 号，腰背部记为 5 号，尾部记为 6 号，右前腿部记为 7 号，右侧腰部记为 8 号，右后腿部记为 9 号，不涂色的为 10 号。用单一颜色可标记 1~10 号。若动物数量超过 10 只，可用两种颜色共同标记，即一种颜色代表十位，另一种颜色代表个位，这样可标记到 99 号（图 10-7）。

### （二）长期标记

**1. 耳缘打孔法**　使用动物专用耳孔器在动物耳朵的不同部位打一小孔或打成缺口来表示一定号码的方法。打孔原则，左耳代表十位，右耳代表个位（图 10-8）。这种方法可标记 100 只左右的动物，适用于长期实验中做终生标记。打孔时，耳部要先进行局部麻醉，打孔前后打孔部位要

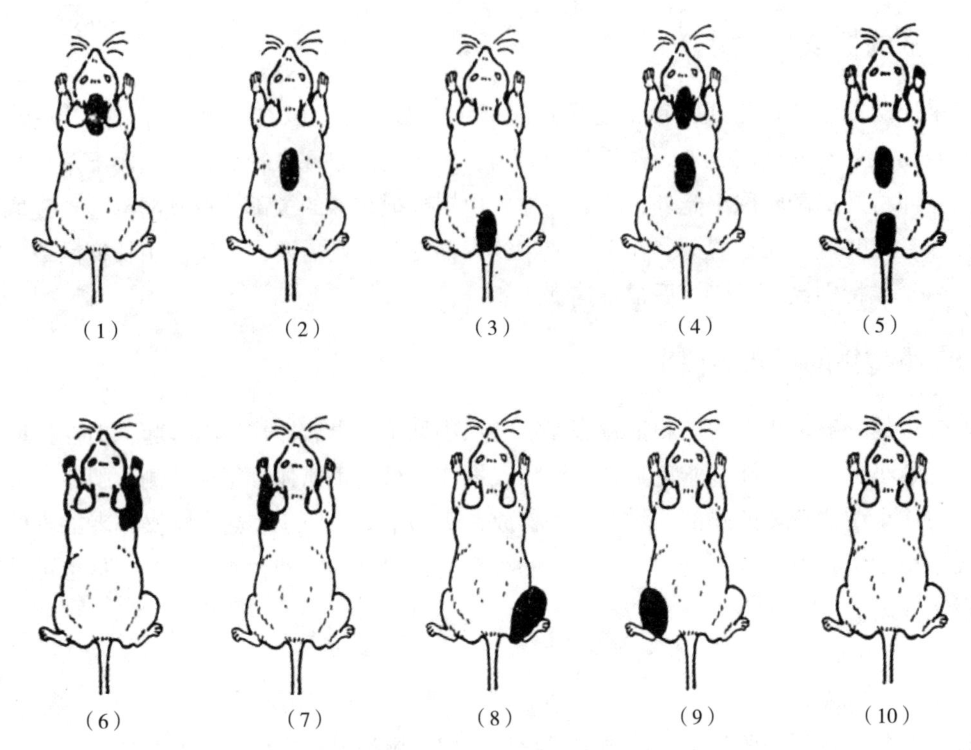


图 10-6　记号笔标记法

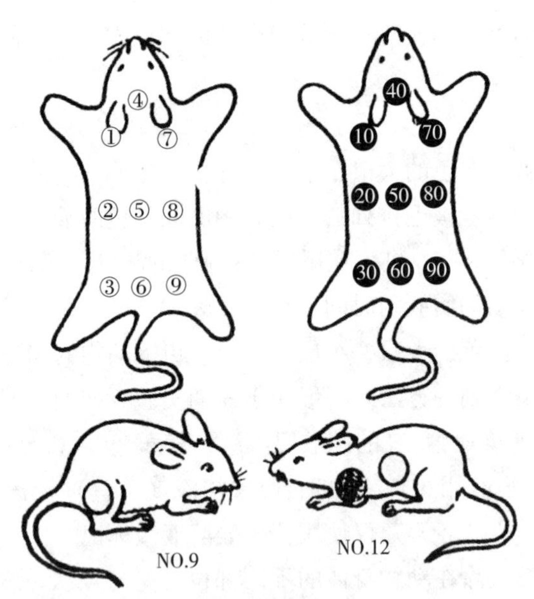


图 10-7　染色标记法

进行消毒。

**2. 挂牌法**　是给动物佩戴号码牌进行标识的方法。一般是用印有编号的金属制的号牌固定于耳上，可编号 0001~10000 号（图 10-9）。大鼠、小鼠耳号钉打在离耳朵边缘三分之一处，豚鼠、兔一般要靠近耳根部，犬、兔等动物大多是将号码牌挂在项圈上。

**3. 烙印法**　用刺数钳在动物耳上刺上号码，然后用棉球蘸着溶于酒精中的黑墨在刺号上涂抹。此号码永久固定，作为该动物的终身号，适用于长期或慢性实验的大动物编号。犬、兔等耳朵较大的实验动物尤为适用。

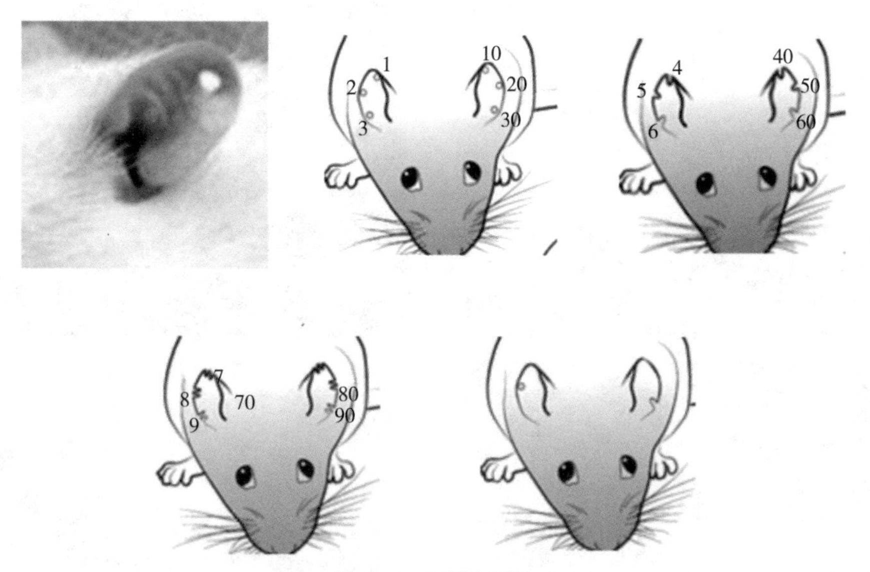


图 10-8　耳缘打孔法

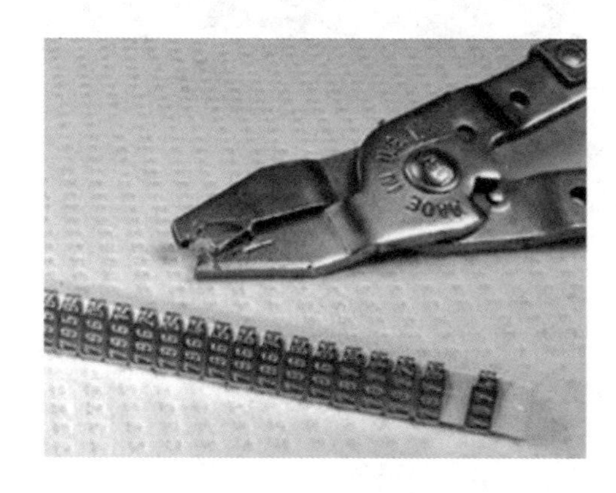
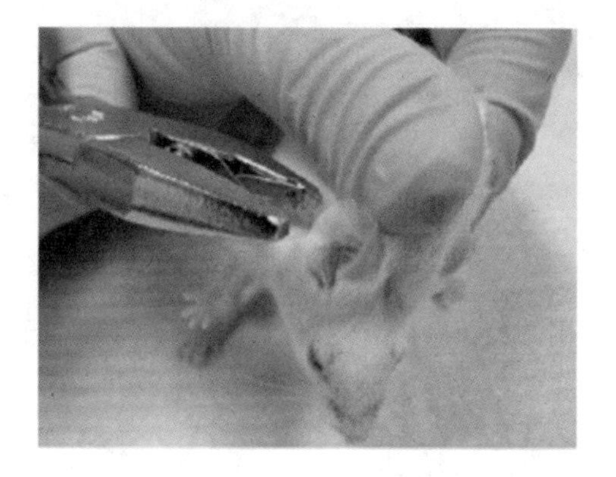
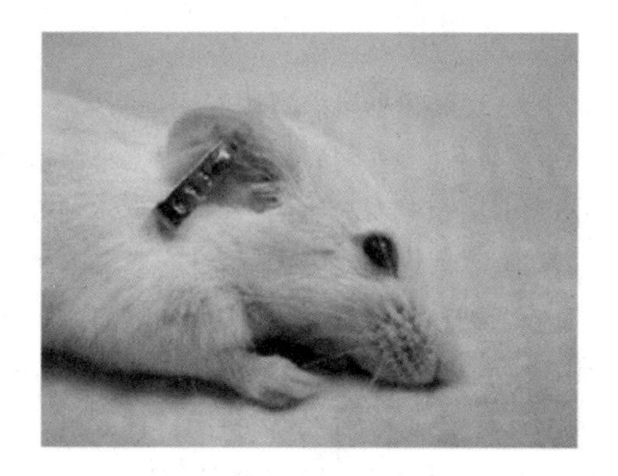

图 10-9　挂牌法

**4. 微芯片植入法**　是在动物皮下埋入微芯片进行永久性标识的方法，一般将芯片注入皮下肩胛骨之间（图 10-10）。每个微芯片有一个唯一的编号，用扫描识别器即可识别。微芯片是携带包括来源、遗传、出生等信息的身份标签，当识别器扫描到植入在动物皮下的芯片标签时，它会显示在液晶显示屏上。但其成本较高，还未普及。

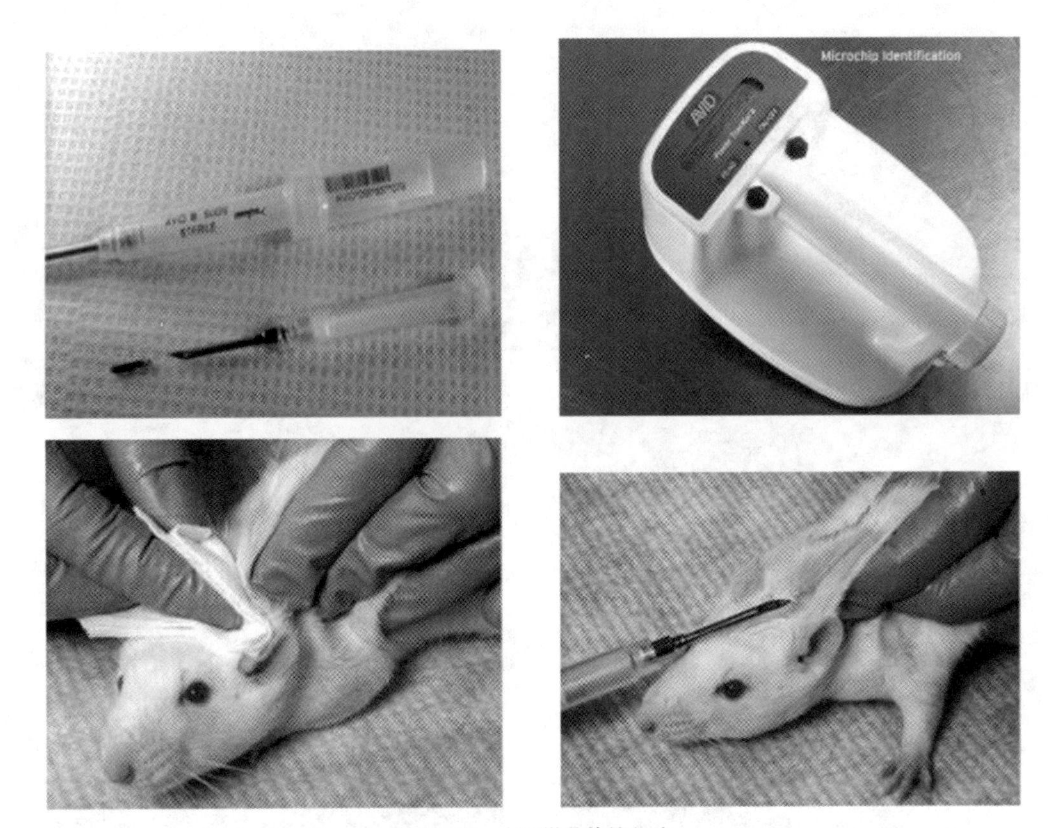


**图 10-10 皮下微芯片植入法**

## 三、给药方法

常用的给药途径有经口给药、吸入给药、经皮给药和注射给药等。根据药物的性质、药物的剂型、实验要求等选择适合的给药途径和给药方式。

### （一）经口给药

**1. 灌胃给药**

（1）小鼠和大鼠的灌胃给药　大鼠和小鼠灌胃用专用灌胃器。小鼠灌胃方法（图 10-11），用左手固定小鼠，使其身体呈垂直体位，右手持灌胃器，根据小鼠口角到最下方肋骨的距离，确定针头插入的长度。将针沿左口角插入口腔，使灌胃针与动物体轴方向平行，即使灌胃针与食管成一条直线，顺咽后壁轻轻往下推，插入食管后，灌胃针会顺着食管滑入胃。若灌胃针到了动物喉口遇到阻力时，将注射针筒向动物脊背方向压，针头顶向喉口的腹面，感觉无阻力后，再逐渐将灌胃针插入。灌胃针插入到需要到达的位置后，缓缓注入药物。完毕后，轻轻拔出灌胃针。如遇到阻力或动物强烈挣扎，表示针头未插入胃内，需将灌胃针取出重新插入。大鼠与小鼠灌胃方法相同（图 10-12）。小鼠灌胃针进入深度 3cm 左右到达胃内，一次灌胃最大容量为每 10g 体重 0.4mL。大鼠一般灌胃针进入深度 5cm 左右到达胃内，一次灌胃最大容量为每 100g 体重 4mL。

（2）豚鼠的灌胃给药　豚鼠灌胃一般不推荐使用，因为豚鼠常将食物放在口中，而容易将食物误入气管。如果灌胃必不可少，可使用棉球将颊囊中的食物取出，然后再进行灌胃操作，方法与大小鼠相同，如图 10-13。选择合适大小的灌胃针，可根据豚鼠身体的大小，测量需要的灌胃针长度，一般不长于鼻部到最后肋骨的距离（大概位于胃的位置），如果过长，容易损伤胃。灌胃针较短也可以使用，但如果注入酸性化合物，应确保是否充分进入胃部，以防止损坏食道。

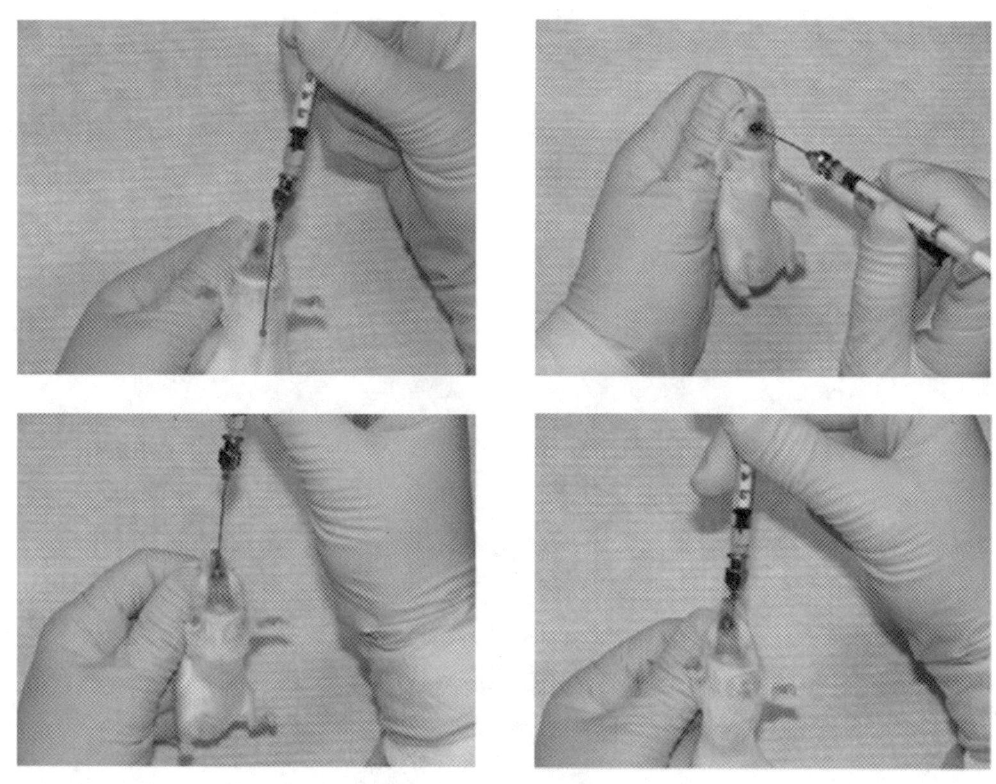

图 10-11　小鼠的灌胃给药

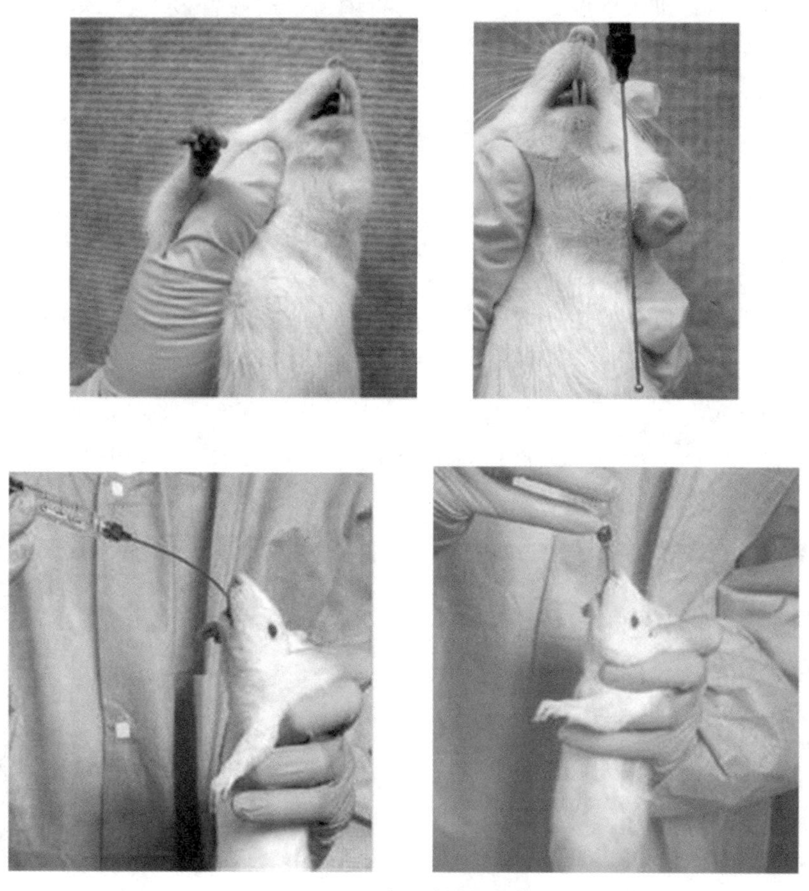

图 10-12　大鼠的灌胃给药

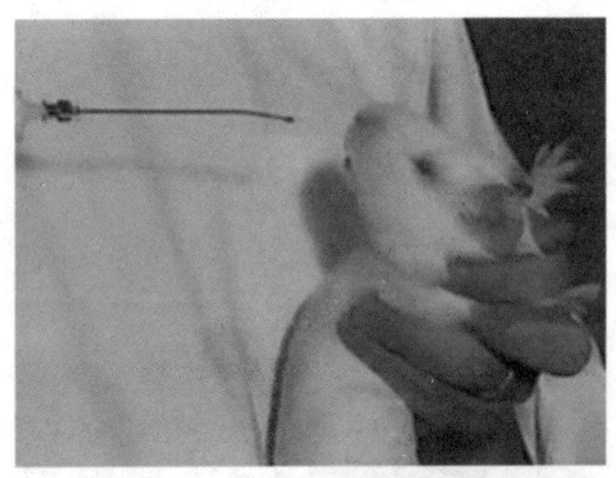

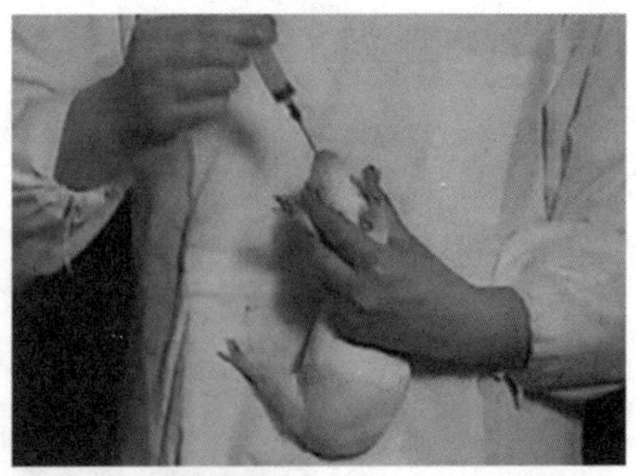

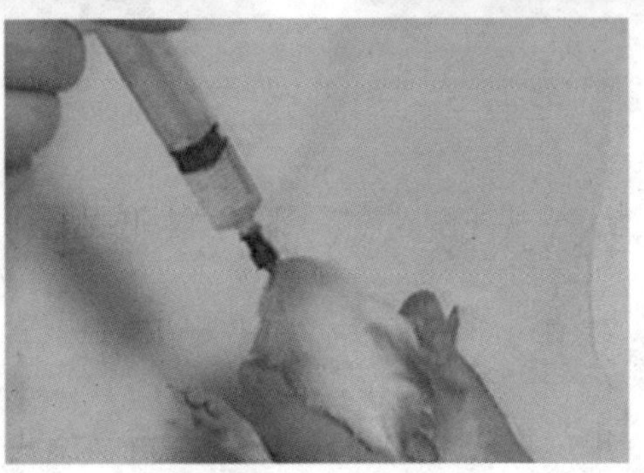

图 10-13 豚鼠的灌胃给药

灌胃时必须小心操作，若感觉到阻力较大时，应拔出灌胃针并重新操作。不要强行插入灌胃针，防止进入气管并损伤会厌软骨。如果灌胃针插入顺畅，位置正确，豚鼠会自动吞咽，针头顺势滑入食道。豚鼠一般灌胃针进入深度 5cm 左右到达胃内，一次灌胃最大容量为每 100g 体重 2mL。对于长期口服给药的豚鼠，建议使用喂饲给予。

（3）兔的灌胃给药 兔灌胃一般使用固定盒、灌胃导管（可用 8-16 号人用导尿管代替）、开口器、注射器等。灌胃时，先用固定器将兔固定，用左手拇指和中指稍稍挤压兔两颊，将下颌挤开使兔微微张口，将导管从口腔轻轻插入，并送入胃中，见图 10-14（A），若插入困难时，可拔出导管重新插入。插入后要确认没有误入气管。将导管另一端插入水杯中检查有无气泡，如图 10-14（B），若无气泡冒出，表明插入位置准确，反之，则应拔出重新插入。确保无误后注入药物，为确保给药量准确，给药结束后，可用少量水把导管中残留药物冲入胃内，如图 10-14（C），确保导管内的药物全都进入到胃内。也可双人操作，助手用固定器固定兔，开口器在兔口腔中，如图 10-15（A）；或不用固定器的双人操作法，助手固定，将木质开口器放入兔子口中，用棉线固定，如图 10-15（B）。后续操作与单人操作相同，如图 10-15（C）。一般导管进入深度为 15~18cm，最大灌胃量每只每次 80~100mL。

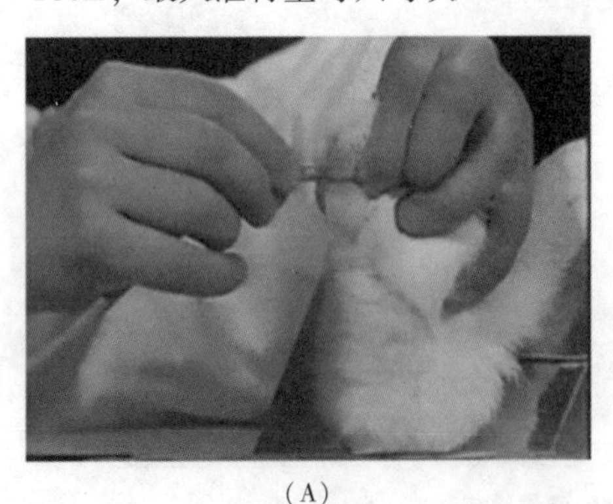

（A）

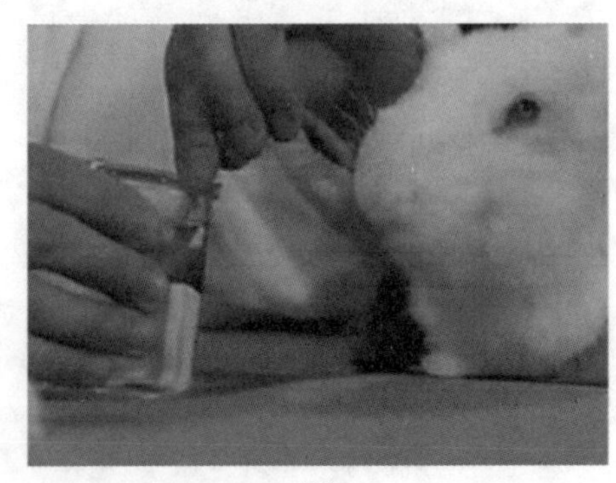

（B）

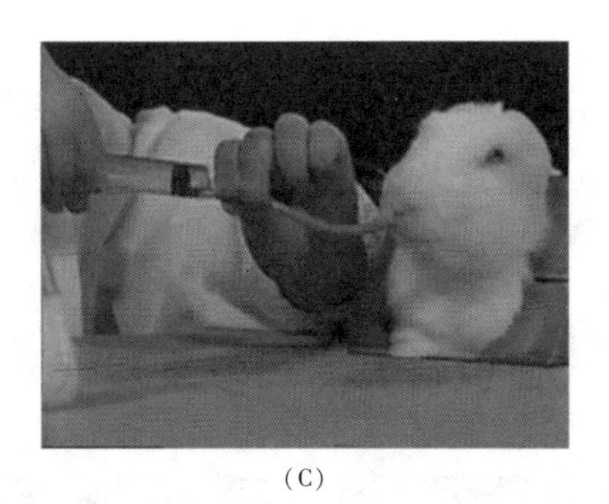

（C）

图 10-14 兔的灌胃给药（单人操作）

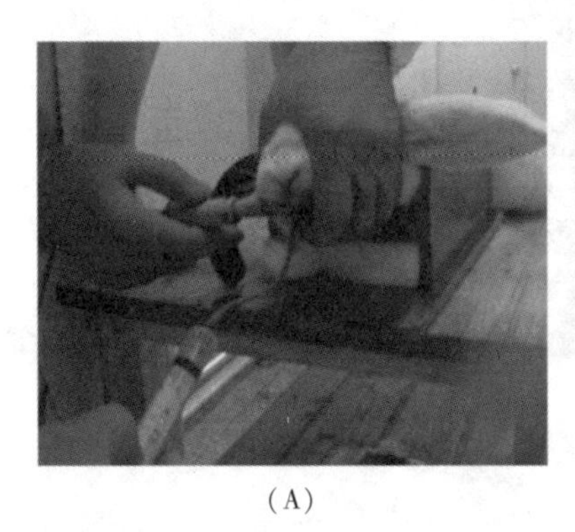

（A）

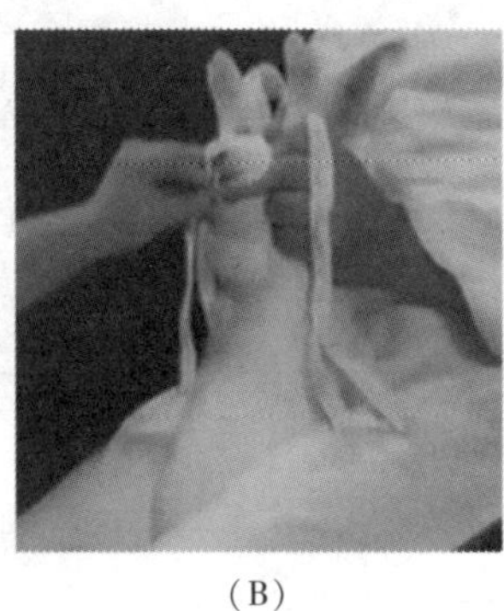

（B）

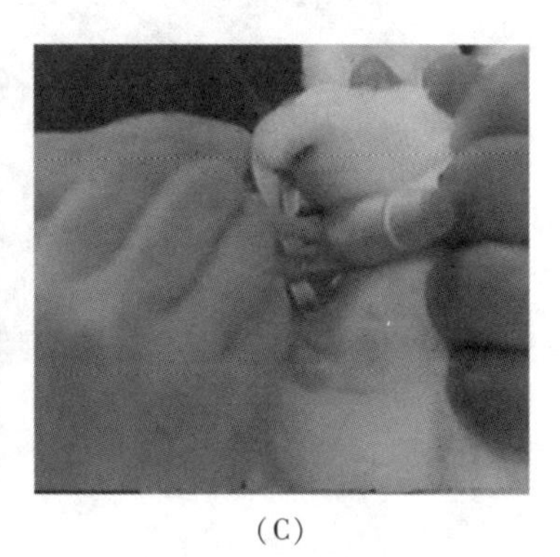

（C）

图 10-15 兔的灌胃给药（双人操作）

（4）比格犬的灌胃给药 比格犬的灌胃给药需有助手协助。灌胃前，助手将比格犬保定在固定架上或采用站立姿势保定，如图 10-16（A），操作者用左手压迫口角部，使犬张嘴，用右手将灌胃导管（可用 12 号十二脂肠管或导尿管代替）头部送进口腔深处，如图 10-16（B），借助犬的吞咽运动，将灌胃导管从咽部插入胃内，灌胃导管是否准确插入胃内，可将导管的另一端放到耳边，判断胃管内有无呼吸声，如图 10-16（C），若无呼吸声，则表明在胃内，也可将胃管浸入盛满水的容器内，观察是否有气泡，若无气泡表明插入位置准确。确认灌胃导管插入胃内后，再接上注射器，注入药液，如图 10-16（D）。为将胃管内的药液完全注入胃内，可向胃管内灌入 10~20mL 的水，最后把胃管缓慢拔出。也可借助木质开口器进行灌胃，如图 10-16（E），确认是否插入胃内的方法与不用开口器的方法相同，如图 10-16（F）。一般犬灌胃导管插入约 20cm，即可到达胃内，犬的灌药量为每只每次 200~250mL。

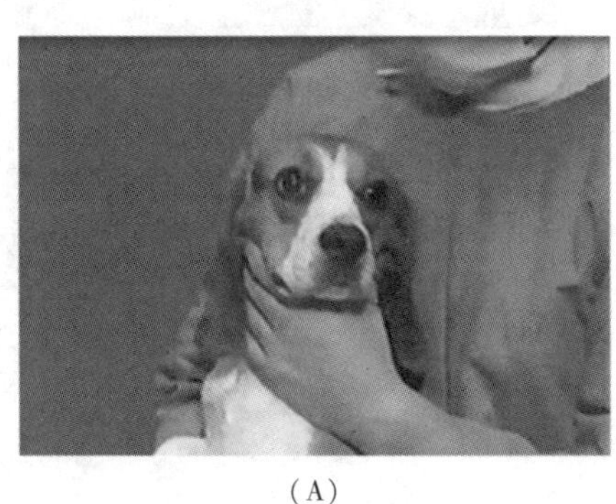

（A）

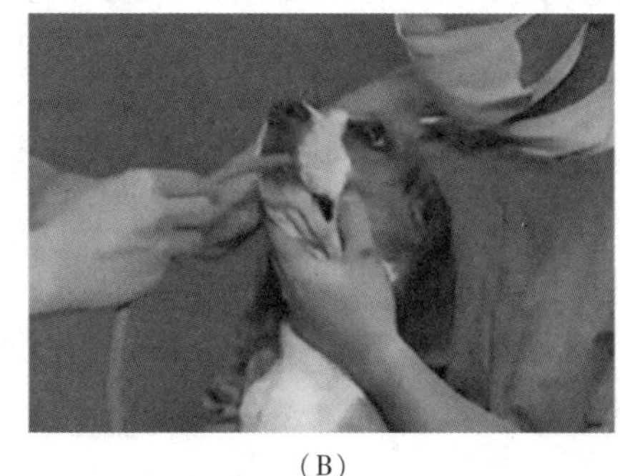

（B）

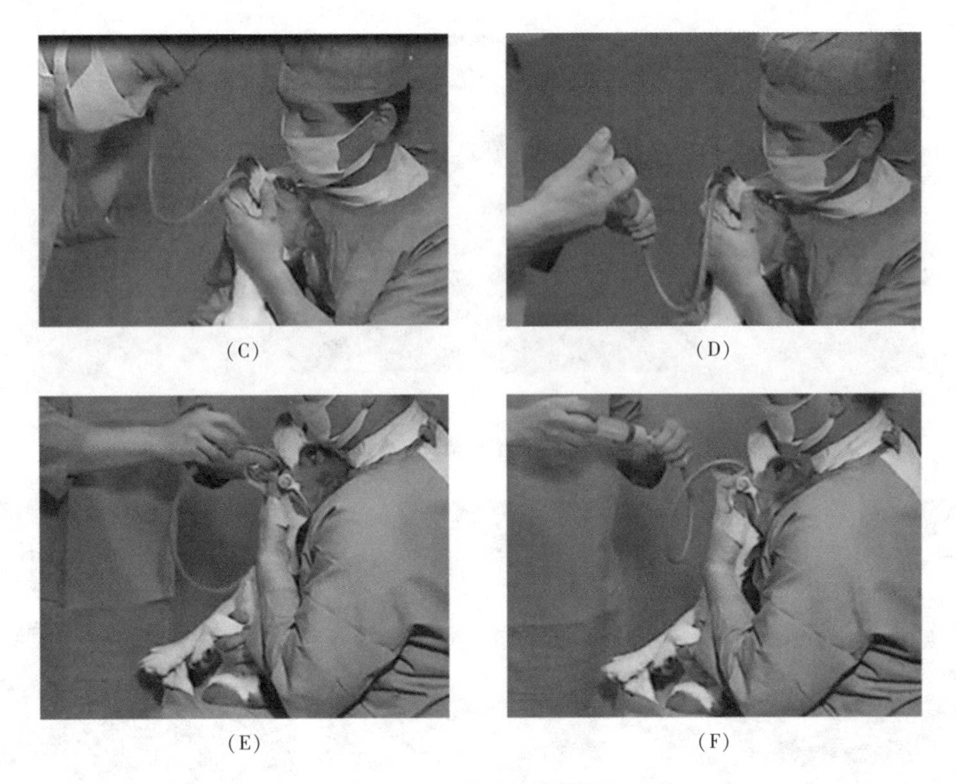
（C） （D）
（E） （F）

图 10-16 比格犬的灌胃给药

（5）小型猪的灌胃给药 小型猪的灌胃方法与比格犬基本相同，需要助手协助。灌胃前，助手保定小型猪的头部，操作者先测量鼻尖到第九肋间的长度，以确定灌胃的深度，在胃管上做标记，确定伸入的长度。在两侧牙齿间放置开口器，将胃管插入开口器的中间，如图 10-17；将胃管浸入盛满水的容器内，观察是否有气泡，若无气泡确认已在胃内，即可注入受试物。

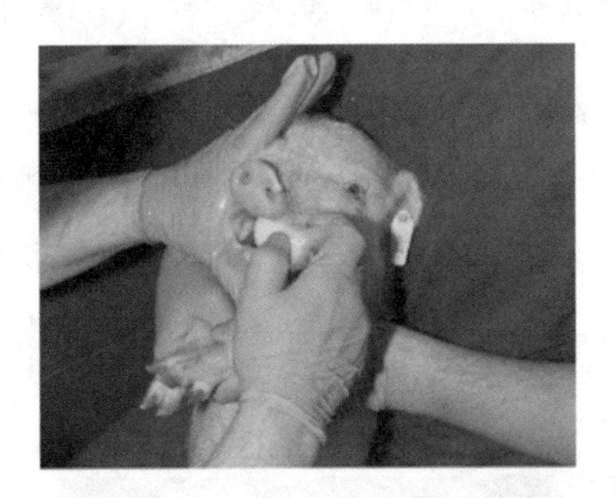
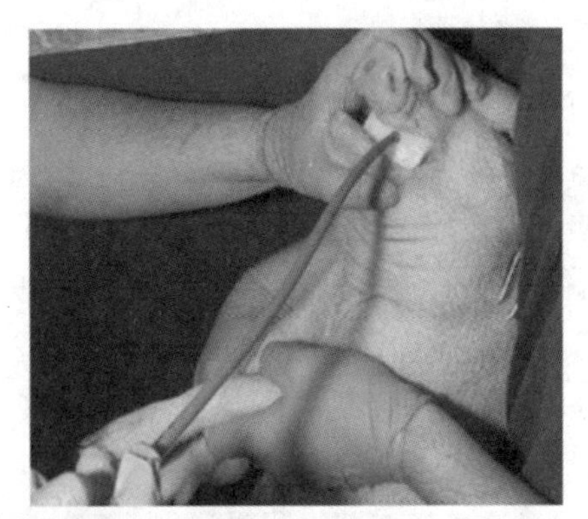

图 10-17 小型猪的灌胃给药

**2. 口服给药** 把药物混入饲料或溶于饮水中让动物自由摄取。此法优点是简单方便，缺点是剂量不能保证准确，因为动物状态和嗜好的不同，饮水和饲料的摄取量不同，就不能保证药物的摄入量，且动物个体间服药量差异较大。另外，室温下有些药物会分解，药物投入量较少时，也很难准确添加。该方法一般适用于动物疾病的防治、药物的毒性观察、某些与食物有关的人类动物模型的复制等。犬、猪、猴和兔等动物在给予片剂、丸剂、胶囊剂时，可用手指将药物送到舌根部，迅速关闭口腔，将头部稍稍抬高，使颈部伸展，可方便其自然吞咽，并确认药物没有被吐出后，方可结束。

对豚鼠进行长期口服给药，一般使用喂饲给药，先将豚鼠保定后，用 1mL 注射器针管直接插入豚鼠口腔进行饲喂，如图 10-18。兔子也可用 2~5mL 注射器针管从口腔侧面插入进行饲喂。

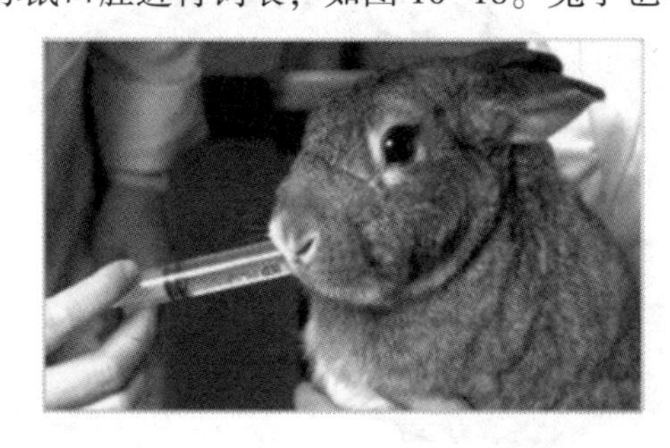

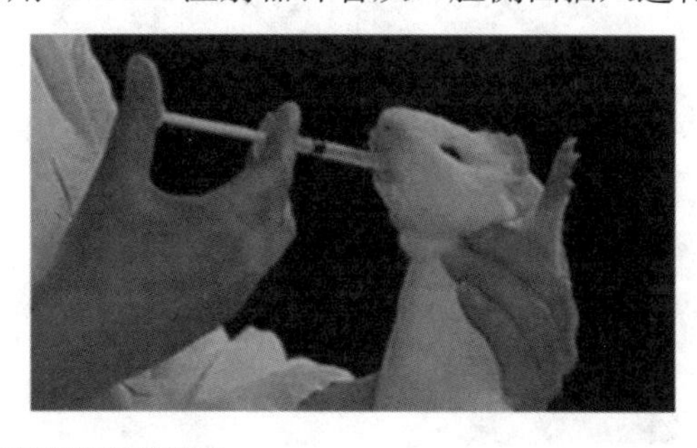

**图 10-18　兔和豚鼠的饲喂给药**

## （二）吸入给药

吸入给药又称呼吸道给药，粉尘或喷雾使用的药物，或需要通过气溶胶感染方式感染的方式进行微生物感染动物实验时，均需要通过呼吸道给药。主要的吸入给药有滴鼻法、气管内滴注法、吸入暴露法等。

**1. 滴鼻法**　适用于鼻腔黏膜吸收的药物或微生物感染。用微量移液管吸取一定量的药液或微生物，少量多次直接滴在动物的两侧鼻孔上，使其吸入。一般小鼠可吸入 25~50μL，大鼠和豚鼠可吸入 50~100μL，兔可吸入 0.5~1.0mL。

**2. 气管内滴注法**　经气管注入毒物是观察毒物经呼吸道进入机体的方法之一。其优点是简单易行，不需复杂设备；染毒剂量较准确；形成中毒或尘肺病理模型速度快；用毒物量少。其缺点为气管注入与自然吸入的毒性作用可能有差异，不能发挥上呼吸道的自卫作用；操作易造成损伤，如操作不当可致动物窒息甚至死亡。因此，此法一般仅限于急性染毒实验，不宜用作慢性染毒或染尘实验。气管内滴注法一般可采用气管暴露法或经喉插入法。

（1）*气管暴露法*　动物麻醉后，仰卧位固定，手术部位脱毛。沿颈部正中线切开皮肤（兔的切口长度一般为 5~7cm），分离皮下组织，于正中线分开肌肉，暴露气管，用注射器直接穿刺气管缓慢地注入药物。也可分离出气管，剔除周围组织，在第 3、4 气管软骨间行气管切开插管，将适量药物滴注入气管。其特点是能够使药物直接作用于肺部，药物在鼻腔、咽喉及上呼吸道无损失，给药时间短，可以实现定量给药。但气管内滴注时，药物在肺部的分散性较差，实验动物可以耐受的体积较小。它最大的缺点在于需要经过手术才能进行给药，难以实现多剂量、长时间给药。此外，为了使实验顺利进行，还必须使用镇痛药，这样可能会对实验结果产生影响。

（2）*经喉插入法*　将小鼠麻醉后放置于气管插管工作台，调节固定器宽度使小鼠固定于台面上，用扣子固定小鼠的上颚牙齿，用带有光源的喉镜暴露声门，如图 10-19（A），将带有细管的注射器通向气管，注射器前端到达气管的 0.3~0.5cm 后可注射药物，然后拔出，小鼠在保温器下保温并恢复清醒。也可用于小鼠气管插管，使气管插管缓慢进入口腔，在喉镜观察下，朝声门位置轻轻插入插管，如图 10-19（B），插管完全进入气管后，撤下喉镜，拔出插管中间的钢丝。给药前，要检验插管是否在气管中，即用一小镜子，倾斜靠近插管一段，观察镜子上是否有水汽，如图 10-19（C），有水汽的话表示插管在气管中，用棉线固定气管插管在口腔上，如图 10-19（D）。大鼠气管给药方法与小鼠相同，只是大鼠在注射器前端到达气管 1.0cm 后，方可注入药物。

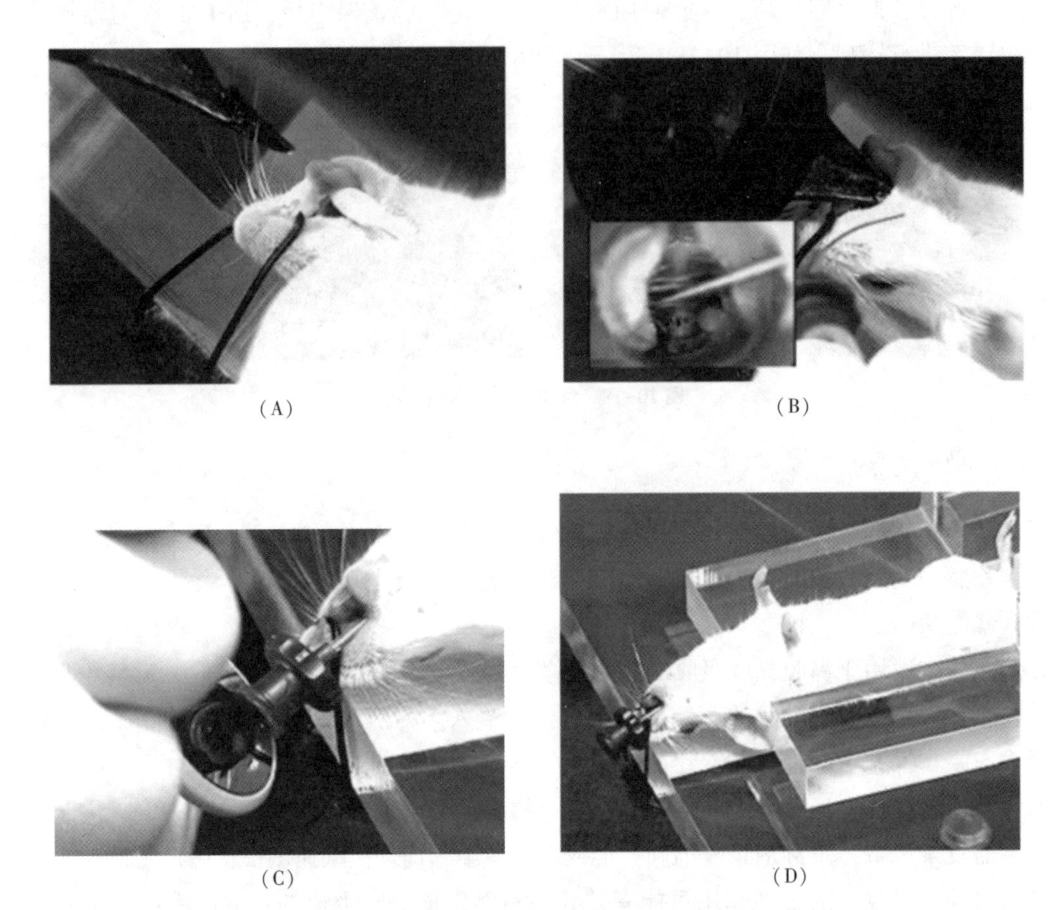
(A) (B) (C) (D)

图 10-19 小鼠经喉插入给药

**3. 吸入暴露法** 将动物整个身体或鼻腔暴露于给药环境内。吸入暴露染毒是化学品/药物（如烟雾、气溶胶、粉尘、复杂混合物等）毒理学和药理学中必不可少的研究方法。暴露实验广泛应用于毒理学、药效学和药代动力学研究及动物建模等实验中，其实验结果也被越来越广泛地认为是毒性评价的重要指标。典型的吸入暴露染毒研究系统，有全身暴露吸入染毒和口鼻式暴露吸入染毒两种方法。全身暴露染毒是将动物暴露在吸入器环境，而口鼻式暴露吸入染毒是接口式，只通过动物的鼻部呼吸接触到被测物质，有效防止动物的皮肤、口腔接触到被测物质。现在均有相关专用装置，如图 10-20。

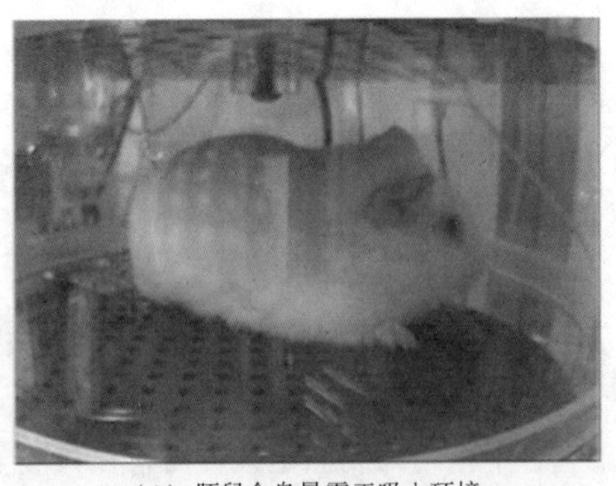
（A）豚鼠全身暴露于吸入环境

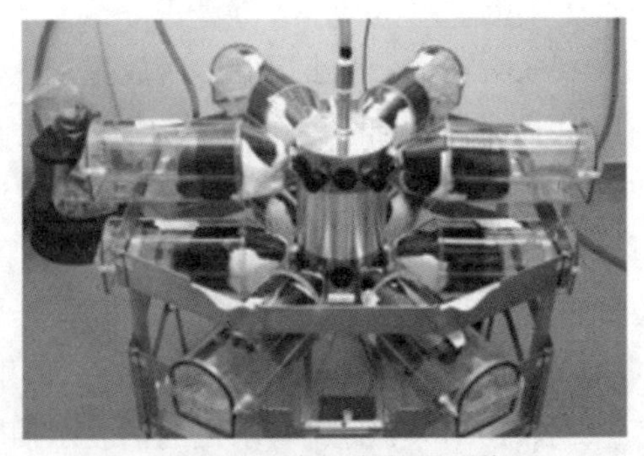
（B）大鼠口鼻部暴露吸入系统

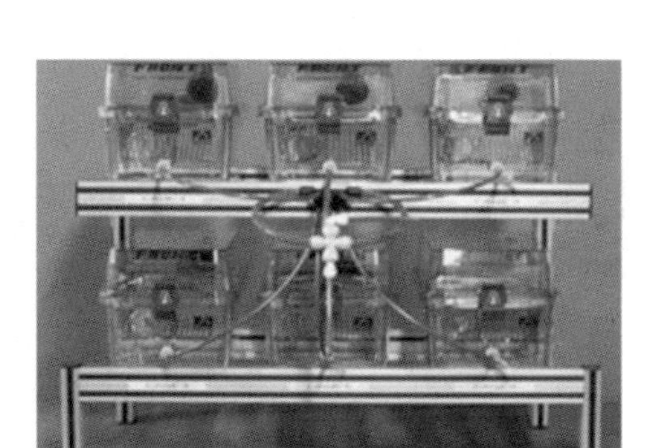

(C) 啮齿类动物全身暴露吸入系统

**图 10-20 口鼻部与全身吸入暴露系统**

## (三) 注射给药

**1. 皮下注射** 常用的大鼠、小鼠的皮下注射部位为颈部、背部，也可在下腹部两侧。Beagle犬皮下注射一般在颈背部、胸椎、腰椎等部位，尤其是颈背部，皮肤相对松弛，皮下注射比较理想。小型猪皮下注射的部位在颈后部，因背部皮肤与脂肪层紧贴着，进行皮下注射比较困难，只有颈部后面的皮下脂肪最薄，皮肤疏松，适合皮下注射。豚鼠和兔的皮下注射一般在大腿内侧、颈背部、肩部、腹部横向侧等部位。小鼠颈背部皮下注射方法：固定小鼠后，用拇指和食指捏住已消毒的动物颈背部皮肤上提，从头侧的颈背部或背部成三角形的皮肤皱褶处刺入注射针，如图10-21（A）。针头稍向左右摆动，如容易摆动则说明已进入皮下。轻拉针筒，确认没有血液流入后将溶液注入。注射后拔出针，按压片刻确认无注射液漏出，用75%酒精棉球消毒注射部位。大鼠背部皮下注射时将大鼠头部用棉布盖住，如图10-21（B、C），可减少动物应激，也符合实验动物福利。

**2. 皮内注射** 此法用于观察皮肤血管通透性变化或皮肤反应。大鼠、小鼠、豚鼠和兔的皮内注射部位通常选用背部脊柱两侧的皮肤。注射前将注射部位的被毛剪去，用75%酒精棉球消毒注射部位，用注射器带4号注射针头斜着20°~30°刺入皮下，之后在皮下几乎和皮肤平行的方向走行3~5mm，然后向上挑起再稍刺入皮内，注射药物。当药物注入皮内时，感觉阻力很大，并可见皮肤表面马上鼓起一个白色小皮丘。如皮丘不很快消失，说明药物注射在皮内；如很快消失，就可能注射在皮下，应重换部位注射。每个点注射体积：小鼠不超过50μL，大鼠和豚鼠最多注射100μL，兔最多注射250μL。

**3. 肌内注射** 肌内注射的部位一般选择肌肉丰满而无大血管和神经的部位。大鼠、小鼠肌内注射一般在大腿外侧，如图10-22（A），注射时，用75%酒精棉球消毒将要注射的部位，注射

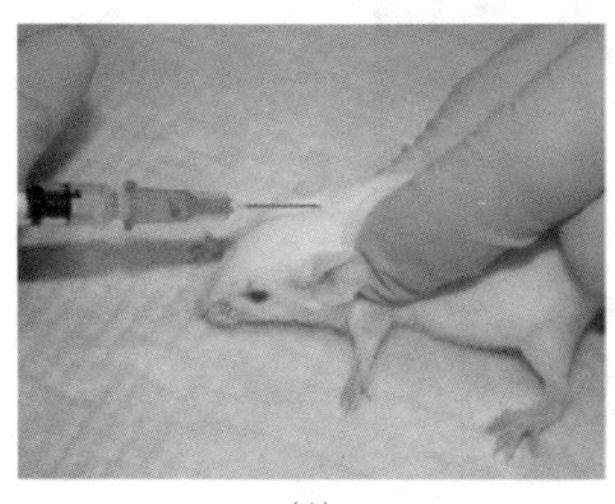

(A)

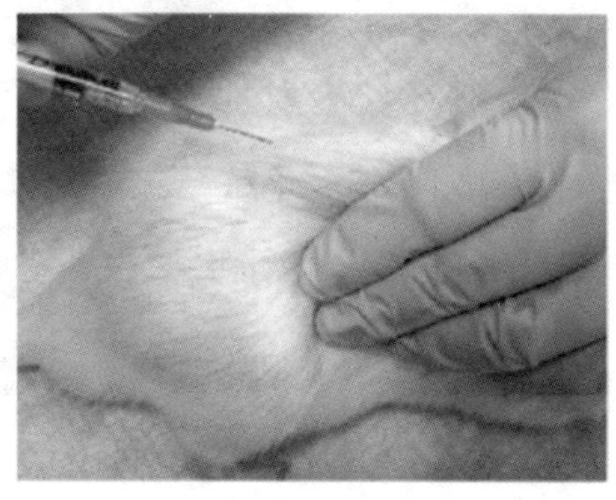

(B)

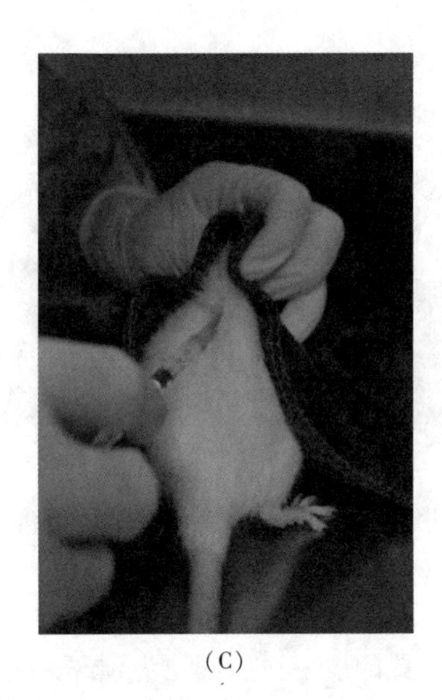

（C）

图 10-21 小鼠颈部皮下注射和大鼠背部皮下注射

针斜着 45°进针入后肢大腿根部，如图 10-22（B），回抽注射器，确保注射部位准确。若注射器内有血，表明注射部位有误，在这种情况下，必须重新定位进针。假如没有回血，慢慢注射药物，然后拔出，如有出血，用纱布或干棉球止血。建议大鼠肌内注射前用棉布盖住大鼠头部保定，如图 10-22（C），可减少动物应激，并符合实验动物福利。

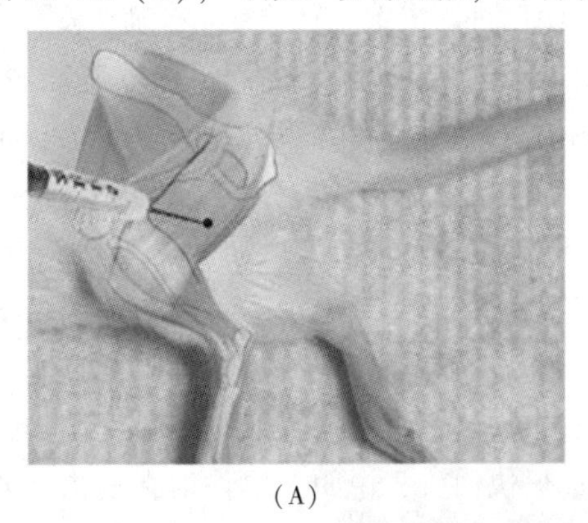

（A）

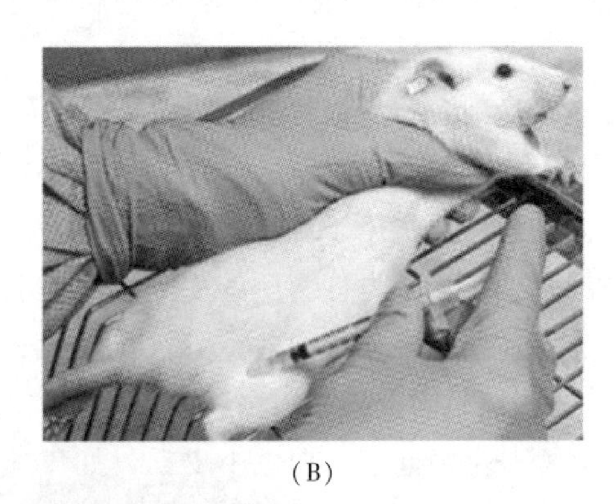

（B）

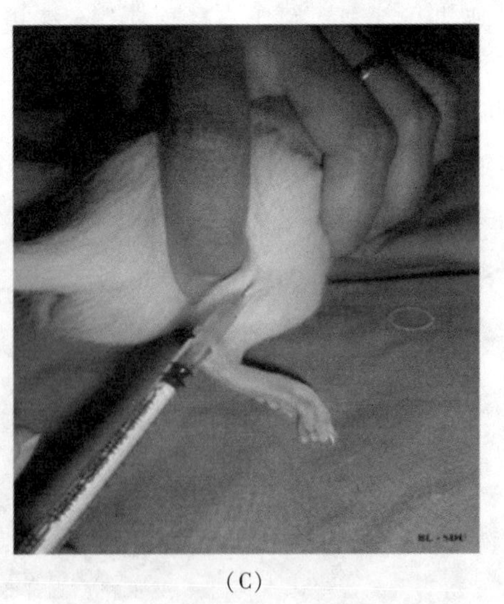

（C）

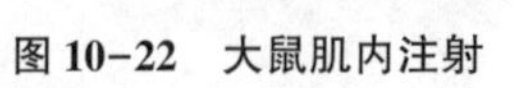

图 10-22 大鼠肌内注射

豚鼠、兔的肌内注射一般选择大腿部、四头肌和腰背部肌肉，肌内注射方法与大小鼠类同。Beagle 犬的肌内注射一般选取臀部或大腿后部的肌肉，小型猪一般选择耳后部、颈部或大腿后部的肌肉。

**4. 腹腔注射**　腹腔注射的部位是在下腹部腹中线两侧，如图 10-23（A），避免伤及脏器。注射时，需使头部稍向后仰，如图 10-23（B），以使下腹部脏器上移。以 75%酒精棉球消毒注射部位，消毒时要逆着被毛方向和顺着被毛方向均涂擦若干遍，使皮肤和被毛得到充分的消毒。先将注射器针头刺入皮肤，进入皮下后，向下倾斜针头，以约 45°刺入小鼠腹腔。注意：穿透腹膜后，针尖的阻力消失。回抽注射器，如无回血或液体即可注入药物，注射完毕后拔出针，用酒精棉消毒注射部位。豚鼠腹腔注射，如图 10-23（C）。大鼠腹腔注射可保定于网盖或粗糙平台上，然后将后肢和尾部固定并往上提起，如图 10-23（D）；暴露后腹部注射药物，如图 10-23（E）。建议注射前用棉布盖住大鼠头部进行保定，如图 10-23（F），可减少动物应激，符合实验动物福利。

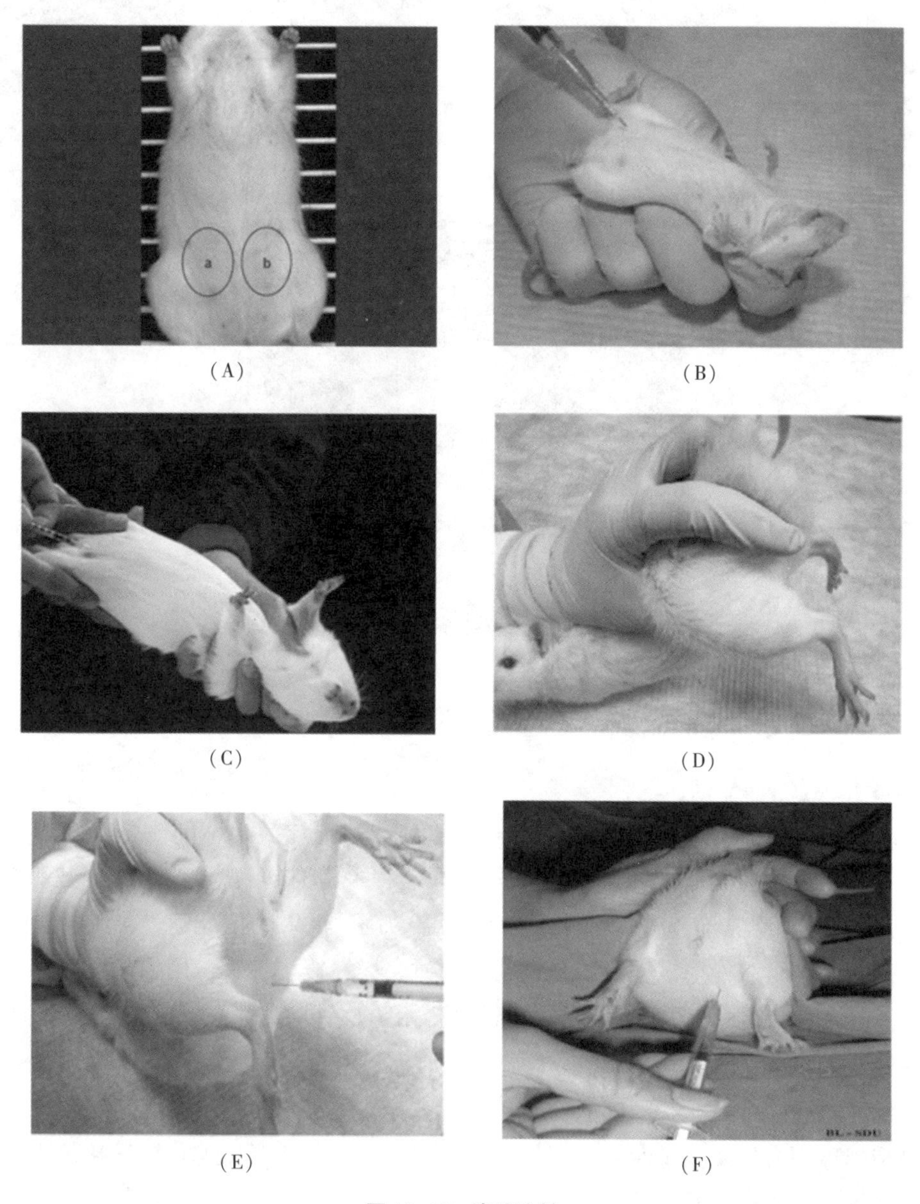

图 10-23　腹腔注射

**5. 静脉注射**

（1）大鼠、小鼠尾静脉注射　将大鼠、小鼠固定，尾巴置于45~55℃水浴中浸泡1~2分钟或用酒精擦拭使血管扩张。用左手中指和拇指将尾拉直，食指托住尾部。将尾部消毒后，右手持带有4号针头或头皮针的注射器在尾后1/3处刺入尾静脉。先注入少许药物，观察针头确已进入尾静脉，然后即可缓慢注入剩余药物。注射完毕拔出针头，用无菌棉球压迫止血。注射量为每只小鼠0.2~1.0mL，大鼠为0.5~2.0mL/100g体重。大鼠注射药物较多时，建议使用头皮针注射，在注射过程中易保持针头的位置（如图10-24）。

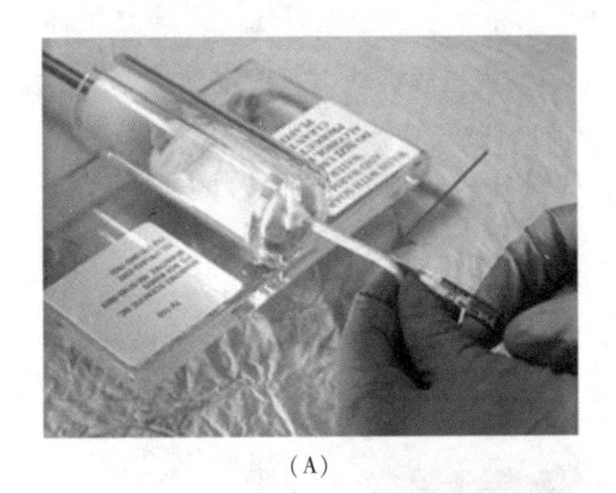

（A）

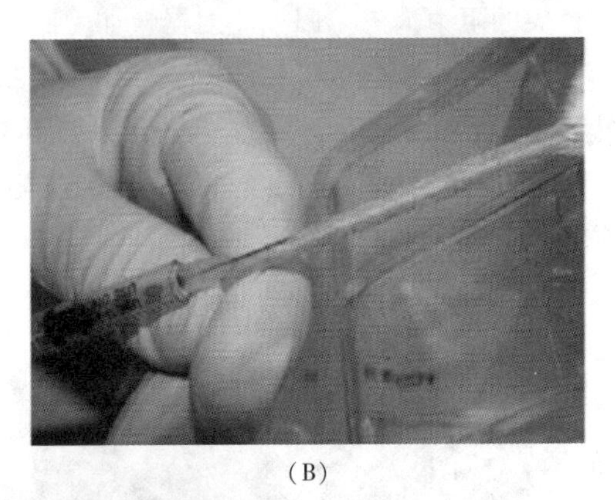

（B）

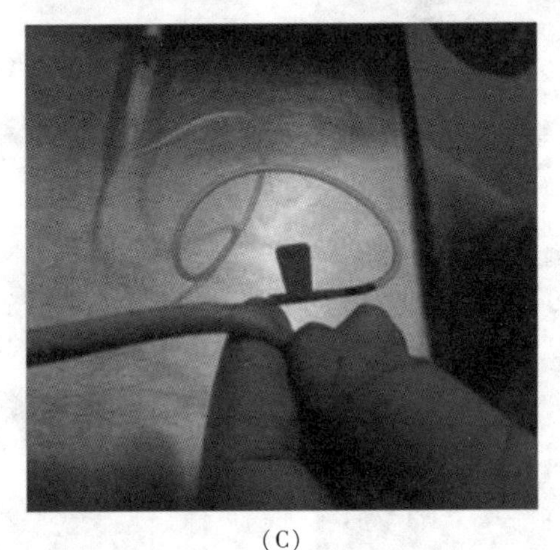

（C）

**图10-24　尾静脉注射**

（2）耳缘静脉注射

① 兔耳缘静脉注射　将兔用保定盒保定，用75%酒精棉球消毒耳部注射部位的皮肤，促使耳缘静脉充盈。然后用左手拇指和食指压住耳尖部，右手持有4~6号针头或头皮针的注射器，顺血管平行方向刺入静脉，进针约1cm，回抽注射器，确保注射部位准确。若注射器内有血，表明注射部位准确，即可缓慢稳定地注入受试物。注射完毕，拔出针头，用棉球压迫止血。注射量一般不超过5mL/kg。在注射药物量较多时，建议使用头皮针注射，便于注射操作，且在注射过程中易保持针头的位置（如图10-25）。

② 小型猪耳缘静脉注射　此注射方法需有助手协助完成操作。在注射前，助手将小型猪保定后，用酒精棉球用力反复擦拭及轻弹猪耳，助手用大拇指和食指压迫耳缘静脉，使其充盈，必要时可用胶管等压迫耳根阻断血液回流使静脉清晰显露。可用4~6号针头或头皮针从耳壳远端静脉分叉处前刺入皮下，再刺入静脉分叉处，平行刺入静脉。若回抽有回血，表明已在静脉。然

后助手放开大拇指，开始缓慢稳定地注射受试物。若注射时针头未进入静脉或受试物漏出，可见注射局部表皮发白、皮下鼓胀，且受试物推注阻力很大，应停止注射重新刺入。注射完毕后用纱布或棉球压迫止血。小型猪静脉注射一般采用缓慢注射方式时最多 5mL/kg，快速注射方式时最多 2. 5mL/kg。在注射药物量较多时，建议使用头皮针注射，便于注射操作，且在注射过程中易保持针头的位置（如图 10-26）。

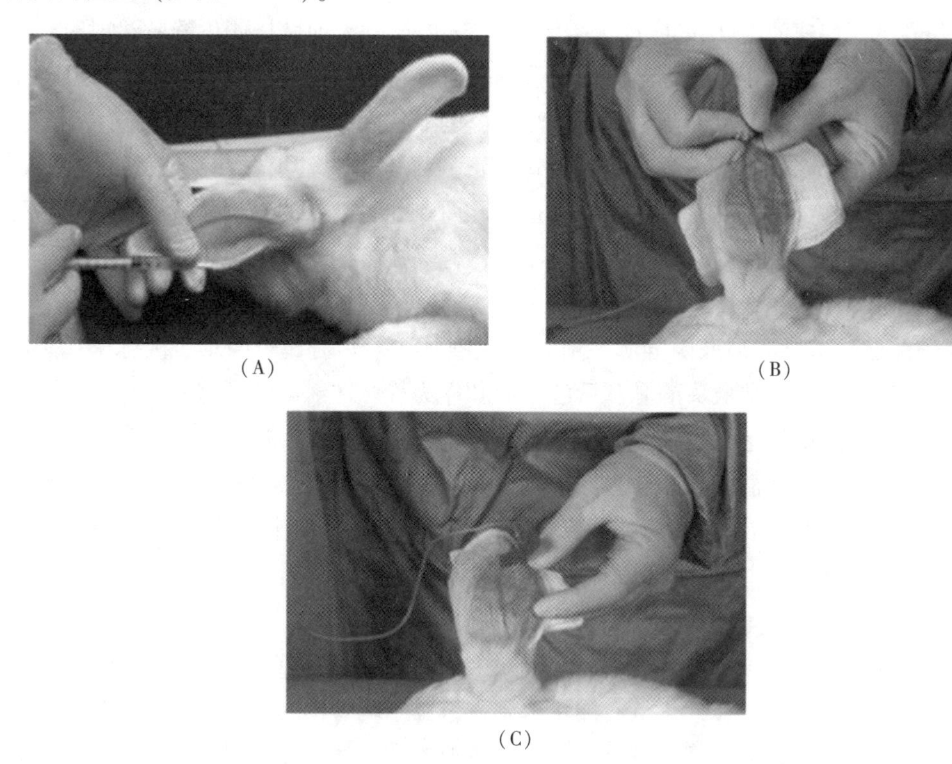

（A）　（B）　（C）

图 10-25　兔耳缘静脉注射

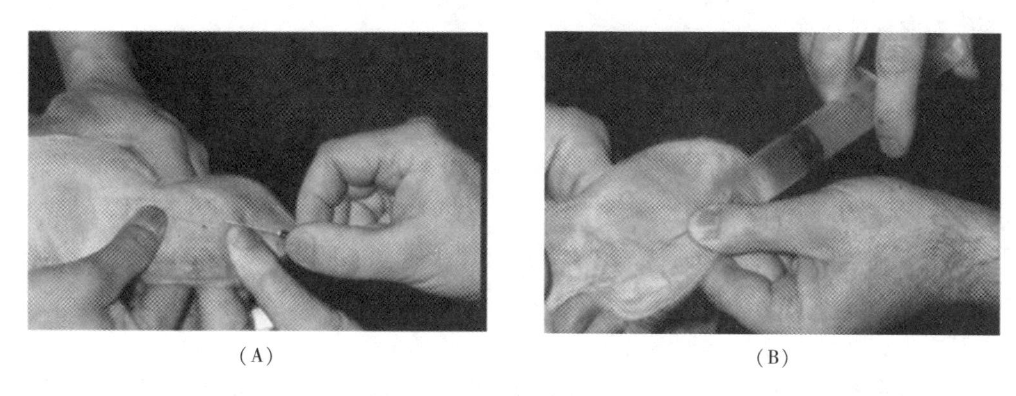

（A）　（B）

图 10-26　小型猪耳缘静脉注射

（3）足背正中静脉注射　大鼠、豚鼠和比格犬等常用足背正中静脉注射药物。此注射方法需有助手协助。注射时，助手将动物足关节拉直保定，操作者在注射位置进行皮肤消毒；用左手大拇指将血管向刺入部位方向稍做挤压，使静脉扩张；右手将 4 号注射针头或头皮针与血管平行刺入隆起的静脉，出现回血后缓慢注入药液，将挤压的手放松，以使血流恢复正常。注射后按住注射部位，用纱布或棉球止血。

（4）前肢静脉注射和后肢隐静脉注射

① 小型猪头静脉注射和后肢大隐静脉注射　注射时，助手将小型猪进行适当保定后，抓住

小型猪的一侧前肢或用手拉直小型猪的一条后腿，对注射位置进行皮肤消毒，助手用大拇指轻压血管，使头静脉或后肢大隐静脉扩张，操作者将4~6号针头或头皮针刺入头静脉或后肢大隐静脉。回抽注射器，若有回血，则表明针头刺入位置正确；若回抽无回血，则应重新定位刺入。此时，在注射前助手松开大拇指，缓慢稳定地注射受试物。注射完毕后，拔出针头，用纱布或棉球止血。

② 犬前肢桡侧皮静脉和后肢浅表隐静脉注射　犬的静脉注射部位一般选择前肢桡侧皮静脉和后肢浅表隐静脉。快速注射2.5mL/kg，缓慢注射5mL/kg。犬前肢桡侧皮静脉注射时，将犬的前肢大腿抓紧固定，用拇指压迫膝关节，使皮静脉充盈，将犬的前肢大腿从外向内握住，则能看到前肢中央纵行的皮静脉。若后肢浅表隐静脉注射，则抓住后肢大腿，拉直膝关节，绷紧大腿肌肉，即可显露出浅表小隐静脉。用75%酒精棉球消毒后将4~6号注射器针头或头皮针刺入针管，回抽会在针筒内或头皮针内见到血液，表明已在静脉内，此时助手的手稍作放松，则可将受试物缓慢注入；若回抽无血或在注射时皮下鼓胀，则应将针头拔出，重新定位刺入。注射完毕后，拔出针头用纱布或棉球压迫止血。

③ 豚鼠的前肢头静脉和后肢隐静脉注射　豚鼠静脉注射相对比较困难，因豚鼠无尾巴，而耳静脉又细小，因此，常用前肢头静脉和后肢隐静脉作为静脉注射部位。将豚鼠保定后，用剪毛剪或刀片去除静脉周边的被毛，用75%酒精棉球消毒注射部位的皮肤，用止血带束缚静脉使其静脉扩张或采用手加压扩张静脉。用4号注射器针头或头皮针平行于静脉刺入，释放止血带或解除压迫。为确保位置合适，针头刺入静脉管腔的距离至少3mm，回抽注射器见回血，则表明针头刺入位置正确，可缓慢稳定地注入受试物，避免血管破裂。注射完毕后，拔出针头，用纱布或棉球止血。

（5）*小型猪前腔静脉注射*　根据注射要求，适当地限制小型猪，用75%酒精棉球消毒注射部位。为了避免损伤迷走神经，针头从右侧颈部刺入，位于胸骨柄的外侧，与左肩呈30°~45°斜度。当刺入静脉后，有一种突破感，并且血液会很快地流出。回抽注射器，若有回血，则表明针头刺入位置正确。此时，在注射前助手松开大拇指，缓慢稳定地注射受试物。注射完毕后，拔出针头，用纱布或棉球止血。

**6. 脚掌注射**

（1）*大鼠和小鼠脚掌注射*　脚掌注射时，一般取后脚掌，因前脚掌需用以取食。注射时，先将小鼠需注射的脚掌消毒，然后将针尖刺入脚掌约5mm，推注药液。一次最大注射量为0.25mL。

（2）*豚鼠、兔脚掌注射*　由助手固定好豚鼠，使其脚掌面向操作者。用棉签蘸水将脚掌洗净，特别是脚趾之间，再用酒精棉球消毒。然后用7号针头刺入脚掌约10mm，缓慢注入药液。兔脚掌注射方法与豚鼠相同。

**7. 关节腔内注射**　家兔做关节腔内注射时，将家兔麻醉后仰卧位固定于兔固定台上。剪去关节部位被毛，消毒后用左手从下方和两旁将关节固定，在髌韧带附着点外上方约0.5cm处进针。针头从上前方向下后方倾斜刺进，直至针头遇阻力变小为止，然后针头稍后退，以垂直方向推到关节腔中。针头进入关节腔时，通常有好像刺破薄膜的感觉，表示针头已进入关节腔内，即可注入药物。

## 四、采血方法

动物实验研究中，经常要采集实验动物的血液进行血液学、血液生化学、分子生物学等各种指标的分析，而不同动物种类、不同采血方法和途径，能采集的血液量多少不一样，且不同来源血样的化学成分不一样，血样的性质也不同。如动脉血含氧丰富，静脉血含机体代谢物较多，检

测血液学和血液生化学指标常用静脉血，检测血气状况、血液酸碱平衡、水盐代谢等指标须用动脉血。因此，正确掌握采血的技术和方法不但是保证实验分析研究的需要，也是保障实验结果正确的一个重要环节。采血时，应根据实验目的、所需的采血量、血样品质和动物种类以及对动物福利的影响，合理选择采血方法和采血途径。

### （一）大鼠、小鼠的采血

大鼠和小鼠常用的采血方法有眼眶后静脉丛采血、面静脉和颌下静脉采血、尾静/动脉穿刺采血、尾静脉切割和剪尾采血、足背正中静脉采血、后肢隐静脉采血、颈动/静脉采血、股动/静脉采血、腹主动/静脉采血、心脏采血等，可根据不同的实验研究需要进行选择。也有用摘眼球取血和断头取血的方法，但摘眼球和断头因伴有组织渗入而影响血样成分，同时也不符合动物福利，因此不建议使用。

**1. 大鼠和小鼠眼眶后静脉丛穿刺采血**　用左手拇指和食指抓住鼠两耳之间的皮肤使鼠固定，并轻轻压迫颈部两侧，阻碍静脉回流，使眼球充分外突，提示眼眶后静脉丛充血。右手持特制的玻璃采血管，将采血管尖端插入内眼角与眼球之间，轻轻向眼底方向刺入，小鼠刺入 2～3mm 深，大鼠刺入 4～5mm 深，当感到有阻力时即停止刺入，旋转采血管以切开静脉丛，血液即流入采血管中。采血结束后，拔出采血管，用无菌干棉球压迫止血。用本法在短期内可重复采血。小鼠一次可采血 0.2～0.3mL，大鼠一次可采血 0.5～1.0mL。

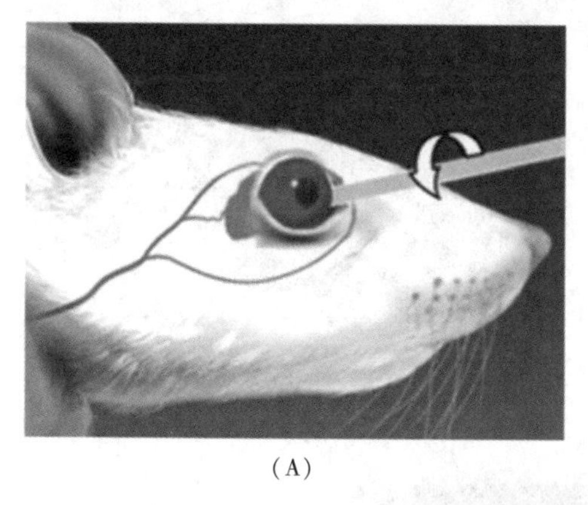

（A）

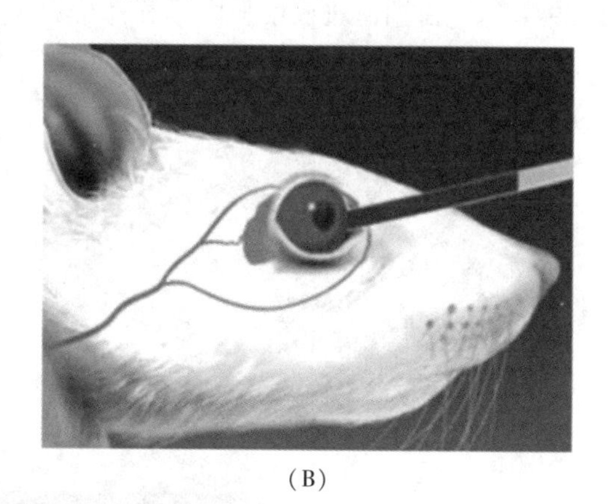

（B）

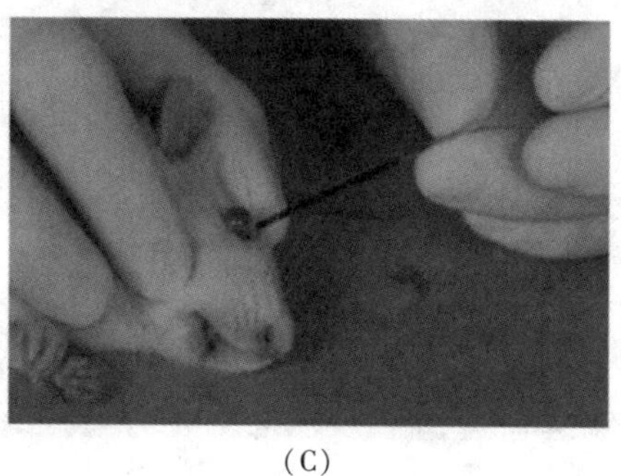

（C）

**图 10-27　小鼠眼眶后静脉丛穿刺采血**

**2. 大鼠和小鼠面静脉和颌下静脉采血**　鼠面静脉（上颌静脉）和颌下静脉血管位置较浅，容易采集。上颌静脉在鼠的眼眶后凹陷处，如图 10-28（A）；而颌下静脉是在下颌骨后方咬肌边缘，尤其是白色鼠，能看到一个很明显的黑斑，如图 10-28（B）。采血时，用左手将鼠保定，用 75%酒精棉球消毒采血部位，采血针迅速刺入面静脉或颌下静脉，拔出后血液流出，立即将

血滴入集血管中。采血结束，立刻用灭菌干棉球压迫止血。小鼠一次可采血 0.3～0.5mL，大鼠一次可采血 1～1.5mL。

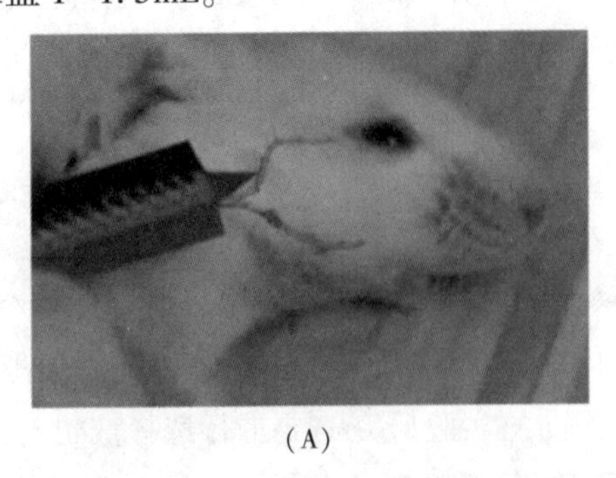

（A）

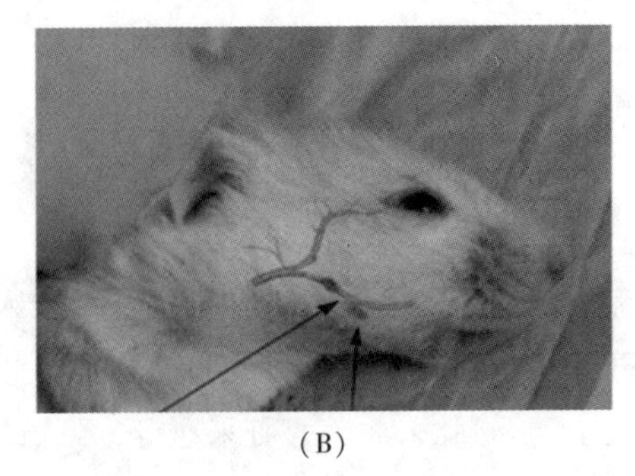

（B）

图 10-28 小鼠面静脉采血点

**3. 大鼠和小鼠尾静/动脉穿刺采血** 尾静/动脉采血可以不麻醉，鼠尾两侧皮下尾侧静脉和背部皮下背侧静脉，位置浅，易固定和操作，常用于鼠尾静脉采血。采血时，先将鼠尾置于 45～55℃水浴中浸泡 1～2 分钟或用酒精棉球擦拭使血管充盈，用 4 号针头或头皮针与血管平行刺入尾静脉，见回血即可缓慢抽取，如图 10-29（A）。小鼠一次可采血 0.3～0.5mL，大鼠一次可采血 1～1.5mL。鼠尾腹侧有一根尾中动脉，用于尾动脉采血。采血时，将鼠在固定器中仰卧固定，如图 10-29（B），采血操作与尾静脉采血相同，此方法可采集血量较大。使用头皮针采血，如图 10-29（C），在抽血过程中易固定和保持针头的位置。

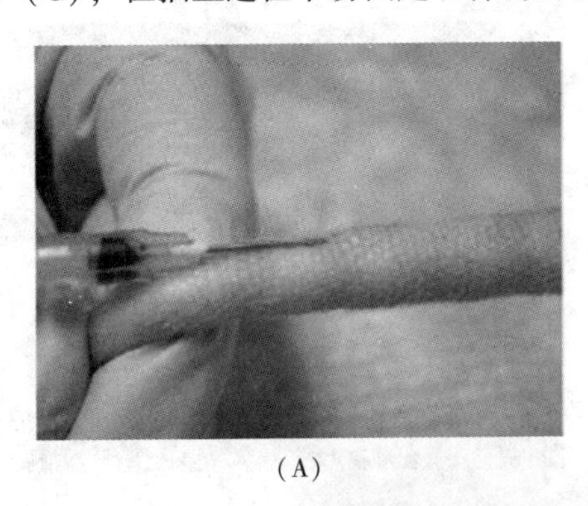

（A）

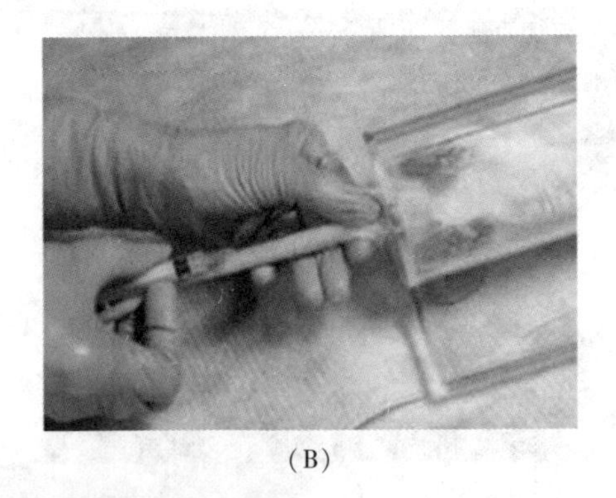

（B）

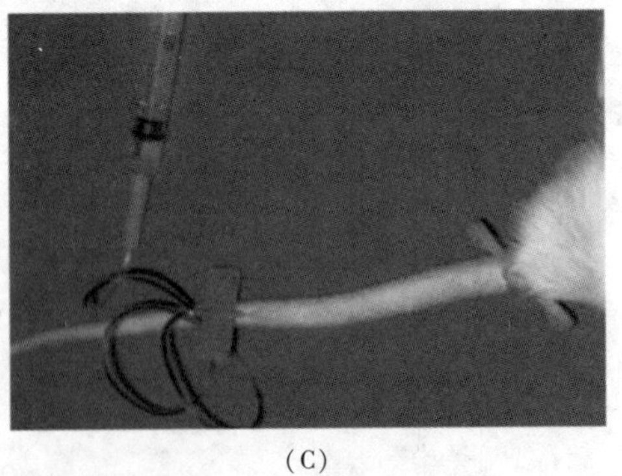

（C）

图 10-29 大鼠尾静/动脉采血

**4. 大鼠和小鼠尾静脉切割和剪尾采血** 将鼠固定后，尾巴用酒精棉球涂擦或温水（45～55℃）浸泡，使尾静脉充盈。用锋利刀片切断一根尾静脉，血液即由切口流出。尾部三根静脉交替切割，并由尾尖部向尾根部移行，可长期连续多次采血。切割后用灭菌干棉球压迫止血。亦可直接用剪子剪去尾尖，尾静脉血即流出几滴。用此法采血量不多，可用作一般血常规等。也可

直接将尾尖部剪去 0.1~0.5mm 组织，用手由尾根至尾尖按摩使血液流出，血流缓慢呈滴状，将血滴入集血管中或用毛细血管吸取，剪尾仅限于尾尖 5mm。采血结束，立即用灭菌干棉球压迫止血。小鼠一次可采血 0.05~0.1mL，大鼠一次可采血 0.1~0.2mL（如图 10-30）。

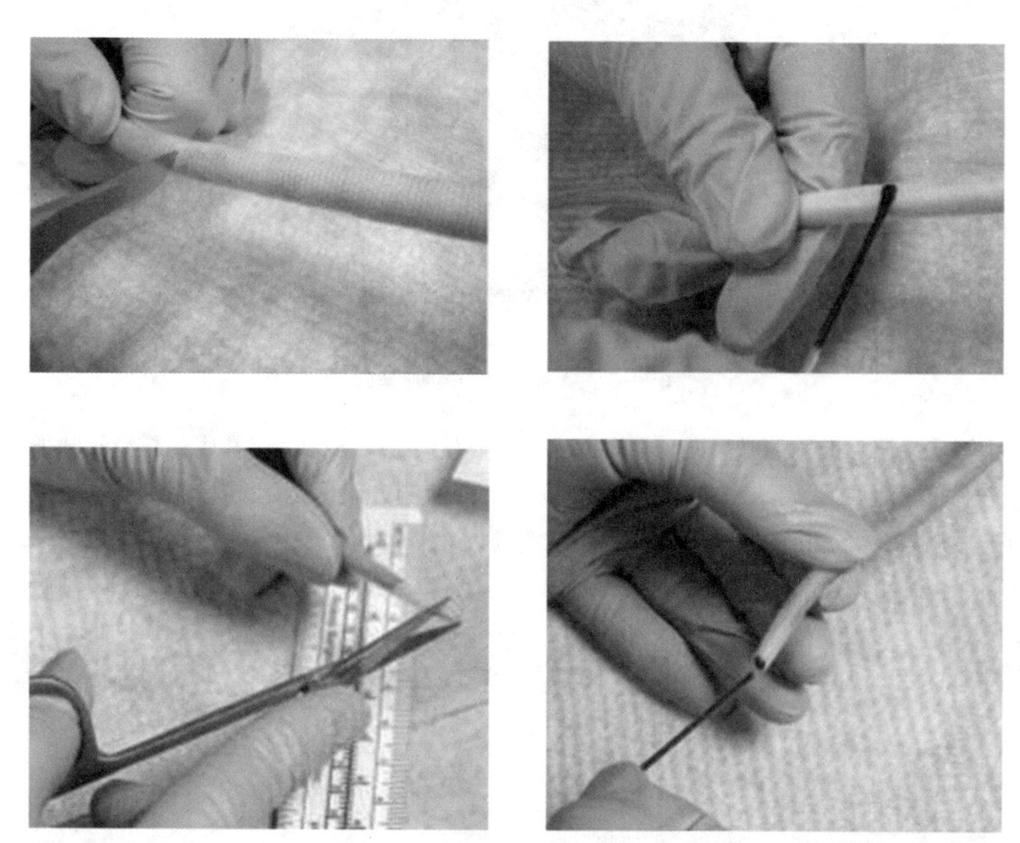

**图 10-30　大鼠尾静脉切割和剪尾采血**

**5. 大鼠和小鼠足背正中静脉采血**　在需要较少采血量时常用此方法。采血时，助手将大鼠踝关节拉直固定，如图 10-31（A），操作者消毒后拉住足部用注射针刺破足背正中静脉，即刻有出血，用毛细血管进行吸取，如图 10-31（B）。大鼠还可用针头插入足背正中静脉采集，如图 10-31（C）。采血后用灭菌纱布或灭菌干棉球压迫止血。

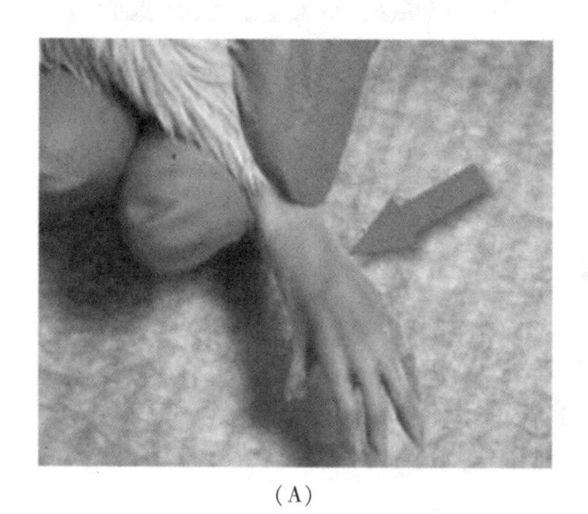

（A）

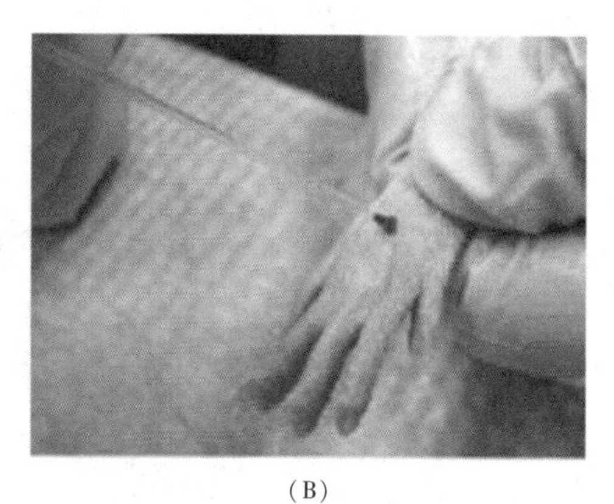

（B）

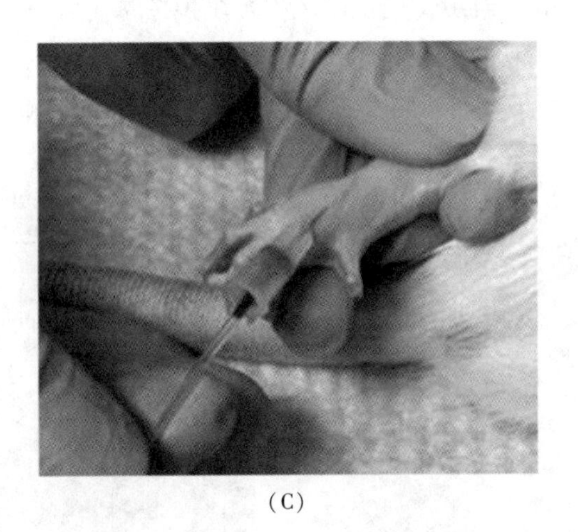

（C）

图 10-31 大鼠足背正中静脉采血

**6. 大鼠和小鼠后肢隐静脉采血** 在需要较少采血量时，大鼠和小鼠常用后肢隐静脉采血。后肢小隐静脉位于后肢胫部下 1/3 的外侧浅表皮下，由前侧方向后行走。采血时，助手将小鼠保定，分开两后肢，舒展鼠的股部和尾部，操作者进行局部剃毛，并消毒采血部位，用左手握紧剃毛区上部或扎上止血带，使下部静脉充血，如图 10-32（A），用右手将注射器针头刺入静脉，左手放松，右手以适当的速度抽血。也可用注射针直接刺破隐静脉，即刻有出血，将血滴入集血管中或用毛细血管进行采血，如图 10-32（B、C）。采血结束，立即用灭菌纱布或干棉球压迫止血。

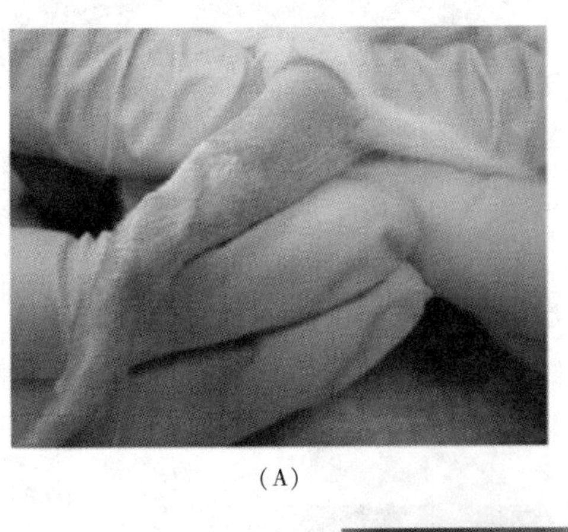

（A）

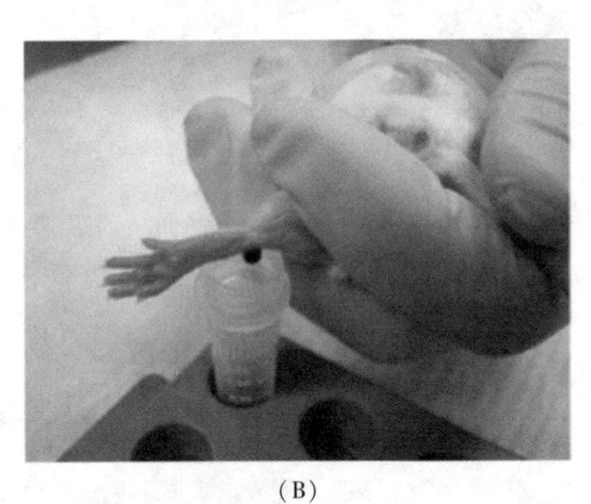

（B）

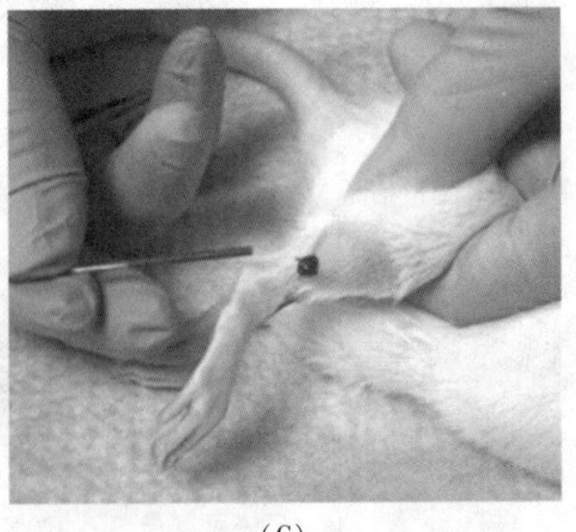

（C）

图 10-32 小鼠后肢隐静脉采血

**7. 大鼠颈静脉采血**　颈静脉位于鼠颈部两侧，如图 10-33（A），位置较浅，容易操作。将鼠麻醉后保定于操作台板上，使头颈伸直，剃除抽血部位的被毛，如图 10-33（B）。采血时，用左手拇指按颈部另一侧，固定颈部皮肤，用 4 号注射器针头或头皮针朝心方向与鼠身平行插入，如图 10-32（C），即见回血，可缓慢抽取血液。采血结束，用灭菌纱布或干棉球压迫止血。

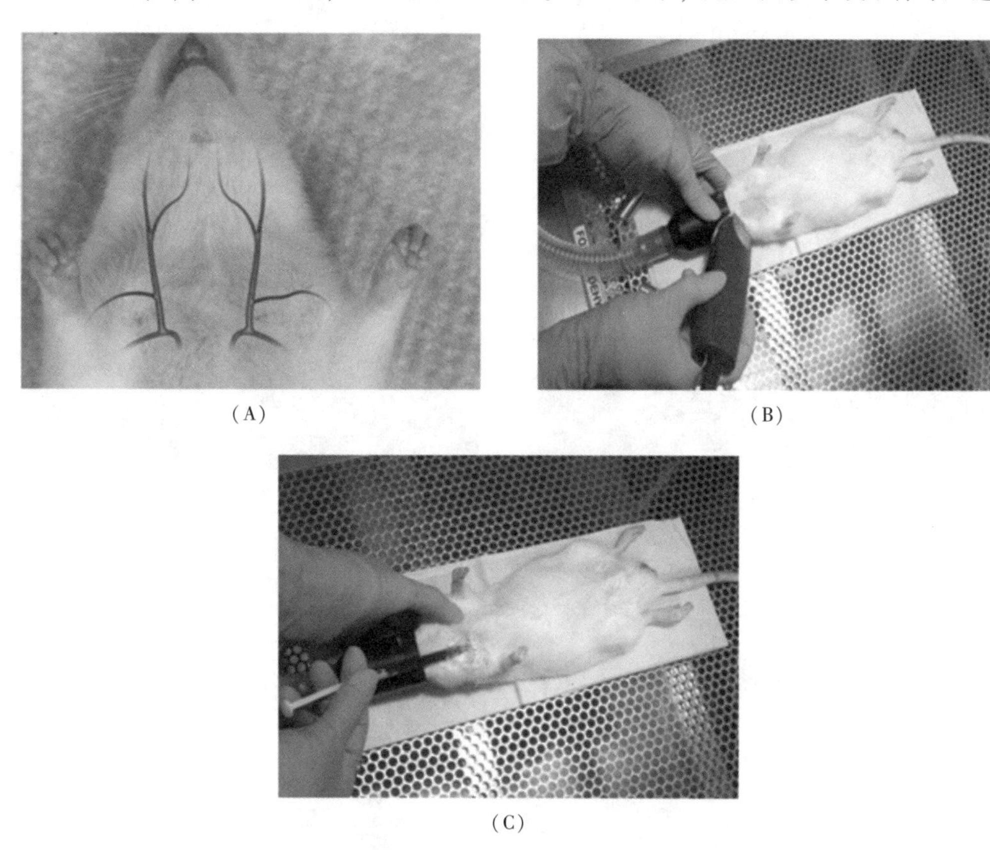

（A）　（B）

（C）

图 10-33　大鼠颈静脉采血

**8. 大鼠颈动脉采血**　将大鼠麻醉后保定于操作台板上，使头颈伸直，剃除抽血部位的被毛，沿颈部正中线切开皮肤，长约 1～1.5cm，分离肌肉和筋膜，暴露出气管，分离出一侧颈动脉，并用无齿镊对近头颈动脉进行位置固定，用针头朝心方向刺入血管，注射器直接抽取。也可做动脉插管术，用采血瓶收集血液。

**9. 大鼠股动/静脉采血**　此方法常用于采血量较大或需要连续采血时。采血时，将大鼠麻醉，卧位固定于保定台上，伸展后肢向外伸直，大鼠腹股沟处做 0.3～0.5cm 的皮肤切口，暴露一侧的股动脉、股静脉，将针头直接刺入血管即可抽血。也可分离出股动脉，长度为 0.3～0.5cm，做股动脉插管术和皮下隧道术，将动脉插管引至颈背部，并用马甲式固定装置固定，可进行连续、定时的按需抽血。

**10. 大鼠、小鼠心脏采血**　仰卧位时大鼠和小鼠的心脏位于胸腔中剑状软骨下，心尖略偏左。一般从剑突下进针进行心脏采血，大鼠也可从胸腔左侧进针进行心脏采血。小鼠一次可采血 0.5～1mL，大鼠一次可采血 3～10mL（如图 10-34）。

（1）大鼠、小鼠剑突法　将鼠麻醉，仰卧保定于保定板上。从保定板的前缘将动物的鼻端略微拉出，使四肢充分伸展，尽可能左右对称。用 75%酒精棉球擦拭其胸部及上腹部，确认胸骨剑突的位置。进针点在胸骨剑突下方，沿鼠的长轴向头部方向，将注射器针头直线刺入心脏的右心室采血。注射针和板面大致平行或者针头稍向下以角度 25°～30°进针，推进针头，一旦感到

针管有轻微博动，表明针尖已进入心脏内。血液随心博的力量自然进入注射器时停止刺入。采血结束，拔出注射器。注意：如回血不好，需重新操作。

（2）*大鼠胸腔法* 大鼠麻醉后，仰卧保定于保定板上。右手用拇指和食指感触胸部，感觉动物的心搏及其位置。右手持注射器，从前左肢腋下的左肋部位进针，刺向心脏的近尖端。推进针头时，一旦见有血液流入注射器后，立即停止刺入，并保持进针的深度、角度不变，缓缓用拇指拔推活塞，直至采到足够的血，立刻拔出注射器。

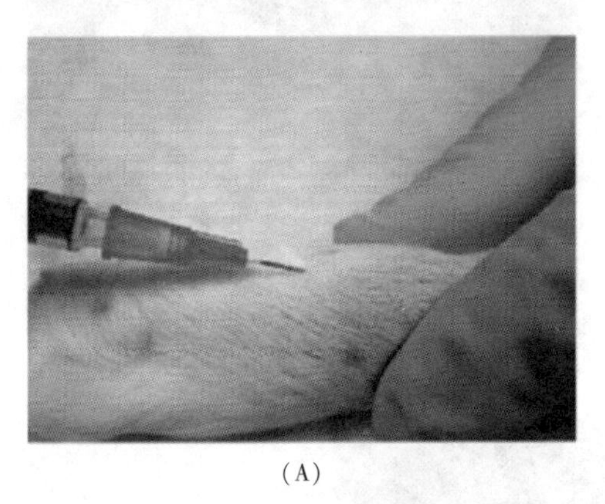

（A）

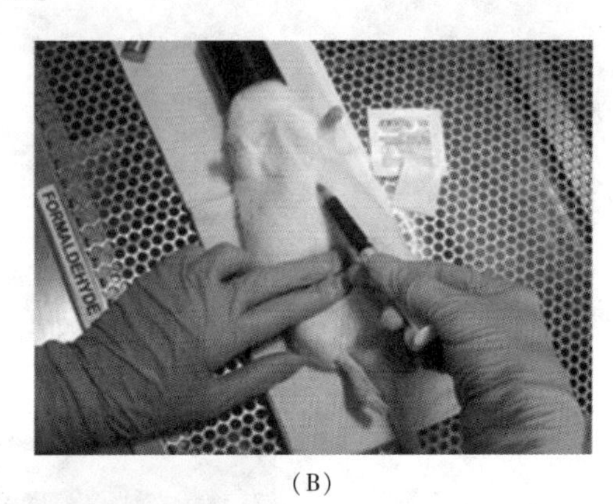


（B）

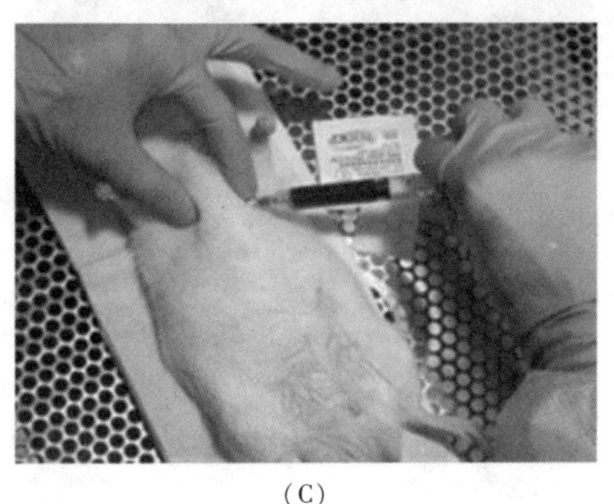

（C）

**图 10-34 心脏采血**

（A：小鼠剑突法，B：大鼠剑突法，C：胸腔法）

**11. 大鼠和小鼠腋窝动/静脉采血法** 鼠麻醉后，保定于保定板上。右前肢腋窝皮肤经消毒后，用镊子将皮肤夹起，将皮肤沿体轴纵形剪开，形成一个大的皮下口袋。在确认腋窝血管走行后用眼科剪将血管剪断，血液即储留在皮下口袋内。用吸管吸取所需血量，移入试管内。此法用于动物实验结束后需处死的动物。

**12. 大鼠和小鼠腹主动脉/下腔静脉采血** 将鼠麻醉后，打开腹腔，将肠管向左或向右推向一侧，用灭菌干棉球将脊柱前腹主动脉、后腔静脉周围的脂肪分离开来，暴露出腹主动脉或后腔静脉，然后用注射器直接朝着向心端刺入血管采血。刺入处可选择肾静脉回流汇入后腔静脉处往后约 1.5cm 处。刺入采血时，速度不要太快，应保持血管内有血流的状态。如静脉采血失败或因静脉不充盈而不能再采出，在实验允许的情况下，可先止住静脉血的外流，改采动脉血。

## （二）豚鼠的采血

豚鼠没有尾巴，耳朵又小，采血相对困难。少量采血常用耳缘切割采血、足背正中静脉采血、后肢隐静脉采血等，采血量为 0.5mL。采血量较大时，常用颈动脉采血、股动脉采血、腹主动脉/后腔静脉采血、心脏采血等方法，采血量可达 10mL。这些方法均与大鼠采血操作相同。

## （三）兔的采血

**1. 耳缘静脉采血**　兔耳大且血管明显，是最常用的采血部位。用固定器将兔子固定，消毒采血部位，用一只手按住耳缘静脉耳根部，阻止血液回流。也有用小血管夹夹在耳根阻止血液回流的方法。将针按逆血流的方向刺入，此时，使静脉扩张是很重要的，可用手压或吹风机吹热即可。采血结束后，用纱布或棉球压迫止血。

**2. 耳中央动脉采血**　用 75%酒精棉球消毒取血区域。动脉位于兔耳的中央，用酒精棉球轻轻、快速地擦拭外耳。耳中动脉充分扩张后，大约平行于耳中动脉以固定注射针或用头皮针刺入。针头的斜面应朝上，刺入后将食指夹在注射针的中点，固定头皮针，为确保针头刺入正确，针头刺入动脉管腔内至少 1cm，缓慢地回抽注射器，以避免动脉收缩，让血液缓慢地流进采集管。也可将兔置固定盒内固定好，左手固定兔耳，右手持连 7 号针头的注射器或头皮针，在耳中央的中央动脉末端沿动脉平行向心方向刺入动脉，即可见动脉血进入注射器。采血后注意止血。一次采血约 15mL（如图 10-35）。

**3. 颈总动脉采血**　兔麻醉后仰卧固定在台上，将颈部大范围去毛后进行消毒。沿正中线切开皮肤 5~6cm，钝性剥离，暴露出气管，一侧可见白色的迷走神经和粉白色的颈总动脉鞘，打开颈总动脉鞘时注意勿损伤鞘内的迷走神经、交感神经和减压神经。分离出颈动脉 3~4cm，用缝合线将远心端结扎，在距此处心脏方向 1~1.5cm 处穿入一根丝线，先不结扎，然后用动脉夹在近心端夹住，在结扎处以下将血管切开一个小口，从切口向近心端插入肝素化的塑料导管 1~2cm。用事先放置的丝线将血管与塑料导管固定，防止脱落。松开动脉夹，放出血流，用采血瓶收集血液。

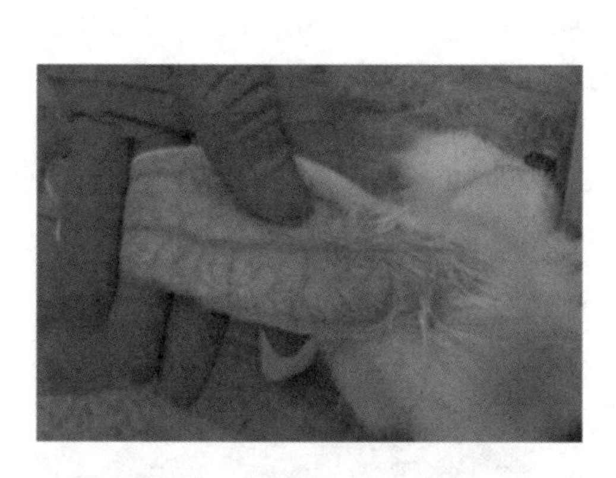
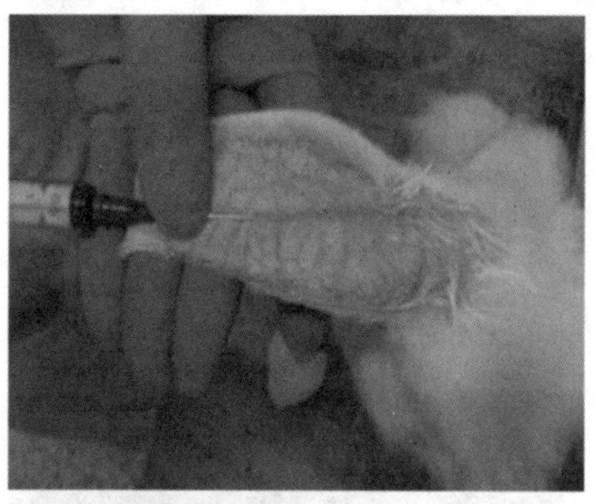
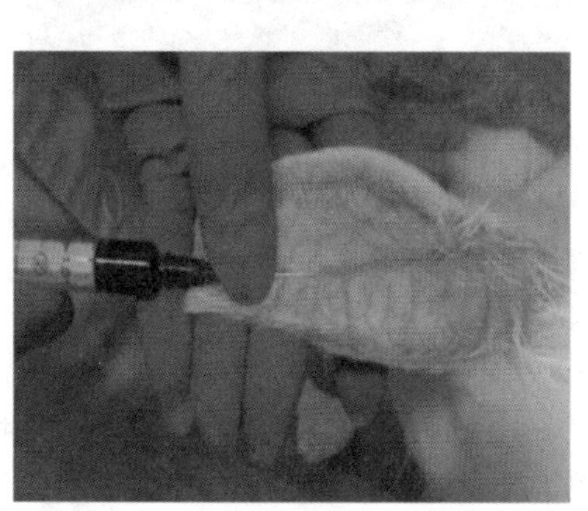
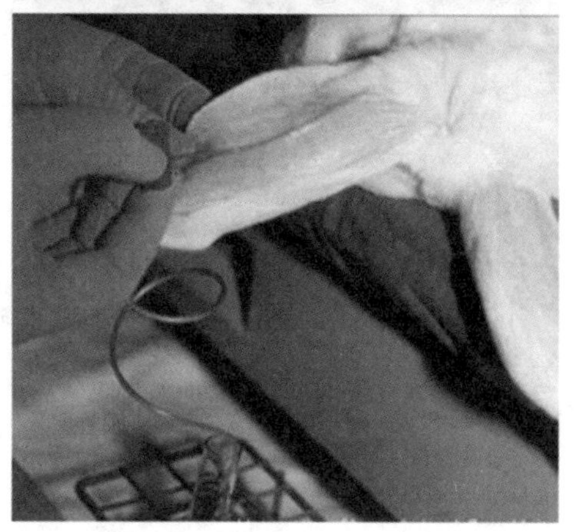

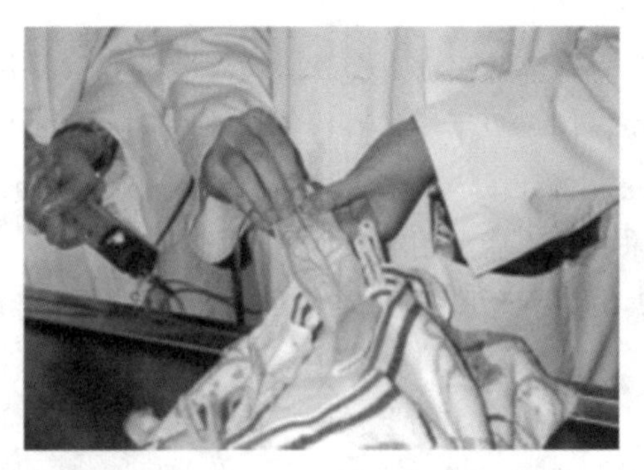

图 10-35 兔耳中央动脉采血

**4. 心脏采血** 兔体型较大，心脏采血较大鼠、豚鼠容易。采血方法基本同前所述，一般在左胸 4~5 肋间，胸骨左缘 3mm 垂直刺入心脏，血液随即进入针管。一次采取全血量的 1/6~1/5，经 1 周后，可重复进行。如采血致死，可采 50~100mL。

## （四）比格犬的采血

比格犬的一般采血部位：颈外静脉、前肢桡侧皮下头静脉、后肢外侧皮下小隐静脉。大量采血部位：股动脉和心脏。

**1. 颈外静脉采血** 将犬采用站立姿势保定，剪去颈部被毛约 3cm×10cm 范围并消毒，助手将犬颈部拉直，头尽量后仰。操作者用左手拇指压住颈外静脉入胸部位的皮肤，使颈外静脉充盈，右手将注射器的针头平行血管向头部刺入血管。由于此静脉在皮下易于滑动，针刺时除用左手固定好血管外，刺入要准确。采血量一般为 0. 5mL。取血后，用灭菌纱布或干棉球压迫血管止血。

**2. 前肢桡侧皮下头静脉采血** 采血时，助手将犬的前肢大腿抓紧固定，用拇指压迫膝关节，使皮静脉怒张，操作者将犬的前肢从外向内握住，剃去被毛则能清楚看到前肢中央纵行的皮静脉。用 75%酒精棉球消毒后，操作者用右手探摸犬的皮静脉，确定进针位置。将注射器针头或头皮针刺入血管，回抽活塞，会在针筒内或头皮针内见到血液，表明已在静脉内。取血完毕后，用灭菌纱布或灭菌干棉球压迫止血（如图 10-36）。

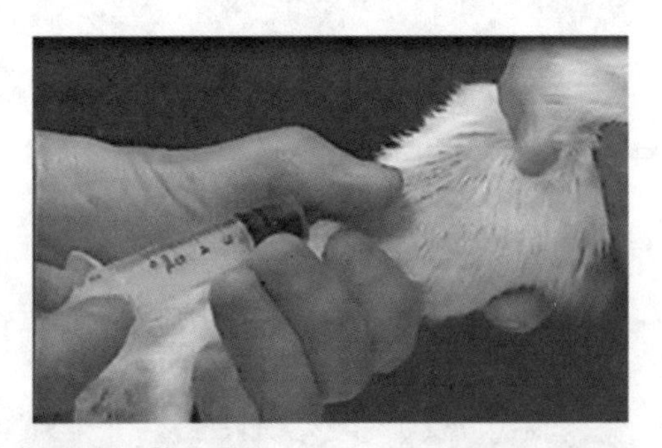

图 10-36 比格犬前肢桡侧皮下头静脉采血

**3. 后肢外侧皮下小隐静脉采血** 采血时，助手左手从内侧握住犬后肢内部根部，右手从外侧抓住后肢大腿固定；若用帆布固定架保定后，助手从外侧抓住后肢大腿固定。操作者左手抓住后肢，拉直膝关节，绷紧大腿肌肉，即可显露出小隐静脉。用 75%酒精棉球消毒后，将注射器针头或头皮针刺入血管，回抽活塞，会在针筒内或头皮针内见到血液，表明已在静脉内。每次采血量为 2~5mL。取血完毕后，用灭菌纱布或灭菌干棉球压迫止血（如图 10-37）。

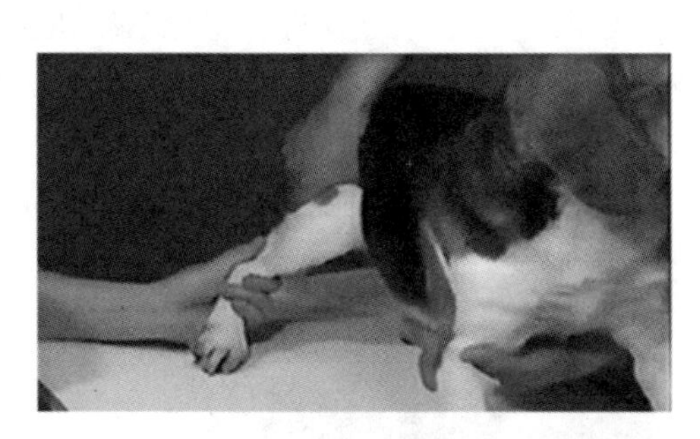
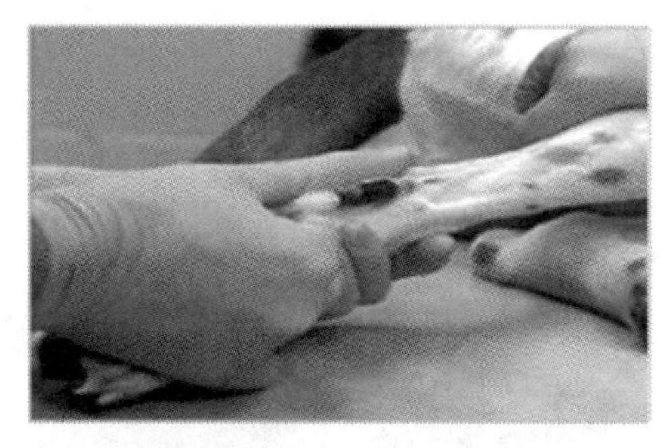

**图 10-37　比格犬后肢外侧皮下小隐静脉采血**

**4. 心脏采血**　将犬仰卧位固定，前肢向背侧方向固定，暴露胸部。将左侧第 3~5 肋间的被毛剃去，用 75%酒精棉球消毒采血部位皮肤。操作者用左手触摸左侧 3~5 肋间处，选择心跳最明显处穿刺。一般选择胸骨最左缘外 1cm 第 4 肋间处。将注射器针头在上述部位进针，并向动物背侧方向垂直刺入心脏。操作者可随针接触心跳的感觉，随时调整刺入方向和深度，摆动的角度尽量小，避免损伤心肌或造成胸腔内大出血。当针头正确刺入心脏时，血即可进入注射器（可根据犬的大小能取 100~900mL）。注意：选取心脏采血时，一般是动物作为终末处理，不允许动物在穿刺后麻醉苏醒。取血后建议进行安乐死处理。

**5. 股动脉采血**　本法为采动脉血最常用的方法，操作简便。稍加训练后的犬，在清醒状态下，卧位固定于解剖台上，后肢向外伸直，暴露腹股沟三角动脉搏动的部位，剪毛、75%酒精棉球消毒，探摸股动脉跳动部位，并固定好血管，取连有 5 号半针头的注射器，针头由动脉跳动处直接刺入血管，若刺入动脉一般可见鲜红血液流入注射器，有时还需微微转动一下针头或上下移动一下针头，方见鲜红血液流入。有时可能刺入静脉，必须重抽。抽血毕，迅速拔出针头，用灭菌纱布或干棉球压迫止血 2~3 分钟。

## （五）小型猪的采血

**1. 耳静脉采血**　将小型猪采用站立姿势保定。助手在其耳根处轻压耳缘静脉近心端，操作者左手拉直耳壳，右手用 75%酒精棉球用力反复擦拭及轻弹猪耳静脉，使血管怒张，右手持连有头皮针的注射器，沿血管走向刺入，针头与猪耳水平面呈 10°~15°进针，回血后，缓慢抽取所需血液。

**2. 前腔静脉采血**　将小型猪呈仰卧保定。一名助手抓住小型猪的两后肢，尽量向后牵引，另一助手左手握住小型猪的下颌骨下压，使头部朝下，右手抓住小型猪的两前肢，并使两前肢与体中线基本垂直。此时，两侧第一对肋骨与胸骨结合处的前侧方呈两个明显的凹窝。操作者用 75%酒精棉球消毒皮肤后，手持连接 20~25G 规格针头的注射器，向右侧凹窝处，由上而下，稍偏向中央及胸腔方向刺入，见有回血，即可采血。采血完毕，左手拿灭菌干棉球紧压针孔处，右手迅速拔出采血针管，稍压片刻止血后，解除保定。对于大型猪，采用站立式保定，由一名助手用猪保定器套住猪的上颌骨，收紧，用力向前上方牵引，使猪的上颌骨稍稍吊起，两前肢刚刚着地，让猪的胸前凹窝充分暴露。采血者用 75%酒精棉球消毒皮肤后，手持连接 20~25G 规格针头的注射器，朝右侧胸前凹窝最低处，由下而上，且垂直凹窝方向进针，见回血后，表示已刺入血管，轻轻抽动注射器活塞，采血。采血完毕后，拔出针头，术部用灭菌纱布或

干棉球压迫片刻止血后，解除保定。

**3. 尾静脉少量采血** 根据技术要求，尾静脉穿刺采血时猪可不保定，用饲料引诱猪并分散其注意力，75%酒精棉球消毒采血部位。尾静脉位于尾巴凹槽处，靠近动脉，操作者一手提起尾巴，另一只手穿刺静脉。穿刺点位于尾部第一个自由活动的连接处，即第五尾椎周围。成年猪，针头应以45°角刺入皮肤。幼年猪，建议与尾巴水平，并与皮肤垂直刺入。采集需要的血量。在拔出针头之前，压迫血管。然后用灭菌纱布或灭菌干棉球压迫血管止血（如图10-38）。

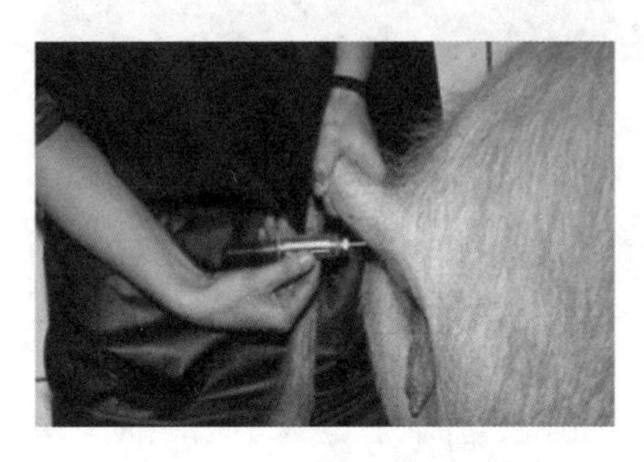
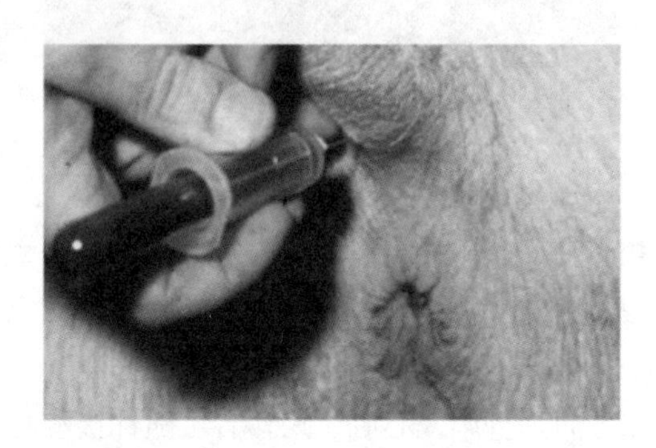

图10-38 猪的尾静脉采血

## 五、尿液及其他体液采集

### （一）尿液的采集

**1. 用代谢笼采集尿液** 将动物放在特制的笼内饲养，动物排便时，可通过笼子底部的大小便分离漏斗，将尿液与粪便分开，达到采集尿液的目的。一般适用于小鼠和大鼠。常需要收集5小时以上尿液。最好收集管或收集瓶连接后密封，以减少误差。也可收集前给动物灌服一定量的生理盐水。

**2. 导尿法采集尿液** 施行导尿术，较适宜于犬、猴等大动物。一般不需要麻醉，导尿时将实验动物仰卧固定，用液状石蜡润滑导尿管。对雄性动物，操作员用一只手握住阴茎，另一只手将阴茎包皮向下，暴露龟头，使尿道口张开，将导尿管缓慢插入，导尿管推进到尿道膜部时有抵抗感，此时注意动作轻柔，继续向膀胱推进导尿管，即有尿液流出。雌性动物尿道外口在阴道前庭，导尿时于阴道前庭腹侧将导尿管插入尿道外口，其后操作同雄性动物导尿术。用导尿法导尿可采集到没有污染的尿液。如果严格执行无菌操作，可收集到无菌尿液。

**3. 输尿管插管采集尿液** 剖腹后，将膀胱牵拉至腹腔外，暴露膀胱底两侧的输尿管。在两侧输尿管近膀胱处用线分别结扎，于输尿管结扎处上方剪一小口，向肾脏方向分别插入充满生理盐水的插管，用线结扎固定插管，即可见尿液从插管滴出，可以收集（最初几滴是生理盐水）。采尿过程中要用38℃生理盐水纱布遮盖切口及膀胱。一般用于要求精确计量单位时间内实验动物排尿量的实验。适用于兔、猫、犬等。

**4. 压迫膀胱采集尿液** 用手在实验动物下腹部加压，手法轻柔有力。当增加的压力使实验动物膀胱括约肌松弛时，尿液会自动流出，即行收集。此法适用于兔、猫、犬等较大动物。

**5. 穿刺膀胱采集尿液** 实验动物麻醉、固定，剪去下腹部耻骨联合之上及腹正中线两侧的被毛，75%酒精棉球消毒后用注射针头接注射器穿刺。取钝角进针，针头穿过皮肤后稍微改变角度，以避免穿刺后漏尿，然后刺向膀胱方向，边缓慢进针边回抽，直到抽到尿液为止。

**6. 剖腹采集尿液**　按上述穿刺膀胱采集尿液法做术前准备，但皮肤准备范围应更大。剖腹暴露膀胱，直视下穿刺膀胱抽取尿液。也可于穿刺前用无齿镊夹住部分膀胱壁，从镊子下方的膀胱壁进针抽取尿液。

**7. 提鼠采集尿液**　鼠类被人抓住尾巴提起即出现排尿反射，以小鼠最明显。可以利用这一反射收集尿液。当鼠类被提起尾巴排尿，尿滴挂在尿道口附近的被毛上，不会马上流走，操作人员应迅速用吸管或玻璃管收集尿滴。

### （二）胸腔积液的采集

一般采用胸腔穿刺法收集实验动物的胸腔积液，也可处死实验动物剖开胸腔采集胸腔积液。

**1. 穿刺点**　定位于实验动物腋后线第 11～12 肋间隙穿刺，穿刺针紧贴肋骨上缘，否则容易损伤肋间神经。也可在胸壁近胸骨左侧缘第 4～5 肋间隙穿刺。

**2. 穿刺方法**　实验动物取立位或半卧位固定，局部皮肤去毛、消毒、麻醉，穿刺针头与注射器之间接三通连接装置，实验人员以左手拇指、食指绷紧局部皮肤，右手握穿刺针紧靠肋骨上缘处垂直进针，穿刺肋间肌时产生一定阻力，当阻力消失有落空感时，说明已刺入胸膜腔，用左手固定穿刺针，打开三通连接装置，缓慢抽取胸腔积液。

### （三）腹水的采集

将腹部局部皮肤去毛、消毒、麻醉。穿刺部位在耻骨前缘与脐之间，腹中线两侧。用无菌止血钳小心提起皮肤，右手持小针头或穿刺套管针沿下腹部靠腹壁正中线处轻轻垂直刺入，注意不可刺入太深，以免损伤内脏，针头有落空感后，说明穿刺针已进入腹腔。腹水多时可见腹水自然流出，腹水少时可稍微转动针头回抽，若有腹水流出，立即固定好针头及注射器位置继续抽吸。抽腹水时速度不可太快，不宜一次抽出大量腹水，避免因腹压突然下降导致实验动物出现循环功能障碍。采取完毕，用灭菌干棉球压紧穿刺部位，拔出针头。

### （四）阴道分泌物的采集

适用于观察阴道角质化上皮细胞。

**1. 滴管冲洗法**　用消毒滴管吸取少量生理盐水仔细、反复冲洗被检雌性动物阴道，将冲洗液吸出滴在载玻片上晾干后染色镜检。也可直接将冲洗液置于低倍显微镜下观察，根据细胞类型变化鉴别实验动物动情周期中的不同时期。

**2. 擦拭法**　用生理盐水将消毒棉拭子湿润后，挤干棉拭子上的生理盐水，轻轻插入雌性动物阴道内，沿阴道内壁轻柔擦拭、转动，然后取出并做阴道涂片，进行镜检。对体型较大的实验动物，也可先按摩或刺激其阴部，而后再采集其阴道液。

**3. 刮取法**　用光滑的玻璃小勺或牛角制成的小刮片慢慢插入阴道内，在阴道壁轻轻刮取一点阴道内含物，进行涂片镜检。

### （五）精液的采集

**1. 人工阴道套采精液法**　本法适用于犬、猪、羊等大动物，采用特制的人工阴道套套在实验动物阴茎上采集精液。采精时，一手捏住阴道套，套住雄性动物的阴茎，以完全套住雄性动物的阴茎为佳，插入阴道套后，若实验动物发出低叫声，表明已经射精。此时可取下阴道套，拆下采精瓶，取出精液，迅速做有关检查。

**2. 阴道栓采精法** 本法是将阴道栓涂片染色，镜检凝固的精液。阴道栓是雄性大、小鼠的精液和雌性阴道分泌物混合，在雌鼠阴道内凝结而成的白色稍透明、圆锥形的栓状物，一般交配后2~4小时即可在雌鼠阴道口形成，并可在阴道停留12~24小时。

**3. 其他采精液法** 将发情的雌性和雄性动物放在一起，当雄性动物被刺激发情后，立即将雄性动物分开，再用人工法刺激其射精。也可按摩雄性动物的生殖器或用电刺激其发情中枢或性敏感区，使其射精，用采精瓶采集射出的精液。

### （六）胃液的采集

**1. 直接收集法** 急性实验时，先将动物麻醉，将灌胃管经口插入胃内，在灌胃管的出口连一注射器，用此注射器可收集到胃液，此法适用于犬等大型动物。如果是大鼠，需手术剖腹，从幽门端向胃内插入一塑料管，再由口腔经食道将一塑料管插入前胃，用pH 7.0、温度35℃左右的生理盐水，以12mL/h的流速灌胃，收集1小时流出液，进行分析。

**2. 制备胃瘘法** 大量连续收集胃液需用胃瘘法，如全胃瘘法、巴氏小胃瘘法、海氏小胃瘘法等。制备小胃是将动物的胃分离出一小部分，缝合起来形成小胃，在小胃上插入导管，引到体外。主胃与小胃互不相通，主胃进行正常消化，从小胃可收集到纯净的胃液。应用该法，可以待动物恢复健康后，在动物清醒状态下反复采集胃液。

### （七）胰液和胆汁的采集

胰液的基础分泌量很少或无，故在动物实验中，一般通过手术对胰总管和胆总管的插管后药物刺激分泌而获得胰液或胆汁。

**1. 犬的胰液采集** 麻醉后犬仰卧固定。先进行气管插管，并于腹中线在腹壁做10cm切口，暴露腹腔。从十二指肠末端找出胰尾，沿胰尾向上将附着于十二指肠的胰腺组织用生理盐水纱布轻轻剥离，在尾部向上2~3cm处，胰总管从胰腺开口于十二指肠降部，在紧靠肠壁处切开胰总管，结扎固定并与导管相连，即可见无色的胰液流入导管。

**2. 大鼠的胰液采集** 麻醉固定后，自上腹部剑突部位向下做3cm左右腹正中切口，暴露腹腔。十二指肠上离幽门2cm处略带黄色透明的、与十二指肠垂直的细管即为胆总管。大鼠所有的胰管均开口于胆总管。先结扎胆总管靠十二指肠管侧，在胆总管壁剪一小斜口，插入胰液收集管，可见黄色胆汁和胰液混合液流出，结扎并固定。然后顺着胆总管向上可找到肝总管，在近肝门处结扎肝总管。此时，在胰液收集管内可见有白色胰液流出。若在近肝门处结扎并另行插管，可收集到胆汁。有时也可通过制备胰瘘和胆囊瘘来获得胰液和胆汁。

### （八）骨髓的采集

采集骨髓一般选择胸骨、肋骨、髁骨、胫骨和股骨等造血功能活跃的骨组织。猴、犬、羊等大动物骨髓的采集用活体穿刺取骨髓的方法；大、小鼠等小动物骨头小，难穿刺，只能处死后采集胸骨、股骨的骨髓。

**1. 大动物的骨髓采集** 骨髓采集的穿刺部位：①胸骨，穿刺部位在胸骨中线，胸骨体与胸骨柄连接处，或选胸骨上1/3部。②胫骨，穿刺部位在胫骨内侧，胫骨上端的下方1cm处。③肋骨，穿刺部位在第5~7肋骨各自的中点上。④髁骨，穿刺部位在髁前上棘后2~3cm的髁嵴。⑤股骨，穿刺部位在股骨内侧面，靠下端的凹面处。

骨髓采集时，先确定穿刺点，估算从皮肤到骨髓的距离并依此标定骨髓穿刺针长度。用

75%酒精棉球消毒穿刺部位，左手拇、食指绷紧穿刺点周围皮肤，右手持穿刺针在穿刺点垂直进针，小弧度左右旋转钻入，当有落空感时表示针尖已进入骨髓腔。用左手固定穿刺针，右手抽出针芯，连接注射器缓慢抽吸骨髓组织。当注射器内抽到少许骨髓时立即停止抽吸，拔出穿刺针，用灭菌干棉球压迫数分钟。如穿刺的是肋骨，除压迫止血外，还需胶布封贴穿刺点，防止发生气胸。将抽取得的骨髓迅速推注到载玻片上，涂片数张，以备染色镜检。

**2. 大鼠、小鼠的骨髓采集**　处死动物后，剥离出胸骨或股骨，用注射器吸取少量的 Hank's 平衡盐溶液，冲洗出胸骨或股骨中全部骨髓液。如果是取少量的骨髓做检查，可将胸骨或股骨剪断，将其断面的骨髓挤在有稀释液的玻片上，混匀后涂片晾干即可染色检查。

### （九）脊髓液的采集

通常采取脊髓穿刺法。兔的脊髓液采集，一般穿刺部位在两髂连线中点稍下方第七腰椎间隙。动物轻度麻醉后，侧卧位固定，使头部及尾部向腹部屈曲，使腰部尽量弯曲，剪去第七腰椎周围的被毛。用 75%酒精棉球消毒后，操作者在动物背部用左手拇指、食指固定穿刺部位的皮肤，右手持腰椎穿刺针垂直刺入，当有落空感及动物的后肢颤动时，表明针已达椎管内（蛛网膜下腔），即可抽取脊髓液。

### （十）脑脊液的采集

**1. 大鼠脑脊液的采集**　常采用枕大孔直接穿刺法。在大鼠麻醉后，固定头部。枕颈部剪毛、75%酒精棉球消毒，用手术刀沿枕颈部纵轴切一纵向切口（约 2cm），用剪刀钝性分离颈部背侧肌肉。为避免出血，最深层附着在骨上的肌肉用手术刀背刮开，暴露出枕骨大孔。由枕骨大孔进针直接抽取脑脊液。

**2. 兔脑脊液的采集**　通常采用穿刺法。将兔麻醉后，侧卧位固定，除去颈背侧区和颅骨的枕区被毛，使头部向腹部弯曲，充分暴露穿刺部位，用 22 号针头向枕外隆突尾端约 2cm 处垂直刺入第四脑室，抽取脑脊液。

**3. 犬脑脊液的采集**　常采用枕大孔直接穿刺法。犬麻醉后，使头部尽量向胸部屈曲。75%酒精棉球消毒穿刺部位。左手触摸到第一颈椎上方凹陷即枕骨大孔，穿刺针由凹陷正中平行于犬嘴方向刺入，进针深度不超过 2cm。进入延髓池后，针头无阻力，注射器内可见清亮的脑脊液流入。采完脑脊液后，须注入等量的灭菌生理盐水，以保持脑脊髓腔原有的压力。

## 第二节　实验动物的麻醉技术和安死术

实验动物的麻醉（anesthesia）是用物理的或化学的方法，使动物全身或局部暂时失去感觉，痛觉消失或痛觉迟钝，以利实验顺利进行。在进行动物实验时，安全麻醉一是善待动物的行为，消除动物的疼痛和紧张感觉；二是为保障实验人员的安全，并使动物在实验时保持安静、服从操作，提高动物实验的效率，确保实验顺利进行。安全麻醉对实验创伤的愈合或对动物健康的恢复起积极作用。由于动物种属间的差异及麻醉药的作用特点、剂量、给药途径和动物品种等均在一定程度上影响麻醉药在机体内的吸收、代谢过程。因此，在开展动物实验过程中必须考虑麻醉方法、麻醉药的选择和应用、麻醉过程的监测和意外的急救措施以及麻醉复苏期的处理。在动物实验结束后，要进行动物的处死。处死的方法很多，均应根据动物实验的目的、实验动物品种（品系）及需要采集标本的部位等因素，选择不同的处死方法。无论采用哪一种方法，都应采取

相关标准允许的方法，以确保实验动物福利及符合动物实验伦理的要求。

## 一、麻醉前的准备

为麻醉术的顺利进行，必须做麻醉前的准备工作，除动物、麻醉药的准备外，还应提前做好麻醉过程的处理和实验结束后麻醉复苏处理的准备工作。

### （一）动物准备

动物麻醉前的禁食，一般需要禁食 8~12 小时。大动物若进行胃肠道或腹腔器官移植时，需禁食 24~48 小时才能清空大肠，若进行胃部和小肠前端手术还需要同时禁水 4~6 小时。在麻醉前准确称量动物体重，并进行动物的大体观察，确保动物在麻醉前有良好的健康状态。大动物还可提前进行适当的驯化，以减少麻醉诱导和苏醒过程中的过度紧张状况。

### （二）麻醉药的准备

选择好麻醉药，确定麻醉的途径和方法。检查选用麻醉药的质量、数量、浓度。查阅相关文献明确麻醉剂用量，进行麻醉药的配制，并准确计算麻醉剂量。必要时，进行预实验，根据预实验来确定麻醉剂量。

### （三）保温措施的准备

动物保定台上，要铺设电褥或用灯泡加温，也有用温水循环保温装置，麻醉前需提前调节好温度。使用温水循环保温装置，应加蒸馏水，边加边循环，加满后，打开温水循环保温装置电源，检查是否有漏水情况，等温度达到要求后使用（一般维持温度为 37℃）使用温水循环保温装置，能理想地控制温度。

### （四）麻醉监测和意外抢救措施的准备

麻醉过程中，应用相关检测设备监测麻醉期体温、麻醉深度及动物的呼吸、血压、心率等监测设备的准备工作。

在实验过程中，出现意外的大失血或过强的创伤等因素导致血压急剧下降，甚至出现呼吸停止等临床死亡症状，应采取的急救措施的准备工作。

### （五）麻醉复苏期处理的准备

在实验结束后，动物开始苏醒，需提前准备复苏环境并做好适当的护理，包括缓解动物术后疼痛的药物干预措施，以及苏醒期出现呼吸抑制、脱水等反应的处理和感染控制等措施的准备工作。

## 二、常用的麻醉方法

### （一）全身麻醉

全身麻醉是将麻醉药经呼吸道吸入或静脉、肌内注射后，动物出现暂时性的中枢神经系统抑制，表现为意识及痛觉消失、肌肉松弛和反射抑制。麻醉深浅与药物的血药浓度有关，当麻醉药经体内代谢或排除后，动物逐渐清醒，不留后遗症。许多手术要求对动物进行全身麻醉，以减少动物的挣扎，使其保持安静，并减轻手术操作对动物造成的疼痛、恐惧等应激反应。

**1. 吸入麻醉**　是将麻醉药以气体状态经动物呼吸道吸入体内而产生全身麻醉。应用于挥发性麻醉剂，将动物整个身体或鼻腔暴露于麻醉箱或吸入室内；小动物也常用呼吸麻醉机，用麻醉箱诱导麻醉后，再通过呼吸面罩吸入进行维持麻醉。常用的吸入麻醉剂主要有乙醚、异氟烷、甲氧氟烷、恩氟烷等。优点是动物进入麻醉快，苏醒快，容易控制麻醉深度，安全性好，动物的发病率和死亡率低，动物手术的成功率高；缺点是乙醚易燃易爆，异氟烷等需专用的麻醉机才能进行。

**2. 注射麻醉**　是使用非挥发性麻醉药通过肌肉、腹腔和静脉注射达到全身麻醉的方法，其操作简便，是实验室最常采用的方法之一。腹腔给药麻醉多用于大鼠、小鼠和豚鼠，较大的动物如兔、犬等则多用静脉给药麻醉。常用的麻醉药有戊巴比妥钠、硫喷妥钠、氨基甲酸乙酯等。在注射麻醉药物时，常先用麻醉药总量的三分之二，视动物的麻醉程度注入余下的部分或全部药液。如已达到所需麻醉的程度，余下的麻醉药则不用，避免麻醉过深抑制延脑呼吸中枢导致动物死亡。所以在注射麻醉时，一定要控制药物的浓度和注射量。

### （二）局部麻醉

局部麻醉是用局部麻醉药阻滞周围神经末梢或神经干、神经节、神经丛的冲动传导，产生局部性的麻醉区，即局部的痛觉暂时消失或迟钝。其特点是动物保持清醒，对重要器官功能干扰轻微，麻醉并发症少，是一种比较安全的麻醉方法。适用于大中型动物各种短时间内的实验。常用方法如下。

**1. 表面麻醉**　是利用局部麻醉药的组织穿透作用，将药物直接作用于组织表面，透过黏膜，阻滞表面的神经末梢而达到局部麻醉目的。常用涂敷、滴入、喷雾和灌注等方法将麻醉药应用于口腔、鼻腔黏膜、眼结膜、尿道等手术部位，使之麻醉。

**2. 区域阻滞麻醉**　是在手术区周围部位和底部注射麻醉药阻断疼痛向中枢神经传导而达到麻醉作用。常用药为普鲁卡因。

**3. 神经干（丛）阻滞麻醉**　是在神经干（丛）的周围注射麻醉药，阻滞其传导，使其所支配的区域无痛觉。常用药为利多卡因。

**4. 局部浸润麻醉**　沿手术切口逐层注射麻醉药，靠药液的张力弥散，浸入组织，麻醉感觉神经末梢，称局部浸润麻醉。常用药为普鲁卡因。在施行局部浸润麻醉时，先固定好动物，用0.5%~1%盐酸普鲁卡因皮内注射，使局部皮肤表面呈现一个橘皮样隆起，称皮丘。然后从皮丘进针，向皮内、皮下分层注射，在扩大浸润范围时，每次针尖应从已浸润过的部位刺入，直至要求麻醉区域的皮肤都浸润为止。每次注射时应避开血管，以免将麻醉药注入血液引起中毒。

## 三、常用的动物麻醉剂

### （一）常用的全身麻醉剂

实验动物全身麻醉的常用方法是吸入麻醉和注射麻醉。吸入麻醉使用的是挥发性麻醉剂，由于乙醚对呼吸道和黏膜的强刺激性等副反应，以及乙醚的强大挥发性、易燃性、易爆炸性等危险性，现在已经很少使用。目前实验动物常用的吸入麻醉剂主要是异氟烷。注射麻醉使用的是非挥发性麻醉剂，戊巴比妥钠、硫喷妥钠、氯醛糖、乌拉坦等是目前实验常用的注射麻醉剂，使用方法和剂量见表10-1。

**表 10-1　常用注射麻醉剂的用法及剂量**

| 麻醉剂 | 动物 | 途径 | 剂量（mg/kg） | 常用浓度% | 维持时间 |
|---|---|---|---|---|---|
| 戊巴比妥钠 | 猪 | 静脉 | 20~30 | 2 | 2~4 小时中途加 1/5 量，可维持 1 小时以上，麻醉力强，易抑制呼吸 |
| | 猕猴 | 静脉 | 25~35 | 3 | |
| | 犬 | 静脉 | 30 | 3 | |
| | 兔 | 静脉 | 30~35 | 3 | |
| | 大鼠 | 静脉 | 25~45 | 3 | |
| | 小鼠 | 静脉 | 35 | 3 | |
| | 大鼠、小鼠、豚鼠、兔 | 腹腔 | 40~50 | 3 | |
| 硫喷妥钠 | 猕猴 | 静脉 | 25~30 | 5 | 15~30 分钟，麻醉力强，宜缓慢注射。需较长时间的实验操作中可重复注射以维持麻醉 |
| | 兔、犬、猪 | 静脉 | 10~25 | 2 | |
| | 兔 | 腹腔 | 25~50 | 2 | |
| | 大鼠、豚鼠 | 静脉 | 20 | 1 | |
| | 豚鼠 | 腹腔 | 55 | 2 | |
| | 大鼠 | 腹腔 | 40 | 1 | |
| | 小鼠 | 静脉 | 25 | 1 | |
| | | 腹腔 | 50 | 1 | |
| 氯醛糖 | 兔 | 腹腔 | 80~100 | 2 | 5~6 小时，诱导期不明显 |
| | 豚鼠 | 腹腔 | 70 | 2 | |
| | 大鼠 | 腹腔 | 55~80 | 2 | |
| | 小鼠 | 腹腔 | 50~100 | 2 | |
| 氨基甲酸乙酯（乌拉坦） | 兔 | 腹腔 | 750~1000 | 30 | 2~4 小时，毒性小，主要适用小动物的麻醉 |
| | 大鼠、小鼠 | 腹腔 | 1000~2000 | 20~25 | |
| | 豚鼠 | 腹腔 | 1500 | 20~25 | |
| | 大鼠、小鼠、豚鼠 | 肌肉 | 13500 | 20~25 | |

**1. 异氟烷（isoflurane）** 异氟烷是一种无色、不易燃、无爆炸性的、强挥发性的液体。异氟烷对黏膜无刺激性，动物吸入不会引起强烈反抗，在肝脏的代谢率低，几乎完全由肺消除，对肝脏微粒体酶系统的诱导很小。麻醉时无交感神经系统兴奋现象，可使心脏对肾上腺素的作用稍有增敏，有一定的肌肉松弛作用。异氟烷气体对动物产生中枢麻醉作用，包括意识消失、肌肉松弛、痛觉消失，适用于各种动物的麻醉。麻醉诱导快且平稳，苏醒快，动物复苏状况良好，能简便迅速调节麻醉深度。

**2. 戊巴比妥钠（pentobarbital sodium）** 戊巴比妥钠是中效巴比妥类药物，麻醉诱导较快，一次给药可维持 2~4 小时，适合一般实验需求，对动物循环和呼吸系统无显著抑制作用。戊巴比妥钠需经肝脏代谢，对肝微粒体酶有明显诱导作用。戊巴比妥钠常用浓度 1%~3%的生理盐水配制，必要时可加温促进溶解，配制后较稳定，可于常温下放置 1~2 个月。动物静脉注射或腹腔注射后可很快进入麻醉期。

**3. 硫喷妥钠（thiopentone）** 硫喷妥钠属于速效巴比妥类药物，一次给药麻醉维持时间通常在 15~30 分钟，且麻醉诱导和苏醒均较快。硫喷妥钠麻醉诱导平稳，便于用作追加剂量，可分多次注射以满足长时手术的需要，采用静脉滴注方式给药可维持较长麻醉时间并且对动物安全。麻醉维持时间和麻醉深度与注射速度有关，快速注入时麻醉深度较深但维持时间较短。本品肌松作用不佳，多用于全麻诱导或与其他药物合用。其对呼吸和循环均有一定抑制作用，由于其抑制

交感神经较副交感神经为强，常引起动物喉头痉挛，减缓注射速度可缓解。常用浓度 1%~5%。多采用静脉注射给药，以每秒 0.2mL 的速度推注。对腹膜刺激较大，不宜使用腹腔注射。水溶液不稳定，宜现配现用。

**4. 氯醛糖（chloralose）** 氯醛糖安全范围大，可实现长达 8~10 小时的轻度麻醉。对心血管和呼吸系统的抑制作用轻微，对自主神经中枢的功能无明显抑制作用，可增强脊髓反射活动。麻醉诱导和苏醒时间长，且伴有不自主兴奋。单独应用于动物时常可见自发性肌肉活动。常用于长时的致死性手术，可与乌拉坦合用以防止自发性肌肉活动。

**5. 乌拉坦（urethane）** 乌拉坦即氨基甲酸乙酯，作为注射麻醉剂其安全范围大，作用温和持久，有效麻醉时间较长，适合于多种实验动物，尤其是兔和啮齿类。在深度麻醉时对呼吸和循环均无明显抑制，可维持正常血压和呼吸。麻醉后恢复期较长，故多用于无须动物存活的研究。全程使用乌拉坦麻醉应注意给动物保温。由于具有致癌性，应避免长期接触，并可能影响肿瘤相关研究。常配制成 20%的溶液静脉注射给药，或腹腔和肌内注射，对犬、猫、兔也可采用直肠灌注或皮下注射给药。

### （二）常用的局部麻醉剂

**1. 普鲁卡因（procaine）** 是无刺激的快速局部麻醉剂。毒性小，麻醉起效快，但对皮肤和黏膜穿透力较弱，需经注射给药，常用于区域阻滞麻醉、局部浸润麻醉。注射后 1~3 分钟内产生麻醉作用并维持 30~45 分钟。普鲁卡因容易从局部被吸收入血液致药效丧失，故常在每 100mL 溶液中加入 0.2~0.5mL 浓度为 0.1%的肾上腺素以延长麻醉时间（1~2 小时）。当大量普鲁卡因被吸收入机体后，表现为中枢神经系统先兴奋后抑制，这种作用可用巴比妥类药物预防。

**2. 利多卡因（lidocaine）** 弥散性好，见效快，穿透力和麻醉效力约比普鲁卡因强 2 倍，作用时间也长。常用于表面麻醉、浸润麻醉、传导麻醉，多用 1%~2%溶液作为大动物神经干阻滞麻醉，也可用 0.25%~0.5% 溶液做局部浸润麻醉。

**3. 丁卡因（tetracaine）** 化学结构和普鲁卡因相似，但能穿透黏膜，作用迅速，给药后 1~3 分钟起效，可维持 60~90 分钟。其局部麻醉作用比普鲁卡因强 10 倍，吸收后毒性也相应增强。

## 四、动物麻醉注意事项

给动物施行麻醉术时，一定要注意方法的可靠性，根据不同的动物选择合适的方法。在麻醉过程中应注意以下事项。

1. 动物麻醉前一般需要禁食，禁食时间应根据不同品种的实验动物和不同的实验目的而定。

2. 配制的药物浓度适中，便于计算给药容量。如 3%或 6%戊巴比妥钠进行犬的麻醉，静脉给药剂量为 1mL/kg 或 0.5mL/kg。配制的药液浓度不可过高，以免麻醉过急；但也不能过低，以减少注入溶液的体积。

3. 麻醉剂的用量，除参照一般标准外，还应考虑个体对药物的耐受性不同，而且所需剂量与体重的关系也并不是绝对成正比的。一般来说，衰弱和过胖的动物，其单位体重所需剂量较小，在使用麻醉剂过程中，随时检查动物的反应情况，尤其是采用静脉注射，绝不可将按体重计算出的用量匆忙进行注射。

4. 麻醉期体温容易下降，要采取保温措施。麻醉期间，动物的体温调节机能往往受到抑制，出现体温下降，影响实验结果的准确性。因此，麻醉期间应有一定保温措施。

5. 注意控制静脉注射速度，静脉注射 2/3 剂量后，必须缓慢推注，同时观察肌肉紧张性、

睫毛反射和皮肤针刺的反应。当这些活动明显减弱或消失时，立即停止注射。做慢性实验时，在寒冷冬季，麻醉剂在注射前应加热至动物体温水平。

6. 控制麻醉深度，麻醉深度的控制是顺利完成实验获得正确实验结果的保证。麻醉过深，动物处于深度抑制，甚至濒死状态，动物各种正常反应受到抑制，会影响实验结果。麻醉过浅，在动物身上进行手术和实验，将会引起强烈的疼痛刺激，使动物生理功能发生改变。因此，麻醉必须控制在适度的深度。

7. 麻醉过程观察

（1）麻醉给药 2~3 分钟后动物便倒下，全身无力，反应消失，这说明已达到深麻醉的效果，是手术最佳时期。

（2）接近觉醒时四肢开始活动，胡须也开始抽动，这时如手术还没完成就要及时给予辅助吸入麻醉。

（3）手术中如果动物抽搐、排尿，说明麻醉过深，是死亡的前兆。

（4）手术完成后数分钟若还不清醒，要注意动物保温及促进动物清醒，这是防止麻醉事故的关键。

## 五、麻醉深度的监测和麻醉意外的抢救

### （一）麻醉深度的监测

麻醉过程中，要时刻观察动物的肌肉紧张性、角膜反射和动物对皮肤疼痛的反应。全身醉时，动物的中枢神经系统受到抑制，呼吸、循环和代谢等生理功能有不同程度改变。抑制过深时对动物生理状态干扰大，甚至容易导致死亡，过浅则动物容易苏醒，麻醉深度监测是全身麻醉中的重要技术。根据呼吸、眼球、瞳孔、血压、肌肉紧张度等临床表现的变化来判断麻醉深度（见表 10-2）。

**1. 呼吸监测**　一些麻醉药物可能抑制动物的自主呼吸，一些实验操作如气管内插管或分离颈部神经、血管等可引起反射性呼吸抑制，因此必须进行呼吸监测以及时发现动物呼吸功能的异常改变。

**2. 体温监护**　长时间麻醉中，动物的体温控制机制受到抑制导致体温降低，这可影响多项生理功能、降低动物术后存活率、延长麻醉后恢复时间。如低体温使挥发性麻醉剂效能相应增加而推迟苏醒时间，是麻醉死亡的常见原因。小型实验动物因单位体重体表面积较大，丢失热量快，更容易出现体温过低现象，如小鼠麻醉后 10~15 分钟体温可降低 10℃。此外，术前备皮时去除动物被毛、使用冷的消毒剂、术中内脏暴露、静脉注入冷的液体等均可使动物体温降低，故麻醉中需进行体温监护，实施适当保温和加温。

**3. 心电监护**　大多数麻醉药物对心血管系统有抑制作用，过量使用常引起心率减慢和心肌收缩力减弱，导致心力衰竭，此外还可能发生心律失常，高碳酸血症、低血容量也可引起力衰竭，严重低体温（中心体温近 25℃）可引发心脏停搏。

**表 10-2　主要麻醉药的共同的麻醉深度判定指标**

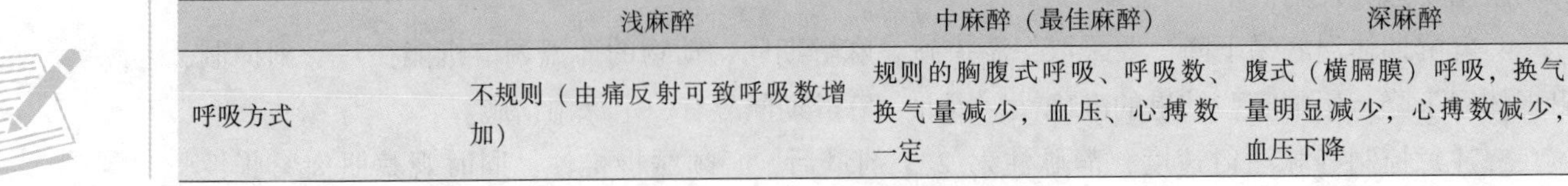

| | 浅麻醉 | 中麻醉（最佳麻醉） | 深麻醉 |
|---|---|---|---|
| 呼吸方式 | 不规则（由痛反射可致呼吸数增加） | 规则的胸腹式呼吸、呼吸数、换气量减少，血压、心搏数一定 | 腹式（横膈膜）呼吸，换气量明显减少，心搏数减少，血压下降 |

续表

| | 浅麻醉 | 中麻醉（最佳麻醉） | 深麻醉 |
|---|---|---|---|
| 循环系统表现 | 频低，血压下降（由痛反射可致心搏数增加） | | |
| 眼的表现 | 有眼球运动、眼睑，对光反射眼球向内下方，瞳孔收缩，瞬膜露出，流泪 | 眼球置中央或靠近中央眼睑，反射迟钝，对光反射亦迟钝，瞳孔稍开大 | 眼睑对光，角膜反射消失，瞳孔散大，角膜干燥 |
| 口腔反射 | 咽下、咽喉头反射尚有 | 无 | 无 |
| 肌松弛 | 有 | 腹肌明显 | 腹肌异常运动 |
| 其他表现 | 流涎、出汗，分泌多，排便、排尿 | 内脏牵引引起的迷走神经反射，收缩反射消失 | 腹肌异常运动 |

### （二）麻醉意外的抢救

当实验进行中因麻醉过量、大失血、过强的创伤、窒息等各种原因，而使动物血压急剧下降甚至测不到，出现呼吸极慢而无规则甚至呼吸停止等临床死亡症状时，应立即进行急救。急救的方法可根据动物情况而定，一般对大动物进行急救，犬、兔常用的急救措施有下面几种。

**1. 注射强心剂**　可以静脉注射 0.1%肾上腺素 1mL，必要时直接做心脏内注射。肾上腺素具有增强心肌收缩力，使心肌收缩幅度增大，加速房室传导速度，扩张冠状动脉，增强心肌供血、供氧，改善心肌代谢，刺激高位及低位心脏起搏点等作用。当动物注射肾上腺素后，如心脏已搏动但极为无力时，可从静脉或心腔内注射 1%氯化钙 5mL。钙离子可兴奋心肌紧张力，而使心肌收缩加强，血压上升。

**2. 注射呼吸中枢兴奋药**　可静脉注射洛贝林或尼可刹米，在动物抑制情况下作用更明显。尼可刹米可直接兴奋延髓呼吸中枢，使呼吸加速加深；对血管运动中枢的兴奋作用较弱，每只犬一次注射浓度为 25%的药物 1mL。洛贝林可刺激颈动脉体的化学感受器，反射性地兴奋呼吸中枢，对呼吸中枢还有轻微的直接兴奋作用，每只犬一次可注入 1%的药物 0.5mL。

**3. 动脉快速注射高渗葡萄糖液**　一般常采用经动物股动脉逆血流加压、快速、冲击式的方法注入 40%葡萄糖溶液。注射量根据动物而定，如犬可按 2~3mL/kg 计算。这样可刺激动物血管内感受器，反射性地引起血压、呼吸的改善。

**4. 动脉快速输血、输液**　在做失血性休克或死亡复活等实验时采用。

**5. 人工呼吸**　可采用双手压迫动物胸廓进行人工呼吸。一旦见到动物自动呼吸恢复，即可停止人工呼吸。

## 六、麻醉动物的复苏

麻醉复苏期的处理是麻醉技术自然而必要的延续，处理不当将延迟动物的麻醉苏醒时间，将加剧和延长麻醉及手术导致的代谢紊乱，甚至可导致动物死亡，为此需向实验要求为存活的动物提供适当的复苏环境和护理。一般小动物放入专门的术后恢复笼，大动物放入术后护理饲养室，恢复笼和术后护理室内要温暖、安静，温度略高于日常饲养室，一般控制在 25~28℃。

有效缓解动物术后疼痛是术后麻醉复苏期处理的重要内容。术后疼痛可明显影响动物水和食

物的摄入，减少动物的活动，胸部和腹部疼痛还可导致通气功能下降而发生低氧血症和高碳酸血症，增加动物的痛苦并延长恢复时间。应对能够反映动物疼痛的生理变量进行监测和评估，并使用适当的镇痛药物干预。

术后液体摄入量减少导致脱水，将严重影响动物苏醒，多数动物 24 小时的液体需要量为 40~80mL/kg。麻醉复苏期间应监测动物摄水量以预测脱水程度，严重脱水时皮肤弹性丧失，大动物可见黏膜干燥。一般通过腹腔注射的方式补液，补液量一般大鼠 5mL、小鼠 2mL、豚鼠 20mL、兔 50mL。

## 七、安乐死

实验动物的安乐死是指在不影响动物实验结果的前提下，使实验动物短时间内无痛苦地死亡，不会由刺激产生肉体疼痛及精神上的痛苦、恐怖、不安及抑郁。在必须处死动物的时候，应尽可能地采取减少动物痛苦的方法。实验者应根据动物实验的目的、实验动物品种品系及需要采集标本的部位等因素，选择不同的处死方法。无论采用哪一种方法，都应遵循安乐死的原则。

**1. 动物安乐死术必须符合以下标准**

（1）尽可能减少惊恐、疼痛。

（2）使其在最短时间内失去意识迅速死亡。

（3）方法可靠且可重复。

（4）对操作人员安全。

（5）采用的方法要与研究的要求和目的一致。

（6）对观察者和操作者的情绪影响最小。

（7）对环境污染的影响最小。

（8）需要的机械设备简单，价廉，易操作。

（9）处死动物的地点应远离动物饲养室并与其隔开。

**2. 安乐死的方法** 实验动物的处死方法有很多，但动物处死与安乐死不同，常用的空气栓塞处死法、棒击法等，常会给动物带来巨大的痛苦，在安乐死时不采用。处死实验动物时应注意，要确认实验动物已经死亡，通过对呼吸、心跳、瞳孔、神经反射等指征的观察，对死亡做出综合判断，并将尸体进行无害化处理。

（1）*颈椎脱臼法* 是将实验动物的颈椎脱臼，断离脊髓致死的方法，常用于大鼠、小鼠。但是当大鼠体重大于 200g 时，通常使用此法不能一次使动物的脊髓断离，需要多次操作，会给动物带来痛苦，故应结合麻醉使用。颈椎脱臼法的操作：实验人员用右手抓住鼠尾根部并将其提起，放在鼠笼盖或其他粗糙面上，用左手拇指、食指用力向下按压鼠头及颈部，右手抓住鼠尾根部用力拉向后上方，造成颈椎脱臼，脊髓与脑干断离，实验动物立即死亡。

（2）*$CO_2$ 吸入法* 让实验动物吸入大量的 $CO_2$ 等气体而中毒死亡。由于 $CO_2$ 的比重是空气的 1.5 倍，不燃、无气味，对操作者很安全，动物吸入后没进入兴奋期即死亡，处死动物效果确切。一般在密闭的透明塑料箱中灌入 $CO_2$，20~30 秒后关闭，放入动物，再将 $CO_2$ 通入箱中，发现动物不动、不呼吸、瞳孔放大，停止通入 $CO_2$，观察 2 分钟以确认动物死亡。

（3）*放血处死法* 此法适用于各种实验动物。具体做法是使用大剂量的麻醉药物将实验动物麻醉，当动物意识丧失后，将股动脉、颈动脉、腹主动脉切断或剪破，让血液流出。亦可刺穿动物的心脏放血，导致急性大出血、休克、死亡。

（4）过量麻醉处死法　此法多用于处死豚鼠和兔子。快速过量注射非挥发性麻醉药（投药量为深麻醉时的25~30倍），动物常采用静脉或腹腔内给药，或让动物吸入过量的乙醚，使实验动物中枢神经过度抑制，导致死亡。

# 第三节　解剖与取材

动物实验后进行尸体解剖与取材是动物实验过程中一个重要步骤。通过动物尸体解剖，观察脏器大体形态，可初步了解器官水平的病变特点。解剖后的取材则是后续相关病理学指标检测的基础，如HE染色、免疫组织化学法、核酸分子杂交、蛋白组学等实验方法均需要使用取材后的标本作为材料，标本的质量决定了实验数据的准确性，实验者必须认真对待。

## 一、解剖与大体形态观察

### （一）大体形态观察的顺序

一般采用由外到内的顺序，即体表检查→剥皮及皮下检查→腹腔脏器的观察→胸腔脏器的观察→腹腔脏器的取出→胸腔脏器的取出→头颈部器官的观测及取出→脊椎管的剖开及脊髓的取出及观察→肌肉和关节的观察→骨和骨髓的观察。观察的顺序可根据检查的目的、具体情况适当调整，以不遗漏病变为原则即可。

### （二）解剖及大体形态观察的内容和方法

**1. 体表检查**　主要了解动物的发育和营养状况、被毛、皮肤、黏膜及天然孔道的状况。具体包括：①发育和营养状况：观察动物发育是否与年龄、品种相称，各部分比例是否正常，肌肉是否丰满，皮肤弹性是否良好。②被毛和皮肤：毛发色泽，有无脱毛，皮肤是否有外伤、出血，肿瘤等。③黏膜及天然孔道：各天然孔道（眼、耳、鼻、口腔、肛门）的开闭状态，黏膜表面有无异常分泌物及排泄物、有无出血及损伤。

**2. 皮下组织检查**　将动物以仰卧姿势固定，从耻骨联合沿腹正中线切开皮肤至下颚，剥离皮下组织，观察是否有水肿、出血和感染情况，观察浅表淋巴结有无肿大。分离出气管，用止血钳夹住，便于剖胸时对肺脏的观察。

**3. 腹腔检查**　从耻骨联合沿腹正中线剪开腹壁肌肉至剑突，再从肋骨下端向脊柱方向将两侧腹壁剪开，以便观察腹腔内脏器。剖腹时注意腹腔内有无积液、血液或炎性渗出物，并做记录。然后检查腹腔内各脏器位置是否正常，特别应注意肝、脾的位置及大小，胃、肠充盈情况，大网膜和腹膜的颜色和状态等。最后再将脏器依次取出，顺序是脾、肝、胰腺、胃、十二指肠、小肠和大肠、肾上腺、肾、膀胱、睾丸（连附睾）、前列腺或子宫、卵巢。具体包括：①肝及胆囊、脾脏是否有肿大，胆囊内是否有结石（大鼠无胆囊），并挤压胆囊做排胆试验；肝脏有无肿大、硬化、肿瘤及寄生虫等，注意门静脉有无血栓。②胰脏。动物的胰腺与人不同，多呈分叶状，边缘不整齐，似脂肪。先检查色泽和硬度，然后做切面，检查有无出血和寄生虫。③ 胃和肠在食管和贲门部双重结扎、中间剪断，再按十二指肠、空肠、回肠的顺序，分离周围组织，将胃肠从腹腔一起取出。检查胃壁和肠壁有无破裂和穿孔，胃沿胃小弯剪开，肠沿肠系膜附着线剪开，检

查胃肠黏膜是否有出血、穿孔、肿瘤或炎性渗出物；观察胃肠内容物的性状，注意结肠内粪便是否有黏液、寄生虫；回肠的集合淋巴器有无增生或溃疡。④肾、输尿管及膀胱。剥离肾周脂肪组织，取出肾脏，观察其颜色、大小如何，有无硬化、出血、肿瘤及结核，肾盂有无结石；取膀胱时避免损伤，以免尿液外溢，检查膀胱是否有结石，黏膜是否有出血；检查输尿管有无扩张和结石。⑤子宫和卵巢。观察动物是否怀孕，子宫是否有积水，卵巢是否有肿大。

**4. 胸腔检查** 用剪刀在肋骨的软骨、硬骨连接部位内侧，从肋弓到第二肋骨切断左右肋骨。提起肋弓，再剪断左右第一肋骨和胸锁关节，暴露胸腔。首先观察两侧胸腔是否有积液等，然后检查两肺表面与胸壁有无粘连，胸膜颜色和状态，心包情况和肺纵隔有无出血等变化。最后取出胸腔器官。主要检查：①肺：检查两侧肺表面有无出血、炎症变化，有无实变和肺气肿。应注意区分各肺叶的变化。肺切面检查有无实质性病灶、气肿、萎缩，轻压时有无内容物自小支气管内挤出。②心及冠状动脉：剪开心包膜暴露心脏，观察其大小、外形、心外膜情况。顺血液方向剖开心脏，先检查右心，后检查左心。观察心肌、心内膜等改变，有无出血和感染，瓣膜有无改变，心肌、柱状肌和乳头肌有无异常，冠状动脉有无硬化和血栓等。

**5. 头颈部及脊椎检查** 将动物改成俯卧位，用手术刀从颈部背侧正中线切开皮肤并沿颅顶直切至鼻尖，分离皮下组织并向切口两侧拉开，充分暴露头颅和颈部。切断颈部肌肉暴露气管，剥离下颌组织，切断舌与下颌骨的连接。整体摘出舌、喉头、气管、甲状腺。用刀将附着在头颅和颈部脊椎骨上的肌肉尽量剥离干净，用尖嘴剪刀将枕部脊椎腔剪开暴露脊髓；从枕骨大孔沿头部两侧与眼眉部平行剪开颅盖骨，即暴露出硬脑膜。观察硬脑膜有无出血、充血等变化，然后剪开硬脑膜。用眼科剪刀剪断与脊髓相连的脊椎动脉和颈神经，镊子夹住脊髓轻轻往外拉；托住脑组织，将各对脑神经切断，用小剪刀探入蝶骨鞍槽内，剥离与脑垂体相连的周围组织，最后连同脑垂体将整个脑、脊髓取出。检查脑回和脑沟有无异常变化，有无软化灶；随后用手术刀切开，观察皮质和髓质的厚度、色泽及界限是否清晰，有无梗死灶、出血灶、脓肿等病变；脊髓的检查内容与脑的相似；最后检查脑垂体有无肿大和变色。

### （三）记录和描述病变的要求和方法

首先应记录实验动物的来源、种类、年龄、性别、原编号、体重及剖检时间、地点、温度、湿度、处死方法、解剖人、记录人。

描述大体标本的病变要客观、准确，使用科学语言。描述要点包括以下内容。

1. 大小及体重：观察器官体积有无变化，重量有无增减。若是空腔脏器，应注意其内腔是否扩大或变窄，甚至有无闭塞；腔壁有无变薄或增厚；腔中有何内容物。

2. 表面是否隆起、光滑，有无坏死、出血、囊腔形成，包膜有无渗出物或增厚。

3. 颜色、质地：使用苍白、暗红、褐色、灰色等词汇描述颜色，使用硬、软、坚韧、松脆等词汇来描述质地。

4. 病灶的分布与位置：病变位于该器官的部位，如肝左叶、空肠浆膜层等。

5. 病灶的数量、大小及形状：病灶是单个或多个，弥漫性或局灶性。大小以厘米（cm）为单位，按长×宽×厚的顺序记录，形状可用椭圆形、不规则状、菜花状、乳头状、息肉状、结节状等词汇描述。

6. 与周围组织的关系：病变组织与正常组织的界限是否清楚，有无包膜，是否粘连。

## 二、动物解剖

### （一）解剖步骤

将动物麻醉，然后进行以下步骤：①皮肤的切开：剖检时将动物仰卧位，切开皮肤，用手术剪沿腹正中线从下腹部耻骨前缘切开，直至下颌部，然后沿左右侧切开上下肢，剥离皮肤。②腹腔的切开：沿腹中线切开，手术剪沿腹正中线从下腹部至剑突的腹肌，再分别横向剪至肋骨下缘，将腹肌翻向左右两侧，充分暴露腹腔。③胸腔的切开：将横膈膜沿左右肋弓切开之后，再沿左右肋软骨，用手术刀切断，充分暴露胸腔。④切开下颌骨的两下颌支内侧与舌连结的肌肉，并经分离，暴露颈部气管、食管、血管和神经。⑤剥离头部皮肤，剪开头骨，揭开盖骨，暴露脑组织。

肉眼检查腹腔、胸腔、头颈部的脏器和脑组织，并可根据研究需要取材。

### （二）大鼠解剖

1. 将动物麻醉，大鼠卧位的身体部位见下图 10-39。

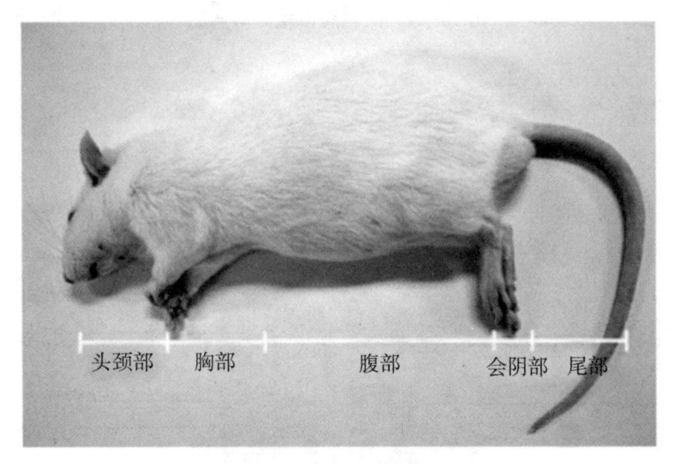


**图 10-39　大鼠卧位身体部位**

2. 切开皮肤，打开腹腔。剖检时采取仰卧位，切开皮肤，用手术剪沿腹正中线切开到下颌部为止，然后沿左右侧切开上下肢，剥离皮肤。沿白色腹中线切开，打开腹腔，充分暴露腹腔，见图 10-40。

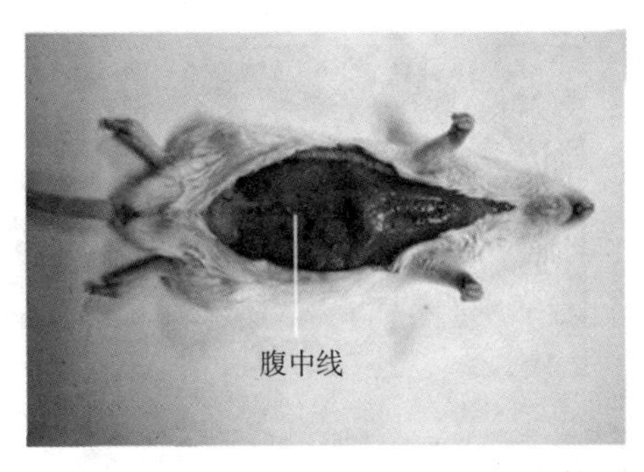


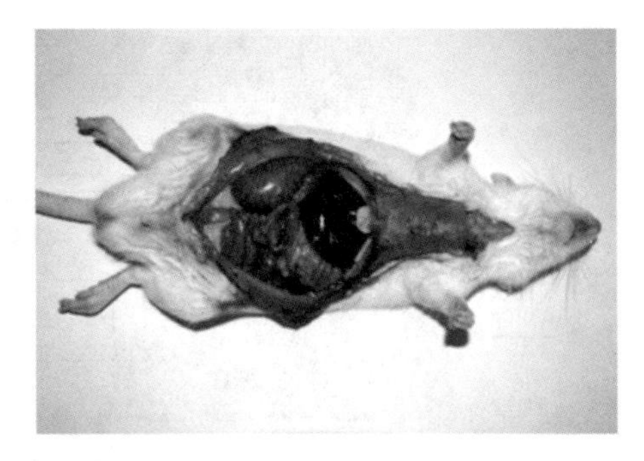

**图 10-40　大鼠剖腹**

3. 打开胸腔，切开颈部与头部。将横膈膜沿左右肋弓切开之后，再沿左右肋软骨，用手术刀切断，充分暴露胸腔。同时继续切开，暴露头颈部。肉眼检查腹腔、胸腔、头颈部的脏器。大鼠腹面观，见图 10-41。

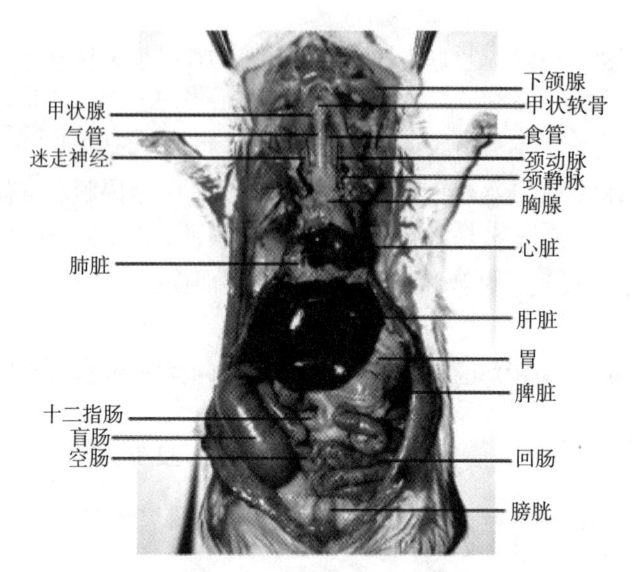


**图 10-41 大鼠腹面整体解剖图**

4. 大鼠颈部结构，见图 10-42。

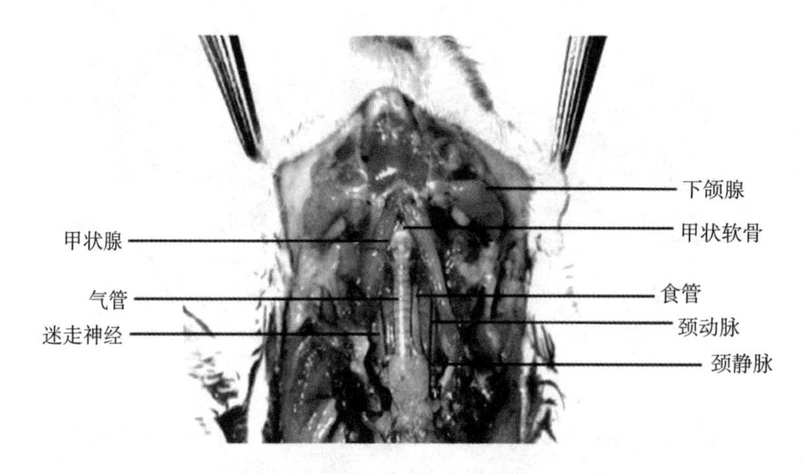


**图 10-42 大鼠颈部结构**

5. 大鼠腹腔和消化系统，见图 10-43。

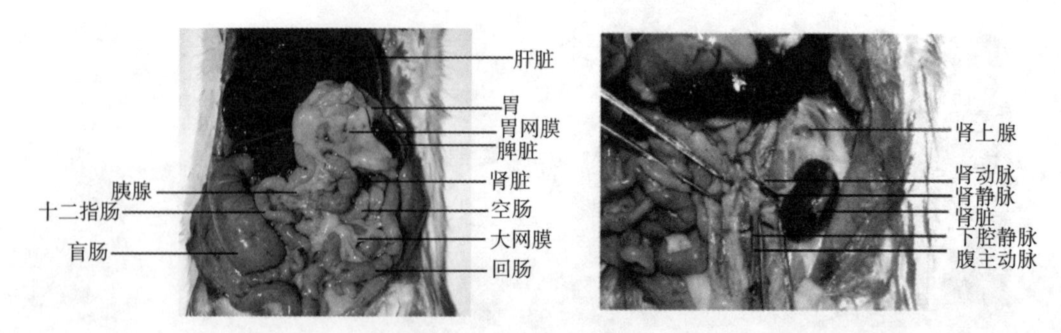


**图 10-43 大鼠腹腔和消化系统**

6. 大鼠胸腔和循环系统，见图 10-44。

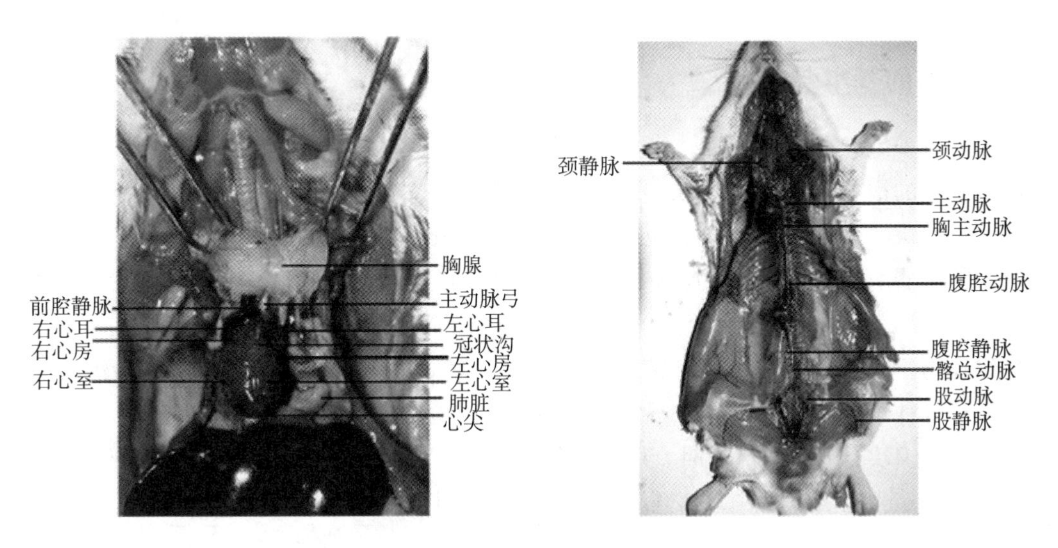


**图 10-44　大鼠胸腔和循环系统**

7. 大鼠盆腔和生殖系统，见图 10-45。

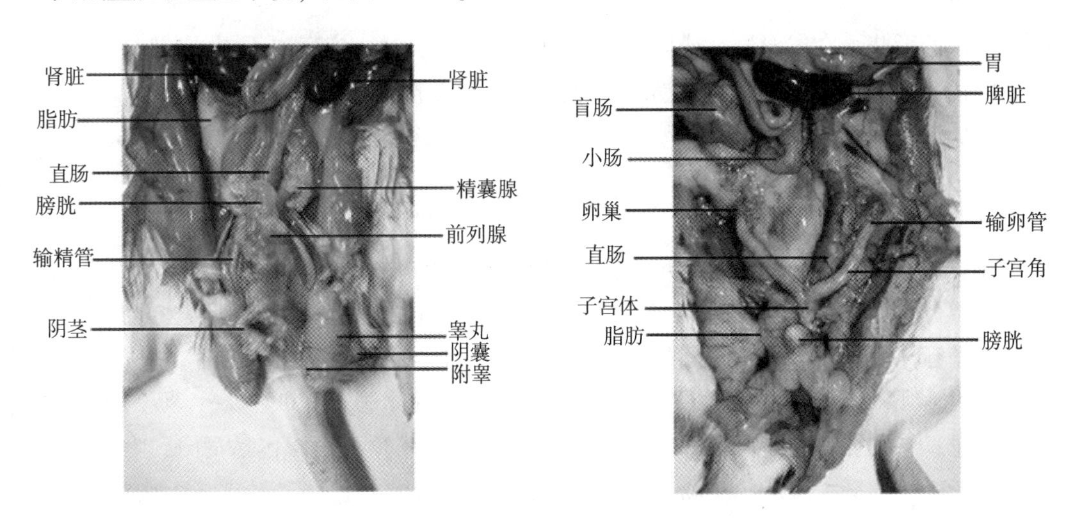


**图 10-45　大鼠盆腔和生殖系统（左：雄，右：雌）**

8. 大鼠的脑和脑部结构，见图 10-46。

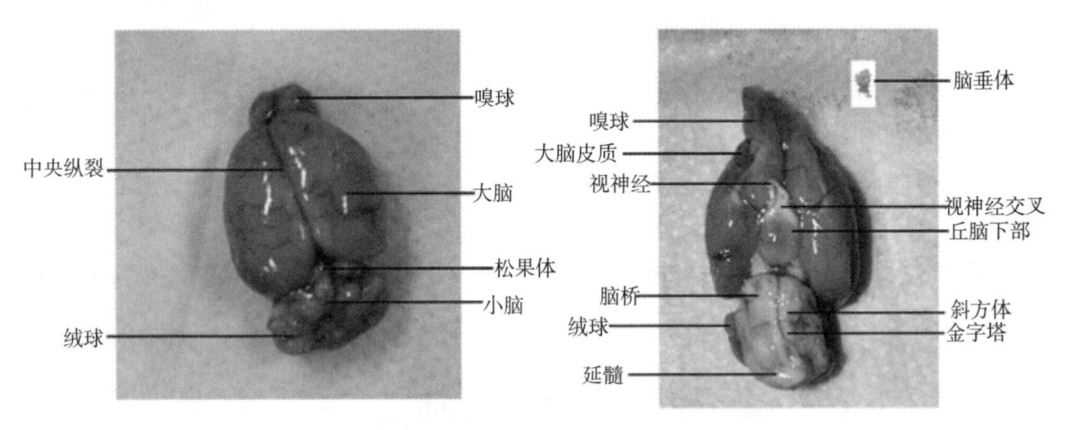


**图 10-46　大鼠脑和脑部结构**

## 三、组织取材

### （一）取材的基本要求

1. 避免或减少组织自溶，故取材和组织固定的时间应越早越好，动物死亡超过 4 小时而未采取任何组织固定的措施，组织将自溶，失去检测的意义。

2. 选取组织块。首先应选取病灶与正常交界处的组织，包括病变本身及周围的正常组织。其次应注意包括脏器所有重要结构或层次，如肾应包括皮质、髓质和肾盂。此外，要取其最大的组织面。

3. 各组动物相同器官取材时，选材部位应尽量一致，同一实验的对照组和实验组应交叉解剖，严格统一各种条件和操作。

4. 切取的组织块不要挤压。切时宜用锋利的刀，少用剪，而且切时不能将刀来回拉锯，一般应从刀的根部开始，向后拉动一刀切开组织，以免挤压组织，造成变形，勿选用被器械钳压过的部位。

5. 切取组织块的厚度要适宜，一般厚 2~3mm，大小为 1.5~2$cm^2$。若过厚则固定不好，组织结构不佳；过薄则切片张数有限，难以满足需要。

6. 组织块的形状。在成对器官或同一器官切取多块组织时，应切成不同的形状，以便易于辨别而不致混淆。例如，左肾切成长方形或三角形，右肾切成正方形。

7. 取材应避免取过多的坏死组织或凝血块，要注意消除组织周围多余的脂肪组织。

### （二）取材方法

一般小鼠内脏及其他动物小器官可整体取材并固定，如淋巴结、扁桃体、甲状腺等；大动物的只留取一部分，体积大和分叶的器官，应视不同组织选取多个部位。一般取材方法：心脏 2~3 块，左室前壁连同乳头肌 1 块，室间隔 1 块，右室心肌 1 块；肺 2 块，左右各 1 块；气管和支气管 1~2 块；甲状腺 2 块；颌下腺 2 块；肝 3 块，左右大叶各 1 块，小叶 1 块；肾 2 块，左右各 1 块，包括包膜；肾上腺 2 块，左右各 1 块；食管 1~2 块；胃 1~3 块，包括贲门、幽门、胃小弯、前胃；十二指肠、回肠、盲肠、结肠、直肠各 1 块；胰腺 2 块，胰头、胰尾各 1 块；脑 4 块，包括中央回、视交叉、小脑和延脑 4 个切面的组织；生殖器官，雌性取两侧输卵管、卵巢、子宫和宫颈，雄性取前列腺及双侧精囊腺、睾丸和附睾。

### （三）取材后组织块的处理

切取的组织块应立即处理，以保持组织、细胞结构的完整及有效成分、抗原性的不丢失。其主要方法：①固定：应根据研究目的选用不同的固定液和固定方法，通常采用 10%~20% 福尔马林液固定，冰冻切片一般采用 4℃丙酮固定。固定液要新鲜、要足量，应取 10~20 倍于固定组织的体积，标本应尽快放入固定液中，温度低时固定时间应相对延长。②低温储存：若不能及时固定制片，可分装后储存于液氮罐内或-80℃超低温冰箱内备用。取材后剩余的组织实验室要统一规范化清理销毁，不能随意处理。

# 第四节 新技术、新方法在动物实验中的应用

随着现代工程技术和生命科学的发展，新技术、新方法的不断出现在生物医学研究中得以广

泛的应用。医学传感测量与通信技术相结合的产物——遥测技术，可通过远距离传输和测量技术对处在自然状态下的动物生理参数进行测量，采集到完全清醒自由动物的生理信号。分子生物学技术和现代医学影像学相结合的产物——分子影像学，能够反映细胞或基因表达的空间和时间分布，从而了解活体动物体内的相关生物学过程、特异性基因功能和相互作用。这些新的技术和方法，既可以提高数据的可靠性、准确性、重复性和可比性，减少个体差异和操作因素对实验结果的影响，又节省动物和费用，还符合动物福利要求，是动物实验中进行实时、连续、动态观察研究的重要工具。

## 一、动物生理无线遥测技术

生理无线遥测技术亦称生物信号采集与无线传输系统技术，是医学传感测量与通信技术相结合的产物，可通过远距离传输和测量技术对处在自然状态下的动物生理参数进行测量的技术。为动物在体监测多项生理参数如血压、心电图、体温等的一种新技术，该技术实现了从动物有创实验到无创或微创实验的转变，从麻醉状态下记录生理指标到清醒自由状态下记录生理指标的转变。该技术的检测系统又称清醒动物生理信号遥测系统，与传统测定方法相比，该技术能避免麻醉对动物产生的影响；能显著降低精神紧张引起的应激状态对实验动物的影响，动物可自由活动、清醒、有意识，不受束缚，不必经受加温等操作的刺激；能避免其他有线方式引起的导线引出位置感染和炎症；降低了对动物的干预程度，让动物保持良好的精神状态；用该技术所采集的数据能更好地模拟药物应用于人体的情况，避免许多药物假阳性、假阴性情况的发生；由于动物可以长时间持续记录，实验动物可以做自身对照，使实验结果的准确性和可靠性提高，可降低实验所需的动物数量。使用遥测技术不仅可减少由于实验操作而引起血压、心率和体温等生理参数的变化，保证实验数据的准确性、可靠性，而且避免了动物福利受损问题，符合“减少、代替、优化”的“3R”原则。人用药品技术要求国际协调理事会（ICH）已将该血压测定技术列入安全性药理试验中，我国国家药品监督管理局（NMPA）指导原则也推荐使用该技术，用清醒动物的遥测技术代替麻醉动物进行药物安全性评价，以得到更科学、更接近真实条件下的实验数据。

目前动物生理无线遥测系统主要包括两类：植入式遥测系统和马甲式遥测系统。

### （一）植入式生理心电遥测系统（如图10-47）

**1. 技术原理**　将测量装置（植入式遥测芯片）采用一定的方式植入动物体内，然后生理信号被植入子采集到并转换成相应的电信号后无线发射，接收器接收信号，进行数据转换，并用相应的软件就可进行记录分析。

**2. 技术的优缺点**　由于该技术采用体内植入信号探头，可根据动物的大小和研究目的，选择相应的信号探头，故适合于任何动物，其应用范围相对较广。但同时，由于该技术需要将信号探头植入体内，对动物实验操作也提出一定的要求，并且进行手术后也需要相当一段时间的术后恢复期，并可能要承担动物术后出现的感染或术后不良的风险。另外，电池的维护和消耗成本也相对较高。

### （二）无创（马甲式）生理心电遥测系统（如图10-48）

**1. 技术原理**　是一种无创的生物信号遥测系统，将传感器装进动物专用穿的马甲中，传感器发送生理信号给接收器，接收器将信号导入软件中进行数据分析。本系统可以自动采集、存储、实时分析数据。

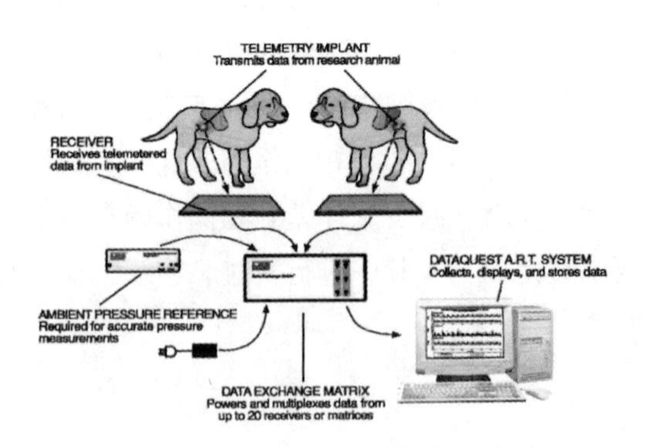


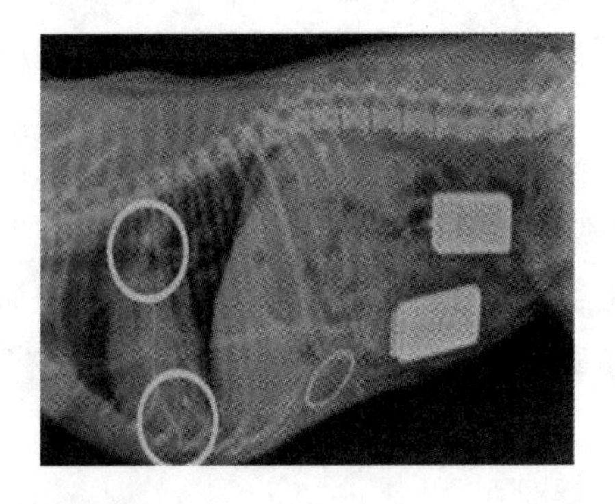

图 10-47　植入式生理心电遥测系统

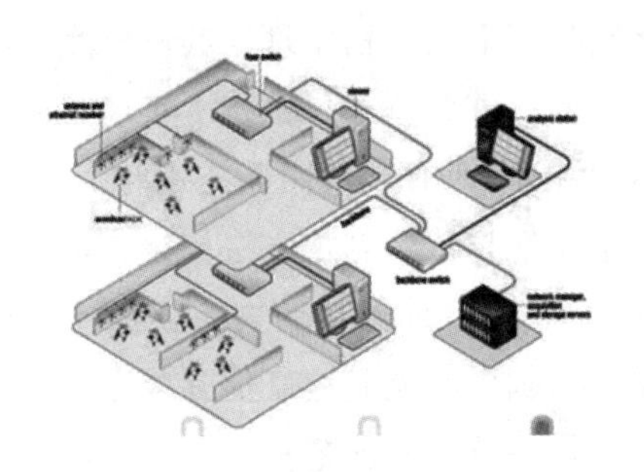

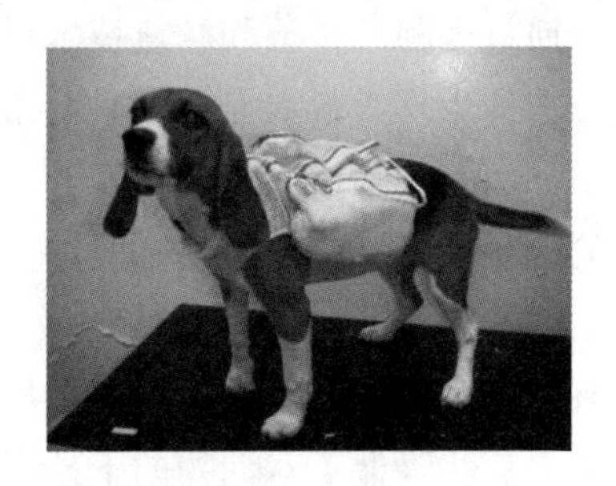

图 10-48　无创（马甲式）生理心电遥测系统

**2. 技术的优缺点**　马甲式遥测系统无创、无需手术，不但节省了给动物做手术所付出的人力、物力，也节省了手术后 4~8 周动物的恢复时间，避免了动物手术可能带来的感染以及动物出现各种不适；仅需要两节 5 号干电池能维持监测 48~72 小时的生理指标，解决了电池使用以及体外仪器校准的难题，进一步提高了动物福利。但是马甲式生理心电遥测系统需要对动物进行为期 3 天的适应，目前仅适用于体重相对较大的动物遥测，如兔、犬、猪、猴子等，对啮齿类小动物均不适用。因此，其应用范围有一定的局限性。

### （三）遥测技术的主要监测生理指标

目前遥测技术的监测生理指标主要包括以下八方面：心电图（肢体导联和胸导联）、动物行为活动分析、呼吸、体温、血压（有创或无创）、脑电图、血流监测和心功能监测，后三个指标需要植入监测。在当前应用遥测系统进行监测，最常用的为心电图、动物行为活动分析、呼吸、血压和体温。

### （四）生理信号遥测系统的应用

植入式生理信号遥测系统可用于大小动物（犬、猴、大小鼠）的心电、血压、活动的同时连续实时监测，可直接检测血压、左心室压（LVP）。植入子埋入需做微创术，不能用于大量动物的快速检测。前期投入较小，但植入子的价格高，并且电池使用寿命有限，需要送厂商充电，维持成本高，使用成本大。无创的生物信号遥测系统主要用于对大动物的心电、血压、呼吸、体温、活动的同时连续实时监测，不需手术和术后恢复期，给动物穿马甲，对动物无应激，借助已埋入的血管通路可进行血压、左心室压的监测，能用于呼吸功能的监测，可用于大量动物的快速筛选。前期投入大，但后期使用维持成本低，普通 5 号干电池可连续检测 24~72 小时（见表 10-3）。

表 10-3　遥测系统与传统技术的比较

| 技术方法 | 传统技术 | 遥测技术 | |
|---|---|---|---|
| | | 无创 | 植入 |
| 采样时间 | 监测时间相对较短，且需要一定的保定措施，可能影响动物生理和福利 | 长时间连续监测 | 可连续，但成本高 |
| 数据 | 数据量相对较低<br>心电图纸或电脑分析 | 数据量大且多<br>电脑分析 | 数据量大且多<br>电脑分析 |
| 动物数量 | 多 | 通过优化实验方案，可有效减少使用数量 | 通过优化实验方案，可有效减少使用数量 |
| 参数记录 | 全部 | 全部 | 全部 |
| 基本心电参数测量 | PR、QT、RR、QRS 等 | PR、QT、RR、QRS 等 | PR、QT、RR、QRS 等 |
| QTc 校准 | 能采用 QTc 校准公式，但不能进行个性化校准（数据量有限） | QTc 校准、并能进行个性化校准 | QTc 校准、并能进行个性化校准 |
| 异常图形 | 由于时间较短，有些异常波形的反应常不能被监测到，或被忽略 | 全面的连续的监测，能观察到异常波形的变化 | 全面的连续的监测，能观察到异常波形的变化 |
| 血压 | 有创或无创，但均需要束缚或麻醉下进行 | 无创血压，能自由清醒，对于血压观察时间间隔只有 1 分钟之内的不建议用无创血压，可通过 VAP 技术或植入子替代，监测有创血压 | 埋入植入子监测有创血压 |
| 呼吸参数 | 动物麻醉后，通过呼吸换能器信号监测，或在束缚下，观察呼吸次数，检测指标局限，缺乏客观性 | 可全面观察呼吸情况，并通过胸腹式呼吸双重监测，判定呼吸的变化，尤其在神经、镇静药物评价中尤为重要 | 能全面观察呼吸情况，但仅能观察胸部的呼吸变化情况 |
| 活动 | 只能主观评价 | 能客观评价 | 能客观评价 |
| 体温 | 仅能通过束缚或间断性测定 | 能连续测定 | 能连续测定 |
| 时序性、剂量累计性试验 | 比较局限，只能监测某时间点 | 可以 | 可以 |
| 毒理学研究 | 可用，时间点少 | 可用 | 可用，花费庞大 |
| 技术支撑 | 不需手术，但须固定 | 自由 | 但需手术 |
| 药代结合 | 理论上可行 | 可行 | 可行 |
| 数据采集与数据存储 | 心电图纸或软件 | 软件 | 软件 |
| 仪器价格 | 便宜 | 昂贵 | 昂贵 |

## 二、影像学技术与应用

传统的研究小动物影像学的方法通常是离体方法，将小动物处死并解剖，再进一步使用其他方法如组织切片等方法进行研究。离体的方法存在着两个明显的缺点，首先，由于离体时无法完整地保留在体时环境因素，离体实验结果与在体时有较大差异，有时甚至会得出与在体实验截然相反的结论，这在进行离体的细胞和分子水平的动态观察时尤其明显。其次，由于需要将动物处死，因此实验数据分析时不可避免地出现由于动物的个体差异带来的统计误差，并且导致需要大量的动物个体。为了能够在活体水平动态地长时间地对一只动物进行结构和功能的观察，以有助于理解某些基因对哺乳动物的影响，生化反应信号转导通路，蛋白质与蛋白质相互作用等，需要

不同的成像系统能够以非侵入方式对小动物进行研究。随着许多应用于人体的诊断与成像技术逐渐应用到小动物身上，这一问题有了解决方法。

1895 年伦琴发现 X 线及 X 线在医学上的应用，在相当程度上改变了医学的进程，并为放射学及现代医学影像学的形成和发展奠定了基础。1999 年，美国哈佛大学 Weissleder 等提出了分子影像学（molecular imaging）的概念，应用影像学方法对活体状态下的生物过程进行细胞和分子水平的定性和定量研究。分子影像学的出现被认为是医学影像学发展史上的又一个里程碑，它是分子生物学技术和现代医学影像学相结合的产物，传统的影像诊断（X 线、CT、MRI、超声等）主要显示的是一些分子改变的终效应，具有解剖学改变的疾病；而分子影像学则通过发展新的工具、试剂及方法，探查疾病过程中细胞和分子水平的异常，在疾病尚无形成形态学改变前检出异常，为探索疾病的发生、发展和转归，动物模型评价、药物评价和药物开发，疾病诊断和研究、药物的靶向治疗等方面的发展起到日趋重要的推进作用。分子影像学是影像学从大体形态学向微观形态学、生物代谢、基因成像等方面发展的一个重要方向，所涉及的基础方法学及理论均和其他学科有较大的交叉。分子影像学技术主要分为光学成像（optical imaging）、核素成像（PET/SPECT）、磁共振成像（magnetic resonance imaging，MRI）、超声成像（ultrasound）和 CT（computed tomography）成像五大类。

活体成像技术是在不损伤动物的前提下对其进行长期的纵向研究，成像技术可以提供的数据有绝对定量和相对定量两种。检测信号不随其在样本中的位置而改变，这类技术提供的为绝对定量信息，如 CT、MRI 和 PET 提供的为绝对定量信息；图像数据信号为样本位置依赖性的，如可见光成像中的生物发光、荧光、多光子显微镜技术属于相对定量范畴，但可以通过严格设计实验来定量。其中，可见光成像和核素成像特别适合研究分子、代谢和生理学事件，称为功能成像；超声成像和 CT 则适合于解剖学成像，称为结构成像；MRI 介于功能成像和结构成像之间。

### （一）光学成像

**1. 活体动物体内光学成像技术** 活体动物体内光学成像（optical in vivo imaging）技术是指应用光学影像学方法，对活体状态下的生物过程进行组织、细胞和分子水平的定性和定量研究的技术。目前已经广泛用于多个医学模型的构建，特别是在肿瘤转移的研究中，应用尤其广泛。目前用于活体基因表达显像的光学成像方法主要有弥散光学断层成像、表面加权成像、共聚焦成像、多光子成像及活体内显微镜成像，还有近红外线荧光成像、表面聚焦成像及双光子成像等。主要应用技术为生物发光（bioluminescence）与荧光成像（fluorescence）（如图 10-49）。

生物发光技术是用荧光素酶（luciferase）基因标记 DNA，利用其产生的蛋白酶与相应的底物荧光素（luciferin）发生生化反应，产生生物体内的光信号，萤火虫荧光素酶基因已成为目前运用最广泛的报告基因之一，在肿瘤的发病机制、生物学行为、药效评价和基因治疗等方面得到了广泛的应用。而荧光技术则采用荧光报告基因（GFP、RFP）或荧光染料（包括荧光量子点等新型纳米标记材料）进行标记，利用报告基因产生的生物发光、荧光蛋白质或染料产生的荧光，就可以形成体内的生物光源。生物发光是动物体内的自发荧光，不需要激发光源，而荧光则需要外界激发光源的激发。

**2. 活体动物体内光学成像的应用** 传统的动物实验方法需要在不同的时间点处死实验动物以获得数据，得到多个时间点的实验结果。相比之下，可见光体内成像通过对同一组实验对象在不同时间点进行记录，跟踪同一观察目标（标记细胞及基因）的移动及变化，所得的数据更加真实可信。另外，这一技术对肿瘤微小转移灶的检测灵敏度极高，不涉及放射性物质和方法，非常

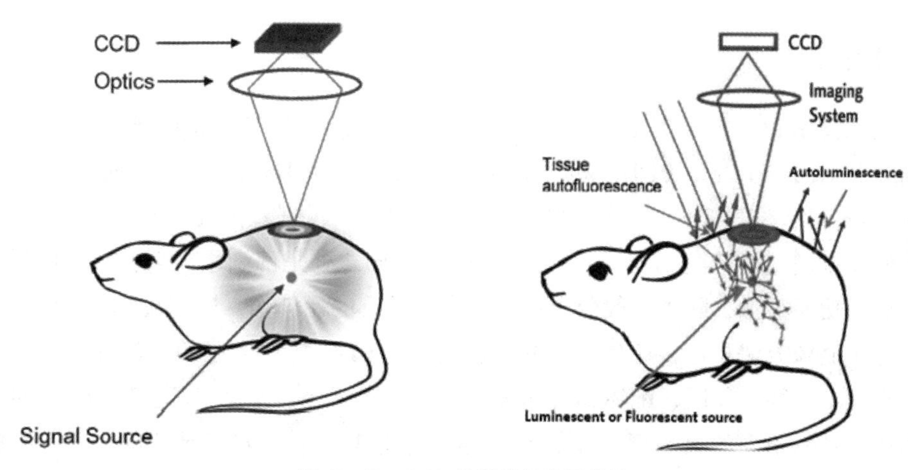


**图 10-49　CCD 检测动物表面信号**

（左图：生物发光检测，右图：荧光检测）

安全。由于活体动物体内光学成像有操作简单、所得结果直观、灵敏度高等特点，在刚刚发展起来的几年时间内，已广泛应用于生命科学、医学研究及药物开发等方面。

（1）*肿瘤学方面的应用*　应用活体动物体内光学成像技术可以直接快速地测量各种癌症模型中肿瘤的生长和转移，并可对癌症治疗中癌细胞的变化进行实时观测和评估。还可以利用 GFP 和 RFP 分别标记肿瘤和机体来研究它们之间的相互作用，以及肿瘤发生发展过程中血管的生成。Hoffman 等利用双色荧光描绘肿瘤内血管生成的形态学变化，以及肿瘤与机体相互作用的其他事件。这种方法清楚地显示种植的肿瘤与邻近的基质成分的不同。他们将 RFP 标记的前列腺癌细胞移植到 GFP 转基因小鼠上，在荧光镜下观察，红细胞没有细胞核不能标记，所以无荧光标记的暗区为肿瘤血管区。利用整体荧光成像系统对移植肿瘤进行实时观察，可以在活体内动态监测肿瘤血管的形成和发展。

（2）*免疫学与干细胞研究*　将荧光素酶标记的造血干细胞移植入脾及骨髓，可用于实时观测活体动物体内干细胞造血过程的早期事件及动力学变化。有研究表明，应用带有生物发光标记基因的小鼠淋巴细胞，检测放射及化学药物治疗的效果，寻找在肿瘤骨髓转移及抗肿瘤免疫治疗中复杂的细胞机制。应用可见光活体成像原理标记细胞，建立动物模型，可有效地针对同一组动物进行连续的观察，节约动物样品数，同时能更快捷地得到免疫系统中病原的转移途径及抗性蛋白表达的改变。

（3）*病原研究*　以荧光素酶基因标记的 HSV-1 病毒为例，可观察到 HSV-1 病毒对肝脏、肺、脾及淋巴结的侵入和病毒从血液系统进入神经系统的过程。多种病毒如腺病毒、腺相关病毒、慢病毒、乙肝病毒、革兰阳性和阴性细菌等，已被荧光素酶标记，用于观察病毒对机体的侵染过程。

（4）*基因功能研究*　可应用荧光素酶基因作为报告基因，在体内观察一个或多个感兴趣的基因及其产物；观察细胞中或活体动物体内两种蛋白质的相互作用。

（5）*疾病模型研究*　研究者根据研究目的，将靶基因、靶细胞、病毒及细菌进行荧光素酶标记，同时转入动物体内形成所需的疾病模型，包括肿瘤、免疫系统疾病、感染疾病等。可提供靶基因在体内的实时表达和对候选药物的准确反应，还可以用来评估候选药物和其他化合物的毒性，为药物在疾病中的作用机制及效用提供研究方法。

### （二）核素成像

核医学成像技术目前是分子成像中最为活跃的部分，主要包括正电子发射断层成像技术（positron emission tomography，PET）和单光子发射计算机断层成像术（single photon emission computed tomography，SPECT），在目前的分子影像学研究中占据着极其重要的地位，最先开始的分子影像学研究就是用 PET 完成的。PET 与 SPECT 相同之处是都利用放射性核素的示踪原理进行显像，皆属于功能显像，除了一般分子成像技术都具有的无创伤、同一批动物持续观察的优点外，与其他分子显像方法相比，还具有以下显著优势：（1）具有标记的广泛性，有关生命活动的小分子、小分子药物、基因、配体、抗体等都可以被标记。（2）绝对定量。（3）对于浅部组织和深部组织都具有很高的灵敏度，能够测定感兴趣组织中 p 摩尔甚至 f 摩尔数量级的配体浓度，对于大鼠的检测很方便。（4）可获得断层及三维信息，实现较精确的定位。（5）小动物 PET 与 SPECT 可以动态地获得秒数量级的动力学资料，能够对生理和药理过程进行快速显像。（6）可推广到人体。

**1. 小动物 PET** 小动物 PET 显像是利用医用回旋加速器发生的核反应，生产正电子放射性核素，通过化学合成，制备各种小动物 PET 正电子显像剂或示踪物质。显像剂引入体内，定位于靶器官，利用 PET 显像仪采集信息，显示不同的断面图，并给出定量生理参数。小动物 PET 的优势在于特异性、敏感性和能定量示踪标记物，且 PET 使用的放射性核素多为动物生理活动需要的元素，因此不影响它的生物学功能。放射性标记物进入动物体内后，由于其本身的特点，能够聚集在特定的组织器官或参与组织细胞的代谢；半衰期超短，一般在十几分钟到几小时，适合于快速动态研究，有着巨大的应用潜力与前景，将成为药物的寻找和开发、以动物模型模拟人类疾病、揭示疾病的生化过程、研究活体动物基因表达显像，以及其他生物医学领域的重要方法。

小动物 PET 是基于 PET 临床诊断技术发展起来的专门用于小动物的断层显像装置，其工作原理与临床 PET 完全相同，但是在空间分辨率和灵敏度方面有了显著提升，以适应小体积的模式动物的研究要求。除了临床所用的 PET 优点之外，还有以下优点：①小动物 PET 扫描仪具有超高空间分辨率，已经能够清晰辨识动物脑内结构，如丘脑、纹状体、皮层亚结构等。利用小动物 PET 对动物模型进行活体显像，对脑血管疾病、帕金森病、脑肿瘤、癫痫等神经系统疾病的研究具有独特的价值。②使用小动物 PET，可以简化定量实验操作步骤，加快实验速度，减少实验误差，因为同一只小动物可在不同时间间隔内重复进行 PET 显像。③小动物 PET 为动物实验和临床研究提供了桥梁，因为动物显像实验结果可外推到人体。④小动物 PET 能在药物开发的早期就完成活体动物实验，监测药物的药代动力学和药效学及其他有关生物信息。⑤肿瘤模型在两只动物之间可能会有较大差异，而小动物 PET 的优点之一就是可对同一只动物重复进行实验，以避免这种差异。⑥大鼠和小鼠的心脏相对来说很小，而目前研制的小动物 PET 的空间分辨率大大提高，已被用于测定心肌缺血和梗死模型中葡萄糖代谢（18F-FDG）和心肌血流速度（13N-氨），这些研究显示了小动物 PET 用于心血管疾病的潜力。

PET 的应用，标志着核医学分子和功能成像进入了一个新的时代，PET 图像显示出不同神经功能大脑的空间定位，使研究脑高级功能的成像成为可能；在心肌梗死后存活心肌的显示确认等方面显示出其他技术不能替代的作用。作为生物医学研究的重要技术平台，核素成像技术用于发现易于为核素标记的既定靶目标底物的存在，或用于追踪小量标记基因药物，进行药物抵抗或病毒载体传送等研究，将成为药物的寻找和开发、以动物模型模拟人类疾病、揭示疾病的生化过

程、研究活体动物基因表达显像及其他生物医学领域的重要方法。

**2. 小动物 SPECT**　相对于小动物 PET 系统，小动物 SPECT 系统使用长半衰期的放射性同位素，不需要回旋加速器。常使用的放射性核素不是生理性元素，如$^{99m}$Tc、$^{111}$In、$^{123}$I 和$^{67}$Ga 等，它们的半衰期从 6 小时到 3 天，通常较 PET 使用的放射性核素半衰期长。单光子 SPECT 的灵敏度、分辨率及图像质量较 PET 差。而多光子 SPECT 系统空间分辨率能达到 200μm，应用此模式图像可以由多个叠加数据重构，扫描时间降低到几分钟，每个动物的辐射剂量也降低了。随着放射线示踪剂种类增加及不依赖回旋加速器，小动物 SPECT 有很大的应用前景，可用于监视生理功能、示踪代谢过程和定量受体密度等。

### （三）磁共振成像

磁共振成像（MRI）是依据所释放的能量在人体或实验动物体内不同结构环境中产生不同的衰减，而绘制出机体内部的结构图像。MRI 成像具有以下优点：①分辨率高，已达到 μm 级，可在人体或实验动物的任何平面产生高质量的切面图像，在所有医学影像学手段中，MRI 的软组织对比分辨率最高，它可以清楚地分辨肌肉、肌腱、筋膜、脂肪等软组织，区分较高信号的心内膜、中等信号的心肌和在高信号脂肪衬托下的心外膜及低信号的心包，无须使用对比剂即可显示血管结构。②MRI 具有任意方向直接切层的能力，而不必变动被检查者的体位，结合不同方向的切层，可全面显示被检查器官或组织的结构，无观察死角。近年开发应用的容积扫描，可进行各种平面、曲面或不规则切面的实时重建，很方便地进行解剖结构或病变的立体追踪。③MRI 属无创伤、无射线检查，避免了 X 线或放射性核素显像等影像检查由射线所致的损伤。④在某些应用中，MRI 能同时获得生理、分子和解剖学的信息。但是 MRI 分子影像学也有其弱点，它的敏感性较低（微克分子水平），与核医学成像技术的纳克分子水平相比，低几个数量级，所以它还不是最理想的成像系统。

MRI 在动物实验和人类疾病动物模型研究方面的应用主要包括以下方面。

1. 病变过程和发病机制研究。
2. 药理研究和药效评价。
3. 活体细胞及分子水平评价功能性改变。
4. 动物脑电图谱。
5. 代谢变化和血流变化。
6. 基因表达与基因治疗成像。
7. 分子水平定量评价肿瘤血管生成。

### （四）超声成像

人耳能听到 16~20 000Hz 声音频率范围内的声音，超过 20 000Hz 人耳不能听到，称为超声波。利用仪器向体内发射超声波，由于各组织密度不同，引起超声波的反射量也不同，不同的反射量经仪器接收，可显示所观察内脏器官和病变的形状、大小、内部结构和活动状态的图像即超声成像。超声成像具有无辐射、操作简单、图像直观、价格便宜等优势，广泛应用于临床各领域，包括肝、胆、脾、胰、肾、膀胱、前列腺、颅脑、眼、甲状腺、乳腺、肾上腺、卵巢、子宫及产科领域、心脏等脏器及软组织的部分疾病诊断。而在医学和生物学研究当中，对活体组织进行无创性成像具有重要意义。高分辨率超声成像技术，可以对细微组织实现高空间分辨率的成像，已被广泛应用于皮肤、眼、心血管和小动物成像等生物医学领域。

由于超声成像的空间分辨率和穿透深度成反比关系，对人体进行扫描需要较大的穿透深度，所以常规的超声扫描仪的频率范围多限制在2~15 mHz。对于大鼠、小鼠等小动物的成像则较少受到扫描深度的限制，因而可以采用高频超声波（20~100 mHz）从而获得30~100μm的高空间分辨率。为了与常规超声区别，通常被称为显微超声（micro-ultrasound）。

显微超声在实验动物及疾病模型方面的应用如下。

**1. 心血管研究** 可以利用其高空间分辨率观察小动物的心血管系统，能通过B型、M型超声及多普勒，监测心脏的运动、心室壁厚度、心腔的大小、瓣膜的活动、血流的速度等一系列反映心脏功能的指标，这对于研究一些心脏病方面的疾病动物模型非常重要。另外，还可以通过特殊的造影剂——微气泡，对一些微小血管进行观察，用于微血管病变模型的研究。

**2. 肿瘤研究** 目前先进的显微超声系统配备有三维成像设备，可以对肿瘤进行空间扫描，立体成像，用于分析肿瘤的质地及生长占位。此外，还可以通过能量多普勒、微气泡造影剂跟踪观察肿瘤血管的生长情况，从而动态地监测肿瘤。这对于肿瘤疾病模型的研究有很大帮助。

**3. 胚胎研究** 利用显微超声的高空间分辨率，我们可以清晰地观察到小动物胚胎，研究其发育情况，监测各个重要器官的生长发育，用于某些先天性疾病模型的研究，在转基因动物的产前发育研究中也有很大优势；还可以通过特殊的技术设备进行胚胎注射，建立特殊的动物模型。

**4. 超声介导穿刺** 超声介导下的活体穿刺技术早已应用到临床方面，但是由于设备技术的因素，在动物模型，尤其是小动物模型方面还鲜有应用。显微超声技术开发很好地解决了此问题，利用其高空间分辨率，我们可以清楚地观察到小动物的各个器官，甚至刚刚发育几天的胚胎。在显微超声设备的帮助下，可以进行如脑室、心腔、胚胎等部位的穿刺，对于一些动物模型的深入研究有重要意义。

此外，随着近年来超声造影剂研究工作的进展，直径为几个微米的可通过肺循环的包膜超声造影剂已进入实际应用阶段。世界上一些公司和研究机构研制了不同的超声造影剂，用于动物实验和临床研究的超声造影剂已投放市场。利用超声微泡造影剂介导来发现疾病早期在细胞和分子水平的变化，有利于更早、更准确地诊断疾病，通过此种方式也可以在疾病早期进行基因治疗、药物治疗。

### （五）CT成像

在实验动物影像技术中，X线造影技术是一项最为基本的检查技术，可被用于各个系统组织的影像学检查及诊断，如消化系统钡餐造影、心血管造影、输卵管碘油造影等。目前在心血管系统以及肿瘤发生的研究中，造影技术已成为一项主要的辅助诊断方法被广泛应用。

CT（computed tomography）是电子计算机X射线断层扫描技术的简称，CT利用组织密度的不同造成对X射线透过率的不同，对机体一定厚度的层面进行扫描，并利用计算机重建三维图像。常规X线摄影是重叠成像，很多低密度的结构被高密度的结构所遮盖而无法分辨。CT是断层图像，可以把常规X线摄影所遮挡的结构显示得非常清晰，所以被称为影像学发展史上的一次革命。近来由于具有更高的分辨率与灵敏度的微CT的出现，使这项传统的技术也进入分子成像领域。

小动物CT（微型CT）作为一种最新的CT成像技术，具有微米量级的空间分辨率（大于9μm），并可以提供三维图像。主要用于骨质疏松、骨性关节炎和动物模型潜伏期骨结构的密度改变研究；也可作为软组织参数评价的一种快速方法，如对小鼠脂肪组织和血管结构进行活体测量。大多数系统使用圆锥形的X射线辐射源和固体探测器。探测器可以围绕动物旋转，允许一

次扫描动物整体成像。CT 的视野探测器是决定 CT 分辨率水平的关键部件，小动物 CT 能达到不同的分辨率，15 ~ 90μm，其应用范围很广，专门用于体内研究的仪器的最佳分辨率是 50 ~ 100μm，虽然分辨率低但可降低辐射剂量，加快研究进展，使长期纵向研究得以顺利进行。在分辨率为 100μm 时，对整个小鼠进行一次扫描大约需 15 分钟，更高分辨率的扫描需要更长时间。

小动物 CT 系统在小动物骨和肺部组织检查等方面具有独特的优势。对于骨的研究，分辨率限制在 15μm，如果在小梁水平上分析，负荷也被考虑在内；小动物 CT 也常应用在呼吸系统疾病（如哮喘、慢性阻塞性肺疾病）的检测，为避免呼吸和其他人为因素造成的动物固定器移动，现在多用附加组件来控制呼吸，使人为因素最小化；特异对比因子的使用可以进一步促进软组织的研究，如心血管病发生、肿瘤生长等。高分辨率小动物 CT 系统在研究软组织肿瘤和转基因动物的特征性结构上取得了较好的效果。

附录一

# 常用实验动物的生物学数据参考

本附录中所列的常用实验动物为小鼠、大鼠、豚鼠、地鼠（仓鼠）、兔、犬、猪和猴。附录表中所列的生物学参数主要包括：实验动物的繁殖性状、心电、呼吸等生理学特性，脏器重量和肠道、骨骼等解剖学特性，血液学生理生化特性，饮食、排泄和尿液生化特性，以及体表面积和麻醉药的使用剂量等内容。

附表 1-1 常用实验动物的繁殖性状参数（一）

附表 1-2 常用实验动物的繁殖性状参数（二）

附表 1-3 常用实验动物的心率、呼吸、血压等一般生理参数

附表 1-4 常见实验动物心电图正常参考值

附表 1-5 常用实验动物的血容量与心输出量参数

附表 1-6 常用实验动物的血液学特性——白细胞参数

附表 1-7 常用实验动物的血液学特性——红细胞参数

附表 1-8 常用实验动物的血清生化参数

附表 1-9 常用实验动物的血清电解质参数值

附表 1-10 常用实验动物的脏器系数

附表 1-11 常用实验动物的肠道长度

附表 1-12 常用实验动物的肺脏、肝脏分叶

附表 1-13 几种实验动物的胸骨节和肋骨数

附表 1-14 常用实验动物的椎骨数

附表 1-15 常用实验动物饮食量和排便量、产热量等参数

附表 1-16 常用实验动物尿生化参数

附表 1-17 常用实验动物的体表面积

附表 1-18 注射麻醉药物的用法与用量参考

附表内所列参数，除标明外，均系成年正常动物。数据来源除注明的实验室背景数据外，主要参考以下文献：①施新猷等主编的《比较医学》（2002.12）。②加拿大动物管理委员会编、宋克静等译的《实验动物管理和使用指南》（1993.10）。③秦川主编的《实验动物学》（2010.8）。④邹移海等主编的《中医药实验动物学》（1999.12）。⑤施新猷主编的《现代医学实验动物学》（2000.9）。⑥秦川主编的《医学实验动物学》（2015.3）。这些参数是不同作者在不同的实验条件下所得到的正常值，受到实验动物的种类、性别、年龄、体重、动物状态（清醒或麻醉、禁食），测定方法和时间，动物数量，以及环境因素（如温度、pH）等各种条件的影响。实验条件改变，测定数据也随之发生变化，故在使用这些数据时，切勿视为绝对正常值，而要考虑实验动物及实验条件的因素。

附表 1-1　常用实验动物的繁殖性状参数（一）

| 生理参数 | | 小鼠 | 大鼠 | 豚鼠 | 地鼠 | 兔 | 犬 | 小型猪 | 猴 |
|---|---|---|---|---|---|---|---|---|---|
| 体重 | 初生 | 1~1.5g | 5.5~10g | 50~150g | 1.5~2.5g | 50g 左右 | 200~500g | 900~1600g | 0.4~0.55kg |
| | 断乳 | 10g 左右 | 50~60g | 180~240g | 25~28g | 0.5~1.2kg | 1.5~4kg | 6~8kg | 0.8~1.2kg |
| | 成年♂ | 20~40g | 200~350g | 500~750g | 120g 左右 | 2.5~3kg | 13~18kg | 25kg 左右 | 4.5~5.5kg |
| | 成年♀ | 18~35g | 180~250g | 400~700g | 100g 左右 | 2~2.5kg | 12~16kg | 25kg 左右 | 4~5kg |
| 寿命（年） | | 2~3 | 3~5 | 5~8 | 2.5~3 | 5~12 | 10~20 | 平均 16 | 10~30 |
| 染色体数（2n） | | 40 | 42 | 64 | 22 或 44 | 44 | 78 | 38 | 42 |
| 性成熟（d） | ♀ | 35~50d | 60d | 30~45d | 1.5 月龄 | 5~6 月龄 | 5 月龄 | 200d（150~200 d） | 3.5 岁 |
| | ♂ | 45~60d | 70~75d | 70d | 2 月龄 | 7~8 月龄 | 6~8 月龄 | | 4.5 岁 |
| 体成熟（d） | ♀ | 65~75d | 80 日龄后 | 约 5 月龄 | 2 月龄 | 6~7 月龄 | 10~12 月龄 | 10~12 月龄 | 4.5 岁 |
| | ♂ | 70~80d | 90 日龄后 | 约 5 月龄 | 2.5 月龄 | 8~9 月龄 | | | 5.5 岁 |
| 繁殖季节 | | 全年 | 全年 | 全年 | 全年 | 全年 | 春、秋 | 全年 | 全年 |

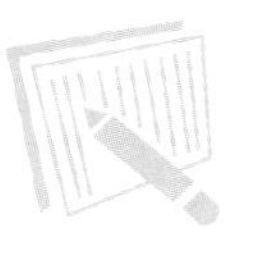

附表 1-2 常用实验动物的繁殖性状参数（二）

| 生理参数 | 小鼠 | 大鼠 | 豚鼠 | 地鼠 | 兔 | 犬 | 小型猪 | 猴 |
|---|---|---|---|---|---|---|---|---|
| 适宜繁殖年限 * | 7~8 个月 | 9~10 个月 | 2 年 | 15 个月 | 3 年 | 6~7 年 | 3~4 年 | 12~15 年 |
| 适配年龄 | 2~3 月 | 2~3 月 | 3~5 月龄 | 6~8 周 | 6~9 月龄 | ♀1~1.5 岁<br>♂1.5~2 岁 | 8~10 月龄 | 3~4 岁 |
| 发情周期（d） | 4~5 | 4~5 | 13~20 | 3~7 | 诱导发情 | 21 | 21（19~23） | 21~35 |
| 发情持续时间 | 1~7h | 6~8h | 1~18h | 10h 左右 | ~ | 8~14d | 3~5d | ~ |
| 交配期 | 10~20h | 10~20h | 6~14d | 6~20h | 不定排卵 | 4~8d | 2~3d | 3~4d |
| 妊娠期（d） | 19~21 | 19~23 | 65~75 | 14~17 | 29~36 | 55~65 | 114<br>（109~120） | 165<br>（156~180） |
| 窝产仔数（只） | 6~15 | 8~13 | 1~8 | 5~10 | 4~10 | 1~14 | 2~12 | 1~2 |
| 胎数（年） | 6~10 | 7~10 | 4~5 | 7~8 | 7~11 | 2 | 1~2 | 1 |
| 哺乳期（d） | 18~23 | 20~25 | 2~3 周 | 20~25 | 40~45 | 45~60 | 60 左右 | 6 个月 |
| ♀：♂交配数（♀/♂） | 2/1 | 4/1 | 3~10/1 | 8/1 | 9/1 | | | ≥10/1 |
| 乳头对数 | 5 | 6 | 1 | 6~7 | 8~12 | 4~5 | 5~7 | 1 |

* 适宜繁殖年限是指雌性动物繁殖能力和窝产仔数最高而繁殖并发症最低的一段时间。

**附表 1-3　常用实验动物的心率、呼吸、血压等一般生理参数**

| 生理参数 | | 小鼠 | 大鼠 | 豚鼠 | 地鼠 | 兔 | 犬 | 小型猪 | 猴 |
|---|---|---|---|---|---|---|---|---|---|
| 血压（kPa） | 收缩压 | 14.79（12.67~18.40） | 13.07（10.93~15.99） | 11.60（10.67~12.53） | 15.15（10.93~15.99） | 14.66（12.66~17.33） | 15.99（12.66~18.15） | 17.07（14.54~18.68） | 21.10（18.60~23.4） |
| | 舒张压 | 10.80（8.93~11.99） | 10.13（7.99~11.99） | 7.53（7.33~7.73） | 11.11（7.99~12.12） | 10.66（8.0~12.0） | 7.99（6.39~9.59） | 10.91（9.90~12.12） | 13.35（12.2~14.5） |
| 心率（次/分） | | 600（323~730） | 328（216~600） | 280（260~400） | 375（250~500） | 205（123~304） | 120（109~130） | 75（60~90） | 140~200 |
| 呼吸频率（次/分钟） | | 163（84~230） | 85.5（66~114） | 90（69~104） | 74（35~135） | 51（38~60） | 18（15~30） | 15（12~18） | 40（31~52） |
| 耗气量 $mm^3/g$ 体重 | | 1530 | 2000 | 816 | 600~1400 | 640~850 | 580 | 220 | ~ |
| 耗氧量 mL/g·h | | 1.63~2.17 | 0.68~1.10 | 0.76~0.83 | 0.6~1.40 | ~ | 0.38~0.65 | 0.15~0.26 | 0.76~0.83 |
| 通气量（mL/分钟） | | 24（11~36） | 73（50~101） | 160（100~380） | 60（33~83） | 1070（800~1140） | 5210（3300~7400） | 37000 | 860（310~1410） |
| 潮气量（mL） | | 0.15（0.09~0.23） | 0.86（0.60~1.25） | 1.8（1.0~3.9） | 0.8（0.42~1.2） | 21.0（19.3~24.6） | 320（251~432） | 19.3~24.6 | 21（9.8~29.0） |
| 体温直肠（℃） | | 38.0（37.0~39.0） | 39.0（38.5~39.5） | 38.6（37.8~39.5） | 38.0（37.0~39.0） | 39.0（38.5~40.0） | 39.0（38.5~39.5） | 39.0（38.0~40.0） | 38.5（38.3~38.9） |

**附表 1-4 常见实验动物心电图正常参考值**

| 项目 | 人 | 猴 | 犬 | 猫 | 兔 | 豚鼠 | 大鼠 | 小鼠 |
|---|---|---|---|---|---|---|---|---|
| P（s） | <0.11 | 0.032（0.024~0.046） | 0.062（0.054~0.070） | 0.030（0.025~0.035） | 0.053 | 0.022（0.015~0.028） | 0.015（0.011~0.019） | 0.022（0.017~0.027） |
| P（mV） | <0.25 | 0.120 | 0.26（0.20~0.32） | — | — | — | — | 0.062（0.039~0.085） |
| QRS（s） | 0.08（0.06~0.10） | 0.039（0.030~0.077） | 0.034（0.032~0.036） | 0.030（0.021~0.039） | 0.042 | 0.038（0.033~0.048） | 0.015（0.013~0.017） | 0.011（0.009~0.012） |
| QRS（mV） | — | 0.317（0.21~0.91） | — | — | — | — | — | — |
| T（s） | — | 0.037（0.023~0.051） | 0.128（0.108~0.148） | — | 0.065 | 0.044（0.035~0.060） | 0.064（0.050~0.076） | — |
| T（mV） | — | — | 0.60（0.28~0.92） | — | — | — | — | — |
| R（mV） | — | — | 3.66（3.00~4.32） | — | — | — | — | 0.527（0.379~0.675） |
| S（mV） | 0.8 | — | 1.30（0.72~1.88） | — | — | — | — | — |
| R-R（s） | 0.6~1.2 | — | 0.47（0.37~0.57） | 0.38（0.31~0.45） | — | 0.054（0.048~0.060） | — | — |
| P-Q（s） | — | 0.07（0.060~0.080） | 0.10（0.09~0.11） | — | — | 0.055（0.044~0.068） | — | 0.041（0.036~0.046） |
| Q-T（s） | 0.38（0.32~0.44） | 0.14（0.13~0.15） | 0.19（0.17~0.21） | 0.17（0.14~0.20） | 0.140 | 0.116（0.106~0.144） | 0.079（0.065~0.092） | 0.045（0.042~0.048） |
| P-R（s） | 0.16（0.12~0.20） | 0.084（0.062~0.106） | 0.10（0.08~0.12） | 0.08（0.07~0.09） | 0.063 | 0.050（0.044~0.68） | 0.049（0.042~0.056） | — |

参考：施新猷. 现代医学实验动物学. 北京：人民军医出版社，2000

**附表 1-5　常用实验动物的血容量与心输出量参数**

| 种类 | 全血容量（mL/kg） | 血容量 | | 血比容（%） | pH | 血液温度 | 心输出量 | |
|---|---|---|---|---|---|---|---|---|
| | | 血浆容量（mL/kg） | 血细胞容量（mL/kg） | | | | （L/分钟） | L/（kg·分钟） |
| 小鼠 | 77.8（70~80） | 48.8 | 29.0 | 44.0（39~49） | 7.2~7.4 | | | |
| 大鼠 | 64.1（57.5~69.9） | 40.4 | 23.7 | 42.0（36~48） | 7.35（7.26~7.44） | 38.2 | 0.047 | 0.26 |
| 豚鼠 | 75.3（67~92.4） | 39.4（35.1~48.4） | 35.9（31.0~39.8） | 42.5（37~48） | 7.35（7.17~7.55） | 38.6 | | |
| 金黄地鼠 | 70.8 | 44.6 | 26.4 | 45.5（36~55） | 7.35（7.37~7.44） | 38.0 | | |
| 兔 | 55.6（44~70） | 38.8（27.8~51.4） | 16.8（13.7~25.5） | 42.0（36~48） | 7.35（7.21~7.57） | 39.4 | 0.28 | 0.11 |
| 犬 | 94.1（76.5~107.3） | 55.2（43.7~73） | 39（28~55） | 44（35~54） | 7.36（7.31~7.42） | 38.9 | 2.3 | 0.12 |
| 猪 | 65（61~68） | 41.9（32.0~49.0） | 25.9（20.2~29） | 39.1（30.3~43.1） | 7.57（7.36~7.79） | 38.6 | 3.1 | |
| 猕猴 | 54.0（44.3~66.5） | 36.4（30~48.4） | 17.7（14.3~20.0） | 39.6（35.6~42.8） | | | | |

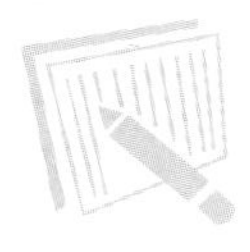

附表 1-6 常用实验动物的血液学特性——白细胞参数

| 种类 | 白细胞数总数 ×10³/mm³ | 白细胞分类计数（%）及数量（×10³/mm³） | | | | | | | | | | 血小板 ×10³/mm³ |
|---|---|---|---|---|---|---|---|---|---|---|---|---|
| | | 嗜碱性粒细胞 | | 嗜酸性粒细胞 | | 中性粒细胞 | | 淋巴细胞 | | 单核细胞 | | |
| | | 数量 | % | 数量 | % | 数量 | % | 数量 | % | 数量 | % | |
| 小鼠 | 8.0（4.0~12.0） | 0.05（0~0.5） | 0.5（0~1.0） | 0.15（0~5） | 2.0（0~5.0） | 2.0（0.7~4.0） | 25.5（12.0~44.0） | 5.5（3~8.5） | 68.0（54.0~85.0） | 0.3（0~1.3） | 4.0（0~15.0） | 240（150~400） |
| 大鼠 | 14.0（5.0~25.0） | 0.1（0~0.2） | 0.5（0.0~1.5） | 0.3（0~0.7） | 2.2（0.0~0.6） | 3.1（1.1~6） | 46.0（36.0~52.0） | 10.2（7~16） | 73.0（65.0~84.0） | 0.3（0~0.65） | 2.3（0~5.0） | 330（150~460） |
| 豚鼠 | 10.0（7.0~19.0） | 0.07（0~0.3） | 0.7（0.0~2.0） | 0.4（0.2~1.3） | 4.0（2.0~12.0） | 4.2（2.0~7.0） | 42.0（22.0~50.0） | 4.9（3.0~9.0） | 9.0（37.0~64.0） | 0.43（0.5~2） | 4.3（3.0~13.0） | 447（250~750） |
| 地鼠 | 8.1（5.0~11.0） | | 0~0.1 | | 0.6（0~2.2） | | 25.5（15.0~35.0） | | 25.7~56.5 | 0 ~1.0 | 1.1（0~2.9） | 386（300~570） |
| 兔 | 9.0（6.0~13.0） | 0.45（0.15~0.75） | 5.0（2.0~7.0） | 0.18（0~0.4） | 2.0（0.5~3.5） | 4.1（2.5~6.0） | 46.0（36.0~52.0） | 3.5（2.0~5.6） | 39.0（30.0~52.0） | 0.725（0.3~1.5） | 8.0（4.0~12.0） | 468（250~750） |
| 狗 | 14.79（6.0~17.4） | 0.09（0~0.3） | 0.7（0.0~2.0） | 0.6（0.2~2.0） | 5.1（2.0~14.0） | 8.2（6.0~12.5） | 68（62.0~80.0） | 2.5（0.9~4.5） | 21（10.0~28.0） | 0.65（0.03~1.5） | 5.2（3.0~9.0） | 500（200~900） |
| 猪 | 13.5（9.0~24.0） | 0.09（0~0.19） | 0.7（0~1.4） | 0.47（0.1~0.7） | 3.5（0.7~5.3） | 4.46（3.1~5.0） | 33（23~37） | 7.83（6.9~10.1） | 58（51~57） | 0.54（0.15~0.66） | 4.0（1.1~4.9） | 404（300~700） |
| 猕猴 | 10.1（5.5~12.0） | 0.1（0~0.2） | 1（0~2） | 0.3（0~0.6） | 3（0~6） | 3.4（2.1~4.7） | 36（21~47） | 5.2（4.8~7.6） | 51（47~75） | 3.2（1~5） | 0.8（0.1~1.5） | 400（300~500） |

附表 1-7　常用实验动物的血液学特性——红细胞参数

| 种类 | 红细胞总数 ($\times 10^3/mm^3$) | 血细胞比容 (mL/100mL) | 红细胞体积 ($\mu m^3$) | 单个红细胞大小 (μm) | 血红蛋白浓度 | | 单个红细胞 Hb 含量 (mμg) |
|---|---|---|---|---|---|---|---|
| | | | | | (g/100mL 血) | (g/100mL 血红细胞) | |
| 小鼠 | 9.3 (7.7~12.5) | 41.5 (34~48) | 49 (48~51) | 6.0 (5.2~6.5) | 14.8 (10~19) | 36 (33~39) | 16 (15.5~16.5) |
| 大鼠 | 8.9 (7.2~9.6) | 46 (39~53) | 55 (52~58) | 7.0 (6.0~7.5) | 14.8 (12~17.5) | 32 (30~35) | 17 (15~19) |
| 豚鼠 | 5.6 (4.5~7.0) | 42 (37~47) | 77 (71~83) | 7.4 (7.0~7.6) | 14.4 (11~16.5) | 34 (33~35) | 26 (24.5~27.5) |
| 金黄地鼠 | 6.96 (3.96~9.96) | 49 (39~59) | 70.0 | 5.6 (5.4~5.8) | 16.6 (12~30) | 32 (30~34) | 23.0 (20~26) |
| 兔 | 5.7 (4.5~7.0) | 41.5 (33~50) | 61 (60~68) | 7.5 (6.5~7.5) | 11.9 (8~15) | 29 (27~31) | 21 (19~23) |
| 犬 | 6.3 (4.5~8.0) | 45.5 (38~53) | 66 (59~68) | 7.0 (6.2~8) | 14.8 (11~18) | 33 (30~35) | 23 (21~25) |
| 猪 | 6.4 (4.7~8.2) | 39 (38~40) | 61.1 (59~63) | | 13.7 (13.2~14.2) | 35 (31~42) | 21.5 (21~22) |
| 猕猴 | 5.2 (3.6~6.8) | 42 (32~52) | 76 (73~81) | 7.4 (7.1~7.6) | 12.6 (10~16) | 30 (28~32) | ~ |

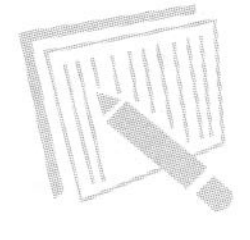

附表 1-8 常用实验动物的血清生化参数 *

| 指标 | SD 大鼠 | Wistar 大鼠 | ICR 小鼠 | KM 小鼠 | 豚鼠 | 金黄地鼠 | 兔 | Beagle 犬 | 小型猪 |
|---|---|---|---|---|---|---|---|---|---|
| 谷丙转氨酶（IU/L） | 32.0~69.6 | 45.7~70.3 | 23.3~45.4 | 29.7~51.6 | 45.9~86.9 | 56.1~112.6 | 36.3~82.7 | 26.6~43.6 | 30.7~60.7 |
| 谷草转氨酶（IU/L） | 100.1~187.1 | 150.4~249.1 | 55.9~129.9 | 78.2~135.9 | 20.6~138.9 | 31.8~80.1 | 10.8~40.7 | 23.9~39.9 | 18.2~50.4 |
| 碱性磷酸酶（IU/L） | 95.8~331.1 | 73.5~168.7 | 76.4~155.0 | 110.8~162.1 | 126.4~285.4 | 187.2~316.9 | 57.5~140.2 | 78.2~152.1 | 100.1~231.3 |
| 血尿素氮（mmol/L） | 4.7~9.5 | 6.4~9.7 | 5.7~8.6 | 5.7~7.6 | 6.4~10.9 | 6.3~8.6 | 5.4~8.2 | 2.3~4.9 | 1.7~3.4 |
| 肌酸酐（μmol/L） | 45.4~67.1 | 43.6~63.0 | 22.2~64.1 | 37.3~44.9 | 32.6~55.0 | 34.7~42.6 | 83.4~127.2 | 69.9~89.2 | 65.6~112.4 |
| 尿酸（μmol/L） | 70.6~134.0 | 96.4~138.4 | 91.4~157.6 | 128.8~253.7 | 39.6~173.8 | 52.5~134.1 | 1.8~14.4 | 8.4~12.8 | 2.7~12.5 |
| 总蛋白（g/L） | 55.3~71.17 | 62.2~72.4 | 54.0~58.7 | 54.4~59.7 | 41.8~52.2 | 54.1~61.5 | 53.6~62.1 | 54.9~64.4 | 65.3~78.4 |
| 白蛋白（g/L） | 26.6~36.0 | 30.3~35.8 | 33.9~37.9 | 33.2~37.9 | 22.6~28.5 | 30.0~34.9 | 34.7~43.8 | 25.6~31.4 | 35.7~47.2 |
| 总胆红素（μmol/L） | 0.96~2.63 | 0.97~1.91 | 1.01~2.86 | 1.02~2.96 | 0.43~2.21 | 1.27~2.35 | 0.93~5.90 | 1.32~3.81 | 1.24~3.19 |
| 血糖（mmol/L） | 4.15~7.80 | 3.05~4.62 | 3.54~8.37 | 6.00~8.61 | 5.93~8.49 | 4.57~6.86 | 6.42~8.48 | 5.12~6.88 | 3.79~6.20 |
| 胆固醇（mmol/L） | 0.57~3.30 | 1.41~2.30 | 2.40~3..45 | 2.37~3.42 | 0.54~1.60 | 3.49~5.35 | 0.83~2.23 | 3.59~6.15 | 1.52~2.60 |
| 甘油三酯（mmol/L） | 0.34~1.28 | 0.54~1.16 | 1.34~2.48 | 1.32~2.08 | 0.45~1.38 | 1.24~3.03 | 0.31~0.94 | 0.32~0.63 | 0.04~0.64 |
| 钙（mmol/L） | 1.91~2.97 | 2.34~2.60 | 2.36~2.54 | 2.35~2.56 | 2.24~2.68 |  | 3.07~3.60 | 2.49~2.67 | 2.36~2.63 |
| 磷（mmol/L） | 1.76~3.45 | 2.63~3.57 | 2.87~3.66 | 2.44~3.10 | 1.50~3.37 |  | 1.76~2.61 | 1.13~1.96 | 2.43~2.76 |
| 肌酸激酶（IU/L） | 348.6~944.1 | 745.0~1836.7 | 141.0~592.1 | 691.1~1030.8 | 108.4~576.7 | 420.8~920.0 | 325.0~740.4 | 94.5~308.0 | 269.0~706.5 |
| 乳酸脱氢酶（IU/L） | 674.0~1573.5 | 1848.0~2901.9 | 119.2~458.3 | 352.3~494.1 | 20.8~270.2 | 94.2~223.2 | 28.1~94.4 | 21.4~94.9 | 411.4~613.9 |

* 该表数据来源于浙江中医药大学动物实验研究中心的实验室背景数据，统计数据的动物≥200 例。

附表 1-9　常用实验动物的血清电解质参数

| 种类 | 钠（mg/dL） | 钾（mg/dL） | 钙（mg/dL） | 镁（mg/dL） | 氯（mg/dL） | 碳酸氢（mg/dL） | 无机磷（mg/dL） |
|---|---|---|---|---|---|---|---|
| 小鼠 | 136<br>（128~186） | 5.3<br>（4.9~5.9） | 6.4<br>（3.2~8.5） | 2.3<br>（0.8~3.9） | 108<br>（105~110） | 25.5<br>（20~32） | 6.0<br>（2.3~9.2） |
| 大鼠 | 144<br>（138~160） | 6.0<br>（3.7~6.8） | 9.9<br>（5.6~12.7） | 2.8<br>（2~5.4） | 103<br>（92~112） | 24<br>（16~32） | 4.9<br>（2.3~6.9） |
| 豚鼠 | 123<br>（120~149） | 5.0<br>（3.8~7.9） | 10.2<br>（5.3~12） | 2.4<br>（1.8~3.0） | 94<br>（90~115） | 21.5<br>（13~30） | 5.3<br>（3~7.6） |
| 金黄地鼠 | 131<br>（106~146） | 5.0<br>（4.0~5.9） | 9.9<br>（5~12） | 2.4<br>（1.9~3.5） | 95<br>（86~112） | 38.2<br>（33~44） | 5.7<br>（3.4~8.2） |
| 兔 | 144<br>（138~160） | 6.0<br>（3.7~6.8） | 9.9<br>（5.6~12.7） | 2.8<br>（2~5.4） | 103<br>（92~112） | 24<br>（16~32） | 4.9<br>（2.3~6.9） |
| 犬 | 147<br>（135~180） | 4.5<br>（3.5~6.7） | 9.9<br>（2.9~11.7） | 2.1<br>（1.6~2.8） | 113<br>（99~121） | 21.9<br>（15~29） | 4.2<br>（2~9） |
| 猪 | 146<br>（135~152） | 6.0<br>（4.9~7.1） | 10.5<br>（10~12） | 2.2<br>（1.2~3.7） | 103<br>（94~106） | 30<br>（24~35） | 8<br>（5~11） |
| 猴（食蟹猴） | 146~152 | 4~5 | 9.5~10.7 | ~ | 101~108 | 30<br>（19~35） | 5~5.4 |

附表 1-10 常用实验动物的脏器系数

| 种类 | | 平均体重 | 肝脏(%) | 脾脏(%) | 肾脏(%) | 心脏(%) | 肺(%) | 脑(%) | 甲状腺(%) | 肾上腺(%) | 下垂体(%) | 眼球(%) | 睾丸(%) | 胰脏(%) |
|---|---|---|---|---|---|---|---|---|---|---|---|---|---|---|
| 小鼠♂ | | 20g | 5.18 | 0.38 | 0.88 | 0.5 | 0.74 | 1.42 | 0.01 | 0.0168 | 0.0074 | | 0.5980 | 0.34 |
| 大鼠 | | 201~300g | 4.07 | 0.43 | 0.74 | 0.38 | 0.79 | 0.29 | 0.0097 | ♂0.015<br>♀0.023 | 0.0025<br>0.0041 | 0.12 | 0.87 | 0.39 |
| 金黄地鼠 | | 120g | 5.16 | 0.46 | 0.53 | 0.47 | 0.61 | 0.88 | 0.006 | 0.02 | 0.003 | 0.18 | 0.81 | |
| 豚鼠 | | 361.5g | 4.48 | 0.15 | 0.86 | 0.37 | 0.67 | 0.92 | 0.0161 | 0.0512 | 0.0026 | | 0.5255 | |
| 兔 | ♂ | 2900g | 2.09 | 0.31 | 0.25 | 0.27 | 0.60 | 0.39 | 0.0310 | 0.011 | 0.0017 | 0.210 | 0.174 | 0.106 |
| | ♀ | 2975g | 2.52 | 0.30 | 0.25 | 0.29 | 0.43 | 0.35 | 0.0202 | 0.0089 | 0.0010 | 0.171 | | 0.171 |
| 狗 | | 13kg | 2.94 | 0.54 | 0.30 | 0.85 | 0.94 | 0.59 | 0.02 | 0.01 | ♂0.0007<br>♀0.0008 | 0.10 | 0.2 | 0.2 |
| 猴 | ♂ | 3.3kg | 2.66 | 0.29 | 0.61 | 0.34 | 0.53 | 2.78 | 0.001 | 0.02 | 0.0014 | | 0.5422 | |
| | ♀ | 3.6kg | 3.19 | | 0.70 | 0.29 | 0.79 | 2.57 | | 0.03 | | | | |

**附表 1-11　常用实验动物的肠道长度**

| 种类 | 单位 | 全长 | 小肠 | 盲肠 | 大肠 |
|---|---|---|---|---|---|
| 小鼠 | cm | 99. 3~100. 7 | 76. 5~77. 3 | 3. 4~3. 6 | 19. 4~19. 8 |
| 大鼠 | cm | 99. 4~100. 8 | 80. 5~81. 1 | 2. 7~2. 9 | 16. 2~16. 8 |
| 豚鼠 | cm | 98. 5~102. 7 | 58. 4~59. 6 | 4. 3~4. 9 | 35. 8~37. 2 |
| 兔 | cm | 98. 2~101. 8 | 60. 1~61. 7 | 10. 8~11. 4 | 27. 3~28. 7 |
| 犬 | m | 2. 2~5. 0 | 2. 0~4. 8 | 0. 12~0. 15 | 0. 6~0. 8 |
| 猪 | m | 18. 2~25. 0 | 15~21 | 0. 2~0. 4 | 3. 0~3. 5 |

**附表 1-12　常用实验动物的肺脏、肝脏分叶**

| 种类 | 肺脏 | | | 肝脏 | | | |
|---|---|---|---|---|---|---|---|
| | 右肺 | 左肺 | 总叶数 | 左叶 | 右叶 | 后叶 | 总分叶 |
| 小鼠 | 4 | 1 | 5 | 2 | 2 | 1 | 5 |
| 大鼠 | 4 | 1 | 5 | 2 | 2 | 2 | 6 |
| 豚鼠 | 4 | 3 | 7 | 2 | 2 | 1 | 5 |
| 金黄地鼠 | 4 | 1 | 5 | 2 | 2 | 2 | 6 |
| 兔 | 4 | 2 | 6 | 2 | 2 | 2 | 6 |
| 犬 | 4 | 3 | 7 | 2 | 2 | 3 | 7 |
| 猪 | 4 | 2 | 6 | 2 | 2 | 1 | 5 |
| 猴 | 4 | 2 | 6 | 2 | 2 | 2 | 6 |

**附表 1-13　几种实验动物的胸骨节和肋骨数**

| 种类 | 胸骨（节） | 肋骨（对） | 真肋（对） | 假肋（对） | 浮肋（对） |
|---|---|---|---|---|---|
| 小鼠 | 6 | 12（13、14） | 第 1~7 | 第 8~10 | 第 11~13（14） |
| 大鼠 | 6 | 13 | 第 1~7 | 第 8~13 | |
| 豚鼠 | 6 | 13（14） | 第 1~6 | 第 7~9 | 第 10~12（13） |
| 兔 | 6 | 12（13） | 第 1~7 | 第 8~9 | 第 10~12（13） |
| 犬 | 8 | 13 | 第 1~9 | 第 10~12 | 第 13 |

**附表 1-14　常用实验动物的椎骨数**

| 种类 | 颈椎 | 胸椎 | 腰椎 | 骶椎 | 尾椎 |
|---|---|---|---|---|---|
| 小鼠 | 7 | 12~14 | 5~6 | 4 | 27~30 |
| 大鼠 | 7 | 13 | 6 | 4 | 27~32 |
| 豚鼠 | 7 | 13 | 6 | 4 | 7 |
| 地鼠 | 7 | 13 | 6 | 4 | 13~14 |
| 兔 | 7 | 12 | 7 | 4~5 | 15~18 |
| 犬 | 7 | 13 | 6~8 | 3 | 16~23 |
| 猪 | 7 | 13~16 | 5~6 | 4 | 21~24 |
| 猴 | 7 | 12~14 | 5~7 | 2~3 | 2~26 |

**附表 1-15 常用实验动物日饮食量和排便量、产热量等参数**

| 种类 | 日饲料量 | 日饮水量 | 日排便量 | 日排尿量 | 日产热（cal/h） |
|---|---|---|---|---|---|
| 小鼠 | 2.8~7g/只<br>(15g/100g) | 4~7mL/只<br>(15mL/100g) | 1.4~2.8 g/只 | 1~3 mL/只 | 2.34 |
| 大鼠 | 15~35g/只<br>(10 g/100g) | 20~45mL/只<br>(10~12mL/100g) | 16~22. g/只 | 18~25 mL/只 | 15.60① |
| 豚鼠 | 20~35 g/只<br>(6 g/100g) | 85~140 mL/只<br>(12~15mL/100g) | 21.2~85.0 g/只 | 15~75 mL/只 | 21.81 |
| 金黄地鼠 | 7~15 g/只<br>(10~12 g/100g) | 8~12mL/100g | 5.7~22.7 g/只 | 6~12 mL/只 | 9.75 |
| 兔 | 75~100g/只<br>(5 g/100g) | 80~100mL/kg | 14.2~56.7g/kg | 40~100mL/kg | 132.60 |
| Beagle 犬 | 300~500 g/只<br>(50g/kg) | 250~350mL/只或<br>(25~35mL/kg) | 113~340 g/只 | 65~400 mL/只 | 312~585② |
| 小型猪 | 1.5~3kg/只<br>(50g/kg) | 4.5~6.5L/只 | 2.7~3.2kg/只 | 2.5~4.5L/只 | 870-1090 |
| 猕猴 | 350~550 g/只 | 350~950 mL/只 | 110~300g/只 | 150~550 mL/只 | 253.5~780 |

①是指 50g 大鼠体重的产热量，②是指 4.5kg 体重 Beagle 犬的产热量。

**附表 1-16 常用实验动物尿生化参数**

| 指标 | 小鼠 | 大鼠 | 兔 | 犬 | 猪 | 猴 |
|---|---|---|---|---|---|---|
| 尿量<br>mL/（kg·d） | 50~100 | 150~350 | 20.0~35.0 | 3.80~23.8 | 5.00~30.0 | 70.0~80.0 |
| 比重 | 1.038~1.078 | 1.040~1.076 | 1.003~1.036 | 1.033~1.037 | 0.010~1.050 | 1.015~1.065 |
| pH | 7.3~8.5 | 7.30~8.50 | 7.60~8.80 | 5.40~7.30 | 6.25~7.55 | 5.50~7.40 |
| 总蛋白<br>mg/（kg·d） | 1.1~3 | 1.20~6.20 | 0.74~1.86 | 38.0~88.0 | 0.33~1.49 | 0.87~2.48 |
| 尿素氮<br>g/（kg·d） | 0.8~1.1 | 1.00~1.60 | 1.20~1.50 | 0.30~0.50 | 0.28~0.58 | 0.20~0.70 |
| 尿酸<br>mg/（kg·d） | 1.1~3 | 8.00~12.0 | 4.00~6.00 | 3.1~6.0 | 1.00~2.00 | 1.00~2.00 |
| 肌酸酐<br>mg/（kg·d） | 28.5~33.5 | 24.0~40.0 | 20.0~80.0 | 15.0~80.0 | 20.0~90.0 | 20.0~60.0 |
| Ca<br>mg/（kg·d） | | 3.00~9.00 | 12.1~19.0 | 1.00~3.00 | | 10.0~20.0 |
| Cl<br>mg/（kg·d） | 216~230 | 50.0~75.0 | 190~300 | 5.00~15.0 | | 80.0~120 |
| Mg<br>mg/（kg·d） | | 0.20~1.90 | 0.65~4.20 | 1.70~3.00 | | 3.20~7.10 |
| P<br>mg（kg·d） | | 20.0~40.0 | 10.0~60.0 | 20.0~50.0 | | 9.00~20.6 |

续表

| 指标 | 小鼠 | 大鼠 | 兔 | 犬 | 猪 | 猴 |
|---|---|---|---|---|---|---|
| K mg/（kg·d） | | 50.0~60.0 | 40.0~55.0 | 40.0~100 | | 160~245 |
| Na（mg/（kg·d） | | 90.4~110 | 50.0~70.0 | 2.00~189 | | |
| 肌酸（%m） | 2.1~2.5 | 0~0.40 | 1.8~3.6 | 3.0~6.5 | 3.0~8.0 | 4.0~6.0 |

**附表 1-17 常用实验动物的体表面积**

| 动物种类 | 体重（g） | 按公式计算出的动物体表面积（$cm^2$） | | 成年动物的体表面积 | | |
|---|---|---|---|---|---|---|
| | | Lgs= 0.8762+0.6981gp① | $S=KW^{2/3}$② | 体表面积（$cm^2$） | 体表体重比（$cm^2/kg$） | 身体容量（kg） |
| 小鼠 | 18<br>30 | 56.53<br>80.67 | 78.29<br>110.06 | 60 | 3000 | – |
| 大鼠 | 180<br>340 | 282.0<br>439.6 | 291.05<br>443.98 | 300 | 1500 | 0.261 |
| 豚鼠 | 200<br>500 | 303.5<br>575.5 | 290.69<br>535.40 | 480 | 1200 | 0.527 |
| 兔 | 1000<br>3500 | 1239<br>2187 | 1631.32<br>2866.08 | 1800 | 720 | 3.16 |
| 犬 | 10000<br>15000 | 4658<br>6181 | 4889.70<br>6538.36 | – | – | – |

注：①p-代表体重（g）；②W-代表体重（g），K-代表系数，S=体表面积。

**附表 1-18 注射麻醉药物的用法与用量参考**

| 药物 | 动物 | 给药途径 | 药液浓度 | 剂量（mg/kg） | 维持时间 |
|---|---|---|---|---|---|
| 戊巴比妥 | 犬、兔 | iv ip | 3% | 30 | 1~4 小时 |
| | 鼠 | ip | 3% | 45 | 1~2 小时 |
| 苯巴比妥 | 犬 | iv ip | 10% | 80~100 | 3~6 小时 |
| | 兔 | iv ip | 10% | 100~150 | 3~6 小时 |
| 硫喷妥钠 | 犬 | iv ip | 2.5%~5% | 20~50 | 1/4~1/2 小时 |
| | 兔、鼠 | ip | 2.5%~5% | 50~80 | 1/4~1/2 小时 |
| 乌拉坦 | 犬、兔 | iv ip | 10% | 1000 | 2~4 小时 |
| | 鼠 | ip | 10% | 1300 | 2~4 小时 |
| 氯醛糖 | 犬 | iv ip | 2% | 50~80 | 5~6 小时 |
| | 兔、鼠 | iv ip | 2% | 50~80 | 5~6 小时 |
| 水合氯醛 | 小鼠 | ip | 4% | 400 | 37 分钟 |
| 速眠新Ⅱ | 猕猴 | im | | 0.1~0.5（mL/kg） | 1 小时 |
| 速眠新Ⅱ-戊巴比妥钠联合 | 兔 | 速 im，戊 iv | 戊 0.6% | 速 0.1（mL/kg）<br>戊 35 | 130~170 分钟 |
| | 小型猪 | 速 im，<br>戊 iv 或 im | 戊 3% | 速 0.1（mL/kg）<br>iv 戊 6 或 im 戊 15 | 30~60 分钟 |

续表

| 药物 | 动物 | 给药途径 | 药液浓度 | 剂量（mg/kg） | 维持时间 |
|---|---|---|---|---|---|
| 氯胺酮-速眠新Ⅱ联合 | 小型猪 | im | | 速 0.1（mL/kg）<br>氯 10 | 30~50 分钟 |
| | 食蟹猴 | im | 氯 5% | 氯 5<br>速 0.1（mL/kg） | 50~70 分钟 |
| | 猕猴 | im | 氯 5% | 氯 5<br>速 0.05（mL/kg） | 1~2 小时 |
| 盐酸赛拉嗪-戊巴比妥钠联合 | 犬 | 盐 im<br>戊 iv | 戊 3% | 盐 1<br>戊 0.3（mL/kg） | 2 小时 |
| | 小型猪 | 盐 im<br>戊 iv | 戊 2% | 盐 1<br>戊 0.5（mL/kg） | 2 小时 |
| | 兔 | 盐 im<br>戊 iv | 戊 3% | 盐 2<br>戊 0.5（mL/kg） | 2~3 小时 |
| 氯胺酮-盐酸赛拉嗪联合 | 兔 | im | | 氯 5<br>盐 2 | 30~45 分钟 |
| 地西泮-氯胺酮联合 | 犬 | im | | 地 0.5<br>氯 10 | 70~85 分钟 |

注：iv：静脉注射；ip：腹腔注射；im：肌内注射。

附录二

# 常用汉英名词对照

## A

α-萘基异硫氰酸酯 alpha naphthyl isothiocyanate，ANIT
阿尔茨海默病 alzheimer's disease，AD
艾滋病（获得性免疫缺陷综合征）acquired immune deficiency syndrome，AIDS
鹌鹑 quail
安乐死 euthanasia
安全设施 safety facilities

## B

B 病毒 B virus
巴氏杆菌病 pasteurellosis
白介素 1 interleukin 1，IL-1
白介素 6 interleukin 6，IL-6
白介素 11 interleukin 11，IL-11
白细胞减少症 leucopenia
白血病抑制因子 leukemia inhibitory factor，LIF
斑马鱼 zebra fish
半数致死量 median lethal dose，$LD_{50}$
杯状病毒科 *caliciviridae*
布尼亚病毒目 *bunyavirales*
苯丙胺 amphetamine
比较医学 comparative medicine
鞭毛虫 Flagellates
表现型 phenotype
标准操作规程 standard operation pratice，SOP
濒危物种动物国际贸易公约 Convention on International Trade in Endangered Species of wild Fauna and Flora，CITES
丙氨酸氨基转移酶 alanine transaminase，ALT
丙二醛 malondialdehyde，MDA

丙基硫氧嘧啶 propylthiouracil，PTU
丙型肝炎病毒 hepatitis C virus，HCV
病证结合动物模型 animal model combined with syndrome and disease
补体结合试验 complement fixation test，CFT
布鲁氏杆菌（布氏杆菌）brucella

## C

仓鼠（地鼠）hamster
仓鼠科 Cricetidae
仓鼠亚科 Cricetinae
仓鼠属 *Cricetulus*
层流架 laminar flow cabinet
插入片段标示 insert designation
蟾蜍科 bufonidae
长末端重复序列 long terminal repeat
长爪沙鼠 mongolian gerbil，*Meriones unguiculatus*
成体干细胞（AS 细胞）adult stem cell，ASC
成纤维细胞生长因子 fibroblast growth factors，FGF
虫蛀小鼠 motheaten mice
卒中易感型自发性高血压大鼠 stroke-prone spontaneously hypertensive rats，SHR/sp

## D

DNA 指纹图谱 DNA fingerprint
大肠埃希菌 O115 a，C，K（B）escherichia coli O115 a，C，K（B）
大脑中动脉 middle cerebral artery，MCA
大脑中动脉闭塞 middle cerebral artery occlusion，MCAO
大鼠 rat
大鼠属 *Rattus*
大鼠冠状病毒/大鼠涎泪腺炎病毒 Rat Coronavirus（RCV）/Sialodacryoadenitis Virus（SDAV）
大鼠神经干细胞 neural stem cell，NSC
大鼠细小病毒 H-1 株 Rat Parvovirus H-1
大鼠细小病毒 RV 株 Rat Parvovirus，KRV
带阳电荷天然牛血清白蛋白 cationic bovine serum albumin，cBSA
单核苷酸多态性 single nucleotide polymorphism，SNP
单核细胞增生性李斯特杆菌 Listeria monocytogenes
单菌 monoxenie
胆囊炎 cholecystitis
碘番酸 iopanoic acid，IOP

垫料 bedding
淀粉样前体蛋白 amyloid precursor protein，APP
定点整合 targeted integration
动脉粥样硬化 atherosclerosis，AS
动情期 estrus
动情周期 estrous cycle
动物 animal
动物福利 animal welfare
动物福利法 animal welfare act，AWA
动物福利大学联合会 Universities Federation for Animal Welfare，UFAW
动物生物安全二级实验室 Animal Biosafety Level（ABSL-2）
动物生物安全三级实验室 animal biosafety Level（ABSL-3）
动物生物安全四级实验室 animal biosafety Level（ABSL-4）
动物实验 animal experiment
动物实验方法学 animal experiment techniques
动物实验技术 animal experimental techniques
痘病毒科 *poxviridae*
独立通风笼具系统 individually ventilated cages，IVC
多菌 polyxenie
多瘤病毒 Polyoma Virus，POLY

## E

二甲基苯蒽 dimethylbenzanthracene，DMBA
二甲基亚砜 dimethyl sulfoxide，DMSO
二乙基亚硝胺 diethylnitrosamine，DEN

## F

反转录-聚合酶链反应 reverse transcription polymerase chain reaction，RT-PCR
方式 mode
非肥胖糖尿病品系 Non Obese Diabetes，NOD
非肥胖正常品系 NON
非胰岛素依赖型糖尿病 non insulin dependent diabetes mellitus，NIDDM
肥胖症 obesity
肺炎克雷伯杆菌 *Klebsiella pneumoniae*
肺炎链球菌 *Streptococcus pneumoniae*
分离近交系 segregating inbred strains
分娩 farrow
分析 analysis

封闭群 closed colony
副黏病毒科 *paramyxoviridae*

## G

γ-谷氨酰转肽酶 gamma glutamyl transpeptidase，GGT
甘油三酯 triglyceride，TG
肝内胆汁淤积 intrahepatic cholestasis，IHC
肝球虫 *Eimeria stiedae*
肝细胞核因子-1α hepatocyte nuclear factor-1α，HNF-1α
肝纤维化 liver fibrosis，LF
高尿酸血症 hyperuricemia，HUA
高血压 hypertension
鸽 pigeon
哥廷根小型猪 göttingen miniature pig
隔离环境 isolation environment
隔离器 isolator
各系统人类疾病动物模型 disease animal model of different systems
弓形虫 *Toxoplasma gondii*
功能性磁共振成像 functional magnetic resonance imaging，fMRI
钩端螺旋体 *Leptospira* spp.
谷胱甘肽过氧化物酶 glutathione peroxidase，GSH-Px
骨坏死 femoral head necrosis
骨密度 bone mineral density，BMD
骨髓间质干细胞 mesenchymal stem cells，MSC
骨髓移植 bone marrow transplantation
骨桥蛋白 osteopontin，OPN
骨形态蛋白 bone morphogenetic protein，BMP
骨质疏松症 osteoporosis，OP
冠状病毒属 *coronaviridae*
罐装饲料 canned feed
国际航空运输协会 International Air Transport Association，IATA
国际生物科学联合会 International Union of Biological Sciences，IUBS
国际实验动物科学理事会 International Council for Laboratory Animal Science，ICLAS
国际实验动物管理评估及认证协会 Association for Assessment and Accreditation of Laboratory Animal Care International，AAALAC International，AAALAC
世界动物卫生组织 World Organization for Animal Health，WOAH
国际医学科学组织理事会 Council for International Organizations of Medical Sciences，CIOMS
国家药品监督管理局 national medical product administration，NMPA
过敏 allergy

果蝇 vinegar fly

## H

汉佛特系小型猪 hanford miniature pig
汉坦病毒 Hantavirus，HV
汉坦病毒科 *Hantaviridae*
褐色化 brown
核转移系 conplastic strains
猴 T 细胞趋向性病毒Ⅰ型 Simian T Lymphotropic Virus Type 1，STLV-1
猴痘病毒 Monkeypox Virus，MPV
猴免疫缺陷病毒 Simian Immunodeficiency Virus，SIV
猴逆转录 D 型病毒 Simian Retrovirus D，SRV
猴疱疹病毒（B 病毒） Herpes Virus Simiae
呼肠孤病毒Ⅲ型 Reovirus type Ⅲ，Reo-3
虎皮猫（虎斑猫） tiger cat
互交系 advanced intercross lines
环形核 ring-shape nucleus
回交 backcross
混合系 mixed inbred strains

## J

鸡 chicken
肌酐 creatinine，Cr
肌萎缩侧索硬化症 amyotrophic lateral sclerosis，ALS
基因打靶 gene targeting
基因型 genotype
基因治疗 gene therapy
极低密度脂蛋白 very low density lipoprotein，VLDL
疾病基本病理过程动物模型 animal model of fundamentally pathologic processes of disease
记忆障碍 dysmnesia
加拿大实验动物管理委员会 Canadian Council on Animal Care，CCAC
甲硫氧嘧啶 methylthiouracilum，MTU
甲巯咪唑 methimazole，MMI
甲型肝炎病毒 hepatitis A virus，HAV
甲状旁腺功能减退症 hypothyrodism，HP
甲状旁腺功能亢进症 hyperparathyroidism，HPT
甲状腺素 thyroxine，TH
假结核耶尔森菌 *Yersinia pseudotuberculosis*

监测程序 monitoring procedure
健康证明文件 health certificate
监控 monitor
减少 reduction
剑尾鱼 swordtail
碱性磷酸酶 alkaline phosphatase，ALP
胶原细胞源性神经营养因子 collagen cells derived neurotrophic factor，GDNF
结合胆红素 conjugated bilirubin，CB
结核分枝杆菌 *M. tuberculosis*
结构方程模型 structural equation model，SEM
金黄地鼠 golden hamster，*Mesocricetus auratus*
金黄色葡萄球菌 *Staphylococcus aureus*
近交 inbreeding
近交系 inbred strain
进行性肌阵挛性癫痫 progressive myoclonic epilepsy，PME
经济合作与发展组织 Organization for Economic Co-operation and Development，OECD
颈椎脱臼 cervical dislocation
局灶性脑缺血 focal cerebral ischemia，FCI

## K

卡介苗 bacille calmette-guerin，BCG
卡氏肺孢子虫 pneumocystis carinii
抗脑出血和脑栓塞自发性高血压大鼠 SHR/sr
抗血小板血清 anti platelet serum，APS
克隆 clone
空肠弯曲杆菌 *Campylobacetar jejuni*
狂犬病毒 rabies virus

## L

拉布拉多犬 labrador
辣根过氧化物酶 horseradish peroxidase，HRP
老年斑 senile plaque，SP
类风湿关节炎 rheumatoid arthritis，RA
痢疾志贺氏菌 *Shigella dysenteriae*
联合国教科文组织 United Nations Educational，Scientific and Cultural Organization，UNESCO
链脲佐菌素 streptozocin，STZ
良好实验室操作规程 Good Laboratory Practice，GLP
良性前列腺增生症 benign prostatic hyperplasia，BPH

淋巴细胞脉络丛脑膜炎病毒 Lymphocytic Choriomeningitis Virus，LCMV

临床操作规范 Good Clinical Practice，GCP

鳞片状皮肤 flaky skin

磷酸烯醇丙酮酸羧激酶 phosphoenolpyruvate carboxykinase，PEPCK

流行性出血热病毒 Epidemic Hemorrhagic Fever Virus，EHFV

卵白蛋白 ovalbumin，OVA

轮状病毒 Rotavirus，RRV

裸大鼠 nude rat

裸小鼠 nude mice

绿脓杆菌 *Pseudomonas aeruginosa*

## M

麻黄碱 ephedrine

麻醉 anesthesia

马丁法令 Martin's Act

慢性肾衰竭 chronic renal failure，CRF

慢性肾小球肾炎 chronic glomerulonephritis，CGN

慢性萎缩性胃炎 chronic atrophic gastritis，CAG

慢性支气管炎 chronic bronchitis，CB

酶联免疫吸附法 enzyme linked immunosorbent assay，ELISA

美国防止虐待动物组织 American Society for the Prevention of Cruelty to Animals，ASPCA

美国实验动物饲养管理评估及认证协会 Association for Assessment and Accreditation of Laboratory Animal Care，AAALAC

美国国立卫生研究院 National Institutes of Health，NIH

美国疾病预防控制中心 Centers for Disease Control and Prevention，CDC

美国抗活体解剖动物组织 American Anti-Vivisection Society，AAVS

美国善待动物组织 American Humane Association，AHA

美国实验动物学会 American Association for Laboratory Animal Science，AALAS

美国实验动物医学会 American College of Laboratory Animal Medicine，ACLAM

美国食品药品监督管理局 Food and Drug Administration，FDA

猕猴 rhesus monkey

猕猴疱疹病毒Ⅰ型（B 病毒） Cercopithecine Herpesvirus Type 1，BV

免疫荧光试验 immunofluorescence assay，IFA

面具 face mask

明尼苏达小型猪 Minnesota minipig

## N

念珠状链杆菌 *Streptobacillus moniliformis*

尿素氮 blood urea nitrogen，BUN
疟疾 malaria
牛棒状杆菌 *Corynebacterium bovis*
诺如病毒 Noro-Virus

## O

欧洲药品管理局 European Medicines Agency，EMA

## P

疱疹病毒科 *Herpesviridae*
胚胎干细胞（ES 细胞）embryonic stem cell，ES
胚胎工程 embryonic engineering
皮肤病原真菌 pathogenic dermal fungi
皮特曼·摩尔小型猪 pitmun moor miniature pig
品系 strain
品系代码 strain code
品种 breed or stock
平衡木实验 balance beam test
屏障环境 barrier environment
屏障系统 barrier system
朊蛋白 prion protein
普通环境 conventional environment
普通动物 conventional animal，CV

## Q

气溶胶 aerosol
气溶胶雾化柱 aerosol chamber
病毒 provirus
琼脂扩散试验 agar diffusion test
球蛋白 globulin，GLO
屈曲病毒 chikungunya virus，CHIKV
犬 dog
犬传染性肝炎病毒 Infectious Canine Hepatitis Virus，ICHV
犬瘟热病毒 Canine Distemper Virus，CDV
犬细小病毒 2 型 Canine Parvovirus type 2，CPV-2
犬细小病毒 Canine Parvovirus，CPV
缺皮脂 asebia，ab/ab

## R

染色体置换系 consomic strains or chromosome substitution strains
人类疾病动物模型 animal models of human diseases
人类乳头状瘤病毒 human papilloma virus，HPV
人免疫缺陷病毒 human immunodeficiency virus，HIV
人乳铁蛋白 human lactoferrin，hLF
人衰变加速因子 human decay-accelerating factor，hDAF
人用药品专家委员会 Committee for Medicinal Products for Human Use，CHMP
溶组织内阿米巴 *Entamoeba histolytica*
蠕虫 helminth
乳酸脱氢酶 lactic dehydrogenase，LDH

## S

沙粒病毒科 *arenavirus*
沙门氏菌 *Salmonella* spp.
沙门氏菌属 *Salmonella*
哨兵动物 sentry animal
设备 facilities
设计-衡量-评价 Design，Measurement and Evaluation，DME
设施 facility
神经原纤维缠结 neurofibrillary tangle，NFT
肾综合征出血热病毒 hemorrhagic fever with renal syndrome virus，HFRSV
生态体系 ecosystem
生物安全 biosafety
生物安全柜 biological safety cabinets，BSCs
生物安全实验室 biosafety laboratory，BSL
生物发光 bioluminescence
生物危害 biohazard
生物医学动物模型 biomedical animal model
世界贸易组织 World Trade Organization，WTO
世界兽医学会 World Veterinary Association，WVA
世界卫生组织 World Health Organization，WHO
实验动物 laboratory animal，LA
实验动物福利和动物实验伦理学 animal welfare and animal experiment ethics
实验动物管理和使用委员会 Institutional Animal Care and Use Committee，IACUC
实验动物管理与使用指南 Guide to the Care and Use of Experimental Animals
实验动物环境生态学 laboratory animal environmental ecology

实验动物生物安全实验室 animal biosafety laboratory，ABSL
实验动物生物学 laboratory animal biology
实验动物使用伦理学 ethical use of laboratory animals
实验动物饲养管理学 laboratory animal husbandry
实验动物微生物和寄生虫学 laboratory animal microbiology & parasitology
实验动物学 laboratory animal science，LAS
实验动物医学 laboratory animal medicine
实验动物遗传育种学 laboratory animal genetic breeding science
实验动物营养学 laboratory animal nutriology
实验室注册代号 laboratory code
实验室生物安全 laboratory biosafety
实验室指定序号 laboratory-assigned number
实验性疾病动物模型 experimental disease animal model
实验用动物 experimental animal or animal for research
食粪性 coprophagy
食肉目 *carnivora*
视黄酸 retinoic acid，RA
嗜肺巴斯德杆菌 *Pasteurella pneumotropica*
鼠棒状杆菌 *Corynebacterium kutscheri*
鼠痘 mouse-pox
鼠痘病毒 Ectromelia Virus，Ect.
鼠科 Muridae
树鼩 tree shrew，*Tupaia belangeris*
双菌 dixenie
四氯化碳 carbon tetrachloride，$CCl_4$
饲料 feed
饲养 husbandry
速溶性维生素 instant vitamin
随机插入 random insertion
随机扩增多态性 DNA 标记 random amplified polymorphic DNA，RAPD
碎粒料 broken pieces feed

## T

泰泽病原体 Tyzzer's organism
贪食 bulimia
糖化血红蛋白 glycosylated hemoglobin，HbA1c
糖尿病 diabetes mellitus，DM
体外寄生虫（节肢动物）Ectoparasites
替代 replacement

天门冬氨酸转氨酶 aspartate transaminase，AST
同源导入近交系 congenic inbred strain
同源突变近交系 coisogenic inbred strain
同源重组 homologous recombination
同族抵抗 congenic resistant，CR
透明质酸 hyaluronic acid，HA
秃头症（脱发）alopecia or hair loss
突变系 mutant strain
突变系疾病动物模型 mutant disease animal model
兔 rabbit
兔出血症病毒 Rabbit Hemorrhagic Disease Virus，RHDV
兔脑原虫 encephalitozoon cuniculi
兔瘟（病毒性出血症）viral haemorrhagic disease of rabbits
豚鼠 guinea pig

## W

完全弗氏佐剂 complete Freund's adjuvant，CFA
微卫星法 microsatellite DNA
无菌动物 germ free animal，GF
无脾 asplenia
无特定病原体动物 specific pathogen free animal，SPF

## X

悉生动物 gnotobiotic animal，GN
悉生生物学 gnotobiology
细菌人工染色体 bacterial artificial chromosome，BAC
细小病毒科 *parvoviridae*
仙台病毒 Sendai Virus，SV
纤溶酶原激活物抑制剂-1 plasminogen activator inhibitor-1，PAI-1
纤毛虫 Ciliates
酰基辅酶 A 氧化酶 acyl-CoA oxidase，AOX
腺病毒科 *adenoviridae*
限制酶切片段长度多态性 restriction fragment length polymorphism
小肠结肠炎耶尔森菌 *Yersinia enterocolitica*
小动物 PET micro-PET
小猎兔犬（比格犬）beagle
小鼠 mouse
小鼠属 *Mus*

小鼠传染性脱脚病 infectious ectromelia
小鼠肺炎病毒 Pneumonia Virus of Mice，PVM
小鼠肝炎病毒 Mouse Hepatitis Virus，MHV
小鼠脑脊髓炎病毒 Theiler's Mouse Encephalomyelitis Virus，TMEV
小鼠细小病毒 Minute Virus of Mice，MVM
小鼠腺病毒 mouse adenovirus，Mad
小型猪 miniature pig
心肌缺血 myocardial ischemia
心律失常 cardiac arrhythmia
行为 behavior
性连锁免疫缺陷小鼠 x-linked immune deficiency mouse，XID
雪貂 ferret
穴兔属 *Oryctolagus Poelagus*
血管紧张素Ⅱ angiotensin Ⅱ，AngⅡ
血浆肾素活性 plasma renin activity，PRA
血凝抗抑制试验 haemoglutination inhibition test，HAI
血糖 Glu（blood glucose）
血栓素 B2 thromboxane B2，TXB2
血小板减少性紫癜 idiopathic thrombocytopenic purpura，ITP
血小板相关抗体 IgG platelet-associated antibody IgG，PAIgG

## Y

亚系 substrain
盐酸脱氧麻黄碱 methedrine
演出型 dramatype
厌食 anorexia
药品生产操作规范 Good Manufacture Practice of Drugs，GMP
野生小鼠 *Mus Musculus*
野生褐家鼠 *R. norvegicus*
一级实验动物生物安全实验室 animal facility-biosafety level-1，ABSL-1（P1）
遗传工程动物疾病模型 genetically engineered animal disease model
遗传漂变 genetic drift
遗传污染 genetic contamination
遗传性多囊肾 PKD
胰岛素依赖型糖尿病 insulin dependent diabetes mellitus，IDDM
乙酰基亚硝基脲 ethyl nitrosourea，ENU
乙型肝炎病毒 hepatitis B virus，HBV
乙型溶血性链球菌 beta hemolytic streptococcus
已知菌丛动物 animal with known bacterial flora

抑郁症 depression
荧光原位杂交技术 Fluorescence in situ hybridization，FISH
饮食 diet
营养素 nutrient
优化 refinement
优良实验室操作规范 Good laboratory practice，GLP
幽门螺杆菌 Helicobacter pylori，Hp
游离脂肪酸 free fatty acid，FFA
诱导性多潜能干细胞（iPS 细胞）induced pluripotent stem cell，iPSC
诱发性疾病动物模型 induced disease animal model
远交群 outbred stock

## Z

杂交-互交体系 cross-intercross
杂交群 hybrid colony
载脂蛋白 E apolipoprotein E，Apo E
造血干细胞 hematopoietic stem cell，HSC
造血生长因子 hematopoietic growth factor，HGF
增殖性细胞核抗原 proliferating cell nuclear antigen，PCNA
真菌 fungus
镇痛 acesodyne
镇痛药 analgesics
正痘病毒属 *orthopoxvirus*
正汉坦病毒属 *orthohantavirus*
支气管鲍特杆菌 *Bordetella bronchiseptica*
支气管哮喘 bronchial asthma，BA
支原体 *Mycoplasma* spp.
脂肪 fat
脂肪肝 fatty liver，FL
脂肪酸 fatty acid
脂质过氧化物 lipid peroxide，LPO
中国地鼠 Chinese hamster
中医实验动物学 laboratory animal science of Chinese medicine
肿瘤坏死因子-α tumor necrosis factor alpha，TNF-α
种 species
重症急性呼吸综合征 severe acute respiratory syndrome，SARS
重症联合免疫缺陷 severe combined immune deficiency，SCID
重组近交系 recombinant inbred strain，RI
重组同类系 recombinant congenic strain，RC

昼行性 diurnal
主要组织相容性复合体 major histocompatibility complex，MHC
抓取和保定 handling and restraint
转基因 transgene
转基因动物 transgenic animals
转基因动物模型 transgenic animal model
子宫内膜异位症 endometriosis
自发突变 spontaneous mutation
自发性疾病动物模型 spontaneous disease animal model
自发性肥胖 spontaneous obesity
自发性高血压 spontaneous hypertension
自发性高血压大鼠 spontaneous hypertension rat，SHR
自发性快速老化小鼠（快速老化模型小鼠）senescence accelerated mouse，SAM
自发性糖尿病 spontaneous diabetes mellitus
自发性银屑病 spontaneous psoriasis
自发性肿瘤 spontaneous tumor
自然杀伤细胞 Natural killer cell，NK
自由采食 adlibitum feeding
总胆固醇 total cholesterol，TC
总胆红素 total bilirubin，TBIL
总胆酸 total bile acid，TBA
总蛋白 total protein，TP
组织型纤溶蛋白激活因子 tissue fibrinolytic protein activated factor，tPA

附录三

# 常用英汉名词对照

## A

acesodyne 镇痛

acquired immune deficiency syndrome，AIDS 艾滋病（获得性免疫功能丧失综合征）

acyl-CoA oxidase，AOX 酰基辅酶 A 氧化酶

*adenoviridae* 腺病毒科

adlibtium feeding 自由采食

adult stem cell，ASC 成体干细胞（AS 细胞）

advanced intercross lines 互交系

aerosol 气溶胶

aerosol chamber 气溶胶雾化柱

agar diffusion test 琼脂扩散试验

alanine transaminase，ALT 丙氨酸氨基转移酶

alkaline phosphatase，ALP 碱性磷酸酶

allergy 过敏

alopecia or hair loss 秃头症（脱发）

alpha naphthyl isothiocyanate，ANIT α-萘基异硫氰酸

alzheimer's disease，AD 阿尔茨海默病

American Anti-Vivisection Society，AAVS 美国抗活体解剖动物组织

American Association for Laboratory Animal Science，AALAS 美国实验动物学会

American College of Laboratory Animal Medicine，ACLAM 美国实验动物医学会

American Humane Association，AHA 美国善待动物组织

American Society for the Prevention of Cruelty to Animals，ASPCA 美国防止虐待动物组织

amphetamine 苯异丙胺

amyloid precursor protein，APP 淀粉样前体蛋白

amyotrophic lateral sclerosis，ALS 肌萎缩侧索硬化症

analgesics 镇痛药

analysis 分析

anesthesia 麻醉

angiotensin Ⅱ，AngⅡ血管紧张素Ⅱ

animal 动物

animal biosafety laboratory，ABSL 动物生物安全实验室

animal experiment 动物实验

animal experiment techniques 动物实验方法学

animal experimental techniques 动物实验技术

animal biosafety level-1，ABSL-1（P1）动物生物安全一级实验室

animal biosafety level-2，ABSL-2（P2）动物生物安全二级实验室

animal biosafety level-3，ABSL-3（P3）动物生物安全三级实验室

animal biosafety level-4，ABSL-4（P4）动物生物安全四级实验室

animal model combined with syndrome and disease 病证结合动物模型

animal model of fundamentally pathologic processes of disease 疾病基本病理过程动物模型

animal models of human diseases 人类疾病动物模型

animal welfare act，AWA 动物福利法

animal welfare and animal experiment ethics 实验动物福利和动物实验伦理学

animal welfare 动物福利

animal with known bacterial flora 已知菌丛动物

anorexia 厌食

arnti platelet serum，APS 抗血小板血清

apolipoproteinE，Apo E 载脂蛋白 E

*arenaviridae* 沙粒病毒科

asebia，ab/ab 缺皮脂

aspartate transaminase，AST 天冬氨酸转氨酶

asplenia 无脾

Association for Assessment and Accreditation of Laboratory Animal Care International，AAALAC International，AAALAC 国际实验动物管理评估及认证协会

Association for Assessment and Accreditation of Laboratory Animal Care，AAALAC 美国国际实验动物评估及认证协会

atherosclerosis，AS 动脉粥样硬化

## B

bacille calmette-guerin，BCG 卡介苗

backcross 回交

bacterial artificial chromosome，BAC 细菌人工染色体

balance beam test 平衡木实验

barrier environment 屏障环境

barrier system 屏障系统

beagle 小猎兔犬（比格犬）

bedding 垫料

behavior 行为

benign prostatic hyperplasia，BPH 良性前列腺增生症
beta hemolytic streptococcus 乙型溶血性链球菌
biohazard 生物危害
biological safety cabinets，BSCs 生物安全柜
biology of laboratory animal 实验动物生物学
bioluminescence 生物发光
biomedical animal model 生物医学动物模型
biosafety laboratory，BSL 生物安全实验室
biosafety 生物安全
blood urea nitrogen，BUN 尿素氮
bone marrow transplantation 骨髓移植
bone mineral density，BMD 骨密度
bone morphogenetic protein，BMP 骨形态蛋白
*Bordetella bronchiseptica* 支气管鲍特杆菌
breed or stock 品种
broken pieces feed 碎粒料
bronchial asthma，BA 支气管哮喘
brown 褐色化
*Brucella* spp. 布鲁杆菌
brucella 布鲁氏杆菌（布氏杆菌）
bufonidae 蟾蜍科
bulimia 贪食
*bunyaviridae* 布尼亚病毒科
B virus B 病毒

## C

*caliciviridae* 杯状病毒科
*Campylobacter jejuni* 空肠弯曲杆菌
Canadian Council on Animal Care，CCAC 加拿大实验动物管理委员会
Canine Distemper virus，CDV 犬瘟热病毒
Canine Parvovirus，CPV 犬细小病毒
Canine Parvovirus type 2，CPV-2 犬细小病毒 2 型
canned feed 罐装饲料
carbon tetrachloride，$CCl_4$ 四氯化碳
cardiac arrhythmia 心律失常
*carnivora* 食肉目
cat 猫
cationic bovine serum albumin，cBSA 带阳电荷天然牛血清白蛋白
Centers for Disease Control and Prevention，CDC 美国疾病预防控制中心

Cercopithecine Herpesvirus Type 1，BV 猕猴疱疹病毒 1 型（B 病毒）
cervical dislocation 颈椎脱臼
chicken 鸡
chikungunya virus，CHIKV 屈曲病毒
Chinese hamster 中国地鼠
cholecystitis 胆囊炎
chronic atrophic gastritis，CAG 慢性萎缩性胃炎
chronic bronchitis，CB 慢性支气管炎
chronic glomerulonephritis，CGN 慢性肾小球肾炎
chronic renal failure，CRF 慢性肾衰竭
Ciliates 纤毛虫
clone 克隆
closed colony 封闭群
congenic inbred strain 同源导入近交系
coisogenic inbred strain 同源突变近交系
collagen cells derived neurotrophic factor，GDNF 胶原细胞源性神经营养因子
Committee for Medicinal Products for Human Use，CHMP 人用药品专家委员会
comparative medicine 比较医学
conplastic strains 核转移系
complement fixation test，CFT 补体结合试验
complete Freund's adjuvant，CFA 完全弗氏佐剂
congenic resistant，CR 同族抵抗
conjugated bilirubin，CB 结合胆红素
consomic strains or chromosome substitution strains 染色体置换系
conventional animal，CV 普通动物
conventional environment 普通环境
Convention on International Trade in Endangered Species of wild Fauna and Flora，CITES 濒临绝种动物国际交易公约
coprophagy 食粪性
*coronaviridae* 冠状病毒科
*Corynebacterium kutscheri* 鼠棒状杆菌
Council for International Organizations of Medical Sciences，CIOMS 国际医学科学组织理事会
creatinine，Cr 肌酐
Cricetidae 仓鼠科
Cricetinae 仓鼠亚科
*Cricetulus* 仓鼠属
cross-intercross 杂交-互交体系

## D

depression 抑郁症

Design, Measurement and Evaluation, DME 设计-衡量-评价
diabetes mellitus, DM 糖尿病
diet 饮食
diethylnitrosamine, DEN 二乙基亚硝胺
dimethylbenzanthracene, DMBA 二甲基苯蒽
dimethyl sulfoxide, DMSO 二甲基亚砜
disease animal model of different systems 各系统人类疾病动物模型
diurnal 昼行性
dixenie 双菌
DNA fingerprint DNA 指纹图谱
dog 犬
dramatype 演出型
dysmnesia 记忆障碍

## E

ecosystem 生态体系
Ectoparasites 体外寄生虫（节肢动物）
Ectromelia Virus, Ect. 鼠痘病毒
*Eimeria stiedae* 肝球虫
embryonic engineering 胚胎工程
embryonic stem cell, ESC 胚胎干细胞（ES 细胞）
encephalitozoon cuniculi 兔脑原虫
endometriosis 子宫内膜异位症
*Entamoeba histolytica* 溶组织内阿米巴
enzyme linked immunosorbent assay, ELISA 酶联免疫吸附法
ephedrine 麻黄碱
Epidemic Hemorrhagic Fever Virus, EHFV 流行性出血热病毒
escherichia coli O115 a, C, K（B）大肠埃希菌 O115 a, C, K（B）
estrus 动情期
estrous cycle 动情周期
Ethical Use of Laboratory Animals 实验动物使用伦理学
ethyl nitrosourea, ENU 乙酰基亚硝基脲
European Medicines Agency, EMA 欧洲药品管理局
euthanasia 安乐死
experimental animal or animal for research 实验用动物
experimental disease animal model 实验性疾病动物模型

## F

face mask 面具

facilities 设备
facility 设施
farrow 分娩
fat 脂肪
fatty acid 脂肪酸
fatty liver，FL 脂肪肝
feed 饲料
femoral head necrosis 骨坏死
ferret 雪貂
fibroblast growth factors，FGF 成纤维细胞生长因子
Flagellates 鞭毛虫
flaky skin 鳞片状皮肤
focal cerebral ischemia，FCI 局灶性脑缺血
Food and Drug Administration，FDA 美国食品及药物管理局
free fatty acid，FFA 游离脂肪酸
functional magnetic resonance imaging，fMRI 功能性磁共振成像
fungus 真菌

## G

gamma glutamyl transpeptidase，GGT γ-谷氨酰转肽酶
genetic contamination 遗传污染
genetic drift 遗传漂变
gene targeting 基因打靶
gene therapy 基因治疗
genetically engineered animal disease model 遗传工程动物疾病模型
genotype 基因型
germ free animal，GF 无菌动物
globulin，GLO 球蛋白
Glu（blood glucose）血糖
glutathione peroxidase，GSH-Px 谷胱甘肽过氧化物酶
glycosylated hemoglobin，HbA1C 糖化血红蛋白
gnotobiology 悉生生物学
gnotobiotic animal，GN 悉生动物
golden hamster，*Mesocricetus auratus* 金黄地鼠
Good Clinical Practice，GCP 临床操作规范
Good Laboratory Practice，GLP 优良实验室操作规程
Good Manufacture Practice of Drugs，GMP 药品生产操作规范
göttingen miniature pig 哥廷根小型猪
Guide to the Care and Use of Experimental Animals 实验动物管理与使用指南

guinea pig 豚鼠

## H

haemoglutination inhibition test，HAI 血凝抗抑制试验
hamster 仓鼠（地鼠）
hanford miniature pig 汉佛特系小型猪
handling and restraint 抓取和保定
Hantavirus，HV 汉坦病毒
*Hantavirus* 汉坦病毒属
health certificate 健康证明文件
Helicobacter pylori，Hp 幽门螺杆菌
helminth 蠕虫
hematopoietic growth factor，HGF 造血生长因子
hematopoietic stem cell，HSC 造血干细胞
hemorrhagic fever with renal syndrome virus，HFRSV 肾综合征出血热病毒
hepatitis A virus，HAV 甲型肝炎病毒
hepatitis B virus，HBV 乙型肝炎病毒
hepatitis C virus，HCV 丙型肝炎病毒
hepatocyte nuclear factor-1α，HNF-1α 肝细胞核因子-1α
Herpes Virus Simiae 猴疱疹病毒（B 病毒）
*Herpesviridae* 疱疹病毒科
homologous arm 同源臂
homologous recombination 同源重组
horseradish peroxidase，HRP 辣根过氧化物酶
human decay-accelerating factor，hDAF 人衰变加速因子
human immunodeficiency virus，HIV 人免疫缺陷病毒
human lactoferrin，hLF 人乳铁蛋白
human papilloma virus，HPV 人类乳头状瘤病毒
husbandry 饲养
hyaluronic acid，HA 透明质酸
hybrid 杂交群
hyperparathyroidism，HPT 甲状旁腺功能亢进症
hypertension 高血压
hyperuricemia，HUA 高尿酸血症
hypothyroidism 甲状旁腺功能减退症

## I

idiopathic thrombocytopenic purpura，ITP 血小板减少性紫癜

immunofluorescence test，IFA 免疫荧光试验
inbred strain 近交系
inbreeding 近交
individually ventilated cages，IVC 独立通风笼具系统
induced disease animal model 诱发性疾病动物模型
induced pluripotent stem cell，iPSC 诱导性多潜能干细胞（iPS 细胞）
Infectious Canine Hepatitis Virus，ICHV 犬传染性肝炎病毒
infectious ectromelia 小鼠传染性脱脚病
insert designation 插入片段标示
instant vitamin 速溶性维生素
Institutional Animal Care and Use Committee，IACUC 实验动物管理和使用委员会
insulin dependent diabetes mellitus，IDDM 胰岛素依赖型糖尿病
interleukin 11，IL-11 白介素 11
interleukin 6，IL-6 白介素 6
interleukin 1，IL-1 白介素 1
International Air Transport Association，IATA 国际航空运输协会
International Council for Laboratory Animal Science，ICLAS 国际实验动物科学理事会
International Union of Biological Sciences，IUBS 国际生物科学联合会
intrahepatic cholestasis，IHC 肝内胆汁淤积
iopanoic acid，IOP 碘番酸
isolation environment 隔离环境
isolator 隔离器

## K

*Klebsiella pneumoniae* 肺炎克雷伯杆菌

## L

laboratory animal biology 实验动物生物学
laboratory animal environmental ecology 实验动物环境生态学
laboratory animal genetic breeding science 实验动物遗传育种学
laboratory animal husbandry 实验动物饲养管理学
laboratory animal medicine 实验动物医学
laboratory animal microbiology & parasitology 实验动物微生物和寄生虫学
laboratory animal nutriology 实验动物营养学
laboratory animal science of Chinese medicine 中医实验动物学
laboratory animal science，LAS 实验动物学
laboratory animal，LA 实验动物
laboratory-assigned number 实验室指定序号

laboratory biosafety 实验室生物安全
laboratory code 实验室注册代号
labrador 拉布拉多犬
lactic dehydrogenase，LDH 乳酸脱氢酶
laminar flow cabinet 层流架
*Leptospira* spp. 钩端螺旋体
leucopenia 白细胞减少症
leukaemia inhibitory factor，LIF 白血病抑制因子
lipid peroxide，LPO 脂质过氧化物
Listeria monocytogenes 单核细胞增生性李斯特杆菌
liver fibrosis，LF 肝纤维化
long terminal repeat，LTR 长终端重复序列
Lymphocytic Choriomeningitis Virus，LCMV 淋巴细胞脉络丛脑膜炎病毒

## M

*M. tuberculosis* 结核分枝杆菌
major histocompatibility complex，MHC 主要组织相容性复合体
malaria 疟疾
malondialdehyde，MDA 丙二醛
Martin's Act 马丁法令
medial lethal dose，$LD_{50}$ 半数致死量
mesenchymal stem cells，MSC 骨髓间质干细胞
methedrine 盐酸脱氧麻黄碱
methimazole，MMI 甲巯咪唑
methylthiouracilum，MTU 甲硫氧嘧啶
micro-PET 小动物 PET
microsatellite DNA 微卫星法
middle cerebral artery，MCA 大脑中动脉
middle cerebral artery occlusion，MCAO 大脑中动脉闭塞
miniature pig 小型猪
Minnesota minipig 明尼苏达小型猪
Minute Virus of Mice，MVM 小鼠细小病毒
mixed inbred strains 混合系
mode 方式
mongolian gerbil，*Meriones unguiculatus* 长爪沙鼠
monitoring procedure 监测程序
monitor 监控
Monkeypox Virus，MPV 猴痘病毒
monoxenie 单菌

motheaten mice 虫蛀小鼠
mouse adenovirus，Mad 小鼠腺病毒
Mouse Hepatitis Virus，MHV 小鼠肝炎病毒
mouse 小鼠
mouse-pox 鼠痘
Muridae 鼠科
*Mus* 小鼠属
*Mus musculus* 野生小鼠
mutant strain 突变系
mutant disease animal model 突变系疾病动物模型
*Mycoplasma* spp. 支原体
myocardial ischemia 心肌缺血

## N

National Institutes of Health，NIH 美国国立卫生研究院
neural stem cell，NSC 大鼠神经干细胞
neurofibrillary tangle，NFT 神经原纤维缠结
Non Obese Diabetes，NOD 非肥胖糖尿病品系
NON 非肥胖正常品系
non insulin dependent diabetes mellitus，NIDDM 非胰岛素依赖型糖尿病
nude mice 裸小鼠
nude rat 裸大鼠
nutrient 营养素

## O

obesity 肥胖症
Organization for Economic Co-operation and Development，OECD 经济合作与发展组织
*orthopoxvirus* 正痘病毒属
*Oryctolagus Poelagus* 穴兔属
osteopontin，OPN 骨桥蛋白
osteoporosis，OP 骨质疏松症
outbred stock 远交群
ovalbumin，OVA 卵白蛋白

## P

*paramyxoviridae* 副黏病毒科
*parvoviridae* 细小病毒科

*Pasteurella pneumotropica* 嗜肺巴斯德杆菌
pasteurellosis 巴氏杆菌病
pathogenic dermal fungi 皮肤病原真菌
phenotype 表现型
phosphoenolpyruvate carboxykinase，PEPCK 磷酸烯醇丙酮酸羧激酶
pigeon 鸽
pitmun moor miniature pig 皮特曼・摩尔小型猪
plasma renin activity，PRA 血浆肾素活性
plasminogen activator inhibitor-1，PAI-1 纤溶酶原激活物抑制剂-1
platelet-associated antibody IgG，PAIgG 血小板相关抗体 IgG
pneumocystis carinii 卡氏肺孢子虫
Pneumonia Virus of Mice，PVM 小鼠肺炎病毒
PKD 遗传性多囊肾
Polyoma Virus，POLY 多瘤病毒
polyxenie 多菌
*poxviridae* 痘病毒科
prion protein 普里昂蛋白
progressive myoclonic epilepsy，PME 进行性肌阵挛性癫痫
proliferating cell nuclear antigen，PCNA 增殖性细胞核抗原
propylthiouracil，PTU 丙硫氧嘧啶
provirus 前病毒
*Pseudomonas aeruginosa* 绿脓杆菌

## Q

quail 鹌鹑

## R

Rabbit Hemorrhagic Disease Virus，RHDV 兔出血症病毒
rabbit 兔
rabies virus 狂犬病毒
random amplified polymorphic DNA，RAPD 随机扩增多态性 DNA 标记
random insertion 随机插入
Rat Coronavirus（RCV）/Sialodacryoadenitis Virus（SDAV）大鼠冠状病毒/大鼠涎泪腺炎病毒
Rat Parvovirus H-1 大鼠细小病毒 H-1 株
Rat Parvovirus，KRV 大鼠细小病毒 RV 株
rat 大鼠
*Rattus* 大鼠属
recombinant congenic strain，RC 重组同类系

recombinant inbred strain，RI 重组近交系
Reovirus type Ⅲ，Reo-3 呼肠孤病毒Ⅲ型
reduction 减少
refinement 优化
replacement 替代
restriction fragment length polymorphism 限制酶切片段长度多态性
retinoic acid，RA 视黄酸
reverse transcription polymerase chain reaction，RT-PCR 反转录-聚合酶链反应
rhesus monkey 猕猴
rheumatoid arthritis，RA 类风湿关节炎
*R. norvegicus* 野生褐家鼠
ring-shape nucleus 环形核
Rotavirus，RRV 轮状病毒

## S

safety facilities 安全设施
*Salmonella* 沙门氏菌属
*Salmonella* spp. 沙门氏菌
segregating inbred strains 分离近交系
Sendai Virus，SV 仙台病毒
senescence accelerated mouse，SAM 自发性快速老化小鼠（快速老化模型小鼠）
senile plaque，SP 老年斑
sentry animal 哨兵动物
severe acute respiratory syndrome，SARS 重症急性呼吸综合征
severe combined immune deficiency，SCID 重症联合免疫缺陷
*Shigella dysenteriae* 痢疾志贺氏菌
stroke-prone spontaneously hypertensive rats，SHR/sp 卒中易感型自发性高血压大鼠
SHR/sr 抗脑出血和脑栓塞自发性高血压大鼠
simian immunodeficiency virus，SIV 猴免疫缺陷病毒
Simian Retrovirus D，SRV 猴逆转录 D 型病毒
Simian T Lymphotropic Virus Type 1，STLV-1 猴 T 细胞趋向性病毒Ⅰ型
single nucleotide polymorphism，SNP 单核苷酸多态性
species 种
specific pathogen free animal，SPF 无特定病原体动物
spontaneous disease animal model 自发性疾病动物模型
spontaneous diabetes mellitus 自发性糖尿病
spontaneous hypertension 自发性高血压
spontaneously hypertensive rat，SHR 自发性高血压大鼠
spontaneous mutation 自发突变

spontaneous obesity 自发性肥胖
spontaneous psoriasis 自发性银屑病
spontaneous tumor 自发性肿瘤
standard operation practice，SOP 标准操作规程
*Staphylococcus aureus* 金黄色葡萄球菌
strain 品系
strain code 品系代码
*Streptobacillus moniliformis* 念珠状链杆菌
*Streptococcus pneumoniae* 肺炎链球菌
streptozocin，STZ 链脲佐菌素
structural equation model，SEM 结构方程模型
substrain 亚系
swordtail 剑尾鱼

## T

targeted integration 定点整合
Theiler's Mouse Encephalomyelitis Virus，TMEV 小鼠脑脊髓炎病毒
thromboxane B2，TXB2 血栓素 B2
thyroxine，TH 甲状腺素
tiger cat 虎皮猫（虎斑猫）
tissue fibrinolytic protein activated factor，tPA 组织型纤溶蛋白激活因子
total bile acid，TBA 总胆酸
total bilirubin，TBIL 总胆红素
total cholesterol，TC 总胆固醇
total protein，TP 总蛋白
*Toxoplasma gondii* 弓形虫
transgene 转基因
transgenic animals 转基因动物
transgenic animal model 转基因动物模型
tree shrew，*Tupaia belangeris* 树鼩
triglyceride，TG 甘油三酯
tumor necrosis factor alpha，TNF-α 肿瘤坏死因子-α
Tyzzer's organism 泰泽病原体

## U

United Nations Educational，Scientific and Cultural Organization，UNESCO 联合国教科文组织
Universities Federation for Animal Welfare，UFAW 动物福利大学联合会

## V

vinegar fly 果蝇
viral haemorrhagic disease of rabbits 兔瘟（病毒性出血症）
very low density lipoprotein，VLDL 极低密度脂蛋白

## W

World Health Organization，WHO 世界卫生组织
World Organisation for Animal Health WOAH 世界动物卫生组织
World Trade Organization，WTO 世界贸易组织
World Veterinary Association，WVA 世界兽医协会

## X

x-linked immune deficiency mouse，XID 性连锁免疫缺陷小鼠

## Y

*Yersinia enterocolitica* 小肠结肠炎耶尔森菌
*Yersinia pseudotuberculosis* 假结核耶尔森菌

## Z

zebra fish 斑马鱼

全国中医药行业高等教育“十四五”规划教材

全国高等中医药院校规划教材（第十一版）

# 教材目录

注：凡标☆号者为“核心示范教材”。

## （一）中医学类专业

| 序号 | 书　名 | 主　编 | | 主编所在单位 | |
|---|---|---|---|---|---|
| 1 | 中国医学史 | 郭宏伟 | 徐江雁 | 黑龙江中医药大学 | 河南中医药大学 |
| 2 | 医古文 | 王育林 | 李亚军 | 北京中医药大学 | 陕西中医药大学 |
| 3 | 大学语文 | 黄作阵 | | 北京中医药大学 | |
| 4 | 中医基础理论☆ | 郑洪新 | 杨　柱 | 辽宁中医药大学 | 贵州中医药大学 |
| 5 | 中医诊断学☆ | 李灿东 | 方朝义 | 福建中医药大学 | 河北中医药大学 |
| 6 | 中药学☆ | 钟赣生 | 杨柏灿 | 北京中医药大学 | 上海中医药大学 |
| 7 | 方剂学☆ | 李　冀 | 左铮云 | 黑龙江中医药大学 | 江西中医药大学 |
| 8 | 内经选读☆ | 翟双庆 | 黎敬波 | 北京中医药大学 | 广州中医药大学 |
| 9 | 伤寒论选读☆ | 王庆国 | 周春祥 | 北京中医药大学 | 南京中医药大学 |
| 10 | 金匮要略☆ | 范永升 | 姜德友 | 浙江中医药大学 | 黑龙江中医药大学 |
| 11 | 温病学☆ | 谷晓红 | 马　健 | 北京中医药大学 | 南京中医药大学 |
| 12 | 中医内科学☆ | 吴勉华 | 石　岩 | 南京中医药大学 | 辽宁中医药大学 |
| 13 | 中医外科学☆ | 陈红风 | | 上海中医药大学 | |
| 14 | 中医妇科学☆ | 冯晓玲 | 张婷婷 | 黑龙江中医药大学 | 上海中医药大学 |
| 15 | 中医儿科学☆ | 赵　霞 | 李新民 | 南京中医药大学 | 天津中医药大学 |
| 16 | 中医骨伤科学☆ | 黄桂成 | 王拥军 | 南京中医药大学 | 上海中医药大学 |
| 17 | 中医眼科学 | 彭清华 | | 湖南中医药大学 | |
| 18 | 中医耳鼻咽喉科学 | 刘　蓬 | | 广州中医药大学 | |
| 19 | 中医急诊学☆ | 刘清泉 | 方邦江 | 首都医科大学 | 上海中医药大学 |
| 20 | 中医各家学说☆ | 尚　力 | 戴　铭 | 上海中医药大学 | 广西中医药大学 |
| 21 | 针灸学☆ | 梁繁荣 | 王　华 | 成都中医药大学 | 湖北中医药大学 |
| 22 | 推拿学☆ | 房　敏 | 王金贵 | 上海中医药大学 | 天津中医药大学 |
| 23 | 中医养生学 | 马烈光 | 章德林 | 成都中医药大学 | 江西中医药大学 |
| 24 | 中医药膳学 | 谢梦洲 | 朱天民 | 湖南中医药大学 | 成都中医药大学 |
| 25 | 中医食疗学 | 施洪飞 | 方　泓 | 南京中医药大学 | 上海中医药大学 |
| 26 | 中医气功学 | 章文春 | 魏玉龙 | 江西中医药大学 | 北京中医药大学 |
| 27 | 细胞生物学 | 赵宗江 | 高碧珍 | 北京中医药大学 | 福建中医药大学 |

| 序号 | 书　名 | 主　编 | | 主编所在单位 | |
|---|---|---|---|---|---|
| 28 | 人体解剖学 | 邵水金 | | 上海中医药大学 | |
| 29 | 组织学与胚胎学 | 周忠光 | 汪　涛 | 黑龙江中医药大学 | 天津中医药大学 |
| 30 | 生物化学 | 唐炳华 | | 北京中医药大学 | |
| 31 | 生理学 | 赵铁建 | 朱大诚 | 广西中医药大学 | 江西中医药大学 |
| 32 | 病理学 | 刘春英 | 高维娟 | 辽宁中医药大学 | 河北中医药大学 |
| 33 | 免疫学基础与病原生物学 | 袁嘉丽 | 刘永琦 | 云南中医药大学 | 甘肃中医药大学 |
| 34 | 预防医学 | 史周华 | | 山东中医药大学 | |
| 35 | 药理学 | 张硕峰 | 方晓艳 | 北京中医药大学 | 河南中医药大学 |
| 36 | 诊断学 | 詹华奎 | | 成都中医药大学 | |
| 37 | 医学影像学 | 侯　键 | 许茂盛 | 成都中医药大学 | 浙江中医药大学 |
| 38 | 内科学 | 潘　涛 | 戴爱国 | 南京中医药大学 | 湖南中医药大学 |
| 39 | 外科学 | 谢建兴 | | 广州中医药大学 | |
| 40 | 中西医文献检索 | 林丹红 | 孙　玲 | 福建中医药大学 | 湖北中医药大学 |
| 41 | 中医疫病学 | 张伯礼 | 吕文亮 | 天津中医药大学 | 湖北中医药大学 |
| 42 | 中医文化学 | 张其成 | 臧守虎 | 北京中医药大学 | 山东中医药大学 |
| 43 | 中医文献学 | 陈仁寿 | 宋咏梅 | 南京中医药大学 | 山东中医药大学 |
| 44 | 医学伦理学 | 崔瑞兰 | 赵　丽 | 山东中医药大学 | 北京中医药大学 |
| 45 | 医学生物学 | 詹秀琴 | 许　勇 | 南京中医药大学 | 成都中医药大学 |
| 46 | 中医全科医学概论 | 郭　栋 | 严小军 | 山东中医药大学 | 江西中医药大学 |
| 47 | 卫生统计学 | 魏高文 | 徐　刚 | 湖南中医药大学 | 江西中医药大学 |
| 48 | 中医老年病学 | 王　飞 | 张学智 | 成都中医药大学 | 北京大学医学部 |
| 49 | 医学遗传学 | 赵丕文 | 卫爱武 | 北京中医药大学 | 河南中医药大学 |
| 50 | 针刀医学 | 郭长青 | | 北京中医药大学 | |
| 51 | 腧穴解剖学 | 邵水金 | | 上海中医药大学 | |
| 52 | 神经解剖学 | 孙红梅 | 申国明 | 北京中医药大学 | 安徽中医药大学 |
| 53 | 医学免疫学 | 高永翔 | 刘永琦 | 成都中医药大学 | 甘肃中医药大学 |
| 54 | 神经定位诊断学 | 王东岩 | | 黑龙江中医药大学 | |
| 55 | 中医运气学 | 苏　颖 | | 长春中医药大学 | |
| 56 | 实验动物学 | 苗明三 | 王春田 | 河南中医药大学 | 辽宁中医药大学 |
| 57 | 中医医案学 | 姜德友 | 方祝元 | 黑龙江中医药大学 | 南京中医药大学 |
| 58 | 分子生物学 | 唐炳华 | 郑晓珂 | 北京中医药大学 | 河南中医药大学 |

## （二）针灸推拿学专业

| 序号 | 书　名 | 主　编 | | 主编所在单位 | |
|---|---|---|---|---|---|
| 59 | 局部解剖学 | 姜国华 | 李义凯 | 黑龙江中医药大学 | 南方医科大学 |
| 60 | 经络腧穴学☆ | 沈雪勇 | 刘存志 | 上海中医药大学 | 北京中医药大学 |
| 61 | 刺法灸法学☆ | 王富春 | 岳增辉 | 长春中医药大学 | 湖南中医药大学 |
| 62 | 针灸治疗学☆ | 高树中 | 冀来喜 | 山东中医药大学 | 山西中医药大学 |
| 63 | 各家针灸学说 | 高希言 | 王　威 | 河南中医药大学 | 辽宁中医药大学 |
| 64 | 针灸医籍选读 | 常小荣 | 张建斌 | 湖南中医药大学 | 南京中医药大学 |
| 65 | 实验针灸学 | 郭　义 | | 天津中医药大学 | |

| 序号 | 书　名 | 主　编 | | 主编所在单位 | |
|---|---|---|---|---|---|
| 66 | 推拿手法学☆ | 周运峰 | | 河南中医药大学 | |
| 67 | 推拿功法学☆ | 吕立江 | | 浙江中医药大学 | |
| 68 | 推拿治疗学☆ | 井夫杰 | 杨永刚 | 山东中医药大学 | 长春中医药大学 |
| 69 | 小儿推拿学 | 刘明军 | 邰先桃 | 长春中医药大学 | 云南中医药大学 |

## （三）中西医临床医学专业

| 序号 | 书　名 | 主　编 | | 主编所在单位 | |
|---|---|---|---|---|---|
| 70 | 中外医学史 | 王振国 | 徐建云 | 山东中医药大学 | 南京中医药大学 |
| 71 | 中西医结合内科学 | 陈志强 | 杨文明 | 河北中医药大学 | 安徽中医药大学 |
| 72 | 中西医结合外科学 | 何清湖 | | 湖南中医药大学 | |
| 73 | 中西医结合妇产科学 | 杜惠兰 | | 河北中医药大学 | |
| 74 | 中西医结合儿科学 | 王雪峰 | 郑　健 | 辽宁中医药大学 | 福建中医药大学 |
| 75 | 中西医结合骨伤科学 | 詹红生 | 刘　军 | 上海中医药大学 | 广州中医药大学 |
| 76 | 中西医结合眼科学 | 段俊国 | 毕宏生 | 成都中医药大学 | 山东中医药大学 |
| 77 | 中西医结合耳鼻咽喉科学 | 张勤修 | 陈文勇 | 成都中医药大学 | 广州中医药大学 |
| 78 | 中西医结合口腔科学 | 谭　劲 | | 湖南中医药大学 | |
| 79 | 中药学 | 周祯祥 | 吴庆光 | 湖北中医药大学 | 广州中医药大学 |
| 80 | 中医基础理论 | 战丽彬 | 章文春 | 辽宁中医药大学 | 江西中医药大学 |
| 81 | 针灸推拿学 | 梁繁荣 | 刘明军 | 成都中医药大学 | 长春中医药大学 |
| 82 | 方剂学 | 李　冀 | 季旭明 | 黑龙江中医药大学 | 浙江中医药大学 |
| 83 | 医学心理学 | 李光英 | 张　斌 | 长春中医药大学 | 湖南中医药大学 |
| 84 | 中西医结合皮肤性病学 | 李　斌 | 陈达灿 | 上海中医药大学 | 广州中医药大学 |
| 85 | 诊断学 | 詹华奎 | 刘　潜 | 成都中医药大学 | 江西中医药大学 |
| 86 | 系统解剖学 | 武煜明 | 李新华 | 云南中医药大学 | 湖南中医药大学 |
| 87 | 生物化学 | 施　红 | 贾连群 | 福建中医药大学 | 辽宁中医药大学 |
| 88 | 中西医结合急救医学 | 方邦江 | 刘清泉 | 上海中医药大学 | 首都医科大学 |
| 89 | 中西医结合肛肠病学 | 何永恒 | | 湖南中医药大学 | |
| 90 | 生理学 | 朱大诚 | 徐　颖 | 江西中医药大学 | 上海中医药大学 |
| 91 | 病理学 | 刘春英 | 姜希娟 | 辽宁中医药大学 | 天津中医药大学 |
| 92 | 中西医结合肿瘤学 | 程海波 | 贾立群 | 南京中医药大学 | 北京中医药大学 |
| 93 | 中西医结合传染病学 | 李素云 | 孙克伟 | 河南中医药大学 | 湖南中医药大学 |

## （四）中药学类专业

| 序号 | 书　名 | 主　编 | | 主编所在单位 | |
|---|---|---|---|---|---|
| 94 | 中医学基础 | 陈　晶 | 程海波 | 黑龙江中医药大学 | 南京中医药大学 |
| 95 | 高等数学 | 李秀昌 | 邵建华 | 长春中医药大学 | 上海中医药大学 |
| 96 | 中医药统计学 | 何　雁 | | 江西中医药大学 | |
| 97 | 物理学 | 章新友 | 侯俊玲 | 江西中医药大学 | 北京中医药大学 |
| 98 | 无机化学 | 杨怀霞 | 吴培云 | 河南中医药大学 | 安徽中医药大学 |
| 99 | 有机化学 | 林　辉 | | 广州中医药大学 | |
| 100 | 分析化学（上）（化学分析） | 张　凌 | | 江西中医药大学 | |

| 序号 | 书　名 | 主　编 | | 主编所在单位 | |
|---|---|---|---|---|---|
| 101 | 分析化学（下）（仪器分析） | 王淑美 | | 广东药科大学 | |
| 102 | 物理化学 | 刘　雄 | 王颖莉 | 甘肃中医药大学 | 山西中医药大学 |
| 103 | 临床中药学☆ | 周祯祥 | 唐德才 | 湖北中医药大学 | 南京中医药大学 |
| 104 | 方剂学 | 贾　波 | 许二平 | 成都中医药大学 | 河南中医药大学 |
| 105 | 中药药剂学☆ | 杨　明 | | 江西中医药大学 | |
| 106 | 中药鉴定学☆ | 康廷国 | 闫永红 | 辽宁中医药大学 | 北京中医药大学 |
| 107 | 中药药理学☆ | 彭　成 | | 成都中医药大学 | |
| 108 | 中药拉丁语 | 李　峰 | 马　琳 | 山东中医药大学 | 天津中医药大学 |
| 109 | 药用植物学☆ | 刘春生 | 谷　巍 | 北京中医药大学 | 南京中医药大学 |
| 110 | 中药炮制学☆ | 钟凌云 | | 江西中医药大学 | |
| 111 | 中药分析学☆ | 梁生旺 | 张　彤 | 广东药科大学 | 上海中医药大学 |
| 112 | 中药化学☆ | 匡海学 | 冯卫生 | 黑龙江中医药大学 | 河南中医药大学 |
| 113 | 中药制药工程原理与设备 | 周长征 | | 山东中医药大学 | |
| 114 | 药事管理学☆ | 刘红宁 | | 江西中医药大学 | |
| 115 | 本草典籍选读 | 彭代银 | 陈仁寿 | 安徽中医药大学 | 南京中医药大学 |
| 116 | 中药制药分离工程 | 朱卫丰 | | 江西中医药大学 | |
| 117 | 中药制药设备与车间设计 | 李　正 | | 天津中医药大学 | |
| 118 | 药用植物栽培学 | 张永清 | | 山东中医药大学 | |
| 119 | 中药资源学 | 马云桐 | | 成都中医药大学 | |
| 120 | 中药产品与开发 | 孟宪生 | | 辽宁中医药大学 | |
| 121 | 中药加工与炮制学 | 王秋红 | | 广东药科大学 | |
| 122 | 人体形态学 | 武煜明 | 游言文 | 云南中医药大学 | 河南中医药大学 |
| 123 | 生理学基础 | 于远望 | | 陕西中医药大学 | |
| 124 | 病理学基础 | 王　谦 | | 北京中医药大学 | |
| 125 | 解剖生理学 | 李新华 | 于远望 | 湖南中医药大学 | 陕西中医药大学 |
| 126 | 微生物学与免疫学 | 袁嘉丽 | 刘永琦 | 云南中医药大学 | 甘肃中医药大学 |
| 127 | 线性代数 | 李秀昌 | | 长春中医药大学 | |
| 128 | 中药新药研发学 | 张永萍 | 王利胜 | 贵州中医药大学 | 广州中医药大学 |
| 129 | 中药安全与合理应用导论 | 张　冰 | | 北京中医药大学 | |
| 130 | 中药商品学 | 闫永红 | 蒋桂华 | 北京中医药大学 | 成都中医药大学 |

## （五）药学类专业

| 序号 | 书　名 | 主　编 | | 主编所在单位 | |
|---|---|---|---|---|---|
| 131 | 药用高分子材料学 | 刘　文 | | 贵州医科大学 | |
| 132 | 中成药学 | 张金莲 | 陈　军 | 江西中医药大学 | 南京中医药大学 |
| 133 | 制药工艺学 | 王　沛 | 赵　鹏 | 长春中医药大学 | 陕西中医药大学 |
| 134 | 生物药剂学与药物动力学 | 龚慕辛 | 贺福元 | 首都医科大学 | 湖南中医药大学 |
| 135 | 生药学 | 王喜军 | 陈随清 | 黑龙江中医药大学 | 河南中医药大学 |
| 136 | 药学文献检索 | 章新友 | 黄必胜 | 江西中医药大学 | 湖北中医药大学 |
| 137 | 天然药物化学 | 邱　峰 | 廖尚高 | 天津中医药大学 | 贵州医科大学 |
| 138 | 药物合成反应 | 李念光 | 方　方 | 南京中医药大学 | 安徽中医药大学 |

| 序号 | 书　名 | 主　编 | | 主编所在单位 | |
| --- | --- | --- | --- | --- | --- |
| 139 | 分子生药学 | 刘春生 | 袁　媛 | 北京中医药大学 | 中国中医科学院 |
| 140 | 药用辅料学 | 王世宇 | 关志宇 | 成都中医药大学 | 江西中医药大学 |
| 141 | 物理药剂学 | 吴　清 | | 北京中医药大学 | |
| 142 | 药剂学 | 李范珠 | 冯年平 | 浙江中医药大学 | 上海中医药大学 |
| 143 | 药物分析 | 俞　捷 | 姚卫峰 | 云南中医药大学 | 南京中医药大学 |

## （六）护理学专业

| 序号 | 书　名 | 主　编 | | 主编所在单位 | |
| --- | --- | --- | --- | --- | --- |
| 144 | 中医护理学基础 | 徐桂华 | 胡　慧 | 南京中医药大学 | 湖北中医药大学 |
| 145 | 护理学导论 | 穆　欣 | 马小琴 | 黑龙江中医药大学 | 浙江中医药大学 |
| 146 | 护理学基础 | 杨巧菊 | | 河南中医药大学 | |
| 147 | 护理专业英语 | 刘红霞 | 刘　娅 | 北京中医药大学 | 湖北中医药大学 |
| 148 | 护理美学 | 余雨枫 | | 成都中医药大学 | |
| 149 | 健康评估 | 阚丽君 | 张玉芳 | 黑龙江中医药大学 | 山东中医药大学 |
| 150 | 护理心理学 | 郝玉芳 | | 北京中医药大学 | |
| 151 | 护理伦理学 | 崔瑞兰 | | 山东中医药大学 | |
| 152 | 内科护理学 | 陈　燕 | 孙志岭 | 湖南中医药大学 | 南京中医药大学 |
| 153 | 外科护理学 | 陆静波 | 蔡恩丽 | 上海中医药大学 | 云南中医药大学 |
| 154 | 妇产科护理学 | 冯　进 | 王丽芹 | 湖南中医药大学 | 黑龙江中医药大学 |
| 155 | 儿科护理学 | 肖洪玲 | 陈偶英 | 安徽中医药大学 | 湖南中医药大学 |
| 156 | 五官科护理学 | 喻京生 | | 湖南中医药大学 | |
| 157 | 老年护理学 | 王　燕 | 高　静 | 天津中医药大学 | 成都中医药大学 |
| 158 | 急救护理学 | 吕　静 | 卢根娣 | 长春中医药大学 | 上海中医药大学 |
| 159 | 康复护理学 | 陈锦秀 | 汤继芹 | 福建中医药大学 | 山东中医药大学 |
| 160 | 社区护理学 | 沈翠珍 | 王诗源 | 浙江中医药大学 | 山东中医药大学 |
| 161 | 中医临床护理学 | 裘秀月 | 刘建军 | 浙江中医药大学 | 江西中医药大学 |
| 162 | 护理管理学 | 全小明 | 柏亚妹 | 广州中医药大学 | 南京中医药大学 |
| 163 | 医学营养学 | 聂　宏 | 李艳玲 | 黑龙江中医药大学 | 天津中医药大学 |
| 164 | 安宁疗护 | 邸淑珍 | 陆静波 | 河北中医药大学 | 上海中医药大学 |
| 165 | 护理健康教育 | 王　芳 | | 成都中医药大学 | |
| 166 | 护理教育学 | 聂　宏 | 杨巧菊 | 黑龙江中医药大学 | 河南中医药大学 |

## （七）公共课

| 序号 | 书　名 | 主　编 | | 主编所在单位 | |
| --- | --- | --- | --- | --- | --- |
| 167 | 中医学概论 | 储全根 | 胡志希 | 安徽中医药大学 | 湖南中医药大学 |
| 168 | 传统体育 | 吴志坤 | 邵玉萍 | 上海中医药大学 | 湖北中医药大学 |
| 169 | 科研思路与方法 | 刘　涛 | 商洪才 | 南京中医药大学 | 北京中医药大学 |
| 170 | 大学生职业发展规划 | 石作荣 | 李　玮 | 山东中医药大学 | 北京中医药大学 |
| 171 | 大学计算机基础教程 | 叶　青 | | 江西中医药大学 | |
| 172 | 大学生就业指导 | 曹世奎 | 张光霁 | 长春中医药大学 | 浙江中医药大学 |

| 序号 | 书　名 | 主　编 | | 主编所在单位 | |
|---|---|---|---|---|---|
| 173 | 医患沟通技能 | 王自润 | 殷　越 | 大同大学 | 黑龙江中医药大学 |
| 174 | 基础医学概论 | 刘黎青 | 朱大诚 | 山东中医药大学 | 江西中医药大学 |
| 175 | 国学经典导读 | 胡　真 | 王明强 | 湖北中医药大学 | 南京中医药大学 |
| 176 | 临床医学概论 | 潘　涛 | 付　滨 | 南京中医药大学 | 天津中医药大学 |
| 177 | Visual Basic 程序设计教程 | 闫朝升 | 曹　慧 | 黑龙江中医药大学 | 山东中医药大学 |
| 178 | SPSS 统计分析教程 | 刘仁权 | | 北京中医药大学 | |
| 179 | 医学图形图像处理 | 章新友 | 孟昭鹏 | 江西中医药大学 | 天津中医药大学 |
| 180 | 医药数据库系统原理与应用 | 杜建强 | 胡孔法 | 江西中医药大学 | 南京中医药大学 |
| 181 | 医药数据管理与可视化分析 | 马星光 | | 北京中医药大学 | |
| 182 | 中医药统计学与软件应用 | 史周华 | 何　雁 | 山东中医药大学 | 江西中医药大学 |

## （八）中医骨伤科学专业

| 序号 | 书　名 | 主　编 | | 主编所在单位 | |
|---|---|---|---|---|---|
| 183 | 中医骨伤科学基础 | 李　楠 | 李　刚 | 福建中医药大学 | 山东中医药大学 |
| 184 | 骨伤解剖学 | 侯德才 | 姜国华 | 辽宁中医药大学 | 黑龙江中医药大学 |
| 185 | 骨伤影像学 | 栾金红 | 郭会利 | 黑龙江中医药大学 | 河南中医药大学洛阳平乐正骨学院 |
| 186 | 中医正骨学 | 冷向阳 | 马　勇 | 长春中医药大学 | 南京中医药大学 |
| 187 | 中医筋伤学 | 周红海 | 于　栋 | 广西中医药大学 | 北京中医药大学 |
| 188 | 中医骨病学 | 徐展望 | 郑福增 | 山东中医药大学 | 河南中医药大学 |
| 189 | 创伤急救学 | 毕荣修 | 李无阴 | 山东中医药大学 | 河南中医药大学洛阳平乐正骨学院 |
| 190 | 骨伤手术学 | 童培建 | 曾意荣 | 浙江中医药大学 | 广州中医药大学 |

## （九）中医养生学专业

| 序号 | 书　名 | 主　编 | | 主编所在单位 | |
|---|---|---|---|---|---|
| 191 | 中医养生文献学 | 蒋力生 | 王　平 | 江西中医药大学 | 湖北中医药大学 |
| 192 | 中医治未病学概论 | 陈涤平 | | 南京中医药大学 | |
| 193 | 中医饮食养生学 | 方　泓 | | 上海中医药大学 | |
| 194 | 中医养生方法技术学 | 顾一煌 | 王金贵 | 南京中医药大学 | 天津中医药大学 |
| 195 | 中医养生学导论 | 马烈光 | 樊　旭 | 成都中医药大学 | 辽宁中医药大学 |
| 196 | 中医运动养生学 | 章文春 | 邬建卫 | 江西中医药大学 | 成都中医药大学 |

## （十）管理学类专业

| 序号 | 书　名 | 主　编 | | 主编所在单位 | |
|---|---|---|---|---|---|
| 197 | 卫生法学 | 田　侃 | 冯秀云 | 南京中医药大学 | 山东中医药大学 |
| 198 | 社会医学 | 王素珍 | 杨　义 | 江西中医药大学 | 成都中医药大学 |
| 199 | 管理学基础 | 徐爱军 | | 南京中医药大学 | |
| 200 | 卫生经济学 | 陈永成 | 欧阳静 | 江西中医药大学 | 陕西中医药大学 |
| 201 | 医院管理学 | 王志伟 | 翟理祥 | 北京中医药大学 | 广东药科大学 |
| 202 | 医药人力资源管理 | 曹世奎 | | 长春中医药大学 | |
| 203 | 公共关系学 | 关晓光 | | 黑龙江中医药大学 | |

| 序号 | 书　名 | 主　编 | 主编所在单位 |
| --- | --- | --- | --- |
| 204 | 卫生管理学 | 乔学斌　王长青 | 南京中医药大学　南京医科大学 |
| 205 | 管理心理学 | 刘鲁蓉　曾　智 | 成都中医药大学　南京中医药大学 |
| 206 | 医药商品学 | 徐　晶 | 辽宁中医药大学 |

## （十一）康复医学类专业

| 序号 | 书　名 | 主　编 | 主编所在单位 |
| --- | --- | --- | --- |
| 207 | 中医康复学 | 王瑞辉　冯晓东 | 陕西中医药大学　河南中医药大学 |
| 208 | 康复评定学 | 张　泓　陶　静 | 湖南中医药大学　福建中医药大学 |
| 209 | 临床康复学 | 朱路文　公维军 | 黑龙江中医药大学　首都医科大学 |
| 210 | 康复医学导论 | 唐　强　严兴科 | 黑龙江中医药大学　甘肃中医药大学 |
| 211 | 言语治疗学 | 汤继芹 | 山东中医药大学 |
| 212 | 康复医学 | 张　宏　苏友新 | 上海中医药大学　福建中医药大学 |
| 213 | 运动医学 | 潘华山　王　艳 | 广东潮州卫生健康职业学院　黑龙江中医药大学 |
| 214 | 作业治疗学 | 胡　军　艾　坤 | 上海中医药大学　湖南中医药大学 |
| 215 | 物理治疗学 | 金荣疆　王　磊 | 成都中医药大学　南京中医药大学 |